工程设计与分析系列

Verilog HDL 数字系统设计及仿真
（第2版）

于 斌 黄 海 编著

電子工業出版社
Publishing House of Electronics Industry
北京·BEIJING

内 容 简 介

Verilog HDL 是一种使用广泛的硬件描述语言，目前在国内无论是集成电路还是嵌入式的相关专业都会用到这种硬件描述语言，市面上有关 Verilog HDL 的教材也比较多，但各有不同的偏重。

本书在第 1 版广泛应用的基础上，吸收了众多读者的宝贵建议，大幅完善了内容。本书着重从设计角度入手，每章都力求让读者掌握一种设计方法，能够利用该章知识进行完整设计，从模块的角度逐步完成对 Verilog HDL 语法的学习，从而在整体上掌握 Verilog HDL 语法。

为了达到上述目的，每章都给出使用该章知识完成的实例，按照门级、数据流级、行为级、任务和函数、测试模块、可综合设计和完整实例的顺序向读者介绍 Verilog HDL 的语法和使用方法。书中出现的所有代码均经过仿真测试，力求准确，另外配套有书中所有实例源文件和实例操作的视频讲解。

本书可作为电子、通信、计算机和集成电路相关专业的本科生教材，同时也适合对 Verilog HDL 感兴趣的爱好者或专业人士阅读。

图书在版编目（CIP）数据

Verilog HDL 数字系统设计及仿真 / 于斌，黄海编著. —2 版. —北京：电子工业出版社，2018.1
（工程设计与分析系列）
ISBN 978-7-121-33010-0

Ⅰ. ①V… Ⅱ. ①于… ②黄… Ⅲ. ①硬件描述语言—程序设计 Ⅳ. ①TP312

中国版本图书馆 CIP 数据核字（2017）第 275041 号

策划编辑：许存权（QQ：76584717）
责任编辑：许存权　特约编辑：谢忠玉 等
印　　刷：北京虎彩文化传播有限公司
装　　订：北京虎彩文化传播有限公司
出版发行：电子工业出版社
　　　　　北京市海淀区万寿路 173 信箱　邮编　100036
开　　本：787×1 092　1/16　印张：28.75　字数：740 千字
版　　次：2014 年 3 月第 1 版
　　　　　2018 年 1 月第 2 版
印　　次：2022 年 1 月第 9 次印刷
定　　价：69.00 元

凡所购买电子工业出版社图书有缺损问题，请向购买书店调换。若书店售缺，请与本社发行部联系，联系及邮购电话：（010）88254888，88258888。

质量投诉请发邮件至 zlts@phei.com.cn，盗版侵权举报请发邮件至 dbqq@phei.com.cn。

本书咨询联系方式：（010）88254484，xucq@phei.com.cn。

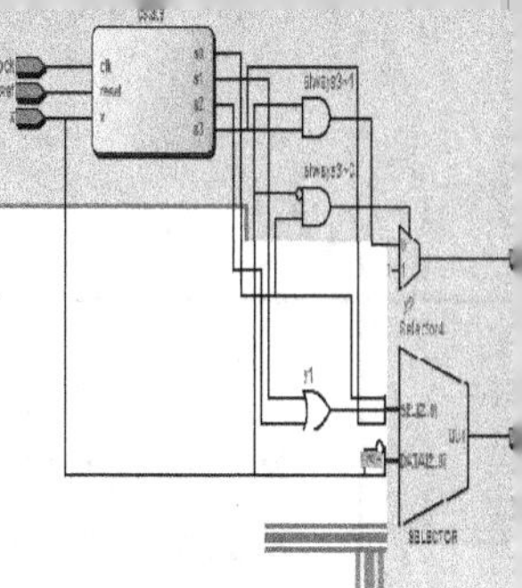

再版前言

Verilog HDL 是一种使用非常广泛的硬件描述语言，可以使用在电路和系统级的设计上，也可以作为嵌入式开发的编程语言之一。随着集成电路产业在我国的蓬勃发展，HDL 语言的教学工作也在很多高校展开，市面上也有很多国内外的优秀教材。

作者从事 Verilog HDL 课程教学多年，使用过十余种本版和引进版的教材，然而在教学课程结束之后，学生反馈回来的信息，往往是难以应用。造成这种情况的原因很多，一是部分教材过于偏重语法细节，在一个细小的语法上纠结太多，使学生陷入了语法大于一切的迷途；二是在学习中与实际电路脱节，写出的代码只适合仿真，不知硬件描述语言最终面向的对象是硬件，只能仿真的代码用途有限；三是缺少直观的认识，对编写的代码、模块等只有纸面上的了解，不去追究其内部的细节。这样学习 Verilog HDL 语言之后，效果和没学之前相比，只是多认识了一些语法而已。

自本书第 1 版 2014 年出版以来，获得读者的广泛欢迎，已多次重印，并且，很多读者来信介绍他们具体应用 Verilog HDL 的情况，对本书提出了很多宝贵意见和建议。在此基础上，我们根据用户建议，结合相关企业应用的需求和高校教学需求修订了第 1 版内容。相对于第 1 版本，本书删减了一些使用频率较低的语法，降低了读者掌握语法的难度，同时增加了一些实例，使读者有更多可以学习和揣摩的范例，能更好地理解代码的设计。

本书在简单地介绍了数字电路和 Verilog HDL 的相互关系之后，比较简洁地介绍了基本语法，在介绍语法时给出了范例，以使语义明了，并且为每章出现的语法匹配了综合实例，使读者进一步加深认识。而在介绍语法之后，重点内容放在如何编写可综合的设计模块上，使读者最后编写的模块可以在硬件电路上实现，本书按如下结构进行展开。

第 1 章，Verilog HDL 入门简介。主要回顾数字电路的设计过程，并介绍使用 Verilog HDL 进行电路设计的基本流程和简单示例，使读者有一个初步的了解。

第 2 章，Verilog HDL 门级建模。介绍 Verilog HDL 门级建模的基本语法，主要讲解基本逻辑门的使用方法和层次化建模思想，尝试设计一个可以执行的模块，并补充了必需的语法，在章节的最后给出了四个门级建模的实例，供读者参考。

第 3 章，Verilog HDL 数据流级建模。介绍数据流级建模的相关语法，主要是一些操作数的定义和操作符的使用方法，这些操作数和操作符是 Verilog HDL 的建模基础，在实际设计中使用频繁，所以在这些语法中给出了很多小例子，在学习时要注意例子间的细小差别。

第 4 章，Verilog HDL 行为级建模。行为级建模，也是进行 Verilog HDL 设计的基本语法，主要介绍 initial 和 always 结构在电路中的使用情况，以及一些语句，如 if 语句、case 语句、for 语句和循环语句，讲解顺序块和并行块的适用情况，并介绍命名块和块的禁用语法，最后通过几个实例，用这些语法进行电路设计。

第5章，任务、函数与编译指令。函数和任务是Verilog HDL中的重要组成部分，它们是一些具有实际功能的代码片段，类似于子程序，可以在Verilog HDL代码中直接调用，非常灵活。另外，编译指令是仿真中的重要指令，也需要理解其用法。

第6章，Verilog HDL测试模块。从仿真测试的角度编写测试模块，力图用多种方式生成不同信号，给出同一种信号的多种表达形式，开阔读者的设计思路，使读者能够按照自己习惯的思路来编写测试信号，而不是局限在某一种写法上。

第7章，可综合模型设计。从本章开始，所有的模块都是可以综合成最终电路的，因为Verilog HDL语言就是要编写可以生成实际电路的模块代码。可综合模型设计中需要注意许多问题，如阻塞和非阻塞赋值、多驱动问题、敏感列表问题等，还有一些语法根本不可以综合，本章也一一列出。最后介绍了流水线的基本思想，并给出了一个雏形。

第8章，有限状态机设计。状态机的设计是时序电路设计的核心，越大型的时序电路状态机就越显得重要。本章不仅介绍了moore型和mealy型状态机的区别，给出了一段式、两段式和三段式的写法，而且从硬件电路的角度对状态机不同写法得到的电路信号变化进行解释，使读者更明白所写模块变成电路后的工作状况。

第9章，常见功能电路的HDL模型。本章一方面让读者对这些功能电路有一定的了解，另一方面也是希望读者能在这些例子中进一步学习Verilog HDL编写模块的设计方法。

第10章，完整的设计实例。本章有三个综合实例，从设计的提出开始，到最后的时序仿真结束，完成前端设计的基本流程，使读者有一个整体的流程认知。

第11章，实验。本章有七个实验，实验部分采用了比较新颖的方式，每个实验都有一个主题，在完成这个主题的过程中，需要读者编写一些代码，同时也给出了参考代码。读者一方面可以通过这些实验来完成一些实例的设计，另一方面在设计中也可以进一步掌握实验中涉及的语法。每个实验都分成了学生版和辅导版两个部分，学生版可以直接在实验中给学生使用，辅导版则可以给教师作为参考或学生自学辅导使用。

第12章，课程设计。本章是一些规模中等的设计模块，每个题目都给出了设计要求、实现代码和仿真结果，部分题目还给出了引脚配置，每个题目的最后都提出了一些问题，还给出了功能扩展建议，当学生觉得题目简单想要加大难度时可以使用这些扩展功能。

附录A，课程测试样卷。给出了测试题，可以检查读者的掌握情况。

附录B，习题及样卷答案。给出了习题和测试题的答案，以便参考。

在学习Verilog HDL的过程中，一定要多编写代码，多进行仿真，这样可以帮助读者更好地掌握语法和设计思想。另外，如果有条件的话，建议使用一些FPGA或CPLD的开发板，把设计的模块用开发板实现，对读者的学习非常有益。

本书第1～6章和测试题部分由哈尔滨理工大学于斌编写，第7~12章由哈尔滨理工大学黄海编写。参与本书编写和视频开发的人员还有谢龙汉、蔡思祺、林伟、魏艳光、林木议、王悦阳、林伟洁、林树财、郑晓、吴苗、李翔、朱小远、唐培培、耿煜、尚涛、邓奕、张桂东、鲁力等。由于时间仓促，书中疏漏之处，请读者批评指正，可通过电子邮件 yubin@hrbust.edu.cn 与我们交流。本书配套素材光盘内容。请在华信教育资源网（www.hxedu.com.cn）的本书页面下载，或与本书作者和编辑联系。

编著者

目　　录

视频教学

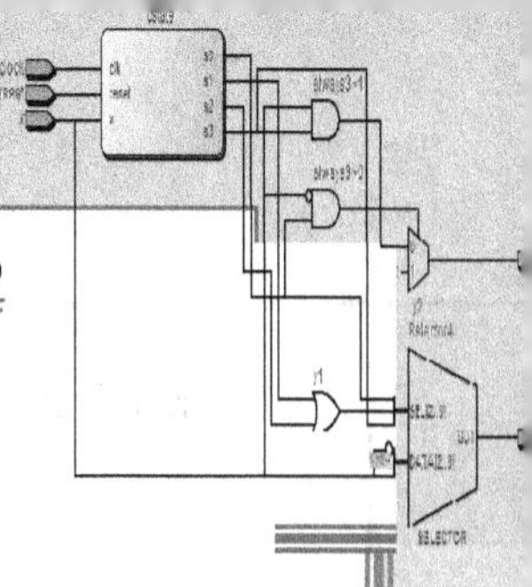

第1章　Verilog HDL入门简介

数字电路的基本知识是Verilog HDL的入门基础，本章中通过回顾数字电路的基本设计流程，引出Verilog HDL的设计方法和简单示例，旨在为读者解决使用Verilog HDL进行设计的一些入门知识，使读者对Verilog HDL有一个初步的认识，并了解Verilog HDL与数字电路的关系，请带着如下问题来阅读本章。

（1）Verilog HDL与数字电路有什么联系？

（2）使用Verilog HDL编写的代码能用在哪里？

（3）采用Verilog HDL进行电路设计与传统数字电路设计在流程上是如何对应的？

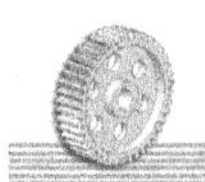

本章内容

- 集成电路设计的基本流程
- 数字电路设计示例
- Verilog HDL电路设计示例

1.1　集成电路设计流程简介

在过去的几十年中，数字电路设计技术发展迅速。从简单的逻辑电路发展到集成电路，直至现在主流的超大规模集成电路。设计技术的发展必然带动设计手段的更新，传统的数字电路设计流程也在逐渐发生着改变。一方面，由于设计电路规模的不断扩大，设计人员的人力操作显得越来越单薄，急需计算机的大力辅助，于是促进了电子设计自动化（Electronic Design Automation，EDA）的出现和发展；另一方面，传统的数字电路的基本设计流程也无法应对急速增长的电路规模，面对着上万规模的门级电路，传统的在设计图纸上或计算机上手动完成最终电路图的方法变得越来越难以完成，同时带来的还有测试时的更大难题。于是，迫切需要某种方法，使设计者可以使用EDA工具完成这种大规模的集成电路设计。

Verilog HDL在这种情况下应运而生，Verilog HDL可以采用编写代码的方式来设计数字电路，向下可以到达底层的门级电路，向上可以抽象到高层的电路行为描述，使得原本需要成百上千的门级电路设计变为几条简单易懂的编程代码，无论是从视觉上、功能上，还是后期的检测上，都使数字电路的设计速度有了很大提升，迅速成为超大规模数字电路设计的标准设计语言。

采用 Verilog HDL 进行设计的基本流程如图 1-1 所示。

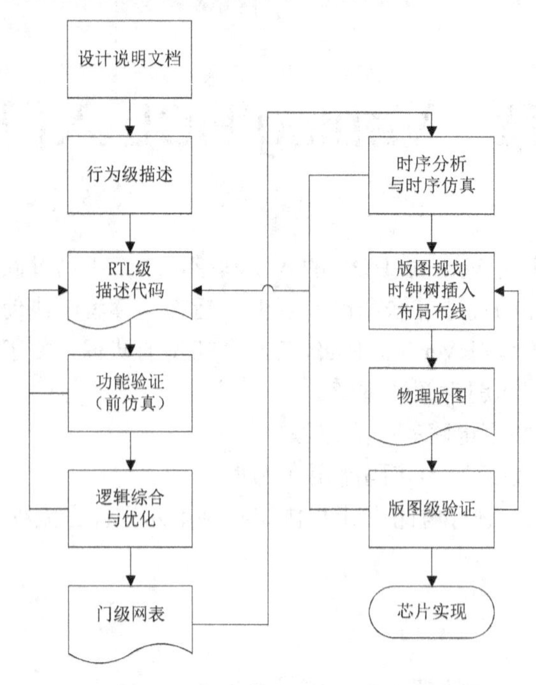

图 1-1　集成电路设计一般流程

设计的开始阶段一定是设计文档的编写，这个设计说明文档主要包含设计要实现的具体功能和期待实现的详细性能指标，包括电路整体结构、输入/输出 I/O 接口、最低工作频率、可扩展性等参数要求。完成设计说明文档后，需要用行为级描述待设计的电路。行为级描述可以采用高级语言，如 C/C++等，也可以采用 HDL 来编写。这个阶段的描述代码并不要求可综合，只需要搭建出一个满足设计说明的行为模型即可。

行为级描述之后是 RTL 级描述。这一阶段采用硬件描述语言来编写，一般采用 VHDL 或 Verilog HDL 来实现，对于两者的联系也会在后续章节中简单介绍。对于比较大的设计，一般是在行为级描述时采用 C/C++搭建模型，在 RTL 级描述阶段，逐一对行为模型中的子程序进行代码转换，用 HDL 代码取代原有的 C/C++代码，再利用仿真工具的接口，将转换成 HDL 代码的子程序加载到行为模型中，验证转换是否成功，并依次转换行为模型中的所有子程序，最终完成从行为级到 RTL 级的 HDL 代码描述。这样做的好处是减少了调试的工作量，如果一个子程序转换出现错误，只需要更改当前转换的子程序即可，避免同时出现多个待修改子程序的杂乱局面。

RTL 模型的正确与否，是通过功能验证来确定的，这一阶段也称为前仿真或功能仿真。前仿真的最大特点就是没有加入实际电路中的延迟信息，所以前仿真的结果与实际电路结果还有很大差异。不过在前仿真过程中，设计者只关心 RTL 模型是否能完成预期的功能，所以称为功能验证。前仿真中除了需要已经成型的设计代码外，还需要一个验证环境，这个验证环境也可以使用 Verilog HDL 语言来搭建，在本书中也会有介绍。

当 RTL 模型通过功能验证后，就进入逻辑综合与优化阶段。这个阶段主要是由 EDA 工具来完成的，设计者可以给综合工具指定一些性能参数、选择一些工艺库等，使综合出来的电路符合自己的要求。

综合生成的文件是门级网表，这个网表文件包含综合之后的电路信息，还会根据工艺库的不同得到设计的延迟信息。将这些延迟信息反标注到 RTL 模型当中，进行时序分析，主要检测的是建立时间（Setup Time）和保持时间（Hold Time）。其中，建立时间的违例和保持时间较大的违例必须要修正，可以采用修正 RTL 模型或修改综合参数来完成。对于较小的保持时间违例，可以放到后续步骤中修正。对综合之后包含延迟信息的门级网表模型进行仿真验证的过程称为时序仿真，时序仿真的结果更加逼近实际电路。到此步骤为止，硬件描述语言的部分就结束了，剩下的步骤就要进入电路的版图布局阶段了。

设计通过时序分析后，就可以进行版图规划与布局布线。这个阶段是把综合后的电路按一定的规则进行排布，设计者也可以添加一些参数对版图的大小和速度等性能进行约束。布局布线的结果是生成一个物理版图，再对这个版图进行仿真验证，如果不符合要求，就需要向上查找出错点，重新布局布线或修改 RTL 模型。如果版图验证符合要求，这个设计就可以送到工艺生产线上，进行实际芯片的生产。

当然，上述流程只是一个基本的过程，其中很多步骤都可以展开成很多细小的步骤，也有一些步骤（如形式验证）在这个流程中并没有体现。不过这个流程图可以包含基本的 IC 步骤，对于初学者已经足够了。另外，不同的公司推荐流程不同的原因是采用了不同的 EDA 软件来完成上述 IC 基本流程，一般来说比较大的 EDA 软件公司都有自己完整的一套 IC 设计流程，但步骤大同小异。例如，前仿真阶段可用于 HDL 仿真的 EDA 工具就有 Synopsis 公司的 VCS、Cadence 公司的 Verilog-XL、明导公司的 ModelSim 等。

1.2 数字电路设计范例

由于 Verilog HDL 是为了解决传统数字电路设计过程中的瓶颈而产生的，所以 Verilog HDL 和数字电路从最终目的上来讲，都是为了生成一个可以实现某种功能的数字电路，只不过在设计方法和手段上有所区别而已。要学习 Verilog HDL 语言，就要清晰把握 Verilog HDL 语言进行设计和采用传统设计过程到底是如何对应的，这样在使用 Verilog HDL 时会有一个最基本的定位。

本节通过一个典型的数字电路例子来回忆一下数字电路的基本设计方法，也让读者的头脑中有一个基本的流程。

例题：设计一个七进制计数器。

解答：（1）画出状态转换图。

画出的状态转换图如图 1-2 所示，图中从 000 到 110 的循环状态是要设计的七进制循环，即从十进制的 0 计数到 6，一共计 7 个数。由于 3 位二进制数总共可表示 8 个数值，有一个数值 111 并未使用，为了使电路能够自启动，在设计的时候直接把 111 这个状态的下一状态指向 000，这样就出现了图中的状态转换。状态编码的时候采用左侧为高位、右侧为低位的方式，即采用图中的 $Q_3Q_2Q_1$ 的顺序进行编码。完成上述过程之后，就可以得到图 1-2 中的状态转换图。这也是时序电路设计的基本步骤，状态编码可以采用其他的方式编码，但是所画出的状态转换图与本图大同小异。

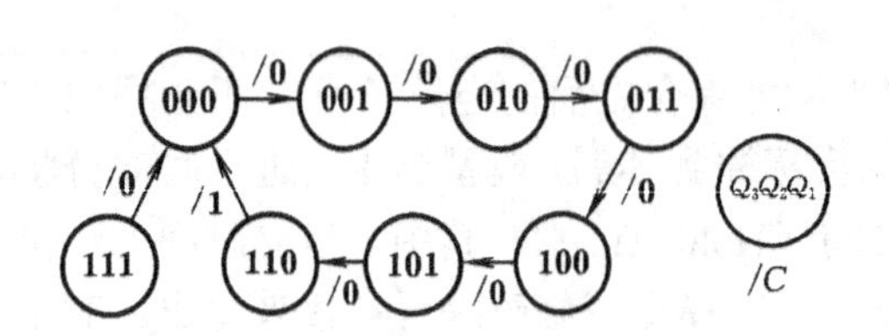

图 1-2　状态转换图

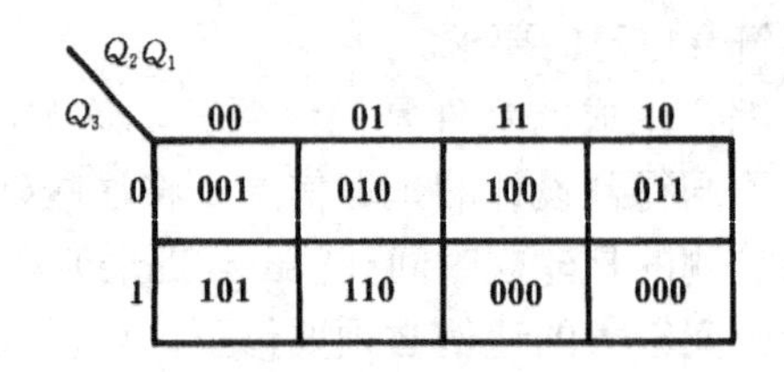

Q_3 \ Q_2Q_1	00	01	11	10
0	001	010	100	011
1	101	110	000	000

图 1-3　整体卡诺图

（2）列出输入输出的卡诺图。

由图 1-2 可以得到图 1-3 所示的整体卡诺图，由于进位输出信号比较简单，这里没有标示在卡诺图中。卡诺图的外侧是当前的状态值，内部为当前状态所指向的下一状态。得到此图后可以进一步拆分，得到图 1-4 所示的每一个状态位的卡诺图。

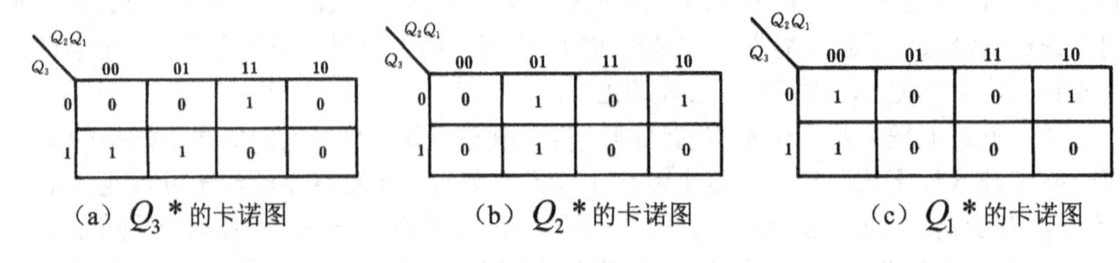

Q_3 \ Q_2Q_1	00	01	11	10
0	0	0	1	0
1	1	1	0	0

（a）Q_3* 的卡诺图

Q_3 \ Q_2Q_1	00	01	11	10
0	0	1	0	1
1	0	1	0	0

（b）Q_2* 的卡诺图

Q_3 \ Q_2Q_1	00	01	11	10
0	1	0	0	1
1	1	0	0	0

（c）Q_1* 的卡诺图

图 1-4　三个状态位的卡诺图

（3）写出状态方程。

在卡诺图中圈 1 得到输出的状态方程，可以得到式（1-1）的状态方程。

$$\begin{cases} Q_3{*}=Q_3Q_2'+Q_3'Q_2Q_1 \\ Q_2{*}=Q_2'Q_1+Q_3'Q_2Q_1' \\ Q_1{*}=Q_2'Q_1'+Q_3'Q_1' \end{cases} \tag{1-1}$$

（4）整理得到驱动方程和输出方程。

使用不同的触发器需要对该状态方程做不同的转换，这里使用 JK 触发器来设计此计数器，由于 JK 触发器的特性方程为$Q{*}=JQ'+K'Q$，所以，要把式（1-1）中的状态方程转化成和特性方程相同的形式，可以得到式（1-2）。

$$\begin{cases} Q_3{*}=Q_2Q_1\cdot Q_3'+Q_2'\cdot Q_3 \\ Q_2{*}=Q_1\cdot Q_2'+Q_3'Q_1'\cdot Q_2=Q_1\cdot Q_2'+(Q_3+Q_1)'\cdot Q_2 \\ Q_1{*}=(Q_2'+Q_3')\cdot Q_1'=(Q_3Q_2)'\cdot Q_1'+1'\cdot Q_1 \end{cases} \tag{1-2}$$

由式（1-2）可以得知 JK 触发器的驱动方程，得到式（1-3）。

$$\begin{cases} J_3=Q_2Q_1,K_3=Q_2 \\ J_2=Q_1,K_2=Q_3+Q_1 \\ J_1=(Q_3Q_2)',K_1=1 \end{cases} \tag{1-3}$$

这样，每个触发器的驱动信号就得到了。同时，可以知道该计数器的进位输出信号在 110 状态时输出高电平，可得到输出方程为式（1-4）。

$$C=Q_3Q_2Q_1' \tag{1-4}$$

（5）画出电路图并测试功能。

得到输出方程和驱动方程后，就可以画出如图 1-5 所示的电路图。按照图中的电路进行连接后，就可以进行功能测试，得到最终的验证结果。再按照此电路图完成元器件的连接，就能够产生一个七进制的计数器了。到此为止，一个简单的数字电路设计就结束了。

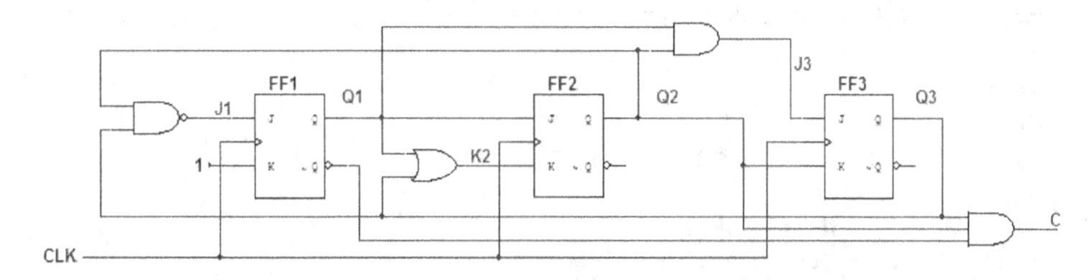

图 1-5　七进制计数器电路图

由上述例子可以看到，从设计的基本功能要求到最终完成一个可以实现功能的电路图，中间大约有四个大步骤：状态图、化简、驱动的确定和最终电路的连接，这几个部分缺一不可。本例是一个仅有 4 位输出和一个时钟输出的简单例子，实际的功能电路规模和复杂程度要大大超过本例，即使采用某些功能模块的直接使用，电路的规模也是一个非常庞大的数量。例如，比较古老的 486 游戏机，其内部逻辑门也达到几十万个。且不说状态图是否易画，仅一个化简工作就非常难以实现，更不要说后面的驱动和电路的连接更是千头万绪，一旦出错，既不易查找也不易修改。

1.3　Verilog HDL 建模范例

上一节中的例子如果采用 Verilog HDL 来实现，有多种实现方法。先来看一个比较容易理解、但是却比较麻烦的例子，代码如下。

例 1.1　七进制计数器实例

```
module Counter(Q3,Q2,Q1,C,CLK);
output Q3,Q2,Q1,C;
input CLK;
wire J1,K2,J3;

JK FF  JK1(Q1,Q1n,J1,1,CLK);
JK FF  JK2(Q2,  ,Q1,K2,CLK);
JK FF  JK3(Q3,  J3,Q2,CLK);

and and1(C,Q3,Q2,Q1n);
and and2(J3,Q1,Q2);
nand nand1(J1,Q2,Q3);
or or1(K2,Q1,Q3);

endmodule
```

上述代码和图 1-5 中的各个电路符号一一对应，称为设计模块，代码中的 and、nand、or 就是图中的与门、与非门和或门，JK_FF 就是图 1-4 中的 JK 触发器（本章中的代码无须看懂，只作为示例给出）。

JK 触发器在实际电路中是可以直接使用已有电路的，但在此代码中需要再对 JK_FF 这个触发器进行描述，代码如下。

例 1.2　JK 触发器实例

```
module JK_FF(J,K,CLK,Q,Qn);
input J,K;
input CLK;
output Q,Qn;
wire G3_n,G4_n,G5_n,G6_n,G7_n,G8_n;

nand G7(G7_n,Qn,J,CLK);
nand G8(G8_n,CLK,K,Q);
nand G5(G5_n,G8_n,G6_n);
nand G6(G6_n,G5_n,G8_n);
nand G3(G3_n,G5_n,CLK_n);
nand G4(G4_n,CLK_n,G6_n);
nand G1(Q,G3_n,Qn);
nand G2(Qn,Q,G4_n);

not G9(CLK_n,CLK);

endmodule
```

该代码所描述的电路如图 1-6 所示，这是一个最基本的上升沿触发的 JK 触发器的电路图，主要使用到了与非门和非门两种基本逻辑电路。完成了上述两个代码，一个七进制计数器的 Verilog HDL 设计就完成了。

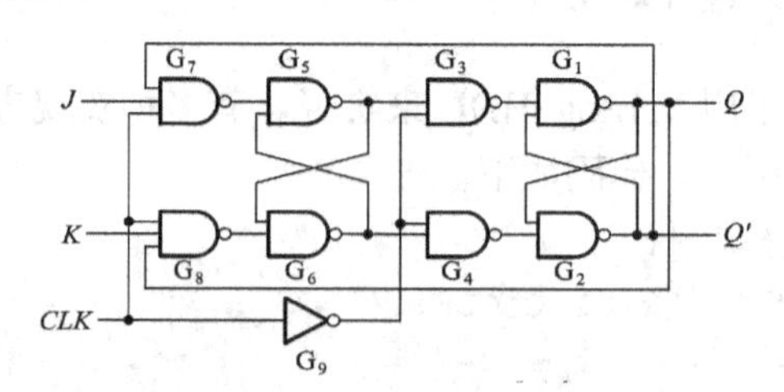

图 1-6　JK 触发器电路图

如果单从上面的代码来看，使用 Verilog 描述并不比前面的电路设计方法更加简洁。下例依然是一个七进制计数器的 Verilog HDL 模型。

例 1.3　七进制计数器另一种建模方法

```
module Counter(Q,CLK,RESET);
output [2:0] Q;
input CLK,RESET;
reg [2:0] Q;

always @ (posedge CLK)
if(RESET)
  Q<=0;
else if (Q==6)
  Q<=0;
else
  Q<=Q+1;
```

```
endmodule
```

此代码就是从行为级的角度描述了一个功能电路。如果把 1.2 节中的电路规模扩大，如扩大到 64 进制的计数器，那么相对应的化简、连接电路等工作量就会呈几何级数增长。但是对于上面的 Verilog HDL 代码来说，仅仅需要修改几个字母和数字而已。当然，设计的复杂性不能这么简单地计算，这里只是想通过一个例子来告诉大家，Verilog HDL 在应对大规模集成电路设计方面确实有它自己的优势。

Verilog HDL 作为一种设计语言，编写出的代码需要进行一定的转化才能变成实际可实现的电路。而且这里要特别强调一点，使用 Verilog HDL 描述的代码最终依然要转化成和图 1-5 类似的电路形式才能最终实现。因为有些使用 FPGA 或 CPLD 进行设计开发的爱好者会忽略这个问题。例如，上面的七进制计数器代码经转化后会得到图 1-7 所示的电路，这个电路无论是采用集成电路设计还是直接使用通用模块搭建，都是可以实现其最终功能的。

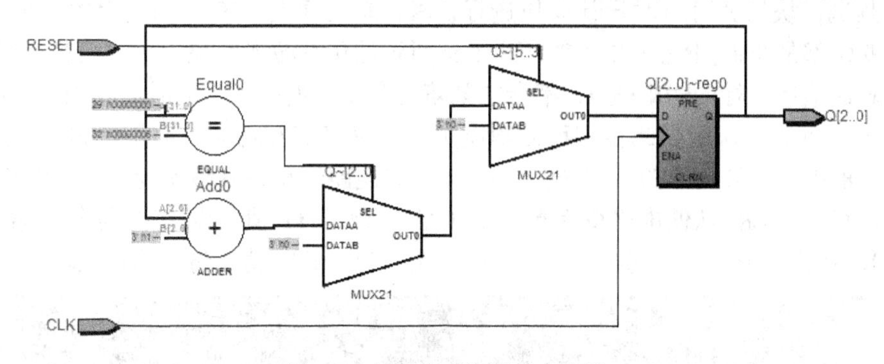

图 1-7　转化为可实现的电路图

按照前面介绍的基本设计流程，在设计代码编写结束后就需要进行功能验证，即前仿真。所要进行的操作也是使用 Verilog HDL 描述一个代码，这个代码的功能是给前面写好的设计代码提供一系列变化的输入激励。就如同给灯泡加上电压才知道灯泡会不会亮、是不是能工作一样，设计好的代码也需要加上所需要的条件才能知道是否能正常工作，这个条件称为输入激励或测试向量，目的就是为了模拟该设计实际工作时的输入条件，来测试一下设计在不同状态下的工作状况，设计的输出值是否正确。

例如，七进制计数器的工作状况就可以使用如下的测试代码。

例 1.4　七进制计数器测试代码

```
module Test Counter;
reg CLK,RESET;
wire [2:0] Q;
//以下为测试激励
initial
begin
RESET<=1;
# 50 RESET<=0;
# 1000 RESET<=0;
end

initial
CLK<=0;
```

```
always #5 CLK<=!CLK;
//以下是模块调用
Counter Counter(Q,CLK,RESET);

endmodule
```

由于设计的输入仅有两个 1 位信号，所以在代码中的测试激励部分仅对两个输入信号的变化情况进行描述。例如“RESET<=1”等代码，是给该信号加上高电平，其中的 1 和 0 与数字电路中无异，就是代表高低电压。给设计代码加上了高低电压之后看设计的 Counter 电路是否正常输出，就要看 Q 的输出是否正常。当然，所有的这些输入/输出都需要有一个设计模块来连接，就像有了电池需要拿灯泡来检验一样，代码中的模块调用部分的功能就是“拿”来一个已经写好的设计，“放”在当前的工作环境里，测试它是否正常，具体的语法会在第 6 章介绍。

编写测试模块后就可以对设计模块进行仿真，前仿真是没有时间延迟的，也就是说电路的信号变化都是在瞬间完成的。例如图 1-8 所示的仿真波形结果，每次当第一行的 CLK 信号变化时，最后一行的输出值 Q 都会立刻随着变化，没有任何的时间间隔。这在实际电路中是根本不可能的，所以此步骤称为功能仿真，仅仅查看功能，而不考虑实际工作的状况。由图 1-8 易知，在 RESET 为高电平的时候，该电路维持在 0 值不变，在 RESET 为低电平的时候，每次 CLK 从低电平变为高电平（即上升沿）Q 值就做加 1 操作，循环过程为 000 至 110，共计 7 个数，功能与之前设想的完全一致，此时功能仿真已经成功。

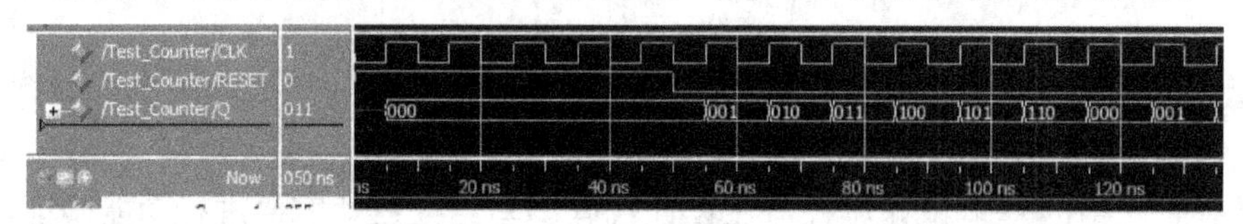

图 1-8　功能仿真波形图

接下来就可以进行综合，综合的过程介绍起来比较烦琐，本章暂不介绍。在代码综合之后还可以进行时序仿真，时序仿真的结果比较贴近实际工作的状态。如图 1-9 所示就是时序仿真的波形结果，可以看到功能还是和图 1-8 相同，输出值也相同，只是每一个输出的 Q 值变化的位置发生了改变，图 1-8 中是在 CLK 的上升沿变化的，而图 1-9 中要滞后于 CLK 的上升沿。如果从第一次 Q 值变为 001 算起的话，图 1-8 是在第 55ns 处，而图 1-9 是在 60ns 之后。其原因就是由于时序仿真加入了电路的实际延迟信息，模拟了实际工作状态，所以时序仿真更加接近实际电路的工作状态。图 1-10 还截取了部分图像，可以看到 Q 值在变化为 110 信号的时候还有一个中间的变化状态，这也是区分时序仿真和功能仿真的一个细节，因为时序仿真波形图中往往会有很多的中间态，这些状态是无用的，只有最后稳定的值才是有效值。

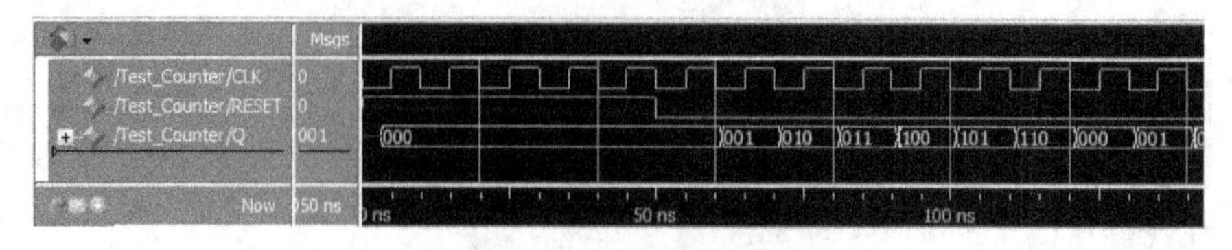

图 1-9　时序仿真波形图

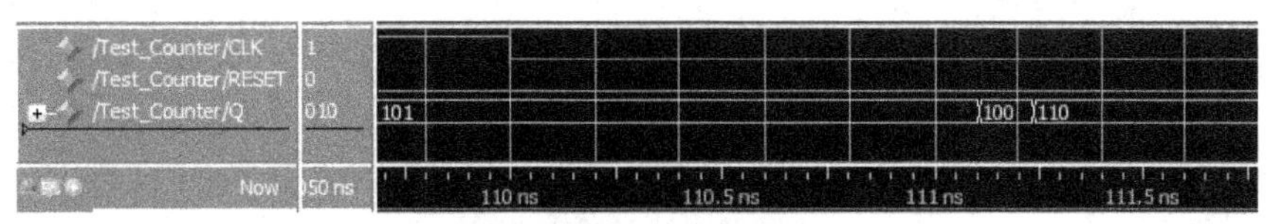

图 1-10 时序仿真细节

完成了上述步骤，使用 Verilog HDL 的部分也就结束了。本书关注的就是从设计代码的编写到测试模块的编写，以及如何更好地实现设计和仿真的功能。

1.4 两种硬件描述语言

既然说到了 Verilog HDL，就不得不说一下 VHDL，因为二者都是硬件描述语言，HDL 就是 Hardware Discription Language（硬件描述语言）的首字母缩写，两者也都是为了设计电路而产生的硬件描述语言。

Verilog HDL 是一种以文本形式来描述数字系统硬件的结构和行为的语言，用它可以表示逻辑电路图、逻辑表达式，还可以表示数字逻辑系统所完成的逻辑功能。它是在用途最广泛的 C 语言的基础上发展起来的一种硬件描述语言，是由 GDA（Gateway Design Automation）公司的 Phil Moorby 在 1983 年年末首创的，最初只设计了一个仿真与验证工具，之后又陆续开发了相关的故障模拟与时序分析工具。1985 年 Moorby 推出它的第三个商用仿真器 Verilog-XL，获得了巨大的成功，从而使得 Verilog HDL 迅速得到推广应用。1989 年 CADENCE 公司收购了 GDA 公司，使得 Verilog HDL 成为了该公司的独家专利。1990 年 CADENCE 公司公开发表了 Verilog HDL，并成立 LVI 组织以促进 Verilog HDL 成为 IEEE 标准，即 IEEE Standard 1364—1995，后又发展为 1364—2001 标准，在其基础上还建立了验证功能更强的 System Verilog（即 SV 语言）。Verilog HDL 的最大特点就是易学易用，如果有 C 语言的编程经验，可以在一个较短的时间内很快地学习和掌握。但 Verilog HDL 的语法比较自由，也容易造成初学者犯一些错误，这一点要注意。

VHDL 全名是 Very-High-Speed Integrated Circuit HardwarvDescription Language，诞生于 1982 年。1987 年年底，VHDL 被 IEEE 和美国国防部确认为标准硬件描述语言。自 IEEE-1076（简称 87 版）之后，各 EDA 公司相继推出自己的 VHDL 设计环境，或宣布自己的设计工具可以和 VHDL 接口。1993 年，IEEE 对 VHDL 进行了修订，从更高的抽象层次和系统描述能力上扩展 VHDL 的内容，公布了新版本的 VHDL，即 IEEE 标准的 1076—1993 版本，简称 93 版。VHDL 和 Verilog 作为 IEEE 的工业标准硬件描述语言，得到了众多 EDA 公司的支持。

简单来说，Verilog HDL 易于上手，现在公司中大多采用 Verilog HDL 也是因为容易入门之故，但是编写代码时要注意代码风格，也要考虑对综合的影响；VHDL 学习起来相对较慢，但所写的代码和综合后的实际电路基本相符，不容易出现太大的偏差，而且国内高校选择 VHDL 教学的较多。读者可以根据实际情况进行选择。

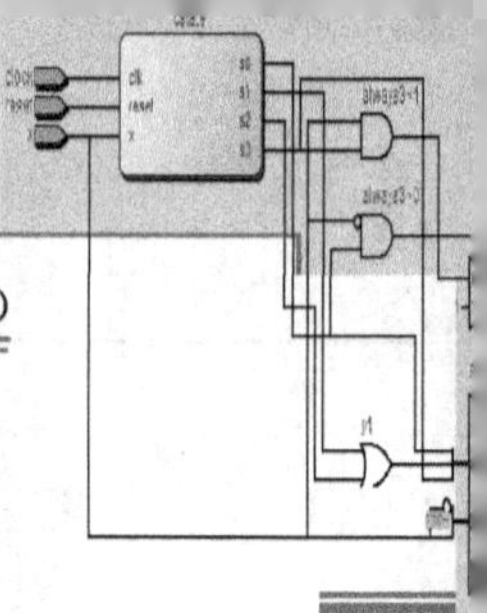

第2章 Verilog HDL 门级建模

在使用 Verilog HDL 进行设计建模时，可以选择多种方式，其中门级建模比较基础，就是采用数字电路基本的电路图来建立 Verilog HDL 模型，对于学习过数字电路基本课程的读者来说很容易理解。本章将对 Verilog HDL 的门级建模进行介绍，读者可以带着如下问题来阅读本章。

（1）Verilog HDL 门级建模的基本语法是什么？

（2）Verilog HDL 语法中包含哪些基本的逻辑门？

（3）如何连接所调用的逻辑门？

（4）层次化设计方法是什么？

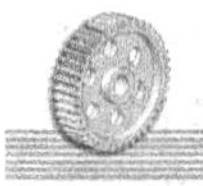

本章内容

- Verilog HDL 门级建模
- 层次化设计

本章案例

- 4 位全加器门级建模
- 2-4 译码器的门级建模
- 主从 D 触发器的门级建模
- 1 位比较器的门级建模

2.1 门级建模范例

首先来看一个简单的四选一数据选择器的范例，图 2-1 所示的电路图是一个四选一数据选择器。数据输入端有 A、B、C、D 四个 1 位输入信号，有 S1 和 S0 两个 1 位选择信号，这两个信号值为 00、01、10、11 时，输入端 ABCD 会依次和输出端 Y 连通，完成选择输出功能。En′ 信号作为始能端使用，当输入为低电平时正常工作，当输入为高电平的时候输出端 Y 变为 0 值。

这个例子在第 3、4 章中还会再次出现，会使用其他的方式来对此电路进行建模描述，方便读者对比不同建模方式，所以请记好它的功能。

视频教学

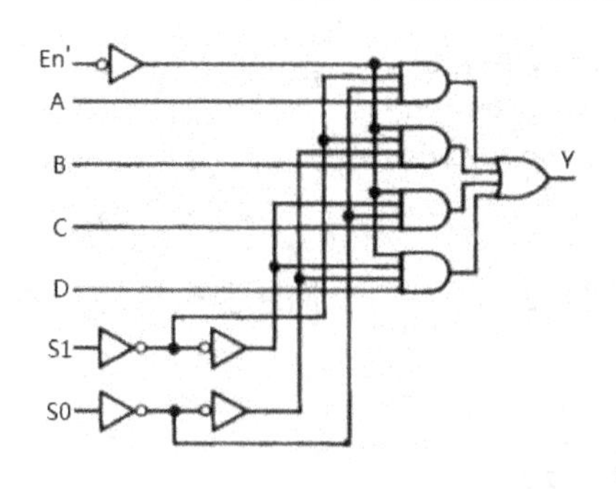

图 2-1　四选一数据选择器电路图

对于图 2-1 所示的电路，就可以使用 Verilog HDL 的门级描述对其建模，其代码如下。

例 2.1　四选一数据选择器门级建模实例 1

```
module  MUX4x1(Y,A,B,C,D,S1,S0,En );
output  Y;
input   A,B,C,D;
input   S1,S0;
input   En ;

not (S1n,S1);
not (S0n,S0);
not (S1nn,S1n);
not (S0nn,S0n);
not (En n,En );
and (and1,En n,S1n,S0n,A);
and (and2,En n,S1n,S0nn,B);
and (and3,En n,S1nn,S0n,C);
and (and4,En n,S1nn,S0nn,D);
or (Y,and1,and2,and3,and4);

endmodule
```

上述代码中的 not、and、or 等名称就是使用了 Verilog HDL 门级建模语言。如果遇到了使用逻辑门较多的情况，还可以使用下述代码来简化编写。

例 2.2　四选一数据选择器门级建模实例 2

```
module  MUX4x1(Y,A,B,C,D,S1,S0,En );
output  Y;
input   A,B,C,D;
input   S1,S0;
input   En ;

not  (S1n,S1),
     (S0n,S0),
     (S1nn,S1n),
     (S0nn,S0n),
     (En n,En );
and  (and1,En n,S1n,S0n,A),
     (and2,En_n,S1n,S0nn,B),
```

```
        (and3,En n,S1nn,S0n,C),
        (and4,En n,S1nn,S0nn,D);
    or  (Y,and1,and2,and3,and4);

    endmodule
```

以上的两个代码都是对图 2-1 所示电路的建模描述，均能实现四选一数据选择器的功能。

2.2 门级建模基本语法

一个完整的门级建模实例一般包含模块定义、端口声明、内部连线声明、门级调用几个部分，下面就结合例 2.1 详细介绍其中各行代码的作用。

2.2.1 模块定义

模块定义以关键字 module 开始，以关键字 endmodule 结束，在这两个关键字之间的代码识别为一个模块，即一个具有某种基本功能的电路模型，其基本语法结构如下：

```
    module  模块名（端口名 1，端口名 2……）;
    ……
    endmodule
```

这种定义方式与 C 语言中的主函数定义类似，其目的就是为了标识一个代码的界限。模块内部可以有很多组成部分，会随着章节内容逐渐出现在模块中。按语法来说，在一个 Verilog HDL 源文件中可以编写多个模块，即一个“.v”文件中可以包含多个 module，但是为了便于管理，一般在一个“.v”文件中仅编写一个 module。

要特别强调的是，module 和 endmodule 是 Verilog HDL 的基本语法，除部分编译指令语法之外的任何 Verilog HDL 代码都要写在这两个关键字之中。

在关键字 module 之后还要跟上一个字符串作为该模块的名称，如例 2.1 中的第一行代码，MUX4x1 就是这个模块的名称，与 module 以空格隔开。这个名称是设计者自己来定义的，只要满足语法要求都可以作为模块名称来使用。此类由设计者自己定义的字符串称为标识符。

```
    module  MUX4x1(Y,A,B,C,D,S1,S0,En_);
```

在模块的名称之后是端口列表，如上述代码中的(Y,A,B,C,D,S1,S0,En_)就是端口列表。端口是模块和外界环境交换数据的接口，就是本设计代码所具有的输入和输出端口，这一点有数字电路基础的读者应该很容易理解。

端口列表中必须出现本模块所具有的全部端口，端口列表的顺序并没有什么强制性的要求，但一般都分为输入和输出两部分来书写，不要互相掺杂，可以先写输入端口后写输出端口，也可以反过来。Verilog HDL 的自建语法中定义是先写输出端口再写输入端口，建议读者均按此方式排列端口顺序。但是无论哪种写法，对整个 module 来说都是一样的，展现给外界的都是相同的端口。

端口列表用括号区分，括号内部写出所有的端口，每个端口的名称都可以自己命名，也属于刚刚说到的标识符。不同的端口之间以逗号隔开，仅仅列出名称，而不用体现该端口所具有的位宽，在前面的例子中都是 1 位的端口，所以没有位宽的概念。

当把 module 关键字、模块名称、端口列表都写完后，需要在此行的末尾添加一个分号

“;”，作为本行结束的标志，这样，模块的定义就完成了。下面的代码给出了三个模块abc、adder和test的定义，可以查看并加深理解。

```
module  abc(a,b,c);
module  adder(a,b,cin,sum,cout);
module  test;
```

第一个模块abc定义了三个端口，第二个模块adder定义了五个端口，第三个模块test没有定义端口，这是允许的，表明此模块与外界没有信号的交换，一般用在测试模块中。

设计者自己定义的标识符需要满足一定的语法规范，Verilog HDL中的标识符由字母、数字、下画线（_）和美元符（$）组成，字母区分大小写。Verilog HDL标识符的第一个字符必须是字母或下画线，不能以数字或美元符开始。还有一些Verilog HDL基本语法中使用到的关键字作为保留字，是不能用作标识符的，如模块定义module就属于此类。

```
module  module(a,b);        非法，会报错，因为module是保留字
module  Module(a,b);        合法，因为区分大小写
```

由于关键字众多，很难全部记忆，只需要在仿真软件中输入代码时注意所定义的标识符的颜色即可，一般的仿真软件都会把关键字标记为同一种颜色，这样可以很方便地区分是否是关键字。

2.2.2 端口声明

模块定义中的端口列表仅仅列出了本模块具有哪些端口，但这些端口是输入还是输出并没有定义，这就需要在模块中声明。例如例2.1中的如下代码：

```
output  Y;
input   A,B,C,D;
input   S1,S0;
input   En_;
```

顾名思义，端口声明的作用就是声明端口的类型、宽度等信息。端口的类型有三种，分别是input、output和inout，如表2-1所示。

表 2-1　端口类型定义及关键字

Verilog HDL 关键字	端 口 类 型
input	输入端口
output	输出端口
inout	双向端口

端口定义时默认1位宽度，即只能传播1位的有效信息，如果定义的端口中包含多位信息，需要指定端口的宽度，其语法结构如下：

```
端口类型   [端口位宽左界:端口位宽右界]   端口名;
```

端口类型即上述input、output和inout。中间的“[ ]”区域就是端口宽度的定义，这里的左界和右界都表示数值，两个数值之间以冒号“:”隔开，然后接端口名称，代码行的末尾添加分号“;”表示结束。例如，可以做如下声明：

```
input   [2:0]  cin;
output  [0:4]  cout;
inout   [4:7]  fast;
```

第一行代码声明了一个名为cin的输入端口，端口宽度为3位，按从左至右的顺序依次是cin[2]、cin[1]和cin[0]。第二行声明了一个名为cout的输出端口，端口宽度为5位，从左至右依次是cout[0]、cout[1]、cout[2]、cout[3]和cout[4]。第三行声明了一个名为fast的双向端口，端口宽度为4位，从左至右依次为fast[4]、fast[5]、fast[6]和fast[7]。

单从Verilog HDL的语法上来讲，上述的三种端口宽度定义都是合法的。但是在实际使用的时候，由于信号是一系列的二进制数值，按照二进制的习惯，数值的左侧为高位，右侧为低位，且计数位从 *n* 到0。为了和这个习惯保持一致，在端口宽度定义的时候统一采用如下格式：

```
端口类型  [端口宽度-1 : 0]  端口名;
```

例如定义一个2位宽度的输入信号a，虽然有如下四种定义方式，且都符合语法，但仅取第一行的定义方式：

```
input  [1:0]  a;
input  [0:1]  a;
input  [1:2]  a;
input  [2:1]  a;
```

端口声明中默认会把定义的端口声明为wire类型，即线网类型。对于端口的三种类型，除了output可能是寄存器类型（reg类型）外，input和inout都必须是wire类型。线网类型和寄存器类型的区别，在于线网类型描述的电路形式是连线，即线的一端有了数据会立刻传送到另外一端，一端的数据消失则另一端数据也消失，不能够保存数值；寄存器类型描述的电路形式是寄存器，可以保存某个数值直到下次更新。对于一个模块，其端口的内部外部连接规则如图2-2所示。

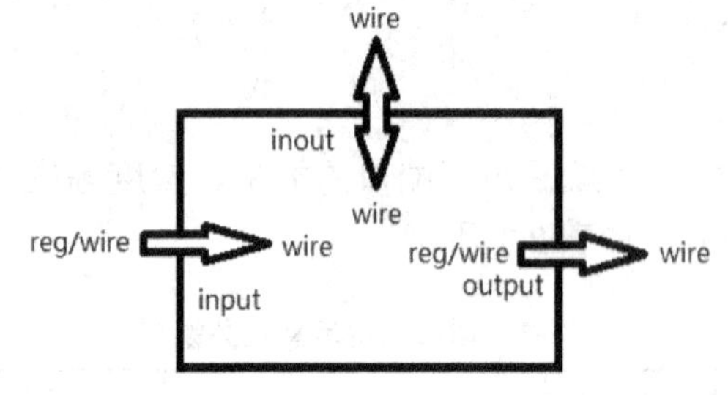

图2-2　端口连接规则

在本章使用的门级建模语法中，仅需使用wire类型，所以不需要做进一步声明。

2.2.3　门级调用

端口声明之后的部分就是门级调用，门级调用的语法格式如下：

```
逻辑门类型  <实例名称（可选）>  （端口连接）;
```

实例名称部分在门级建模中一般是不使用的，因为门级建模使用到的基本逻辑门较多，如果对其一一命名，既浪费时间，又没有必要。逻辑门类型指的是常用的基本逻辑门，截取例2.1代码如下，其中not、and、or就是基本逻辑门。

```
not (S1n,S1);
not (S0n,S0);
not (S1nn,S1n);
```

```
    not (S0nn,S0n);
    not (En n,En );
    and (and1,En n,S1n,S0n,A);
    and (and2,En n,S1n,S0nn,B);
    and (and3,En n,S1nn,S0n,C);
    and (and4,En n,S1nn,S0nn,D);
    or (Y,and1,and2,and3,and4);
```

基本逻辑门一般可以分为两大类：单输入逻辑门和多输入逻辑门。单输入逻辑门包括两种，即缓冲器 buf 和非门 not，其电路符号图如图 2-3 所示。

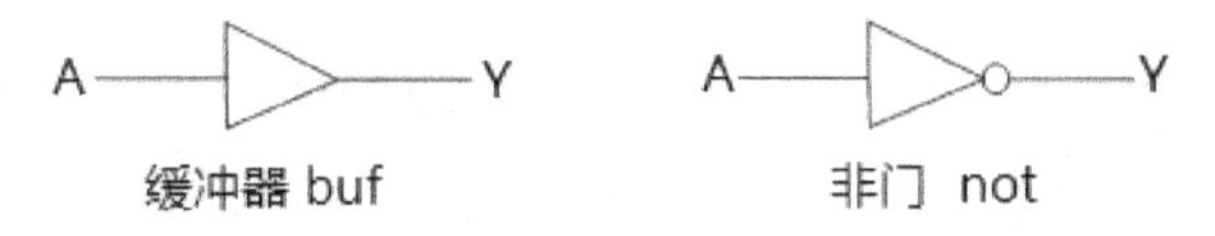

图 2-3 单输入逻辑门

这两个逻辑门的功能如表 2-2 所示。

表 2-2 单输入逻辑门功能表

关 键 字	buf				not			
输入信号	0	1	x	z	0	1	x	z
输出信号	0	1	x	z	1	0	x	z

单输入逻辑门只有一个输入，但可以有多个输出，在调用的时候使用如下语法结构：

```
    buf  实例名称  (out1, out2, …, outn, in);
    not  实例名称  (out1, out2, …, outn, in);
```

可能有如下的几种调用形式：

```
    buf   b1(out1,in);
    not   n1(out1,in);
    not   n2(out1,out2,in);
```

在同一个模块中实例名称不要重复。另外，逻辑门名称可以不定义，如例 2.1 中调用 not 门的代码如下：

```
    not  (S1n,S1);
```

此代码就是调用了一个非门，该非门的输入为 S1，输出为 S1n，没有定义逻辑门名称。这里要强调一点，没有定义实例名称并不意味着该逻辑门没有名称，而是 Verilog HDL 的内建语法会在编译的过程中自动给这个逻辑门进行命名。换言之，每个逻辑门都会拥有自己独有的实例名称。

为什么要给同一模块中每个逻辑门都命名一个特有的名称呢？这主要是为了区分相同的逻辑门，给相同的逻辑门分别命名，在电路仿真的时候就能清楚地知道使用的是哪一个具体的逻辑门，这样在综合成电路之后不会发生混淆。

还有，要区分什么是逻辑门类型，什么是实例名称，可以通过图 2-4 来说明。

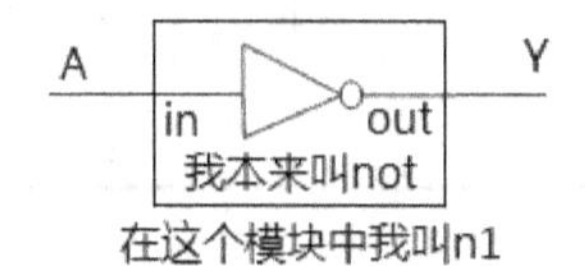

图 2-4 逻辑门调用（实例化）的过程

图 2-4 所示的图形对应的语句如下：

```
not n1 (Y,A);
```

逻辑门类型就表示在本模块内调用了一个 not 门，实例名称就表示在本模块内这个 not 门就叫做 n1。另外，原有的 not 门定义的信号在本模块中都不再继续使用，而是重新使用新的 A 和 Y 作为输入和输出。这个调用过程在 Verilog HDL 中称为模块的实例化过程。

多输入逻辑门中比较常见的有六种，分别是与门 and、与非门 nand、或门 or、或非门 nor、异或门 xor 和同或门 xnor，电路符号如图 2-5 所示，电路功能见表 2-3，表格中为输出值。

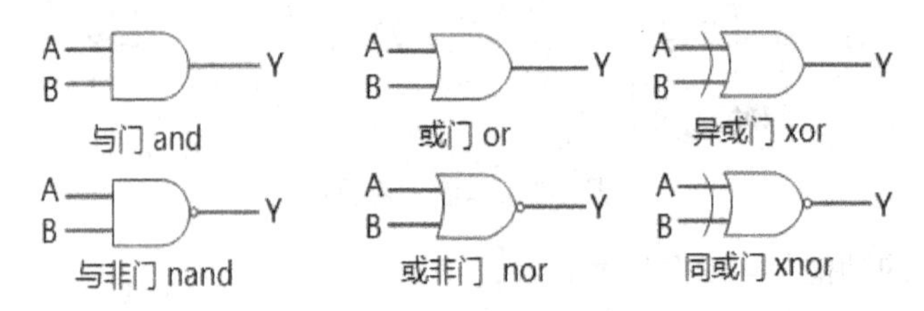

图 2-5 多输入逻辑门

表 2-3 多输入逻辑门功能表

与门		B			
and		0	1	x	z
A	0	0	0	0	0
	1	0	1	x	x
	x	0	x	x	x
	z	0	x	x	x
与非门		B			
nand		0	1	x	z
A	0	1	1	1	1
	1	1	0	x	x
	x	1	x	x	x
	z	1	x	x	x
或门		B			
or		0	1	x	z
A	0	0	1	x	x
	1	1	1	1	1
	x	x	1	x	x
	z	x	1	x	x
或非门		B			
nor		0	1	x	z
A	0	1	0	x	x
	1	0	0	0	0
	x	x	0	x	x
	z	x	0	x	x

续表

<table>
<tr><td colspan="2">异或门
xor</td><td colspan="4">B</td></tr>
<tr><td colspan="2"></td><td>0</td><td>1</td><td>x</td><td>z</td></tr>
<tr><td rowspan="4">A</td><td>0</td><td>0</td><td>1</td><td>x</td><td>x</td></tr>
<tr><td>1</td><td>1</td><td>0</td><td>x</td><td>x</td></tr>
<tr><td>x</td><td>x</td><td>x</td><td>x</td><td>x</td></tr>
<tr><td>z</td><td>x</td><td>x</td><td>x</td><td>x</td></tr>
<tr><td colspan="2">同或门
xnor</td><td colspan="4">B</td></tr>
<tr><td colspan="2"></td><td>0</td><td>1</td><td>x</td><td>z</td></tr>
<tr><td rowspan="4">A</td><td>0</td><td>1</td><td>0</td><td>x</td><td>x</td></tr>
<tr><td>1</td><td>0</td><td>1</td><td>x</td><td>x</td></tr>
<tr><td>x</td><td>x</td><td>x</td><td>x</td><td>x</td></tr>
<tr><td>z</td><td>x</td><td>x</td><td>x</td><td>x</td></tr>
</table>

多输入逻辑门可以有多个输入，但仅有一个输出，表 2-3 列出的是双输入情况下输入 A、B 值和输出值的关系。调用多输入逻辑门的语法如下：

```
and  a1(out1,in1,in2,in3);
or   (out1,in1,in2);
xor  x1(out1,in1,in2);
```

从整体上看，多输入逻辑门和单输入逻辑门的语法结构相同，都是由逻辑门类型、实例名称和端口连接三个部分构成的，实例名称也可以省略不写，最后也是由一个分号“;”结束一行。区别在于多输入逻辑门的输出仅有一个 out1，放在端口连接的最前面，后面的端口都是输入信号。

如果在一个模块中需要调用多个同种逻辑门，也可以使用如下的语法：

```
nand  n[3:0]  (Y,A,B);
```

该行语句等同于下面四条语句：

```
nand  n3(Y3,A3,B3);
nand  n2(Y2,A2,B2);
nand  n1(Y1,A1,B1);
nand  n0(Y0,A0,B0);
```

这种语法称为实例数组，在使用实例数组的时候，实例名称必须定义。

2.2.4 模块实例化

前面介绍了一些基本逻辑门的调用，可以完成需要的功能模块。这些被调用的逻辑门本身也属于模块，只不过在 Verilog HDL 的内建语法中已经定义好了，设计过程中直接拿来使用即可。在 Verilog HDL 的语法中，把这种在当前的模块（module）内调用其他模块来完成设计的过程统称为模块的实例化。模块实例化语法结构如下：

```
模块名称    实例名称（端口连接）;
```

模块名称即已经定义好的其他模块的模块名，实例名称是在本模块内定义的新名称。端口连接是在当前模块中把实例化的模块所包含的端口进行连接，有两种连接方式，即按顺序连接和按名称连接。

按顺序连接对初学者来说比较直观和简便，它要求连接到实例的信号必须与模块声明时目标端口在端口列表中的位置保持一致。另外，要遵循图 2-2 所示的连接规则，把实例化模块的输入端口所连接的信号定义为 reg，把实例化模块的输出端口所连接的信号定义为 wire，若实例化模块中有双向端口，所连接的信号也要定义为 wire，这是必须遵守的语法要求！观察如下代码。

例 2.3　按顺序连接实例化端口

```
//主模块
module Test;
reg  a,b,c,d,en_;    //定义成 reg 是因为它们要连接实例化模块的输入端
reg  s1,s0;
wire y;              //定义成 wire 是因为它要连接实例化模块的输出端
……

MUX4x1  mymux(y,a,b,c,d,s1,s0,en_);  //按顺序连接，完成实例化调用

endmodule

//待调用模块
module  MUX4x1(Y,A,B,C,D,S1,S0,En );
output  Y;
input   A,B,C,D;
input   S1,S0;
input   En ;

……//模块功能部分，省略

endmodule
```

此代码共有两个模块，第二个模块就是例 2.1 中定义的四选一数据选择器，只给出了模块定义和端口声明部分，内部的逻辑门调用没有给出。第一个模块是一个测试模块 Test，模块中调用了四选一数据选择器，重新命名为 mymux，连接顺序按照下面的模块 MUX4x1 定义的顺序依次连接。此条语句得到图 2-6 所示的电路结构，在 Test 模块中看到的实际结构如图 2-7 所示。

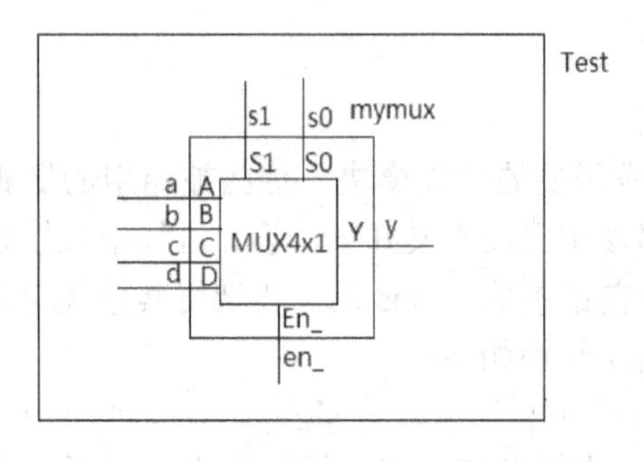

图 2-6　按顺序连接

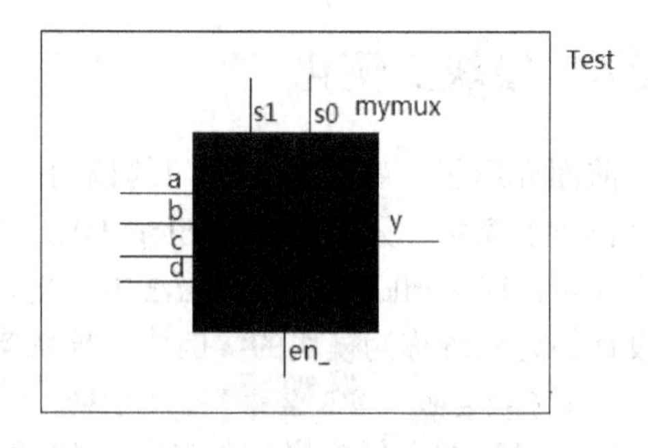

图 2-7　在 Test 模块中看到的实际结构

可以看出，按顺序连接就是把在 Test 模块中定义的 wire 或 reg 型变量按照 MUX4x1 中定义的端口列表顺序依次进行连接。连接的顺序与 MUX4x1 中的端口声明部分无关，仅考虑模块定义中的端口列表顺序，即：

```
module  MUX4x1(Y,A,B,C,D,S1,S0,En_);
```

此行代码一旦确定，按顺序连接的连接次序就必须是先输出，然后四个输入、两个选择信号和最后一个使能信号。按此顺序完成模块的实例化后，在顶层的 Test 模块中，仅能看到 mymux 这个模块和其外部的 abcd 等连接信号，而内部结构就看不到了，需要查看 mymux 实例的原定义模块才能看到它的内部结构。

当模块的端口比较多的时候，端口的先后次序就容易混淆，按顺序连接方式就容易发生错误，此时就可以使用按名称连接的方式。按名称连接方式的端口连接语法如下：

```
.原模块中端口名称（新模块中连接信号名称）
```

注意在原模块中端口名称前有一个“.”，这是必需的语法。具体使用可以看例 2.4，为了节约篇幅，模块 MUX4x1 部分没有重复给出，依然和例 2.3 中一样。例 2.4 中仅给出按名称连接部分的代码。

例 2.4　按名称连接实例化端口

```
module Test;
reg  a,b,c,d,e,f,g;
wire y;
……

MUX4x1  mymux(.Y(y),.A(a),.B(b),.C(c),.D(d),.En (e),.S1(f),.S0(g));
                                        //按名称连接


endmodule
```

在例 2.4 中特地把端口顺序调整得与原 MUX4x1 中端口列表的顺序不同，把 En_信号放到了第 6 位而不是在最后。同时，为了显示连接信号的名称与原定义端口名称无关，这里采用了无意义的字母 abcdefg 作为 Test 模块中的连接线，这样会得到图 2-8 所示的电路结构。在实际设计过程中，端口连接线最好和原有模块的端口名称一致，或者名称具有实际意义，这也是为了增加代码的可读性和可维护性。

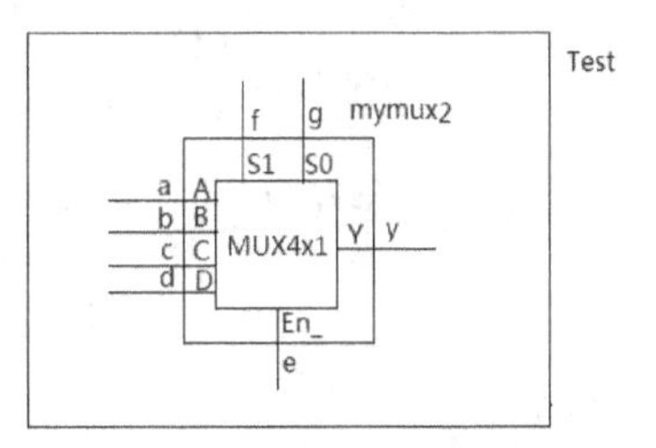

图 2-8　按名称连接后的电路结构图

如果在模块实例化的过程中，有些端口没有使用到，不需要进行连接，可以直接悬空。对于按顺序连接方式，可以在不需要连接的端口位置直接留一个空格，以逗号来表示这个端口在原模块中的存在。对于按名称连接方式，没有出现的端口名称就直接被认为是没有连接的端口，可以参考如下代码：

```
MUX4x1  mymux(y,a,b,c,d,s1, ,en_);  //两个逗号间表示没有连接的端口
MUX4x1  mymux(.Y(y),.A(a),.Bb,.C(c),.D(d),.En_(e));       //没有出现的端口
                                                        就没有连接
```

两种端口连接方式在语法上都是可行的，这里给出编码风格的建议：按顺序连接只使用在门级建模和规模比较小的代码中，如简单的实验、课程的作业、自己编写研究的小段代码等，按名称连接可以使用在所有的代码中。所以推荐使用按名称连接的方式进行实例化端口的连接。这是因为在调试代码的过程中，可能随时会调整端口的个数和宽度，这样就需要更改实例化的语句，如果使用按顺序连接方式，每一次修改时都需要重新检查所有的端口顺

序，而使用按名称连接的方式，只需要改动增加或删除的端口即可，其他端口不需要检查。虽然在第一次编写按名称连接的端口列表时语法比较烦琐，但为了以后代码的可维护性，这点工作量是值得付出的。再者在实际设计中，使用的端口名称都是具有实际意义的，使用按名称连接方式也可以增加代码的可读性。

2.2.5 内部连线声明

内部连线是在模块实例化过程中，在被实例化的各个模块之间连接输入和输出信号的数据连线，即前面提到的 wire 类型，其定义语法如下：

```
wire  [线宽-1 : 0] 线名称;
```

例如，可以定义 1 位或多位宽度的线网：

```
wire  a;  //定义1位线网a
wire  [3:0]  b;//定义4位线网b
```

此部分的定义在例 2.1 的代码中并未出现，这是因为在 Verilog HDL 代码的编译过程中，凡是在模块实例化中没有定义过的端口连接信号均被默认为 1 位的 wire 类型。为了避免读者在看到例 2.1 的时候觉得代码混乱，同时语法规范上也允许，就把所有的实例连接线声明都去除了。正常的设计中都要把这些信号显式地声明出来，避免出现位宽不匹配的现象。下面加上声明部分，使例 2.1 变得完整。

例 2.5　完整的四选一数据选择器代码

```
module  MUX4x1(Y,A,B,C,D,S1,S0,En );
output  Y;
input   A,B,C,D;
input   S1,S0;
input   En ;

wire   S1n,S0n,S1nn,S0nn,En_n,and1,and2,and3,and4; //连线定义

not (S1n,S1);
not (S0n,S0);
not (S1nn,S1n);
not (S0nn,S0n);
not (En_n,En );
and (and1,En_n,S1n,S0n,A);
and (and2,En_n,S1n,S0nn,B);
and (and3,En_n,S1nn,S0n,C);
and (and4,En_n,S1nn,S0nn,D);
or (Y,and1,and2,and3,and4);

endmodule
```

所设计电路中各条连接线的名称如图 2-9 所示。正确的设计过程是先得到图 2-9 中的所有连接线信号，再按照信号依次连接各个实例化模块，在连线定义的时候直接定义图中所有的内部连线即可，或者也可以先不定义内部连线，按需要边使用边定义，最后统一把所有用到的连线定义出来即可。

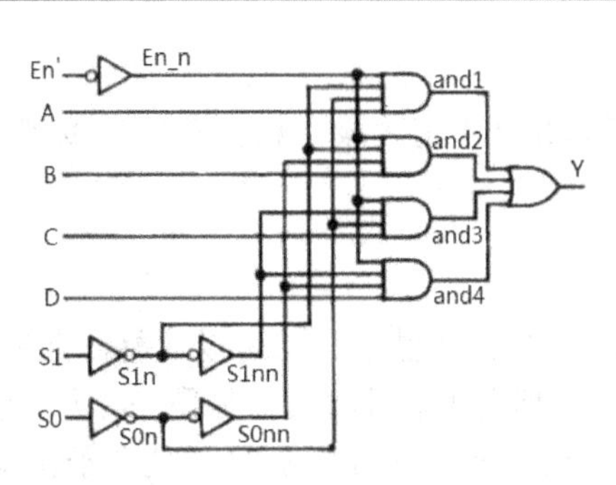

图 2-9　实例化模块连接线名称

2.3　MOS 开关与 UDP

由数字电路知识可以知道，各种逻辑门其实是可以由低级的 MOS 开关来实现的。在 Verilog HDL 中也可以使用这些 MOS 开关进行建模，这类建模称为开关级。

MOS 开关包含两种基本的晶体管：nmos 和 pmos。语法如下：

```
nmos  实例名(out , data , ctrl);
pmos  实例名(out , data , ctrl);
```

此外，门级建模中使用的 and、or、not 等逻辑门是 Verilog HDL 自带的内建语法，对这些门的描述是以原语的形式在 Verilog HDL 中定义的，即 Verilog HDL 的内置原语。在实际设计中，设计者有时需要使用自己编写的原语，在 Verilog HDL 中称为用户自定义原语（User-Defined Primitive，UDP）。UDP 的设计独自成一体系，内部不能调用其他的模块和原语，定义的语法也完全不同，但是定义之后使用方式和逻辑门完全相同。下例是一个二输入与非门的 UDP 示例，用此方法完成的模块 nand_udp 与之前介绍的 nand 与非门功能是一致的。

例 2.6　具有完整列表的二输入与非门 UDP

```
primitive  nand udp(Y,A,B);
output  Y;
input   A,B;

table
//  A    B    :    Y
    0    0    :    1;
    0    1    :    1;
    1    0    :    1;
    1    1    :    0;
    x    0    :    1;
    0    x    :    1;
    x    x    :    x;  //注意此行
endtable

endprimitive
```

在实际的使用过程中，MOS 级开关和 UDP 使用频率较低，甚至门级建模使用频率也不高，主要使用到的是数据流级建模和行为级建模，选择这两种建模方法中可以综合成电路的语法进行建模，是 Verilog HDL 建模的主要建模方式，这种建模也被称为 RTL 级（Register

Transfer Level）模型。

本书中对于MOS开关和UDP不再收录，相关语法可以查询其他参考书。

2.4 层次化设计

掌握了基本的Verilog HDL门级语法后，就可以从整体上了解数字电路设计的Top-Down流程了。Top-Down流程称为自顶向下设计流程，如图2-10所示。在电路设计过程中，设计者先完成一个整体设计规划，然后把这个设计拆分为几个子模块，这些子模块都具有某种功能，完成了这些功能子模块就可以组建起整个设计。这些子模块内部还可以继续划分，也包含一些功能子模块……，以此类推，直到得到了底层的子模块为止，然后依次完成这些子模块的建模，最后把这些模块使用Verilog HDL的实例化语句依次组建成整体设计。

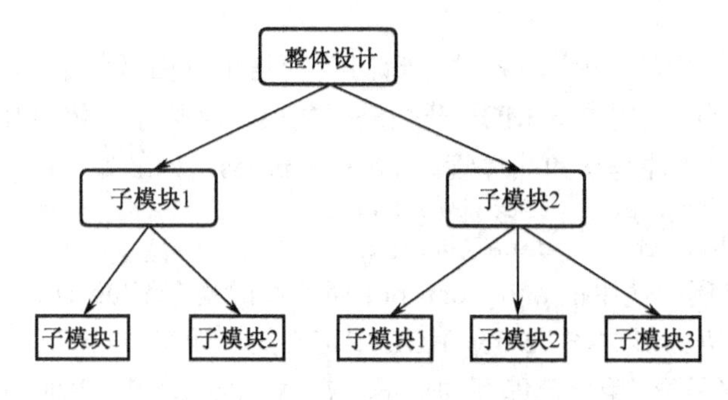

图2-10　自顶向下设计流程

2.5 应用实例

实例2-1——4位全加器的门级建模

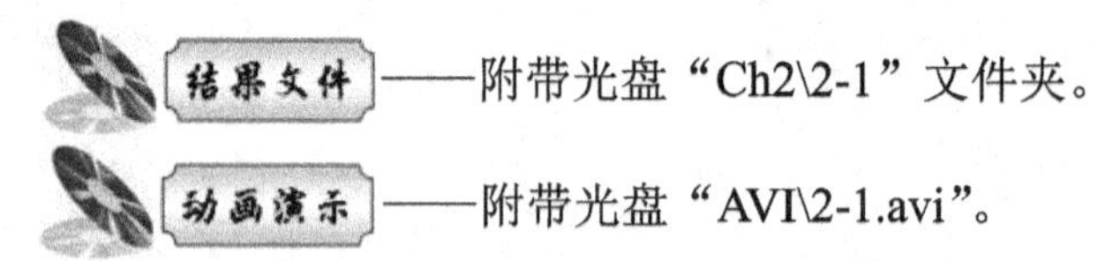

结果文件——附带光盘“Ch2\2-1”文件夹。
动画演示——附带光盘“AVI\2-1.avi”。

下面通过一个简单的实例来说明这个过程。现在要设计一个四位加法器，采用最简单的串行进位形式，有数字电路基础的读者应该都不会陌生。该加法器的电路结构如图2-11所示。

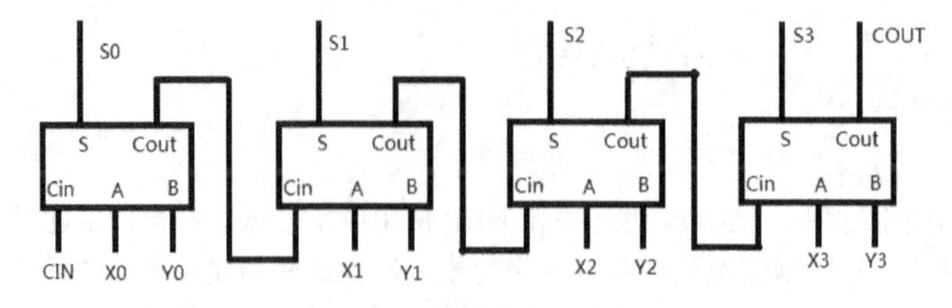

图2-11　串行进位加法器

串行进位加法器是由四个 1 位全加器串联得到的，图 2-11 中每一个方框都是一个 1 位全加器。1 位全加器的电路结构如图 2-12 所示。

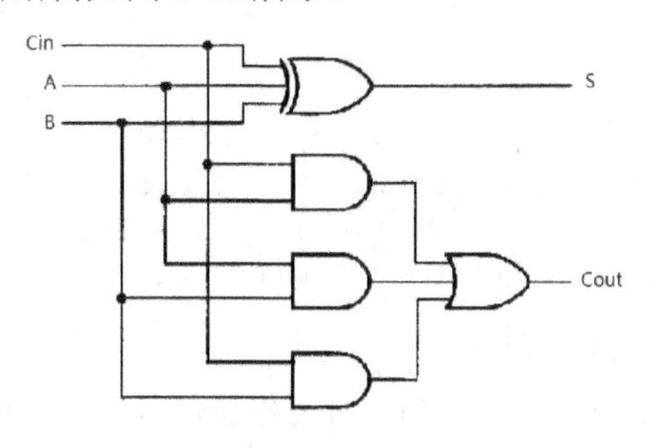

图 2-12 1 位全加器

这样，一个 4 位全加器被分成了四个子模块，每个子模块是一个 1 位全加器，再完成 1 位全加器，就能组建成整体的设计。完整的设计代码如下：

```
//1 位全加器模块
module  fulladd(S,Cout,Cin,A,B);
output  S,Cout;
input  Cin,A,B;
wire   and1,and2,and3,and4;

xor  (S,Cin,A,B);
and  (and1,Cin,A);
and  (and2,A,B);
and  (and3,Cin,B);
or  (Cout,and1,and2,and3);

endmodule

//4 位全加器模块
module  add4(S3,S2,S1,S0,COUT,CIN,X3,X2,X1,X0,Y3,Y2,Y1,Y0);
output  COUT,S3,S2,S1,S0;
input  CIN, X3,X2,X1,X0,Y3,Y2,Y1,Y0;
wire  c0,c1,c2;

fulladd  add0(.S(S0), .Cout(c0), .Cin(CIN), .A(X0), .B(Y0));
fulladd  add1(.S(S1), .Cout(c1), .Cin(c0), .A(X1), .B(Y1));
fulladd  add2(.S(S2), .Cout(c2), .Cin(c1), .A(X2), .B(Y2));
fulladd  add3(.S(S3), .Cout(COUT), .Cin(c2), .A(X3), .B(Y3));

endmodule
```

这种建模方式是满足语法要求的。但是 4 位全加器的输入和输出都是 4 位数据，是被作为一个数据来处理的，如果非要分成这样的四个输入/输出信号显然是比较麻烦的。这里采用如下代码：

```
//修改后的 4 位加法器模块
module  add4(S,COUT,CIN,X,Y);//4 位全加器
output  COUT;
```

```
    output  [3:0] S;
    input  CIN;
    input  [3:0]X,Y;
    wire  c0,c1,c2;

    fulladd  add0(.S(S[0]), .Cout(c0), .Cin(CIN), .A(X[0]), .B(Y[0]));
    fulladd  add1(.S(S[1]), .Cout(c1), .Cin(c0), .A(X[1]), .B(Y[1]));
    fulladd  add2(.S(S[2]), .Cout(c2), .Cin(c1), .A(X[2]), .B(Y[2]));
    fulladd  add3(.S(S[3]), .Cout(COUT), .Cin(c2), .A(X[3]), .B(Y[3]));

    endmodule
```

在 Verilog HDL 的语法中，称1位的信号为标量信号，称多位的信号为向量信号。在两个 add4 模块中就依次使用了标量端口和向量端口来定义了输入/输出，在能使用向量形式的时候建议使用向量形式，这样会减少标识符的个数，同时代码规模也会有所降低。向量中每一个位的引用也在例子中给出了，对于 4 位的输出向量“output [3:0] S”，分别使用了S[3]、S[2]、S[1]、S[0]来表示S的4位，对于X、Y信号同理。

```
    //4 位加法器测试模块
    module  tadd4;
    reg  [3:0]  x,y;
    reg  cin;
    wire  [3:0] s;
    wire  cout;

    add4  myadd4(.S(s),.COUT(cout),.CIN(cin),.X(x),.Y(y));

    initial    //此段代码用于生成输入的数据
    begin
           cin<=0;x<=11;y<=2;
       #10  cin<=0;x<=9;y<=6;
       #10  cin<=0;x<=9;y<=7;
       #10  cin<=1;x<=11;y<=2;
       #10  cin<=1;x<=9;y<=6;
       #10  cin<=1;x<=9;y<=7;
       #10  $stop;
    end

    endmodule
```

把测试模块和设计模块仿真会得到仿真结果如图 2-13 所示。波形图中分为两个部分，前 30ns 中 cin 为 0，此时仅在 x 为 9、y 为 7 时产生进位 cout，同时和值为 0。后 30ns 中 cin 为 1，在 x 为 9、y 为 6 和 x 为 9、y 为 7 两处都产生进位信号 cout。经验证功能正确。

由于在本例的设计中仅使用了基本逻辑门的调用，没有不可以综合的语法，所以也可以进行综合，会得到图 2-14 所示的综合电路图，和设计最初的结构图相似。点击每一个子模块可以看到内部接头如图 2-15 所示，也和最初的电路结构图相似。这也是门级建模的特点，因为门级建模就是按照基本的电路原理图来设计电路的，如果用于编写代码参考的电路原理图没有冗余部分，那么综合之后的电路结构图和设计电路原理图应该是完全相同的。如果电路中有一些冗余部分，这些部分可能会被综合工具去除。

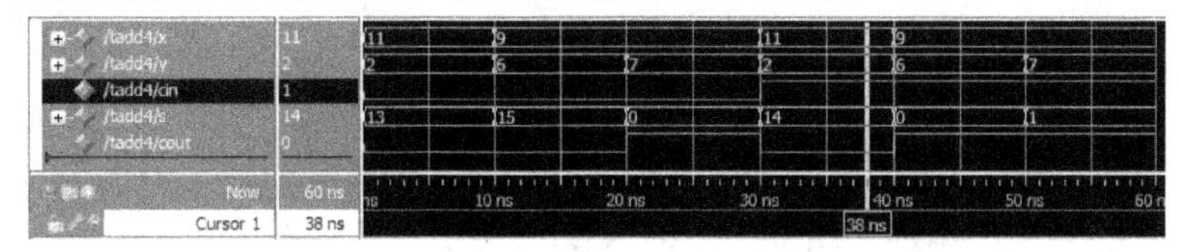

图 2-13　仿真波形输出

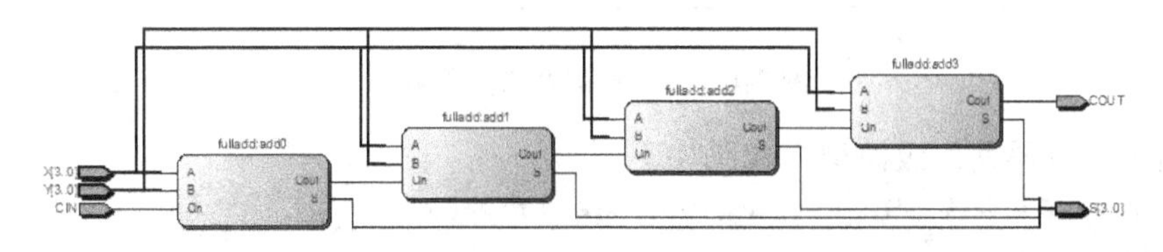

图 2-14　综合后 4 位加法器电路图

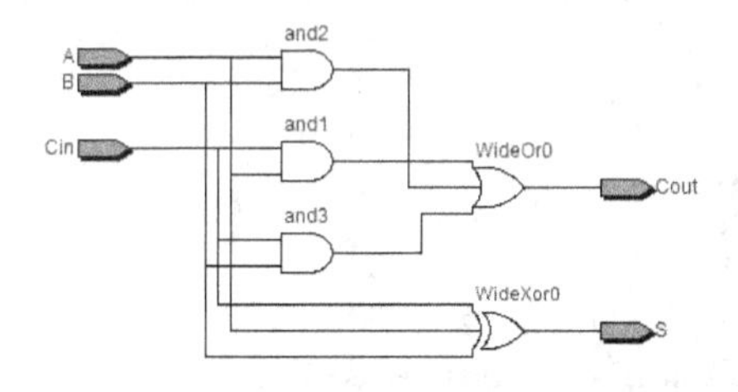

图 2-15　综合后一位全加器电路图

采用层次化设计的模块中每一个标识符都是可以被寻找的，这在后期的仿真调试过程中很有必要。标识符在模块中可以作为模块名、线网名、子模块名等出现。例如，在 4 位加法器测试模块 tadd4 中就调用了 add4 模块并实例化为 myadd4，如果要访问此类层次化的标识符，可以在层次名后加上“.”来进行仿真，如访问 myadd4 模块就可以使用如下代码：

```
tadd4.myadd4
```

按照上面全加器的例子，可以对其各级子模块中的标识符进行访问，简单举例如下：

```
tadd4.s
tadd4.myadd4
tadd4.myadd4.c0
tadd4.myadd4.add0
tadd4.myadd4.add0.and1
```

这样就可以访问所有 tadd4 模块下的标识符，可以方便地查看某个标示符的信息。

实例 2-2——2-4 译码器的门级建模

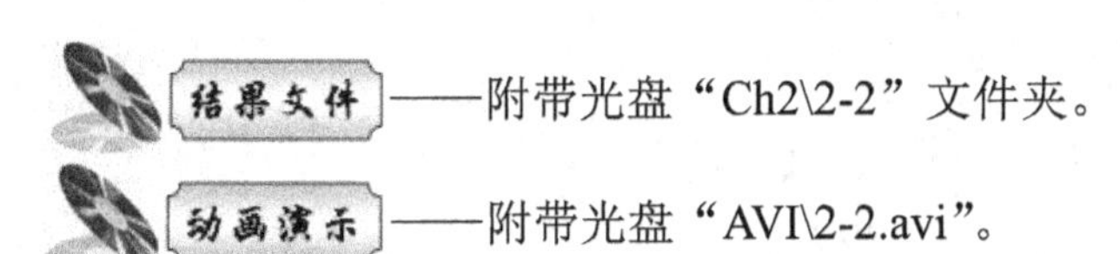

结果文件——附带光盘“Ch2\2-2”文件夹。

动画演示——附带光盘“AVI\2-2.avi”。

本例尝试建立一个 2-4 译码器的门级模型，有数字电路基础的读者应该不会陌生。所谓的 2-4 译码器就是当输入的两个信号为 00、01、10、11 四种不同的组合时，输出端的四个端口可以输出唯一确定的信号来对这四种组合进行译码。作为门级建模，不需要掌握其基本功能表，只需有电路结构图就可以。图2-16所示就是2-4译码器的门级电路图。

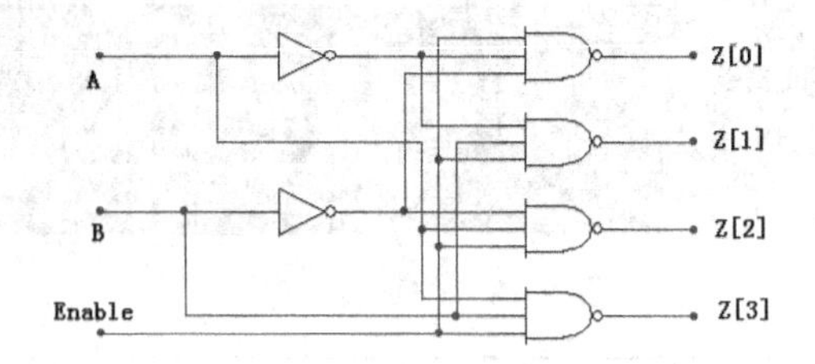

图2-16　2-4译码器的门级电路

由电路图，可得其门级模型，代码如下：

```
module DEC2x4 (Z, A , B , Enable );
output [3:0] Z ;
input A , B , Enable;
wire Abar, Bbar;

not
  not0 ( Abar, A) ,
  not1 ( Bbar, B );
nand
  nand0 ( Z[3], Enable, A,B) ,
  nand1 ( Z[0], Enable, Abar,Bbar) ,
  nand2 ( Z[1], Enable, Abar,B),
  nand3 ( Z[2], Enable, A,Bbar);

endmodule
```

针对此门级模型，可以编写测试模块。测试模块涉及的相关语法和编写方式会在第 4、5、6 章中介绍，在这之前读者不需要弄懂测试模块的具体内容，只是根据最后得到的波形图来分析模型正确性即可。等到学习完后面的知识后，可以再回头阅读之前没弄懂的测试模块。

```
module tb 22;
reg a,b,e;
wire [3:0] z;

initial
begin
    a=0;b=0;e=0;
#10 a=0;b=0;e=1;
#10 a=0;b=1;
#10 a=1;b=0;
#10 a=1;b=1;
#10 a=1'bx;b=1'bx;
#10 $stop;
end

DEC2x4 my_dec2x4 (z,a,b,e);   //实例化

endmodule
```

在仿真器中运行测试模块和设计模块，得到最后的仿真波形如图 2-17 所示。

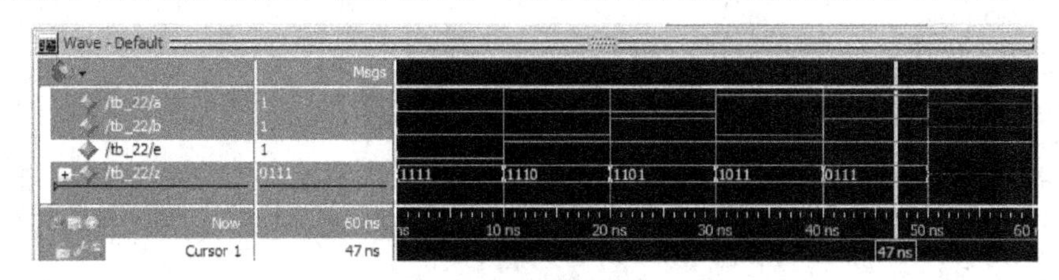

图 2-17　2-4 译码器仿真波形

由图 2-17 可以分析，当 e 为 0 时，译码器输出值为 4 个 1 值，当 ab 为 00、01、10、11 的时候，信号 z 的第 0 位、第 1 位、第 2 位和第 3 位依次变为低电平。这是一个正输入反输出的 2-4 译码器，即译出的数值是输入数值的取反形式。

实例 2-3——主从 D 触发器的门级建模

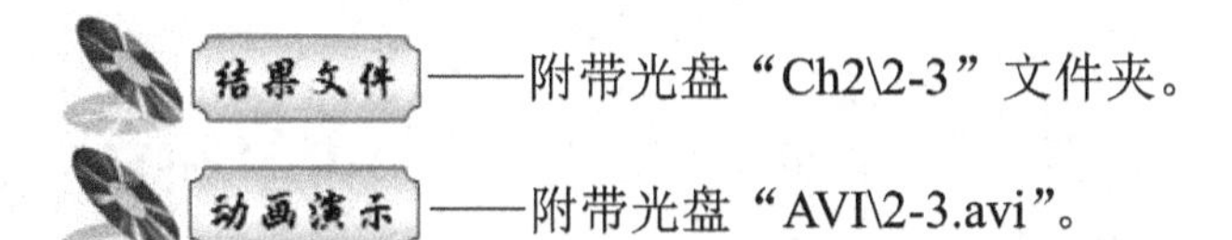

——附带光盘“Ch2\2-3”文件夹。

——附带光盘“AVI\2-3.avi”。

本例建立一个主从结构的 D 触发器，其电路图如图 2-18 所示。

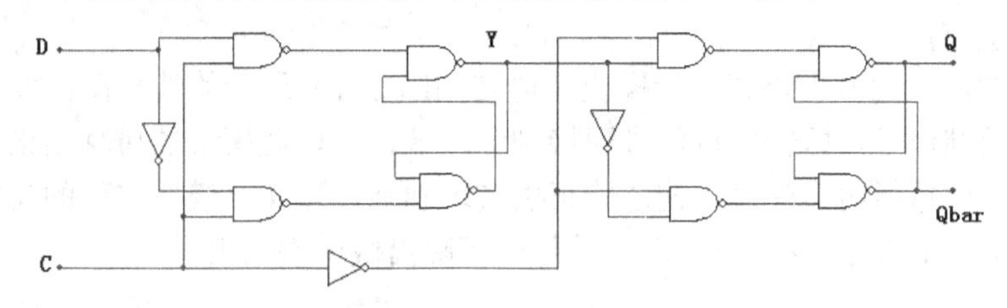

图 2-18　主从 D 触发器

此电路图可以得到如下设计模块：

```
module MSDFF(Q , Qbar , D , C );
output Q , Qbar ;
input D , C ;

not
  not1 ( NotD ,D) ,
  not2 ( NotC , C) ,
  not3 ( NotY , Y) ;
nand
  nand1 ( D1 , D , C) ,
  nand2 ( D2 , C , NotD) ,
  nand 3 ( Y , D1 , Ybar ) ,
  nand 4 ( Ybar , Y , D2) ,
  nand 5 ( Y1 , Y , NotC ) ,
  nand 6 ( Y2 , NotY , NotC) ,
  nand 7 ( Q , Qbar , Y1 ) ,
  nand 8 ( Qbar , Y2 , Q ) ;
```

```
    endmodule
```

针对此设计模块编写测试模块，如下：

```
    module tb 23;
    reg d;
    reg clk;
    wire q, qbar;

    initial clk=0;
    always #5 clk=~clk;

    initial
    begin
       d=0;
    #7  d=1;
    #4  d=0;
    #9  d=1;
    #11 d=0;
    #20 $stop;
    end

    MSDFF  ms dff(q,qbar,d,clk);

    endmodule
```

在仿真器中运行测试模块和设计模块，得到如图 2-19 所示的波形图。此电路的设计模块中由于存在反馈信号，即输出端信号回接到输入端，所以此模块的仿真结果与预期不同，会在后面的内容中重新对其建模，使之能正确实现功能。现在该模块实现的功能是在时钟的每个边沿把当前的 D 值由 Q 输出，而不是每个下降沿做一次输出。

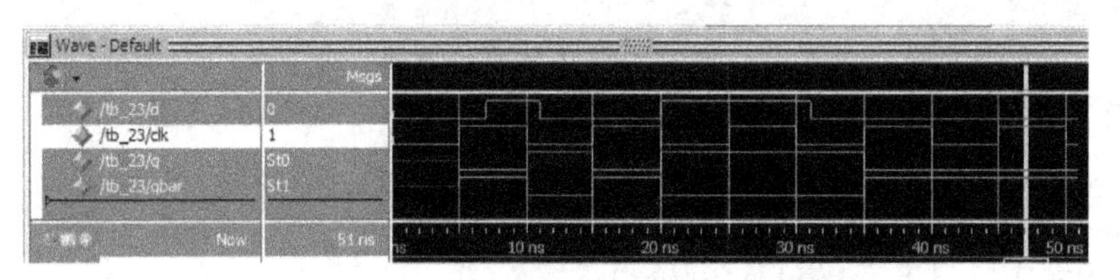

图 2-19　主从 D 触发器仿真波形图

实例 2-4——1 位比较器的门级建模

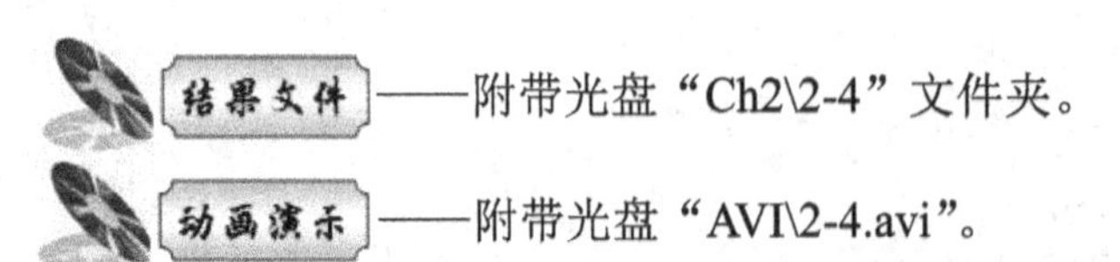

——附带光盘“Ch2\2-4”文件夹。

——附带光盘“AVI\2-4.avi”。

本例建立一个数值比较器，由于是门级建模，只建立一个 1 位的比较器，多位比较器的方式同理。图 2-20 所示就是 1 位数值比较器的原理图。比较 A 和 B 两个 1 位输入信号，输出端有三个，分别表示 A 大于 B、A 等于 B 和 A 小于 B，满足条件的时候对应的输出端口的信号值应该输出 1。

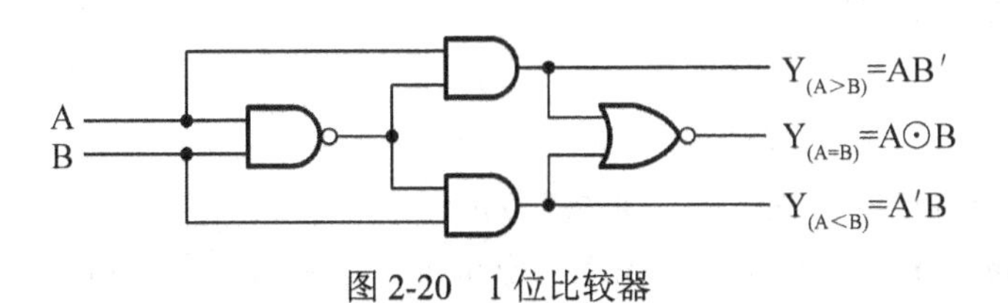

图 2-20　1 位比较器

由电路图可以得到对应的设计模块，如下：

```
module compare(AgtB, AeqB, AltB, A, B);
output AgtB, AeqB, AltB;
input A,B;

nand (nand1,A,B);
and (AgtB, A, nand1);
and (AltB, B, nand1);
xnor (AeqB, AgtB, AltB);

endmodule
```

设计模块中的 AgtB、AeqB、AltB 就是 A 大于 B、A 等于 B 和 A 小于 B 三个输出端。对上面的设计模块编写测试模块，如下：

```
module tb 24;
wire AgtB, AeqB, AltB;
reg A,B;

initial
begin
  A=0;B=0;
  #10 A=0;B=1;
  #10 A=1;B=0;
  #10 A=1;B=1;
  #10  $stop;
end

compare my compare(AgtB, AeqB, AltB, A, B);

endmodule
```

运行仿真，可得图 2-21 所示的仿真波形图。可以看到在 A、B 为 00、11 的时候，对应的 AeqB 输出高电平，其他输出为低电平；在 A、B 为 01 时 AltB 输出高电平，其他输出为低电平；在 A、B 为 10 时 AgtB 为高电平，满足预期的设计要求。

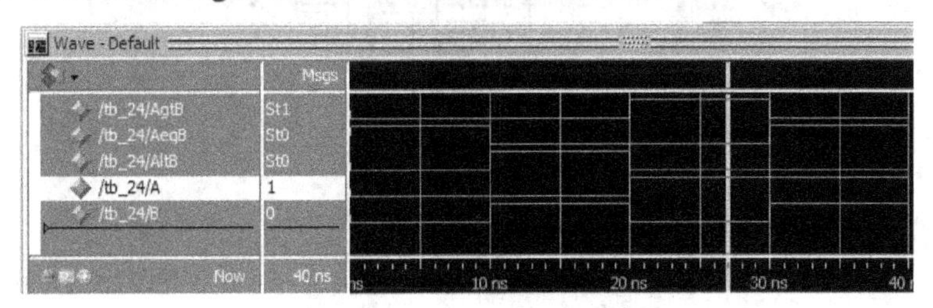

图 2-21　比较器仿真波形图

2.6 习题

2-1 下列标识符哪些合法，哪些非法？为什么？

①1_data ②output1 ③Input ④do? ⑤count ⑥reg_n ⑦real& ⑧wire

2-2 编写一个功能模块 FU，使其具有五个端口：输入端口 clk，宽度为 1 位；输入端口 data1 和 data2，宽度均为 8 位；输出端口 dout1，宽度为 8 位；输出端口 dout2，宽度为 4 位。完成模块的定义和端口声明，内部功能描述不需要编写。

2-3 编写一个顶层模块 top，调用习题 2-2 中的 FU 模块，先使用按名称连接方式将其命名为 ifu1，再使用按顺序连接方式将其命名为 ifu2，连线名称请自行定义。

2-4 请写出习题 2-3 中所有信号的层次化名称。

2-5 请对图 2-22 中的门级电路进行建模，端口名称自拟。

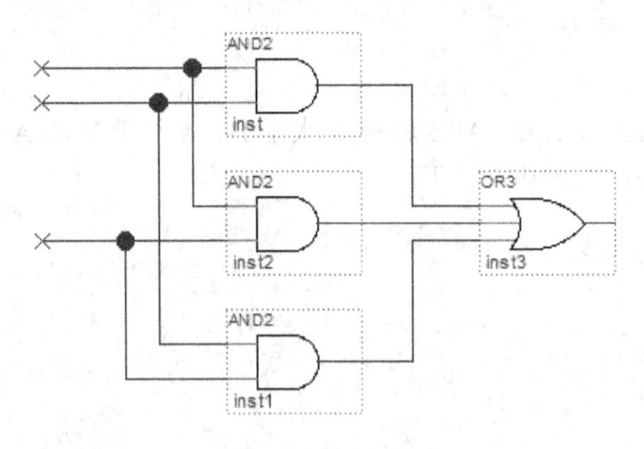

图 2-22 题 2-5 图

2-6 尝试使用门级建模语句描述图 2-23 所示的电路图，端口名称自拟。

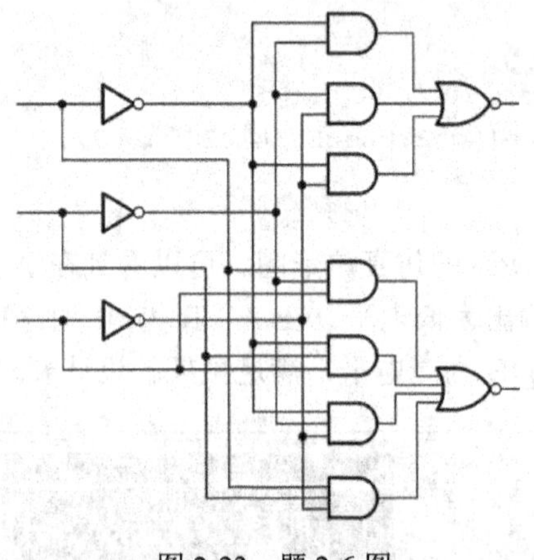

图 2-23 题 2-6 图

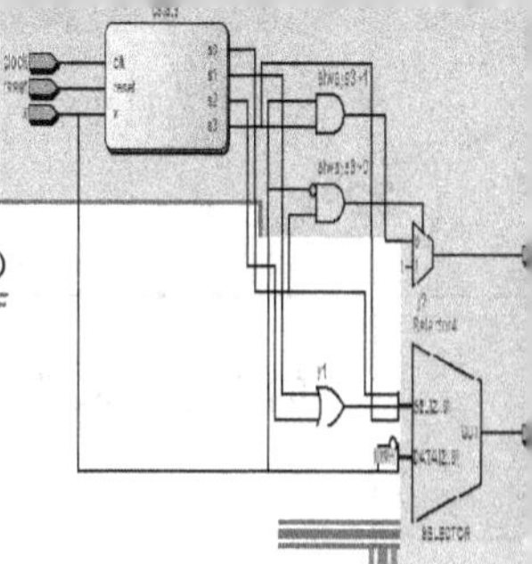

第 3 章　Verilog HDL 数据流级建模

第 2 章介绍的门级建模比较靠近电路底层，以电路的角度看来很容易理解，但是从设计者的角度看来，电路的逻辑功能并不直观，理解起来非常困难。在电路规模比较小的时候，由于包含的逻辑门数目比较少，设计者尚且可以使用门级建模语言依次完成每个逻辑门的实例化。但是如果电路的规模变大，或者电路的功能变得复杂一些使得不能从直观视觉上判断连接的正确性，这时使用门级建模就显得非常烦琐并很容易出现错误。

在第 1 章中曾经介绍过，Verilog HDL 提出目的是为了降低复杂数字电路的设计工作量，如果仅仅使用门级建模，工作量相比传统数字电路来说并没有什么提升，所以必然有某些方法可以大大简化设计的时间。这就要求设计者离开复杂的底层电路，更加关注于更高的抽象层次，更关心电路功能，而不是一个个细小的逻辑门。数据流级建模就是其中的一种，在这种建模方式下可以触及门级电路之间的连接关系，上可以扩展到电路的功能描述，是非常有效的建模手段，读者可以带着如下问题阅读本章。

（1）数据流级建模的基本语法结构及关键字是什么？

（2）操作数的类型有哪几种？各有什么特点？

（3）操作符的类型有哪些？都是如何运算的？

本章内容

- 数据流级建模基本语法
- 操作数与操作符

本章案例

- 4 位全加器的数据流级建模
- 2-4 译码器的数据流级建模
- 主从 D 触发器的数据流级建模
- 4 位比较器的数据流级建模

3.1　数据流级建模范例

本章继续对四选一数据选择器进行建模，当然这里采用的是数据流级建模方式。采用

视频教学

的电路图依然和第 2 章一样，如图 3-1 所示。

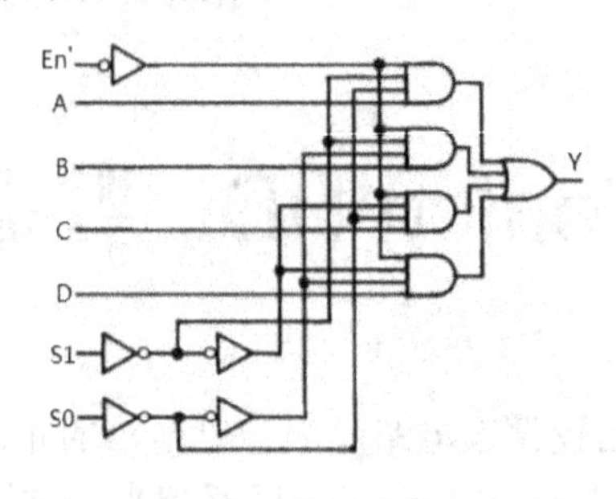

图 3-1　四选一数据选择器电路图

如果采用面向底级描述方式，可以使用如下的代码。

例 3.1　四选一数据选择器数据流模型

```
module  MUX4x1(Y,A,B,C,D,S1,S0,En );
output  Y;
input   A,B,C,D,S1,S0;
input   En ;
wire  and1,and2,and3,and4;

assign  and1=(~En )&(~S1)&(~S0)&(A);
assign  and2= (~En )&(~S1)&(S0)&(B);
assign  and3= (~En_)&(S1)&(~S0)&(C);
assign  and4= (~En )&(S1)&(S0)&(D);
assign  Y=and1|and2|and3|and4;

endmodule
```

上述代码中除去模块名定义和端口声明之外的部分就是数据流级建模语句，由于篇幅宽度的限制，这里写的五行语句，实际上可以合并在一行完成，写成一个更长的表达式。除去这种描述的方式，还可以使用如下另外一种代码形式。

例 3.2　另一种数据流模型

```
module  MUX4x1(Y,A,B,C,D,S1,S0,En );
output  Y;
input   A,B,C,D,S1,S0;
input   En ;

assign  Y=En ?0:(S1?(S0?D:C):(S0?B:A));

endmodule
```

这里的关键语句仅仅有一句，采用的是偏向行为的描述方式，这种方式的抽象层次较高，使用的语句一般也比较简洁，但是对于底层电路来说实现起来会有一些小问题。可以观察到，这两个例子中对于模块功能的描述部分都采用了类似的形式，就是有一个 assign 的标识，这是和第 2 章相比很明显的区别。

3.2　数据流级建模基本语法

数据流级建模的语句也称为连续赋值语句，用于对线网的赋值，以关键字 assign 作为语法标识，其基本语法结构如下：

```
assign  线网信号名 = 运算表达式;
```

例如前两例中的建模语句都是满足这个结构的：

```
assign  and1=(~En )&(~S1)&(~S0)&(A);
assign  Y=En_?0:(S1?(S0?D:C):(S0?B:A));
```

使用数据流级建模时要注意，在等式的左侧出现的一定要是线网类型，即在之前的声明部分定义为 wire 类型线网名，宽度可以是 1 位，也可以是多位，绝对不能是 reg 类型的寄存器名。reg 类型是下一章行为级建模语句中使用的，这一点初学者一定要加以区分。

另外，可以从数据流级建模的基本思想上来分析数据流语句的使用规则。例如第 2 章中的门级建模，设计的时候主要考虑使用到了哪些门，然后按照一定的连接线组成一个大的电路，所以注重的是门的使用，关键的语法在于基本逻辑门的实例化引用。数据流级建模又是要从哪个角度描述电路呢？顾名思义，数据流要从数据的流动角度来描述整个电路，就像描述一条河流的走向一样，要在哪里转弯，要在哪里分岔，所以大多数情况下它依然离不开基本的电路结构图或逻辑表达式。但是数据流语句的描述重点是数据如何在电路中“流动”，即数据的传输和变化情况，所以体现在描述语句中，重点是在整个电路从输入到输出的过程中，输入信号经过哪些处理或者运算，最终才能得到最后的输出信号。而这些数据的处理过程，就是等式右侧的运算表达式。

运算表达式由两部分组成：操作数和操作符。操作数就是要处理的数据，操作符就是要对这些数据做的处理方式。操作数和操作符的种类都很多，下面一一介绍。

3.3 操作数

操作数有很多数据类型，如 wand 型、wor 型等。在 Verilog HDL 中有 19 种数据类型，但是很多类型着重描述基本的逻辑单元，所以在实际的系统设计中使用很少。本书仅对几种在设计和仿真中常用到的数据类型进行介绍，见表 3-1。

表 3-1 数据类型及功能

数 据 类 型	功 能
parameter 型	用于参数的描述
wire 型	用于描述线网
reg 型	用于描述寄存器
integer 型	用于描述整数类型

3.3.1 数字

在操作数中首先要介绍的是数字，数字并不是数据类型中的某一种，但是可以使用数字对数据类型进行赋值。数字的基本表示格式如下：

```
<位宽>'<进制><数值>
```

在这个格式中，数值是唯一不可缺少的，位宽和进制都可以缺少。注意在位宽和进制之间有一个“'”符号，这个符号就是键盘上的双引号/单引号键，如果在 Verilog HDL 的编辑软件中点击此键就会产生这个单引号，但在一些文本软件中的单引号可能会不识别。这里也提醒读者，请使用专门的软件来编写代码，避免由于中英文符号区别造成的代码错误。

学习过数字电路的读者都应该知道，数字也有很多进制形式，在 Verilog HDL 中支持四种进制形式：二进制、八进制、十进制和十六进制，分别用字母 B、O、D、H 来表示，不区分大小写，小写字母的 b、o、d、h 也可以表示对应进制。这样，数值部分就是指具体在某种进制下的数值。

位宽表示了一个数字到底包含几位信息，指明了数字的精确位数，这个位数是以该数字转化为二进制数之后所具有的宽度来表示的。例如，一个 8 个二进制数的位宽就是 8，而 8 个十六进制数的位宽就是 32，这是因为一个十六进制数需要标示成为四个二进制数。二进制是数字电路中最根本的表示形式，其他的进制形式只是表达或计算比较简便直观而已，所以在 Verilog HDL 的语法中就统一以二进制位数作为宽度的定义。

综合上述的基本语法规则，可以查看下例：

```
2'b01
4'd11
6'o37
8'hab
```

以上的定义全部是完整的数字描述，都给出了位宽、进制和具体的数值。第一行中定义了一个 2 位的二进制数“01”。第二行中定义了一个 4 位十进制数“11”，它对应的二进制数值就是“1011”，也就是说本行定义的数字与“4'b1011”表示的数字是完全相同的，只是在表示形式上有所不同而已。第三行中定义了 8 进制数“37”，同样，它等同于二进制数“6'b011111”。最后一行定义了十六进制数“ab”，等同于二进制数“8'b10101011”，它也可以用其他进制如十进制等来表示，也都是一个数字的不同表示形式而已。

有时位宽部分和数值部分的宽度不是匹配的，如下例：

```
8'o37   //位宽多于数值宽度
6'hab   //位宽少于数值宽度
```

当位宽多于数值宽度时，如果数值部分是确切数值，缺少的部分采用补零原则，所以对于第一行的 8 位八进制数来说，它等同于“8'b00011111”，在原本 6 位的数值前补了两个零变为 8 位数值。

当位宽少于数值宽度时，采用低位对其直接截取的方式，保留位宽中定义的宽度即可，所以对于第二行中的 6 位十六进制数，它等同于“6'b101011”，原本最高位的两个有效数值位被直接截掉了，仅保留低 6 位的信息。

在数值部分也可以出现 x 和 z，分别表示不定态和高阻态。同样的 x 也会根据进制的不同被扩展为不同的宽度。例如，在八进制中一个 x 相当于三位的二进制数 xxx，在十六进制中就变为四位的二进制数 xxxx。特别的，在数值的首位为 x 或 z 时，如果出现了位宽多于数值宽度的情况，则缺少的位分别按 x 或 z 来补齐，如下例：

```
8'ox7     //相当于 xxxxx111
8'h7x     //相当于 0111xxxx
```

上面介绍的都是描述格式齐全的情况，如果缺少了位宽或进制，则会有其他的等效方法。如果数字中仅包含进制和数值部分，则位宽采用默认宽度，主要取决于所使用机器系统的宽度和仿真器所支持的宽度，一般视为 32 位。如果仅有数值部分，则在默认宽度的基础上再默认进制为十进制，如下例：

```
6'o37  //相当于 011111
'o37   //相当于 00000000000000000000000000011111
37     //相当于十进制的 37，二进制的 00000000000000000000000000100101
```

具体等效情况上例中都解释得非常详细，使用时千万要注意区分。在正常书写代码的过程中，建议使用完整的数字形式来定义整个数字，这样定义的数值非常准确。当然在一些测试代码中也可以使用仅有数值部分的十进制数来表示。

如果数值部分的位数比较多，读起来就会比较麻烦，容易误读。可以采用下画线来间隔数字，但仅能在数值之间使用下画线，在进制和数值之间不能使用下画线。下画线仅仅作为提高数值可读性来使用，不改变原有的数值。

```
32'b0000 0000 0000 0000 0000 0000 0001 1111
32'h0000 001f
32'h1f                        //此三行数值等效
```

数字也可以表示负数，在数字前直接添加负号即可，此时表示的是当前负数的二进制补码，负号不可以放在数值部分。

```
-4'd6                         //存为-6 的补码
```

3.3.2 参数

有些时候某些数字或字符需要多次使用，而且具有一定的意义，此时就可以设计为参数类型。Verilog HDL 中可以使用关键字 parameter 来定义一个参数，用于指代某个常用的数值、字符串或表达式等。这样的代码结构看起来更加简洁，可读性和可维护性更佳，其语法格式如下：

```
parameter  参数名 1 = 表达式 1，参数名 2 = 表达式 2 ;
```

在语法结构中，parameter 是关键字，后面的参数名是设计者自己定义的一个标识符，表达式部分可以是数值，可以是某种运算，也可以是某些表达式，如下例：

```
parameter  size=8;
parameter  a=4,b=16;
parameter  width=size-1;
parameter  clock=a+b;
```

本例前两行分别定义了参数 size、a、b 等参数，并对应赋值，这些数值在模块中就可以直接使用定义好的参数标识符来使用。例如第三行定义了参数 width，数值为 size 减 1，所以就相当于定义为数值 7。又例如最后一行中定义了 clock 为两变量 a、b 之和，这样 clock 相当于定义为 20，像这样的表达式或数值都可以定义为参数。

参数一般用于定义宽度、延迟时间值或者不同状态，其他情况中使用得不多。使用参数的时候需要注意如下几点。

（1）参数要定义在模块内，位置和端口声明所处级别相同，处于模块内部的第一级别。到目前为止，模块内部第一级别所包括的语法为：端口声明、wire 或 reg 声明、门级调用、模块的实例化语句、持续赋值 assign 语句、参数声明等，后续语法中还会不断补充进来。其大致结构如下：

```
module 模块名(端口列表);
```

```
output  输出端口;
input   输入端口;
wire    内部线网;
reg     内部寄存器;

parameter  内部参数;

and  and1();          //实例化语句

assign  输出=表达式; //数据流语句

endmodule
```

（2）参数的作用范围仅在此模块内以及实例化之后的本模块，出了模块 module 和 endmodule 的边界后，参数就不再生效了。

（3）在模块实例化的过程中还可以对参数进行改写，如下例。

例 3.3　模块实例化中参数的改写

```
module  example(A,Y);
……
parameter   size=8,delay=15;
……

endmodule

module  test;

……
example  #(6,6)  t1(a1,y1);
example  #(4)    t2(a2,y2);
……

endmodule
```

在例 3.3 中，定义了 example 模块并分别实例化了 t1 和 t2 两个模块。在 example 模块中定义的 size 和 delay 仅在本模块内或者在本模块被实例化后的实例化模块内是有效的。也就是说如果设计者定义了一个其他模块 a，这个模块 a 没有实例化引用 example 模块，那么在模块 a 中就不能使用 size 和 delay，因为没有定义。

如果在模块中实例化引用了 example 模块，可以使用#( )语法来重新定义参数。例如在模块 test 中就定义了实例化了的两个模块，第一个模块 t1 重新定义了两个参数，这样在模块 t1 中 size 和 delay 的值就都被重新定义为 6 和 6。在第二个模块 t2 中仅给出了一个数值，如果出现这种情况，就会按照原模块中定义的顺序依次重新赋值。例如，example 模块中先定义了参数 size，所以 4 这个数值就先赋给了 size，后面的 delay 没有重新赋值，这样在模块 t2 中 size 的值为 4，delay 的值依然保持原值，还是 15。

除了在实例化时改变参数，还可以使用关键字 defparam 来改写参数，如下例。

例 3.4　使用 defparam 改写参数

```
module  example(A,Y);
……
```

```
parameter   size=8,delay=15;
……
endmodule

module  test;

……
example   t1(a1,y1);
example   t2(a2,y2);
……

endmodule

module annotate;

//参数改写
defparam  test.t1.size=6,test.t1.delay=6;
defparam  test.t2.size=4;
defparam  test.t2.delay=15;

endmodule
```

例 3.4 中的 annotate 模块中使用 defparam 关键字重新定义了两个模块 t1 和 t2 中的参数值，与例 3.3 改写的最终效果一致，但采用的是层次化命名的方式，引用到具体模块的某个已定义的参数来进行改写，如果改写多个参数要用逗号隔开。defparam 的位置和 parameter 一样，也是位于模块内部第一级别。

3.3.3 线网

线网类型采用关键字 wire 来定义，用于描述模块中可能是连线的情况。在门级建模中各个逻辑门之间的连接线，还有 assign 语句的等式左侧输出信号，都是要使用 wire 类型的数据。在模块中端口声明中输入/输出端口默认都会声明为 wire 类型。其语法如下：

```
wire  [宽度声明] 线网名 1，线网名 2;
```

例如如下代码:

```
wire  x;
wire  [3:0] y;
wire  [7:1] m,n;
```

在宽度声明部分，建议使用[n-1:0]的范围来定义宽度，这样比较符合数字电路的一般规则。当然其他定义方式也是允许的，它们的区别如下：

```
wire [5:0] o1;
wire [6:1] o2;
wire [1:6] o3
assign o1=6'b100101;
assign o2=6'b100101;
assign o3=6'b100101;
```

对于上例中的三个同为 6 位宽度的线网类型数据，虽然其内部数值均为 6'b100101，但是具体到每一位的引用顺序是不同的，Verilog 语法中用类似 o1[1]的形式来表示某个多位信号的一位，上例中o1o2o3的对应信息就是：

```
o1[5] 、o1[4]、 o1[3]、 o1[2]、 o1[1] 、o1[0]     依次对应1 0 0 1 0 1
o2[6] 、o2[5]、 o2[4]、 o2[3]、 o2[2] 、o2[1]     依次对应1 0 0 1 0 1
o3[1] 、o3[2]、 o3[3]、 o3[4]、 o3[5] 、o3[6]     依次对应1 0 0 1 0 1
```

这样，使用某一位或几位信息时要注意引用正确，例如：

```
o1[5]         //即数值1
o2[2:1]      //即二位数值01
o3[2:5]      //即四位数值0010
```

3.3.4 寄存器

在数字电路中有一类器件可以储存数据值，这类器件在Verilog HDL中定义为reg类型，关键字为reg，即寄存器类型，用于描述触发器存储值的性质。reg类型在门级和数据流级中暂时还没有使用，它主要应用在第4章将要介绍的行为级建模中。

reg类型数据的定义和wire类型语法相似，只是关键字换为了reg，例如：

```
reg  x;
reg  [3:0] y;
reg  [7:1] m,n;
```

其宽度声明和引用一位或多位的方法也和wire相同，这里不再赘述。

除了表示一位或多位的寄存器，reg型还可以用来定义存储器，语法如下：

```
reg  [n-1:0] 存储器名称 [0:m-1];
```

在数字电路仿真中常常需要使用到寄存器文件，如RAM和ROM建模。如下例：

```
reg [7:0] mema [0:255];
```

这里就定义了一个宽度为8位的存储器，共有256个存储单元，每个单元用0～255的数字进行编号，例如mema[1]就是指第1个8位的存储单元，而不是指mema的第一位，这一点要注意区分。除此之外还要注意，*n*个1位寄存器组和一个*n*位寄存器是不同的。如下例：

```
reg memb [0:255];
reg [255:0] memc;
```

另外，如果存储器要进行初始化，初始化的过程中要对每个存储器单元进行初始化赋值，而不能采用整个存储器直接赋值的方式，如下面代码中第一行和第二行是错误的，第三行才是存储器正确的赋值方式：

```
memb=0;
memc=0;
mema[100]=0;
```

整数是一种特殊的数据类型，使用关键字integer进行声明。其实reg类型的寄存器就可以表示多位的变量值，但是使用integer对于计数等功能来说更加方便。而且最主要的区别在于：reg中存储的数据都是被认作无符号数的，integer中存储的数据则是有符号数的。integer的宽度一般默认是32位。例如：

```
integer  i;
i=-1;
```

这样在使用一些循环语句的时候就会比较方便。

3.4 操作符

Verilog HDL 的操作符有很多种，按其功能大致可以分为算术操作符、按位操作符、逻辑操作符、关系操作符、等式操作符、移位操作符、拼接操作符、缩减操作符和条件操作符。如果按其处理的操作数的个数可以分为单目操作符、双目操作符和三目操作符。在 Verilog HDL 建模过程中，熟练掌握这些操作符的使用方法是建模的基础，本节将就对这些常用的操作符进行介绍。

3.4.1 算术操作符

算术操作符完成的功能是对操作数做二进制运算，如加、减、乘、除和取模运算，所对应的操作如下。

（1）＋：完成加法操作，如 a+b，3+5 等。

（2）－：完成减法操作，如 a-b，5-3 等。

（3）* ：完成乘法操作，如 a*b，5*3 等。

（4）/ ：完成除法操作，如 a/b，5/3 等。

（5）%：完成模运算，即求余运算，要求两侧均为整数。

这里加、减、乘法都容易理解。除法运算仅保留整数部分，剩余的部分舍去。例如 5/3 的值就是 1，虽然正确的运算结果还会余 2，但是只保留整数部分。

模运算的规则比较烦琐，举例如下：

```
11%4      结果为 3
12%4      结果为 0，整除
-11%4     结果为为-3，计算 11%4，再取第一个数的正负号作为结果的符号
11%-4     结果为 3，计算 11%4，再取第一个数的正负号作为结果的符号
```

如果操作数中包含 x 值，则整个结果都作为 x 值处理。

3.4.2 按位操作符

按位操作符可以处理两个不同操作数之间的运算，它可以看作把 Verilog HDL 门级建模中的逻辑门的使用改成了操作符号，比如可以把与门改变成为&符号完成两个数据之间的与运算，还可以通过多次使用完成更多的运算。按位操作符是 Verilog HDL 数据流级建模方式中主要使用的操作符，有如下五种。

（1）~：按位取反，单目操作，即只有一个操作数。例如，~En 就完成了对信号 En 取反的操作，如果 En 原有的值为 1，则取反之后的值为零，相当于让 En 通过了一个非门。按位取反操作对数值的处理规则是：0 的取反结果为 1，1 的取反结果为 0，x 的取反结果依然为 x。

（2）&：按位与操作，双目操作，带两个操作数，功能是把两个操作数按位进行与操作，其结果位数与操作数位数相同，如例 3.1 中使用了如下的语句：

```
assign  and1=(~En_)&(~S1)&(~S0)&(A);
```

其功能就是把三个信号 En_、S1、S0 先按位取反，再和 A 信号做与操作，其功能相当

于先通过三个非门，再通过一个四输入端口的与门，这与门级建模中的逻辑门是相符的。按位与操作对数值的处理规则是：0 和任何值的与为 0，1 和 1 的与为 1，1 和 x 的与为 x，两个 x 的与为 x。

（3）| ：按位或操作，双目操作，带两个操作数，功能是把两个操作数按位进行或操作，其结果位数与操作数位数相同。按位或操作对数值的处理规则是：1 与任何值的或为 1，0 与 0 的或为 0，0 与 x 的或为 x，两个 x 的或为 x。

（4）^ ：按位异或操作，双目操作，带两个操作数，功能是把两个操作数按位进行异或操作，其结果位数与操作数位数相同。按位异或操作对数值的处理规则是：0 和 1 的异或为 1，0 和 0、1 和 1 的异或为 0，涉及 x 值的异或为 x。

（5）^~：按位同或操作，双目操作，带两个操作数，功能是把两个操作数按位进行同或操作，其结果位数与操作数位数相同。按位同或操作对数值的处理规则是：0 和 1 的同或为 0，0 和 0、1 和 1 的同或为 1，涉及 x 值的同或为 x。

以上规则可以得到如下部分例子，左侧为操作数和操作符，右侧为得到的运算结果：

```
~4'b001x = 4'b110x;
4'b001x & 4'b1x1x = 4'b001x;
4'b110x | 4'b0x0x = 4'b110x;
4'b010x ^ 4'b11xx = 4'b10xx;
4'b010x ^~ 4'b00xx = 4'b10xx;
```

3.4.3 逻辑操作符

逻辑操作符完成操作数的逻辑运算，返回的是一个逻辑值而不是算术值，也就是说逻辑操作符会返回逻辑真或逻辑假，对应的数值就是 1 和 0，虽然形式是数值，但含义是逻辑结果的体现，1 代表逻辑真，0 代表逻辑假。它包含如下三种操作符。

（1）!：逻辑非，单目操作，完成逻辑的反操作，即真的非为假，假的非为真。

（2）&&：逻辑与，双目操作，完成逻辑的与操作，两个真逻辑的逻辑与为真，其他情况（一真一假和两个假）的逻辑与为假。

（3）||：逻辑或，双目操作，完成逻辑的或操作，两个假逻辑的或为假，其他情况（一真一假和两个真）的逻辑为真。

逻辑操作的规则说起来比较绕口，可以通过表 3-2 来说明。

表 3-2 逻辑操作符运算规则

x	y	!x	!y	a&&b	a||b
假	假	真	真	假	假
假	真	真	假	假	真
真	假	假	真	假	真
真	真	假	假	真	真

再次强调，逻辑操作符的返回结果是一个 1 位的数字，1 表示逻辑为真，0 表示逻辑为假，x 表示逻辑为不确定状态。在实际使用中如果出现对多位信号的直接逻辑判断，则需要进行近似处理。如下：

```
a=4'b0010;
b=! a;
```

这里的 a 是一个四位信号，如果直接对 a 进行逻辑判断，此时要按照“操作数是确定值且不全为 0，则等价为逻辑 1；不是逻辑 1 的情况则认为是逻辑 0”的原则处理。所以 a 可以认为是一个真逻辑，那么 b 自然就是一个假逻辑。又比如：

```
a=4'b0010;
b=4'b000x;
c=a||b;
```

这里的 a 被认为是逻辑真，b 中包含了 x，虽然不全为 0，但也不是确定值，所以 b 不能等价为逻辑真，按非真即假的原则，b 被认为是逻辑假，所以 c 为逻辑真。

3.4.4 关系操作符

关系操作符都是双目操作，包含如下四种。

（1）<：小于。

（2）<=：小于等于。

（3）>：大于。

（4）>=：大于等于。

关系操作符返回的运算值也是一位的 1 或者 0，代表真或者假，例如：

```
a=4'b0010;
b=4'b0011;
a<b   //返回值为 1，逻辑真
a<=b  //返回值为 1，逻辑真
a>b   //返回值为 0，逻辑假
a>=b  //返回值为 0，逻辑假
```

关系操作符常常和逻辑操作符一起使用，例如：

```
(a>b)&&(x<y)
(!a) || (!b)
```

这里需要说明一下，返回值为逻辑值的操作符运算结果也可能是 x 值，表示不确定。但考虑到这些逻辑值的用途一般是为了做执行条件的判断（与 C 语言类似），所以使用方式都是如果逻辑为真的情况下就执行某些操作。在这种情况下，0 和 x 的效果是一样的，所以本书介绍中都按照非真即假的原则，把不是逻辑真的情况一并视为逻辑假，这对 Verilog HDL 的建模没有任何影响。

3.4.5 等式操作符

等式操作符包含如下四种。

（1）==：等于。

（2）!=：不等于。

（3）===：等于。

（4）!==：不等于。

这四种等式操作符也是返回逻辑值 1 或者 0，前两个操作符只对 0 和 1 进行比较，相同则逻辑真，不同则逻辑假，如果出现了 x 或者 z，则逻辑值为 x。后两个对 x 和 z 也能进行判断，如果相符就是真，如果不符就是假。但是后两个操作符是不可综合的，而且在实际使用中大多要避免出现 x 或者 z 这些高阻或不定态，尤其是 x 的影响，所以一般使用前两个进行建模。在使用==和!=操作符的时候要尽量避免出现不定态 x。

另外，要注意==和=的区别，如果是从 C 语言转学 Verilog HDL 的读者经常会把这两个符号弄混，例如如下两个代码：

```
if(a=b)
……

if(a= =b)
……
```

第一个判断代码就是典型的 C 语言形式，第二个代码才是 Verilog HDL 的相等判断，用于判断 a 和 b 是否相等。对于第一个代码，判断的逻辑值永远为 1，这是因为 a=b 是一个赋值过程，第一个代码的功能相当于完成了把 b 值赋给 a 的过程，这个过程肯定是能够执行的，所以返回的值为 1，即逻辑真。当然，在 Verilog HDL 中要避免这种错误的使用，在一些编译软件中也能够识别这种错误。

3.4.6 移位操作符

移位操作符用来对信号进行移位操作，包含如下四种。

（1）>>：逻辑右移。

（2）<<：逻辑左移。

（3）>>>：算术右移。

（4）<<<：算术左移。

移位操作符还要在操作符后面接数字表示移位的数目，例如：

```
a=4'b0101
b=x>>1;
c=x<<2;
```

该代码运行后会得到 b 为 0010，c 为 0100，在移位操作符后面的 1 和 2 就是表示右移和左移的位数，至于移出数值范围的数字就直接丢弃掉。这种操作符在一些乘法算法的建模中或需要移位操作的时候很实用。

算术移位多用于有符号数的移位，在移位过程中可以保留符号，而不是像逻辑移位一样直接丢弃值，如下例：

```
integer  a;
a= -10;
c=a>>>3;
```

运算结束后 c 值为-2，保留了原有符号，是带有符号位的移位，所以叫做算术移位。

3.4.7 拼接操作符

拼接操作符可以完成几个信号的拼接操作，用大括号{ }来表示。使用如下例：

```
reg [3:0] a,b,c;
a=4'b0000;
b=4'b1111;
c=4'b0101;
```

```
x1={a,b,c};                // 0000_1111_0101
x2={a[3],b,c};             // 0_1111_0101
x3={a[2:0],b[0],c};        // 000_1_0101
x4={a[0],b[0],c[0],2'b00}; // 01100
```

本例中 x 信号就是由 a、b、c 信号拼接而成的。拼接操作符中如果出现多个信号，需要用逗号隔开，每个部分可以是信号，或者是信号的某一位或某几位，也可以是确切的数值。但有一点：拼接操作符中的信号宽度必须指明！下面代码就是错误的：

```
x5={a[0],b[0],c[0],'b0};
x6={a[0],b[0],c[0],0};
```

拼接操作符还可以嵌套使用，指定某个信号重复多次，例如：

```
{2{c}}                     // 0101_0101
{a,2{c[2:1]}};             // 0000_1010
```

3.4.8 缩减操作符

缩减操作符的符号和按位操作符的符号相同，只是没有非的操作符。缩减操作符执行的是把数据的每一位按从左至右的顺序依次操作，并得到一个 1 位的运算结果，都是单目操作符。使用方式如下例：

```
a=4'b0101;
&a   //执行 0&1&0&1 ,结果为 0
|a   //执行 0|1|0|1，结果为 1
^a   //执行 0^1^0^1，结果为 0
^~a  //执行 0^~1^~0^~1，结果为 1
```

缩减操作符和按位操作符的符号都一样，很容易混淆，使用和阅读时要注意使用的位置和所带操作数的个数，缩减操作符是单目操作符，一般出现在操作数的最前方，按位操作符多数是双面操作符，一般出现在操作数的中间，这样就容易区分了。

3.4.9 条件操作符

条件操作符可以进行条件判断并进行分支执行，语法结构如下：

```
条件表达式？真时执行语句：假时执行语句；
```

其执行过程是先判断条件表达式的真假，若真则执行后面的真时执行语句，若假则执行后面的假时执行语句，两个语句之间用分号间隔开，如下例：

```
assign outa=s? in1:in0;
```

该语句就是对 s 信号的值进行判断，当 s 信号值为 1 的时候输出 in1，当 s 信号值为 0 时输出 in0（其实是 s 逻辑真和逻辑假时，这里以 1、0 代替）。又如例 3.2 中的语句：

```
assign  Y=En_?0:(S1?(S0?D:C):(S0?B:A));
```

这是一个条件操作符的多重嵌套使用，首先要根据括号来区分一下各个层次的关系。最外面的 En_?自然是第一层，当 En_为 1 时输出 0 值，En_为 0 时执行后面的语句 S1?(S0?D:C):(S0?B:A)，就是正常的选择输出部分。这个部分先判断 S1 的值，若 S1 为 1，则 S0 为 1 时 Y 输出 D 的值，S0 为 0 时 Y 输出 C 的值；若 S1 为 0，则 S0 为 1 时 Y 输出 B 的值，S0 为 0 时 Y 输出 A 的值。这样，就在 S1S0 信号为 11、10、01、00 时分别输出 D、C、B、A 的信号值。

3.4.10 操作符优先级

操作符之间是有优先级概念的，如果不注意使用会产生意外的效果，例如：

```
a-1<b
a-(1<b)
```

对于第一行代码，是先把 a 减 1 操作，然后再判断与 b 的大小关系，返回一个逻辑值。对于第二行代码，是先判断 1 和 b 的逻辑关系，然后返回一个 1 位的逻辑值，再用 a 减去这个值，得到一个计算结果，显然这两个操作是不一样的。造成不一样结果的原因就是减法操作符比关系操作符的优先级要高。操作符优先级的高低可见表 3-3。

表 3-3　操作符优先级

<table>
<tr><th>操　作</th><th>操作符号</th><th>优先级别</th></tr>
<tr><td>按位取反，逻辑非</td><td>!　~</td><td rowspan="12">最高
↓
最低</td></tr>
<tr><td>乘、除、取模</td><td>*　/　%</td></tr>
<tr><td>加、减</td><td>+ -</td></tr>
<tr><td>移位</td><td><<　>></td></tr>
<tr><td>关系</td><td><　<=　>　>=</td></tr>
<tr><td>等价</td><td>==　!=　===　!==</td></tr>
<tr><td rowspan="3">缩减、按位</td><td>&　~&</td></tr>
<tr><td>^　^~</td></tr>
<tr><td>|~|</td></tr>
<tr><td rowspan="2">逻辑</td><td>&&</td></tr>
<tr><td>||</td></tr>
<tr><td>条件</td><td>?:</td></tr>
</table>

在使用过程中，对于按位取反和逻辑非一般可以不加括号处理，因为一来它们是单目操作符，仅有一个操作数；二来它们的优先级是最高的。例如：

```
x=!a&&!b;
y=(a>b)&&(c>d);
```

对于第一行代码中的!a 和!b 就可以不加括号直接使用，而对于第二行中的>操作符就要使用括号。当设计中代码较长的时候增加括号可以增加代码的可读性，如例 3.1 中的语句：

```
assign  and3= (~En_)&(S1)&(~S0)&(C);
```

操作符的种类和具体的使用方法要熟练掌握，这是后期数据流级建模和行为级建模的基础，表 3-4 中对这些操作符做了一个归类，方便读者查找。

表 3-4　操作符汇总

操作类型	操　作　符	执行的操作	操作数的个数
算术	*	乘	2
	/	除	2
	+	加	2
	-	减	2
	%	取模	2
	**	求幂	2

续表

操作类型	操作符	执行的操作	操作数的个数
按位	~	按位求反	1
	&	按位与	2
	|	按位或	2
	^	按位异或	2
	^~或 ~^	按位同或	2
逻辑	!	逻辑求反	1
	&&	逻辑与	2
	||	逻辑或	2
关系	>	大于	2
	<	小于	2
	>=	大于等于	2
	<=	小于等于	2
等式	==	相等	2
	!=	不等	2
	===	相等	2
	!==	不等	2
移位	>>	右移	2
	<<	左移	2
	>>>	算术右移	2
	<<<	算术左移	2
拼接	{ }	拼接	任意个数
缩减	&	缩减与	1
	~&	缩减与非	1
	|	缩减或	1
	~|	缩减或非	1
	^	缩减异或	1
	^~或 ~^	缩减同或	1
条件	?:	条件	3

3.5 应用实例

实例 3-1——4 位全加器的数据流级建模

结果文件——附带光盘“Ch3\3-1”文件夹。

动画演示——附带光盘“AVI\3-1.avi”。

本章中继续对第 2 章中的全加器进行建模。首先采用底层的方式来使用，即依然参照电

路结构图，然后按照电路把所有的逻辑门都转化为按位操作符，与门化为&、或门化为|，异或门化为^，然后使用 assign 关键字建立数据流模型即可。1 位全加器的电路结构如图 3-2 所示，和第 2 章一样，按此电路图可以得到一位全加器的数据流级代码。

例 3.5　一位全加器数据流模型

```
module  fulladd(S,Cout,Cin,A,B);  //1 位全加器
output  S,Cout;
input  Cin,A,B;

assign  S=Cin^A^B;
assign  Cout=(Cin&A)|(Cin&B)|(A&B);

endmodule
```

此代码综合后会得到图 3-3 所示的综合电路，可以看到，由于采用的还是比较类似门级的操作符，综合之后得到的电路还是和原电路比较接近的。然后依次实例化这个全加器四次，得到的代码和第 2 章的相同，如下。

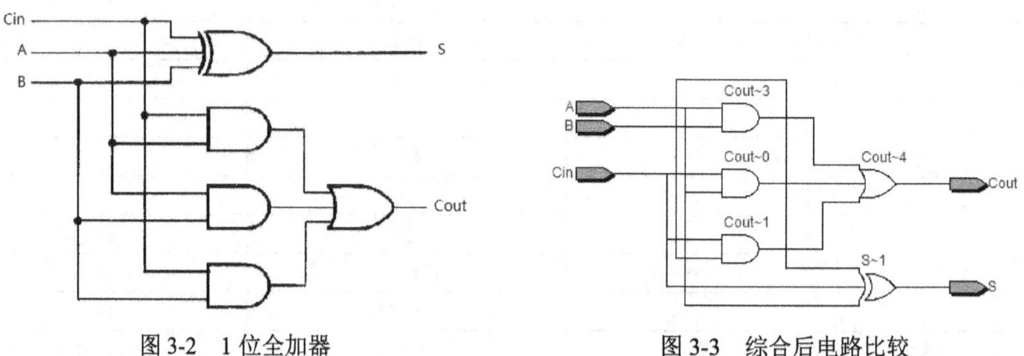

图 3-2　1 位全加器　　图 3-3　综合后电路比较

```
module  add4(S,COUT,CIN,X,Y);     //4 位全加器
output  COUT;
output  [3:0] S;
input  CIN;
input  [3:0]X,Y;
wire  c0,c1,c2;

fulladd  add0(.S(S[0]), .Cout(c0), .Cin(CIN), .A(X[0]), .B(Y[0]));
fulladd  add1(.S(S[1]), .Cout(c1), .Cin(c0), .A(X[1]), .B(Y[1]));
fulladd  add2(.S(S[2]), .Cout(c2), .Cin(c1), .A(X[2]), .B(Y[2]));
fulladd  add3(.S(S[3]), .Cout(COUT), .Cin(c2), .A(X[3]), .B(Y[3]));

endmodule
```

该代码综合的电路也和第 2 章相同，如图 3-4 所示。

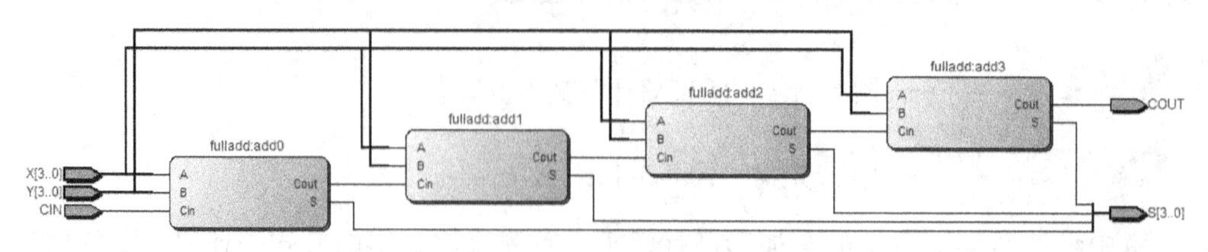

图 3-4　综合后电路

除了这种比较底层的设计代码外，还可以使用抽象层次较高的设计方式。例如采用数据流级典型的设计方式：先确定输出表达式，再按表达式书写 assign 语句。在设计中往往有一些核心的公式或者运算法则，这些运算法则就给数据流级建模提供了很多参考和依据，可以把这些公式或法则先总结出来，然后想办法把公式中各种操作用操作符来完成，这样转化结束后就能得到数据流级建模的输出语句了。对于 4 位全加器来说，核心的运算就是加法，所以有如下代码。

例 3.6　4 位全加器数据流模型

```
module  add4(S,COUT,CIN,X,Y);    //4 位全加器
output  COUT;
output  [3:0] S;
input  CIN;
input  [3:0]X,Y;

assign  {COUT,S}=X+Y+CIN;

endmodule
```

本代码的功能描述部分仅有一条语句，是采用算术操作符完成了四位信号 X、Y、CIN 的相加过程，然后产生输出。输出信号考虑到进位信息，可以采用拼接操作符把 COUT 和 S 拼接在一起，构成一个 5 位的输出信号，这样低 4 位就是输出的和值 S，最高位就是进位信号 COUT。此代码进入综合器可得图 3-5 所示的电路图。

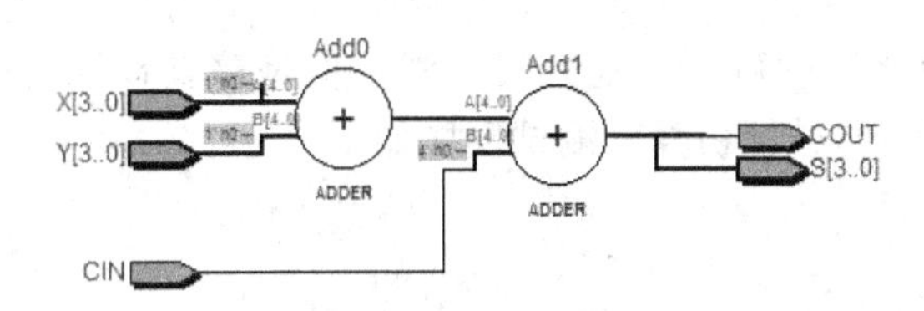

图 3-5　综合后电路图

此电路就与之前的电路结构图或者例 3.5 代码中的电路结构相差甚远了。因为此时采用的抽象层级较高，考虑的是功能的算法情况，而不关心底层到底是如何实现的，所以写出的也只是算术表达式，这样得到的代码进行综合，综合器会自动根据情况来选择如何完成电路。主要是把数据流语句中的操作用本身器件库中已有的逻辑门来实现。在本例中，如果器件库中仅仅包含基本的逻辑门单元，那么综合后电路结构依然变化不大。但是对一般的器件库来说，加法器等基本功能模块都是已有的固定结构，所以综合后直接采用了两个加法器来完成本例的设计。关于综合的概念本书的后续章节还会继续介绍。

实例 3-2——2-4 译码器的数据流级建模

结果文件——附带光盘“Ch3\3-2”文件夹。

动画演示——附带光盘“AVI\3-2.avi”。

本例对第 2 章中的 2-4 译码器模块进行建模，此例采用数据流语句完成的设计模块代码如下：

```
//实现方式一
module DEC2x4 (Z, A , B , Enable );
output [3:0] Z ;
input A , B , Enable;
wire Abar, Bbar;

assign Z[0]= ~(Enable & ~A & ~B);
assign Z[1]= ~(Enable & ~A & B);
assign Z[2]= ~(Enable & A & ~B);
assign Z[3]= ~(Enable & A & B);

endmodule
```

上面的代码是参照电路图完成的，把电路中的各个逻辑门换成了操作符。还可以使用条件操作符，示例如下：

```
//实现方式二
module DEC2x4 2 (Z, A , B , Enable );
output [3:0] Z ;
input A , B , Enable;

assign Z =Enable ?
                (A?(B?4'b0111:4'b1011):(B?4'b1101:4'b1110)):(4'b1111);

endmodule
```

这种实现方式逻辑比较明确，功能一目了然，但是需要设计者的思路清晰。将这两个模块放在同一个测试模块内进行仿真，测试模块如下：

```
module tb 32;
reg a,b,e;
wire [3:0] z1,z2;

initial
begin
   a=0;b=0;e=0;
#10 a=0;b=0;e=1;
#10 a=0;b=1;
#10 a=1;b=0;
#10 a=1;b=1;
#10 a=1'bx;b=1'bx;
#10 $stop;
end

DEC2x4 my dec2x4 (z1,a,b,e);
DEC2x4 2 my dec2x4 2 (z2,a,b,e);

Endmodule
```

运行仿真，得到图 3-6 的仿真结果，从仿真波形中可以看出，z1 和 z2 的输出信号完全相同，都能够完成正常的译码功能，

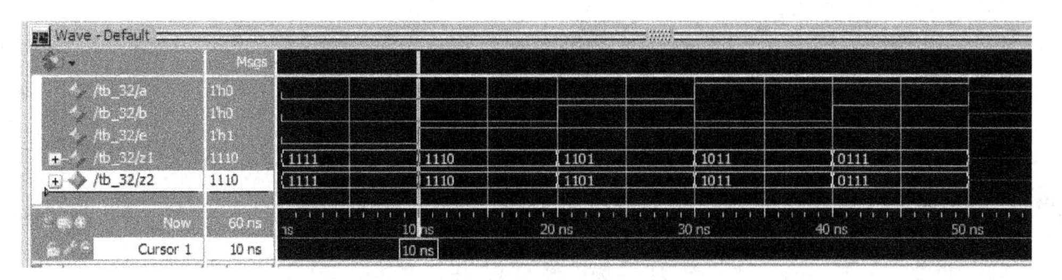

图 3-6　2-4 译码器仿真波形图

实例 3-3——主从 D 触发器的数据流级建模

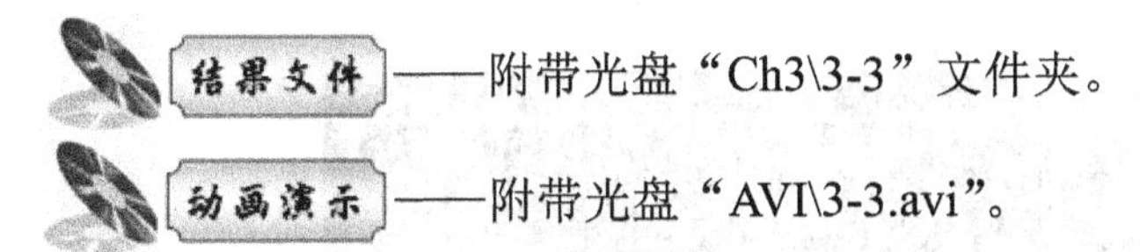

结果文件——附带光盘“Ch3\3-3”文件夹。

动画演示——附带光盘“AVI\3-3.avi”。

本例对第 2 章中的主从结构 D 触发器进行数据流级建模，此例采用数据流语句完成的设计模块代码如下：

```
module MSDFF (Q, Qbar, D, C) ;
output Q, Qbar;
input D, C;

wire NotC, NotD, NotY, Y, D1, D2, Ybar, Y1, Y2;

assign NotD = ~ D;
assign NotC = ~ C;
assign NotY = ~ Y;
assign D1 = ~ (D & C) ;
assign D2 = ~ (C & NotD) ;
assign Y = ~ (D1 & Ybar ) ;
assign Ybar = ~ (Y & D2) ;
assign Y1 = ~ (Y & NotC) ;
assign Y2 = ~ (NotY & NotC) ;
assign Q = ~ (Qbar & Y1) ;
assign Qbar = ~ (Y2 & Q) ;

endmodule
```

编写测试模块代码如下：

```
module tb_33;
reg d;
reg clk;
wire q, qbar;

initial clk=0;
always #5 clk=~clk;

initial
begin
```

```
    d=0;
 #7  d=1;
 #4  d=0;
 #9  d=1;
 #11 d=0;
 #20 $stop;
 end

 MSDFF  ms_dff(q,qbar,d,clk);
 endmodule
```

运行仿真，得到图 3-7 所示的仿真波形图，在每次 clk 下降沿时 q 值根据 d 值发生变化，可知结果正确。

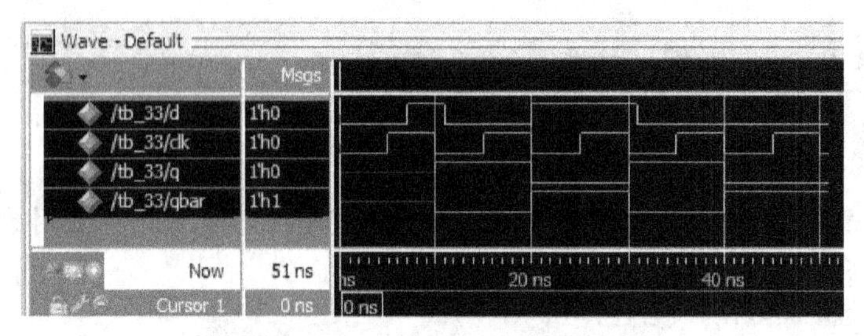

图 3-7　主从 D 触发器仿真波形图

实例 3-4——4 位比较器的数据流级建模

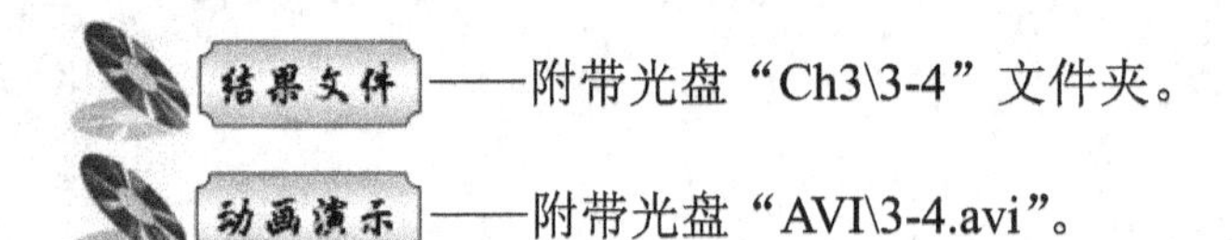

——附带光盘“Ch3\3-4”文件夹。

——附带光盘“AVI\3-4.avi”。

比较器的模型第 2 章也编写过，本例使用数据流语句来编写一个 4 位的数值比较器，如果想要更多位的比较器，只需要修改一下 A、B 的位宽即可，比门级建模要方便许多。4 位数值比较器的设计模块如下：

```
module compare(AgtB, AeqB, AltB, A, B );
output AgtB, AeqB, AltB;
input [3:0] A, B;

assign  AeqB = A == B;
assign  AgtB = A > B;
assign  AltB = A < B;

endmodule
```

编写测试模块如下：

```
module tb_34;
wire AgtB, AeqB, AltB;
reg [3:0] A,B;

initial
```

```
    begin
      A=0;B=0;
      #10  A=4'b0001;B=4'b0010;
      #10  A=4'b1000;B=4'b1001;
      #10  A=4'b1010;B=4'b1010;
      #10  A=4'b0111;B=4'b0001;
      #10  $stop;
    end

    compare my_compare(AgtB, AeqB, AltB, A, B);

    endmodule
```

运行仿真，可以得到图 3-8 所示的波形图。这里 A 和 B 的宽度是 4 位，与输出信号的差异比较大，比第 2 章的波形图观察起来要容易，可以看到依然是在大于、等于、小于三种情况下把对应的输出端口输出 1 值。

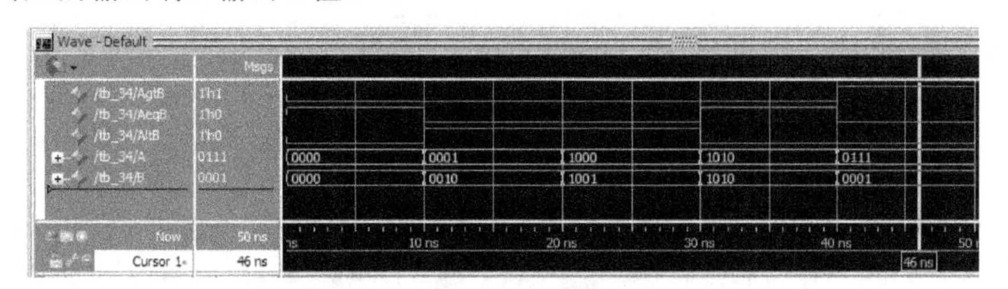

图 3-8　4 位比较器仿真波形图

3.6　习题

3-1　请说出下列数值表示的二进制都是什么？

① 5'd17 ②7'hfa ③12 ④ 'h56 ⑤5'b1

3-2　如何理解下面的代码？

```
out=s1?a:
    s2?b:
     s3?c:
      s4?d:
       e;
```

3-3　声明下面的 Verilog 变量。

① 一个名为 din 的 8 位线网；

② 一个名为 dout 的 16 位寄存器，第 15 位为最高有效位；

③ 含有 256 个存储单元的存储器 memory，字长为 32 位；

④ 一个值为 512 的参数 fifo_depth。

3-4　某功能电路具有如下的计算公式。

$$D = A'B'C + A'BC' + AB'C' + ABC$$

$$C_O = A'B'C + A'BC' + A'BC + ABC$$

试采用数据流级建模语句描述此电路。

3-5　4 位比较器的输出公式如下。

$$Y_{(A>B)} = A_3B_3' + (A_3 \oplus B_3)'A_2B_2' + (A_3 \oplus B_3)'(A_2 \oplus B_2)'A_1B_1' + (A_3 \oplus B_3)'(A_2 \oplus B_2)'(A_1 \oplus B_1)'A_0B_0'$$

$$Y_{(A<B)} = A_3'B_3 + (A_3 \oplus B_3)'A_2'B_2 + (A_3 \oplus B_3)'(A_2 \oplus B_2)'A_1'B_1 + (A_3 \oplus B_3)'(A_2 \oplus B_2)'(A_1 \oplus B_1)'A_0'B_0$$

$$Y_{(A=B)} = (A_3 \oplus B_3)'(A_2 \oplus B_2)'(A_1 \oplus B_1)'(A_0 \oplus B_0)'$$

其中，A_3 为高位，A_0 为低位，试采用数据流级建模的方式编写一个 4 位数值比较器，用来比较两个 4 位数据 A 和 B 的大小，具有大于、小于、等于三个输出端。

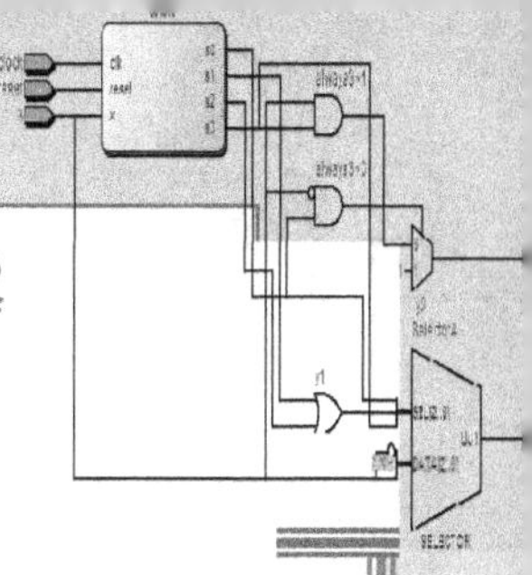

第4章 Verilog HDL 行为级建模

第 3 章中的数据流级建模已经能把设计者从比较低层的门级结构提升到了数据流级，除了使用电路图进行设计外，还可以从抽象层次较高的级别来描述功能电路。但数据流级除了个别语句外，主要的部分还是使用操作符来描述电路的逻辑操作或者计算公式，没有实现真正意义上对功能的描述。Verilog HDL 中还有另外一类建模方式可以支持抽象层次较高的描述，就是行为级建模。本章中就对行为级建模的语法进行介绍，读者可以带着如下的问题来阅读本章。

（1）initial 和 always 各自的特点是什么？

（2）顺序块和并行块的特点是什么？

（3）条件分支语句和循环语句与 C 语言有什么相似和不同？

（4）阻塞性赋值和非阻塞性赋值都使用在哪类电路的建模中？注意事项是什么？

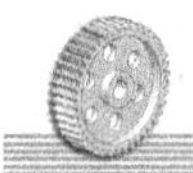

本章内容

- 两种行为级建模结构
- 顺序块与并行块
- 条件语句、分支语句、循环语句
- 阻塞赋值与非阻塞赋值

本章案例

- 4位全加器的行为级建模
- 简易 ALU 电路的行为级建模
- 下降沿触发 D 触发器的行为级建模
- 十进制计数器的行为级建模

4.1 行为级建模范例

按照之前章节的顺序，先使用 Verilog HDL 行为级描述对四选一数据选择器进行建模，这也是三种建模方式中的最后一种，电路如图 4-1 所示。

视频教学

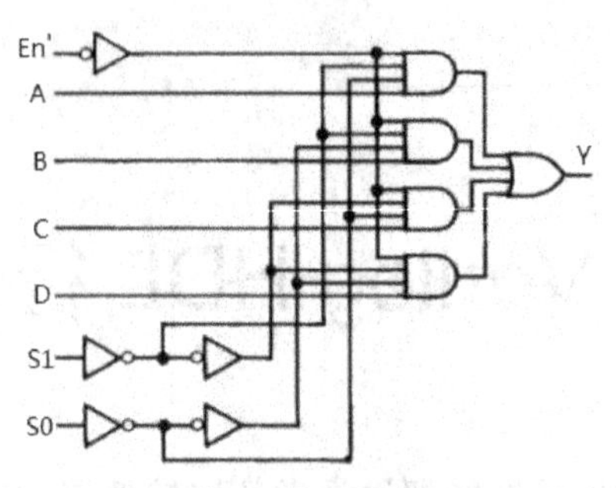

图 4-1　四选一数据选择器电路图

Verilog HDL 的行为级建模主要是描述电路所具有的行为，或者说，是电路在哪些输入信号来临时会有什么样的输出，这种输入和输出的关系可以认为是电路的行为。所以，如果使用 Verilog HDL 的行为级方式来对电路进行建模，那么实际的电路图并没有什么参考价值，因为抽象层次太低。这也是行为级建模的优点：不用过多关心底层电路的实现形式，只需关注该电路应该具有什么样的行为。例如，四选一数据选择器的代码就可以不看电路图，直接编写如下。

例 4.1　四选一数据选择器行为级模型

```
module  MUX4x1(Y,A,B,C,D,S1,S0,En_);
output  Y;
input   A,B,C,D;
input   S1,S0;
input   En_;

reg  Y;

always @( A or B or C or D or S1 or S0 or En_)
begin
  if(En_==1'b0)
    Y=0;
  else
  begin
    case({S1,S0})
    2'b00:Y=A;
    2'b01:Y=B;
    2'b10:Y=C;
    2'b11:Y=D;
    default:Y=0;
    endcase
  end
end

endmodule
```

如果单单从代码的长短来看，此模型的代码比前两章使用门级和数据流级建模的模型代码都要长一些，但代码的优劣不只是由长短决定的。在第 1 章中就曾经介绍过，Verilog HDL 的出现是为了设计比较大规模的电路，如果要简化设计过程，显然应该避开使用底层电路的方式来建立模型，而应该更加偏向于更快、更好地描述电路功能。行为级建模就有这样的特点：对于行为级模型，设计者或阅读者看不到底层复杂而烦琐的电路，能看到的是比较清晰的电路功能，这样在描述代码的时候工作就会变得比较轻松。而从行为级代码如何过渡到最后可实现的电路形式，这个过程设计者并不关心，而是转嫁给了 EDA 软件来完成的，这样就能把设计者从电路中解放出来。

例 4.1 的代码在软件中综合后可得到如图 4-2 所示的电路图，这里的主体电路是一个选择器。前面也已经介绍过原因，就是因为综合的器件库中已经有了选择器。

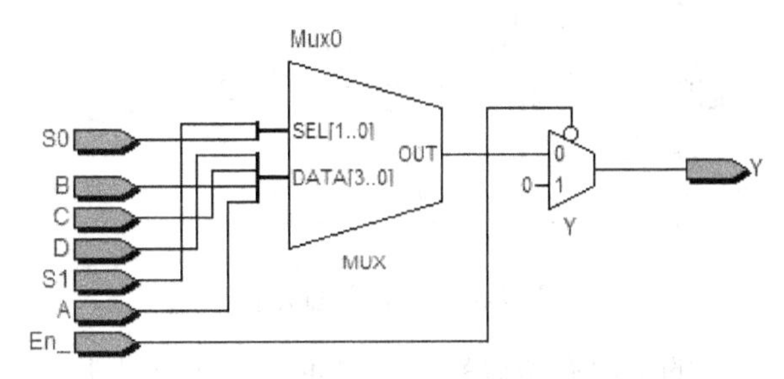

图 4-2　电路图

例 4.1 的代码主要采用了一个 case 语句来描述电路的行为，具有 C 语言基础的读者看起来应该会比较轻松。事实上本章中的很多语法都和 C 语言的语法相似或相同。例如，可以单纯使用 if 语句来取代 case 完成建模，代码如下。

例 4.2　采用 if 语句完成建模

```
module  MUX4x1(Y,A,B,C,D,S1,S0,En_);
output  Y;
input   A,B,C,D;
input   S1,S0;
input   En_;

reg  Y;

always @( A or B or C or D or S1 or S0 or En_)
begin
    if(!En_)
    Y=0;
    else
    begin
      if(S1= =1'b1)
        begin
            if(S0= =1'b1)
            Y=D;
            else
            Y=C;
        end
      else
        begin
            if(S0= =1'b1)
            Y=B;
            else
            Y=A;
        end
```

```
        end
    end

    endmodule
```

使用 if 语句描述的功能和 case 语句的功能是一样的，也可以得到图 4-3 所示的电路。

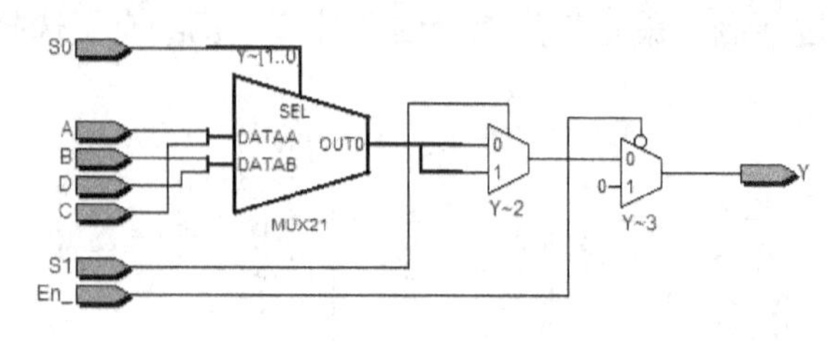

图 4-3　综合后电路图

注意这个电路和图 4-2 的电路有所区别，这里也可以简单说明一下。行为级建模描述电路行为，但也需要转化为电路图才能够实现，从行为级代码到电路的过程一般由综合工具来完成，即使采用同样的语法不同的结构，或者使用不同的语法来完成的一个电路功能描述，综合之后的电路结果都可能不同。就像上面两例，代码看来都是一样的功能，但是电路就会有所不同。这也提醒设计者，必须在编写代码的时候就对最后的电路实现有所估计，否则最后得到的电路就可能和预先设想的不同，这样得到的设计就会产生偏差。综合和代码风格的关系会在第 7 章中介绍，之前的章节只是介绍基本语法，而不讨论与综合相关的具体事宜。

4.2　initial 结构和 always 结构

和门级建模、数据流级建模相同，行为级建模也有自己独特的标志。行为级建模中有两种标志性的结构：initial 结构和 always 结构。这两种结构出现在端口声明和内部寄存器连线声明之后。严格来说，行为级建模中还包含 task 和 function 两种结构，但在建模中这两种结构的灵活性更大一些，而且使用的时候在使用方式、使用方法上与 initial 和 always 结构有诸多不同之处，故在后面单独成一章来详细介绍 task 和 function 的使用。

initial 结构和 always 结构在一个 module 内可以出现很多次，就像数据流级建模中的 assign 语句一样，完全由设计需要来决定出现的次数。一个 module 内所有的 initial 结构和 always 结构都是同时开始执行的，不以代码中出现的先后顺序区分。

initial 结构和 always 结构都不支持嵌套使用，即 initial 结构中不能再出现 initial 结构，always 结构中也不能再出现 always 结构，这点特别要注意。

4.2.1　initial 结构

顾名思义，initial 结构的主要功能就是进行初始化，是设计者进行信号和变量初始化的时候常用的形式。由其用途可以推断其用法，initial 结构仅在仿真开始的时候被激活一次，然后该结构中的所有语句被执行一次，执行结束后不再执行。

initial 只是表示一个初始化结构，它内部所包含的语句还需要被放置在块语句中。常见的使用语法结构如下：

```
    initial   a=1; //若仅包含一条语句时
```

或

```
initial   //若包含多条语句时
begin
  a=1;
  b=0;
end
```

initial 中若只包含一条语句，可以直接把该语句跟在 initial 后面，中间添加空格隔开。若包含多条语句，需要使用一个 begin…end 的形式，类似于 C 语言中的{…}形式，表示在这个 begin…end 之内的语句都属于这个 initial 结构。

initial 结构中还经常使用到“#10”这类的延迟控制，#号表示延迟，后面的数字表示时间，放在一起就表示延迟多少时间，这个时间不是以秒来计算的，而是以代码中指明的度量单位来计算的（参考第 5 章的`timescale），如果代码中没有指明，则会采用仿真器的默认设置。所以对于“#10”这个延迟控制，一般称为“延迟 10 个时间单位”。

initial 结构结合延迟控制，可以得到如下示例。

例 4.3 使用 initial 加延迟控制生成信号

```
initial
begin
      a=0;b=0;
 #15  a=0;b=1;
 #15  a=1;b=0;
 #15  a=1;b=1;
 #15  a=0;b=0;
end
```

例 4.3 会生成如图 4-4 所示的波形，这样就会生成一个在指定时间变化的波形，用来作为输入信号，对待测的模块进行测试。注意图 4-4 中的时间单位是 ns，这是由仿真器指定的，由代码指定的方法在第 5 章中介绍。

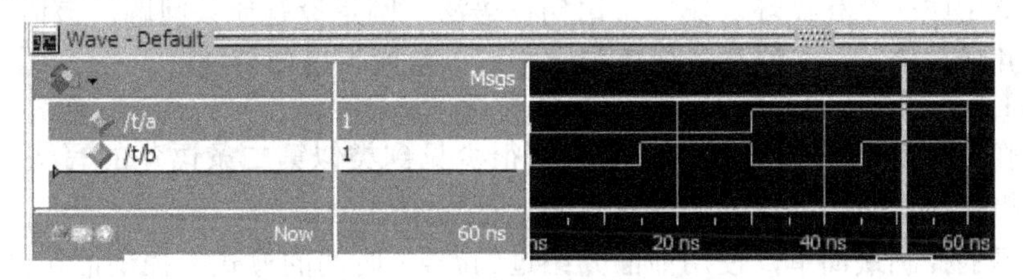

图 4-4 生成信号波形

如果代码中包含有多个 initial 语句，它们在仿真开始时都会同时开始执行。例 4.3 中的代码就可以拆分如下：

```
initial
begin
      a=0;
 #15  a=0;
 #15  a=1;
 #15  a=1;
 #15  a=0;
end

initial
```

```
    begin
        b=0;
     #15  b=1;
     #15  b=0;
     #15  b=1;
     #15  b=0;
    end
```

这两段 initial 结构的代码会同时运行，不会以 initial 结构出现的先后来区分，最后生成的波形与图 4-4 完全相同。

由上述介绍可知，initial 结构是在仿真阶段必不可少的结构，因为在仿真开始的时候所有的信号都是未知值，若要其产生有效输入，就需要生成一个初始值，这就是由 initial 来完成的。在仿真过程中需要生成各种变化的信号，这些信号也可以由 initial 来生成。

4.2.2 always 结构

设计者如果想要可以执行多次的语句，就需要使用 always 结构。与 initial 结构仅在仿真开始时被激活一次不同，always 结构在仿真过程中是时刻活动的，它的语句结构如下：

```
    always  <时序控制方式>  执行语句
```

always 结构的控制方式有三种：基于延迟的控制、基于事件的控制和基于电平敏感的控制。always 结构需要控制方式的原因是因为 always 结构时刻活动，如果没有控制方式的参与，此结构中的语句可能会一直执行并发生死锁，或者变成类似数据流级的语句。

可以观察如下两行代码：

```
    always  a=~a;
    always  sum=a+b;
```

第一条语句执行的是 a 的取反操作，由于没有控制，a 会时刻把自己的取反信号赋值给自己，这样就生成一个死循环。第二条语句在语法上倒是没有什么问题，该语句时刻完成 a 和 b 的加法并赋值给 sum，但是这条语句完全可以由如下语句替换：

```
    assign  sum=a+b;
```

这样就变成了数据流级建模。一般的，很少见到类似第二条语句的写法，而都是改为使用数据流级建模的 assign 语句来编写代码。

基于延迟的控制最简单，使用前面介绍过的#号加时间的方式来控制语句，例如：

```
    always  #5  a=~a;
```

这条语句执行的功能就是每隔 5 个时间单位把 a 的取反信号赋给自己，这样 a 信号就可以生成一个每隔五个时间单位变化一次的周期信号，实际上这也是仿真时时钟信号经常使用的方式。

例 4.4　时钟信号的生成

```
    initial clock=0;
    always #10 clock=~clock;
```

例 4.4 生成了一个周期为 20 个时间单位的时钟，读者在自己编写代码时也可以采用类似的方式来生成时钟信号，需要注意两个地方。

（1）除去条件操作符外，数据流级建模中使用到的各种操作符在行为级建模中都可以使用，语法上没有更改，参照数据流级建模使用即可。

（2）对于例 4.4 中的这种变量对自己进行的操作，一定记得要在代码中赋予初值，否则由于没有初始值，取反操作所取的值就是未知值，得到的结果也是未知值。

基于延迟的控制也可以添加多条语句，但一般较少适用，可参考如下代码：

```
initial clock=0;
always
begin
#15  clock=1;
#5   clock=0;
end
```

这样生成的信号也是一个时钟，但是占空比不是 50%，而是 25%，如图 4-5 所示。在基于延迟的控制中一定要认清：语句前的延迟表示的是延迟一定时间之后执行该语句，而不是该语句执行了多长时间。

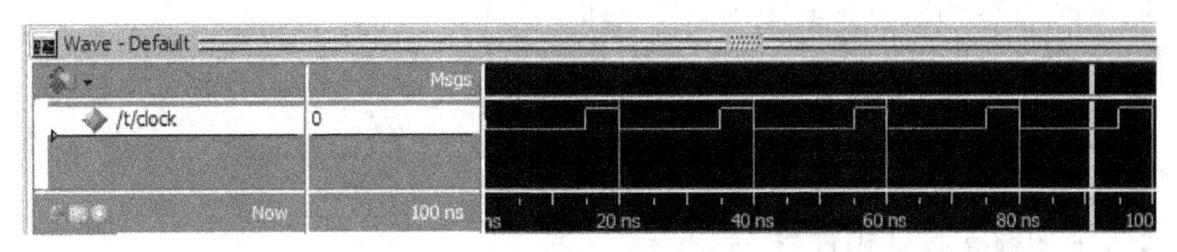

图 4-5　占空比 25%的时钟

基于事件的控制在实际建模中使用最多，也是行为级建模的一个重要的控制方式，其控制方式为“@”引导的事件列表，也称为敏感列表，如下所示：

```
always  @  (敏感事件列表)
```

敏感事件列表是由设计者来指定的。在模块中，任何信号的变化都可以称之为事件。一旦这些事件发生了，always 结构中的语句就会被执行。换言之，always 结构时刻观察敏感事件列表中的信号，等待敏感事件的出现，然后执行本结构中的语句。如果敏感事件有多个，可以使用 or 或者“,”来隔开，这些事件之间是或的关系，只需满足一个就会触发并执行 always 结构。如下例：

```
always @ (a or b)
sum =a+b;

always @(c ,d)
begin
   e=c&d;
   f=c|d;
end
```

这两段代码中都是以某一个信号的名称作为敏感事件，表示的是对信号的电平值敏感，即信号只要发生了变化，就要执行 always 结构，这个变化指的是仿真器可以识别的任意变化，例如，从 0 变到 1 或从 1 变到 0。使用这种控制方式，可以设计对电平信号敏感的电路，所有的组合逻辑电路采用的都是这种控制方式，如本章开头的例 4.1：

```
always @( A or B or C or D or S1 or S0 or En_)
begin
  if(En_==1'b0)
     Y=0;
  else
  begin
```

```
        case({S1,S0})
        2'b00:Y=A;
        2'b01:Y=B;
        2'b10:Y=C;
        2'b11:Y=D;
        default:Y=0;
        endcase
      end
    end
```

该代码表示的是当 A、B、C、D、S1、S0、En_信号中有任意信号变化，就会执行下面的 always 结构，完成对应的组合逻辑功能。

有些时候敏感列表中的事件比较多，容易出现差错，可以使用“*”来代替，这个*号表示的是该 always 结构中所有的输入信号，如下所示：

```
always @( A or B or C or D or S1 or S0 or En_)
等同于
always @ (*)
```

电平触发的锁存器也可以使用这种方式建模，如下例所示。

例 4.5　电平触发的 D 锁存器

```
always @(reset or clock or d)
begin
  if(reset)
    q=0;
  else if(clock)
    q=d;
end
```

该锁存器完成的功能是当 reset 信号为高电平时输出清零，否则当 clock 为高电平的时候，输出端 q 输出 d 的输入值。

时序电路采用的敏感列表一般是边沿敏感的，信号的边沿用 posedge（上升沿）和 negedge（下降沿）来表示，如果出现多个事件依然可以使用 or 或者“,”来间隔，但是边沿敏感列表不能使用“*”来省略，如下例。

例 4.6　上升沿触发的同步 D 触发器

```
always @ (posedge clock )
begin
if(!reset)
   q=0;
  else
   q=d;;
end
```

或者把 reset 的边沿也加入敏感列表，变为一个带异步清零端的 D 触发器，如下：

例 4.7　带异步清零功能的 D 触发器

```
always @ (posedge clock  or  negedge reset)
begin
if(!reset)
   q=0;
  else
```

```
    q=d;;
  end
```

前面已经提过，敏感列表是行为级建模的一个重要部分，上面的例 4.6 和例 4.7 仅仅改变了敏感列表，所实现的功能就会发生变化。例 4.6 中的 D 触发器是在每个 clock 上升沿来临的时候才判断 reset 是否为零，若为零则进行输出清零，所以该 D 触发器具有同步清零端。而例 4.7 中的 D 触发器的敏感列表中包含了 reset 的下降沿，reset 每次从 1 变为 0 值，always 结构都会被执行，所以该 D 触发器的清零端是异步的。

一般情况下，若要整个时序电路的信号都是同步信号，就要采用例 4.6 中的形式，敏感列表中仅包含 clock 的边沿事件；如果允许有异步信号，就可以使用例 4.7 中的形式。还要注意，边沿敏感事件和电平敏感事件的用途是不同的，边沿敏感用于时序电路，电平敏感用于组合电路，这是比较常见的情况。两种事件不要同时出现在敏感列表中，这是一种非常混乱的设计思路，读者在自己进行设计时一定要正确使用。

4.3 顺序块和并行块

initial 结构和 always 结构中可以包含很多语句，这些语句构成了块。块的作用就是把多条的语句合并在一起，使之成为一个整体，附属于对应的 initial 结构和 always 结构。前面看到的 begin…end 就是其中的一种，称为顺序块，还有一种是以 fork…join 作为标识的，称为并行块。

4.3.1 顺序块

顺序块以关键字 begin…end 将多条语句封装成块，在前面章节中见到的代码使用的都是顺序块，它的特点是：块中的语句是按从前到后的顺序一条接一条执行的，如下例：

```
reg a,b;
reg [1:0] c,d;

initial
begin
   a=0;
   b=1;
   c={a,b};
   d={b,a};
end
```

在这段代码中四条语句没有延迟时间，所以都是在仿真开始的零时刻执行的，但是四条语句是按出现的先后顺序依次执行的，即先执行 a=0，再执行 b=1，再执行 c={a,b}，最后执行 d={b,a}，这样在仿真零时刻结束时 a、b、c、d 分别被赋值为 0、1、01 和 10。

如果对这四条语句加上延迟时间控制，则每条语句的延迟时间都会相对前一条语句的时间来计算。例如下面的代码：

```
reg a,b;
reg [1:0] c,d;
```

```
initial
begin
   a=0;
   #5  b=1;
   #10  c={a,b};
   #15  d={b,a};
end
```

这四条语句依然是在顺序块中，所以还是按从前到后的顺序依次执行的，第一条语句在仿真的零时刻执行；第二条语句在仿真的第5个时间单位执行；第三条语句在第二条语句之后再延迟10个时间单位执行，故在仿真的第15个时间单位执行；第四条语句同理，会在第30个时间单位执行，整个块在第30个时间单位执行完毕，所以此段代码会得到图4-6所示的波形图。

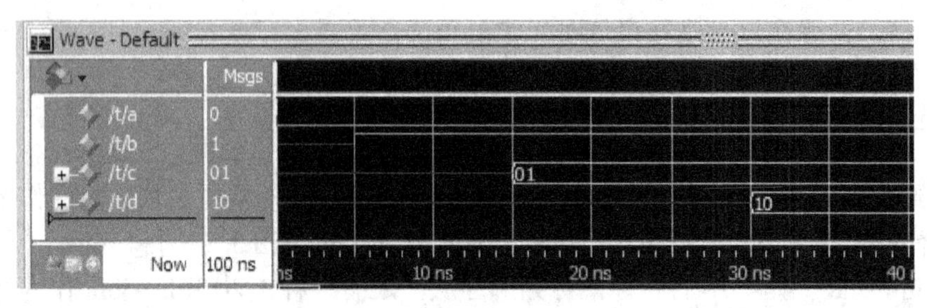

图4-6　顺序块波形图

顺序块是建模中经常使用的一种语法，另外在测试模块中生成输入信号时也经常使用。所有信号的延迟都是相对于上一句的，这样的好处在于可以控制每个信号的相对时间。但如果有的信号需要一个绝对时间，顺序块实现起来会比较麻烦，需要进行求和计算，这时就可以使用并行块来解决。

4.3.2　并行块

并行块以关键字fork…join将多条语句封装成块，它的特点是：块中的所有语句都是同时开始执行的，所以每条语句的延迟都是相对于本并行块开始的时间，如下例：

```
reg a,b;
reg [1:0] c,d;

initial
fork
   a=0;
   #5  b=1;
   #10  c={a,b};
   #15  d={b,a};
join
```

此段代码与顺序块的代码相似，仅将begin…end改为了fork…join，先来看一下仿真的结果，如图4-7所示，注意对比与图4-6的不同之处。

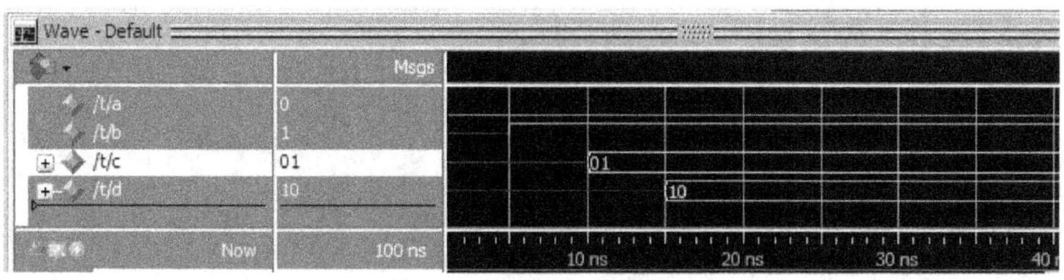

图 4-7 并行块波形图

对照波形图解释并行块的执行过程。该并行块是从仿真零时刻开始执行的，四条语句都是相对这个时间开始并行执行的，第一条语句没有延迟控制，直接把 a 赋值为 0；第二条语句的延迟时间为 5，故在第 5 个时间单位变为 1；第三条语句的延迟时间为 10，也是相对零时刻而言的，故在第 10 个时间单位完成对 c 的赋值，变为 01；第四条语句同理，在第 15 个时间单位把 d 赋值为 10，整个块在第 15 个时间单位执行完毕，与图 4-7 完全相同。

并行模块中很容易引起竞争行为，同样参考顺序块中的一个代码：

```
reg a,b;
reg [1:0] c,d;

initial
fork
   a=0;
   b=1;
   c={a,b};
   d={b,a};
join
```

该段代码就会产生竞争行为。由于并行块中所有语句都是并行执行的，所以四条语句都在仿真零时刻开始同时执行。这个行为在语法上看来没有什么问题，但是仿真器要基于 CPU 进行仿真，一般不能并发处理多条并行语句（例如 CPU 若只能执行单条命令，上面的四条语句会依次送入 CPU 完成，只有 CPU 能同时执行四条以上的命令，这四条语句才会真的同时开始执行仿真，但即便如此，由于语句的不同，CPU 完成这些语句所需的时间也不同，最后返回的仿真结果也不能严格按照并行来理解，有关此问题的详细解析需阅读计算机组成原理的相关知识）。由于不是并发执行的，所以这四条语句实际执行时还是有先后顺序的，不同的仿真器会对这个先后顺序有不同的解释，每个仿真器内核都有自己的核心算法，这个核心算法不会公开，所以可能相同的代码放在不同的仿真器中就会有不同的结果，这个现象不只在并行块，其他语法也有类似的问题，只是并行块问题比较突出。

并行块并不能够用来建立实际的电路模块，因为这种语法不能被综合，即使使用并行块建模，也无法生成最后可以实现的门级电路图，所以对电路建模不使用并行块即可。测试模块由于不用综合，可以使用并行块来对信号进行绝对时间的控制，但也仅此而已，其他场合读者可以不用考虑使用并行块。

4.3.3 块的嵌套

顺序块和并行块都可以嵌套使用，使用时要注意每一个嵌套块的开始时间。例如下例：

```
reg a,b;
```

```
reg [1:0] c,d;

initial
begin
   a=0;
   fork
      #5  b=1;
      #10  c={a,b};
   join
   #15  d={b,a};
end
```

该段代码仿真后会得到如图 4-8 所示的波形图。

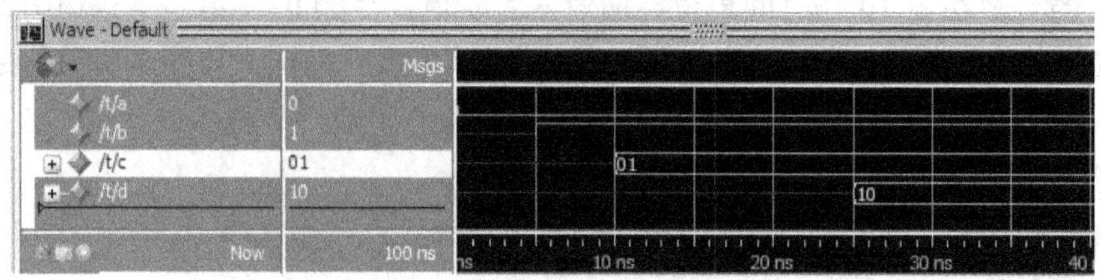

图 4-8　嵌套块波形图

嵌套块中每一个块都是一个整体，可以被视为一条语句来看待。本段代码整体是顺序块，所以要按从前到后的顺序依次执行。首先在仿真零时刻开始时执行 a=0 语句，然后会看到 fork…join 引导的并行块，这时此并行块的开始时间是在第一条语句之后的，也是零时刻，所以并行块内部相对的开始时间都是零时刻，依次完成在第 5 个时间单位和第 10 个时间单位对 b、c 进行赋值之后结束，执行结束后跳出 fork…join 块，此时完成时间为第 10 个时间单位。接下来继续完成顺序块，最后一条语句延迟 15 个时间单位是相对上一条语句而言的，上一条语句是并行块，结束时间为 15 个时间单位，所以最后一条语句会在第 25 个时间单位完成赋值。

由上述例子可以得到嵌套块的执行过程，在块的嵌套执行过程中，每个块都被视为一条语句，直到执行到此语句块为止。在语句块执行的过程中，何时跳出语句块取决于整个语句块中最后一条执行完毕的语句。

块还可以进行命名，从而能够拥有局部变量，这样的命名模块大多使用在测试模块中，需要读者对 Verilog HDL 有较深了解后才能灵活使用，这里不再赘述。

4.4　if 语句

在 Verilog HDL 语法中有和 C 语言类似的语法，if 语句就是其中的一种，其使用方式也和 C 语言相同，根据 if 后面的判断条件来决定是否执行对应的语句，也被称为条件语句。if 语句的关键字为 if…else，可以有三种类型，如下所示。

第一类，仅有 if，没有 else 语句。

```
if(condition)  statement;
```

第二类，有一对 if…else 语句。

```
if(condition)  statement_1;
else  statement_2;
```

第三类，有嵌套的 if…else if…else 结构。

```
if(condition1)  statement_1;
else if(condition2)  statement_2;
else if(condition3)  statement_3;   //可以出现多个 else if
else  statement_4;
```

无论哪种类型，关键字 if 后面一定要以括号的形式写出判断条件，如果条件成立，则对应执行相应的语句。三种类型的参考示例如下所示。

第一类 if 语句。

```
if(clock= =1)  q=d;                 //clock 为 1 时执行此句
```

第二类 if 语句。

```
if(sel= =1)
  out=A;                            //sel 为 1 时执行此句
else
  out=B;                            //sel 非 1 时执行此句
```

第三类 if 语句。

```
if(Sum < 60)
 Total_C = Total _c + 1;            //Sum 小于 60 执行此句
else if (Sum < 75)
 Total_B = Total_B + 1;             //Sum 大于等于 60 小于 75 执行此句
else
 Total_A = Total_A + 1;             //其他情况执行此句
```

三种类型的 if 语句从语义上比较容易理解。这里对其注意事项加以说明。

（1）if 所接的条件判断中必须返回一个逻辑值。无论是上述代码中的 clock= =1 还是 Sum<60，都会返回一个逻辑的 ture 或 false，即数值的 1 或 0。初学者最容易犯的错误就是使用赋值的=号取代逻辑关系的= =号，例如下面的代码：

```
if(sel = 0)                         //采用了=号而不是= =
  out=A;
else
  out=B;
```

此代码在仿真过程中始终会执行 out=A 这一句。因为=号是赋值语句，仿真器在运行代码时看到 if 就会判断后面括号内返回的数值是否为 1，而此时括号内的语句是将 sel 信号赋值为 0，它一定能成功地把 sel 信号赋值为 0，故此语句会得到一个 1 值，表示赋值成功，而非逻辑值判断！如果读者有了 C 语言的基础，这里一定要做好区分。

if 后面的判断条件也可以直接使用某个信号，例如：

```
if(sel)    out=A;                   //sel 为 1 时执行
if(!sel)   out=B;                   //sel 为 0 时执行
```

作为判断条件，设计者希望是返回 1 或 0 值，但实际仿真中有些信号可能会出现 x 或者 z 的情况，此时一律视为 0 值，即遵循“是 1 则真，非 1 则假”的原则。

（2）如果待执行的语句有多条时，可以使用 begin…end 来进行封装。begin…end 类似于 C 语言中的大括号，所以类比可以得到其用法，例如：

```
if(a= =b)
begin
  out=b;
  eq=1;
```

```
    end
```

（3）if 语句可以嵌套使用，即 if 语句中又包含一个或多个 if 语句。使用 if 的嵌套结构时一定要注意 if 和 else 的对应关系，建议使用 begin…end 来进行指定，而不是仅仅以格式上的对齐来进行指定，Verilog HDL 语法也不支持格式上的对应关系。观察如下代码：

```
if(a>0)
  if(a>b)
    begin
      a=a-i;
      i=i+1;
    end
else
 //报错，以下语句省略；
```

此代码的原本意图是想要在 a 大于 0 的时候判断 a 是否大于 b，若成立则执行对应的语句，如果 a 不大于 0 则进行报错。但是在编写代码时采用格式对应，把最后的 else 与第一个 if 对齐，寄希望于能和 if(a>0)进行对应，这种思路是错误的，Verilog HDL 对于 if 和 else 的对应方式为就近原则，即 else 会与最近的 if(a>b)对应，此时就会引起逻辑混乱。应该使用 begin 和 end，修改如下：

```
if(a>0)
begin   //这两处相当于加入大括号
  if(a>b)
    begin
      a=a-i;
      i=i+1;
    end
end    // 这两处相当于加入大括号
else
 // wrong_report_statement;
```

修改后代码的对应关系就正确了。读者在自己编写代码的时候一定要注意在学习初期养成一个良好习惯，多使用 begin 和 end 来增强程序的可读性，不要因为图省事或过分追求简洁而引起错误的逻辑关系，或难以移植和交予第三方。

本章开头的例 4.2 就是使用嵌套形式的 if 语句来实现的，摘取其中的 if 部分如下：

```
always @( A or B or C or D or S1 or S0 or En_)
begin
    if(!En_)
    Y=0;
    else
   begin
   if(S1= =1'b1)                 //判断 S1
        begin
        if(S0= =1'b1)            //此时为 11
            Y=D;
            else                 //此时为 10
            Y=C;
        end
        else
        begin
            if(S0= =1'b1)        //此时为 01
```

```
            Y=B;
            else                //此时为00
            Y=A;
        end
    end
end
```

此代码首先会判断 En_是否为 0，为零则把输出 Y 置为 0，非零则进入 else 部分，判断 S1 的值是否为 1，再继续判断 S0 是否为 1，从而得到 00、01、10、11 四种情况，对应将 A、B、C、D 输出，实现一个选择器的功能。

初学者对于代码中出现的多个 begin…end 往往十分头疼，此时可以借助一些软件的人性化设置来增强对代码层次的理解，如 Quartus II 软件中就会对应显示每对 begin 和 end 的对应关系，方便设计者检查逻辑关系，减少设计者的工作量。上例的代码可以得到图 4-9 所示的关系图，可以通过单击 begin 前面的减号来展开或合并某个 begin…end 部分。

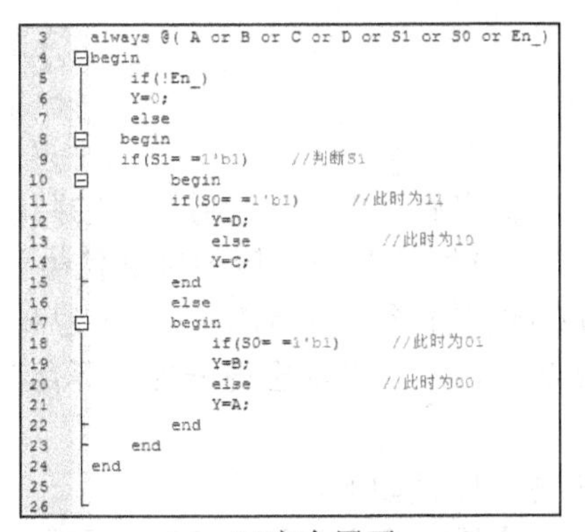

(a)完全展开

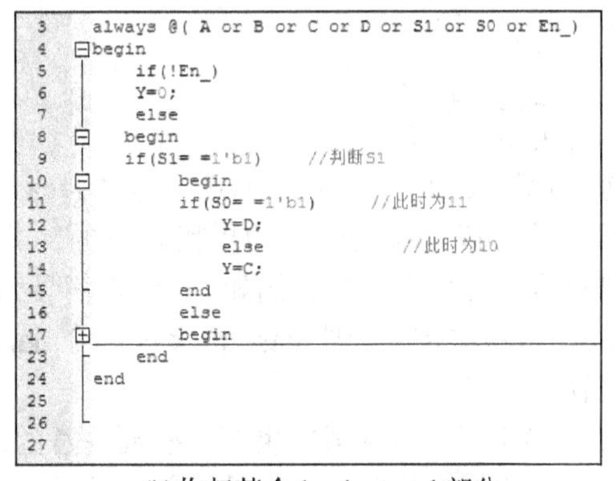

(b)收起某个 begin…end 部分

图 4-9 begin 和 end 的层次显示

（4）if 语句是有优先级的，这点对于后期的门级网表有直接影响。在编写代码时要时刻注意自己代码对后期电路的影响，相关的内容会在综合部分展开讨论。

（5）注意“;”出现的位置是在每一条可执行语句之后，if 和 else 对应的代码行都没有分号，初学者加以注意即可。

（6）对于每一个出现的 if 结构，都要有一个 else 对应条件为假的情况，即使此类 else 中没有实际的意义，建议也添加一个空的 else。

例如：

```
if(a>b)
  out=a;
else
  ;   //添加一个空语句
```

之所以如此，是因为 if 语句如果没有 else 与之对应，可能会被视为锁存器，会对综合之后的电路产生影响，相关的总结同样参见综合部分。

4.5 case 语句

有时代码中对应 if 的条件有很多种，要把所有的条件一一写全是很费力的事，此时就可以使用case语句。case语句中的关键字为case、default、endcase，基本结构如下：

```
case(表达式)
分支1：语句1；
分支2：语句2；
……
default：默认项；
endcase
```

case语句也称为多路分支语句，就是因为内部可以实现多个分支，比如要生成一个简易的运算控制，可以使用如下代码：

```
reg [1:0] ctl;

case(ctl)
  2'b00:out=a+b;
  2'b01:out=a-b;
  2'b10:out=!a;
  2'b11:out=!b;
  default: ;
endcase
```

参考此代码说明一下 case 的使用方法。case 关键字后面也要接括号所指的判断条件，一般是某个信号或者某些信号的拼接。下面的分支中分别指明当所给的判断信号为这些值时，应该对应执行哪些语句。例如，当ctl信号为00时就执行out=a+b，当ctl为01时就执行out=a-b，依次类推，一般case都会有一个default项，用来表示出现分支中不存在的情况时的对应输出结果。

与if语句类似，case语句也有一些要注意的地方，归纳如下。

（1）case语句中的每个分支条件必须不同，同时变量的位宽要严格相等，否则会引发逻辑混乱。所以在设计 case 语句的分支时必须考虑周全，避免两个分支条件都满足的情况发生，还要使用明确指定宽度的方式，避免使用“'d”等不指明宽度的分支条件。

（2）case 语句中的每个分支可以接多条待执行语句，只需要使用 begin…end 即可，例如以下代码。

```
……
2'b01:begin
      out=a-b;
      sum=a+b;
    end
……
```

（3）case语句不需要break，这是针对有C语言背景的设计者的。case语句中分支的判断顺序是依次进行的，遇到满足条件的分支就会执行分支后面对应的语句，执行结束后会自动跳出case结构，即使没有遇到满足的条件，也会在最后的default部分跳出case，所以不需要break。同时也可以得知，case语句也是有优先级顺序的，但在执行过程中case语句会被视为并行结构，这个优先级并没有得到体现。

（4）case语句中只能有一个default语句，而且建议必须使用default，也是为了得到最后综合的电路不会生成锁存器。

本章的例4.1就是使用case语句来建模的，现分析如下：

```
always @( A or B or C or D or S1 or S0 or En_)
begin
  if(En_==1'b0)
   Y=0;
  else
  begin
    case({S1,S0})
      2'b00:Y=A;
      2'b01:Y=B;
      2'b10:Y=C;
      2'b11:Y=D;
      default:Y=0;
    endcase
   end
end
```

此代码使用了 if 语句和 case 语句结合的方式。if 部分是判断 En_信号完成清零的，这里主要关注 case 部分。此 case 判断的是 S1 和 S0 的拼接值，使用了拼接操作符，前面介绍过，行为级建模中可以使用各种操作符，拼接之后依次列出分支条件 00、01、10、11 四种情况，对应输出 A、B、C、D 的值。

case 语句还有两种判断方式：casez 和 casex。casez 语句将条件表达式中的 z 作为无关值，所有值为 z 的位也可以用“?”来代表；casex 语句将条件表达式中的 x 作为无关值，所有无关值的比较均视为 1。这两种语法一是建模中并不能使用，即不能被综合，二是想在测试模块中用来分析未知值 x 也不是很方便，所以本书不再讲解相关语法。

4.6 循环语句

Verilog 语言中有四种类型的循环语句：while、for、repeat 和 forever，这些循环语句的语法与 C 语言中的循环语句相当类似，所有循环语句也必须放在 initial 或 always 块中才符合语法要求。这些语句在可综合的模块中也不建议使用，但在测试模块中无使用限制。

4.6.1 while 循环

while 循环使用关键字 while 表示。该语句的中止条件是 while 表达式的值为假，如果进入 while 判断的时候表达式已经为假，循环体就一次也不执行。如果 while 循环中有多条语句，则需要使用 begin 和 end 封装成一块。while 的基本结构如下：

```
while (判断条件)
begin
  循环体语句;
end
```

一个 while 语句的使用范例如下：

```
reg [7:0] temp;

while(temp)
begin
  if(temp[0])
```

```
            count=count+1;
         temp=temp>>1;
      end
```

此代码完成的功能是统计 8 位 reg 变量 temp 中值为 1 的个数。while 的判断条件是 temp，不同于以往的 1 位变量或者逻辑判断，对于类似本代码中的多位变量做判断条件的情况，Verilog HDL 的语法规定：只有当该变量的每一位值都是 0 时才认为整体是 0 值，只要任何一位有 1 值都把整体视为 1 值。所以该 while 的判断条件就是 temp 只要不为零，就执行下面的循环体。

循环体中首先是 if 语句，判断 temp[0]是否为 1，若为 1 则 count 做加 1 操作。要注意，接下来做的 temp 右移操作不属于 if 语句的分支，因为没有 begin 和 end，if 判断后仅执行后面 count 加 1 语句，无论 temp[0]是否为 1，temp 都要做右移操作，这样把每位向低位（右移）移动，把原来的 temp[1]移动到 temp[0]，再次进行 while 判断，直到整个 temp 全变为 0 为止。这样就能统计出 temp 中所有值为 1 的位数。

4.6.2 for 循环

for 循环使用关键字 for，如果出现多条语句也要使用 begin 和 end，基本结构如下所示：

```
for(初始化条件; 判断条件; 变量控制)
begin
   循环体语句
end
```

for 循环的最大特点在于代码的简洁。初始化条件中将某个 reg 或 integer 型变量赋予初值，一般为 0、1 或最大值，根据判断条件不同而不同；判断条件中指明执行循环体所需的条件，与 while 中的判断条件一样；变量控制是对刚刚初始化的变量进行控制，可以是加减操作，也可以是移位等操作。4.6.1 节中 while 循环的代码就可以使用 for 循环完成，如下所示：

```
reg [7:0] temp;
reg [7:0] i;

for(i=temp;i>0;i=i>>1)
begin
   if (i[0]==1)
     count=count+1;
end
```

对于 for 循环来说，i 是此循环定义的变量，初始化时把 temp 值赋予 i；作为和 while 的区分，判断条件中没有直接使用变量，而是使用了 i>0，因为若 i 中有位值为 1，则必然大于 0，但最终跳出循环的结果和 while 是完全一致的；变量控制部分把 i 右移一位。循环体语句中和 while 一样，完成所有值为 1 的位数统计。

需要说明的是，本代码中的 begin 和 end 是可以去除的，因为如果不使用 begin 和 end，for 语句可以接一条属于自己的执行语句，这条语句被认为是 if(i[0]==1)，if 语句也能接一条自己的执行语句，就是后面的 count 加 1 操作，所以 begin 和 end 可以去掉。但对于初学者，最好保持用 begin 和 end 区分代码层次的习惯，故保留了 begin 和 end。

另外，for 循环在测试模块中常常用作存储器的初始化方式，如下所示：

```
reg [7:0] mem [0:3];
```

```
for(i=0;i<mem_size;i=i+1)
  mem[i]=0;
```

4.6.3 repeat 循环

repeat 循环的功能是把循环体语句执行某个次数，其基本格式如下：

```
repeat （次数）
begin
  循环体语句
end
```

例如，一个存储器初始化也可以使用 repeat 循环，如下所示：

```
reg [7:0] mem [0:3];
initial
begin
  i=0;

  repeat (4)
  begin
    mem[i]=0;
    i=i+1;
  end
end
```

可以看到采用 repeat 循环所需的代码行较多，远没有 for 循环简洁。

repeat 循环还可以用来指定数出确定个数的信号边沿，例如：

```
……
repeat (8) @(posedge clock)
reset=1;
……
```

此代码就循环 8 个 clock 的上升沿，然后把 reset 置为 1。注意 repeat 后面没有 begin 和 end，所以接的@(posedge clock)就是循环的内容，指的是数出 clock 的 8 个上升沿，但什么也不做，即等待 8 个时钟周期，在测试模块时经常使用。

4.6.4 forever 循环

forever 循环是比较特殊的一类循环语句，它表示永远循环，直到仿真结束为止，相当于判断条件永远为真。易知其循环体中需要添加时序控制，否则就会永远循环某句语句，陷入死循环中。比较常见的 forever 的使用是生成时钟信号，例如：

```
initial
begin
   clock=0;
   forever #10 clock=~clock;
end
```

作为对比，使用 always 生成的时钟信号如下：

```
initial clock=0;
always #10 clock=~clock;
```

两个代码的效果一样，都是生成周期为 20 个时间单位的 clock 信号，forever 的语法效果也和 always 类似，最大的区别在于层次，always 比 forever 高一个层次，而 forever 以及前面的三个循环体都必须在 initial 或 always 结构中使用。

4.7 过程性赋值语句

过程性赋值语句是行为级建模中使用的赋值语句，它包括阻塞赋值和非阻塞赋值两种，但无论哪一种赋值语句，都必须出现在 initial 和 always 结构中，建立可综合模型时赋值语句的左端都必须是 reg 类型，这是语法的强制要求。本节只简单介绍基本语法并给出一个指导性原则，两种赋值语句的差异会在综合部分再深入讨论。

4.7.1 阻塞性赋值语句

阻塞赋值语句使用“=”作为赋值标志，本章前面出现的代码采用的都是这种赋值方式。阻塞赋值的特点如下。

（1）在顺序块中，一条阻塞赋值语句执行结束后，才能继续执行下一条阻塞赋值语句。

（2）语句执行结束后，左侧值会立刻改变，位于程序前面部分的语句赋值结果可以被后面的语句使用。

阻塞赋值过程比较容易理解，如下例。

例 4.8 阻塞赋值语句

```
initial
begin
  a=0;
  b=1;
  c={a,b};
  d={b,a};
end
```

这里的四条语句就会依次执行，每一条语句执行结束后才能执行下一条语句。这样，当 c 的赋值语句执行时，a、b 已经有了值，可以得到正确的数值，d 同理。

4.7.2 非阻塞性赋值语句

非阻塞复制语句使用“<=”作为赋值标志，其特点如下。

（1）同一时间点，前面语句的赋值不能立刻被后面的语句使用。

（2）所有的赋值是在一个时间点结束的时候统一完成的。

同样观察上例，仅把阻塞赋值修改为非阻塞赋值。

例 4.9 非阻塞赋值语句

```
initial
begin
  a<=0;
  b<=1;
  c<={a,b};
```

```
        d<={b,a};
    end
```

仿真过程中对于非阻塞赋值的处理方式是：先把赋值式右侧的计算值存在一个临时变量中，这个变量是由仿真器来维护的，设计者并不知道，即对于设计者是透明的。在仿真某个时间点结束的时候统一把这些临时变量的值赋给左侧。

这里还需要介绍一下时间步的概念。所谓时间步，可以理解成所有待执行的语句在时间轴上的执行步骤。以例 4.9 中的四句代码为例，这四句代码没有时间延迟，都会在仿真的零时刻开始执行，执行的过程中由于是顺序块，语句也是按从前到后的顺序执行的，就可以得到图 4-10 所示的仿真时间步图形。作为对照，将例 4.8 中的四句代码也画成仿真时间步的形式，得到图 4-11 所示的图形。这两个图形中把仿真器视作的事件用箭头来表示。

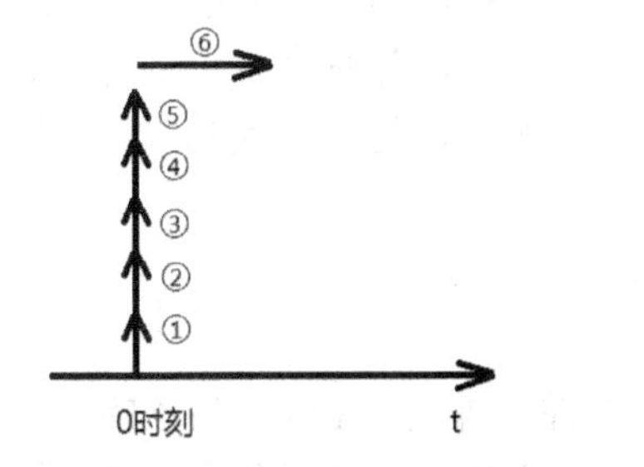

图 4-10　非阻塞赋值时间步

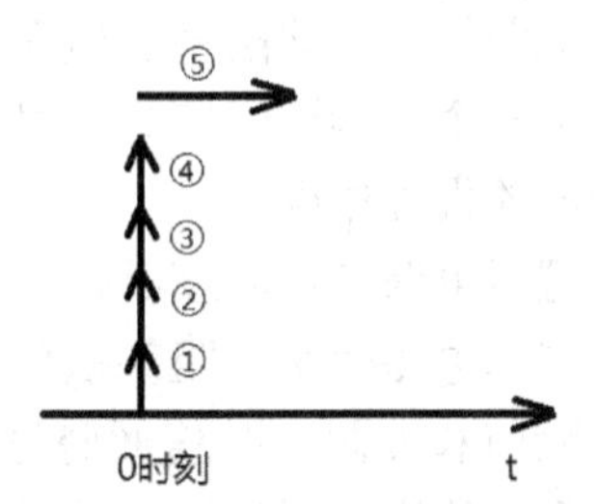

图 4-11　阻塞赋值时间步

对于图 4-10 来说，仿真器会看到如下事件。

①仿真零时刻，按照顺序块的语法要求，看到 a<=0 这句代码。仿真器会把右侧的值赋值到某个临时寄存器中，而不会直接赋值。由于赋值语句的右侧仅有一个数值，不涉及计算，没有运算的过程，仅消耗把 1 赋值到中间寄存器的时间，然后第一个事件结束了。注意此时 a 并未得到赋值。

②依然在仿真的零时刻，仿真器看到了 b<=1 这句代码。和①类似，仿真器会把 1 值赋给某个临时寄存器，赋值结束后，第二个事件结束，b 也未得到赋值。

③依然在仿真的零时刻，仿真器看到了 c<={a,b}这句代码，类似地，会把{a,b}赋值给某个临时寄存器，但注意，此时 a、b 在前面都没有得到赋值，即没有得到新的值，所以 c 得到的是 a、b 的旧值，这就是在非阻塞赋值中，前面语句的赋值不能立刻被后面的语句使用的原因。第三个事件结束时 c 也没有得到新的值。

④本步骤也在零时刻，仿真器看到 d<={b,a}，和③做类似的操作，赋值给某个临时寄存器，这些寄存器由仿真器维持，不在设计者的思考范围之内。

⑤仿真器发现在仿真零时刻所有需要做的事情都处理了（即已经看到了所有要在仿真零时刻执行的语句），此时仿真器要结束此仿真时间点，于是把前面所有临时寄存器中的值赋到赋值式的左侧，此时 a、b、c、d 得到了赋值。

⑥仿真零时刻结束，仿真器沿时间轴继续运行，进入下一个仿真时间点。

对于图 4-11 来说，仿真器会看到如下事件。

①仿真零时刻，仿真器看到 a=0，由于是阻塞赋值，仿真器立刻会执行改行语句，并把 0 值赋给 a，第一个事件结束，此时 a 已经得到了新的值。

②仿真零时刻，仿真器继续运行，看到 b=1，立刻把 1 赋给 b，第二个事件结束，b 也得到了新的值。

③仿真零时刻，仿真器看到了 c={a,b}这句代码，立刻将 a、b 值作拼接操作并送至 c，这样第三个事件也结束了，c 此时得到的值是 a、b 刚刚更新的值，注意对比与非阻塞赋值第三步的区别。

④仿真零时刻，同③一样，把 b、a 的拼接值赋给 d，d 也得到了赋值，第四步结束。

⑤仿真器发现仿真零时刻待执行的语句都已经执行完毕，仿真零时刻结束，仿真器沿时间轴继续运行，进入下一个仿真时间点。

上述两个时间步就是仿真器按照 Verilog HDL 的语法形式所进行的操作，可以看到，阻塞赋值在其动作特点上更像是组合逻辑电路的行为：当前的赋值必须立刻完成，更新信号值后再被后续的语句使用；非阻塞赋值在其动作特点上更像是时序电路的行为：当前的赋值暂不更新，等待某一个时刻同时完成信号值的更新。所以在阻塞赋值和非阻塞赋值的选择上有着如下比较统一的指导原则。

（1）组合逻辑电路使用阻塞赋值来建模。

（2）时序逻辑电路使用非阻塞赋值来建模。

关于阻塞赋值和非阻塞赋值暂时遵循这两条原则即可。在第 7 章的综合部分还会对阻塞赋值和非阻塞赋值进行更加深入的讨论，会给出更加详细的解释和指导原则。

4.8 应用实例

实例 4-1——4 位全加器的行为级建模

结果文件——附带光盘“Ch4\4-1”文件夹。

动画演示——附带光盘“AVI\4-1.avi”。

本例依然对 4 位全加器进行建模，使用行为级语言编写设计模块如下：

```
module  add4(S,COUT,CIN,X,Y);         //4 位全加器
output  COUT;
output  [3:0] S;
input  CIN;
input  [3:0]X,Y;

reg [3:0] S;
reg COUT;

always @(X ,Y, CIN)
{COUT,S}=X+Y+CIN;

endmodule
```

对该设计模块编写测试模块，验证几组数值，如下：

```
module tb_41;
```

```
    wire  COUT;
    wire  [3:0] S;
    reg  CIN;
    reg  [3:0]X,Y;

    initial
    begin
      X=4'b0000;Y=4'b0000;CIN=1;
      #10 X=4'b0000;Y=4'b1110;CIN=1;
      #10 X=4'b0101;Y=4'b1010;CIN=1;
      #10 X=4'b0000;Y=4'b0000;CIN=0;
      #10 X=4'b0000;Y=4'b1110;CIN=0;
      #10 X=4'b0101;Y=4'b1010;CIN=0;
      #10 $stop;
    end

    add4 my_add4(S,COUT,CIN,X,Y);

    endmodule
```

运行仿真，可以得到图 4-12 所示的仿真波形图，可以对比波形图分析电路的功能确实是完成了 4 位全加器的功能。

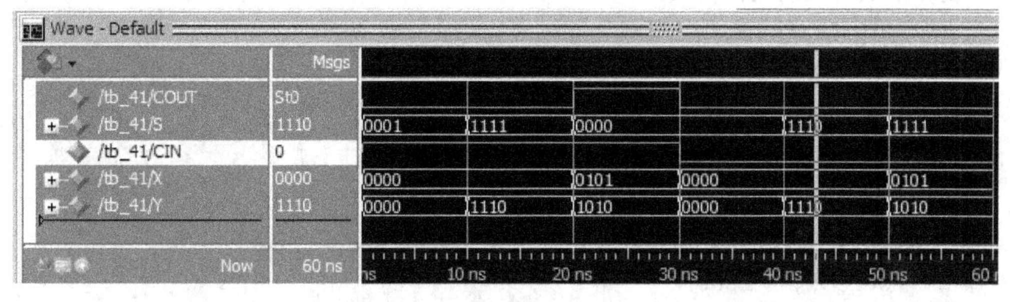

图 4-12　4 位全加器仿真波形图

本例的设计模块采用行为级建模方式仅仅是为了延续前两种建模方式，同时做一个对比。正常情况下对于简单的组合逻辑电路，一般不会使用行为级建模方式，而采用数据流级建模方式。例如，4 位全加器采用数据流级建模就是一个比较好的风格。一般的，组合逻辑电路尽量采用数据流级建模，如果组合逻辑规模较大，用数据流级建模比较麻烦，可以使用行为级建模方式；时序逻辑电路必须采用行为级建模方式。

实例 4-2——简易 ALU 电路的行为级建模

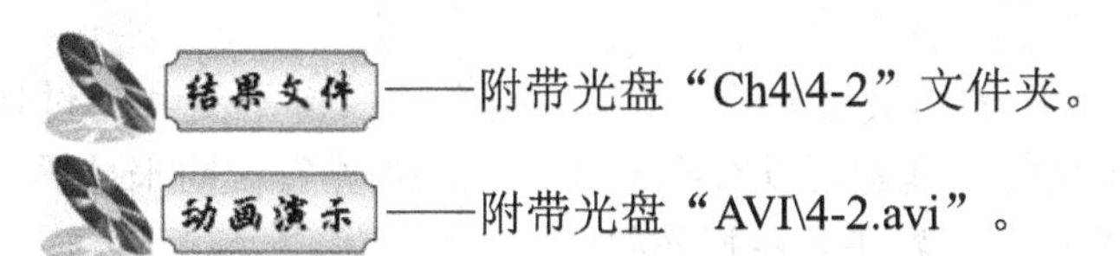

结果文件——附带光盘“Ch4\4-2”文件夹。

动画演示——附带光盘“AVI\4-2.avi”。

ALU 是算术逻辑单元，用于进行算术和逻辑运算，是一个组合逻辑电路。但是由于使用数据流级语句写代码比较麻烦，可以使用行为级语句中的 case 语句来完成，代码如下：

```
    module my_ALU(out,a,b,select);
```

```
output [4:0] out;
input [3:0] a,b;
input [2:0] select;

reg [4:0] out;

always @(*)
case(select)
   3'b000: out=a;
   3'b001: out=a+b;
   3'b010: out=a-b;
   3'b011: out=a/b;
   3'b100: out=a%b;
   3'b101: out=a<<1;
   3'b110: out=a>>1;
   3'b111: out=a>b;
   default: out=5'b00000;
endcase

endmodule
```

该设计模块对应的测试模块如下：

```
module tb_42;
reg [3:0] a,b;
reg [2:0] select;
wire [4:0] out;

initial
begin
   a<=4'b1010;b<=4'b1100;
   select<=3'b000;
#10 select<=3'b001;
#10 select<=3'b010;
#10 select<=3'b011;
#10 select<=3'b100;
#10 select<=3'b101;
#10 select<=3'b110;
#10 select<=3'b111;
#10 $stop;
end

my_ALU my_alu(out,a,b,select);
endmodule
```

运行仿真，可以得到图 4-13 所示的仿真波形图。a、b 两个值保持不变，通过切换 select 信号来完成 ALU 的 8 种不同功能。读者可以对照第 3 章中的操作符说明来分析运算结果是否正确，也可以使用这种方式进一步熟悉各种操作符。

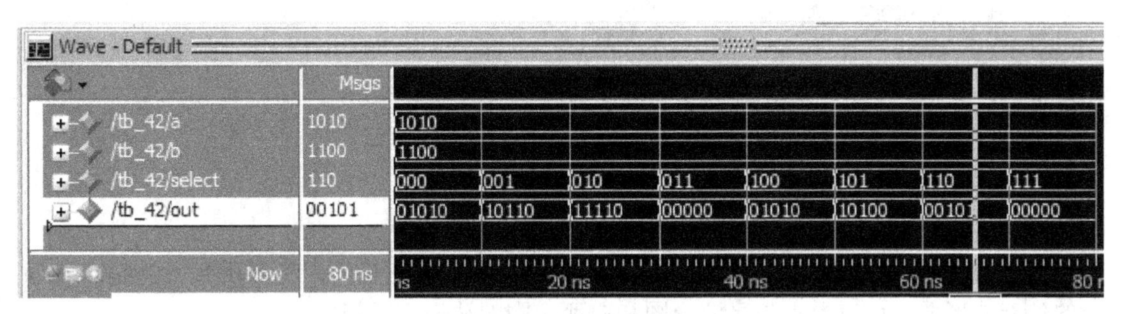

图 4-13　简易 ALU 仿真波形图

实例 4-3——下降沿触发 D 触发器的行为级建模

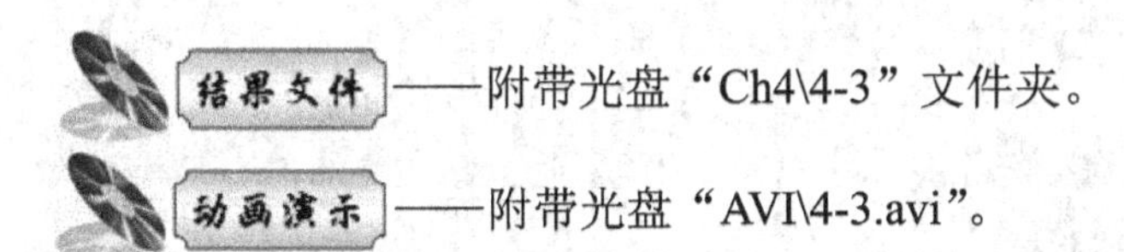
结果文件——附带光盘“Ch4\4-3”文件夹。

动画演示——附带光盘“AVI\4-3.avi”。

前两章中的 D 触发器功能其实是一个下降沿触发的 D 触发器，但是使用门级建模和数据流级建模得到的仿真结果均不相同，本章中使用行为级建模方式再次进行描述，观察结果是否一致，采用行为级语句描述的 D 触发器的设计模块代码如下：

```
module Dff(Q,Qbar,clock,D);
output  Q,Qbar;
input clock;
input D;

reg Q,Qbar;

always @(negedge clock)
begin
  Q<=D;
  Qbar<=~D;
end

endmodule
```

编写测试模块代码如下：

```
module tb_43;
wire  Q,Qbar;
reg clock;
reg D;

initial clock=0;
always #5 clock=~clock;

initial
begin
    D=0;
#7  D=1;
```

```
    #4  D=0;
    #9  D=1;
    #11 D=0;
    #20 $stop;
    end

    Dff mydff(Q,Qbar,clock,D);
    endmodule
```

测试模块中 clock 信号的周期及 D 的变化情况和前两章相同，仿真后会得到图 4-14 所示的仿真波形图。可以看到仿真波形图和前两章中的波形都不相同。

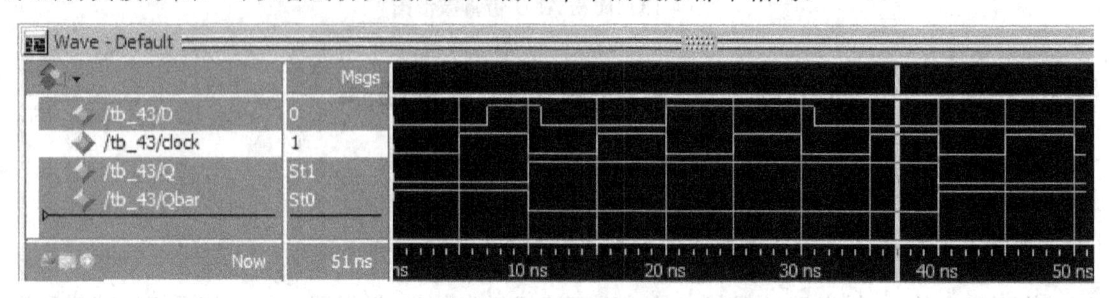

图 4-14　下降沿触发 D 触发器的仿真波形图

其实这三种设计模块最终仿真的结果应该完全相同，造成仿真结果不同的主要原因是仿真器对不同语法的解释方式问题，当前的仿真是功能仿真。这三种建模方式得到的设计模块在综合后生成门级网表，再运行时序仿真得到的结果就会相同。读者可以有一个初步的认识：功能仿真结果和时序仿真结果可能是不同的。

实例 4-4——十进制计数器的行为级建模

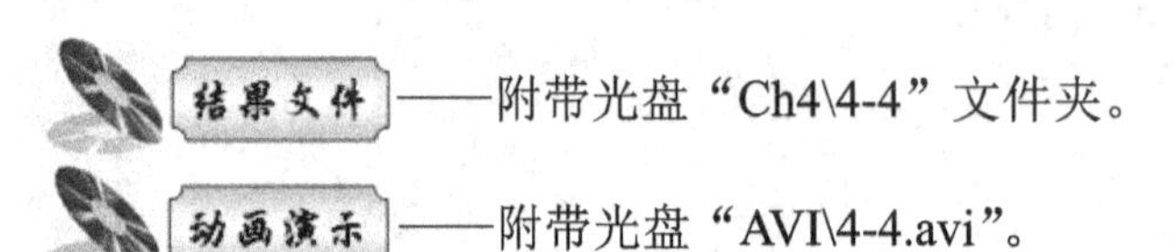

——附带光盘“Ch4\4-4”文件夹。

——附带光盘“AVI\4-4.avi”。

本例中仿照数字电路中的 74LS160 功能，编写一个带有复位、置数功能的十进制计数器。该模块具有的功能如表 4-1 所示。

表 4-1　数据类型及功能

端口名称	功能描述
reset	异步复位端，上升沿有效，完成复位功能
load	同步置数端，高电平有效，完成置数功能
clock	时钟端口
en	使能端，优先级在 reset 和 load 之后，暂停计数功能
D	同步置数的数据输入端
Q	计数器的数据输出端
C	进位输出端

参考该功能表及优先级顺序，可以编写如下代码。

```
module counter160(clock,reset,load,en,D,Q,C);
input clock,reset,load,en;
input [3:0] D;
output C;
output [3:0] Q;
reg [3:0] Q;

always @(posedge clock ,posedge reset)
begin
  if(reset==1)
     Q<=4'd0;
  else if(load==1)
     Q<=D;
  else if(en)
     Q<=Q;
  else if(Q==9)
     Q<=0;
  else
     Q<=Q+1;
end

assign C=(Q==9);
endmodule
```

编写测试模块对其进行测试：

```
module tb_44;

reg clock,reset,load,en;
reg [3:0] D;
wire C;
wire [3:0] Q;

initial clock=0;
always #5 clock=~clock;

initial
begin
   reset=1;load=0;en=0;D=4'd6;
   #20  reset=0;      //复位功能
   #120  en=1;         //暂停计数功能
   #50   load=1;       //载数功能
   #20   en=0;
   #20   load=0;       //验证 load 和 en 优先级
   #40   $stop;
end

counter160 my_counter(clock,reset,load,en,D,Q,C);

endmodule
```

测试模块中对基本功能和端口的优先级顺序进行了验证，进行仿真后，可以得到如图 4-15 所示的波形图。

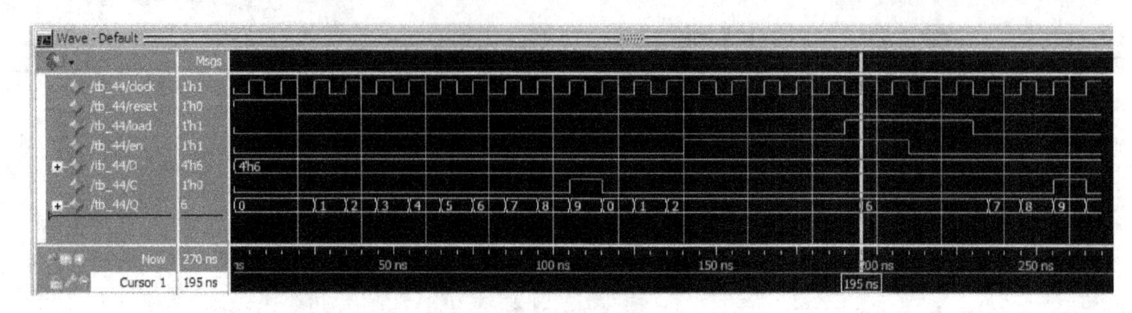

图 4-15　计数器仿真波形图

对照测试模块的注释说明，可以看到，图中分为五个部分：第一部分是初始部分，验证了 reset 的复位功能；第二部分持续到 140ns 位置，是计数器正常循环功能的验证，计数器完成了 0～9 的循环，并在计数到 9 的时候产生了 C=1 的进位输出信号；第三部分持续到光标前，即 190ns 位置，验证的是 en 端口的暂停功能；第四部分持续到在光标处，完成了置数功能，把预设的数值 6 装载进计数器，同时验证了 load 信号的优先级要高于 en 信号；最后的部分是所有信号都撤销，计数器重新回到计数功能。

4.9　习题

4-1　分别使用 if 语句和 case 语句完成一个 2-4 译码器模块。

4-2　请使用 forever 语句生成一个时钟信号，初始值为 1，高电平占 10 个时间单位，低电平占 5 个时间单位。

4-3　定义一个宽度为 8 位、具有 256 个存储单元的存储器 mem，然后分别使用 for 语句、while 语句和 repeat 语句完成该存储器的初始化。

4-4　分析如下嵌套块中的各条语句都在何时执行。

```
initial
begin
     a=1'b1;
  #10 b=1'b0;
  fork
     #15 c=a;
    #5  d=b;
  join
  #10 a=1'b0;
  fork
    #5 c=b;
      begin
        #5 d=c;
        #10 d=c;
      end
  join
 end
```

4-5　使用行为级语句完成一个 4 位比较器的设计。

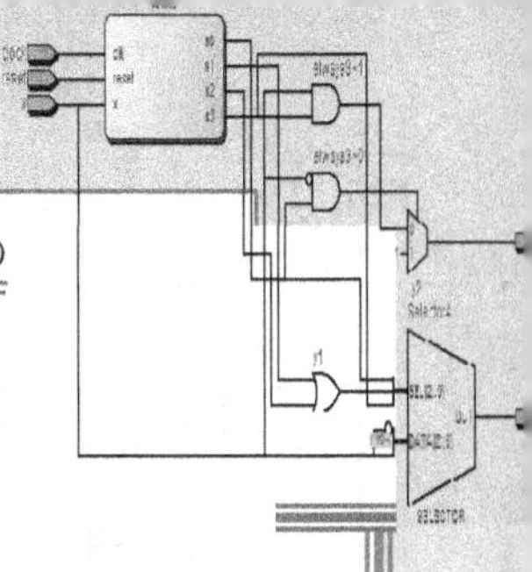

第 5 章　任务、函数与编译指令

在程序设计过程中，设计者经常需要在程序的许多不同地方实现相同的功能，此时可以把这些公共的部分提取出来，做成子程序供重复使用，这样就可以在需要的位置直接调用这些子程序，以避免重复编程，减少工作量。在 Verilog HDL 语法中也提供了类似的语法，就是任务和函数，设计者可以把所需要的代码编写成任务和函数的形式，使代码更加简洁。

另外，和其他编程语言一样，Verilog HDL 自身语法中也包含了一些常用的简单功能和指令，这就是系统任务和编译指令，读者可以带着如下问题阅读本章。

（1）任务的基本结构是怎样的？

（2）函数的基本结构是怎样的？

（3）任务和函数在使用方法上、基本结构上有什么区别？

（4）任务和函数在代码中出现的位置是怎样的？

（5）编译指令的出现位置在哪里？有什么作用？

本章内容

- 任务与函数的声明和使用
- 编译指令的使用

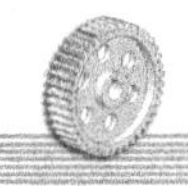

本章案例

- 信号同步任务
- 阶乘任务
- 可控移位函数
- 偶校验任务
- 算术逻辑函数

5.1　任务

任务的弹性程度要比函数大，因为在任务中可以调用其他任务或函数，还可以包含延迟、事件、时间控制等多种语法。从一个模块代码结构上来讲，任务应该和 initial、always 结构处于同一个层次，严格来说它也属于行为级建模，所以只要行为级可以使用的语法在任务中都是支持的，这一点要注意和后面的函数加以区分。

5.1.1 任务的声明和调用

任务的声明格式如下：

```
task 任务名称;
input [宽度声明] 输入信号名;
output [宽度声明] 输出信号名;
inout [宽度声明] 双向信号名;
reg 任务所用变量声明;

begin
   任务包含的语句
end
endtask
```

针对任务格式的语法要求，依次解释如下。

（1）任务声明以 task 开始，以 endtask 结束，中间部分是任务包含的语句。

（2）任务名称就是一个标识符，满足标识符语法要求即可。

（3）任务可以有输入信号 input、输出信号 output、双向信号 inout 和供本任务使用的变量，变量不仅包括上面写出的 reg 型，行为级中支持的类型如 integer、time 等都可以使用。这些变量和信号可以有，也可以没有，取决于需要。

（4）任务从整体形式上看和模块十分相似，task 和 endtask 类似于 module 和 endmodule，但任务虽然有输入/输出信号，却没有端口列表，这点一定要记清！

（5）完成信号和变量声明后，可以用 begin 和 end 封装 task 功能描述的语句，也可以使用 fork 和 join 的并行块来封装，但要注意此语句块之前并没有 initial 或 always 结构。

按照上述规则完成的代码就构成了一个任务，如果觉得要求太多记不清楚，可以仿照 module 的写法来写 task，只是注意不要有端口列表即可。例如，可以把之前的 4 位全加器做成任务形式。

例 5.1　4 位全加器的任务

```
task add4;
input [3:0] x,y;
input cin;
output  [3:0] s;
output  cout;

begin
  {cout,s}=x+y+cin;
end

endtask
```

其中的 begin…end 部分因为仅有一条语句，可以不加块语句。不过习惯上还是保留 begin…end 看起来更像一个整体，格式上比较整齐。

（6）对于 begin…end 所包含的任务语句部分，遵循行为级建模语法即可。行为级建模语句中的非阻塞赋值、阻塞赋值、循环语句、if 语句、case 语句、延迟时间等都可以在这个块中出现。从这个 begin…end 块看上去就是把一个 module 中的块拿到了 task 中。例如，可以在此模块中定义一个变化的信号，代码如下：

```
task seq;
output b;

fork
b=0;
#10 b=1;
#40 b=0;
#10 b=1'bx;
join

endtask
```

也可以加一些显示语句，用于某些情况的特殊说明，代码如下：

```
task error;
  $display("The signal is error!");
endtask

task right;
  $display("The signal is right!");
endtask
```

这样再出现类似的语句需要输出，就可以使用该任务来节省代码量。

任务调用时应采用如下格式：

```
任务名(信号对照列表);
```

例如，对例 5.1 中的 add4 任务进行调用，就可以使用如下的语句：

```
add4(a,b,c,d,e);
```

对于任务的调用，也有如下几点注意事项。

（1）任务调用时要写出任务的名称来进行调用，这点与模块实例化过程相似，但是任务调用不需要使用实例化名称，像 add4 这个任务名直接写出即可调用对应任务。

（2）任务的功能描述虽然和 always、initial 处于同一层次，但是任务的调用却必须发生在 initial、always、task 中，注意任务中是可以再次调用任务的。

（3）任务中如果有输入/输出或双向信号，按照类似实例化语句中按名称连接的方式连接信号。例如 add4(a,b,c,d,e)，就依次按照 add4 任务中信号声明的顺序进行了赋值，把 a、b 赋给 x、y，把 c 赋给 cin，同时把输出的信号 s 和 cout 赋给了 d 和 e。任务定义时是什么顺序，调用时就按什么顺序赋值，不能进行改动！

（4）任务的信号连接也要遵循基本的连接要求。例如对于 task 的输出端，在引用该任务的时候就不能定义为 wire，而要定义为 reg，参考如下对比。

```
task exp;
output a;              //该任务只有一个输出
......
endtask

module top;
reg   out1;            //out1 为 reg 型
wire  out2;            //out2 为 wire 型
```

```
initial exp(out1);      //这种调用是正确的
initial exp(out2);      //这种调用是错误的

endmodule
```

（5）任务调用后需要添加一个分号，作为行为级语句的一句来处理。

（6）任务不能实时输出内部值，而是只能在整个任务结束时得到一个最终的结果，输出的值也是这个最终的结果值。参考如下代码。

```
task seq;
output q;

begin
q=0;
#10 q=1;
end

endtask
```

此代码不会将 q=0 的值返回给输出端，而会在整个任务执行完毕之后，即 q 值已经被赋值为 1 之后产生一个输出值，所以调用此任务之后会得到一个延迟 10 个时间单位的输出数据 1。这一点在使用任务时一定要注意！

5.1.2 自动任务

在仿真过程当中，仿真器会分配给任务一个地址空间，因为所有的仿真运算都需要存储器来完成，分配给任务的也是这样的一个存储空间。由于任务地址空间的分配是一个静态过程，在一次仿真中任务所得的地址空间就是一个固定范围。这样，在仿真过程中如果出现多次使用同一个任务，且每次操作的值不同时，就可能出现由于地址空间相互覆盖而导致的结果错误。观察如下代码并分析代码中可能存在的问题：

```
module test;
reg [7:0] a,b,c,d;
reg [7:0] out1,out2,out3,out4;                          //输出变量
reg [7:0] ref_out1,ref_out2,ref_out3,ref_out4;          //参考变量
reg clock;

task op;                                                //任务定义
output [7:0] op_out1,op_out2;
input [7:0] op_in1,op_in2;

begin
  op_out1=op_in1^op_in2;                                //完成异或
  op_out2=op_in1^~op_in2;                               //完成同或
end
endtask                                                 //任务结束

initial clock=0;
always #5 clock=~clock;                                 //生成时钟

initial
```

```
    begin
      a=8'b0000_1111;b=8'b0000_0101;          //产生不同输入信号
      c=8'b1111_0000;d=8'b0101_0000;
    end

    always @(posedge clock)
      op(out1,out2,a,b);                      //第一次调用 op 任务

    always @(posedge clock)                   //第二次调用 op 任务
      op(out3,out4,c,d);

    always @(posedge clock)                   //生成输出值的参考信号
    begin
      ref_out1=a^b;
      ref_out2=a^~b;
      ref_out3=c^d;
      ref_out4=c^~d;
    end
    endmodule
```

这段代码的主要功能是两次调用一个 op 任务，并输入不同的值，得到对应的运算结果。对这种重复调用同一个任务进行仿真的情况就可能出现结果相互覆盖的情况，造成不必要的麻烦。在 Verilog HDL 的语法中，使用自动任务来应对这种情况，在任务声明的时候可以使用 automatic 声明为自动任务，如下所示：

```
    tast automatic 任务名;
```

声明为自动任务后，每次执行任务都会给该任务重新分配地址空间，就不会出现地址重叠，也就不会产生错误了。现仅需将上述代码中的任务声明修改如下：

```
    task automatic op;
```

运行仿真后就会得到如图 5-1 所示的仿真结果，每个任务所得的结果都有一个 ref 开头的信号对应做参考值，如果实际值和参考值相同则表示结果正确。图中已经把参考信号和输出信号调至上下行，读者可以对照观察结果。

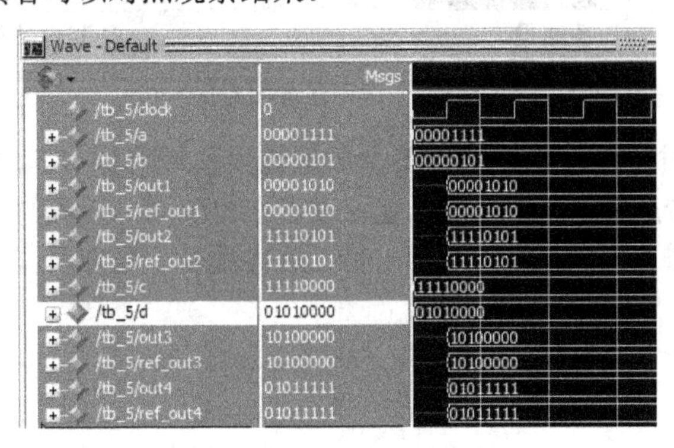

图 5-1　自动任务仿真结果

事实上在前面的代码中即使调用了两次任务，也不会出现错误。要解释这个问题需要理解任务的执行过程。由于在任务 op 中仅有两条阻塞赋值语句，无论哪次调用此任务，所使用的存储器地址空间在此时就会运算结束，并返回数值，这样即使再次调用任务并给予新

的值，也不会改变之前已经返回的数值。从存储器的角度看来，这两个任务一先一后进入存储器，先进入的任务算得结果取出，然后放弃使用，后进入的任务这时才进入存储器，同样算得结果并取出，就不会使两个结果产生混淆。

那么什么时候会产生错误的结果呢？如果任务中包含了#、@或者后面会介绍的 wait 语句时就会产生错误。这类语句都有一个特点：不是立刻得到结果，而要等待某个条件才会继续运行。这个等待的过程就造成了巨大的问题。例如把 op 函数中代码修改如下：

```
begin
  #10  op_out1=op_in1^op_in2;      //完成异或
  #10  op_out2=op_in1^~op_in2;     //完成同或
end
```

此时不采用 automatic，就会得到图 5-2（a）所示的波形，可以看到 out1 和 out3 数值相同，out2 和 out4 数值相同——总有一组是错误的。可以对照参考输出，看到其实是第二次调用任务时输出的信号 out3 和 out4 正确，而第一次调用任务时输出的信号 out1 和 out2 被覆盖了。造成这个结果的原因也十分简单：因为第二次调用的任务后占用存储空间，第一次运算的数值还没有送出，在运行#号带来的延迟时就被第二次的运算覆盖了。此时若使用了 automatic 任务就会得到图 5-2（b）所示的波形，可以看到结果是正确的。

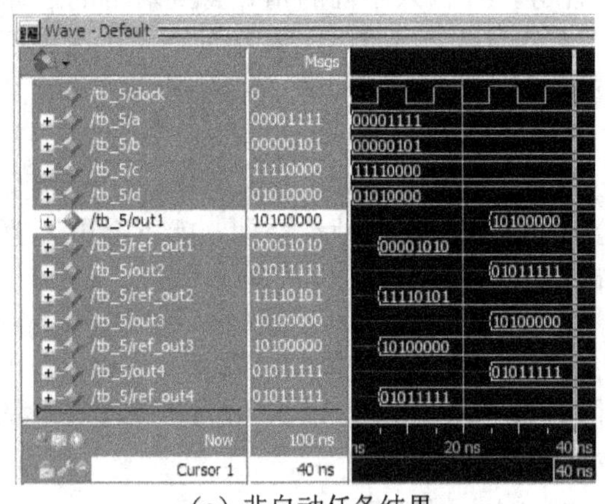

（a）非自动任务结果

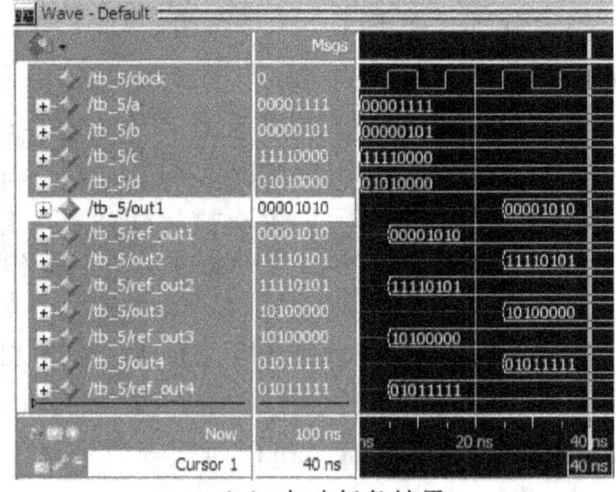

（b）自动任务结果

图 5-2　两种任务的对比

由于需要判定何时会出现错误何时不会出现错误比较麻烦，有时还可能临时在任务中添加一些控制语句而造成结果错误，所以建议读者在出现同一任务的多次使用时把该任务声明为自动任务，也不需要去管到底会不会出错、这样做是不是麻烦，采用最保险的办法以避免错误发生。

5.2　函数

函数与任务是不同的。由 5.1 节的任务说明可以看到，任务其实没有太多的语法限制，可以把组合逻辑编写成任务，也可以使用时序控制等语法来完成任务。但对函数来说，仅仅可以把组合逻辑编写成函数，因为函数中并不能有任何的时序语句，而且函数不能调用任务，这是受函数自身语法要求限制的。

5.2.1 函数的声明和调用

函数的声明格式如下：

```
function 返回值的类型和范围   函数名;
input [端口范围] 端口声明;
reg、integer 等变量声明;

begin
    阻塞赋值语句块
end
endfunction
```

类似任务，函数也有自己的基本要求和注意事项，按声明格式顺序解释如下：

（1）函数以关键字 function 开头，以关键字 endfunction 结尾。

（2）在关键字 function 后和函数名称之间，要添加返回值的类型和范围。返回值就是该函数运算之后得到的结果值。实际在函数的定义过程中会自动生成一个变量，该变量的名称与函数名称一致，做该函数的输出值使用。所谓类型和范围，就是要对这个变量进行定义，可以参考下如下方式进行：

```
function [7:0] a;              //定义宽度 8 位
function b;                    //没定义宽度，默认 1 位
function integer c;            //定义为整型
```

定义函数返回值类型时，如果不指定类型，则会默认定义为 reg 类型，像第一行和第二行代码就会默认生成一个 8 位和 1 位的 reg 型返回值，其中第二行连范围也没有指定，默认是 1 位的。如果需要其他数据类型的返回值就需要显式地进行声明，像第三行中就显式地将返回值声明为 integer 型。

（3）函数至少需要有一个输入信号，没有输出信号，所以 output、inPut 之类的声明都是无效的。函数的运算结果就是通过上一步定义的返回值进行传递的，也就是说函数只能得到一个运算结果，相当于只有一个“输出”。

（4）函数内部可以定义自身所需的变量。

（5）函数的功能语句也是以 begin…end 进行封装的，虽然使用 fork…join 在语法上是允许的，但是一般还是使用顺序块，这是出于可综合的角度考虑。和任务一样，这个 begin…end 块前也是没有 initial 和 always 结构的。

（6）begin…end 块内部的语句也是要求众多，概括来说，首先不能有任何时间相关的语法，如@引导的事件、#引导的延迟等，而且用于时序电路描述的非阻塞赋值语句也不能使用，但 if 语句、case 语句或循环语句等与时序电路没有直接关系的语句仍然可以使用；其次必须要有语句明确规定在（2）中定义的返回值是如何得到赋值的。

下面来观察一个经典的示例代码，这是一个计算阶乘的函数，对照上面的要求来加深理解：

```
function integer factorial;     //定义为整数型
input [3:0] a;                  //定义输入信号
integer i;                      //定义函数内部变量
```

```
    begin
      factorial=1;                    //进行阶乘运算
      for(i=2;i<=a;i=i+1)
      factorial=i*factorial;
    end

    endfunction                       //函数结束
```

这个代码中函数的注意事项都得到了体现：定义返回值时声明为 integer 型；定义了 1 个 4 位宽的输入信号；定义了函数自身使用的内部变量 i；begin…end 块中使用阻塞赋值和 for 语句，并且有“factorial=1”和“factorial=i*factorial”这样对返回的整数型信号 factorial 进行赋值的语句。

函数的调用也有对应的格式，如下：

```
    待赋值变量=函数名称(信号对照列表);
```

需要注意的事项说明如下。

（1）单独的函数调用格式是没有左侧的待赋值变量和等号的。但是函数的调用不像任务一样可以只出现任务名，函数调用之后必须把返回值赋给某个变量，也就是说上面给出的格式是每次函数出现时必须遵循的。

例如：

```
    task(a,b);                        //任务是这样调用的
    function(a,b);                    //函数这样调用就是错的
    out=task(a,b);                    //任务这样调用也是错的
    out=function(a,b);                //函数这样调用是对的
```

之所以函数和任务调用格式不同，是由于其语法结构的不同要求。任务有输出信号，可以产生类似 module 一样的连接，这样就不需要出现类似第三行这样的赋值语句，直接通过输出信号的连接就可以把任务所得的结果进行输出。而函数没有直接定义的输出信号，也就不能按照任务形式把函数所得的结果输出，而是通过一个返回值，采用把函数隐含定义的返回值赋给某个变量的形式来完成值的输出。

（2）信号对照列表部分也是按照函数内部声明的顺序出现的，这点和任务相同。

（3）函数调用后也是作为行为级建模的一条语句，出现在 initial、always、task、function 结构中，即函数可以被任务调用。但注意任务调用只出现在 initial、always、task 结构中，因为函数不能调用任务。

例如，对上面的阶乘函数进行测试，代码如下：

```
    reg [3:0] n;
    integer out3;

    always @(n)
      out3=factorial(n);              //调用阶乘函数并赋值

    initial
    begin
      n=3;
      #10 n=4;
      #10 n=11;
```

```
        #10 $stop;
      end
```

运行该代码会得到图 5-3 所示的波形，前两个结果可以直接计算，可知正确。最后一个计算 11 的阶乘，读者可以用计算器计算结果，也是正确的。

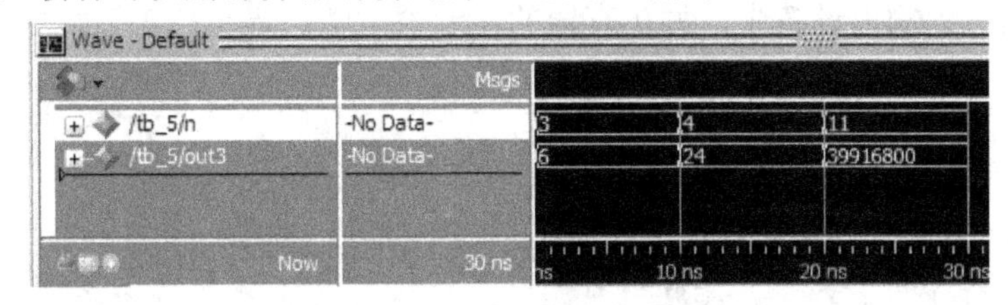

图 5-3　阶乘函数的仿真图

若一个仿真过程中多次调用同一个函数，此时函数也有和任务一样的问题，可能会因为地址空间的相同产生地址交叠，造成运算结果的错误。解决的方法也一样：通过自动函数 automatic 来动态分配地址空间，每调用一次函数就自动重新分配一次地址空间。关键字 automatic 出现在 function 和返回值范围之间，其余与正常函数无异。语法如下所示：

```
function automatic 类型 范围 函数名;
```

5.2.2　任务与函数的比较

现将任务和函数的区别整理如表 5-1 所示，读者可以对照总结，加深对两者的理解。

表 5-1　任务与函数的比较

任务 task	函数 function
可以有 0 个或任意个输入信号	至少有 1 个输入信号
可以有 0 个或任意个输出信号	没有由 output 定义的输出信号
通过 output 与外界联系	通过默认定义的函数名返回值与外界联系
内部可以声明变量，但不包含 wire 型	内部可以声明变量，但不包含 wire 型
begin…end 前没有 initial、always 结构	begin…end 前没有 initial、always 结构
begin…end 内部语句没有限制，只要满足行为级要求即可	begin…end 内部只能使用阻塞赋值语句，且不能有任何与时间相关的语句
内部可以调用任务和函数	内部只能调用函数，不能调用任务
调用时直接使用即可	调用时需使用“=”进行赋值

5.3　系统任务和系统函数

设计者除了可以自己编写任务和函数外，还可以直接使用 Verilog HDL 自带的系统任务和系统函数。本节介绍的是 Verilog HDL 语法中自带的部分系统任务和系统函数，如同门级建模中的 and 门一样，可以直接在设计者的代码中使用。这些自带的任务很多，本节只是挑选其中使用频率较高的一些任务来介绍。

系统任务的调用和设计者自己编写的任务调用完全相同，也属于行为级建模的语法，所以系统任务调用也要出现在 initial 或 always 结构中。所有的任务都以$作为开头，很容易识别。每个系统任务语句后面都要有“;”作为结束标识。

5.3.1 显示任务

显示任务用于信息的显示和输出，常用的有$display、$write、$strobe。这两个任务能够把指定的信息输出到输出设备中，如仿真器的显示窗口中。显示任务还能指定显示出来的信息格式，如下所示：

```
%b 或 %B            二进制
%o 或 %O            八进制
%d 或 %D            十进制
%h 或 %H            十六进制
%e 或 %E            实数
%c 或 %C            字符
%s 或 %S            字符串
%v 或 %V            信号强度
%t  或 %T           时间
%m 或 %M            层次实例
```

还有一些特殊的字符可以由下列方式输出：

```
\n      换行
\t      制表符
\\      反斜线\
\"      引号"
\%%     百分号%
```

可以使用如下的方式调用显示任务：

```
$dispaly(" %b + %b = %b" , a,b,sum);
```

这是显示任务常用的一种方式：以双引号"……"来圈定显示的字符串区域，这部分的主要功能是添加一些文字说明，使输出的结果更利于观察，除了上面列出的%表示的显示格式外，其他字符都会被显示出来；三个%b 表示在这三个位置输出对应的数值，以二进制形式输出；在双引号后面以逗号隔开需要显示数值的变量名称，注意与双引号区域中%b 的对应顺序。例如对于 a=0、b=1、sum 为 1 时，上面的代码就能显示：

```
0+1=1
```

这里的加号和等号是为了增加仿真结果的可读性而添加的。这只是一个简单的例子，实际还可以添加一些文字（不支持中文），如下面的代码：

```
case(s)
0:out=a;
1:out=b;
default: $display("Invalid control signals!");
```

这样，当控制信号 s 出现非 1 非 0 的情况（可能是未知 x 或高阻 z）时，default 部分就会报错，这样设计值就知道是控制信号 s 出现了问题，而不是 case 语句本身的逻辑有问题。

前 4 章中的所有测试模块都可以添加显示任务来方便观察信号。例如，对第 4 章中的 4 位全加器进行仿真，其测试模块部分可以修改如下：

```
initial
begin
  X=4'b0000;Y=4'b0000;CIN=1;
  #10 X=4'b0000;Y=4'b1110;CIN=1;
  $display("x=%b,y=%b,cin=%b,sum=%b,cout=%b",X,Y,CIN,S,COUT);
```

```
    #10 X=4'b0101;Y=4'b1010;CIN=1;
    $display("x=%b,y=%b,cin=%b,sum=%b,cout=%b",X,Y,CIN,S,COUT);
    #10 X=4'b0000;Y=4'b0000;CIN=0;
    $display ("x=%b,y=%b,cin=%b,sum=%b,cout=%b",X,Y,CIN,S,COUT);
    #10 X=4'b0000;Y=4'b1110;CIN=0;
    $display("x=%b,y=%b,cin=%b,sum=%b,cout=%b",X,Y,CIN,S,COUT);
    #10 X=4'b0101;Y=4'b1010;CIN=0;
    $display("x=%b,y=%b,cin=%b,sum=%b,cout=%b",X,Y,CIN,S,COUT);
    #10 $stop;
  end
```

这样每次改变数值并得到结果后，都会在仿真器的显示窗口中把当前得到的信号值显示出来，这个过程和仿真波形显示是不冲突的。运行该代码进行仿真，仿真器中会得到如图 5-4 所示的输出信息。

可以看到，在信号比较繁杂的设计中，采用显示任务得到的变量值非常直观。读者可以根据自己的习惯来查看仿真波形或者显示信息。

```
VSIM 7> run -all
# x=0000,y=1110,cin=1,sum=0001,cout=0
# x=0101,y=1010,cin=1,sum=1111,cout=0
# x=0000,y=0000,cin=0,sum=0000,cout=1
# x=0000,y=1110,cin=0,sum=0000,cout=0
# x=0101,y=1010,cin=0,sum=1110,cout=0
# Break in Module tb_41 at C:/modeltech_10.1c/examples/xingweiji.v line 111

VSIM 8>
```

图 5-4　$display 任务显示

另一个系统任务$write 的功能和$display 基本相同，可以参照$display 的语法来使用。二者仅有一点区别：$display 会在每次显示信息后自动换行，$write 不会换行，会把所有的信息都显示在一行。

在$display 任务中一定要注意待显示变量和双引号区域对应关系问题，观察如下代码：

```
  #10 X=4'b0000;Y=4'b1110;CIN=1;
  $display("x=%b,y=%b,cin=%b,sum=%b,cout=%b",X,Y,CIN,COUT,S);
  $display("x=%b,y=%b,cin=%b,sum=%b,cout=%b",X,Y,CIN,S,COUT);
  $display("x=%b,y=%b,cin=%b,sum=%b,cout=",X,Y,CIN,S,COUT);
  $display("x=%b,y=%b,cin=%b,sum=,cout=",X,Y,CIN,S,COUT);
```

运行仿真后会得到图 5-5 所示的输出结果。

```
# x=0000,y=1110,cin=1,sum=0,cout=0001
# x=0000,y=1110,cin=1,sum=0001,cout=0
# x=0000,y=1110,cin=1,sum=0001,cout=0
# x=0000,y=1110,cin=1,sum=,cout= 10
```

图 5-5　显示输出

前两行要说明的问题是变量的对应关系问题。双引号"……"区域中仅仅是显示字符串和在指定哪里显示数值，具体显示数值的顺序是由后面的变量顺序给出的。第一行变量的顺序是 COUT、S，第二行变量的顺序是 S、COUT，所以就会得到前两行的输出结果。

后两行要说明的问题是变量值出现的位置问题。第三行中 cout 没有指定显示格式，可以看到和第二行的显示似乎没有什么区别。第四行中 sum 也没有指定显示格式，即在双引号区域仅仅指定了三个变量的显示位置，可以看到最后显示出的 sum 部分没有数值。这是因为Verilog HDL的语法规定，如果没有指定变量显示的位置，变量值会在字符串部分之后直接显示出来，变量之间没有间隔，只是简单把数值依次显示。这就是第四行最后10的意思，1是sum的值，0是cout的值。第三行显示貌似没有变化的原因是因为cout恰好是最后一个输出值，去掉之后没有对输出结果造成影响。

这里还有一个问题：sum不是0001么，为什么只剩下了一个1？

显示任务$display默认显示的数值格式是十进制的，所以二进制的0001未加说明就直接被显示成了十进制的1。显示任务并不是单独一个，还有$displayb、$displayo和$displayh，默认的显示格式依次是二进制、八进制和十六进制。同理，$write、$writeb、$writeo和$writeh也是一样。

探测任务$strobe的语法和显示任务完全相同，也是把信息显示出来，也有$strobe、$strobeb、$strobeo和$strobeh四种。它和$display任务的区别可以通过下面的例子来说明：

```
reg[3:0] test;
initial
begin
  test=1;
  $display("After first assignment , test has value %d",test);
  $strobe("When strobe is executed 1, test has value %d",test);
  test=2;
  $display("After second assignment , test has value %d",test);
  $strobe("When strobe is executed 2, test has value %d",test);
end
```

运行仿真之后可以得到图5-6所示的输出结果：

```
# After first assignment , test has value  1
# After second assignment , test has value  2
# When strobe is executed 1, test has value  2
# When strobe is executed 2, test has value  2
```

图5-6 对比显示结果

两者的区别在于：$strobe命令会在当前时间步结束时完成，即发生在向下一个时间步运行之前；$display是只要被仿真器看到，就会立刻执行。所以在test=1时，$display会立刻把test显示出来，而$strobe则会等到当前时间步结束时，即仿真零结束时刻时再执行。类似的，test=2时，$display立即显示，$strobe依然会等到时间步结束时完成。所以最后的输出结果先显示了两个$display的输出，然后显示$strobe的输出值，此时的值显然是2。

显示任务还常常伴随仿真时间函数$time一起使用，用来显示仿真时间，辨别当前显示的信息是在哪个仿真时间发生的。显示格式中的时间显示需要以%t表示，可以显示当前数值所处的仿真时间，如下所示：

```
#10 X=4'b0000;Y=4'b1110;CIN=1;
$display($time,"x=%b,y=%b,cin=%b,sum=%b,cout=%b",X,Y,CIN,S,COUT);
$display("x=%b,y=%b,cin=%b,sum=%b,cout=%b",X,Y,CIN,S,COUT,$time);
$display("x=%b,y=%b,cin=%b,sum=%b,cout=%b,time=%t",X,Y,CIN,S,COUT,$time);
```

仿真时间函数一般都是联合显示任务或监视任务等能够输出显示信息的任务一起使用的。上述的代码可以得到如图5-7所示的仿真结果。由该结果可以看到，$time可以脱离双引号的区域直接存在，如显示任务的第一行和第二行，就分别出现在了双引号区域的前面和后面，此时会直接显示仿真的时间，参见图5-7输出结果的第一行和第二行。也可以像第三行显示任务一样，在双引号区域直接指定显示仿真时间，这样就会得到图 5-7 中第三行仿真结果。无论哪种方式都是可以在仿真中使用的，建议读者采用其中一种。

```
#                    10x=0000,y=1110,cin=1,sum=0001,cout=0
# x=0000,y=1110,cin=1,sum=0001,cout=0              10
# x=0000,y=1110,cin=1,sum=0001,cout=0,time=                 10
```

图 5-7　时间函数结果

使用$time 返回的时间是整数类型，在宽度上定义为 64 位，没有数据的部分就显示成空白。仿真时间函数还有另一种形式，即$realtime，返回的时间是实数形式，不会像图 5-11 中一样在时间值的前面出现大量的空白。

5.3.2　监视任务

显示任务和探测任务一般使用在某种情况发生时，用来输出一些特殊的值，如 case 语句中的 default 或者 if 语句中的 else，一般是使用显示任务和探测任务的常见位置。如果要多次观察某些信号的变化情况，使用这些任务就会变得非常烦琐，可以参见$display 和$wire 对比的例子。Verilog HDL 语言中有一种监视任务，可以持续监控指定的变量，只要这些变量发生了改变，就会立刻显示对应的输出语句，这就是监视任务$monitor。

监视任务$monitor 的语法形式和前两个任务一样，也包含$monitorb、$monitoro 和$monitorh。这些形式平常使用较少，默认还是十进制使用得较多。使用监视任务的示例如下：

```
initial
begin
  X=4'b0000;Y=4'b0000;CIN=1;
  #10 X=4'b0000;Y=4'b1110;CIN=1;
  #10 X=4'b0101;Y=4'b1010;CIN=1;
  #10 X=4'b0000;Y=4'b0000;CIN=0;
  #10 X=4'b0000;Y=4'b1110;CIN=0;
  #10 X=4'b0101;Y=4'b1010;CIN=0;
  #10 $stop;
end

initial
begin
  $monitor("x=%b,y=%b,cin=%b,sum=%b,cout=%b",X,Y,CIN,S,COUT);
end
```

该代码仿真得到的输出结果如图 5-8 所示。可以看到仅仅使用了一条语句就完成对 6 次变化的输出，相比$display 要简洁许多。

```
# x=0000,y=0000,cin=1,sum=0001,cout=0
# x=0000,y=1110,cin=1,sum=1111,cout=0
# x=0101,y=1010,cin=1,sum=0000,cout=1
# x=0000,y=0000,cin=0,sum=0000,cout=0
# x=0000,y=1110,cin=0,sum=1110,cout=0
# x=0101,y=1010,cin=0,sum=1111,cout=0
```

图 5-8　$monitor 任务输出解果

监视任务会时刻监视变量的变化来进行显示输出，这也会带来一些麻烦。例如，有些时候仿真时间较长，设计者只关心仿真开始和结束时的信号变化情况，对中间过程的信号变化并不感兴趣，使用$monitor 就会出现很多不关心的变化情况。此时可以使用$monitoroff 和$monitoron 来打关闭监视和打开监视，示例如下：

```
initial
begin
  X=4'b0000;Y=4'b0000;CIN=1;
  #10 X=4'b0000;Y=4'b1110;CIN=1;
  #10 X=4'b0101;Y=4'b1010;CIN=1;
  #10 X=4'b0000;Y=4'b0000;CIN=0;
  #10 X=4'b0000;Y=4'b1110;CIN=0;
  #10 X=4'b0101;Y=4'b1010;CIN=0;
  #10 $stop;
end

initial
begin
  $monitor("x=%b,y=%b,cin=%b,sum=%b,cout=%b",X,Y,CIN,S,COUT);
  #20 $monitoroff;
  #20 $monitoron;
end
```

这段代码在仿真零时刻启动$monitor 任务，在仿真第 20 个时间单位关闭了监视任务，在第 40 个时间单位又打开了监视任务，这样仿真的输出结果如图 5-9 所示。

```
# x=0000,y=0000,cin=1,sum=0001,cout=0
# x=0000,y=1110,cin=1,sum=1111,cout=0
# x=0000,y=1110,cin=0,sum=1110,cout=0
# x=0101,y=1010,cin=0,sum=1111,cout=0
```

图 5-9　关闭和打开监视任务

可以看到仿真结果只剩下了四行，仿真时间 20 至 40 时间单位之间的信息没有显示，因为此时监视任务$monitor 是关闭的。

5.3.3　仿真控制任务

仿真控制任务$stop 和$finish 可以用来暂停和中止当前仿真。$stop 的功能是停止当前仿真，注意是停止，而不是退出，仿真器会把仿真到该语句之前的仿真运行完，然后停止仿真，等待下一步命令，此时已然停留在仿真器的仿真界面中，一些仿真窗口（如波形窗口等）依然保留着，仿真的结果也是保留的。

任务$finish 的功能则是停止仿真并退出仿真器，再退回到操作系统界面。这个任务虽然会退出仿真器并关闭所有窗口，但也是有其使用价值的。因为有些实验室的架构是以服务器为中心，仿真软件一般放在服务器中，并只有有限个数的 license，这样大家都会争用仿真器的使用权。一般大规模的代码仿真时间都很长，可以交由服务器来仿真，设计者不需要值守。这时使用$finish 就可以在仿真器运行完仿真后及时关闭仿真器并释放 license，给其他使用者，而仿真过程中所关注的结果可以用其他方式来记录和查看。

当然，如果设计者是在自己的计算机上完成仿真而且规模较小时，一般都是使用$stop 任务作为仿真结束的标志语句，然后由仿真窗口查看仿真结果。

5.3.4 随机函数

随机函数可以为设计者提供一些随机数，用于测试设计模块是否正确。例如对第 4 章中的 4 位全加器进行测试，设计者要完全举出所有的输入组合就需要 16×16×2 共 512 种，显然是不现实的。这时可以通过随机函数来生成一些随机数值。另外，有时设计者对设计模块进行测试时，往往会受设计模块的功能诱导，可能不会想到某些特殊情况，这时利用随机函数可以暴露出一些不规律的数值时可能存在的问题。

随机函数的语法形式如下：

```
$random(seed);
```

这里的 seed 是随机函数用来生成随机数的种子，不同的种子会生成不同的随机数，这些生成的随机数是一个 32 位有符号的整型数值。种子部分可以不使用，这样生成的随机数都是一样的，改种子的值就会生成不同的随机数。如果要使用种子，必须在使用前事先声明该值，可以声明为 reg、integer 等类型。观察如下代码：

```
integer i;
reg [7:0] memory [0:1023];
initial
begin
  i=0;
  repeat(1024)
  begin
    memory[i]=$random;
    i=i+1;
  end
end
```

这段代码的功能是给存储器一个随机的初始值，并没有采用种子的方式。运行仿真后存储器获得了初始值，内部部分数据如图 5-10 所示。

```
/tb_41/memory
  0: 00000000 11100010 01110000 11011100 00100100 10110011 11000001 01111100
  8: 00110011 00110001 11111110 01010010 01011011 10011011 10100101 00101101
 16: 00000110 11101111 01000100 01110001 00101111 11001001 00011010 11111001
 24: 00101000 00010000 10001111 01000010 10001000 11001000 00000100 11110101
 32: 01110111 11010101 11101101 01100000 00010010 00010100 10101010 00000011
 40: 00011111 10011111 00100101 11000001 11001001 10010010 10011001 11001011
 48: 10011001 00100110 10001101 11100101 01101001 01111110 01101101 00010101
 56: 10001000 00000101 11000010 01011100 10111110 10100100 01111001 10000111
 64: 01111010 10110101 00111100 10111000 11010000 00001011 01001010 10111110
 72: 10000111 11011011 11001010 11010000 11110101 11110010 00010100 11001000
 80: 11010000 11111010 11100101 01110000 11000000 00110111 11110011 00000010
```

图 5-10 存储器数据

注意，在这段代码当中存储器每个单元的数值是 8 位的 reg 型，而$random 函数会生成一个 32 位的 integer 型，此时把 32 位整型赋值给 8 位寄存器型变量，会按照低位对齐的方式，即取 32 位整型的低 8 位作为有效数据。想生成某个范围内的数值可以采用如下方式：

```
reg [7:0] rand;
rand=$random%64;
```

这里使用了余数运算符号%，把得到的随机数值用%除以 64 取余数，得到的结果就是一个从-63 到+63 的随机数，再赋给 rand，就能得到一个 8 位的数值。这个 8 位数值为 reg

型，是没有符号的。用无符号的 reg 型来存储有符号数，有时候容易造成不必要的麻烦，可以修改如下：

```
reg [7:0] rand;
rand={$random}%64
```

这个代码中仅添加了大括号{}，得到的值就是一个 0～63 的数值了。因为此时{}作为拼接操作符来使用，会把 32 位整型数变为 32 位的寄存器型，即变为无符号数形式了。

如果单从 rand 所得的数值来看，用两种方法得到的都是一个 8 位的二进制数值，但是得到的数值是不同的，比如第一段代码生成的数值为 00100100，第二段代码生成的数值为 00000001，而前面介绍过不添加种子时$random 函数生成的 32 位整型数是相同的，读者可以自己思考一下为什么会得到这种不同的数值结果。

最后必须强调，如果要给多个变量使用随机数赋值，请一定要使用不同的种子，否则得到的随机数就全是一样的数据了，初学者尤其需要留意。

5.3.5 文件控制任务

文件控制相关的任务有很多个，这里按顺序依次介绍，首先是文件打开任务，用于打开某个文件。如果从深入一些的角度分析，就是返回一个文件的指针。打开文件任务使用的方式如下：

```
文件句柄 = $fopen("文件名") ;
```

任务$fopen 返回一个多通道描述符，该多通道描述符中只有一位被设置成 1。标准输出有一个多通道描述符，其最低位（第 0 位）被设置成 1。标准输出也称为通道 0。标准输出一直是开放的。以后对$fopen 的每一次调用都会打开一个新的通道，并会返回一个 32 位的描述符，其中可能设置了第 1 位、第 2 位，……最多可设置到第 30 位，第 31 位是保留位。通道号与多通道描述符中被设置为 1 的位相对应。针对任务的这个特点，一般把文件句柄定义为整形 integer。当然，定义成多位寄存器 reg 型也是可以的，但注意打开文件的个数不要超过 reg 的位数。

被打开文件的文件名可以直接给出，格式没有固定要求，如“out.dat”、“out.txt”等都可以。如果只有文件名，则表示和仿真器工作的路径是相同的。一般仿真器的工作路径就是工作的文件夹，要打开的文件一般也是在这个文件夹中的，这样即使该文件夹复制到了其他位置，其相对路径也不会改变。文件名的情况其实就是按相对路径来仿真文件的过程。除此之外还可以使用绝对路径的方式。两种使用方式见如下示例：

```
integer a,b;
initial
begin
  a=$fopen("out.dat");
  b=$fopen("D:\work\out.dat");
end
```

这里打开了两个文件，a 和 b 就相当于被赋予了文件指针的功能，可以通过 a 和 b 访问文件。第一个打开的文件采用的是相对路径方式，和当前的仿真文件工作在相同的路径下。第二个打开的文件采用的是绝对路径方式，通过一个完整的绝对路径来指明了文件的位置。两种方式读者可以灵活使用。

打开文件后就可以向文件中写入数据了。使用的任务是$fdispaly、$fwrite、$fstrobe 和$fmonitor，其语法要求等和原有任务完全相同，只是不再输出到仿真器的显示窗口中，而是把结果输出到打开的文件中。

文件写完后需要将文件关闭，使用的方式如下：

```
$fclose(文件句柄);
```

这里通过一个比较完整的例子来说明一下这些任务的使用方式，如下例：

```
integer hand1,hand2;

initial
begin
  hand1=$fopen("out1.txt");
  hand2=$fopen("out2.txt");
  X=4'b0000;Y=4'b0000;CIN=1;
  $fstrobe(hand1,"x=%b,y=%b,cin=%b,sum=%b,cout=%b",X,Y,CIN,S,COUT);
  #10 X=4'b0000;Y=4'b1110;CIN=1;
  $fstrobe(hand1,"x=%b,y=%b,cin=%b,sum=%b,cout=%b",X,Y,CIN,S,COUT);
  #10 X=4'b0101;Y=4'b1010;CIN=1;
  $fstrobe(hand1,"x=%b,y=%b,cin=%b,sum=%b,cout=%b",X,Y,CIN,S,COUT);
  #10 X=4'b0000;Y=4'b0000;CIN=0;
  #10 X=4'b0000;Y=4'b1110;CIN=0;
  #10 X=4'b0101;Y=4'b1010;CIN=0;
  #10 $fclose(hand1);
      $fclose(hand2);
      $finish;
end

initial
begin
  $fmonitor(hand2,"x=%b,y=%b,cin=%b,sum=%b,cout=%b",X,Y,CIN,S,COUT);
end
```

该段代码首先定义了两个整型变量 hand1 和 hand2，作为文件句柄来使用。然后把文件指向了同路径下的“out1.txt”和“out2.txt”，采用的是相对路径方式，然后就进行正常的仿真。对于仿真的前三组变化的变量，每次都采用了$fstrobe 任务把当前时间步结束时的运行结果记录到 hand1 所对应的文件“out1.txt”中，之后的数据不再记录。最后关闭这两个文件并退出仿真器。与此同时，另一个 initial 结构中采用了$monitor 来时刻监控变量的变化情况，同时记录到 hand2 所对应的文件“out2.txt”中。

运行仿真后，在仿真文件夹中打开“out1.txt”，其中数据如下：

```
x=0000,y=0000,cin=1,sum=0001,cout=0
x=0000,y=1110,cin=1,sum=1111,cout=0
x=0101,y=1010,cin=1,sum=0000,cout=1
```

打开“out2.txt”，其中数据如下：

```
x=0000,y=0000,cin=1,sum=0001,cout=0
x=0000,y=1110,cin=1,sum=1111,cout=0
x=0101,y=1010,cin=1,sum=0000,cout=1
x=0000,y=0000,cin=0,sum=0000,cout=0
```

```
x=0000,y=1110,cin=0,sum=1110,cout=0
x=0101,y=1010,cin=0,sum=1111,cout=0
```

可以看到这两个文件中按预想保留了仿真的结果。

另外，当设计模块中有存储器时往往需要对存储器进行初始化，使用 for 循环可以完成全零的赋值。可是如果存储器的初始值不是全零，而是一些有意义的数值，就可以使用$readmemb 或$readmemh 把文件中记录的数值读入存储器中。$readmemb 要求文件中必须是二进制数值，$readmemh 要求文件中必须是十六进制数值，其语法结构如下：

```
$readmemb("文件名称", 存储器名);
```

现有一个文件“mem.dat”，内部包含如下数据：

```
0000_0001 0000_0011

@4
0000_1001 0000_1011
0000_1101 0000_1111
```

欲读入存储器的文件内部必须是数值形式，且统一为二进制或十六进制形式，每个数值之间以空格隔开。除了数值还可以用@来指定地址，如本文件中就有一个@4，表示之后的数据是从地址 4 开始的，这里的地址要以十六进制给出。地址默认从 0 开始，这样在读入存储器时，前两个数值就会读进地址 0 和 1，后面的数值会从地址 4 开始，所示地址 2 和 3 没有数据，数值为默认值 x，在地址 4、5、6、7 之后没有数值，所以如果存储器中存储单元的地址超过了 7，后面的单元就没有赋值了。这个文件中的数值也比较整齐，转化成十进制来看，前两个是 1、3，后四个是 9、11、13、15。现在利用下面这段代码把文件“mem.dat”中的数据读入存储器中。

例 5.2　初始化存储器

```
reg [7:0] mem[0:9];

integer i=0;

initial
begin
  $readmemb("mem.dat",mem);
  repeat(10)
  begin
    $display("mem[ %d ]= %d",i,mem[i]);
    i=i+1;
  end
end
```

代码中定义了一个包含 10 个存储单元，每个存储字长为 8 位的存储器。存储器从“mem.dat”中读入了数据，由于“mem.dat”中数据是以二进制形式给出的，所以使用了$readmemb 任务。然后使用了 repeat 循环 10 次，把 10 个存储单元中的数据显示出来，注意显示的时候就可以指定显示的数据格式了，这里是把数据显示成十进制，这样比较便于观察。运行该段代码可以得到如下的仿真输出：

```
# mem[ 0 ]=   1
# mem[ 1 ]=   3
# mem[ 2 ]=   x
```

```
# mem[ 3 ]=  x
# mem[ 4 ]=  9
# mem[ 5 ]= 11
# mem[ 6 ]= 13
# mem[ 7 ]= 15
# mem[ 8 ]=  x
# mem[ 9 ]=  x
```

可以看到存储器中地址为 2 和 3 的单元没有数据，地址为 8、9 的存储单元也没有数据，其他部分的数据显示完全符合之前介绍的语法说明。

除了整个读入数据外，$readmemb 还支持部分读入数据，使用方式有如下两种：

```
$readmemb("文件名称", 存储器名, 起始地址);
$readmemb("文件名称", 存储器名, 起始地址, 结束地址);
```

这两种方式中都是指定了存储器实际要存储数据的范围，通过两段代码来查看结果，在例 5.2 中把读取存储器任务修改如下，指定一个起始地址：

```
$readmemb("mem.dat",mem,4);
```

同时把"mem.dat"中的数据修改如下，取消@的地址指定，并补全数值：

```
0000_0001 0000_0011
0000_0101 0000_0111
0000_1001 0000_1011
0000_1101 0000_1111
```

运行仿真后存储器数据从 mem[0]到 mem[3]数据均为 x，剩下 6 个单元存储数据如下：

```
# mem[ 4 ]=  1
# mem[ 5 ]=  3
# mem[ 6 ]=  5
# mem[ 7 ]=  7
# mem[ 8 ]=  9
# mem[ 9 ]= 11
```

可以看到该任务的功能是把"mem.dat"中的数据从地址为 4 的位置开始送入存储器，所以 mem[4]中存放的就是"mem.dat"中的第一个数值，然后依次放入存储器，如果数据文件中的数据过多，仿真器一般会报警。需要说明的是，如果数据文件中有指定地址，依然按文件中的指定地址执行，这也是本例中去除@的原因。

再给出拥有起始地址和结束地址的示例，如下：

```
$readmemb("mem.dat",mem,4,7);
```

依然对刚才的"mem.dat"进行读取，会得到如下输出结果：

```
......
# mem[ 3 ]=  x
# mem[ 4 ]=  1
# mem[ 5 ]=  3
# mem[ 6 ]=  5
# mem[ 7 ]=  7
# mem[ 8 ]=  x
......
```

未标出的存储器单元数据都是 x，可以看到该任务完成的功能是把文件中的数据按从前到后的顺序读入存储器的指定地址范围中，这里就是指定了 mem[4]到 mem[7]。

5.3.6 值变转储任务

值变转储（VCD）相关的任务有很多，它的主要功能是为仿真器之外的其他后处理工具提供仿真信息，这些信息存储为值变转储文件（VCD 文件）。设计者可以使用这些任务指定想要观察的信号，这些选定的信号会以 ASCII 码的形式存储在指定的文件中，然后由后处理工具对这些信号进行分析和调试。对于不同的后处理工具，可能还会需要有不同于 Verilog HDL 自带的值变转储任务，这些任务一般由后处理工具自带，目的是为了更好地获取本工具所需的信号源。无论是 Verilog HDL 自身的值变转储任务，还是后处理工具所带的值变转储任务，所得的文件格式都是相似的。本节仅对 Verilog HDL 中自带的值变转储任务进行介绍。

由于该类任务较多，这里先罗列所有的任务，简单介绍其功能，然后通过一个例子来说明值变转储任务的使用方法。值变转储任务所涉及的形式如下：

```
--------------------------指定文件-------------------------
$dumpfile("文件名");          //指定转储的文件名，相当于打开文件
$dumpfile("top.dump");       //例如把信号存入 top.dump 文件中
--------------------------转储数据-------------------------
$dumpvars;                           //记录设计中所有变量
$dumpvars(level,module_name);        //若要指定部分信号，采用此格式
$dumpvars(0,top);                    //记录 top 模块及 top 中所有模块的全部变量
$dumpvars(1,top);                    //只记录 top 模块中的变量，仅此层次，top 包含
                                       的模块不记录
$dumpvars(2,top);                    //记录 top 模块和 top 下一层的模块，数值非零的
                                       时候记录的就是此模块
                                     //名为起始层次的层次数
$dumpvars(3,top);                    //所以此行代码意思就是记录 top 及其包含的下两
                                       层模块的变量
$dumpvars(0,top.a,top.b);            //若记录的不是模块名，而是变量，前面的数值没
                                       有作用
$dumpvars(0,dut.a,dut.b);            //直接写出变量的名称即可
--------------------------转储控制-----------------------------------
$dumpoff;                            //关闭转储任务，相当于进程挂起
$dumpon;                             //开启转储任务
$dumpall;                            //转储所有当前指定的变量值
$dumplimit(数值);                    //指定了 VCD 文件最大长度，以字节为单位
$dumplimit(1024);                    //VCD 文件长度 1024 字节
$dumpflush;                          //刷新缓冲区中的 VCD 数据
```

值变转储任务的使用可以参考下例，首先看一个计数器的代码：

```
`timescale 10ns/1ns
module count(clock,reset,count,updown);
input clock,updown,reset;
output [3:0] count;
reg[3:0] count;
```

```
always @(posedge clock or posedge reset)
begin
  if(reset)
    count<=0;
  else if(updown==1)
    count<=count+1;
  else if(updown==0)
    count<=count-1;
  else
    $display("ERROR");
end

endmodule
```

该计数器是一个可以向上计数、向下计数，同时带有异步复位端的计数器，使用了 if 语句来完成，在所有情况都不满足的时候输出 ERROR 信息，整个模块的时间单位是 10ns。有了前面章节的知识储备，这个程序应该很容易理解。下面是测试程序：

```
module test;
reg clock,updown,reset;
wire [3:0] count;

initial clock=0;
always #5 clock=~clock;

initial
begin
  $dumpfile("count.dump");
  $dumplimit(4096);
  $dumpvars(0,test);
  $dumpvars(0,my_count.clock,my_count.count,my_count.updown);
end

initial
begin
  reset=1;updown=1;
  #15 reset=0;
  #200 updown=0;
  #100 $stop;
end

count my_count(clock,reset,count,updown);

endmodule
```

此测试模块的中间部分是本节涉及的值变转储任务，具体功能代码中已经全部给出。运行仿真之后，会在仿真器的工作路径中找到“count.dump”文件，内容摘取部分如下：

```
$date
   Fri Jun 07 08:07:47 2013        //日期
$end
$version
   ModelSim Version 10.1c          //文件来源
```

```
$end
$timescale
    1ns                                  //时间精度
$end
$scope module test $end                  //记录模块test的信号
$var reg 1 ! clock $end
$var reg 1 " updown $end
$var reg 1 # reset $end
………………
$scope module my_count $end              //记录my_count的信号
$var wire 1 ( clock $end
$var wire 1 ) updown $end
………………
#50                                      //记录50ns时的信号情况
1!                                       //信号值
1(
#100                                     //记录100ns时的信号情况
0!
0(
#150
………………
```

这些信号所对应的波形就是图 5-11 所示的波形，利用其他后处理工具打开后得到的波形应该和该波形完全相同，否则就是出现了错误。从波形图中可以看到该计数器的功能。当reset 为 1 时整个计数器保持 0 值，reset 为 0 时正常计数。updown 为 1 时完成加法计数，updown 为 0 时完成减法计数，功能正确。

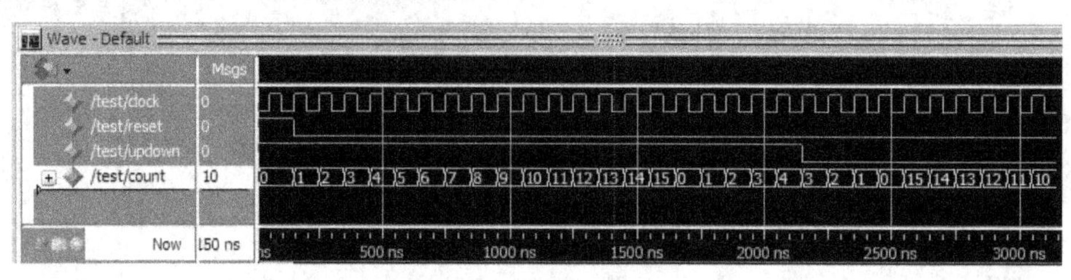

图 5-11 计数器波形

5.4 编译指令

和 C 语言类似，Verilog HDL 中提供了编译指令，使程序在仿真前能够通过这些特殊的命令进行预处理，然后再开始仿真。编译指令的标志是“`”符号，这些编译指令的有效作用范围是本文件结束（不是本 module 结束）或者出现其他编译指令替换了之前的命令。Verilog HDL 中提供的编译指令本节中仅选择使用频率较多的几个进行介绍。

5.4.1 `define

宏定义采用`define 来进行指定，把某个指定的标识符用来代表一个字符串，整个标识符在整个文件中都表示所指代的字符串，其语法结构如下：

```
`define 标识符 字符串
```

例如，可以使用如下的方式来定义信号的宽度：

```
`define width 8
```

这样在文件中如果再出现了 width 就表示了 8 这个数值，可以用来在设计模块中指定信号的宽度。宏定义使用时也要添加“`”符号，如下例：

```
reg [0:`width-1] data;
```

通过这行代码，就定义好了一个宽度为 8 的 data 寄存器型变量。

宏定义需要注意如下几个问题。

（1）宏定义中的标识符可以大写也可以小写，但建议使用大写字母，这样在程序中就很容易辨识，同时也是为了和模块中定义的变量名区分。

```
`define test 8     //这样可以，满足语法要求
`define TEST 8     //但还是建议如此定义
```

（2）宏定义可以出现在模块外，也可以出现在模块内，但习惯上都是写在模块外面的，表示作用范围为整个文件。代码的书写风格要求一个文件中最好只有一个模块，所以一个文件中的宏定义相当于只是作用在一个模块上。

```
一个文件中 1.v 中有如下定义：
`define MEM 1024
另一个文件 2.v 中若出现如下代码：
reg [7:0] mem[0,`MEM-1];                          //此时就是错误的使用
```

（3）引用宏的时候需要使用“`”，参考前面代码即可。

（4）宏定义只是简单地用一个名称来替换了一串字符，仅此而已。所以名称部分要满足标识符的语法要求，字符串部分可以是任意满足语法的形式，例如：

```
`define MAXSHIFT     24                           //可以直接定义十进制数值
`define CONSTZERO    31'b0                        //可以使用数字的任意形式
`define CONSTNAN     {9'b1111_1111_1,22'b0}       //可以使用拼接操作符
`define EXPRESSION        x+y+cin                 //可以定义为表达式
```

（5）注意宏定义语句末尾不需要加分号。

（6）如果不想让宏定义生效，可以使用`undef 指令来取消前面定义的宏。

```
`define WORD 16
……
wire [1:`WORD] bus;
……
`undef WORD  //此条语句之后，WORD 变为无效
reg[0:`WORD-1] cev;                               //此句就会报错，因为宏已经取消
```

（7）宏定义可以嵌套使用，如下例：

```
`define MAX_EXP     8'b11111110
`define MAX_SIG         23'b11111111111111111111111
`define  CONSTLARGEST  {`MAX_EXP, `MAX_SIG}    //可以嵌套使用
```

这样得到的 CONSTLARGEST 就会得到一个拼接值，由两个事先定义的宏拼接所得。不止是数值，表达式也可以嵌套使用，如下例：

```
`define  HALFA  a+b
`define  EXP  `HALFA+c+d                          //a+b+c+d
```

这样定义后 EXP 所表示的就是 a+b+c+d 这个表达式。

（8）注意不要尝试输出一个宏，参考下例：

```
`define ERROR TheNumberIsWrong
initial $display(" 'ERROR");
```

此代码的本意是想要使用宏来缩减设计者每次手动编写信息的过程，但是要注意，显示任务中的双引号区域根本就不会识别`作为宏定义，双引号区域内仅能识别%和\引导的部分符号，至于`符号，只会被看做一个字符直接输出，所以仿真后得到的显示结果是：

```
# 'ERROR
```

5.4.2 `include

本指令的功能是在本文件中指定包含另外一个文件的全部内容，相当于把两个文件都放在了一个文件中，所执行的功能可以称为文件包含或文件引用，与 C 语言相似，其语法形式如下：

```
`include "文件名"
```

文件包含命令是很有用的，可以大大简化设计者的模块设计。例如，设计者可以把一些常用到的功能模块或者宏定义或者任务等组成一个文件，然后在自己的设计模块中用`include 进行调用，这样就可以在自己的设计中使用这些已有的功能部分，可以节省设计者的重复劳动。

例如，对于较大规模的电路设计，设计组和测试组是分开的，设计者编写了一个功能模块，存放在一个自己组的工作路径上，测试组如果想要对这个模块进行仿真测试，就需要使用`include4 指令，具体的过程参考下例：

```
//以下模块存放在/work/rtl 路径下，文件名为 conv.v
module conv(conv_out,conv_in,clock);
……//功能定义
endmodule

//以下模块存放在/work/simulation 文件夹中
`include "/work/rtl/conv.v"
module test;
//定义变量和测试信号
conv conv_dt(conv_out,conv_in,clock); //实例化调用
endmodule
```

使用这种方式就可以对不在本仿真工作路径下的文件进行访问和使用了。可以看到本代码使用的文件包含命令中给出了文件的相对路径，这个路径可以是绝对路径，也可以是相对路径。如果设计文件和仿真文件都在相同的工作路径中，`include 指令一般就不需要使用了，当然这也要看仿真器的功能。对于`include 指令的文件名称部分有如下的指导建议。

（1）如果能把设计文件和仿真文件放在相同的文件夹中（或者相互调用的其他设计或测试文件），就可以直接把仿真器的工作路径指向同一个文件夹，此时可以不写出文件的路径名，直接引用文件即可，这样仿真器就会自动在同一个文件夹中查找所需的文件。

（2）如果条件限制，不能把引用的文件放在一起，建议使用绝对路径来确保文件引用的正确性。一般此类情况发生在规模较大的设计中，这种设计一般在多个文件夹中有多个名

称相同但内容不尽相同的文件，此时一旦“想当然”地用错误的相对路径引用了文件，就会发生错误，引起不必要的麻烦，所以建议使用绝对路径保证程序的正确和可移植性。

文件的引用还可以嵌套使用，例如：

```
//以下为 file1.v 中的内容
`include  "file2.v" //在 file1.v 中定义了一些功能，同时引用 file2.v 文件
……
//以下为 file2.v 中的内容
`include  "file3.v" //引用了 file3.v 中的内容
……
//以下为 file3.v 中的内容
……//此文件中没有文件包含命令
```

出现这种嵌套使用，在 file1 中引用 file2，在 file2 中引用 file3，是完全可以的。

另外，设计中如果有很多宏需要定义，就可以将这些宏定义到一个专门的文件夹中，图 5-12 所示就是一个实际使用的设计文件，该文件中包含很多宏定义，这些宏定义被集中在这个文件中，可以在其他文件里直接引用此文件，大大简化编写代码的过程。

此时若其他文件中需要用到定义的宏，只需要在代码中添加一行，例如：

```
`include "constants.v"
```

```
1    // constants.v
2
3    `define WEXP 8
4    `define WSIG 23
5    `define WFLAG 5
6    `define WCONTROL 5
7
8    // output flag select (flags[x])
9    `define DIVZERO   0
10   `define INVALID   1
11   `define INEXACT   2
12   `define OVERFLOW   3
13   `define UNDERFLOW 4
```

图 5-12　常量文件

5.4.3　`timescale

时间刻度指令用来说明模块工作的时间单位和时间精度，其基本语句形式如下：

```
`timescale 时间单位/时间精度
```

在本节之前，凡是涉及时间的问题，总是以“延迟多少个时间单位”作为说明，这里的时间单位就可以由时间刻度命令来指定。其中的时间单位和时间精度可以以秒（s）、毫秒（ms）、纳秒（ns）、皮秒（ps）或飞秒（fs）作为度量，具体的数值可以选择 1、10 或 100，例如：

```
`timescale 10ns/1ns
```

此句就定义了当前模块中的仿真时间单位是 10ns，仿真时间精度是 1ns，语法上要求时间精度必须小于等于时间单位，即时间单位是 10ns 时，时间精度最大也是 10ns。

时间刻度一般的位置出现在模块定义之前，即 module 之前，作用的范围一般是该指令之后所有的 module，而且 Verilog HDL 语法支持在同一个设计的不同 module 中取不同时间

刻度值。但由于编码风格，建议一个文件中仅含一个 module，同时一些仿真器不支持多个时间刻度的来回切换，所以建议读者使用时保持一个统一的风格，在整个设计中保持一个相同的时间刻度。

在模块中如果出现了时间值，要把时间值乘以时间单位，表示实际的时间，如下例：

```
`timescale 10ns/1ns

module top;
reg A,B;

initial
begin
  A=0;
  B=0;
  #6 A=1;
  #3 B=1;
  #5 A=0;
  #4 $stop;
end
endmodule
```

这段代码的功能是生成一个变化的 A、B 信号，中间出现的#表示延迟时间，这些前面都介绍过。例如，#6 A=1 就表示延迟 6 个时间单位，而本模块定义的时间单位是 10ns，这就表示实际延迟 60ns，以此类推，可以得到图 5-13 所示的波形。

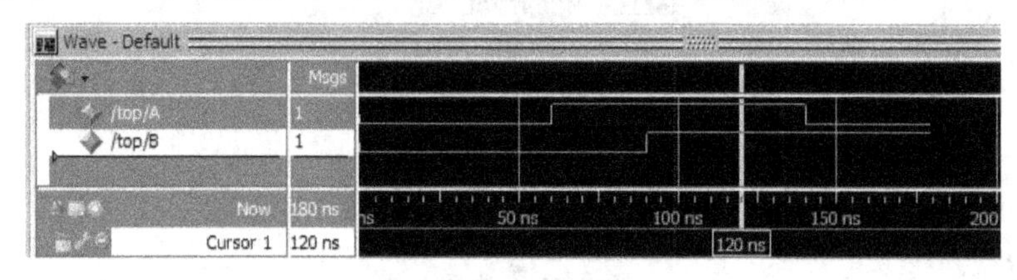

图 5-13　仿真波形

在图 5-13 所示的波形中，注意下方的时间单位，A 第一次变化发生在 60ns，然后 B 在 90ns 变为 1，接着 A 在 140ns 变回 0，最后整个波形在 180ns 结束，与顺序块中的#6、#3、#5 和#4 一一对应。

时间刻度中虽然不能出现小数，但是模块中有时会出现非整数的形式，如下例：

```
`timescale 10ns/1ns

module top;
reg A,B;

initial
begin
  A=0;
  B=0;
  #6.1  A=1;
  #3.8  B=1;
  #5.44  A=0;
```

```
        #4.55  $stop;
    end

    initial   $monitor($time,"A= %d,B= %d",A,B);
    endmodule
```

本例的代码中出现了四个时间：6.1、3.8、5.44 和 4.55，分别用时间单位 10ns 相乘之后，得到的时间值依次为 61ns、38ns、54.4ns 和 45.5ns。仿真精度是 1ns，所以 61ns 和 38ns 是正常数值，但对于 54.4ns 和 45.5ns 应该如何处理？可以参考图 5-14。

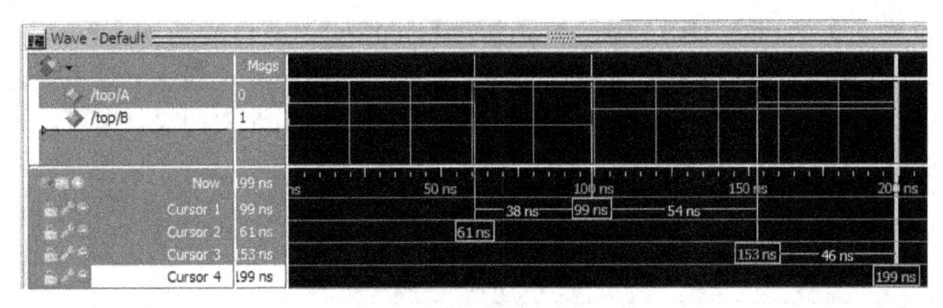

图 5-14　仿真波形图

图 5-14 中使用了四个光标指明 AB 信号变化的位置，可以看到第一次是 61ns，第二次是 99ns（61+38），这两个数值是没有问题的。第三次变化位置是 153ns（99+54），最后结束的时间是 199ns（153+46）。这样就非常好理解了：对于时间精度以下的数值，采取的是四舍五入的方法，即 54.4 被视为 54，而 45.5 被视为 46。

比较有趣的是$monitor 此时返回的数值。如下：

```
    #                    0A= 0,B= 0
    #                    6A= 1,B= 0
    #                   10A= 1,B= 1
    #                   15A= 0,B= 1
```

为什么波形和显示的值不一样呢？因为$time 返回的值是 64 位的无符号整数，它参考的是以时间单位为基准的，此代码中显示的是以 10ns 为单位进行四舍五入的值，所以 153ns 被视为 15，最后结束的时间 199ns 就会被视为 20。

如果想显示实际的确切时间，又不想用波形图中的光标来取值，可以使用$time 的一个相似的任务：$realtime，这个任务返回的时间值是实数形式的。修改监视任务如下：

```
    initial   $monitor($realtime,"A= %d,B= %d",A,B);
```

此时显示的信息如下：

```
    # 0A= 0,B= 0
    # 6.1A= 1,B= 0
    # 9.9A= 1,B= 1
    # 15.3A= 0,B= 1
```

这样中间变化的时间点就得到了，依然是以时间单位 10ns 作为基准，精度 0.1ns，所有数值都保留一位小数形式，和前面分析的值是一样的。但最后的结束时间没有，看不到 199ns 这个时间点。这时可以把$stop 任务修改如下：

```
    #4.55  $stop(2);
```

这样运行仿真后除了输出中间变化的时间点值之外，最后还会得到如下的显示信息：

```
    # ** Note: Data structure takes 2883632 bytes of memory
```

```
#         Process time 0.00 seconds
#         $stop    : C:/modeltech_10.1c/examples/bianyi.v(13)
#    Time: 199 ns  Iteration: 0  Instance: /top
```

此时显示的信息是占用 CPU 和内存的比例以及仿真结束时间，这样就得到了所有的时间点，不必查看波形来得到时间了。

5.5 完整的 module 参考模型

到本章为止，Verilog HDL 中所涉及的常用语法知识就已经基本介绍完毕了。由于 Verilog HDL 中语法繁杂，读者可能并没有一个完整的 module 结构概念。这里把之前所介绍过的语法全部列在 module 中，读者设计时直接选取所需部分来对照设计即可，本章给出的是设计模块中的参考模型。

```
`define AAAA  BBBB                    //宏定义
`include "CCCC.v"                     //文件包含
`timescale 1ns/1ns                    //时间刻度定义
//---------------------------------------------------
module DDDD(完整的端口列表);            //模块声明，注意端口列表的完整
input [宽度声明] E;                    //输入、输出、双向端口及宽度的声明
output [宽度声明] F;
inout [宽度声明] G;
//---------------------------------------------------
reg [宽度声明] F;                      //如果输出是用行为级语句描述的，记得要再声明
                                         为 reg
reg [宽度声明] H;                      //模块内部用到的变量
wire [宽度声明] I;                     //模块内部使用到的线网
integer [宽度声明] J;                  //整数型，记得符号
//---------------------------------------------------
parameter  K=数值;                                 //参数声明部分
//---------------------------------------------------
always @(posedge 信号 or negedge 信号)       //对边沿信号的动作敏感，体现为时序电路
begin
  F<=E;                                            //采用非阻塞赋值
end
//------------------------------------------------      //对信号电平的动作敏感，
                                                           体现为组合电路
always @(信号)
begin
  F=~E;                                            //采用阻塞赋值
end
//---------------------------------------------------
assign G=^E;                          //简单或逻辑清晰的组合逻辑可以用数据流语句
//---------------------------------------------------
and and1(out,in1,in2);                             //可以使用门级调用
//---------------------------------------------------
KKK my_kkk(端口连接);                  //也可以实例化其他模块，记得保证端口连接方式的正确
//---------------------
task mmm;                            //函数和任务的层级级别，和门级、数据流级、行为级
endtask                              //的语法级别是一致的。
```

```
function  nnn;
endfunction

endmodule
```

所有 module 的设计都是取上述模型中的某几个部分来完成的，读者可以对比查找哪部分语法还存在问题，可以逐步完善自身的知识储备。

5.6 应用实例

实例 5-1——信号同步任务

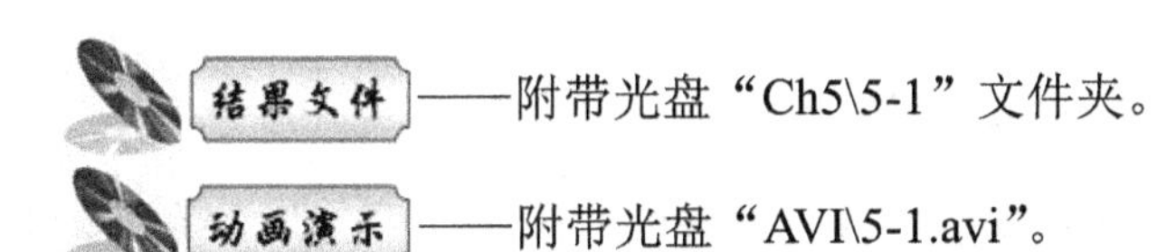

——附带光盘“Ch5\5-1”文件夹。

——附带光盘“AVI\5-1.avi”。

本例给出一个信号同步输出任务，用来检测信号输入信号的变化，同时跟随信号的变化产生一个输出值，这个任务的类似功能在后面的章节中还会用到，代码如下：

```
task follow;
output [7:0] follow_out;
input [7:0] signal;

begin
  @(posedge clock)                    //等待下一个时钟上升沿
  #1 follow_out=signal>>1;           //延迟 1 个时间单位输出右移 1 位结果
end
endtask
```

对此任务的测试模块代码如下：

```
module tb_51;
reg [7:0] a,b;
reg clock;

initial clock=0;
always #4 clock=~clock;

initial a=63;
always #10 a=a-1;

always @(a)
follow(b,a);

endmodule
```

运行仿真后可得图 5-15 所示波形，其中 61 和 60 右移 1 位的结果都是 30，59 和 58 右移 1 位的结果都是 29，功能正确。

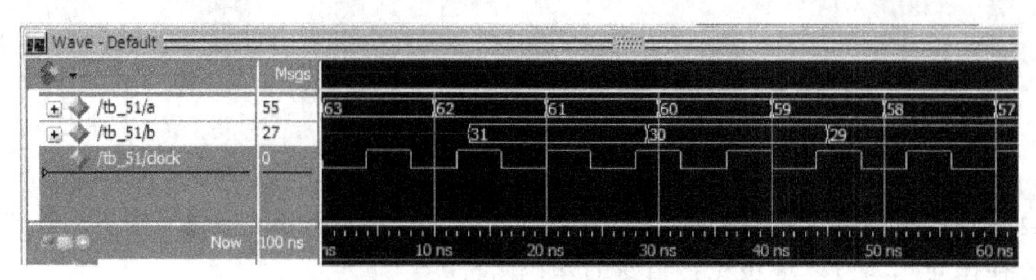

图 5-15　信号同步任务仿真波形图

实例 5-2——阶乘任务

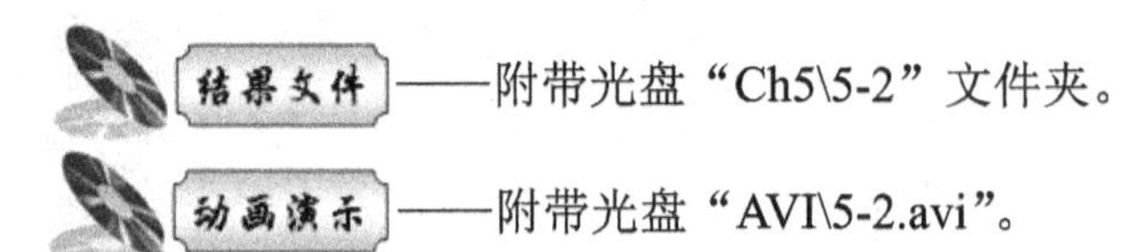

结果文件——附带光盘“Ch5\5-2”文件夹。

动画演示——附带光盘“AVI\5-2.avi”。

本例给出一个阶乘的任务。本章中曾经给出过阶乘的函数实现方式，现在修改成任务形式，并添加一些显示语句，代码如下：

```
task factorial;
input [3:0] a;
output [31:0] c;
reg [3:0] i;
reg [31:0] b;

begin
   $display("The number is %d",a);  //显示待计算的数值
   b=1;
   for(i=a;i>0;i=i-1)
   begin
      b=i*b;
   end
#10  c=b;                          //延迟 10 个时间单位输出
   $display("Current result is %d",b); //显示计算结果
end

endtask
```

该任务的基本结构和函数实现方式时类似，使用的 for 语句稍作修改，采用了减 1 操作进行递减相乘，又添加了延迟和显示任务。对该任务进行测试，其测试模块如下：

```
`timescale 1ns/1ns
module tb_52;
reg [31:0] data_out;

initial
```

```
        begin
            factorial(4'd3,data_out);
        #100 factorial(4'd10,data_out);
        #100 $stop;
        end

        endmodule
```

计算 3 和 10 的阶乘值，得到仿真波形如图 5-16 所示，图中采用双光标指示出 b 的值和最终输出值的延迟时间为 10ns。

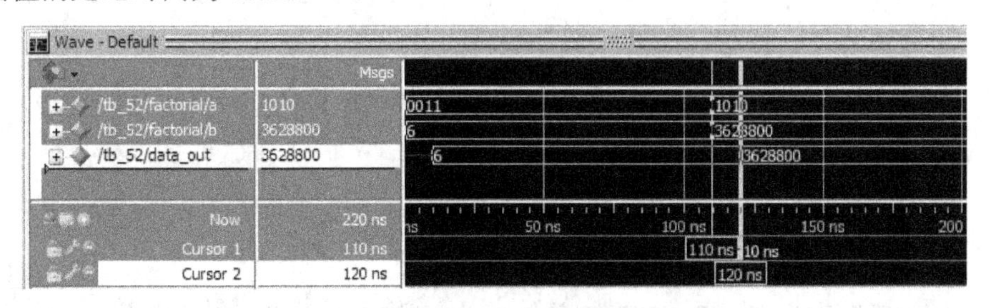

图 5-16　阶乘仿真波形图

同时在显示窗口中会由$display 任务显示如下信息，经验证明功能正确。

```
# The number is  3
# Current result is         6
# The number is 10
# Current result is   3628800
```

实例 5-3——可控移位函数

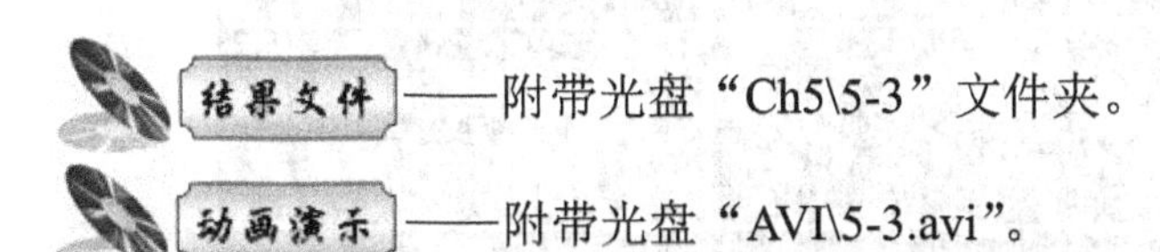

结果文件——附带光盘“Ch5\5-3”文件夹。

动画演示——附带光盘“AVI\5-3.avi”。

本例给出一个可控移位函数的例子，其功能是一个可以控制左右移动、控制移动位数的移位器。该函数的功能代码如下：

```
function [15:0] shift;
input [15:0] data;                          //输入数据
input [3:0] n;                              //移动位数，4 位信号足够
input ctl;                                  //左右移动控制

begin
  case(ctl)                                 //case 语句
  1'b1:shift=data<<n;                       //左移 n 位
  1'b0:shift=data>>n;                       //右移 n 位
  default:shift=16'dx;                      //错误情况
  endcase
```

```
    end

    endfunction
```

对该函数编写的测试模块代码如下：

```
    module tb_53;
    reg [15:0] data_in,data_out;
    reg [3:0] n;
    reg control;

    initial
    begin                                   //生成信号序列
      data_in=16'd8;n=0;control=0;
      #10 n=1;
      #10 control=1;
      #10 n=2;
      #10 control=0;
      #10 $stop;
    end

    always @(n,data_in,control)         //每次信号变化调用该函数
    data_out=shift(data_in,n,control);

    endmodule
```

测试模块中选择了十进制数值 8，对于 reg 型信号，其根本形式是以二进制存储的，所以左移和右移的操作相当于是要进行乘 2 和除 2 的操作，仿真结果容易辨别。运行仿真得到图 5-17 所示的波形图，在左移 1 位、左移 2 位时结果分别是 16 和 32，在右移 1 位、右移 2 位时结果分别是 4 和 2，功能完全正确。

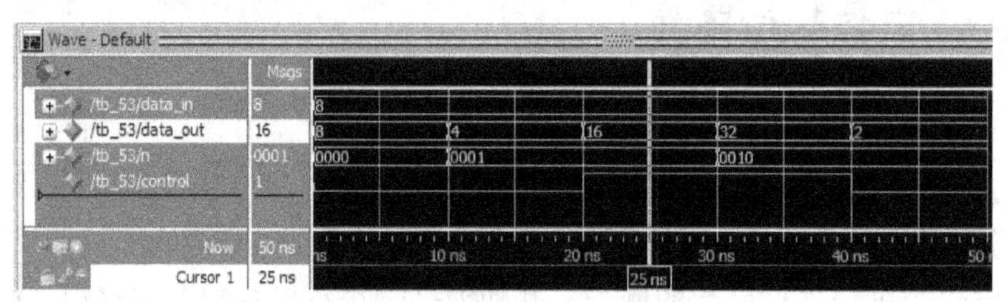

图 5-17　可控移位函数仿真图

实例 5-4——偶校验任务

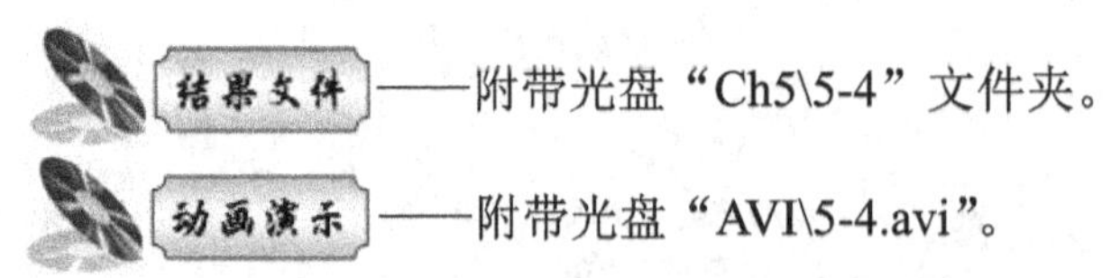

——附带光盘“Ch5\5-4”文件夹。

——附带光盘“AVI\5-4.avi”。

本例中给出一种奇偶校验的任务。奇偶校验功能也是常用的信号检测功能之一，使用的时候可以根据需要验证信号中包含 1 值的个数是奇还是偶。该功能可以使用异或符号来实现，也可以使用加法功能来完成，本例中采用加法完成，代码如下：

```
task parity;
input [15:0] data;
output parity_out;

reg [15:0] sum;
reg [4:0] i;
reg last;

begin
    sum=0;
    for(i=0;i<16;i=i+1)
        sum=data[i]+sum;                    //把 data 中的每一个位都加在一起

 #1   last=sum%2;                           //运算结果取 2 的余数
      repeat (10)  @(posedge clock);        //等待 10 个 clock 的上升沿
       parity_out=last;                     //输出最后的结果
end

endtask
```

该校验任务的功能是统计 data 中值 1 的个数，如果是偶数个 1 就输出 0 值，如果是奇数个 1 就输出 1 值，为偶校验任务。编写测试模块代码如下：

```
module tb_54;

reg [15:0] data_in;
reg check_bit;
reg clock;

initial clock=0;
always #5 clock=~clock;                     //时钟信号

initial
begin
      data_in=0;                            //初始值
#10   data_in=16'b1000_1000_1000_1000;  //含 4 个 1
#200  data_in=16'b1000_1000_1000_1001;  //含 5 个 1
#300  $stop;
end

always@(data_in)
begin
    parity(data_in,check_bit);              //每次数据变化就执行一次该任务
end

endmodule
```

运行仿真可得最后的结果，如图 5-18 所示。含 4 个 1 时的输出结果为 0，含 5 个 1 时的输出结果为 1。任务中 last 值变为 1 与最终的 check_bit 变为 1 之间相差 94ns，这是因为在 210ns 时输入数据变化，经过计算，在 1ns 后即 211ns 时得到 last 值，然后统计 10 个 clock 的上升沿即 90ns（最后一个 clock 上升沿检测到即可，故不是 100ns），加上从 211ns 开始到第一个上升沿消耗的 4ns，仿真结果与代码完全吻合。

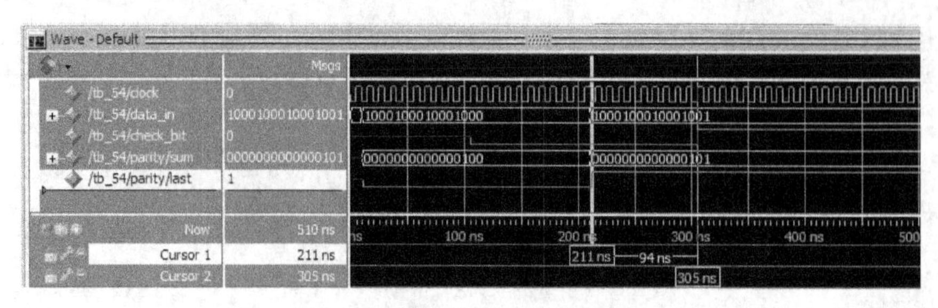

图 5-18　偶校验任务仿真波形图

实例 5-5——算术逻辑函数

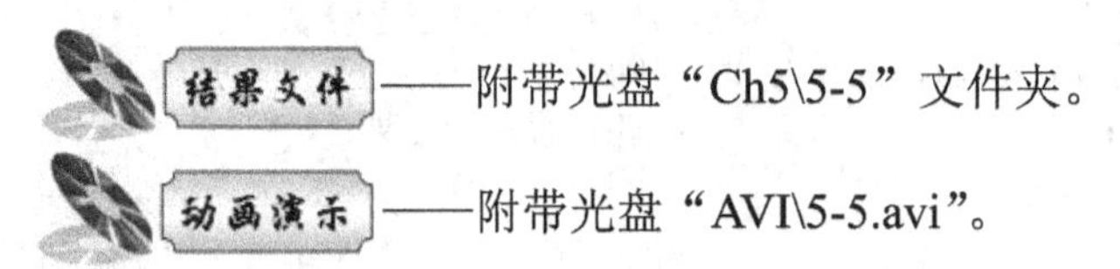

结果文件——附带光盘“Ch5\5-5”文件夹。

动画演示——附带光盘“AVI\5-5.avi”。

本例设计一个简单的算术逻辑函数，输入两个值 a 和 b，选择输出这两个值或者其他简单算术逻辑运算值。函数代码如下：

```
function reg [4:0] ALU;                          //这里的 reg 可写可不写
input [3:0] a,b;
input [2:0] select;

begin
  case(select)
      3'b000: ALU=a;
      3'b001: ALU=b;
      3'b010: ALU=a+b;
      3'b011: ALU=a-b;
      3'b100: ALU=a<<1;
      3'b101: ALU=a>>1;
      3'b110: ALU=b<<1;
      3'b111: ALU=b>>1;
      default: $display($realtime,"Wrong select"); //采用$realtime 返回
                                                     的时间不会有很长的空格
  endcase
end

endfunction
```

对该算术逻辑函数进行测试，测试代码如下：

```
module tb_55;
reg [3:0] a,b;
reg [2:0] select;
reg [4:0] data_out;

initial
begin
   a<=4'd11;b<=4'd7;
```

```
    #10 select=3'd0;
    #10 select=3'd1;
    #10 select=3'd2;
    #10 select=3'd3;
    #10 select=3'd4;
    #10 select=3'd5;
    #10 select=3'd6;
    #10 select=3'd7;
    #10 select=3'dx;
    #10 $stop;
    end

    always @(select)
    data_out=ALU(a,b,select);

    endmodule
```

该代码针对 7 和 11 进行所有可能的操作，运行仿真得到图 5-19 所示波形。输出的信号 data_out 取 5 位是为了观察左移时的值，对照函数功能定义可知该仿真结果完全正确。

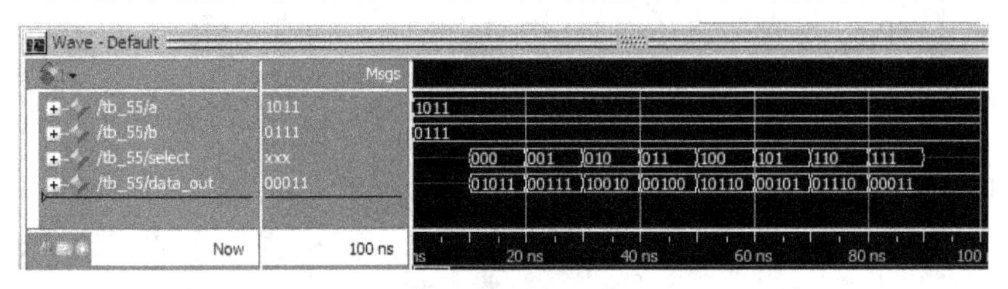

图 5-19　算术逻辑函数仿真波形图

5.7　习题

5-1　下列字符串输出时会如何显示？

（1）"This is a string displaying the % sign"

（2）"Please display \004"

（3）"This is a backslash \character \n"

5-2　下面语句的输出结果是什么？

（1）rega= 4'd12 ;

$display (“The value of reg = %b\n”, rega[2:0]) ;

（2）`define RAM_SIZE 512

$display (“The memory size is %h”, `RAM_SIZE) ;

5-3　使用任务形式完成一个乘法器，输入两个 8 位宽的数据，延迟 10ns 后得到一个 16 位的输出。

5-4　设计一个奇校验函数，输入信号宽度 16 位。

5-5 完成一个任务，具有两个 8 位的输入信号，一个 1 位的输出信号。分别调用 5-3、5-4 题中定义的任务和函数，先把两个输入信号做乘法，然后把所得结果做奇校验产生输出信号。

5-6 下列代码会在何时运行？说明理由。

```
`timescale 1ns/10ps
......
initial
begin
   x=0;
   y=1;
   #2.16  x=1;
   #4.911  y=0;
   #10.445  x=0;
   #9.8  $stop;
end
```

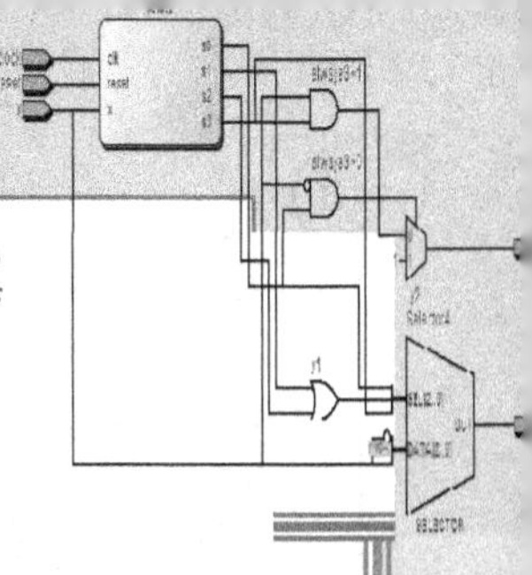

第 6 章　Verilog HDL 测试模块

在使用 Verilog HDL 的实际工作中，有两项工作是必要的：设计所需要的功能模块和验证所设计模块的正确性。设计所需要的功能模块就是前文中所说的设计模块，它要考虑到所写代码到最终电路的转化问题；验证所设计模块的正确性则是编写测试模块，如同之前每个实例设计模块后面所给出的模块一样，它的目的是对设计模块的功能做尽可能全面的验证，确保设计模块所描述的功能都是正确的。本章中先对测试模块进行介绍，有关可综合的问题会在下一章中讲解。

测试模块中所使用的语法并没有什么特定要求，读者可以带着如下问题阅读本章。

（1）测试模块的功能和结构是怎样的？

（2）测试模块所需的各种信号是如何生成的？

（3）在选择测试信号的时候应该有哪些考虑？

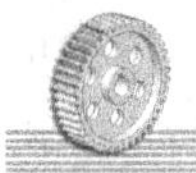

本章内容

- 时钟信号与复位信号的生成
- 随机激励的产生
- 仿真中信号的控制
- 代码覆盖

本章案例

- 组合逻辑的测试模块
- 时序逻辑的测试模块
- 除法器测试模块

6.1　测试模块范例

测试模块其实在每一章中都有使用，读者学习本章时可以把前 5 章中的测试模块再重新回顾一下。本节首先看一个例子，是对 4 位全加器进行验证的测试模块，代码如下：

```
module tb_add4;                                //顶层模块
wire  COUT;
wire  [3:0] S;
```

视频教学

```
reg  CIN;
reg  [3:0]X,Y;                                  //变量声明

initial
begin
  X=4'b0000;Y=4'b0000;CIN=1;
  #10 X=4'b0000;Y=4'b1110;CIN=1;
  #10 X=4'b0101;Y=4'b1010;CIN=1;
  #10 X=4'b0000;Y=4'b0000;CIN=0;
  #10 X=4'b0000;Y=4'b1110;CIN=0;
  #10 X=4'b0101;Y=4'b1010;CIN=0;                //产生信号
  #10 $stop;                                    //仿真控制
end

initial
begin
  $monitor("x=%b,y=%b,cin=%b,sum=%b,cout=%b",X,Y,CIN,S,COUT);   //监视任务
end

add4 my_add4(S,COUT,CIN,X,Y);                   //待测模块的模块实例化

endmodule
```

这个测试模块比较简单，其功能没有什么可以过多解释的，前面章节中也有该模块的仿真图。这里主要从整体结构重新认识一下该测试模块，理解测试模块的功能是什么。测试模块也被称为测试平台（testbench），它的功能就是产生一些激励信号，施加给待测的设计模块，然后观察在这些激励信号作用下得到的响应结果并分析正确性。一个测试模块所具有的基本功能应该如图 6-1 所示。

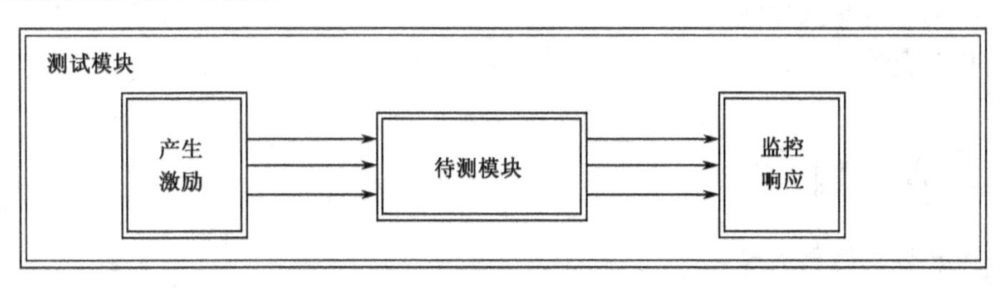

图 6-1　测试模块功能图

测试模块中首先应该有待测模块的调用，这里的待测模块就是待验证的设计模块，如 4 位全加器的设计模块，在某些场合也称为待测设计（design under test），要在测试模块中实例化引用该模块，这样才能对该模块进行测试。

实例化测试模块后，需要产生待测模块所需的信号，即待测模块的输入信号，这些输入的信号要满足一定的要求，也被称为激励信号或测试信号。激励信号的功能是要尽量产生所有可能出现的信号组合，来验证待测模块是否能在任何情况下都正常工作。

把激励信号输入到待测模块，待测模块就会按其定义的功能产生输出，这些输出信号被称为响应信号。这些响应信号也需要通过一定方式来进行监控，如可以通过之前看到过的仿真波形图来监测信号，或者显示任务输出信号等。对响应进行监控的目的是分析待测模块

的功能是否正确。

一个测试模块至少应该具有以上三个结构。这三个结构对应在代码中就分别是模块实例化、信号的产生和控制、响应监控三个部分。模块实例化的语法已经介绍过了，这章主要介绍的就是信号的产生和控制以及如何进行响应监测。

6.2 时钟信号

时钟信号是时序电路所必需的信号之一，该信号可以由多种方式产生。例如之前曾经使用 initial 和 always 两个结构共同生成 clock 信号，代码如下：

```
reg clock1;
initial
  clock1=0;
always
  #5 clock1=~clock1;
```

采用此代码生成的是一个占空比为 50%的时钟。还可以用 always 结构生成时钟，代码如下：

```
reg clock2;
always
begin
  #5 clock2=0;
  #5 clock2=1;
end
```

采用这种方式的好处在于不止可以生成占空比为 50%的时钟，只要计算好时间，可以生成占空比为任意值的时钟，如以下代码就生成了一个占空比为 75%的时钟。

```
reg clock3;
always
begin
  #15 clock3=0;
  #5 clock3=1;
end
```

图 6-2 所示是 clock3 的仿真图，注意延迟时间的位置，#15 是在 clock3=0 之前，表示延迟 15 个时间单位之后 clock3 变为 0，然后再延迟 5 个时间单位之后 clock3 变为 1，所以占空比为 75%而不是 25%，这个数值的位置千万要注意。

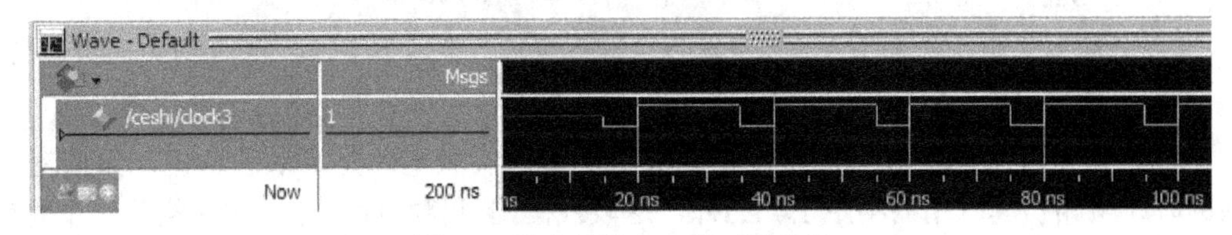

图 6-2　占空比为 75%的时钟信号

还可以仅使用 initial 结构来生成时钟，代码如下：

```
initial
begin
  clock4=0;
  forever
```

```
    #10 clock4=~clock4;
  end
```

或者在 forever 基础上添加 begin…end 块，来生成任意占空比的时钟信号，代码如下：

```
  initial
  begin
    clock5=0;
    forever
    begin
      #10 clock5=1;
      #10 clock5=0;
    end
  end
```

有时需要修改时钟的周期值，如果每次都修改数值比较麻烦，可以借助参数来处理，例如：

```
  reg clock6;
  parameter half_cycle=10
  always
  begin
     #half_cycle clock6=0;
     #half_cycle clock6=1;
  end
```

这样只需要每次修改 half_cycle 的值即可修改整个周期，使用时比较灵活。

6.3 复位信号

复位信号也是时序电路经常使用的一个信号，多数情况下被命名为 reset 或 clear 信号。由于时序电路一般都会有一个复位端来把电路回归到初始状态，为了保证时序电路的工作正确，仿真开始的时候都会给电路一个复位信号使其完成初始化。复位信号在整个电路里使用到的次数是很少的，只在开始或特定复位情况下使用。

对复位信号最简单的赋值代码如下，即通过 initial 赋值生成一段时间的复位信号。

```
  reg reset1;
  initial
  begin
    reset1=1'b0;
    #20 reset1=1'b1;
    #40 reset1=1'b0;
  end
```

这种简易信号用来仿真小规模电路或者自己写的实验电路是可以的，但如果应对比较复杂的时序电路仿真就稍显不足了。另外，这段代码的可移植性很差，如果换了一个时钟信号，reset1 的有效电平宽度和时钟信号可能会不匹配。该代码修改如下：

```
  reg reset2;
  initial
  begin
    reset2=1'b0;
    wait(clock==1'b1);
```

```
    @(negedge clock);
    reset2<=1'b1;
    repeat (2)
      @(negedge clock);
    reset2<=1'b0;
  end
```

这里出现了一个没有接触过的语法：wait。wait 语句也是电平敏感的时序控制语句，如代码中的 wait(clock==1'b1)就是等待 clock 出现电平为 1 的时候继续执行下一条语句。所以 reset2 会在开始时赋值为 0，然后等待到 clock 信号变为 1 时继续向下执行，接下来的@(negedge clock)是要等到 clock 的下一个下降沿，然后把 reset2 变为 1，让复位信号生效。再接上一个 repeat 语句，重复等待两次 clock 的下降沿，结束复位信号。此时生成的复位信号就是一个相对时钟生成的复位信号，无论时钟周期如何修改，都会生成占两个时钟周期宽度的复位信号，这个复位信号的可移植性就很强，得到的仿真波形图如图 6-3 所示。

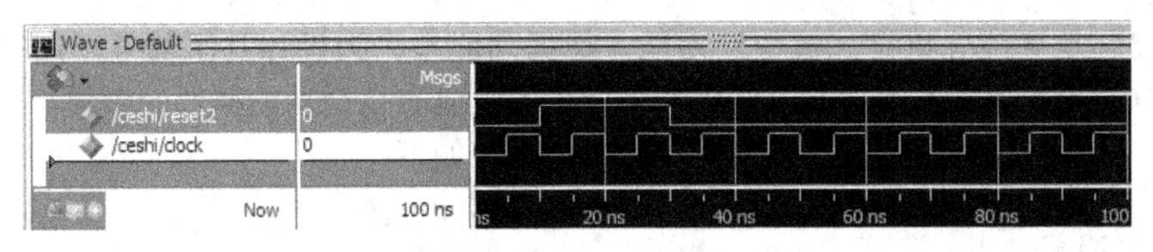

图 6-3　reset2 波形图

如果需要其他宽度的复位信号可以对 reset2 的代码进行简单修改，注意该代码中的 begin…end 块里采用了阻塞赋值和非阻塞赋值两种语句，这在设计模块中是不可能的事情，但是在测试模块中是可以使用的。测试模块是不要求被综合成最终的门级网表的，所以没有语法要求的限制，仅从功能角度保证正确得到所有测试向量即可。其中的阻塞赋值是在开始赋值，后面的非阻塞赋值是为了在时钟边沿的位置不要出现时钟和复位信号的竞争关系。另外要尽量避免可能出现的竞争情况，如果时序电路是以时钟上升沿作为触发信号的，可以使用本段代码在下降沿产生复位信号，并在下降沿撤销复位信号；如果时序电路是以下降沿作为触发信号的，最好把代码中的下降沿修改为上升沿，目的是使复位信号和时钟信号错开半个周期，确保不会出现竞争关系。

当然，这段代码既然具备可移植性，就可以做成 task 形式，代码如下：

```
task do_reset;
begin
  reset2=1'b0;
  wait(clock==1'b1);
  @(negedge clock);
  reset2<=1'b1;
  repeat (2)
    @(negedge clock);
  reset2<=1'b0;
end
endtask

initial do_reset;
```

6.4 测试向量

测试向量就是模块的有效输入信号。这些信号可以采用 initial 结构直接赋值，依然以 4 位全加器为例，给出测试向量如下：

```
initial
begin
  X=4'b0000;Y=4'b0000;CIN=1;
  #10 X=4'b0000;Y=4'b1110;CIN=1;
  #10 X=4'b0101;Y=4'b1010;CIN=1;
  #10 X=4'b0000;Y=4'b0000;CIN=0;
  #10 X=4'b0000;Y=4'b1110;CIN=0;
  #10 X=4'b0101;Y=4'b1010;CIN=0;
  #10 ;
end
```

这段代码是直接分析设计模块的功能，根据功能来人为设计几组信号，进行简单的仿真测试。由于是从功能角度出发，所以测试向量的生成容易受功能模块的引导。若要避免这种情况的产生，可以使用随机函数来生成随机信号，如下：

```
integer seed1,seed2,seed3;
initial
begin
  seed1=1;seed2=2;seed3=3;                //种子初始化
end

always
begin
  #10 X=($random(seed1)/16);              //每隔 10 个时间单位生成一组随机值
      Y=($random(seed2)/16);
      CIN=($random(seed3)/2);
end
```

使用随机函数生成随机向量的时候一定要注意种子的选择，这段代码中使用了三个种子，分别赋予了三个值，这样生成的数值就是不同的。如果直接使用($random/16)来生成数值，则 X 和 Y 都是一样的数值，就起不到随机测试的本来目的了。使用相同的种子也会出现同样的问题，所以一般要生成几个随机向量，就使用几个种子值。该代码进行仿真得到的波形如图 6-4 所示。

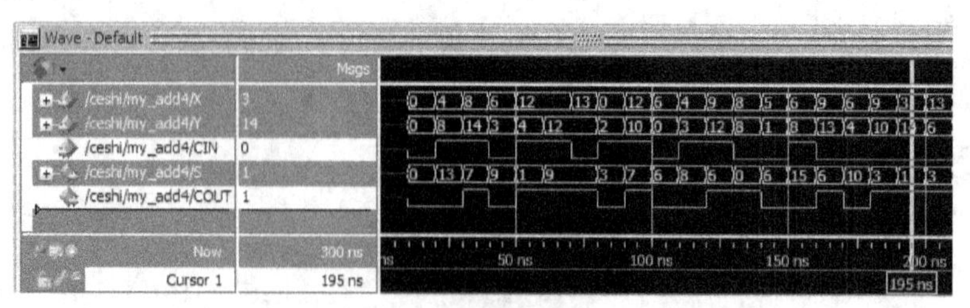

图 6-4　随机测试向量

以上介绍的都是直接在测试模块中编写测试向量。在大型设计中，编写测试模块之前往往就已经有成形的测试向量，这种测试向量可以向一些厂商直接购买，或者由其他工作小组使用高级语言直接生成，既具有完备性也具有可靠性，使用这样的测试向量自然是最好的。但此时如果在测试模块中依次把这些测试向量值一个个输入，显然是比较愚蠢的方式，这些向量一般会被维护成一个文件形式，这时就可以使用$readmemb 任务从文件中读取所需数值。例如，在一个名为“vec.txt”的文本文档中包含如下的数值：

```
001000011
010100100
011101001
010010101
101010111
......
```

此时定义一个多位的存储器，然后使用$readmemb 把“vec.txt”中的数值读到存储器中，利用这个存储器为测试向量赋值，代码如下：

```
reg [8:0] mem[0:4];                    //定义存储器
integer i=0;

initial
$readmemb("vec.txt",mem);              //读入数值

always
begin
  #10  {X,Y,CIN}=mem[i];               //mem[i]进行赋值
  i=i+1;                               //i 要变化
end
```

利用此代码就可以把文件中的测试向量读取并送至输入端，得到如图 6-5 所示的波形信号，这里并没有把 X、Y、S 的数制调为十进制，目的就是为了让读者对照一下三个输入信号的值和“vec.txt”中数值的对应关系。这种测试向量和测试模块相分离的方式也比较容易维护，测试模块的编写者不用过多关心测试向量的问题，只需要保留一个和外界文件的接口，至于测试向量则由其他人员来维护，只要保证满足格式即可。

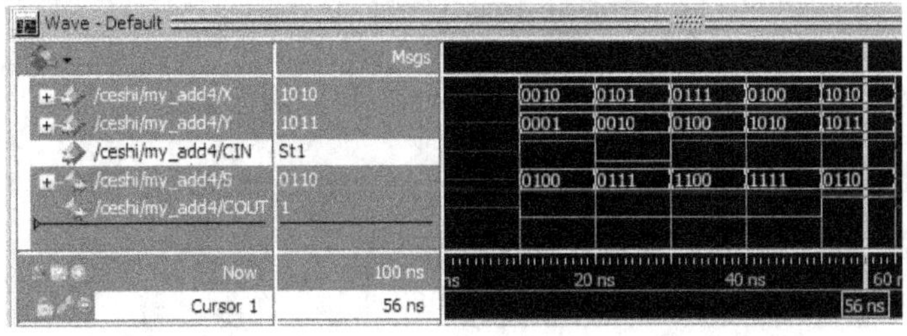

图 6-5　读入文件中的数值

6.5　响应监控

响应监控的最简单形式就是使用仿真器的波形窗口直接查看波形，直观性是波形的优点也是缺点，因为在一段长时间的仿真后，波形中哪些位置的信号是正确的，哪些位置的信号是错误的，这些问题并不是一眼就能看到的，需要仔细分析，而错误发生的位置往往就那么几处，稍不留意就会被忽略。如果是作为练习或实验的响应监控方式来使用，由于功能一般都比较简单，查看仿真波形就能够达到目的，但如果是正式的设计或大规模的设计，这种

“靠眼睛和靠脑袋”的响应监控方式显然是不太可靠的。

可以采用指定输出期望值的方法来辅助监控。这种方法的基础是要有一套输入信号和理想的输出信号值。这些理想输出信号的来源主要有两个：行为模型的联合仿真结果和理想情况下的输入/输出信号构成的黄金向量文件。

行为模型一般是可综合模型的上一个阶段，在提出设计设想之后会首先使用一些高级语言考虑功能是否可以实现，这个模型一般不是由 Verilog HDL 语言来编写的，或者采用不可综合的 Verilog HDL 语法来编写，但无论哪种情况，如果给这个行为模型添加输入信号，得到的输出结果是正确的才能进行可综合模块的设计。如果在仿真时能够联合这个行为级模型进行联合仿真，把行为模型和可综合模型的输出结果对照，很容易就能发现两者的不同之处，进而找到错误所在。这种方式需要行为模型使用的高级语言与 Verilog HDL 语言有接口语法。

如果行为模型和可综合模型没有满足要求的接口语法，也可以采用读入文件的形式进行响应监控。这些文件中是这样得来的：首先用一组被认可的测试向量对待测模块的行为级模型进行测试，得到的输出结果如果被确定是正确的，就把这些结果的输出值存入一个文件里。在仿真过程中，设计者可以直接调用这些被认可的测试向量，把仿真得到的结果和文件中已保存的结果进行比较即可验明正误。这种方式对行为模型的编程语言没有什么要求，因为高级语言都有写文件的命令，而 Verilog HDL 中也有读文件的命令，这样两者就可以通过这个中间文件连接起来。而这样的向量工程中一般称为黄金向量。

这里借用前面的随机向量的例子，简单修改如下：

```
integer seed1,seed2,seed3;
integer hand;                                //添加文件句柄

initial
begin
  seed1=1;seed2=2;seed3=3;
end

always
begin
  #10 x=($random(seed1)/16);
      y=($random(seed2)/16);
      cin=($random(seed3)/2);
end

initial
begin
  hand=$fopen("vec.txt");                              //打开文件
  $fmonitor(hand,"%b%b%b%b%b",x,y,cin,S,COUT);  //把数值写入文件中
  #200 $fclose(hand);                                  //记录 200ns，20 组数值
end
```

利用上述代码和行为模型，就可以生成一组黄金向量，写入到了“vec.txt”中，部分数值如下：

```
xxxxxxxxxxxxxx                                //第 1 行
00000000000000
```

```
01001000111010
10001110101111
..................
00000010100110
11001010101111                                    //第 10 行
01100000001100   //第 11 行
01000011110000
..................
```

再使用$readmemb 任务读取该文件，并进行赋值，如下：

```
reg [13:0] mem[0:19];                             //14 位宽，20 个数值
reg [13:0] temp;                                  //临时变量
reg [3:0] S_ref;                                  //参考值
reg COUT_ref;                                     //参考值

integer i=0;
initial
$readmemb("vec.txt",mem);                         //读入文件

always
begin
  #10  temp=mem[i];                       //赋值给临时变量，为了下面的位选信号
       {X,Y,CIN}=temp[13:5];                      //高 9 位作为输入
       {S_ref,COUT_ref}=temp[4:0];                //低 5 位作为参考值
       i=i+1;
end

add4 my_add4(S,COUT,CIN,X,Y);             //正常输入得到的结果 S 和 COUT
```

此段代码运行仿真之后，就会得到理想结果和实际结果的比较图，如图 6-6 所示。图中最后四行依次为 S 和 S_ref、COUT 和 COUT_ref 两组对比信号，由于理想结果和实际结构没有问题，所以两组信号的波形都是完全一致的。

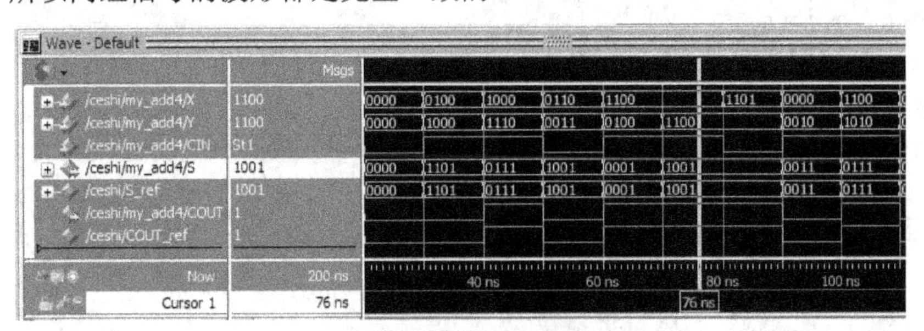

图 6-6　参考波形对比

为说明参考输出值的直观性，现把“vec.txt”中的第十行和第十一行修改如下：

```
11001010101111->11001010101110   //最后 1 位修改，即 COUT 出错
01100000001100->01100000001110   //倒数第二位修改，即 S 出错。
```

注意此时是参考信号错误了，而正常仿真的实际结果并没有错误。此时运行仿真就可以得到图 6-7 所示的波形图，在该图中可以明显看到光标处的 S 和 S_ref 值不同，而 COUT 值在 100ns 和 110ns 之间的值显然也与 COUT_ref 不同，如果确定理想结果是正确的，那此时的设计模块就发生了错误，可以根据这两处的信号情况分析错误原因。

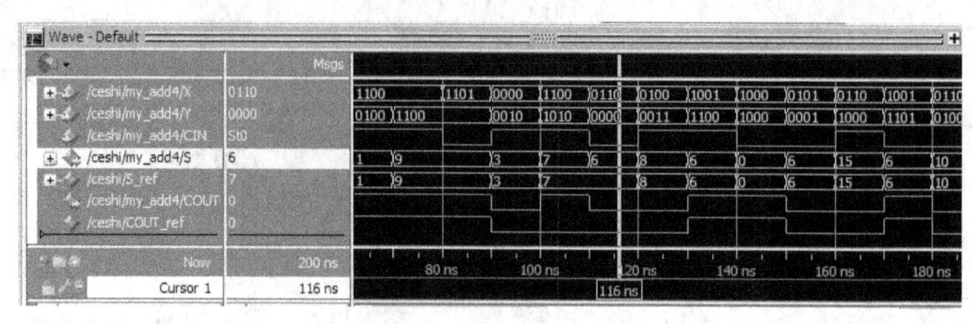

图 6-7　波形对比不同

虽然采用输出参考值对比的方法比较直观，有时借助仿真软件还可以使波形不同的情况在波形图中得到更好的体现，但对于漫长的波形图来说，这些错误发生的位置还是需要人为来查找。不妨添加一些语句帮助设计者直接判断信号不同的位置，添加代码如下：

```
always @(S,COUT)
begin
  if(S!==S_ref || COUT!== COUT_ref )
    $strobe($realtime,"The result is wrong, right S=%b,COUT=%b,
                                            //此行与下行是一条语句
            but current S=%b,COUT=%b",S_ref,COUT_ref,S,COUT);
end
```

这段代码的功能是在每次 S 和 COUT 的值改变的时候都判断一下 S 和 S_ref、COUT 和 COUT_ref 信号是否相同，如果不同就输出文字提示，并返回仿真时间点。写出的方式采用 $strobe，由于代码行过长，所以分成两段，读者自己使用时记得还原为一行，否则可能会有错误提示。添加上此行代码后，再次运行仿真，会得到如下的文字输出：

```
# 100The result is wrong, right S=0111,COUT=0,but current
 S=0111,COUT=1
# 110The result is wrong, right S=0111,COUT=0,but current
 S=0110,COUT=0
```

这样出错的位置就非常明显，直接在波形图中找到对应的时间点就可以了。更可以把此语句改得更加复杂一些，使得结果更为明显。

```
always @(S,COUT)
begin
  if(S!==S_ref || COUT!== COUT_ref )
  begin
    $strobe($realtime,"The result is wrong,
          right S=%b,COUT=%b,but current right S=%b,COUT=%b",S_ref,
           COUT_ref,S,COUT);
    case({(S==S_ref),(COUT==COUT_ref)})
    2'b10:$strobe("the %s is wrong!!","COUT");
    2'b01:$strobe("the %s is wrong!!","S");
    2'b11:$strobe("the %s is wrong!!"," both S and COUT");
    endcase
  end
end
```

此代码更好地指出了出现错误的信号，仿真输出如下：

```
# 100The result is wrong, right S=0111,COUT=0,but current right
                               S=0111,COUT=1
# the COUT is wrong!!
# 110The result is wrong, right S=0111,COUT=0,but current right
                               S=0110,COUT=0
# the S is wrong!!
```

对于大型的仿真，也可以打开一个日志文件，把错误信息记录到日志文件中，便于以后的分析和整理，所做的修改只是打开一个新文件，同时使用$ftrobe 一类的任务即可。

6.6 仿真中对信号的控制

仿真中除了在开始时定义好一些信号值之外，还可能会在仿真中间对于一些情况产生特殊的值，这些值的产生也必须在测试模块中体现出来。

首先看这样一段代码，使用了 wait 语句，如下：

```
reg q;

initial wait(reset2)
begin
  @(posedge clock);
  #4 q<=1;
  #8 q<=0;
end
```

该代码的功能是在 reset2 信号出现高电平后，结合 clock 的上升沿和延迟时间，共同作用得到一个输出信号 q，作为满足 reset2 和 posedge clock 两个情况的标志信号输出，波形如图 6-8 所示。

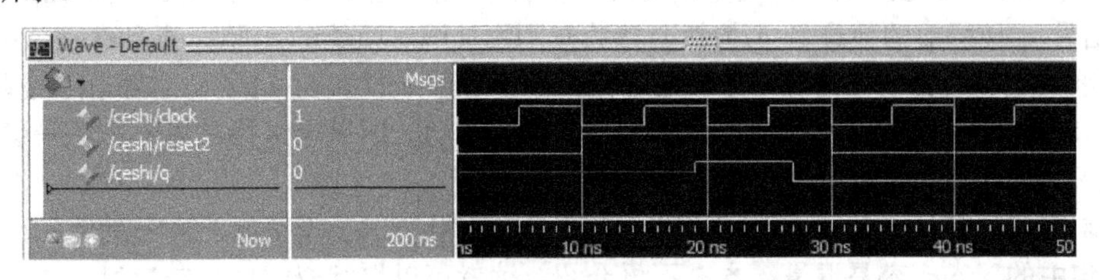

图 6-8　q 的波形

Verilog HDL 语法中还支持强制赋值。模块的输出只由输入决定，是不能随意更改的。但在仿真中有时需要对一些中间模块的输出值进行修改，使之出现一些特殊的情况，来针对性地进行仿真，此时就可以使用 force 和 release 来进行强制赋值。观察如下代码：

```
reg q;
wire q1;

initial wait(reset2)
begin
  @(posedge clock);
  #4 ;
```

```
        force q=1;
        force q1=1;
        @(negedge reset2);
        #2;
        release q;
        release q1;
      end
```

该代码定义了 reg 型的 q 和 wire 型的 q1，为的是说明这两者的区别。force 和 release 都是行为级语法，所以按上例中使用即可。force 是强制赋值，release 是释放强制赋值。代码中 force 部分将 q 和 q1 赋值为 1。在强制赋值 force 生效期间，所有的外界信号都无法改变 q 和 q1 的输出值，包括原有对 q 和 q1 赋值的阻塞赋值、非阻塞赋值、assign 赋值或门级输出。等待 reset2 的下降沿之后再延迟 2 个时间单位，释放强制赋值，图 6-9 中 19ns 至 32ns 是强制赋值阶段。

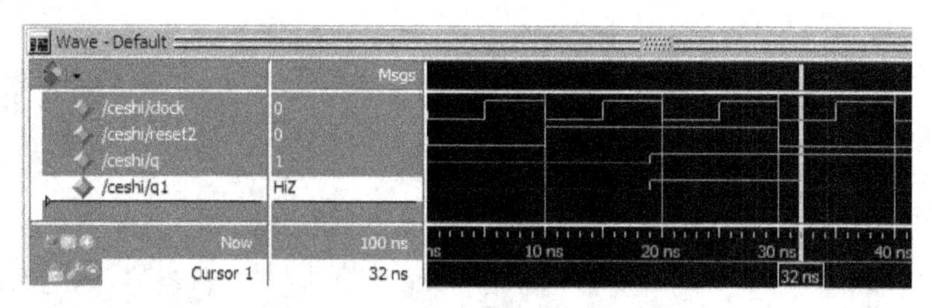

图 6-9　force 和 release 的效果

此波形图也说明了对于 reg 型和 wire 型两种信号（输出信号仅有这两种情况）的强制赋值效果：在 19ns 至 32ns 期间是相同的，都会强制赋值为 1，不会改变。在 32ns 之后，reg 型信号 q 被释放的效果是 q 依然会持续在刚刚被强制赋给的 1 值，直到有信号把该 reg 型信号重新改变为止——就像一个被撤去输入的寄存器一样。而 wire 型信号 q1 被释放之后直接由该线网的驱动值给出，图 6-9 中对 q1 没有驱动，所以会维持在高阻 Z——像一根被撤去输入的连接线一样。

强制赋值还有另一对：assign 和 deassign，仅适用于 reg 型变量。由于功能相似且与数据流语句中的 assign 容易混淆，本书不再介绍，读者可以自行查阅语法来学习。

命名事件是另外一个产生控制信号的方法。命名事件的语法和声明变量的语法一样，采用 event 作为关键字，没有宽度说明，例如：

```
event edge;
```

命名事件可以被执行或触发，使用“->”符号表示执行。该事件也会被@视为触发事件，示例如下：

```
reg [3:0] a,b;
reg [3:0] out_ref;
event add,sub;           //定义两个事件

always @(a,b)
begin
```

```
    if(a>b)
      ->sub;                //a 大于 b 激活 sub 事件
    else
      ->add;                //否则激活 add 事件
  end

  always @(sub)             //该事件可被@检测，并触发 always 结构
  out_ref=a-b;

  always @(add)             //此段同理
  out_ref=a+b;
```

这段代码中就定义了两个事件，并根据值的不同分别激活两个事件，再对这两个事件进行@监控，输出所需的参考数值。该代码的仿真波形图如图 6-10 所示，可以看到事件发生的位置是以圆圈来标记的，这里 always@(add)中的 add 已经不是电平而是事件，事件触发了就会激活@(add)。

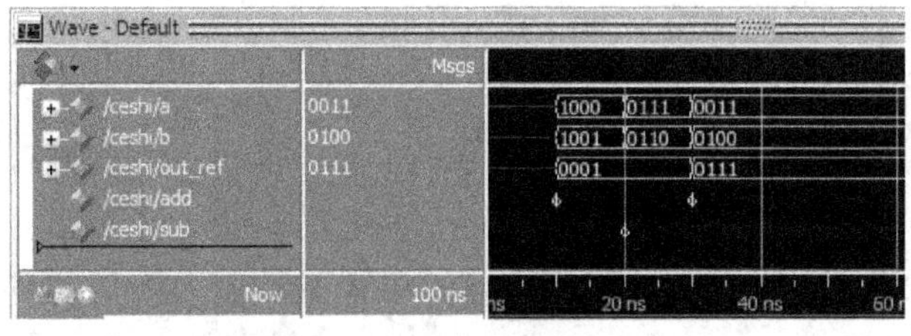

图 6-10　命名事件

这样得到了一个输出不同参考值的代码。把上述的代码形式稍作修改，就可以使用在测试模块的其他位置，这里就不再举例了。

6.7　代码覆盖

测试向量必须具有完备性，即测试向量不仅要满足输出的各种可能性，还要保证对设计模块中不同的语句都进行检测，要检验是否覆盖到了所有的代码。在某些情况下，代码覆盖率就会体现测试向量的这一特点。

所谓代码覆盖率，就是识别出设计中哪些代码在仿真时被执行过，哪些代码在仿真时没有被执行过。代码覆盖也有很多种，如语句覆盖、路径覆盖、表达式覆盖和状态机覆盖等。语句覆盖统计的是代码中哪些语句被执行了，如一个 if…else 语句中可能一直执行的是 if 部分，那 else 部分就没有覆盖；路径覆盖统计的是代码运行中走过了那些路径，如两个 if…else 语句，完整的路径覆盖就是必须在两个 if 语句执行时完成真真、真假、假真、假假四种情况才算 100%路径覆盖；表达式覆盖是分析所有能引发表达式赋值改变的情况；状态机覆盖是检查时序电路中有状态机时是否把状态机的所有可能状态都执行了。

代码覆盖是一个比较庞杂的问题，代码覆盖率不够的情况下，测试向量肯定是不理想的，但即使是代码覆盖率 100%的时候也不能证明设计是完全正确的。关于此部分的内容，读者可以查找验证方面的书籍来继续学习，本书作为一本 Verilog HDL 书籍不再介绍。

6.8 应用实例

实例 6-1——组合逻辑的测试模块

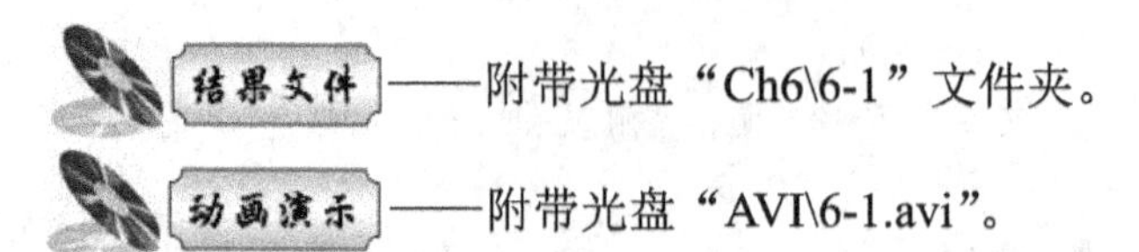

——附带光盘“Ch6\6-1”文件夹。

——附带光盘“AVI\6-1.avi”。

本例给出最简单的测试模块编写方式：步进式信号。所谓步进式信号，即按时间顺序列出所有可能的输入信号组合，用于观察输出的情况是否满足要求。这种写法的好处是不需要太多的思考，非常适合输入端口较少的组合逻辑电路。例如参考如下的设计模块，这是一个带有使能端的 3-8 译码器，在 en 为高电平时停止工作，输出全 1，在 en 为 0 时正常工作，若无输入也输出全 1。ex 信号是为了区分输入全 1 时电路的工作状态而特意保留的扩展输出位。

```
module decoder3x8(din,en,dout,ex);
input [2:0] din;
input en;
output [7:0] dout;
output ex;
reg [7:0] dout;
reg ex;

always @(din or en)
if(en)
  begin
    dout=8'b1111_1111;
    ex=1'b1;
  end
else
  begin
    case(din)
    3'b000: begin
              dout=8'b1111_1110;
              ex=1'b0;
            end
    3'b001: begin
              dout=8'b1111_1101;
              ex=1'b0;
            end
    3'b010: begin
              dout=8'b1111_1011;
              ex=1'b0;
            end
    3'b011: begin
              dout=8'b1111_0111;
```

```
                ex=1'b0;
              end
      3'b100: begin
                dout=8'b1110_1111;
                ex=1'b0;
              end
      3'b101: begin
                dout=8'b1101_1111;
                ex=1'b0;
              end
      3'b110: begin
                dout=8'b1011_1111;
                ex=1'b0;
              end
      3'b111: begin
                dout=8'b0111_1111;
                ex=1'b0;
              end
      default:begin
                dout=8'b1111_1111;
                ex=1'b0;
              end
      endcase
    end

  endmodule
```

该设计模块一共有 4 位的信号输入（一个 3 位输入加一个 1 位输入），非常适合用步进式的信号方式。按此思想编写测试模块，代码如下：

```
module tbdecoder;
reg [2:0] din;
reg en;
wire [7:0] dout;
wire ex;

initial
begin
  #10 en=0;din=3'b000;
  #10 en=0;din=3'b001;
  #10 en=0;din=3'b010;
  #10 en=0;din=3'b011;
  #10 en=0;din=3'b100;
  #10 en=0;din=3'b101;
  #10 en=0;din=3'b110;
  #10 en=0;din=3'b111;
  #10 en=0;din=3'b1x1;
  #10 en=1;din=3'b000;
  #10 en=1;din=3'b001;
  #10 en=1;din=3'b010;
  #10 en=1;din=3'b011;
```

```
    #10 en=1;din=3'b100;
    #10 en=1;din=3'b101;
    #10 en=1;din=3'b110;
    #10 en=1;din=3'b111;
    #10 $stop;
  end

  decoder3x8 idecoder(din,en,dout,ex);

  endmodule
```

运行仿真可得图 6-11 所示的功能仿真波形图，该波形图中展示了输入/输出可能出现的各种情况的组合，由于输出 dout 位宽 8 位，数值显示不完全，采用展开方式来显示每一位的情况，图中的[7]到[0]就是 dout 从高到低的 8 位。

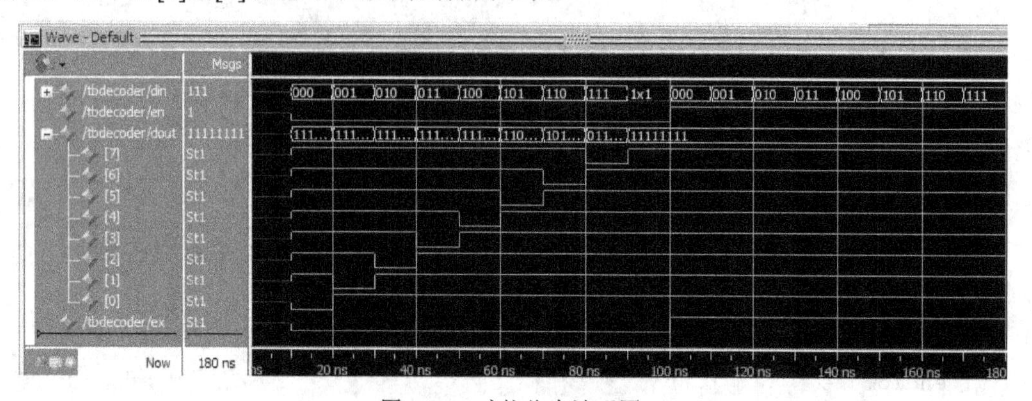

图 6-11　功能仿真波形图

使用这种信号生成方式完成一些小的测试模块是很方便的，它与随机信号的最大不同在于信号的可控性，像本例中信号的产生都是设计者已知的，不会出现未知状况，而随机信号则均为未知，每次都需要临时分析。但是当设计的输入信号位数较多时，采用这种方法来指定测试信号就显得比较麻烦，用随机数就变得简单许多。

实例 6-2——时序逻辑的测试模块

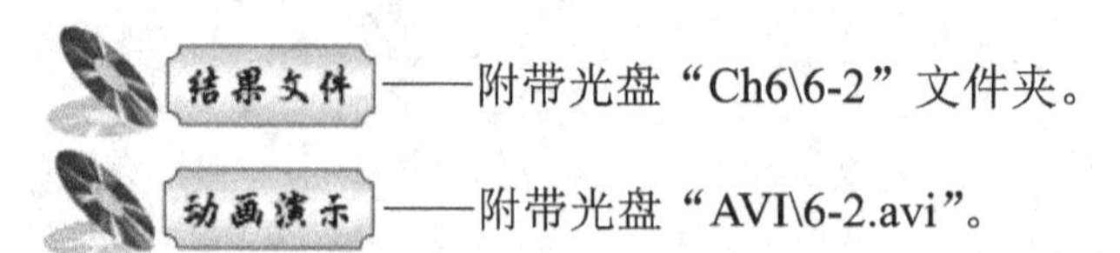

——附带光盘“Ch6\6-2”文件夹。

——附带光盘“AVI\6-2.avi”。

如果待测试的设计文件是一个时序电路，由于需要时钟信号和复位信号，以及一些模块间的交互信号，测试模块的编写就变得复杂一些，这时可以使用@来进行信号定位，同时使用一些任务来帮助设计者判断结果。

本例要对一个 4 位的并串转换模块进行测试，设计模块代码如下：

```
module p2s(data_in,clock,reset,load,data_out,done);
input [3:0]  data_in;
input clock,reset,load;
output  data_out;
```

```
output done;
reg done;

reg [3:0] temp;
reg [3:0] cnt;

always@(posedge clock or posedge reset )
begin
  if(reset)
  begin
    temp<=0;
    cnt<=0;
    done<=1;
  end
  else if(load)
  begin
    temp<=data_in;
    cnt<=0;
    done<=0;
  end
  else if(cnt==3)
  begin
    temp <= {temp[2:0],1'b0};
    cnt<=0;
    done<=1;
  end
  else
  begin
    temp <= {temp[2:0],1'b0};
    cnt<=cnt+1;
    done<=0;
  end
end

assign data_out=(done==1)?1'bz:temp[3];

endmodule
```

该设计模块的基本功能就是在 load 为 1 时接收一个 4 位的数据，在接下来的 4 个周期里依次输出这 4 位信息，输出结束后 done 信号变为 1，表示一次转换完毕，可以继续接收下一个数据。如果 done 信号为 0 则表示转换还在进行，不能输入数据。

为此设计模块编写测试模块，代码如下：

```
module tbp2s;
reg [3:0]  data_in;
reg clock,reset,load;
wire  data_out;
wire  done;

initial
```

```
    begin
      reset=1;
      #15 reset=0;
    end

    initial clock=1;
    always #5 clock=~clock;

    always @(done)
    begin
      if(done==1)
      begin
        data_in=$random%16;          //随机信号
        load=1;                      //载数
      end
      else
      begin
        load=0;
      end
    end

    always @(posedge clock)
    if(load==1)                      //每次载数后判断
      begin:dis
        integer i;
        i=3;
        repeat(4)                    //重复 4 次，即 4 位信号依次判断
        begin
          @(posedge clock)
          if(data_out==data_in[i])   //正确时产生正确输出
            $display("Output Right!");
          else                       //错误时产生错误输出，并提示信息
            $display("Bad Output!data_out= %b ,but data_in[%d]= %b",data_out,i,
            data_in[i]);
          i=i-1;
        end
      end

    p2s ip2s(data_in,clock,reset,load,data_out,done);

    endmodule
```

运行仿真后可得图 6-12 所示的功能仿真波形图，从图形中可以看到，data_out 产生的 4 位输出就是 data_in 中的数据。同时还会有文字提示信息如下：

```
# Bed Output!data_out= z ,but data_in[          3]= 0
# Bed Output!data_out= 0 ,but data_in[          2]= 1
# Bed Output!data_out= 1 ,but data_in[          1]= 0
# Output Right!
# Output Right!
# Output Right!
```

```
# Output Right!
# Output Right!
# Output Right!
# Output Right!
# Output Right!
# Output Right!
# Output Right!
# Output Right!
# Output Right!
```

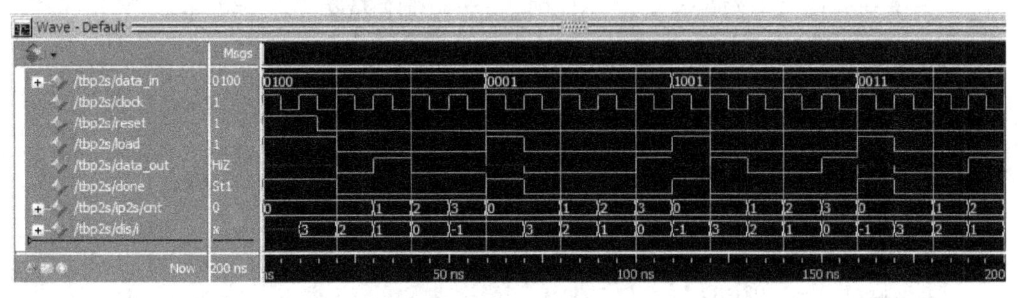

图 6-12　功能仿真波形图

前三个错误信息的原因是 i 的定位问题，由于 reset 产生复位信号之后对 i 产生了影响，在该工作周期结束后即可恢复正常。

实例 6-3——除法器的测试模块

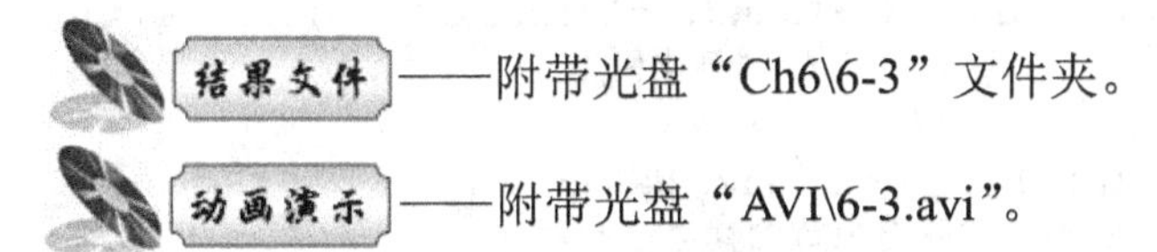

——附带光盘“Ch6\6-3”文件夹。

——附带光盘“AVI\6-3.avi”。

本例给出一个除法器的测试模块。由于是编写测试模块，原有设计模块不需要做太多关注，知道所有的输入/输出端口及具有的功能即可。该除法器设计模块的定义如下：

```
module div2(clk, reset, start, A, B, D, R, ok, err);
..........
endmodule
```

该除法器的端口说明见表 6-1。

表 6-1　端口及功能说明

端口名称	功能说明
clk	输入端，时钟信号，提供该除法器内部运算所需时钟
reset	输入端，复位信号，低电平有效
start	输入端，开始信号，为高电平时开始计算
A	输入端，32 位被除数
B	输入端，32 位除数
D	输出端，48 位商值

续表

端口名称	功能说明
R	输出端，32位余数
ok	输出端，计算完毕时输出ok为高电平，此时是最终结果
err	输出端，如果出现错误则输出高电平

对该模块编写测试模块，代码如下。由于代码比较长，本例中直接在代码中添加注释来说明每部分的功能，所涉及的语法都已经介绍过。

```
`timescale 1ns/10ps                          //时间精度

module tb_div2;
  parameter n = 32;                          //参数声明
  parameter m = 16;

  reg clk, reset;
  reg start;
  wire [n+m-1:0] D;
  wire [n-1:0] R;
  wire err, ok;
  integer i;                                 //内部变量声明

  reg [n-1:0]    dividend;                   //被除数
  reg [n-1:0]    divisor;                    //除数
  reg [n+m-1:0]  quotient;                   //参考商
  reg [n-1:0]    remainder;                  //参考余数

  div2 UDIV(clk, reset, start, dividend, divisor, D, R, ok, err);
                                             //实例化引用

  function [n+n+(n+m)+(n)-1:0] gen_rand_data;
  //函数部分，生成被除数、除数，和商与余数的参考值
     input integer i;
     reg [n+m-1:0] dividend;
     reg [n+m-1:0] divisor;
     reg [n+m-1:0] quotient;
     reg [n+m-1:0] remainder;
     integer k;
     integer flag;

     begin
        k = (i/4) % 32 + 1;
        flag = 1;
        while(flag)
        begin
        dividend = {{$random}, {m{1'b0}}};    //随机数生成被除数，并扩展位
        divisor =  {{m{1'b0}}, {$random}};    //随机数生成除数，被扩展位

        divisor = divisor % ( 2 << k);
        if(divisor == {(n+m){1'b0}})
```

```
        begin
           $display("Divisor is zero!!!");
        end else begin
           flag = 0;
        end
        quotient =  dividend / divisor;
        remainder = dividend % divisor;     //行为模型，得到参考的商和余数

        if(remainder > divisor)             //商大于余数时报错
        begin
          $display("Bad remainder!!!");
          $stop;
        end

        if(quotient * divisor + remainder != dividend)//结果不符时报错
        begin
           $display("bad values!!!");
           $stop;
        end
        end

        gen_rand_data = {dividend[n+m-1:m], divisor[n-1:0], quotient,
        remainder[n-1:0]};
       //返回函数值
     end
 endfunction

initial            //时钟信号
begin
  clk=0;
  forever
    #10 clk=~clk;
end

initial
begin
     reset = 0;
     start = 0;
  for(i=1; i<=1000; i=i+1)                  //生成 1000 个数
  begin
     {dividend, divisor, quotient, remainder} = gen_rand_data(i);
                                            //调用函数返回 4 个值
        @(posedge clk);          //等待时钟信号复位
          reset = 0;
        @(posedge clk);          //下一时钟开始运算
          reset = 1;
          start = 1;
        @(posedge ok);           //等到 ok 上升沿，即运算结束时
          if(quotient!=D || remainder!=R)    //若结果与参考值不符，报错
          begin
```

```
                    $display("BAD RESULT!!!");
                    $display("result:quotient=48'd%d,remainder=32'd%d",D,R);
                     $stop;
                  end
            end

            $stop;                            //1000 个数后结束仿真
          end
      endmodule
```

运行该测试模块，一方面会根据行为模型生成参考输出值，另一方面由设计模块得到最后的实际输出，对比可知是否正确，如果出现结果不正确或其他异常情况，使用显示任务进行报警。运行该测试模块进行仿真，得到的结果如图 6-13 所示。图中两个 ok 的高电平之间是除法计算的过程，最后运算所得的 D 值为 2346983201177，商值 36，这个值与参考信号值 quotient 和 remainder 完全相同，所以结果正确，没有警报输出。

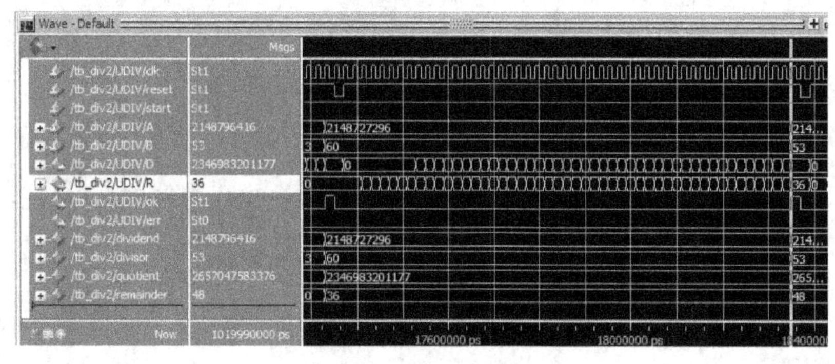

图 6-13　仿真结果图

6.9　习题

6-1　请为第 2 章习题 2-5、2-6 编写测试模块，分析电路功能。

6-2　请为第 3 章习题 3-4 编写测试模块，说明电路具有何种功能。

6-3　请为第 4 章习题 4-5 编写测试模块，分析电路功能。

6-4　请为第 5 章习题 5-5 编写测试模块，验证任务是否能实现。

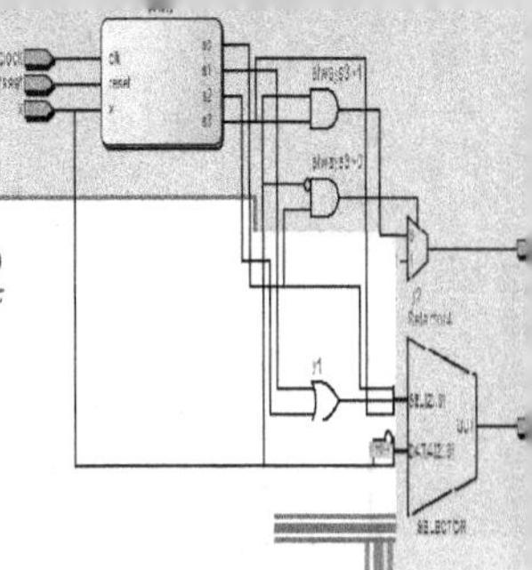

第 7 章　可综合模型设计

用 Verilog HDL 编写模块的目的有两个：一是编写测试模块，这在前一章中已经介绍过了；二是编写设计模块。编写设计模块并不像测试模块那样毫无顾忌，因为测试模块是不要求最终能生成电路的，只是在软件层次上进行仿真来使用，而设计模块最终是要生成实际工作的电路的，这一点就决定了设计模块的语法和编写代码风格会对后期的电路产生影响。所以，若要编写可以实现的设计模块，就一定要有一些需要注意的问题，本章就对这些问题进行统一的介绍，读者可以带着如下问题来阅读本章。

（1）综合的过程中到底发生了什么？

（2）延迟是如何被赋值的？

（3）哪些语句是可综合的，哪些是不是可综合的？

（4）常见的代码书写要求有哪些？

本章内容

- 综合过程与延迟时间
- 代码风格问题

本章案例

- SR 锁存器延迟模型
- 超前进位加法器
- 移位除法器模型

7.1　逻辑综合过程

在第 1 章的 Verilog HDL 建模中其实就已经接触到了逻辑综合的过程。概括来说，逻辑综合就是把现有的 Verilog HDL 代码根据现有的工艺库转化为门级网表的过程。注意这个过程有两个关键点：现有工艺库和转化为门级网表。先来解释现有工艺库的问题，如第一章中介绍过的 JK 触发器的代码如下：

```
module JK_FF(Q,Qn,J,K,CLK);
input J,K;
input CLK;
```

视频教学

```
output Q,Qn;
wire G3_n,G4_n,G5_n,G6_n,G7_n,G8_n;

nand G7(G7_n,Qn,J,CLK);
nand G8(G8_n,CLK,K,Q);
nand G5(G5_n,G8_n,G6_n);
nand G6(G6_n,G5_n,G8_n);
nand G3(G3_n,G5_n,CLK_n);
nand G4(G4_n,CLK_n,G6_n);
nand G1(Q,G3_n,Qn);
nand G2(Qn,Q,G4_n);

not G9(CLK_n,CLK);
endmodule
```

其实此代码已经是一个类似门级网表的形式，根据该门级网表使用现有器件就可以连接出一个具有 JK 触发器功能的电路的。说它是类似，是因为还差一点——工艺库。工艺库是一些 EDA 制造厂商提供的一个模型库，库文件中包含很多常用基本电路的模型，如与非门等。这些库中的模型表示该 EDA 厂商可以做出这些电路，而库中没有的电路表示该 EDA 厂商不能做出这些电路——但可以用现有的模型组合得到。举例来说，A 厂商的工艺库中包含 4 位加法器模型，B 厂商的工艺库中没有 4 位加法器模型，但有 1 位加法器模型。同样的一个 16 位加法器的 Verilog HDL 模块在 A 厂商看来用 4 个 4 位加法器就能完成，而在 B 厂商看来需要 16 个 1 位加法器才能完成，这样就会得到不同的最终电路——但功能依然是相同的。一般来说，EDA 厂商所提供的工艺库肯定是足够完成所有 Verilog HDL 设计的，这点设计者不需要担心。

这样一来，当选定了工艺库时，一个 Verilog HDL 设计的代码就可以用对应工艺库中的器件模型来完成。假设选定了 C 公司的工艺库，该公司的工艺库中包含如下模型：

```
......
module CNAND (xxxxxx);    //一般都会以实际名称加公司标志
......
module CNOT (xxxxx);
......
```

这样对设计的 JK 触发器就可以转变为如下的网表形式，这里只截取实例化部分，代码如下：

```
CNAND  C1(G7_n,Qn,J,CLK); //用工艺库中的模型替换设计，连线的名称可能会更没有意义
CNAND  C2 (G8_n,CLK,K,Q);
CNAND  C3 (G5_n,G8_n,G6_n);
CNAND  C4 (G6_n,G5_n,G8_n);
CNAND  C5 (G3_n,G5_n,CLK_n);
CNAND  C6 (G4_n,CLK_n,G6_n);
CNAND  C7 (Q,G3_n,Qn);
CNAND  C8 (Qn,Q,G4_n);
CNOT  C9 (CLK_n,CLK);
```

这样得到的网表就可以使用了。在这个过程中一般都是由综合工具来完成的，经过综合得到的门级网表包含的信息是：用到工艺库中的哪些模型，用到了哪些线把这些模型的端口连接在一起，连线的对应关系是怎样的。实际网表中的连线信息和门信息会比上述代码更加复杂和难懂。有了这些信息，就可以完成一个硬件电路，类似结果如图 7-1 所示。

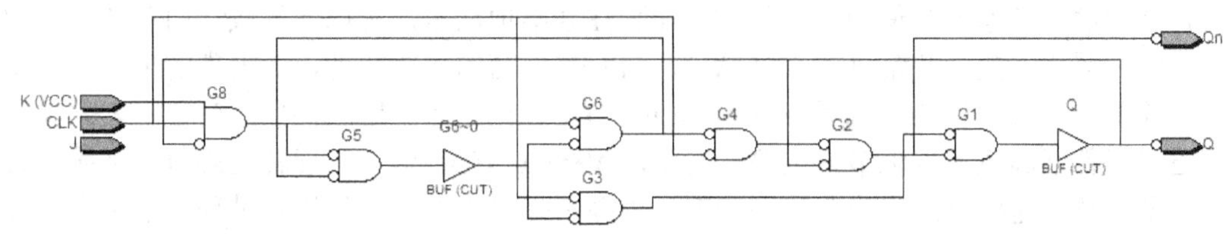

图 7-1　综合后电路图

上面的例子是从门级建模直接过渡到门级网表的，只需要考虑工艺库的问题。实际建模中门级建模并不是经常使用的建模语法，更多的是承担起最后门级网表的功能，而行为级和数据流级才是最常使用的建模语法。行为级可以综合的语法和数据流级语法合在一起被称为 RTL 级，该级别的模型是可以被综合成电路进而实现的。而用 RTL 级语法建模后的模型和最后综合得到的门级网表之间差异很大，因为从高级的层次向低级层次转化的解释过程不尽相同，所以对于综合工具来说需要做的事情就变成了：将行为级或数据流级的语言按一定规则转化成门级网表，并且需要结合工艺库的特点进行转化。

下面介绍一个更加实际的例子，这是一个带时钟的同步电路综合后得到的网表，其中包含了一段实例化的过程，由上述介绍可知，在其工艺库中应该包含这个实例的定义。

```
//网表中的实例化语句
cycloneii_clkctrl \CLK~clkctrl (
    .ena(vcc),
    .inclk({gnd,gnd,gnd,\CLK~combout }),
    .clkselect(2'b00),
    .devclrn(devclrn),
    .devpor(devpor),
    .outclk(\CLK~clkctrl_outclk ));
```

查找其对应的工艺库，可以找到如下代码：

```
//------------------------------------------------------------------------
// Module Name : cycloneii_clkctrl
// Description : Cycloneii CLKCTRL Verilog simulation model
//------------------------------------------------------------------------
`timescale 1 ps/1 ps
 module cycloneii_clkctrl (
                     inclk,
                     clkselect,
                     ena,
                     devpor,
                     devclrn,
                     outclk
                     );

input [3:0] inclk;
input [1:0] clkselect;
```

代码中已经描述得很清楚了，这就是要使用到的模型。

综合过程的作用其实远不只转化网表和调用工艺库这两项，比如还能改变电路的结构来适应不同的时间要求、可以设定面积速度等，但这些功能一是要求后续的工艺流程支持，需要流片才能看到最后的设计结果；二是受相关软件及版权问题所限，这些行业软件的售价很高，平常读者基本无法使用到；三是功能和注意事项众多，可以展开成一门单独的课程。在本书中，采用的是一些常见的 FPGA 或 CPLD 厂商的相关软件，其内部的工艺库也是这些厂商软件中自己提供的，编写正确的 Verilog HDL 代码后利用软件生成门级网表并使用可编程逻辑器件能够直接实现最终电路，对学习 Verilog HDL 语言和理解最终电路结构很有益处。但要注意，这些软件生成门级网表的过程并不是严格意义上的综合过程，缺少了一些限制条件。

对于 Verilog HDL 的初学者来说，只需要明白这样一个问题就足够了：设计者所写出的 Verilog HDL 代码，经过一道称为综合的工序之后，就会得到能最终实现的电路结构（门级网表），这个电路结构和设计者所写的 Verilog HDL 代码是有一定关系的。

7.2 延迟

实际电路工作是要有延迟时间的，不管是电流的传输还是高低电平的翻转都是需要时间的。但是在之前编写 Verilog HDL 代码时根本没有考虑时间的问题，更多的是强调功能方面如何能够得到实现。事实上，前面章节中给出的例子都是功能模型，即使是可综合模型也没有时间的概念，此时进行的仿真称为功能仿真，也称为前仿真。前仿真主要的目的是验证设计的 Verilog HDL 模块是否具有正确的功能，不加入时间概念的原因，一是因为无法保证功能正确，加入时间延迟会增加更多的麻烦；二是没有经过后期的综合的布局布线，无法给出合理的延迟时间，凭空估测的话太过不切实际。基于这两点，在 Verilog HDL 建模时首先要保证前仿真正确，即代码的功能正确。

当代码功能仿真通过之后，需要进行综合，这时生成的门级网表就具有一定的电路意义了，此时可以加入时间延迟使门级网表与实际电路更加相似。如果经过布局布线之后，各个功能模块和连线的位置都是确定的，此时的模块和连线的延迟时间都是固定的，把这些固定的延迟时间与网表文件共同仿真，这个仿真称为时序仿真或者后仿真，这个仿真结果与实际电路更加相似，更具有实际意义。

在功能能够完成的前提下，时间延迟就变得很重要了。在综合及布局布线过程中也会生成一些附带的文件，其中有一个文件称为 SDF（Standard Delay Format，标准延迟文件），里面就记录了所有的时间延迟情况，其中多数形式为如下代码：

```
(CELL
   (CELLTYPE "cycloneii_clkctrl")
   (INSTANCE CLK\~clkctrl)
   (DELAY
     (ABSOLUTE
       (PORT inclk[0] (118:118:118) (118:118:118))   //延迟时间
     )
   )
)
```

Verolog HDL 的语法中支持延迟时间的定义，这个延迟时间也是采用#号表示的，但是位置和之前介绍的“#10”一类的语句不同。先来看门级，可以在门级建模语句中使用如下方式来定义调用门级模型的延迟时间。

```
not  n1 ( notQ, Q );                    //没有延迟
nand  #4  n2(Out,In1,In2);              //定义了一个延迟
```

第一行代码就是之前经常看到的门级的实例化语句，没有添加延迟，也就是说从输入到输出所需要的时间是 0。第二行在 nand 与 n2 之间添加了“#4”，注意位置，所有的门级延迟都添加在这个位置上。此行代码就定义了一个延迟时间：4，如果时间精度是 1ns，延迟就是 4ns，表示有信号进入输入端后经过 4ns 输出端才会产生响应。

延迟时间分为三种：上升延迟、下降延迟和关断延迟，这三种延迟都是相对于输入端而言的。上升延迟指从输入端产生驱动信号到输出端出现从 0、x、z 变化为 1 的过程，下降延迟指从输入端产生驱动信号到输出端出现从 1、x、z 变化为 0 的过程，关断延迟指从输入端产生驱动信号到输出端出现从 0、1、x 变化为 z 的过程。如果只定义了一个延迟时间，就表示该逻辑门输出端的上升延迟、下降延迟和关断延迟都是 4ns。还可以多个指定，当多个指定时遵循一定语法，如下：

```
and  # (3,5)  a1(Dout,Din1,Din2);          //定义了两个延迟
bufif0  # (2,5,6)  a2(Dout,Din1,Din2);  //定义了三个延迟
```

当定义了两个延迟时，Verilog HDL 语法规定是定义了上升延迟和下降延迟，关断延迟取两者的最小值。代码的第一行中就定义了 a1 这个门的上升延迟为 3，下降延迟为 5，关断延迟取两者最小值，为 3。代码第二行中定义了三个延迟，对于这种情况 Verilog HDL 的语法规定依次对应上升延迟、下降延迟和关断延迟，即 a2 的上升延迟是 2，下降延迟是 5，关断延迟是 6。因为在电路中信号的上升和下降所对应的物理过程并不相同（充电与放电），所以上升延迟和下降延迟一般分别指定。关断延迟必要时可以指定，有些门根本不可能出现关断的情况，如 and 门，所以一般都采用定义两个延迟的方式。另外电路还可能出现未知态 x，这个变化过程默认取值是定义的延迟时间中所有值的最小值。这里对 a1 这个与门做简单测试，使用如下的输入变量：

```
initial
begin
  Din1=0;Din2=0;
  #15 Din1=1;Din2=1;
  #15 Din1=0;Din2=1;
  #15 Din1=1'bx;Din2=1'bx;
  #15 $stop;
end
```

该代码可以使 and 门输出端 Dout 出现 0、1、x 三种变化。得到图 7-2 所示仿真波形：

图 7-2 中可以很明显看到最后一行输出值 Dout 与两个输入的关系。由于是与门，在 15ns 时两个输入端同时变为 1，输出端应该随之变为 1，这对 Dout 来说是一个上升沿，所以延迟的时间是上升时间 3ns。在 30ns 时输入端又发生了变化，使输出端变为 0，这是一个下降沿，所以延迟的时间是下降时间 5ns。在第 45 个时间单位时信号变为 x，输出值延迟 3ns 变为 x，取得上升延迟和下降延迟的最小值 3ns。

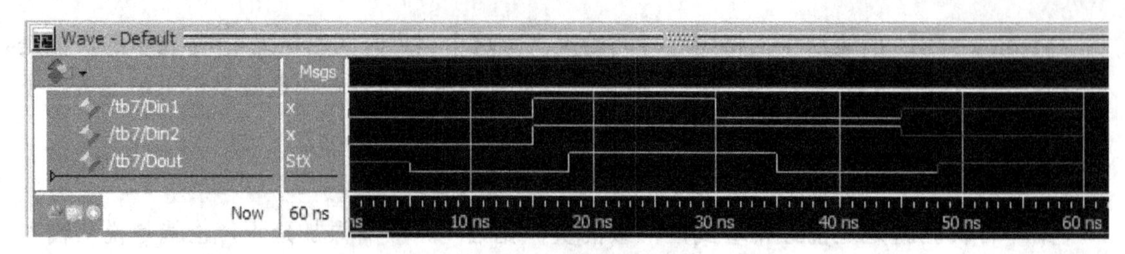

图 7-2 仿真波形

三个延迟时间可以体现电路在信号翻转时的各种情况，但是实际电路工作时往往不会严格按照这个时间进行工作，而是会在这个时间附近波动。例如 Verilog HDL 模型中定义了 3ns，实际电路中可能是 3.2ns，也可能是 2.9ns，这是因为实际电路在制造过程中会使每个电路都不太一样，所以延迟时间也都不太一样，为了更精确地反映这一情况，Verilog HDL 的语法中又定义了三种延迟：最小延迟、典型延迟和最大延迟。

这三种延迟时间可以认为是这样得来的：制造商生产了一批次同种元器件并进行测试，如测上升延迟，可以测得最小的延迟是多少，如 2.4ns；还可以测得最大的延迟是多少，如 3.3ns；还可以统计出所有元器件都大概围绕在哪个数值附近或者哪个上升值出现的次数占得最多，总之会得到一个具有代表性的值，这就是典型值，如 3ns。这时就可以得到实际的最小、最大、典型值。但是在 Verilog HDL 代码中若是由设计者自己指定时只是一个估计值。

最小、最大、典型值的语法采用冒号隔开，上升、下降、关断延迟都可以分别定义最小、最大和典型的延迟时间，例如：

```
notif0 #(1:2:3)  a1(out,in1,in2);
notif0 #(1:2:3,4:5:6)  a2(out,in1,in2);
notif0 #(1:2:3,4:5:6,7:8:9)  a3(out,in1,in2);
```

注意上述三行代码中数值之间的符号，逗号隔开的是上升、下降、关断时间，冒号隔开的是最小、最大、典型时间，这三个时间必须全部给出，不能缺少其中的一个或几个。

第一行代码只定义了一个延迟时间，按前面介绍可知上升、下降和关断时间都是这个延迟，同时定义了最小延迟为 1，典型延迟为 2，最大延迟为 3。

第二行定义了两个时间，也是每个都定义了最小、最大、典型时间，所以 a2 的最小情况下上升时间 1，下降时间 4，关断延迟 1，典型情况下上升时间 2，下降时间 5，关断时间 2，最大情况下上升时间 3，下降时间 6，关断时间 3。

第三行代码中定义了三个时间，所以 a3 最小情况下上升时间 1，下降时间 4，关断延迟 7，典型情况下上升时间 2，下降时间 5，关断时间 8，最大情况下上升时间 3，下降时间 6，关断时间 9。这里为了不产生混淆特地把每个数值都取得不同值，实际上这两类时间的关系是：最小<典型<最大，但上升、下降和关断没有必然的确定关系。数值部分看起来比较繁杂，但注意符号划分即可区别开。

门级语言有延迟，数据流级建模中同样可以使用延迟时间，有下述两种定义方式：

```
//第一种，定义在线上
wire #10 a;
assign a=b;
//第二种，定义在 assign 语句中
```

```
wire a;
assign #10 a=b;
```

同样的，这里的延迟也可以设置为上升、下降、关断延迟，每个延迟也可以定义最小、低昂性、最大时间。语法和实际效果与门级建模中的延迟时间定义完全相同。

门级建模和数据流级建模使用的延迟被称为惯性延迟，还有另外一种延迟被称为传输延迟。惯性延迟从门级角度理解比较容易，以如下代码为例：

```
and # (3,5) b1(Dout,Din1,Din2);
```

假设初始的 b1 输出端为 0，现将驱动值变为 1 和 1，输出端应该变为 1，即出现上升过程，整个过程持续 3 个时间单位。考虑这样一种情况：输入端 Din1 在 2 两个时间单位时突然变为了 0，要知道此时电路应该输出 0 值，但在两个时间单位时的信号值还没来得及升到 1，因为经过三个时间单位后得到的值才是 1，现在这个没有来得及升到 1 的值又会在电路中放电变回到 0，也就是刚刚本应该产生的输出 1 值消失了，整个过程如图 7-3 所示。

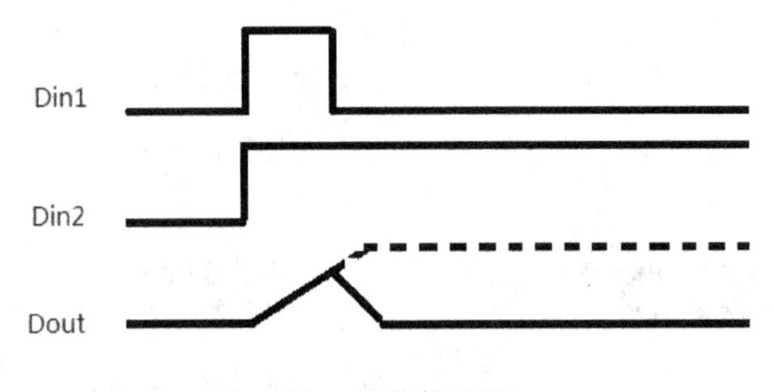

图 7-3　惯性延迟

由图 7-3 可以清楚地看到，虽然在输入端中产生了可以使输出为 1 的输入值，但是输出端并没有产生对应的输出，原因就是因为这个输入信号持续的时间达不到能使输出值改变的时间长度，对于上升时间来说是 3ns，对于下降时间来说是 5ns，这样的延迟被称为惯性延迟，原因就是驱动信号未能使电路的输出电平达到指定值就消失了，导致本该出现的输出信号却没有得到。体现在电路中就是输出端对于输入端小于一定时间宽度的输入信号不会产生响应。这个时间取决于电路本身的上升、下降和关断时间。

惯性延迟主要模拟的是元器件输入端和输出端之间的变化情况，另外一类传输延迟主要模拟的是连线上左侧输入和右侧输出之间的变化情况。作为连线并不会产生类似惯性延迟的情况——连线只是信号的传输而已，只不过右端输出会比左端输入慢一点，传输延迟也是这样的特点，它规定所有延迟信号都会延迟相同的时间在输出端输出。传输延迟采用行为级定义，代码如下：

```
reg b;
always @(b)
 a<= #10 b
```

采用此方法定义出来的延迟效果就是传输延迟，除此之外其他位置出现的延迟全部视为惯性延迟。为了说明其他情况和传输延迟的区别，参考如下代码：

```
reg  out1n,out2n;                    //非阻塞赋值输出
reg  out1b,out2b;                    //阻塞赋值输出
wire out3;
```

```
    wire #20 out4;                          //惯性延迟

    always @ (WaveA )
    begin
          out1n<= # 20  WaveA;              //非阻塞输出 1
    end

    always @ (WaveA )
    begin
          #20 out2n<= WaveA;                //非阻塞输出 2
    end
    always @ (WaveA )
    begin
          out1b= # 20  WaveA;               //阻塞输出 1
    end

    always @ (WaveA )
    begin
          #20 out2b= WaveA;                 //阻塞输出 2
    end

    assign #20 out3=WaveA;                  //惯性输出 3
    assign out4=WaveA;                      //惯性输出 4

    initial                                 //驱动信号生成
    begin
         WaveA=1;
         #30 WaveA=0;
         #10 WaveA=1;
         #15 WaveA=0;
         #21 WaveA=1;
         #21 WaveA=0;
         #11 WaveA=1;
         #25 WaveA=0;
         #25 WaveA=1;
         #10 WaveA=0;
         #10 WaveA=1;
         #40 WaveA=0;
         #30;
    end
```

该段代码的 WaveA 信号如图 7-4 所示，读者可以先自己思索一下对应的输出应该是什么，再对照图 7-5 查看自己设想的是否正确。

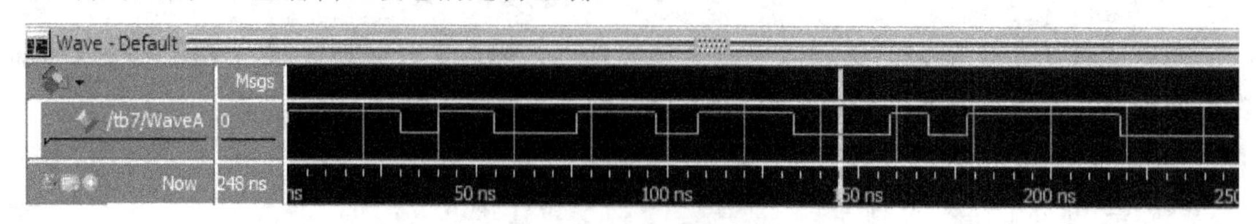

图 7-4　WaveA 信号

最终的输出波形如图 7-5 所示。可以看到只有 out1n 即非阻塞赋值中把延迟时间放在右式中时，输出信号是输入信号的延迟后推，实现了传输延迟的模拟，其他五个信号全都不是传输延迟。其中又以 out1b 最为特殊，剩余四个全是惯性延迟，只有 out1b 既非惯性延迟也非传输延迟。产生这种效果的原因是阻塞赋值特点引起的，会在后续章节详细分析。

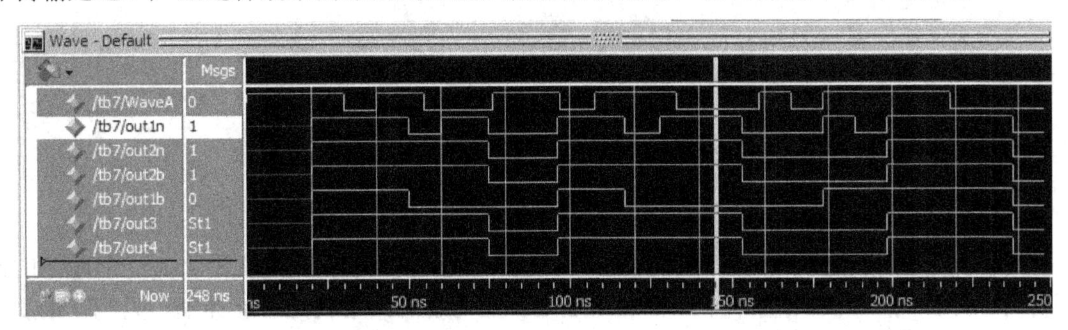

图 7-5　六种输出情况

以上介绍了采用不同级别的建模语言时对应的延迟定义。其实从整体角度上考虑，Verilog HDL 的延迟模型有三种：分布延迟、集总延迟和路径延迟。为了说明这三者的区别，现给出图 7-6 所示的参考电路，结合此电路用三种模型分别建模。

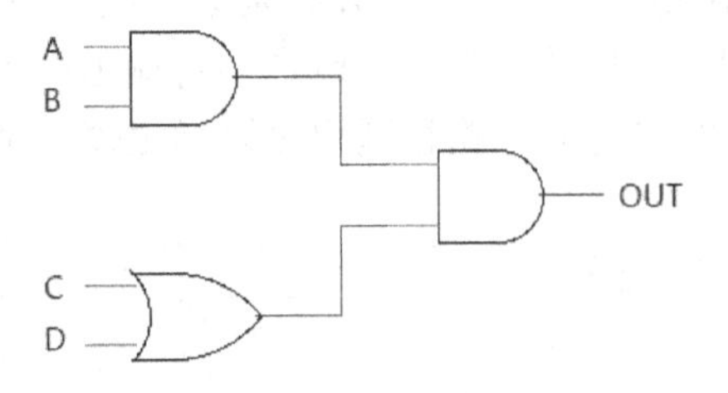

图 7-6　参考电路图

分布式延迟就是对每一个元器件都给出详细的定义，整个电路的延迟取决于所有元器件的总和，这其实也就是前面介绍的方法，比如图 7-6 就可以建模如下：

```
module M1(OUT,A,B,C,D);
output OUT;
input A,B,C,D;
wire and1,or1;

and #4 u1(and1,A,B);
or  #3 u2(or1,C,D);
and #6 u3(OUT,and1,or1);

endmodule
```

或者把其中每一行语句都替换成数据流级建模的 assign 语句也可以，如下：

```
assign #4 and1=A&B;
assign #3 or1=A|B;
assign #6 OUT=and1&or1;
```

这两个 module 中赋值的模型就是分布延迟，每个电路门和每个 assign 语句都有相应的延迟，语法和之前介绍一样，都可以定义上升、下降、关断等延迟。

集总延迟是整个 module 而言的，它把整个模块的延迟都集中到了最后的输出端，而不是像分布延迟一样把延迟分散到每个使用到的元件，模型如下：

```
module M2(OUT,A,B,C,D);
output OUT;
input A,B,C,D;
wire and1,or1;

and  u1(and1,A,B);
or   u2(or1,C,D);
and #10 u3(OUT,and1,or1);

endmodule
```

集总延迟相对来说更容易建模，设计者只要在最后模块输出的位置加上一个最终的延迟即可，不用每一个语句每一个门都加上延迟。但简单的结果就是不够详细，只能在最后给出一个总体的估计，比如 M2 模块，只在最后 OUT 的输出定义了一个#13 的延迟，但在分布模型 M1 中可以看到该模块的两条路径所具有的延迟是不同的，AB 端要经过两个与门，延迟是 10，CD 端要经过一个或门一个与门，延迟是 9，作为集总模型只能选择最长的延迟来反映电路情况，所以集总延迟模型建模容易，分布延迟模型建模比较精确。

路径延迟模型是三者中最详细的。虽然分布延迟已经有每个门的延迟，但是具有电路基础的读者应该理解即使同一个门的两个输入端，其对输出端的影响也不是完全一样的，原因也很简单——电路没有绝对对称的。路径延迟可以指定每一个输入端到输出端的延迟，模型如下：

```
module M3(OUT,A,B,C,D);
output OUT;
input A,B,C,D;
wire and1,or1;

and u1(and1,A,B);
or  u2(or1,C,D);
and u3(OUT,and1,or1);

specify
   (A=>OUT)=10;
   (B=>OUT)=10;
   (C=>OUT)=9;
   (D=>OUT)=9;
endspecify
endmodule
```

代码中的 specify 是用于路径延迟的语法，这里不做详细说明，只作为示例给出。

7.3 再谈阻塞赋值与非阻塞赋值

阻塞赋值和非阻塞赋值的具体执行顺序在第 5 章中已经详细说明，阻塞赋值的执行过程是必须在一条语句的右式赋给左式之后才能执行下一条语句，而非阻塞赋值则是先把同一个时间步中的所有右式计算完毕，保存在一个临时寄存器中，等待本时间步结束的时候才完成统一的赋值。关于这两种赋值方式，可以使用如下的经典例子来理解。

```
module n1 (y1, y2, clock, reset);
output y1, y2;
input clock, reset;
reg y1, y2;

always @(posedge clock or posedge reset)
if (reset)
   y1 = 0;
else
   y1 = y2; //阻塞赋值

always @(posedge clock or posedge reset)
if (reset)
   y2 = 1;
else
   y2 = y1; //阻塞赋值

endmodule
```

模块 n1 中定义了两个输出 y1 和 y2，分别使用了两个 always 结构，具有的功能都是在 reset 为 1 时完成初始化赋值，使 y1 等于 0，y2 等于 1。如果 reset 信号不为 1，两个阻塞赋值分别把 y2 赋给 y1，把 y1 赋给 y2，编写测试模块如下：

```
module tn;
reg clock,reset;
wire y1,y2;

initial
begin
  clock=0;reset=0;
  #1 reset=1;
  #100 reset=0;
  #100 reset=1;
  #100 $stop;
end

always #5 clock=~clock;

n1 mytb(y1,y2,clock,reset);
endmodule
```

运行该测试模块进行仿真后可得图 7-7 所示的波形图，从阻塞赋值的执行过程很容易解释该波形。初始状态下 reset 为 1，所以 y1 等于 0，y2 等于 1，进行初始化。随后 reset 变为 0，相互赋值的语句开始工作，在第一个 clock 的上升沿位置仿真器检测到两条语句：y1=y2 和 y2=y1，这两条语句都在该时间执行，应该在两个时间步完成，由于两条语句都是阻塞赋值，按照阻塞赋值的时间步来看会先完成一条赋值语句再完成另外一条赋值语句，仿真图中所得的情况就是先执行了 y1=y2，此语句必须执行完毕才能执行下一条语句，所以执行结束后 y1 就得到了 y2 的值，然后会执行 y2=y1，但两个信号已经是相同值，所以没有变化。执行这两个时间步后，在本 clock 边沿再没有仿真事件，仿真时间继续向后进行。在整个程序执行过程中，两个时间步事件①y1=y2②y2=y1 到底哪个先执行哪个后执行并不由设计者来指定，主要取决于仿真器如何定义这些事件的执行顺序。本例代码中因为事件①的语句放在事件②的语句之前，所以先执行了①，但如果改变了仿真器就可能得到不同的仿真结果。

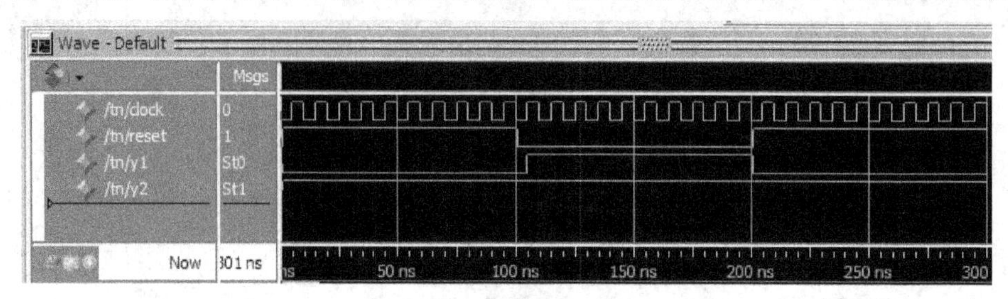

图 7-7　阻塞赋值仿真图

如果 n1 的赋值语句采用非阻塞赋值就会产生完全不同的效果，n2 模块就是这样的一个例子，其代码如下：

```
module n2 (y1, y2, clock, reset);
output y1, y2;
input clock, reset;
reg y1, y2;

always @(posedge clock or posedge reset)
if (reset)
   y1 <= 0;
else
   y1 <= y2;     //非阻塞赋值

always @(posedge clock or posedge reset)
if (reset)
   y2 <= 1;
else
   y2 <= y1;     /非阻塞赋值/

endmodule
```

该模块与 n1 的区别仅仅在于把所有的赋值赋值修改为非阻塞赋值，依然使用同样的测试模块得到图 7-8 所示的仿真波形，对比图 7-7 观察不同。

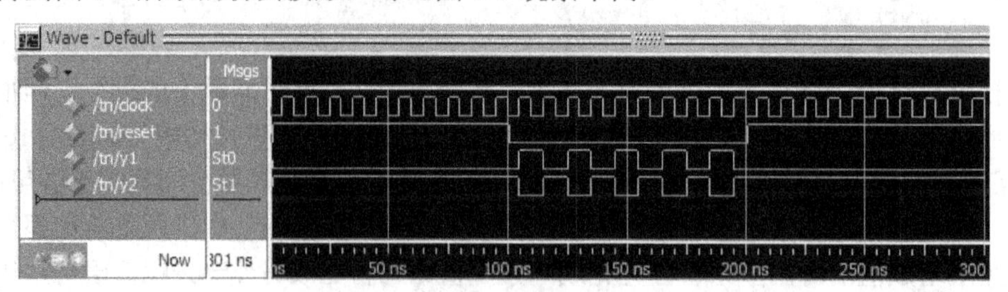

图 7-8　非阻塞赋值波形图

采用非阻塞赋值执行的时间步来解释此波形。在 clock 的上升沿时间要执行两条非阻塞赋值语句 y1 <= y2 和 y2 <= y1，仿真器会拆分成三个时间步来完成：①执行一条语句的右式，并赋值到一个临时寄存器；②执行另一条语句的右式，并赋值到另一个临时寄存器；③当前时间步没有其他语句要执行，所以统一完成把临时寄存器中的值送到赋值式的左侧。进行完这三个步骤之后，仿真时间继续向后推进。这样执行的效果就是每次 y1 和 y2 的值都不会直接被覆盖，而是会暂存并互相交换值，最后的结果就是两个不断翻转的信号。

从这两个波形以及对两种赋值语句的解释中读者可以感受到，阻塞赋值更像是一个组合电路，y1 和 y2 以线或门直接连接在一起，一旦输入改变了，输出就必须直接改变——不能等待，而非阻塞赋值更像是一个寄存器一样的电路，可以保留值并在时钟沿统一产生输出值，像 n2 模块就像两个 D 触发器交叉连接一样。这也符合之前给出的设计指导建议：组合逻辑电路使用阻塞赋值，时序逻辑电路用非阻塞赋值。同一个 always 结构中不要出现阻塞赋值和非阻塞赋值混合使用的情况，这种写法是不允许的，如下：

```
always @(a,b)
begin
   c=a;                          //这是非法的
   d<=b;                         //不要混合使用
end
```

如果电路中既有组合逻辑又有时序逻辑，建议使用阻塞赋值来编码，同时也要注意：出现这种情况的原因往往是设计者在电路设计时划分不够清楚、逻辑混乱，一般重新修改设计计划或做简单拆分即可分成组合逻辑点与时序逻辑电路两个部分。

再来看前面延迟模型中带来的问题，解释一下代码中 out1b 的波形问题，out1b 赋值语句如下：

```
always @ (WaveA )
begin
      out1b= # 20   WaveA;          //阻塞输出 1
end
```

生成的波形如图 7-9 所示。

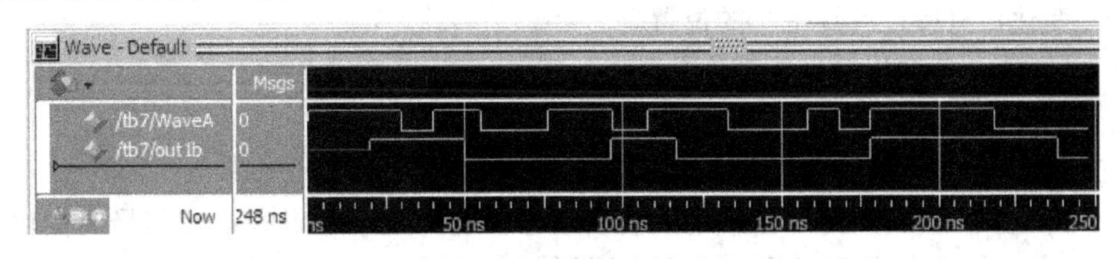

图 7-9　out1b 输出波形

为了解释得更有条理，现将图 7-9 中的波形做简单标示，如图 7-10 所示。

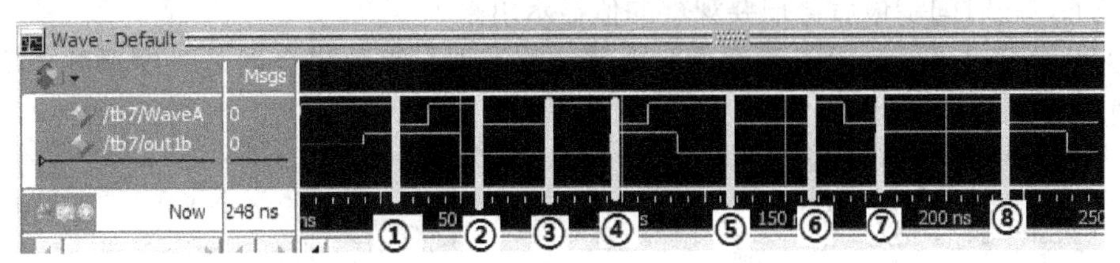

图 7-10　变化点

图 7-10 中标示出了全部 8 个引发 out1b 变化的位置，读者请对照图 7-9 和图 7-10 来观察图中标示的时间位置。先明确一个前提：“out1b= # 20 WaveA”这句代码是阻塞赋值，一旦执行就必须执行完毕，初始的 1 值这里不做说明，然后按顺序将 8 个位置发生的情况依次说明如下。

①——在图示位置处 WaveA 变为 0，此时触发 always@(WaveA)，同时将执行阻塞赋值语句，该语句中包含 20 个时间单位的延迟，会把 WaveA 的当前数值延迟 20 ns 输出，这样 out1b 会在①之后 20ns 变为 0 值，这 20ns 之内都在执行这条语句，没有执行完毕就不会结束此句，也就不会结束本次的 always，所以这段时间不会响应新的 WaveA 的变化。

②——在①和②之间虽然 WaveA 发生了一次从 0 到 1 的变化，但是由于这个数值变化发生在①执行的 20ns 中，所以不会响应。在②处 WaveA 变为 0，此时触发 always@(WaveA)，延迟 20 个时间单位使 out1b 变为 0，因为原值是 0，故输出值没有变化。

③——在③处 WaveA 变为 1，此时②的语句已经执行完毕，所以本次变化被响应，延迟 20ns 是 out1b 输出 1，这个 1 的位置在④之前一点，图中标示的不是特别清楚，将 100ns 附近的波形放大成图 7-11，可以看到 out1b 的变化在 96ns，表示赋值执行完毕，WaveA 的变化在 96ns，这个差距在④中会使用。

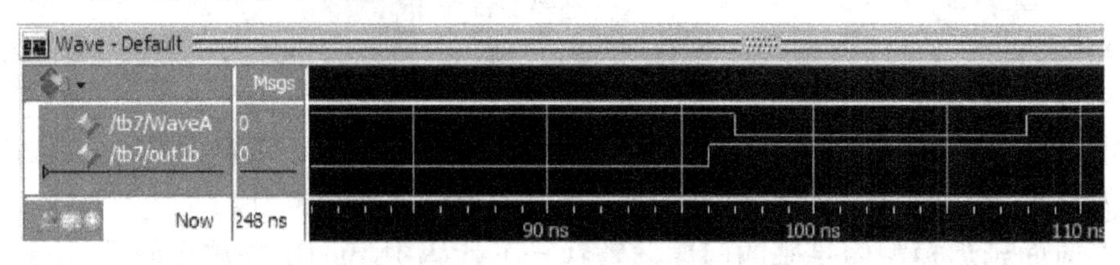

图 7-11　局部放大图

④——在④位置 WaveA 变为 0，输出 out1b 响应此变化，延迟 20ns 输出 0。

⑤——在④和⑤之间的上升沿不会被响应，此时正在执行④中的延迟赋值。在⑤处 WaveA 变为 0，输出值依然维持在 0。

⑥——在此处 WaveA 变为 1，输出的 out1b 延迟 20ns 变为 1，同时屏蔽了⑥和⑦之间的 WaveA 变化，直接过渡到了⑦的位置。

⑦——同④，使输出信号依然为 1。

⑧——WaveA 变为 0，延迟 20ns 后 out1b 变为 0。

经过上述几个过程就会得到最后的仿真波形图。

由于非阻塞赋值的特点，若在测试模块中想要观察某个非阻塞赋值信号的变化，就不要使用$display 任务来显示，因为$display 任务在时间步中的位置比较随机，绝大多数情况是要放在最后统一赋值之前，得到的数值不是变化后的值。想要看到最后的结果要使用$strobe 任务，在时间步最后再把要观察的值显示出来。

再观察如下代码，此代码描述了一个移位寄存器，移位寄存器是时序器件，所以要采用非阻塞赋值来建立模型。

```
module shift(q,q1,q2,q3,d,clock);
output q,q1,q2,q3;
input d,clock;
reg q,q1,q2,q3;
```

```
always @(posedge clock)
begin
  q<=q3;
  q3<=q2;
  q2<=q1;
  q1<=d;
end

endmodule
```

这段代码综合之后会得到如图 7-12 所示的电路结构图，可以看到由四个寄存器组成了一个移位寄存器，符合设计要求。

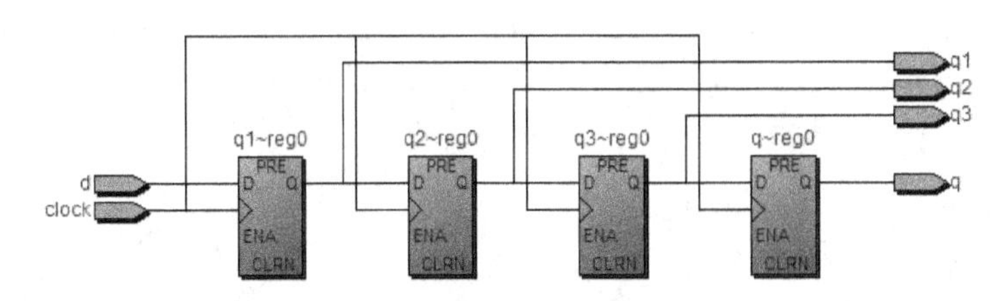

图 7-12　移位寄存器

此时如果用阻塞赋值来设计这个移位寄存器，由于中间的寄存器效果不会在赋值语句中体现出来，所以可能会得到一个只有一个寄存器的电路结构，如图 7-13 所示。

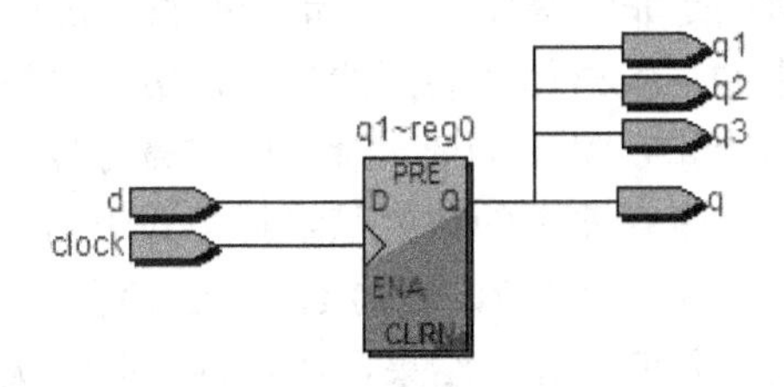

图 7-13　阻塞结果

再观察如下模块，此代试图码描述一个组合逻辑电路。

```
module n3(out,a,b,c,d);
output out;
input a,b,c,d;
reg out,t1,t2;

always @ (a,b,c,d)
begin
  t1<=a|b;                    //a 和 b 的或
  t2<=c|d;                    //c 或 d 的或
  out<=t1^t2;                 //t1 和 t2 的异或
end

endmodule
```

模块 n3 中采用非阻塞尝试描述组合逻辑电路，编写测试模块观察其输出结果是否正确。测试模块中定义了一个 out_ref 作为 n3 模块的参考输出。测试模块如下：

```
module tn;
reg a,b,c,d;
wire out;
wire out_ref;

initial
begin
  a=0;b=0;c=0;d=0;
  #10 a=0;b=1;c=0;d=0;
  #10 a=0;b=1;c=1;d=0;
  #10 a=0;b=1;c=0;d=1;
  #10 a=1;b=1;c=1;d=0;
  #10 a=0;b=0;c=1;d=1;
  #10 a=0;b=1;c=1;d=1;
  #10 $stop;
end

assign out_ref=(a|b)^(c|d);
n3  n3(out,a,b,c,d);

endmodule
```

理论上组合逻辑的输出应该和 out_ref 完全相同才是正确的，仿真得到图 7-14，可以看到参考值 out_ref 和电路输出 out 两者之间似乎存在延迟：out 比 out_ref 退后一段时间。延迟只是表面现象，实际的情况是非阻塞赋值语句带来的执行过程推后造成的。每当输入信号发生变化时，always 结构中的三条语句就会开始执行，仿真器视为如下事件：①计算 a 和 b 的或，存入临时寄存器；②计算 c 和 d 的或，存入临时寄存器；③计算 t1 和 t2 的异或，存入临时寄存器；④统一把临时寄存器中的数值赋给每个式子的左侧。注意在事件③中 t1 和 t2 都不是最新的值，而是前一个 t1 和 t2，新的 t1 和 t2 会在下次 always 响应时才能输出，所以该段代码不能输出当前输入值计算的结果，而是输出前一次的结算结果，这样在仿真波形中的效果就是波形向右推迟。

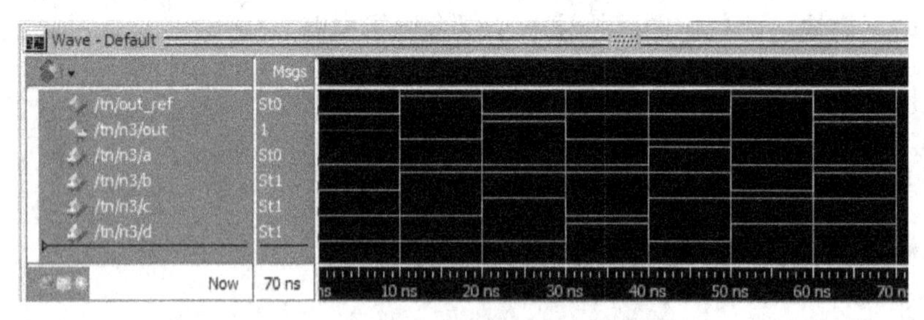

图 7-14　n3 仿真波形

如果想得到正确的结果，只需要将 t1 和 t2 也添加到 always 的敏感列表中即可，所得波形中 out 与 out_ref 波形完全相同，修改代码如下，不再给出波形图。

```
always @ (a,b,c,d,t1,t2)
begin
  t1<=a|b;                    //a 和 b 的或
```

```
      t2<=c|d;                      //c 或 d 的或
      out<=t1^t2;                   //t1 和 t2 的异或
    end
```

这里需要再次强调的问题有如下两个。

（1）一定要将所有赋值式右侧出现的变量都添加到@引导的敏感列表中，这是组合电路设计的基本要求。

（2）n3 模块虽然在仿真中得到的波形不正确，但最后能否正确实现设计意图，其实取决于综合工具。这里简单说一下综合工具的问题。综合工具有很多种，有的功能强大有的功能简单，对从 Verilog HDL 代码到实际门级网表的转化效果不尽相同，而且每家综合工具的核心部分都是不一样的，即使都是功能很强大的综合工具，得到的最终电路也可能会出现巨大偏差。无论怎样，综合工具的发展必然是越来越智能化，越来越能理解设计者的一些不太正确的语句结构。像 n3 模块放在综合工具中也会被综合成图 7-15 所示的电路结构图。作为设计者，能够理解综合工具所具有的转换能力并熟练地在其限度内进行使用固然是好的，但并不能把所有的希望都寄托在综合工具上，而应该更多地从代码本身出发，在编写代码时就要详细考虑电路最后实现的情况，并做合理的结构划分和语法选择，使设计从一开始就能指向最终的预想电路，这才是一个正确的设计方式。例如，n3 模块只是为了说明非阻塞赋值在组合逻辑建模时出现的问题，如果要完成 n3 模块的设想功能，只需要使用一条 assign 语句就可以完成，不会带来任何问题。在前文中也提到过：简单的组合逻辑或虽然复杂但具有一定算法公式的组合逻辑使用 assign 进行建模是最好的。

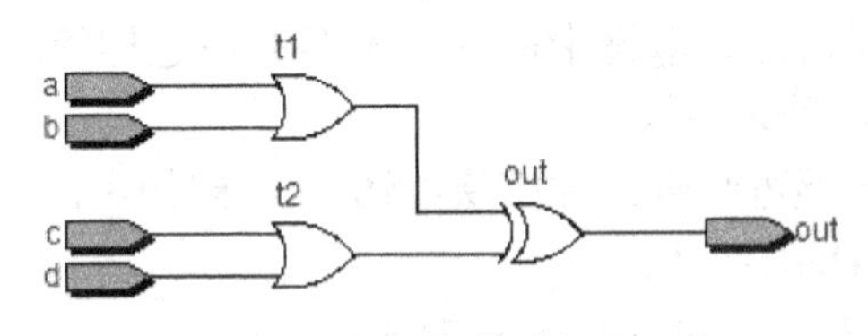

图 7-15　综合后电路

对 n3 模块修改如下，变为阻塞赋值，则仿真波形和最后电路图没有任何问题。

```
    always @ (a,b,c,d)              //这里添加 t1t2 和不添加的效果一样
    begin
      t1=a|b;                       //a 和 b 的或
      t2=c|d;                       //c 或 d 的或
      out=t1^t2;                    //t1 和 t2 的异或
    end
```

7.4　可综合语法

可综合的设计是最终实现电路所必需的，所以弄清哪些语法是可综合的、哪些语法是不可综合的非常有必要。而且设计者也必须知道一个代码能否被综合成最终电路，像写一个简单的除法 a/b，想妄图直接通过综合工具生成一个除法器是不现实的。类似的情况还可能会出现在设计有符号数、浮点数等输入情况时，设计者的思路一定要从软件角度转变到硬件

角度，很多在软件中可以直接使用的情况到了硬件电路就需要从很底层的角度来编写，会变得非常麻烦，具体过程在完整设计流程实例部分会结合例子来说明。

可综合设计先要弄清那些语法可以被综合，按在模块中出现的顺序总结如下。

（1）module 和 endmodule 作为模块声明的关键字，必然是可以被综合的。

（2）输入 input、输出 output 和双向端口 inout 的声明是可以综合的。

（3）变量类型 reg、wire、integer 都是可以被综合的。在 verilog 2001 的语法中已经出现了有符号变量的定义，对有符号数的操作变得比较便利，但综合工具对此支持不一致，使用时需要注意。FPGA 厂商支持的一般比较好，因为可以直接调用带符号的运算单元。

（4）参数 parameter 和宏定义 define 是可以被综合的。

（5）所有的 Verilog HDL 内建门都是可以使用的，即第 2 章中介绍的内建门如 and、or 之类都是可以在可综合设计中使用的。

（6）数据流级的 assign 语句是可以综合的。

（7）行为级中敏感列表支持电平和边沿变化，类似 posedge、negedge 都是可综合的。

（8）always、function 是可综合的，task 中若不含延迟也可以被综合。

（9）顺序块 begin…end 可以被综合。

（10）if 和 case 语句可以被综合。

在 Verilog HDL 中不可被综合的语法这里也简单列出来，读者设计可综合模型时注意要避免出现。

（1）初始化 initial 结构不能被综合，电路中不会存在这样的单元。电路中一旦通电就会自动获得初始值，除此之外时序电路可以用复位端完成初始化组合电路不需要初始化。

（2）#带来的延迟不可综合。电路中同样也不会存在这样简单的延迟电路，所有的延迟都要通过计时电路或交互信号来完成。

（3）并行块 fork…join 不可综合，并行块的语义在电路中不能被转化。

（4）用户自定义原语 UP 不可综合。

（5）时间变量 time 和实数变量 real 不能被综合。

（6）wait、event、repeat、forever 等行为级语法不可综合。

（7）一部分操作符可能不会被综合，例如除法/操作和求余数%操作。

由于综合工具也在不断更新和加强，有些现在不能被综合的语法慢慢地会变得可以综合。像比较简单的 initial 结构在一些 FPGA 工具中也可以被识别，同时能被转化为电路形式。而有些语句是由于语法特点被综合工具限制了，比较典型的就是 for 语句。for 循环语句简洁明了，编写代码非常方便，但在综合过程中会被完全展开，如 for(i=0;i<9;i=i+1)这条语句在综合工具中就会被展开成十个语句并形成十个相似的电路，这些电路都会出现在最终的电路图里，造成电路规模展开过大。而且 for 循环中的 i 一般都比较大，这样展开的效果就更加明显。但使用 for 的时候设计者的思路其实是想要通过一个简单的电路完成判断，然后执行 for 所包含的语句，这样设计者和综合工具之间的处理过程不一样，只能以综合工具为准，所以有 for 循环的电路一般都与原设计思路“走了样”。在一些生成语句中可以由 for 循环生成一些基本单元门，此时设计思路和综合工具的处理过程一致，这时就是可以综合的。

不可综合的语句在仿真工具中是编译不出来的，因为仿真工具只能检查仿真相关的语法，不能考虑后期综合电路的情况，而仿真所用的测试模块没有语法限制，所以无法提供可综合语法的帮助。在实际的设计过程中读者可以直接使用一些 FPGA 的工具来尝试编译所写代码，理解哪些语法是可综合的、哪些是不可综合的。

7.5 代码风格

Verilog HDL 的代码风格会影响到最后的电路实现，每个公司都会在员工入职培训的时候统一规定本公司的代码风格，或者称为设计规范。由于每个公司的设计规范都不相同，本书中仅对一些共通的规范做介绍，说明可能出现的问题。读者在学习过程中要注意养成一个基本的习惯，形成一个比较良好的代码风格。

7.5.1 多重驱动问题

多重驱动问题是初学者最容易犯的错误之一，主要原因就是逻辑划分不清，考虑这样的一个设计：一个 2 位的控制信号 s，根据控制信号的情况来完成输出，同时带有复位端。如果是初学者进行设计往往会得到如下设计代码：

```
reg clock,reset;
reg [1:0] out,a,s;

always @(posedge clock)          //此 always 结构完成赋值
if(reset)
  out=2'b00;
  ..................

always @(posedge clock)          //此 always 结构完成正常工作
if(s==2'b11)
  out=2'b10;
```

这个设计思路貌似很清晰，但却不正确。在可综合的模块中，一个信号的赋值只发生在一个 always 结构中，如果出现在两个 always 结构中就构成了多重驱动，综合工具会认为这两个电路会尝试对同一个变量赋值，实际效果就会造成电路信号的碰撞，然后生成无法预料的结果。所以设计者在设计模块的时候一般都会在一个 always 结构中把某个输出的所有情况都写清楚，确保没有考虑不全的情况，然后再去编写其他输出的情况。上例代码就可以使用 if…else 语句在一个 always 结构中赋值，代码如下：

```
always @(posedge clock)
if(reset)
  out=2'b00;
else if(s==2'b11)
  out=2'b10;
else
  ......
```

多重驱动问题一般发生在有多个判断条件的情况时，此时的设计思路不要考虑“在这些情况下设计模块的输出都应该是什么”，而是要考虑“每个输出在这些情况下都应该输出什么”，也就是不要从情况入手，而要从输出的角度来看待电路。而且在 Verilog HDL 编写设计模块的语法指导中也建议设计者每个 always 结构完成一个信号的赋值，除非几个信号产生变化的情况都相同或者信号之间有强烈的依赖关系时才放在一起。如果设计者不注意，在综合时会出现 multiple driven 字样的错误信息。所以不要在多个 always 结构中对同一变量赋值。

7.5.2 敏感列表不完整

敏感列表的完整性前文中已经介绍过。在@引导的敏感列表中必须包含完整的敏感列表，这是针对组合逻辑电路而言的。时序电路中@的敏感事件只是 clock 的边沿或 reset 一类信号的边沿情况，若出现其他变量就会变成异步电路，而异步电路的设计很多综合工具并不支持或支持得很差，需要人工帮助，不在本书的介绍范围之内。

组合逻辑电路敏感列表不完备就会造成仿真结果不正确，以及最终实现的电路结构不正确或出现锁存器结构。例如如下代码：

```
always @(a)
c=a^~b;
```

这个代码中希望生成的是一个同或电路，但是敏感列表缺少了 b，这样 b 的变化不会促使 always 结构发生变化。此代码综合后可能会生成一个带控制端的锁存器的电路形式，当然也可能是正确的，但设计者不能过分依赖综合工具，这也是基本原则。把敏感列表补充完整如下：

```
always @(a or b)
c=a^~b;
```

7.5.3 分支情况不全

有些设计者编写代码的时候特别喜欢使用多个 if 来描述分支情况，例如下面代码：

```
reg [1:0] out;
always @(posedge clock)
begin
  if(s==2'b00) out<=2'b00;          //语句1
  if(s==2'b11) out<=2'b11;          //语句2
end
```

这种编码习惯非常不好。设计者的出发点是要把两种情况下的 out 输出值显式的定义出来，但有两个问题：代码优先级的问题和 if…else 的问题。代码优先级的问题指的是两个 if 语句到底先判断哪一个？这样两个 if 语句最后实现电路的情况完全是由不同综合工具自己定义的，最终电路不可确定。而所谓 if…else 问题，就是出现了一个 if，必然要出现与之对应的 else，否则电路中就容易出现锁存器。锁存器这种电路结构在非故意使用的情况下出现就是错误的，而 else 的不使用是造成锁存器被综合出来的原因之一。综合以上两点，此代码需修改如下：

```
reg [1:0] out;
always @(posedge clock)
begin
  if(s==2'b00) out<=2'b00;
  else if(s==2'b11) out<=2'b11;   //这两句也可以颠倒
  else out<=2'b11;
end
```

修改之后的代码会出现优先级的情况，并且有 else 可以避免锁存器生成。

同样，在 case 语句中也容易出现锁存器，例如如下代码：

```
reg [1:0] sel;
always @(sel,a,b)
  case(sel)
  2'b00:out=a+b;
  2'b01:out=a-b;
  2'b00:out=a+b;
  2'b00:out=a+b;
  endcase
```

该 case 语句中缺少了 default，效果和 if 语句中缺少 else 一样，容易被综合工具综合成锁存器，无论 default 情况是否存在都要添加这一项，如下：

```
reg [1:0] sel;
always @(sel,a,b)
  case(sel)
  2'b00:out=a+b;
  2'b01:out=a-b;
  2'b00:out=a+b;
  2'b00:out=a+b;
  default:out=0;
  endcase
```

如果设计者不知道应该在 default 中产生什么输出值，或者在 else 中产生什么输出值，也可以仅仅添加一个 default 而不添加任何语句，但记得最后要写分号，如下：

```
default : ;
```

7.5.4 组合和时序混合设计

前文中已经介绍过，组合和时序电路的混合设计是因为设计划分不清而造成的，观察如下设计代码：

```
reg x,y,z;
always @(x,y,z,posedge reset)
if (reset)
  out=0;
else
  out=x^y^z;
```

这就是一个比较典型的例子，设计者一方面希望能完成 abc 的异或，另一方面又希望能在一个 always 结构中完成清零过程，就得到这样一个混合设计的模块。按之前的指导建议，这里的赋值语句采用阻塞赋值。但从根本上将二者划分开才是最好的解决途径，拆分代码如下：

```
reg x,y,z;
always @(posedge reset)
if (reset)
begin
  x<=0;
  y<=0;
  z<=0;
end
else ……                    //其他语句赋值或空白
```

```
    assign  out=x^y^z;        //数据流语句
```

这里也要提及一下 assign 语句，在建立可综合模型时，能用数据流语句实现的组合逻辑电路尽量使用数据流级建模，而不要使用行为级的阻塞赋值，因为 assign 语句层次较低，综合转化不容易发生歧义，所写语句与最后实现电路一致性较高。本章中第二个实例就是采用数据流级建模实现的组合逻辑，可供设计参考。

7.5.5 逻辑简化

逻辑简化的基本思想是通过代码的编写来使电路结构尽量变得简洁。观察如下代码：

```
    sum1=(a+b)+(c+d);
    sum2=a+b+c+d;
```

这两句语句中的 sum1 和 sum2 结果应该是一样的，但是最后实现的电路可能会不一样，取决于综合工具的情况。sum1 的结构和 sum2 的结构如图 7-16 所示。

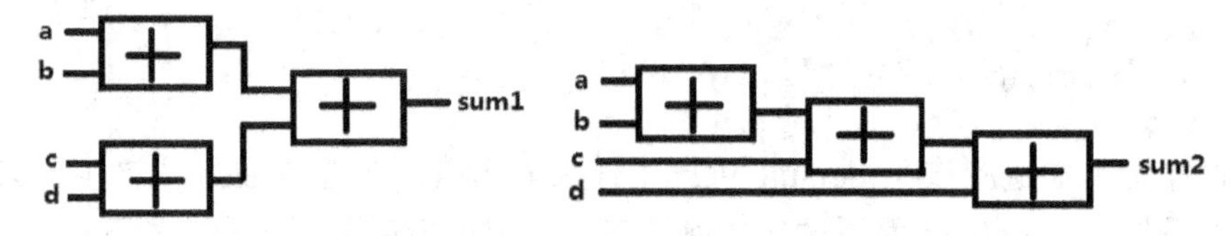

图 7-16　sum1 和 sum2 区别

两种结构中显然 sum1 的结构具有较好的时序特性，而 sum2 输出结果的延迟时间会比较大。又例如如下代码：

```
    sum3=a*b+a*c;
    sum4=a*(b+c);
```

这两行代码的功能也是一样的，但从语句中就能看到 sum3 是动用了两个乘法和一个加法，sum4 是动用了一个加法和一个乘法，最终生成的电路如图 7-17 所示。

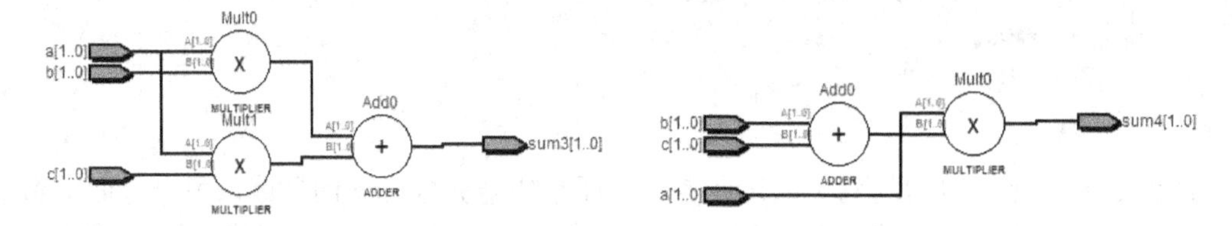

图 7-17　sum3 和 sum4 区别

可以看到 sum1 和 sum2 中说明了括号对电路最终结构的作用，sum3 和 sum4 说明了化简右式对电路结构的作用。现在的综合工具中一般对 sum1 和 sum2 这样的语句已经能够视为相同的情况给出最理想电路了，但对于 sum3 和 sum4 的语句还是不能识别，这也再次说明设计者在建模过程中的重要性，设计者在编写代码时一定要考虑底层电路是否能够如预期一样实现。

7.5.6 流水线思想

7.5.5 节中优化逻辑可以使最后得到的电路尽量优化，但要说到提高速度的最好方式，莫过于流水线的思想。流水线的基本思想就是把一个整体过程分为比较独立的几个部分，例如把一个复杂的组合逻辑分为几个独立的简单组合逻辑，然后在这些部分之间添加寄存器，使其可以在时钟控制下工作，要保证在一个时钟周期之内可以得到每个部分的最终运算结果，这样就构成了一个流水线结构，整体的思想如图 7-18 所示。采用流水线结构之后原有的运算时间 T 会被拆分为 $T/2$，这样如果不停地输入数据就可以使实际的运算时间从 T 变为 $T/2$，达到提速的目的。如果电路允许还可以拆成更多的部分。

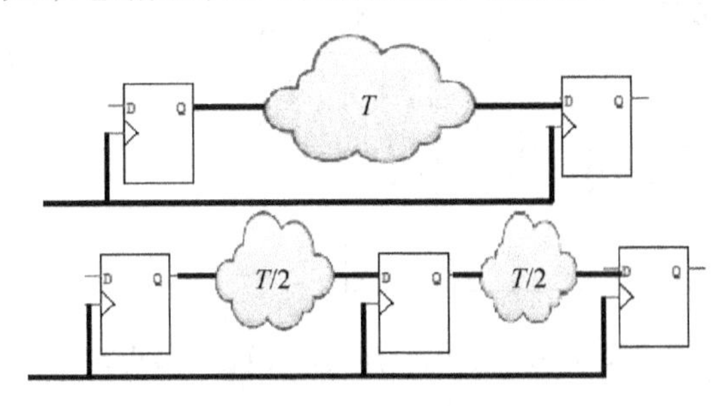

图 7-18　流水线结构示意图

例如，一个 16 位的全加器代码如下：

```
module tout(a,b,cin,sum,cout);
input [15:0]a,b;
input cin;
output [15:0]sum;
output cout;

assign {cout,sum}=a+b+cin;

endmodule
```

该电路最终输出的结果如图 7-19 所示。

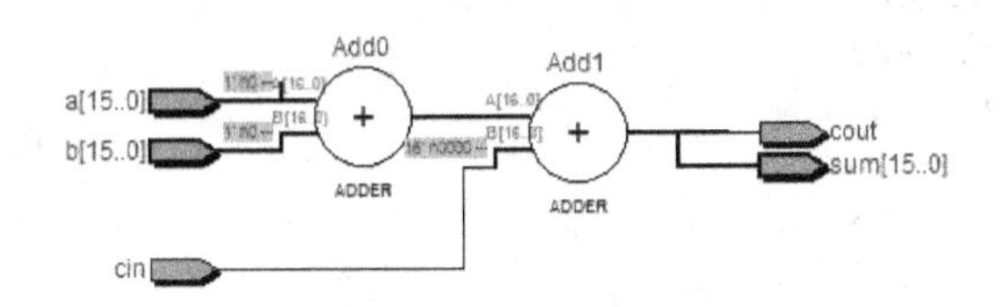

图 7-19　非流水线结构

如果采用类似流水线的设计可以得到如下代码：

```
module tout(a,b,cin,sum,cout,clock);
input [15:0]a,b;
input cin,clock;
output [15:0]sum;
output cout;
reg c1o;
wire c1;

always @(posedge clock)
c1o<=c1;                                        //分隔寄存器

assign {cout,sum[15:8]}=a[15:8]+b[15:8]+c1o;    //高 8 位
assign {c1,sum[7:0]}=a[7:0]+b[7:0]+cin;         //低 8 位
```

```
endmodule
```

综合后最终实现的电路形式如图 7-20 所示，以寄存器隔开了组合逻辑电路。

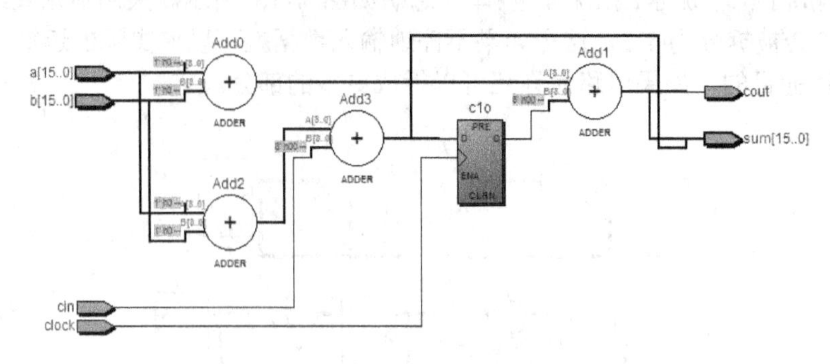

图 7-20　使用寄存器分隔组合逻辑电路

上例中所列出的电路形式并不是一个严格意义上的流水线，因为电路中的组合逻辑并没有被寄存器完全隔离开，这样就使前后两段的组合逻辑直接连接在一起，失去了流水线的意义。试观察如下全加器代码：

```
module fa(a,b,cin,sum,cout);
input a,b,cin;
output sum,cout;
wire cn,an,bn;
wire and1,and2,and3,and4,and5,and6,and7;
assign cn=~cin,
       an=~a,
        bn=~b;
assign and1=cn&bn;
assign and2=bn&an;
assign and3=cn&an;
assign and4=cin&bn&a;
assign and5=cn&b&a;
assign and6=cn&bn&an;
assign and7=cin&b&an;
assign cout=~(and1|and2|and3);
assign sum=~(and4|and5|and6|and7);

endmodule
```

加触发器分隔组合电路可得如下代码：

```
module fa(a,b,cin,sum,cout,clk);
input a,b,cin,clk;
output sum,cout;
reg sum,cout;
wire cn,an,bn;
reg and1,and2,and3,and4,and5,and6,and7;

assign cn=~cin,
       an=~a,
        bn=~b;
```

```
    always @(posedge clk)
    begin
      cout<=~(and1|and2|and3);
      sum<=~(and4|and5|and6|and7);
    end

    always @(posedge clk)
    begin
      and1<=cn&bn;
      and2<=bn&an;
      and3<=cn&an;
      and4<=cin&bn&a;
      and5<=cn&b&a;
      and6<=cn&bn&an;
      and7<=cin&b&an;
    end

    endmodule
```

以上两段代码可以得到图 7-21 所示的两个电路图。图 7-21（a）显示的是非流水线结构，即原始的组合逻辑，由代码可以知道该电路应该明显分为与门部分和或非门部分，这样就可以将此电路划分为二级流水：与门作为第一级流水，或非门作为第二级流水。而且要注意第一级流水的输入信号与第二级没有直接相连的部分（注意与之前 16 位全加器的区别），满足流水分隔的条件。进行修改后就可以得到图 7-21（b），在预先设定的两级流水之间添加了一排寄存器，最终输出端也添加了一排寄存器，这样输入数据在进入第一级流水时不会影响第二级流水的工作，第一级运算结束后送入第二级流水，此时第一级又可以接收新的数据，两个部分相对独立工作就能使整个电路的运算速度得到提升。

流水线结构可以大大提升速度，按集成电路的基本理论就会牺牲其他性能指标，例如面积，图 7-21 中的流水线结构的面积显然比非流水线结构要大很多，需要设计者根据实际需求情况来进行取舍。

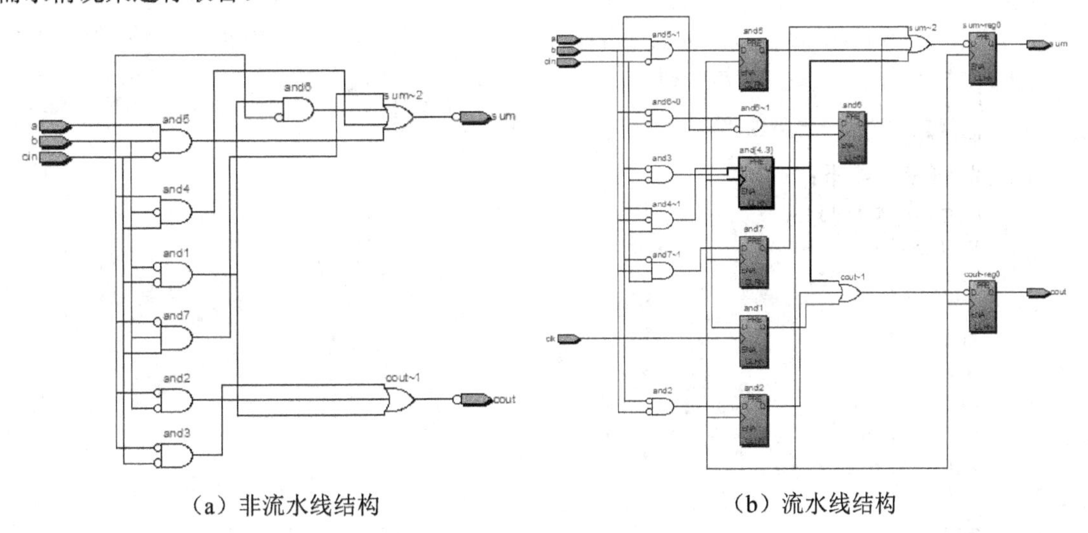

（a）非流水线结构　　（b）流水线结构

图 7-21　流水线结构改变过程

设计流水线时一定要注意流水线级数的划分，既要保证划分的各级电路复杂程度基本相同，又要保证各级之间没有跨级传输的信号，有关流水线的进一步了解可以参考实验四的相关内容。

7.6 应用实例

实例 7-1——SR 锁存器延迟模型

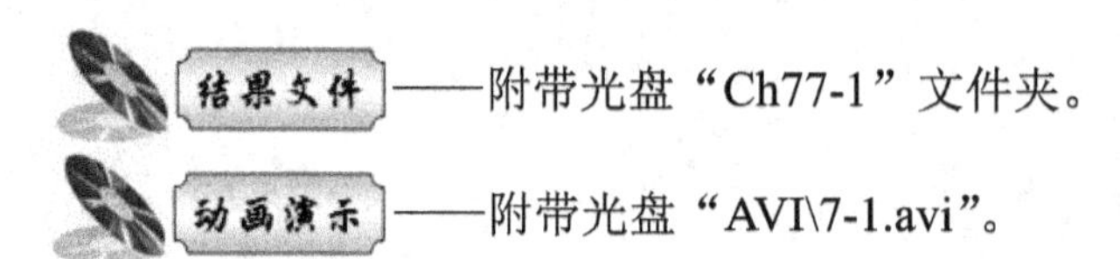

——附带光盘“Ch77-1”文件夹。

——附带光盘“AVI\7-1.avi”。

本例中采用门级建模语句实现一个 SR 锁存器，主要体现延迟时间的问题。基本 SR 锁存器的电路图如图 7-22 所示。

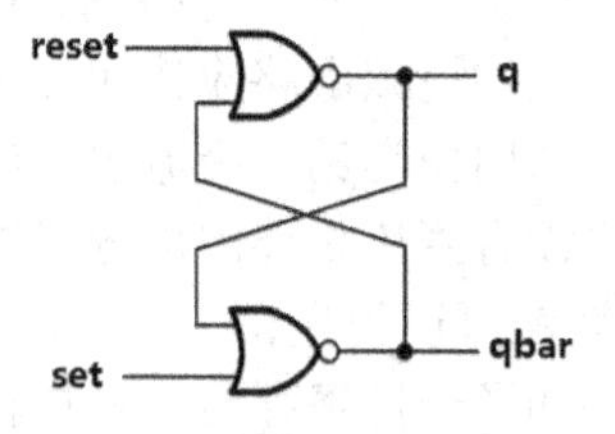

图 7-22 基本 SR 锁存器

添加门级延迟，对其建模如下：

```
module my_rs(reset,set,q,qbar);
input reset,set;
output q,qbar;

nor #(1) n1(q,reset,qbar);
nor #(1) n2(qbar,set,q);

endmodule
```

编写测试模块如下：

```
module tb_71;
reg set,reset;
wire q,qbar;

initial
begin
   set<=0;reset<=1;
#10 set<=0;reset<=0;
#10 set<=1;reset<=0;
#10 set<=1;reset<=1;
end
```

```
    my_rs rs1(reset,set,q,qbar);

    initial
    $monitor($time,"set= %b,reset= %b,q= %b,qbar= %b",set,reset,q,qbar);

    endmodule
```

运行可得图 7-23 所示的仿真结果，该结果对应典型延迟时间。

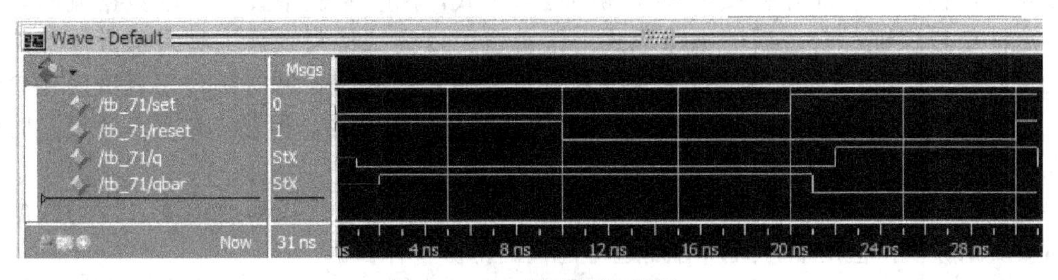

图 7-23　SR 锁存器波形图

仿真输出结果如下：

```
    #                  0set= 0,reset= 1,q= x,qbar= x
    #                  1set= 0,reset= 1,q= 0,qbar= x
    #                  2set= 0,reset= 1,q= 0,qbar= 1
    #                 10set= 0,reset= 0,q= 0,qbar= 1
    #                 20set= 1,reset= 0,q= 0,qbar= 1
    #                 21set= 1,reset= 0,q= 0,qbar= 0
    #                 22set= 1,reset= 0,q= 1,qbar= 0
    #                 30set= 1,reset= 1,q= 1,qbar= 0
    #                 31set= 1,reset= 1,q= 0,qbar= 0
```

可以对照仿真输出来观察延迟输出的影响。初始 reset 为 1，促使 q 变为 0，所以经过 1ns 之后 q 从 x 变为 0，此时 qbar 没有得到能改变输出的值，依然保持 x，在 2ns 时通过 set 为 0 和 q 为 0 共同驱动 qbar 变为 1，变化结束，后面的过程相似。

实例 7-2——超前进位加法器

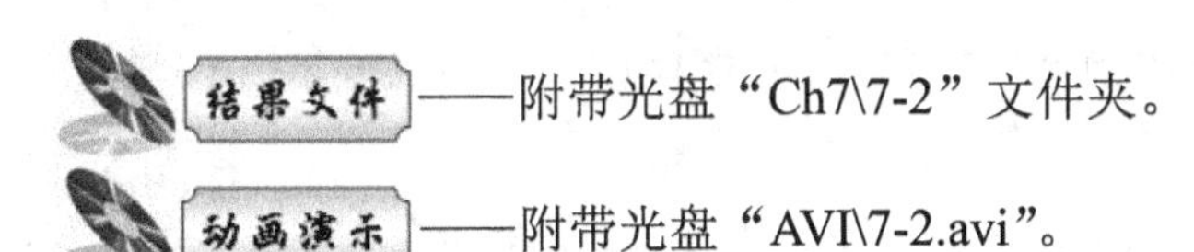

——附带光盘“Ch7\7-2”文件夹。

——附带光盘“AVI\7-2.avi”。

加法器是一个比较常用的组合逻辑器件，常见的有串行进位加法器和超前进位加法器，其中串行进位加法器结构简单，但由于进位链过长，一般用于速度较慢的场合。超前进位加法器的进位链速度较快，它是在研究了每一位信号相加时产生进位信号的情况和和值，整理为下式。

$$(\mathrm{CO})_i = \mathrm{A}_i\mathrm{B}_i + (\mathrm{A}_i + \mathrm{B}_i)(\mathrm{CI})_i$$

$$\mathrm{S}_i = \mathrm{A}_i \oplus \mathrm{B}_i \oplus (\mathrm{CI})_i$$

又令其中的 $\mathrm{G}_i = \mathrm{A}_i\mathrm{B}_i$，$\mathrm{P}_i = \mathrm{A}_i + \mathrm{B}_i$，多位相加时的进位信号传导就可以进行以下递推：

$$
\begin{aligned}
(\mathrm{CO})_i &= \mathrm{G}_i + \mathrm{P}_i(\mathrm{CI})_i = \mathrm{G}_i + \mathrm{P}_i[\mathrm{G}_{i-1} + \mathrm{P}_{i-1}(\mathrm{CI})_{i-1}] \\
&= \mathrm{G}_i + \mathrm{P}_i\mathrm{G}_{i-1} + \mathrm{P}_i\mathrm{P}_{i-1}[\mathrm{G}_{i-2} + \mathrm{P}_{i-2}(\mathrm{CI})_{i-2}] \\
&\cdots\cdots \\
&= \mathrm{G}_i + \mathrm{P}_i\mathrm{G}_{i-1} + \mathrm{P}_i\mathrm{P}_{i-1}\mathrm{G}_{i-2} + \cdots + \mathrm{P}_i\mathrm{P}_{i-1}\mathrm{P}_{i-2}\cdots\mathrm{P}_1\mathrm{G}_0 + \mathrm{P}_i\mathrm{P}_{i-1}\mathrm{P}_{i-2}\cdots\mathrm{P}_0(\mathrm{CI})_0
\end{aligned}
$$

这样进位信号会经过固定的门级层次延迟得到最后的结果。虽然超前进位加法器结构比较复杂，但是具有能够直接编写代码的运算公式，所以本例中直接采用数据流语句来建模，这样可以保证综合之后的电路形式。读者也可以尝试使用综合工具来综合一下简单的{cout,sum}=a+b+cin，如果对时序要求限制比较紧且面积较宽松同时综合工艺库中包含超前进位加法器时，这句简单的代码也能被综合为超前进位加法器，但是上述条件不满足时就会被综合成其他形式。

超前进位加法器的代码代码如下，数据流的公式看起来比较晦涩难懂，因为数据流的建模层次比较低，但对照公式即可知道每句代码都做了什么。

```
module add_ahead(sum,cout,a,b,cin);
output[7:0] sum;
output cout;
input[7:0] a,b;
input cin;
wire[7:0] G,P;
wire[7:0] C,sum;

assign G[0]=a[0]&b[0];
assign P[0]=a[0]|b[0];
assign C[0]=cin;
assign sum[0]=a[0]^b[0]^C[0];

assign G[1]=a[1]&b[1];
assign P[1]=a[1]|b[1];
assign C[1]=G[0]|(P[0]&cin);
assign sum[1]=a[1]^b[1]^C[1];

assign G[2]=a[2]&b[2];
assign P[2]=a[2]|b[2];
assign C[2]=G[1]|(P[1]&G[0])|(P[1]&P[0]&cin);
assign sum[2]=a[2]^b[2]^C[2];

assign G[3]=a[3]&b[3];
assign P[3]=a[3]|b[3];
assign C[3]=G[2]|(P[2]&G[1])|(P[2]&P[1]&G[0])|(P[2]&P[1]&P[0]&cin);
assign sum[3]=a[3]^b[3]^C[3];

assign G[4]=a[4]&b[4];
assign P[4]=a[4]|b[4];
assign C[4]=G[3]|(P[3]&G[2])|(P[3]&P[2]&G[1])|
        (P[3]&P[2]&P[1]&G[0])|(P[3]&P[2]&P[1]&P[0]&cin);
assign sum[4]=a[4]^b[4]^C[4];

assign G[5]=a[5]&b[5];
assign P[5]=a[5]|b[5];
```

```
    assign C[5]=G[4]|(P[4]&G[3])|(P[4]&P[3]&G[2])|(P[4]&P[3]&P[2]&G[1])|
            (P[4]&P[3]&P[2]&P[1]&G[0])|(P[4]&P[3]&P[2]&P[1]&P[0]&cin);
    assign sum[5]=a[5]^b[5]^C[5];

    assign G[6]=a[6]&b[6];
    assign P[6]=a[6]|b[6];
    assign C[6]=G[5]|(P[5]&G[4])|(P[5]&P[4]&G[3])|(P[5]&P[4]&P[3]&G[2])|
            (P[5]&P[4]&P[3]&P[2]&G[1])|(P[5]&P[4]&P[3]&P[2]&P[1]&G[0])|
            (P[5]&P[4]&P[3]&P[2]&P[1]&P[0]&cin);
    assign sum[6]=a[6]^b[6]^C[6];

    assign G[7]=a[7]&b[7];
    assign P[7]=a[7]|b[7];
    assign C[7]=G[6]|(P[6]&G[5])|(P[6]&P[5]&G[4])|(P[6]&P[5]&P[4]&G[3])|
            (P[6]&P[5]&P[4]&P[3]&G[2])|(P[6]&P[5]&P[4]&P[3]&P[2]&G[1])|
            (P[6]&P[5]&P[4]&P[3]&P[2]&P[1]&G[0])|
            (P[6]&P[5]&P[4]&P[3]&P[2]&P[1]&P[0]&cin);

    assign sum[7]=a[7]^b[7]^C[7];

    assign cout=G[7]|(P[7]&G[6])|(P[7]&P[6]&G[5])|(P[7]&P[6]&P[5]&G[4])|
            (P[7]&P[6]&P[5]&P[4]&G[3])|(P[7]&P[6]&P[5]&P[4]&P[3]&G[2])|
            (P[7]&P[6]&P[5]&P[4]&P[3]&P[2]&G[1])|
            (P[7]&P[6]&P[5]&P[4]&P[3]&P[2]&P[1]&G[0])|
            (P[7]&P[6]&P[5]&P[4]&P[3]&P[2]&P[1]&P[0]&cin);

    endmodule
```

按照公式建立以上模型之后，可以编写测试模块，采用随机数生成一个 8 位二进制数，测试模块如下：

```
    module tb_72;
    wire[7:0] sum;
    wire cout;
    reg[7:0] a,b;
    reg cin;

    integer seed1,seed2,seed3;
    initial
    begin
      seed1=1;seed2=2;seed3=3;
    end

    always
    begin
      #10 a=($random(seed1)/8);      //每隔 10 个时间单位生成一组随机值
         b=($random(seed2)/8);
         cin=($random(seed3)/2);
    end

    add_ahead myadd(sum,cout,a,b,cin);

    endmodule
```

运行仿真之后可得图 7-24 所示的波形图，由于只有 8 位数，sum 的输出范围是 0～255，和值超过这个范围就要产生进位信号 cout，如第一个数是 192 加 128，结果应为 320，超过了 sum 的范围，所以用 320 减去 256 得结果 64，就是图中的输出，同时 cout 产生进位信号 1，即图中的高电平。如果没有超过 255 则直接相加可得结果。

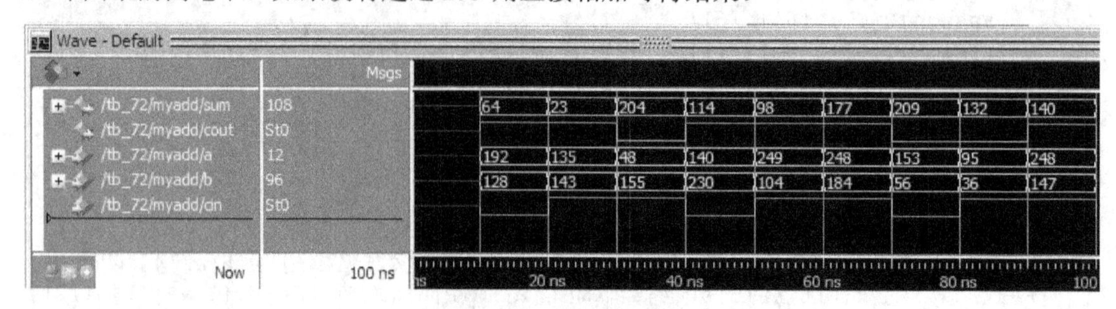

图 7-24　功能仿真波形

由于是数据流模型，直接放入综合工具内可得图 7-25 所示的电路图，并综合生成门级网表和时序仿真所用的 SDF 文件。

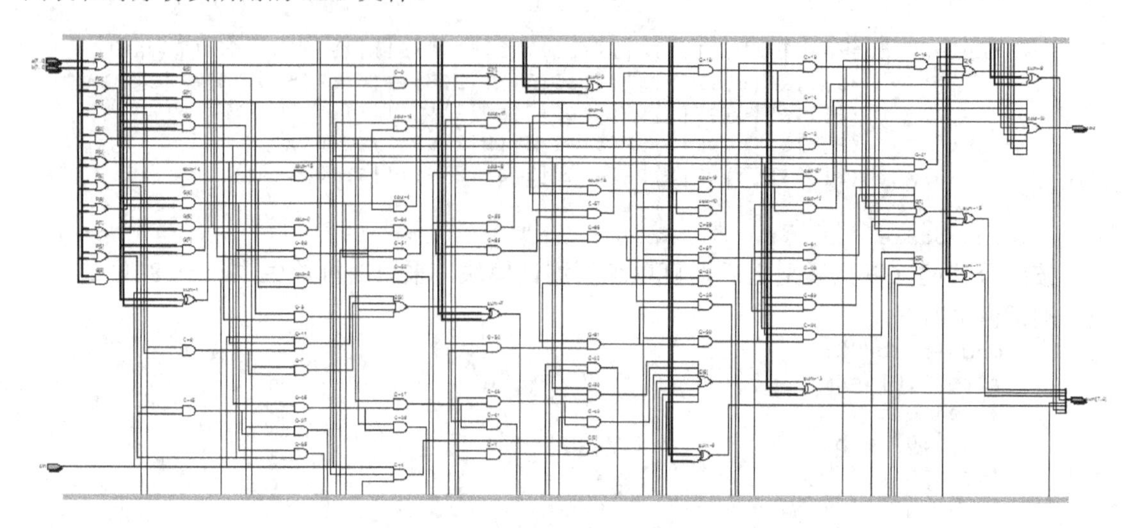

图 7-25　超前进位加法器综合电路图

利用门级网表、SDF 文件和测试模块对综合后的电路进行时序仿真，为了观察方便，将测试模块中数值生成的时间延迟调为 20ns，仿真波形如图 7-26 所示。

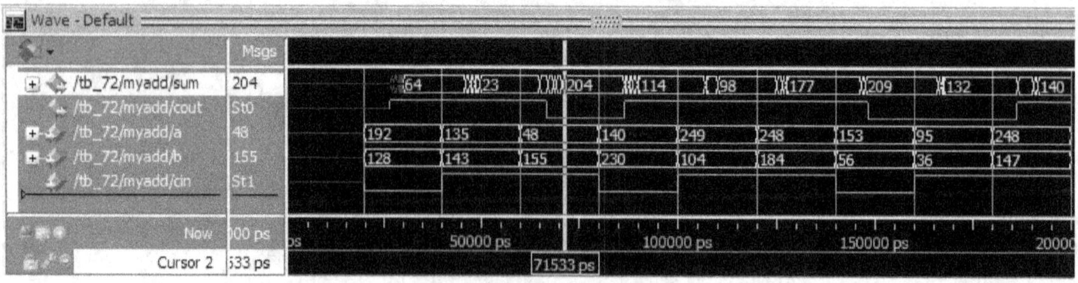

图 7-26　时序仿真波形图

由图 7-26 的时序仿真波形图可以看到最后的 sum 和 cout 输出的结果比图 7-25 要滞后，同时 sum 在出现最后结果之前还会出现多次翻转，然后才能得到正确的值并保持稳定。这个波形图可以反映出电路的实际工作状态，当输入信号有效时，这些输入信号沿不同路径通过电路并最后得到输出值。由于传播路径上每条路径所经过的门数和每个门的延迟时间都不一样，所以最后到达输出端的信号值也有先有后，这样就会造成输出值的多次变化，直到所有的值都传输到了输出端，这时最后的结果就稳定下来。图 7-26 中光标处就是 sum 稳定时的时间值，这个值是由 60ns 处的 a、b 值驱动得到的，从输入到输出用了大约 21.5ns 的时间，这就是整个全加器的一个延迟时间。统计所有变化情况并计算可得全加器的最大时间延迟，这个时间是一个很重要的参数。

实例 7-3——移位除法器模型

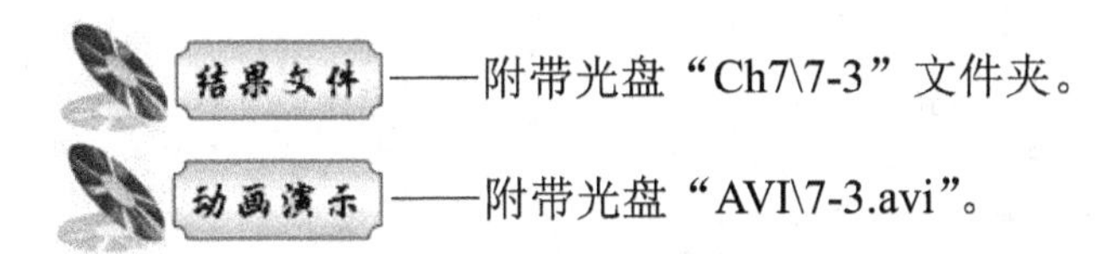

——附带光盘“Ch7\7-3”文件夹。

——附带光盘“AVI\7-3.avi”。

本例中介绍一个移位除法器的模型，所采用的算法类似笔算除法，只是变为了二进制而不是十进制。由于代码较长，采用层次化的方式进行设计，同时采用循环迭代的方式使用一个电路模块反复运算得到最后的结果。这个过程正好是流水线的一个反例，流水线牺牲了电路面积带来的速度的提升，而本例中的循环迭代反复使用同一个电路模块，节省了最后电路的面积，但是时间上也会相应延长。该除法器的顶层模块如下：

```
module div(clk, reset, start, A, B, D, R, ok, err);
  parameter n = 32;
  parameter m = 16;

  input clk, reset, start;
  input [n-1:0] A, B;
  output [n+m-1:0] D;
  output [n-1:0] R;
  output ok, err;

  wire invalid, carry, load, run;

  div_ctl UCTL(clk, reset, start, invalid, carry, load, run, err, ok);
  div_datapath UDATAPATH(clk, reset, A, B, load, run,invalid,carry,D,R);

endmodule
```

模块中包含两个子模块，div_ctl 是用来生成控制信号的，div_datapath 是用来进行迭代计算的，整体的模块划分如图 7-27 所示。

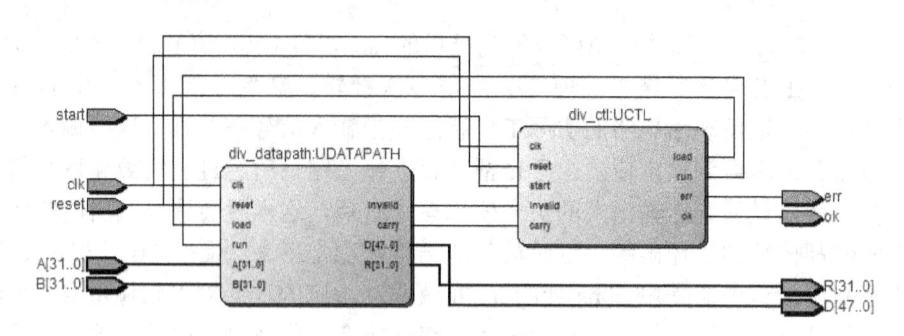

图 7-27　整体结构

在两个模块中，div_ctl 作为生成控制信号的单元是非常重要的，相当于整个电路的大脑，该模块的代码如下：

```
module div_ctl(clk, reset, start, invalid, carry, load, run, err, ok);
  parameter n = 32;
  parameter m = 16;
  parameter STATE_INIT = 3'b001;
  parameter STATE_RUN = 3'b010;
  parameter STATE_FINISH = 3'b100;
  input clk, reset, start, invalid, carry;
  output load, run, err, ok;

  reg [2:0] current_state, next_state;
  reg [5:0] cnt;
  reg load, run, err, ok;

  always @(posedge clk or negedge reset)
  begin
    if(!reset) begin
      current_state <= STATE_INIT;
      cnt <= 0;
    end else begin
      current_state <= next_state;
      if(run) cnt <= cnt + 1'b1;
    end
  end

  always @(posedge clk or negedge reset)
  begin
    if(!reset) begin
      err <= 0;
    end else if(next_state==STATE_RUN) begin
      if(invalid) err <= 1;
    end
  end

   always @(current_state or start or invalid or carry or cnt)
```

```
    begin
      load <= 1'b0;
      ok <= 1'b0;
      run <= 1'b0;

      case(current_state)
        STATE_INIT: begin
          if(start) next_state <= STATE_RUN;
          else next_state <= STATE_INIT;
          load <= 1;
        end
        STATE_RUN : begin
          run <= 1;
          if(invalid) begin
            next_state <= STATE_FINISH;
          end else if(cnt==(n+m-1)) begin
            next_state <= STATE_FINISH;
          end else begin
            next_state <= STATE_RUN;
          end
        end
        STATE_FINISH : begin
          ok <= 1;
          next_state <= STATE_FINISH;
        end
        default : begin
          next_state <= STATE_INIT;
        end
      endcase
    end
  endmodule
```

此模块的功能主要是根据当前的一些信号情况来判断电路应该处于哪个工作状态，根据不同的工作状态来输出不同的控制信号，采用的方式是时序电路设计中的核心方法：有限状态机。这种状态机的写法会在第 8 章中详细介绍，本例中只要明白当前的控制模块按图 7-28 所示的状态进行工作，分为初始阶段、运行阶段和结束阶段，每个阶段能进行不同的信号控制即可。具体到每个阶段的功能，初始阶段完成数据的接受，运行阶段送入迭代单元进行迭代计算，结束阶段把计算所得的最终结果输出，此电路不能直接返回初始阶段，需外界施加复位信号。

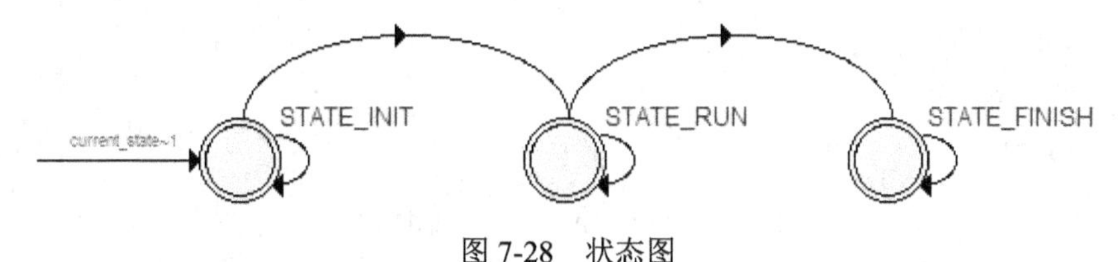

图 7-28　状态图

该功能的实现是通过图 7-29 所示电路完成的，该电路由 div_ctl 模块综合之后生成。

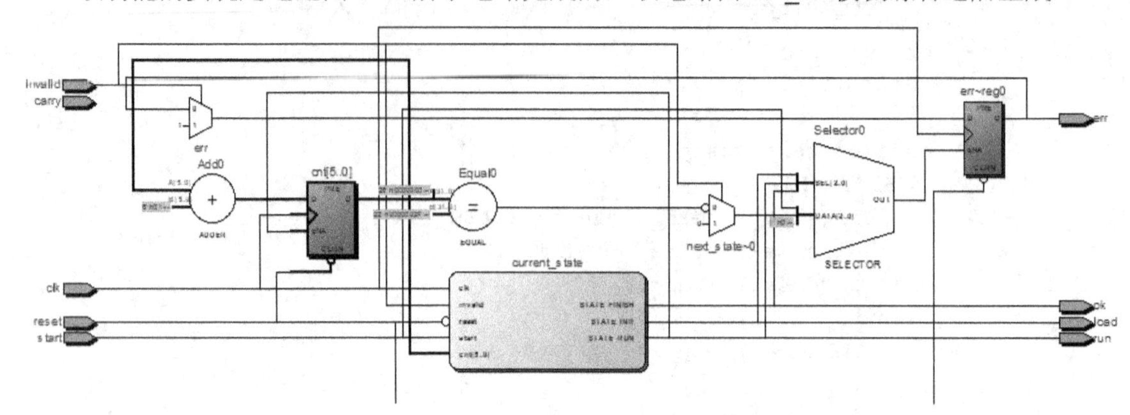

图 7-29　div_ctl 电路图

迭代电路 div_datapath 的模块代码如下：

```
module div_datapath(clk, reset, A, B, load, run, invalid, carry, D, R);
   parameter n = 32;
   parameter m = 16;
   input clk, reset;
   input [n-1:0] A, B;
   input load, run;
   output invalid, carry;
   output [n+m-1:0] D;
   output [n-1:0] R;

   reg [n+n+m-2:0] R0;
   reg [n+m-1:0] D;
   reg [n-1:0] B0;
   reg carry;

   wire invalid;
   wire [n-1:0] DIFF, R;
   wire CO;

   assign R = {carry, R0[n+n+m-2:n+m]};
   assign invalid = (B0==0);

   sub  sub(R0[n+n+m-2:n+m-1], B0, 1'b0, DIFF, CO);  //实例化减法器

   always @(posedge clk)
   begin
     if(load) begin                                //初始阶段
       D <= 0;
       R0 <= {{(n-1){1'b0}}, A, {m{1'b0}}};
       B0 <= B;
       carry <= 1'b0;
```

```
        end
         else if(run) begin                              //结束阶段
           if(CO && !carry) begin
             R0 <= { R0, 1'b0 };
             D <= { D[n+m-2:0], 1'b0 };
             carry <= R0[n+n+m-2];
           end else begin                                //迭代阶段
             R0 <= { DIFF, R0[n+m-2:0], 1'b0 };
             D <= { D[n+m-2:0], 1'b1 };
             carry <= DIFF[n-1];
           end
        end
      end
    endmodule
```

该模块的主要部分在代码中已经注释出来，分别对应初始阶段、结束阶段和迭代阶段，在初始阶段接受数值并送入减法器，迭代阶段仿照笔算时的方式每次移动 1 位并送入减法器得到差值，如此循环直至最后剩余的值小于除数，此时表示运算已经完毕，也就是代码中的结束阶段。整个模块综合之后的电路图如图 7-30 所示。

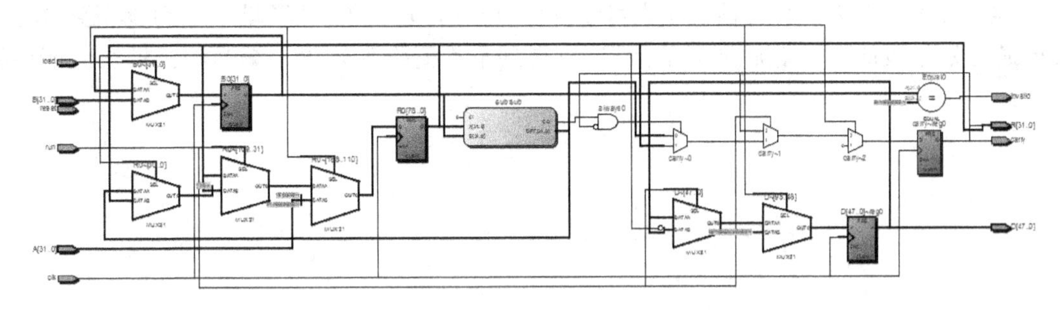

图 7-30　div_datapath 电路结构

这个模块中调用的减法器很简单，仿照加法器得到代码如下，所得电路如图 7-31 所示。

```
    module sub(A, B, CI, DIFF, CO);
      parameter n = 32;
      input [n-1:0] A, B;
      input CI;
      output [n-1:0] DIFF;
      output CO;

      assign {CO, DIFF} = {1'b0, A} - {1'b0, B} - {{n{1'b0}}, CI};
    endmodule
```

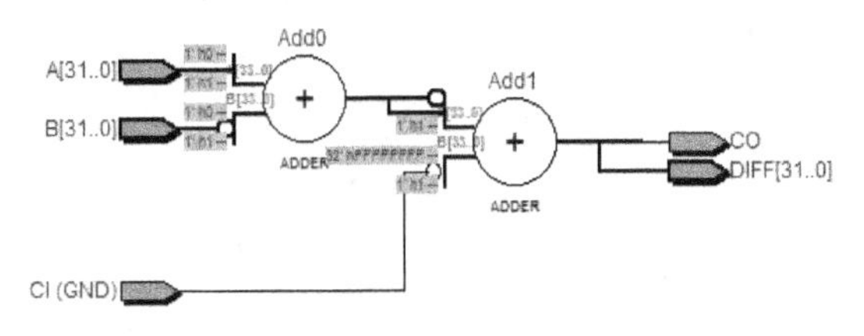

图 7-31　减法器结构

该 div 模块的设计模块部分就结束了，其仿真模块在第 6 章中已经使用过，本例中就不再继续运行仿真，读者可以查看第 6 章中的波形图。

7.7 习题

7-1　下面的代码会在何时输出结果？

```
initial
begin
  x= 1'b1;
  y= #15 1'b0;
  z= #10 2'b11;
  dout= #5 {x,y,z};
end
```

7-2　如果将题 7-1 中的阻塞赋值换为非阻塞赋值，结果是否会变化？如果把延迟放在每行语句之前，还会有这种区别么？说明原因。

7-3　使用可综合的语法编写一个计数器，从 8 开始计时，最大可计数到 37，具有同步复位端。

7-4　编写一个五人打分器，每人可以打出 1～10 分，送入打分器，打分器得到分数后去掉最高分和最低分，然后把分值除以 3 得到平均值作为输出，编写测试模块验证你的设计。

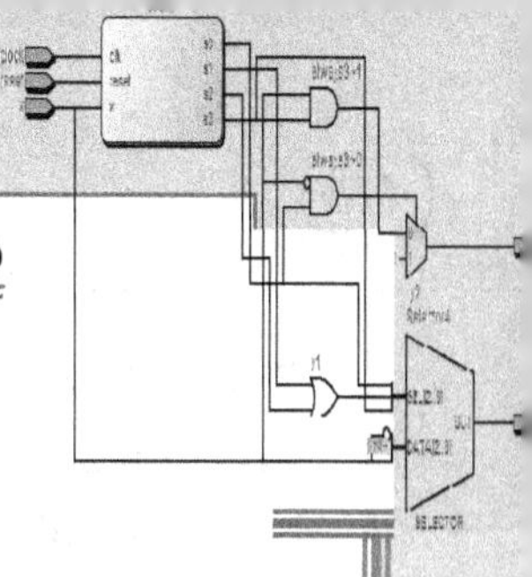

第8章　有限状态机设计

时序逻辑电路的设计核心在于如何在时钟控制下完成多种状态的变化，由数字电路的知识可知，时序电路的变化会遵循状态转换图，把状态转换图变为代码模块就可以编写成有限状态机，所以想要把时序电路设计得清楚明白，有限状态机的设计是一个基本功。本章就来介绍如何编写有限状态机和编写状态机时需要注意的一些问题，读者可以带着如下问题阅读本章。

（1）moore 型状态机和 mealy 型状态机的区别是什么？

（2）常见的状态机写法是什么？

（3）常见的状态编码有哪几种，各有什么特点？

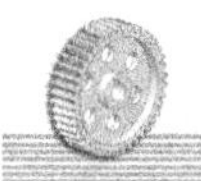

本章内容

- moore 型状态机与 mealy 型状态机的设计
- 多段式状态机的设计
- 状态码的介绍

本章案例

- 独热码状态机
- 格雷码状态机

8.1　有限状态机简介

有限状态机适合设计程序复杂但具有一定规律性的逻辑结构，有限状态机也常被缩写为 FSM（Finite State Machine）。在使用有限状态机进行电路设计时，设计者要先根据所设计的电路情况画好状态转换图，确认每个状态的输入/输出转换关系，然后依照状态机来编写代码。

有限状态机可以分为 moore 型和 mealy 型两种，也称为摩尔型和米利型，不同书籍翻译不尽相同。Moore 型状态机的输出仅仅与当前状态有关，常见的状态转换图如图 8-1 所示。在状态转换图中，使用圆圈来表示不同的状态，使用箭头来表示从一个状态可以转移到另一个状态，在箭头上标示出的“/0”信息表示当前状态的输出值，moore 型电路每个状态仅有一个箭头指入，有一个箭头指出，如 s1 状态下方有一个箭头从 s3 指入，右侧有个指出箭头换到 s2，这也是 moore 型状态机的一个特点。Mealy 型状态机的输出不只取决于当前状态，还与当前的输出信号有关。图 8-2 所示为 mealy 型状态机常见的状态转换图，图中与 moore 型状态机的区别在于两点。第一点是在每个箭头上的“0/0”表示的是“当前输入/当前输出”，比如从 s1 指向 s2 的箭头上“0/0”表示在 s1 状态下如果输入信号为 0 则输出信号为 0，电路会转入到 s2 状态。既然输入信号可以是 0，那就可以是 1，如果输入信号是 1 的时候可以看到 s1 会指向 s3，同时输出信号为 1，这就是第二点：mealy 型状态机每个状态一般都有两个指出的箭头，像 s1 的指向 s2 和 s3 的两个箭头一样。如果输入信号不是一位而是两位，则该转换图最多可能有四个箭头指出。

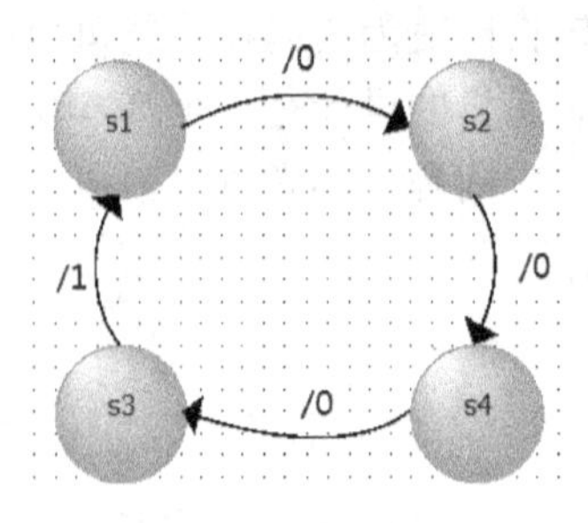

图 8-1　moore 型状态机

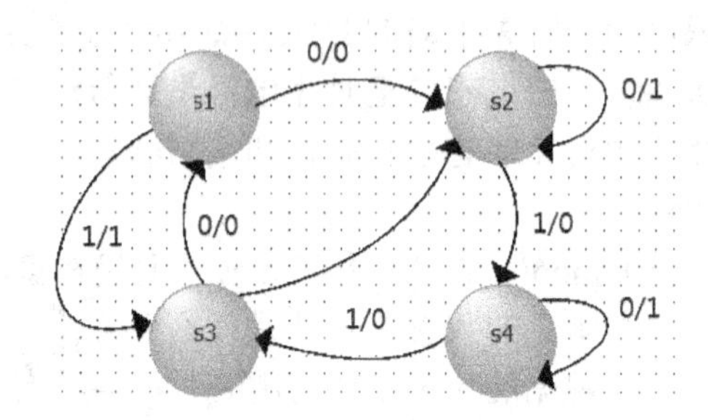

图 8-2　mealy 型状态机

在实际的电路设计中，往往信号比较多，也不是严格按照 1 和 0 来划分出 2^n 个箭头，比如可以当输入信号是 00 时产生一个转换箭头，其他情况产生另外一个转换箭头。有些状态还只是提供一个中间状态，只停留一个周期后就直接转入下一个状态，不区分输入信号是什么。所以对于实际电路要实际分析，根据所需功能编写满足要求的 Verilog HDL 模型，同时在状态划分和转换的时候一定要逻辑清晰，这样才能设计出一个优秀的代码。

8.2　两种红绿灯电路的状态机模型

Moore 型和 mealy 型状态机的设计有相似的地方，也有不同的地方。本节通过两个最常见的例子来说明两种状态机的区别和如何对其进行建模。

8.2.1　moore 型红绿灯

moore 型红绿灯没有输入信号，这种红绿灯是最常见的各个路口使用的红绿灯模型，一旦开始工作就会按照预先设定的程序进行工作，依次亮起红黄绿灯，每个灯亮的时间都是固定的。其工作时的状态转换图如图 8-3 所示，对于状态转换图本书不介绍。

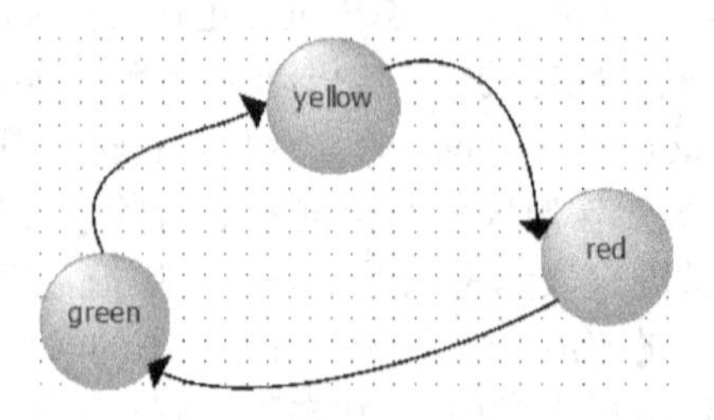

图 8-3　moore 型红绿灯状态转换图

针对此红绿灯，采用如下的代码对其建模：

```
module trafficlight1(clock,reset,red,yellow,green);   //第一个红绿灯模型
input clock,reset;                                    //输入时钟和复位信号
output red,yellow,green;                              //输出红黄绿的驱动信号
reg red,yellow,green;

reg [1:0] current_state,next_state;                   //保存当前状态和下一状态

parameter red_state=2'b00,
        yellow_state=2'b01,
        green_state=2'b10,
        delay_r2y=4'd8,
        delay_y2g=4'd3,
        delay_g2r=4'd11;                               //参数声明

always @(posedge clock or posedge reset)              //第一段always，用于把下一状态
                                                        赋值给当前状态
begin
  if(reset)
    current_state<=red_state;
  else
    current_state<=next_state;
end

always @(current_state)                               //第二段always，用于根据当前状
                                                        态判断下一状态，并产生输出
begin
  case(current_state)
  red_state:begin
            red=1;
            yellow=0;
            green=0;
            repeat (delay_r2y) @(posedge clock);
            next_state=yellow_state;
           end
  yellow_state:begin
              red=0;
              yellow=1;
              green=0;
              repeat (delay_y2g) @(posedge clock);
              next_state=green_state;
             end
  green_state:begin
              red=0;
              yellow=0;
              green=1;
              repeat (delay_g2r) @(posedge clock);
              next_state=red_state;
             end
```

```
        default:begin
                red=1;
                yellow=0;
                green=0;
                next_state=red_state;
            end
    endcase
  end

  endmodule
```

该段代码的主体部分使用了两个 always 结构，第一段 always 结构的敏感列表是时钟和复位信号，是描述时序电路的形式，采用的是非阻塞赋值，在每次 clock 到来时把 next_state 赋给 current_state，完成新旧状态的转换，所以第一段 always 的功能就是在每个 clock 边沿处或者 reset 信号生效时完成电路从原态到新态的转换。所谓原态，就是时序电路的旧状态，新态就是电路在原态基础上受外界信号驱动或自身触发器驱动所变化成的新状态，一定是与原态有关的，这部分知识是数字电路课程中介绍的。

第二段 always 结构的敏感列表是 current_state，描述的是一个组合逻辑电路，主体部分采用的是一个 case 语句，每当 current_state 发生变化时都触发这个 always 结构，并对 current_state 进行判断，根据不同的值来执行每一个分支。程序中采用了 parameter 定义了参数，目的是增强可读性，尤其在 case 语句中对判断当前电路工作在哪一状态非常方便。

定义了功能模块后，可以编写测试模块对其进行仿真验证，测试模块代码如下：

```
module tb8;
reg clock,reset;
wire red,yellow,green;

initial clock=0;
always #10 clock=~clock;

initial
begin
  reset=1;
  #1 reset=0;                    //产生一个复位信号沿
  #10000 reset=1;                //主要工作时间
  #20 $stop;
end

trafficlight1 light1(clock,reset,red,yellow,green);

endmodule
```

运行测性模块可得仿真波形图如图 8-4 所示，从波形图中可以看到，随着 clock 的变化，red、yellow 和 green 三个输出信号会依次输出高电平，驱动连接的显示灯，从而实现交通灯的功能。每个信号持续的时间都是不同的，根据 trafficlight1 的功能模块代码也可以知道，红灯持续 8ns，黄灯持续 3ns，绿灯持续 11ns。

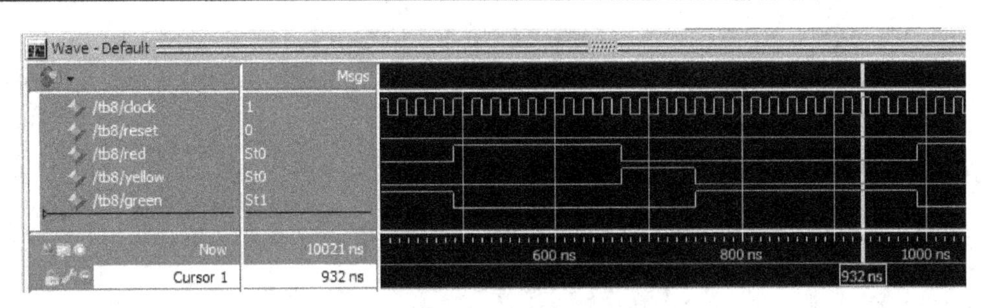

图 8-4　功能模型仿真波形图

如果对此红绿灯模型做简单综合，可以得到一个之前介绍过的结论。先将功能模块做综合和布局布线后得到网表文件和 SDF 文件，进行时序仿真可得图 8-5 所示的波形图。图中光标处的 clock 边沿与输出信号的变化有时间差，这是时序仿真的标志之一。该图中红黄绿信号也是交替变化，但是每次变化都是持续相同的时间，基本是一个时钟周期的长度。

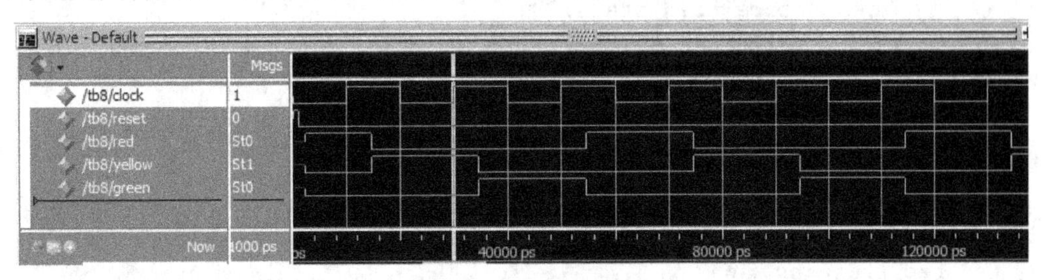

图 8-5　时序仿真波形图

造成这种波形图的原因是下面的语句：

```
repeat (delay_y2g) @(posedge clock);
```

在第 7 章中介绍过，repeat 语句是不能综合使用的，所以在综合使用过程中这条重复一定时钟周期的语句就被忽略了，得到的效果就是只重复了一个时钟周期，这样就得到了图 8-5 所示的每个周期变化一次的输出信号。

想要在模型中体现出延迟时间的概念并不只可以用 repeat 语句，这是一种系统级描述的思想。如果从硬件设计的角度出发，实际电路中想要重复几个时钟，要使用的电路就应该是一个计数器。按照这种设计思想，可以把模型修改如下：

```
module trafficlight2(clock,reset,red,yellow,green);
input clock,reset;
output red,yellow,green;
reg red,yellow,green;

reg [1:0] current_state,next_state;
reg [4:0] light_count,light_delay;      //增加计数器和计数器延迟

parameter red_state=2'b00,
        yellow_state=2'b01,
        green_state=2'b10,
        red_delay=4'd8,                 //定义红灯的持续时间
        yellow_delay=4'd3,              //定义黄灯的持续时间
        green_delay=4'd11;              //定义绿灯的持续时间
```

```
always @(posedge clock or posedge reset)   //此always结构定了计数器
begin
  if(reset)
    light_count<=0;
  else if (light_count==light_delay)        //达到规定的计数值light_delay
                                              时置1
    light_count<=1;
  else
    light_count<=light_count+1;
end

always @(posedge clock or posedge reset)   //此段依然完成新态和原态的转换
begin
  if(reset)
    current_state<=red_state;
  else
    current_state<=next_state;
end

always @(current_state or light_count)
begin
  case(current_state)
  red_state:begin
            red=1;
            yellow=0;
            green=0;
            light_delay=red_delay;             //延迟时间被赋值为red时的延迟
            if(light_count==light_delay)    //达到延迟时间变为下一状态
              next_state=yellow_state;
          end
  yellow_state:begin
              red=0;
              yellow=1;
              green=0;
              light_delay=yellow_delay;  //延迟时间被赋值为yellow时的延迟
              if(light_count==light_delay)  //达到延迟时间变为下一状态
                next_state=green_state;
             end
  green_state:begin
              red=0;
              yellow=0;
              green=1;
             light_delay=green_delay;       //延迟时间被赋值为green时的延迟
              if(light_count==light_delay)  //达到延迟时间变为下一状态
                next_state=red_state;
            end
  default:begin
          red=1;
```

```
            yellow=0;
            green=0;
            next_state=red_state;
          end
      endcase
    end

    endmodule
```

上述红绿灯模型依然采用相同的测试模块，可以得到图 8-6 所示的波形，为了方便观察，这里同时给出了 current_state、next_state、light_count 和 light_delay 四个信号的观察值。图中可以看到在 red 为高电平的区域中，light_count 完成 1 到 8 的计数，随后 yellow 变为高电平，计数器重新开始完成 1 到 3 的计数，之后又继续完成 1 到 11 的绿灯计数。最下方一行的 light_delay 标示出了不同时刻所赋值的不同计数时间。

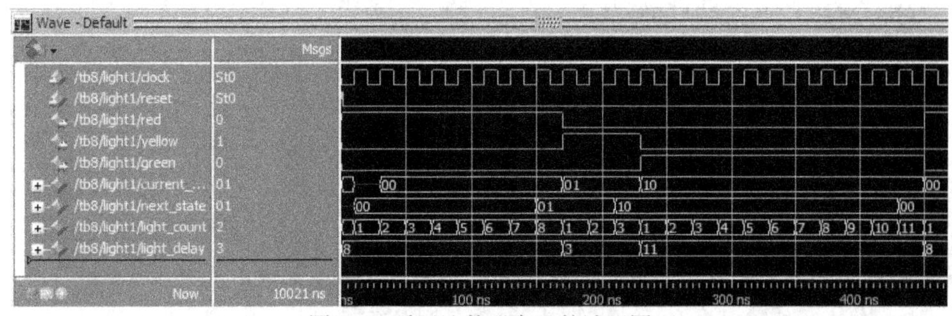

图 8-6　采用计数器实现的波形图

从建模的难易程度上来讲，moore 型状态机是比较容易的，因为该状态机本身就是自行循环，唯一需要解决的就是延迟一定时间或一定信号的问题，这些可以通过计时器等功能部分来完成。除此之外，只需仿照前面给出的两个模型示例，就可以写出一个正常工作的 moore 型状态机。

8.2.2　mealy 型红绿灯

在有些道路中没有固定变化的红绿灯，而是当行人需要通过时，按一下灯下的按钮，等待一段时间之后绿灯亮起，绿灯持续一段时间后重新变化为红灯。也就是说这个红绿灯没有外界输入的时候会维持在某一个状态，而当输入信号变化时就会产生状态的变化。针对这一特点，可以采用图 8-7 所示状态转换图对其进行描述。

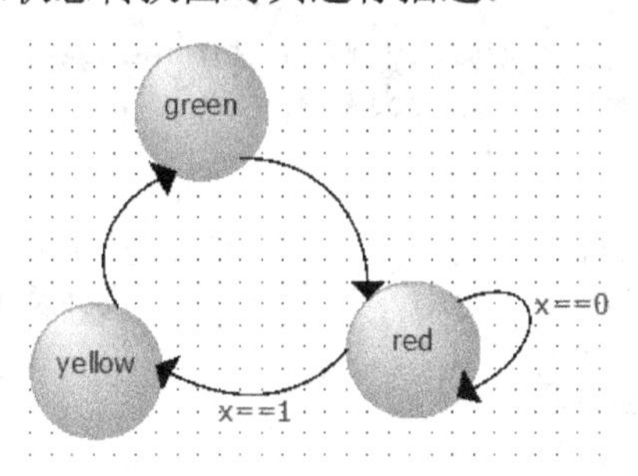

图 8-7　mealy 型红绿灯状态转换图

在状态图中，x 是外界的输入信号，当 x 为 0 时认为没有输入信号，即没有行人需要使用红绿灯，当 x 为 1 时表示有行人要使用红绿灯，此时红绿灯变黄、变绿然后变回红灯。这种红绿灯只是 mealy 型状态机中最简单的一种，仅在 red 状态时有两种不同的变化。实际的 mealy 型状态机可能在任意一个状态都有两种变化情况。

对 mealy 型红绿灯进行功能建模，可得如下代码：

```
module trafficlight3(clock,reset,x,red,yellow,green);
input clock,reset;
input x;                                          //多添加了一个输入端 x
output red,yellow,green;
reg red,yellow,green;

reg [1:0] current_state,next_state;

parameter red_state=2'b00,
          yellow_state=2'b01,
          green_state=2'b10,
          delay_r2y=4'd8,
          delay_y2g=4'd3,
          delay_g2r=4'd11;

always @(posedge clock or posedge reset)          //原态和新态的转换
begin
  if(reset)
    current_state<=red_state;
  else
    current_state<=next_state;
end

always @(current_state or x)                     //当 current_state 或者输入
                                                   x 变化时进行判断
begin
  case(current_state)
  red_state:begin
            red=1;
            yellow=0;
            green=0;
            if(x==1)                    //红灯时若 x 为 1，则把下一状态指向黄灯
              begin
                repeat (delay_r2y) @(posedge clock);
                next_state=yellow_state;
              end
          end
  yellow_state:begin                    //黄灯和绿灯是依次变化的，和 moore 型
                                          没有区别
              red=0;
              yellow=1;
              green=0;
              repeat (delay_y2g) @(posedge clock);
```

```
                    next_state=green_state;
                   end
      green_state:begin
                    red=0;
                    yellow=0;
                    green=1;
                    repeat (delay_g2r) @(posedge clock);
                    next_state=red_state;
                   end
      default:begin
                red=1;
                yellow=0;
                green=0;
                next_state=red_state;
              end
      endcase
    end

    endmodule
```

从代码中可以看到，mealy 型状态机与 moore 型状态机的主要区别在于 case 语句段，在红灯状态下根据输入信号 x 的不同可以指定不同的下一个状态，而其他部分和 moore 型状态机没有太大差别。运行仿真后可得图 8-8 所示的波形图，由波形图很容易看到，当 x 变为 1 时，red、yellow 和 green 就会产生一次变化，然后回到红灯状态，直到下次 x 再变成 1 时继续重复这一过程。读者可以自行尝试用计数器的方式重新编写一下代码。

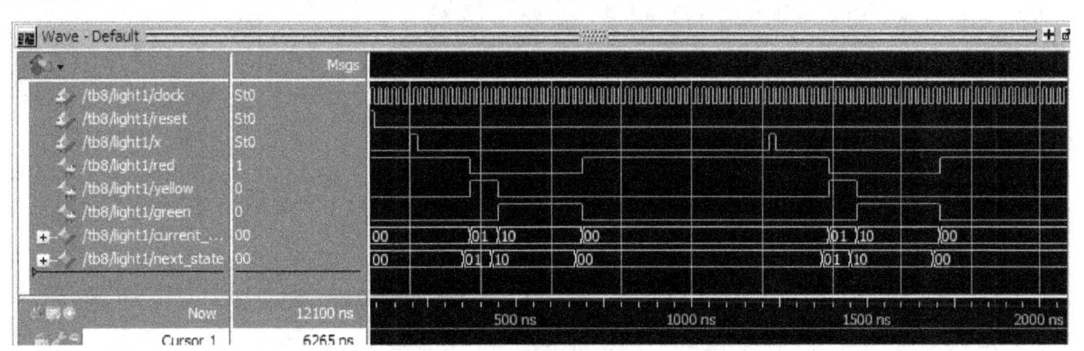

图 8-8　仿真波形图

mealy 型状态机的特点就是每个状态都可能随着输入信号的不同而指向不同的下一状态，所以在指定下一状态的时候多在 case 语句中使用 if 来进行条件判断，从而确定应该变化到哪个状态。

8.3　深入理解状态机

从 8.2 节中的 moore 型状态机和 mealy 型状态机的例子中，可能会感觉状态机并没有什么太难的地方，这其实是一种错误的想法，本节将通过一个 mealy 型状态机的例子来展示状态机建模时可能会存在的一些问题，这些问题主要体现在代码与最终电路的关系方面。

8.3.1　一段式状态机

考虑数字电路课程中曾经的一个经典案例：序列检测电路。现要构造这样一个电路，每个时钟周期送入电路一个数值，电路完成信号的检测，当输入的数值依次为 0110 时，表示检测成功，此时通过一个输出端口发出一个信号，用来与之后的电路进行交互。这种序列检测电路在实际中应用场合也较多，像通信中的两个设备进行信号同步时等情况，都会使用到这种序列检测电路。虽然软件也能完成此功能，但是用硬件电路会得到更好的稳定性和更快的速度。

要实现此功能，首先要画出可行的状态转换图，如图 8-9 所示。图 8-10 给出了编写代码时更易于使用的状态转换关系。

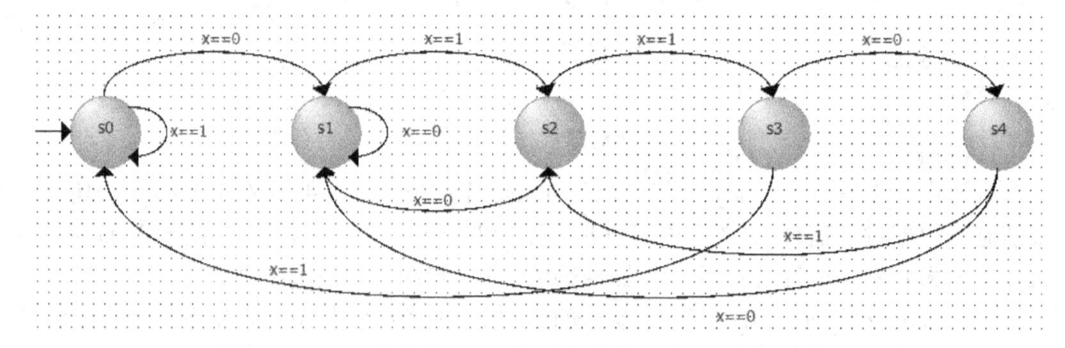

图 8-9　序列检测状态转换图

Source State	Destination State	Transition (In Verilog or VHDL 'OTHERS')
s0	s0	x==1
s0	s1	x==0
s1	s1	x==0
s1	s2	x==1
s2	s1	x==0
s2	s3	x==1
s3	s0	x==1
s3	s4	x==0
s4	s1	x==0
s4	s2	x==1

图 8-10　状态转换关系

根据状态转换图和状态转换关系，可建立序列检测电路模型如下：

```
module fsm_seq1(x,z,clk,reset);
input x,clk,reset;
output z;
reg z;
reg[2:0]state;

parameter s0='d0,s1='d1,s2='d2,s3='d3,s4='d4;

always@(posedge clk or posedge reset)        //仅有一段 always
```

```
      begin
        if(reset)                                           //复位信号有效
          begin
              state<=s0;                                    //回到初始状态
              z=0;                                          //z 输出 0
          end
        else
          casex(state)
              s0: begin
                    if(x==1)              //按照状态转换，s0 时输入 1，依然维持 s0，z 为 0
                      begin
                        state<=s0;
                        z<=0;
                      end
                    else                                    //否则 x 输入 0，进入 s1 状态
                      begin
                        state<=s1;
                        z<=0;
                      end
                  end
              s1: begin
                    if(x==0)               //s1 时输入 x 为 0，维持在 s1，检测到 0
                      begin
                        state<=s1;
                        z<=0;
                      end
                    else                  //s1 时输入 x 为 1，进入 s2，检测到 01
                      begin
                        state<=s2;
                        z<=0;
                      end
                  end
              s2: begin
                    if(x==0)             //s2 时输入 x 为 0，回到 s1，检测到 010，相当于 0
                      begin
                        state<=s1;
                        z<=0;
                      end
                    else                 //s2 时输入 x 为 1，进入 s3，检测到 011
                      begin
                        state<=s3;
                        z<=0;
                      end
                  end
              s3: begin                 //s3 时输入 x 为 0，进入 s4，检测到 0110，输出 z 为 1
                    if(x==0)
                      begin
                        state<=s4;
                        z<=1;
                      end
```

```
            else        //s3 时输入 x 为 1，检测到 0111，回到 s0 状态
              begin
                state<=s0;
                z<=0;
              end
            end
        s4: begin
            if(x==0)  //s4 时输入 x 为 0，检测到 01100，进入 s1，相当于检测到 0
              begin
                state<=s1;
                z<=0;
              end
            else       //s4 时输入 x 为 1，检测到 01101，进入 s2，相当于检测到 01
              begin
                state<=s2;
                z<=0;
              end
            end
        default:     state<=s0;
      endcase
    end
  endmodule
```

此代码采用的都是可综合使用的语句，所以可以被综合工具进一步处理，可得图 8-11 所示的电路结构图，同时可以借助其内部的状态机分析工具得到图 8-12 所示的状态转换图，可以看到和最初设想的图 8-9 是一致的。正常情况下最终实现的状态转换图和最初设计的一定要保持一致，否则代码中出现的问题将导致状态转换图发生变化。

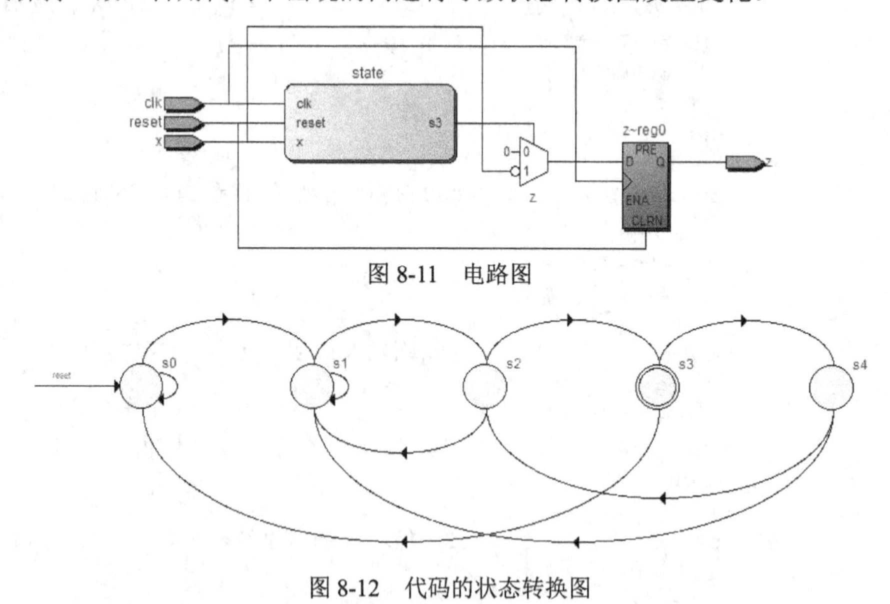

图 8-11　电路图

图 8-12　代码的状态转换图

对此序列检测电路编写测试模块如下：

```
module tb82;
reg x,clk,reset;
```

```
    wire z;
    integer seed=8;

    initial clk=0;
    always #5 clk=~clk;

    initial
    begin
      reset=0;
      #15 reset=1;
      #15 reset=0;
    end

    always
      #10  x=($random(seed)/2);      //随机生成 0、1 信号

    fsm_seq  seq(x,z,clk,reset);

    endmodule
```

运行测试模块可得图 8-13 所示的波形图，可以看到该模块是能够正常工作的，当第一排的信号 x 出现 0110 序列时，z 输出 1。为了方便观察，波形图中 x 变化的位置都是在 clk 信号的下降沿，与 clk 信号的上升沿区分开。图中一共出现了三次 z 的高电平部分，第一次出现时在 445ns 位置，第二次和第三次出现的位置是 x 出现连续序列 0110110 时，按照状态转换图此时生成两次高电平，这是允许信号重复使用的情况，视为出现了两次 0110。如果不想出现这种情况，可以修改程序代码，把 case 语句中 s4 状态下的“state<=s2”修改为“state<=s0”即可，读者可自行尝试。

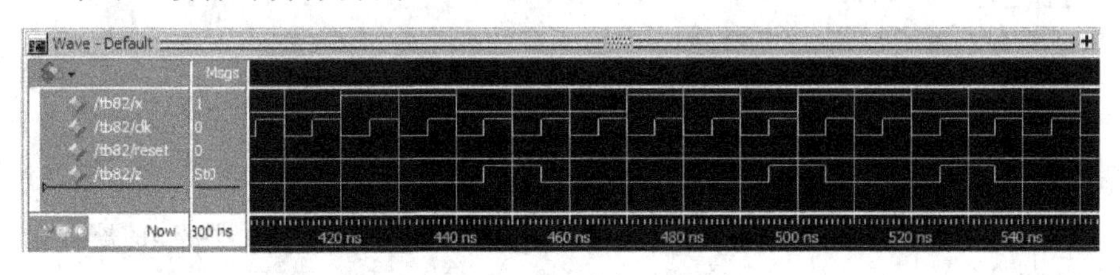

图 8-13　功能仿真波形图

同样是此模型，如果使用布局布线后的网表文件进行时序仿真，可得图 8-14 所示的时序仿真波形图，最后一行的 z 值会在 clk 上升沿之后推迟大约半个周期的时间后产生输出，从图中也能看到 z 从 0 变成 1 的位置比 clk 的下降沿略微提前一些，clk 的下降沿位置是 530ns，而 z 变化的位置大约是 529ns，两者没有直接关系。实际工作的情况是当 clk 上升沿到来时触发 always 结构对应的电路，经过一段时间的延迟，在输出端产生稳定的输出。

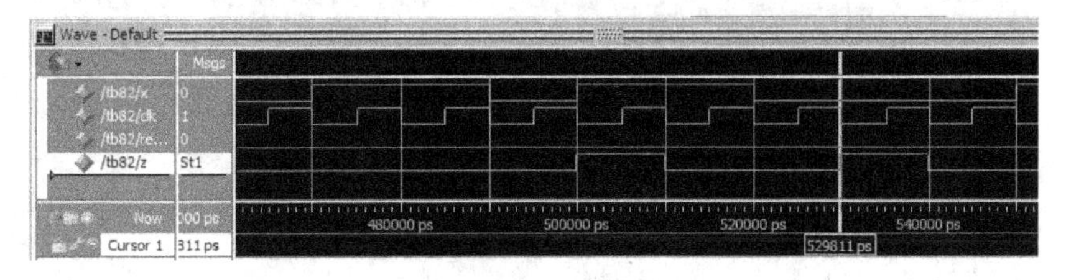

图 8-14　时序仿真波形图

经过上述步骤，一个序列检测电路 fsm_seq1 就已经完成了，它具有如下特点。

（1）仅有一段 always 结构，里面包含了状态转换、复位和输出。

（2）always 结构的敏感列表是时钟沿，所以最后的输出结构是以寄存器形式输出的，即是时序逻辑输出的，可以参考图 8-11，最后一级的输出来自于寄存器。

编写简单模型时采用一段式状态机是很简单的，但由于一个 always 结构中包含了所有的描述语句，在进行后期维护时并不方便，如要修改或增添几个状态，改变一些输出等，可以把这个 always 结构中的一些语句单独提炼出来使其更具有可维护性和可读性。

8.3.2 两段式状态机

在 8.2 节中两种类型红绿灯的功能模型采用的就是两段式的状态机，两段式的状态机与一段式状态机的主要区别就在于多增加了一段 always 结构用于原态和新态的转换。本节中的序列检测模块用两段式状态机编写，代码如下：

```
module fsm_seq2(x,z,clk,reset);
input x,clk,reset;
output z;
reg z;
reg[2:0]state,nstate;                  //state 表示原态，nstate 表示新态

parameter s0='d0,s1='d1,s2='d2,s3='d3,s4='d4;

always @(posedge clk or posedge reset)    //原态和新态之间的转换
begin
  if(reset)
    state<=s0;
  else
    state<=nstate;
end

always@(state or x)                    //指定状态的变化，注意@的是 state 或 x
begin
     casex(state)
         s0: begin
              if(x==1)
                begin
                  nstate=s0;     //程序部分与 fsm_seq1 基本相同，只是所有的 state
                  z=0;                  //都变成了 nstate
                end
              else
                begin
                  nstate=s1;
                  z=0;
                end
             end
         s1: begin
              if(x==0)
```

```
                begin
                  nstate=s1;
                  z=0;
                end
              else
                begin
                  nstate=s2;
                  z=0;
                end
            end
        s2: begin
              if(x==0)
                begin
                  nstate=s1;
                  z=0;
                end
              else
                begin
                  nstate=s3;
                  z=0;
                end
            end
        s3: begin
              if(x==0)
                begin
                  nstate=s4;
                  z=1;
                end
              else
                begin
                  nstate=s0;
                  z=0;
                end
            end
        s4: begin
              if(x==0)
                begin
                  nstate=s1;
                  z=0;
                end
              else
                begin
                  nstate=s2;
                  z=0;
                end
            end
        default:    nstate=s0;
      endcase
  end
```

```
    endmodule
```

代码分成两段的直接影响读者可能看不出来，先对该 fsm_seq2 模块进行测试，运行仿真可得图 8-15 所示的仿真波形图。

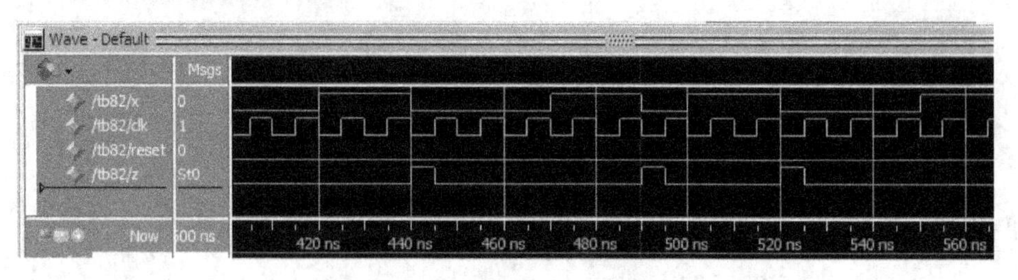

图 8-15　fsm_seq2 功能仿真波形图

对照图 8-13 和图 8-15，虽然都在检测中出现了 z 的高电平区间，而且结果也正确，但还是能得到两个模型的不同点。

（1）fsm_seq1 的输出 z 发生在每个 clk 上升沿的位置，fsm_seq2 的输出 z 发生在 x 变化的位置，如图 8-15 中 440ns 的位置，此时 x 变为 0，同时 z 产生输出结果。

（2）fsm_seq1 的输出维持一个周期，fsm_seq2 的输出维持半个周期。fsm_seq1 的 always 结构中是对 clk 上升沿敏感的，所以每次 clk 边沿才会改变输出结果，信号维持一个周期很正常。fsm_seq2 的输出是在 always@(state or x)这个结构中，可以看到检测的 state 或者输入信号 x，这里描述了一个组合逻辑，同时使用了阻塞赋值来描述此结构。由于 x 变化发生在 clk 的下降沿，此时触发该模块并引起输出值的变化，等到 clk 上升沿来临时会引起 state 的变化，再次触发 always@(state or x)，引起输出值的变化。所以输出 z 的高电平维持的时间是从 x 变化到 clk 的上升沿这一段时间。

（3）由于最后的输出是采用组合逻辑电路的形式描述的，所以最后实现的电路最终输出部分是组合逻辑，是根据 x 的变化情况来产生输出，不以 clk 的边沿作为输出条件，这样的电路在后级连接的时候需要注意时序问题。

对两段式状态机的模型进行时序仿真，可以得到图 8-16 所示的波形图，输出 z 距离 x 的最后变化有一定时间间隔，同时持续时间大约半个周期长度。

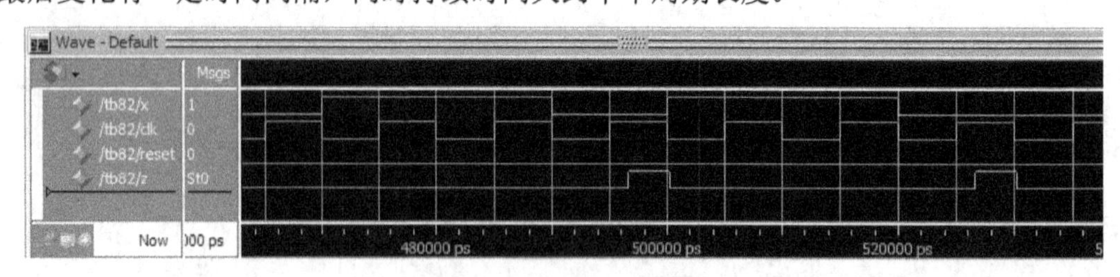

图 8-16　时序仿真波形图

8.3.3　三段式状态机

两段式状态机把原态和新态的转换描述成了时序逻辑，这样状态的变化就受时钟的控制。在两段式状态机的基础上可以把输出部分进一步分离，这样就得到了三段式状态机，将序列检测电路改写成三段式状态机，代码如下：

```
module fsm_seq3(x,z,clk,reset);
input x,clk,reset;
output z;
reg z;
reg[2:0]state,nstate;

parameter s0='d0,s1='d1,s2='d2,s3='d3,s4='d4;

always @(posedge clk or posedge reset)          //第一段 always，完成原态到新态
                                                  的转换
begin
  if(reset)
    state<=s0;
  else
    state<=nstate;
end

always@(state or x)                              //第二段 always，指定新态的变化
begin
     casex(state)
         s0: begin
              if(x==1)
                 nstate=s0;
              else
                 nstate=s1;
             end
         s1: begin
              if(x==0)
                 nstate=s1;
              else
                 nstate=s2;
             end
         s2: begin
              if(x==0)
                 nstate=s1;
              else
                 nstate=s3;
             end
         s3: begin
              if(x==0)
                 nstate=s4;
              else
                 nstate=s0;
             end
         s4: begin
              if(x==0)
                 nstate=s1;
              else
                 nstate=s2;
             end
```

```
            default: nstate=s0;
        endcase
    end

    always@(state or x)                    //第三段always，指定不同状态下的输出
    begin
        casex(state)
            s0: z=0;
            s1: z=0;
            s2: z=0;
            s3: begin
                 if(x==0)
                     z=1;
                 else
                     z=0;
               end
            s4: z=0;
            default: z=0;
        endcase
    end

    endmodule
```

三段式状态机的形式比较固定，第一段 always 用来完成原态和新态的转换，第二段 always 用来确定新态的变化情况，第三段 always 用来描述不同情况下的输出。其中第一段一定是对时钟信号边沿敏感的，即使用的是时序逻辑电路，采用非阻塞赋值，产生复位或者正常的原态和新态变化。第二段是对 state 或 x 敏感的，使用的是组合逻辑电路，采用阻塞赋值，一般使用 case 语句来根据 state 情况和 x 的输入值确定新态的变化。前两段形式没有太多变化，但第三段的问题较多，可以对以下五种信号敏感从而产生不同的输出情况：

```
①always@(state or x)
   if(state==xxx and x=yyy)
②always@(state)
③always@(nstate)
④always@(posedge clk)
    case(state)
⑤always@(posedge clk)
    case(nstate)
```

第①种形式就是 fsm_seq3 模块使用的方式，采用这种对 state 和 x 敏感进而产生输出的 always 结构和两段式其实没有太大区别，只是简单地把输出和状态变化分离开，可以使用 case 语句或 if 语句，效果都是一样的。所以 fsm_seq3 模块的功能仿真和时序仿真结果和两段式状态机完全一致，这里就不再给出波形图了。

如果采用第②种形式，则需要把第三段 always 结构修改如下，其余部分不变：

```
always@(state)
begin
    casex(state)
        s0: z=0;
        s1: z=0;
        s2: z=0;
```

```
        s3: z=0;
        s4: z=1;
        default: z=0;
    endcase
end
```

进行功能仿真可以得到图 8-17 所示的波形图，可以看到 z 在 clk 变化时发生变化，因为 clk 的上升沿会驱动 state 发生变化，从而引起输出变化。进一步得到时序仿真波形图如图 8-18 所示。

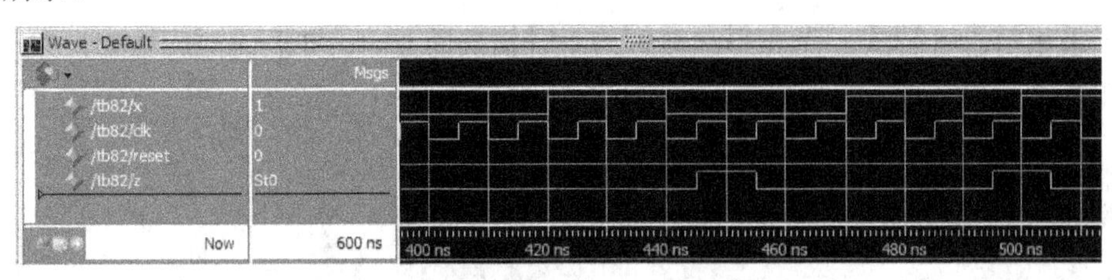

图 8-17　功能仿真波形图

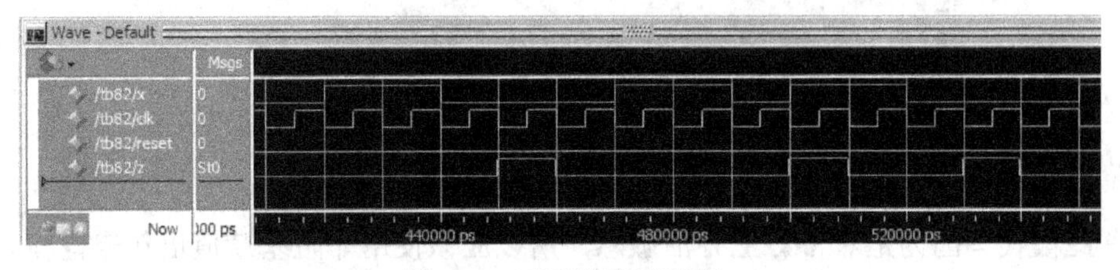

图 8-18　时序仿真波形图

如果采用第③种形式，需要把第三段 always 结构修改如下：

```
always@(nstate)
begin
    casex(nstate)
        s0: z=0;
        s1: z=0;
        s2: z=0;
        s3: z=0;
        s4: z=1;
        default: z=0;
    endcase
end
```

这种形式中对 nstate 敏感，nstate 的变化发生在第二段 always 结构中，所以第③种形式中变化的位置也是受 x 信号的影响，运行功能仿真得到图 8-19 所示的波形图，z 信号的持续时间也是从 x 变化开始到 clk 的上升沿结束。运行时序仿真得到图 8-20 所示的波形图，z 的宽度持续依然是接近半个时钟周期长度。

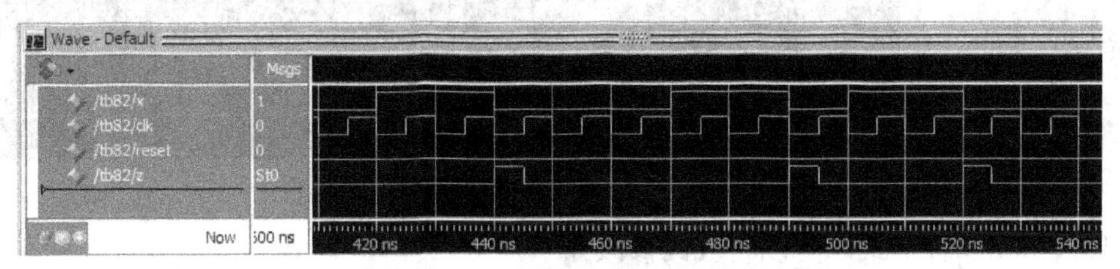

图 8-19　功能仿真波形图

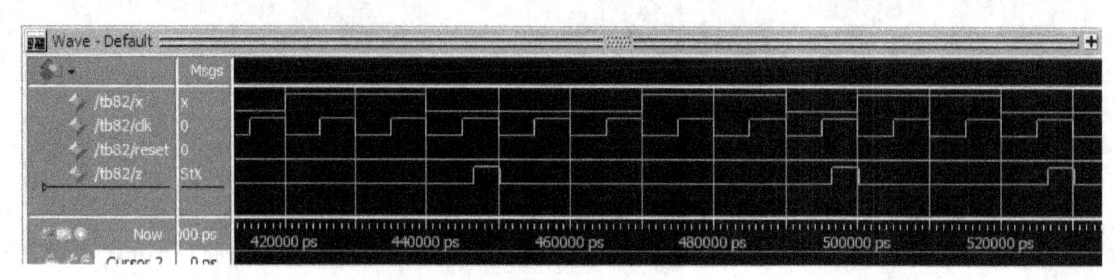

图 8-20 时序仿真波形图

如果采用第④种形式，是在每次时钟的上升沿判断 state 并产生对应输出，第三段代码应编写如下：

```
always@(posedge clk)
begin
    casex(state)
       s0: z<=0;
       s1: z<=0;
       s2: z<=0;
       s3: z<=0;
       s4: z<=1;
       default: z<=0;
    endcase
end
```

注意此段代码因为是对 clk 上升沿敏感，所以应该使用非阻塞赋值语句来建模。修改之后进行功能仿真，可得图 8-21 所示的功能仿真波形图。这段代码比较好理解，因为是在每次 clk 上升沿判断输出值，所以是以 clk 的上升沿为基准，在出现 0110 序列信号之后推迟一个周期产生输出。例如，图中 0110 信号出现在 445ns 的位置，此时已经出现了待检测序列，但是输出 z 的位置要推迟一个周期，在 455ns 位置 z 变为 1，持续一个周期长度。运行时序仿真可得图 8-22 所示的波形图。

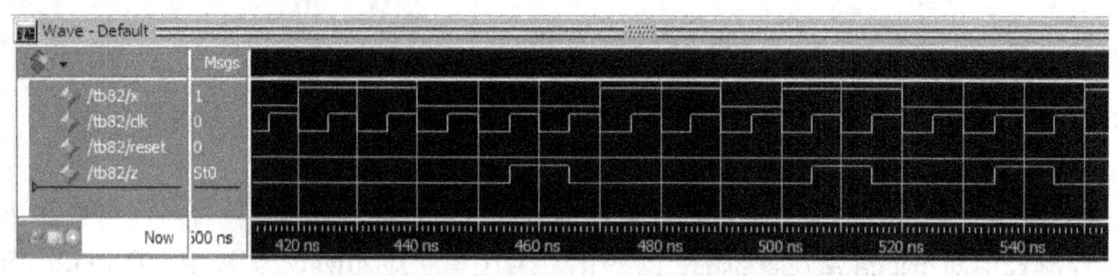

图 8-21 功能仿真波形图

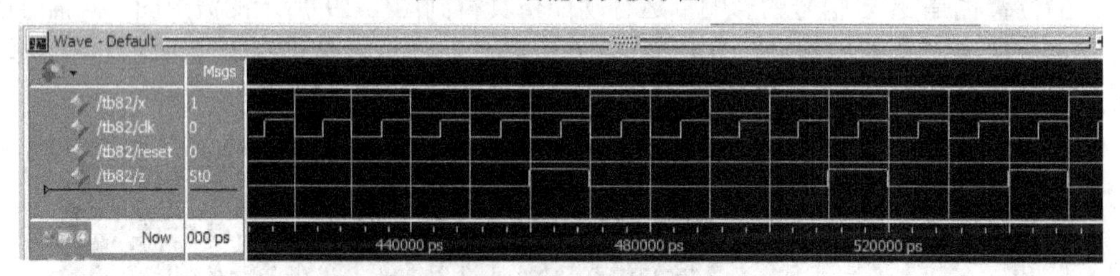

图 8-22 时序仿真波形图

如果采用第⑤种形式，可以将代码修改如下：

```
always@(posedge clk)
```

```
begin
    casex(nstate)
        s0: z<=0;
        s1: z<=0;
        s2: z<=0;
        s3: z<=0;
        s4: z<=1;
        default: z<=0;
    endcase
end
```

和第④种形式的区别就在于 case 语句中判断的是 state 还是 nstate，运行仿真得到图 8-23 所示的功能仿真波形图，可以看到一个有趣的现象：z 的输出比第④种提前了一个周期，也就是在出现 0110 的时候就直接生成了一个 z 的高电平信号。同样运行时序仿真得到图 8-24 的波形图也具有这样的特点，可以与图 8-22 做对比，正好提前了一个周期。

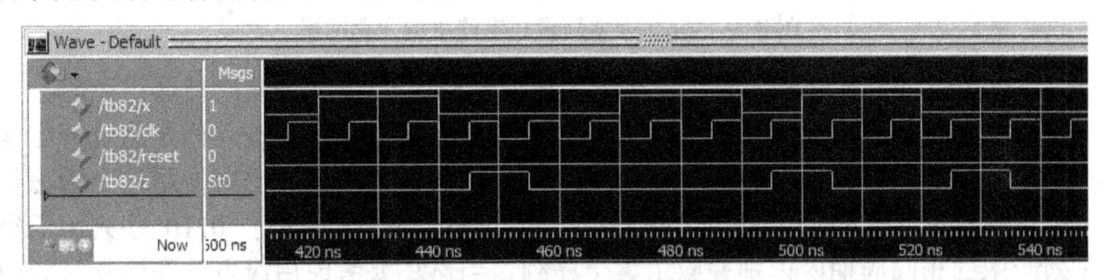

图 8-23　功能仿真波形图

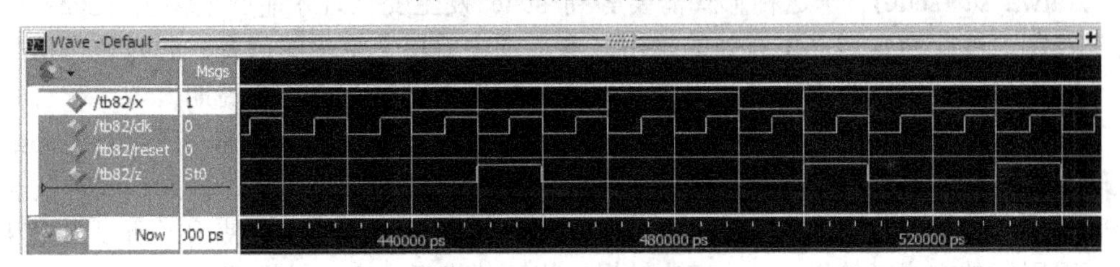

图 8-24　时序仿真波形图

功能仿真和时序仿真都已经说明这五种形式其实是不一样的，下面通过图 8-25 试图说明这五种形式在实际电路中产生的影响，为了解释的方便，假设在 clk 上升沿之前所有的组合逻辑变化都已结束，不会产生跨时钟信号的组合逻辑变化，这也符合电路设计的基本思想。另外，图中的“变化”指的是从正确输入开始到正确输出稳定的过程，像图中的输入信号一旦变化，nstate 就应该开始变化了，但此时的变化是无效的，直到输入信号稳定，即变化结束时，该信号引起的 nstate 变化才是有效的，即正确输入产生正确输出的过程。

解释五个波形变化要先明确两个问题。

第一个问题，三段式状态机中每一段在实际电路中的变化是怎样的。三段式中第一段是时序电路，在每个 clk 上升沿的位置引起 state 的变化，第二段是组合逻辑电路，在每次出现 state 变化或 x 变化时产生 nstate 的变化值，这两段是不变的。

第二个问题，输入信号要在时钟沿之前到来，这是电路能检测到该信号的基本条件。

明确了这两个问题，就可以明白图 8-25 中前四行图形的变化了。输入信号在 clk 上升沿之前到来，直接引起第二段组合逻辑的变化，由于假设组合逻辑变化在 clk 上升沿之前完成，所以 nstate 在 clk 上升沿之前变化为稳定值（实际电路中可以通过很多方法达到此目的，如加大时钟周期的长度）。在 clk 时钟沿到来的时候 state 受第一段时序逻辑的驱动发生变化。在这个前提下，五种第三段的写法在实际电路中的变化过程如下。

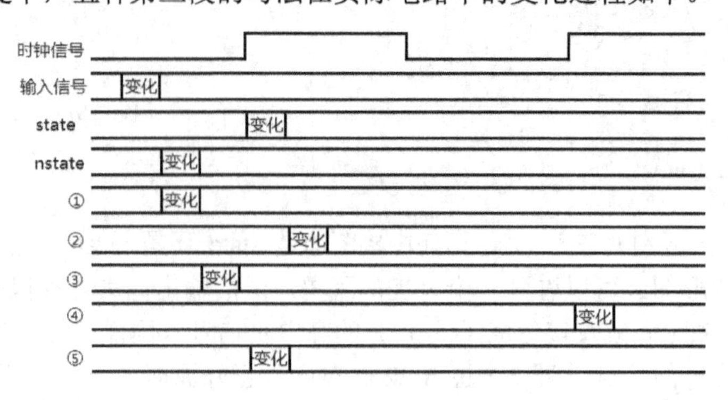

图 8-25　五种敏感列表在电路中的变化情况

① always@(state or x)——这种形式当输入信号稳定且 state 稳定时就会产生输出，所以输出开始变化的位置和 nstate 应该是一样的，因为 nstate 也是等待输入稳定后就开始变成所需的状态。换言之，输出信号会在 clk 上升沿之前产生。如果后级电路使用这个输出作为使能位，那前后级电路之间可以完成无缝对接，即本级电路刚刚输入了 0110 序列，后级电路能在序列产生的相同周期内识别并应用这个序列，当然还要考虑后级电路的建立时间问题。

② always@(state)——这种形式需要等到 state 发生变化时才能产生输出，state 受时钟上升沿控制，变化稳定后产生有效的输出，参考图中输出②变化的位置，此时这个信号会在下一个周期时被后级电路使用，从而使后级电路的工作过程滞后一个周期。

③ always@(nstate)——因为 nstate 的变化就发生在 clk 上升沿之前，所以当 nstate 稳定后，输出端的变化就开始了，直到最后产生一个稳定输出为止。只要时钟周期设计的合理，这个输出也可以被即将到来的 clk 上升沿收集到，并在下一级电路中使用，所以效果和①相似，而采用③的方式时如果 nstate 变化较慢，也可能推后一个时钟周期。

④ always@(posedge clk) + case(state)——因为 state 要等到上升沿时才能开始变化，所以在第一个 clk 上升沿时产生的输出依然是上一个 state 的情况，因为新的 state 还没有开始变化，等到第二个 clk 上升沿时产生的才是有效的输出，这个输出也会滞后一个周期，但是优点是受时钟控制，输出电路部分是时序电路，即最后的输出是通过寄存器输出的，在时序电路中比较容易控制。

⑤ always@(posedge clk) + case(nstate)——由于 nstate 在时钟上升沿之前就稳定了，所以如果 case 语句中对 nstate 进行判断，则输出变化的位置就是第一个 clk 的上升沿，如图 8-25 中的位置。clk 上升沿到来时，一方面 state 发生变化，另一方面输出值发生变化，既保证了信号的同步，也使用了时序电路作为输出。

由于电路设计过程复杂多样，以上五种情况在实际电路设计中都可能会应用到。设计者在编写模型代码时一定要考虑到输出信号的影响，是要同步，还是要滞后以保证稳定，都是要根据实际需要进行确定的。

不只是 mealy 型状态机，moore 型状态机也有类似的问题，但 moore 型状态机相对简单，三段式的 moore 型状态机常见三段模型如下：

```
always @(posedge clk or posedge reset)
begin
  if(reset)
    state<=s0;
  else
    state<=nstate;
end

always@(state)
//状态变化

always@(第三段敏感列表)
//状态输出
```

由于没有输入 x，所以第三段敏感列表中有四种可能情况，下面参考图 8-26 做简单说明。

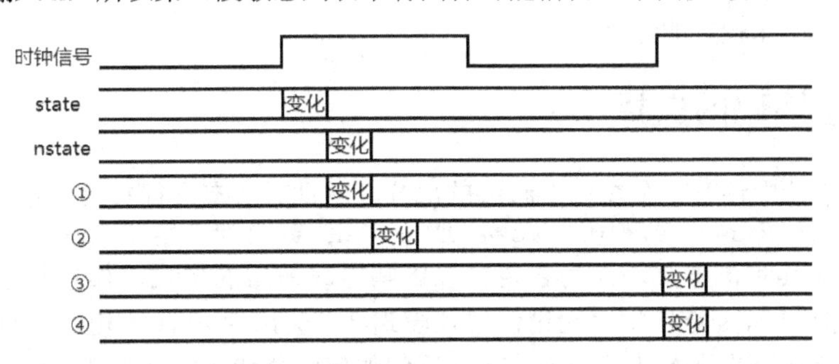

图 8-26 moore 型状态机的输出情况

由于 moore 型状态机的 state 变化是在 clock 作用下发生改变的，所以 state 的变化均发生在 clock 的上升沿时，nstate 的变化受 state 影响，与其他信号无关，所以 nstate 的有效变化是在 state 稳定之后开始的，这样就出现了图 8-26 的前三行，注意和 mealy 型状态机的主要区别在于 nstate 变化的时间位置。然后采用如下四种方式产生输出。

① always@(state)——这种情况下输出会在 state 稳定后开始进行有效的输出变化，所以会发生在第一个 clock 边沿之后，如果是级联电路，本级电路进入到当前状态，下一级电路需要在一个时钟周期能接收到本级电路产生的输出信号。另外两段式状态机输出信号的变化时间和本情况输出信号的变化时间是相同的，两段式采用 state 作为第二段的敏感列表，nstate 变化和输出变化发生在同一时刻。

② always@(nstate)——这种情况下输出信号产生依赖于 nstate，所以会比①中变化的位置更慢一些，如果按假设情况在本时钟周期内达到稳定，输出信号也会被后级电路在下一个周期接收到。

③ always@(posedge clk) + case(state)——这种形式的好处在于输出受时钟控制，但是 case 语句检测的是 state，所以会在下一个时钟周期边沿处产生输出，作为本级电路的输出信号没有问题，但是如果要和后级电路产生连接，需要在时序方面做好处理，因为此时后级电路可能需要再延迟一个时钟周期才能响应本级电路的输出。

④ always@(posedge clk) + case(nstate)——这种方式和 mealy 型类似，一方面可以产生时序电路输出，另一方面由于 case 语句检测的是 nstate，所以在下一个时钟信号来临时，一

方面受第一段 always 控制，完成 state<=nstate 的赋值，state 变为新态，另一方面输出也由 nstate 决定，所以产生的输出就是当前 state 的输出值。

综合上述 mealy 型状态机和 moore 型状态机可知，如果要产生电路状态和当前输出完全吻合的情况，使用三段式状态机并在第三段中采用“always@(posedge clk) + case(nstate)”是比较好的选择。如果有其他需求，可以参考各种敏感列表情况进行选择。

从整体上讲，三段式状态机有如下优点。

（1）代码的条理性更强，可读性很高，易于维护。

（2）输出信号的时间选择更加灵活，可以根据不同需要选择不同的敏感列表。

（3）输出电路可以选择组合逻辑或者时序逻辑。

当然三段式状态机的缺点也很明显，就是编写时比较烦琐，但由于优点明显，所以建议在正规的设计中使用三段式状态机来建模。如果是一些小的设计做练习或实验使用，两段式状态机也是一个比较好的选择。

8.3.4 状态编码的选择

状态机的设计中还有一个貌似不起眼的部分，就是对状态进行参数化定义。例如：

```
parameter s0='d0,s1='d1,s2='d2,s3='d3,s4='d4;
```

状态的定义其实很重要，因为它也可以影响电路最后的形式。如果从电路实现的角度考虑，在后续的 always 结构中，无论使用几段式，都会出现 case 语句，并对 state 或 nstate 进行判断，区分所处的状态是哪一个。case 语句如何区分状态？其实就是根据不同状态的取值产生一个译码信号，作为选择信号来控制 case 电路的输出，所以状态如何取值就会影响实际译码电路的结构。状态如何取值就是状态编码的过程，实际设计中可以使用三种编码方式：二进制码、格雷码和独热码。

二进制码就是最基本的二进制数值依次计数，采用如下方式定义：

```
parameter s0=3'b000,s1=3'b001,s2=3'b010,s3=3'b011,s4=3'b100;
```

当然采用十进制形式也可，用十进制时比较直观。二进制码的优点就是能够使用最少的位数来表示最多的状态，如 3 位二进制码可以表示 8 个状态，已经达到所能表示状态的最大个数。其缺点是译码电路比较复杂，对 3 位二进制码就要采用 3-8 译码器，如果状态比较多，需要的译码电路就会更加复杂。

格雷码（Gray code）采用如下方式定义：

```
parameter s0=3'b000,s1=3'b001,s2=3'b011,s3=3'b010,s4=3'b110;
```

格雷码所能表示的状态数和二进制码相同，但格雷码有一个最大的特点，就是在相邻数值之间变化时仅需改变一位，如从 001 到 011，仅改变第 2 位。此特点的优点在于不会产生信号的多次变化，也不会产生其他状态值。例如二进制编码时，从 001 到下一个状态 010，根据电路信号变化时间的不同，可能会出现 001→000→010 或者 001→011→010 的状态变化，这样就会出现一个附加的状态，而格雷码在相邻状态间转换从 001→011 不会产生附加的状态。格雷码也需要译码电路来生成对应状态的选择信号。

独热码（One hot）采用如下方式定义：

```
parameter  s0=5'b00001,s1=5'b00010,s2=5'b00100,s3=5'b01000,s4=5'b10000;
```

可以看到独热码的形式是只有一位是 1，其余各位都是 0，有几个状态就需要几位来作为状态编码，像上述代码中有 5 个状态，就需要 5 位的二进制信号。独热码的优点在于译码电路方面，由于独热码自身特点，区分不同的状态不需要译码电路，只需把不同的位作为选择信号连接出来即可，这样译码电路部分就可以节省下来。但是独热码的缺点也很明显，就是可用状态浪费较多，同时比较占用寄存器资源。5 个状态时就需要 5 位二进制数，实际可以完成 32 个状态的定义，而且为了存储这 5 位数值，需要有对应的寄存器做存储中介，保存信号值，所以会消耗一些寄存器资源。一般 FPGA 中包含寄存器资源较多，设计中使用独热码比较适合。

8.4 应用实例

实例 8-1——独热码状态机

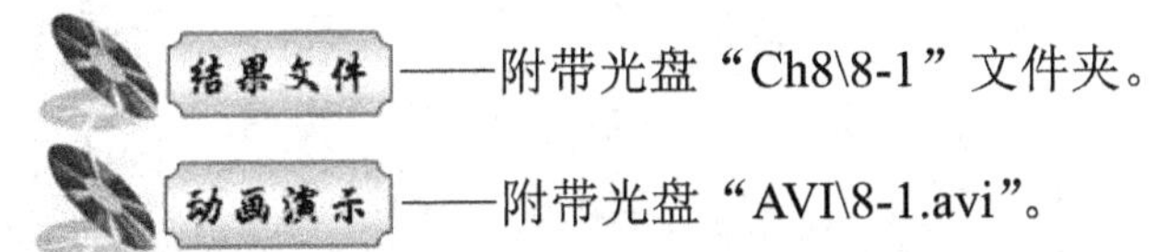

——附带光盘“Ch8\8-1”文件夹。

——附带光盘“AVI\8-1.avi”。

进行时序电路设计时，一般都要先根据设计要求画出状态转换图，然后根据状态转换图来确定如何编写代码。本章的两个例子直接给出两个状态转换图，然后根据状态转换图建立模型。读者可以先自行尝试编写代码，然后与实例中给出的代码对照。本例采用三段式状态机，对图 8-27 所示的状态转换图进行建模，同时给出输出部分的简化写法。

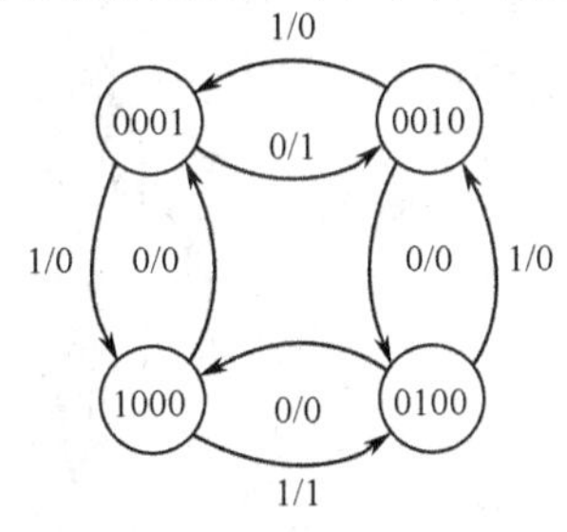

图 8-27 状态转换图一

编写模型代码如下：

```
module ex8_1(clock,reset,x,y1,y2);
input clock,reset;
input x;
output y1,y2;
reg y1,y2;

reg[3:0] cstate,nstate;

parameter s0=4'b0001,s1=4'b0010,     //本例中采用独热码，当然使用二进制码也可
        s2=4'b0100,s3=4'b1000;

always @(posedge clock or posedge reset)    //第一段 always，原态变新态
```

```
begin
  if(reset)
    cstate<=s0;
  else
    cstate<=nstate;
end

always @(cstate or x)              //第二段 always，状态转换
begin
  case(cstate)
  s0:begin
      if(x==0)
        nstate=s1;
      else
        nstate=s3;
     end
  s1:begin
      if(x==0)
        nstate=s2;
      else
        nstate=s0;
     end
  s2:begin
      if(x==0)
        nstate=s3;
      else
        nstate=s1;
     end
  s3:begin
      if(x==0)
        nstate=s0;
      else
        nstate=s2;
     end
  default:nstate=s0;
  endcase
end

always @(cstate or x)              //第三段 always，产生输出
begin
  case(cstate)
  s0:begin
      if(x==0)
        y1=1;
      else
        y1=0;
     end
  s1:begin
      if(x==0)
        y1=0;
      else
```

```
            y1=0;
          end
      s2:begin
            if(x==0)
              y1=0;
            else
              y1=0;
          end
      s3:begin
            if(x==0)
              y1=0;
            else
              y1=1;
          end
      default:y1=0;
      endcase
    end

    always @(cstate or x)              //在输出比较简单时，也可以使用 if 来确定输出值
    begin
      if(cstate==s0 && x==0)           //本段 always 功能与上段相同，但明显简洁易懂
        y2=1;
      else if(cstate==s3 && x==1)      //两种 y2=1 发生的情况也可以合并成一种
        y2=1;
      else
        y2=0;
    end

    endmodule
```

在本例中使用了两个输出 y1 和 y2，y2 是一个简化输出，用来描述在两种情况下输出 1 值，其他情况下输出都是 0 值，如果结合括号使用，还可以进一步精简成如下形式。

```
    always @(cstate or x)
    begin
      if((cstate==s0 && x==0) || (cstate==s3 && x==1))  //合并输出
        y2=1;
      else
        y2=0;
    end
```

编写测试模块代码如下：

```
    module tb_ex81;
    reg x,clock,reset;
    wire y1,y2;

    initial clock=0;
    always #5 clock=~clock;

    initial
    begin
      reset=0;
      #15 reset=1;
```

```
    #15 reset=0;
    #10000 $stop;
  end

  initial
  begin
    #10  x=1;
    #500 x=0;
  end

  ex8_1 myex81(clock,reset,x,y1,y2);

  endmodule
```

运行可得仿真波形图如 8-28 所示。图中截取了 x 为 1 和 0 两个部分，最下方一行是当前状态情况，对照之前的状态转换图，可知结果正确。

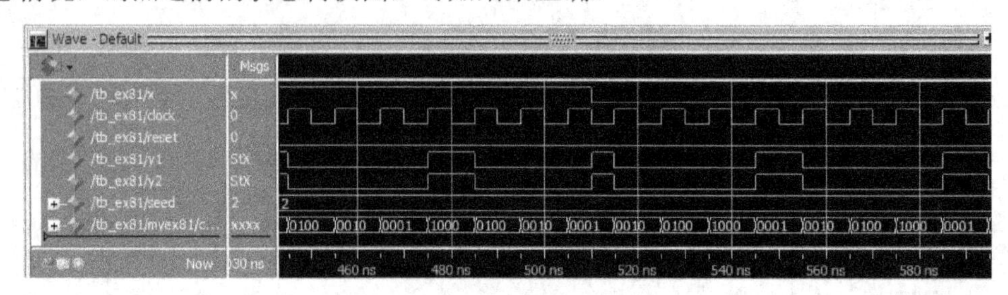

图 8-28　功能仿真波形

如果在分析波形时难以理解，也可以借助工具软件分析当前代码所表示的状态机情况，如图 8-29 所示就是借助 Quartus 生成的状态机转换图，虽然形状上与设计要求不同，但实质是一样的。

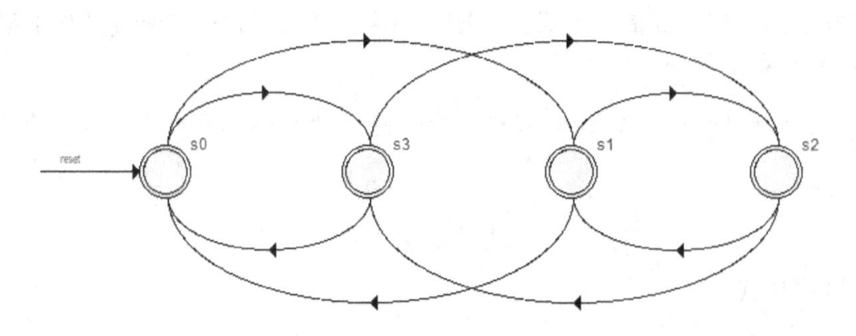

图 8-29　代码生成的状态转换图

设计模块可生成图 8-30 所示的电路结构图，其中状态机部分没有以实际电路的形式给出，而是以一个模块的形式来简化电路形式。

进行后续步骤的处理，可得最后生成的网表文件（vo 文件）和标准延迟文件（sdf 文件），结合这两个文件和模型库，可运行时序仿真，得到的结果会更加接近实际效果。当然如果设计者有可编程的逻辑器件，也可以直接使用硬件来验证本设计的正确性。时序仿真的波形图如图 8-31 所示，可以看到和功能仿真的结果是相同的。

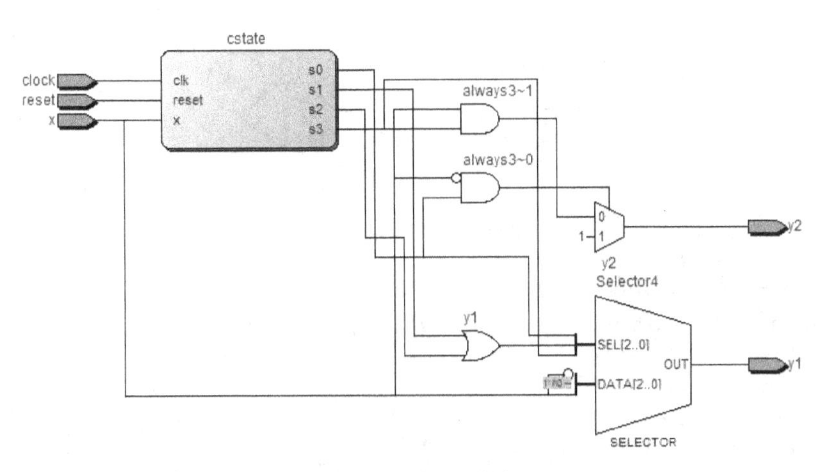

图 8-30　电路结构

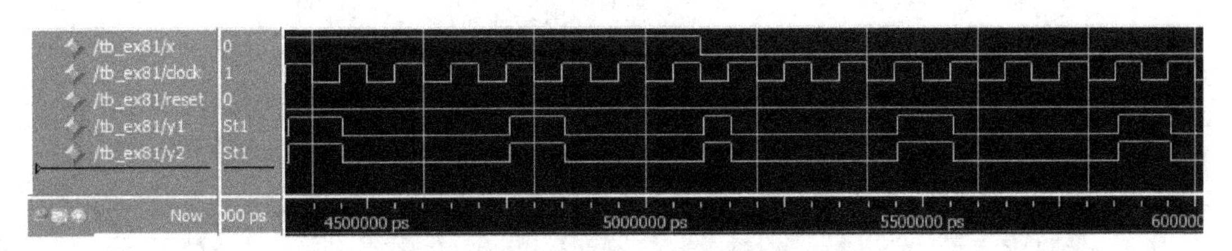

图 8-31　时序仿真波形图

可以放大波形图来查看细微处的差别，图 8-32 把波形图放大到仅包含两个时钟周期，可以看到时钟信号 clock 上升沿与输出信号 y1、y2 之间的时间差，这是时序仿真的标志。

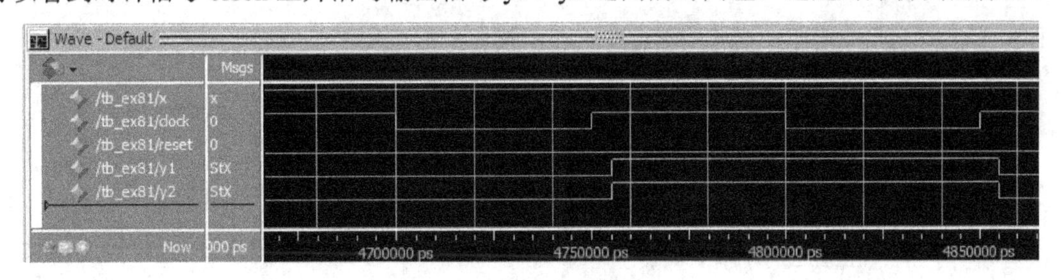

图 8-32　输出延迟的显示

到此为止，代码设计部分所需做的工作就全部完成了，经验证该模块代码能够完成设计要求，由于输出电路简单，输出延迟部分需要放大来查看。

实例 8-2——格雷码状态机

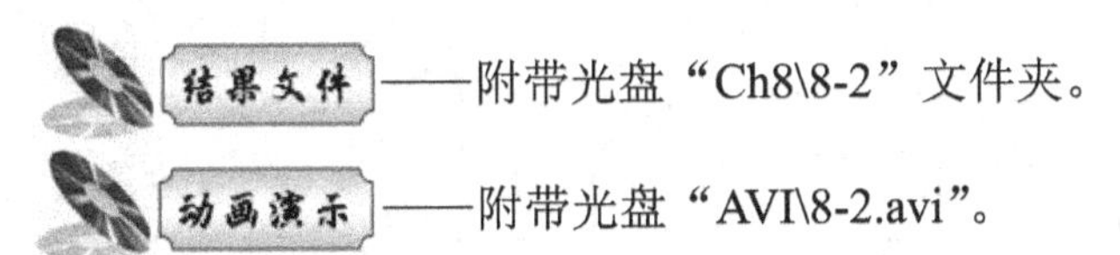

——附带光盘“Ch8\8-2”文件夹。

——附带光盘“AVI\8-2.avi”。

本例使用格雷码进行状态机的建模，输出部分给出四个输出，在同一波形图中直接对比，可以加深读者对几种输出方式的理解。本例设计所使用的状态转换图如图 8-33 所示。

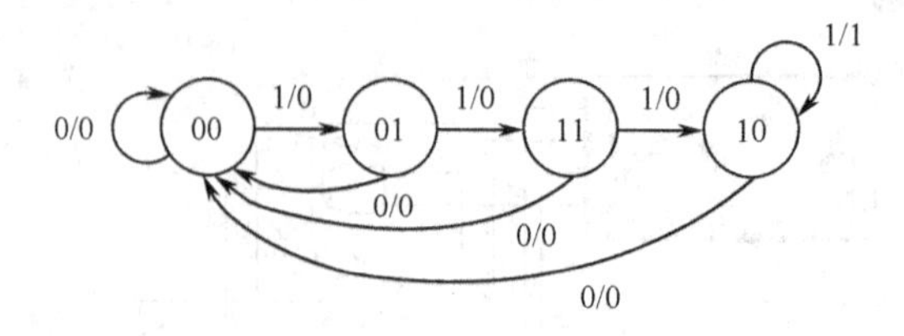

图 8-33　状态转换图

对该状态转换图建立功能模块如下：

```
module ex8_2(clock,reset,a,z1,z2,z3,z4);
input clock,reset;
input a;
output z1,z2,z3,z4;
reg z1,z2,z3,z4;

reg [1:0] cs,ns;            //当前状态和下一状态，写法很多，只要能表示是当前状态
                              和下一状态即可

parameter s0=2'b00,s1=2'b01,s2=2'b11,s3=2'b10;     //格雷码

always @(posedge clock or posedge reset)
begin
  if(reset)
    cs<=s0;
  else
    cs<=ns;
end

always @(cs or a)
begin
  case(cs)
  s0:begin
       if(a==0)
         ns=s0;
       else
         ns=s1;
     end
  s1:begin
       if(a==0)
         ns=s0;
       else
         ns=s2;
     end
  s2:begin
       if(a==0)
         ns=s0;
       else
         ns=s3;
     end
  s3:begin
       if(a==0)
```

```
        ns=s0;
      else
        ns=s3;
    end
  default:ns=s0;
  endcase
end

always @(posedge clock)     //第一个输出，使用时钟沿和当前状态做敏感列表
begin
  if(cs==s3 && a==1)
    z1<=1;
  else
    z1<=0;
end

always @(posedge clock)     //第二个输出，使用时钟沿和下一状态做敏感列表
begin
  if(ns==s3 && a==1)
    z2<=1;
  else
    z2<=0;
end

always @(cs)                //第三个输出，使用当前状态做敏感列表
begin
  if(cs==s3  &&  a==1)
    z3=1;
  else
    z3=0;
end

always @(ns)                //第四个输出，使用下一状态做敏感列表
begin
  if(ns==s3  &&  a==1)
    z4=1;
  else
    z4=0;
end

endmodule
```

编写简单的测试模块如下：

```
module tb_ex82;
reg a,clock,reset;
wire z1,z2,z3,z4;
integer seed=2;

initial clock=0;
always #5 clock=~clock;

initial
```

```
    begin
      reset=0;
      #15 reset=1;
      #15 reset=0;
      #10000 $stop;
    end

    initial
    begin
      #10  a=1;
      #100 a=0;
      #100 a=1;
    end

    ex8_2 myex82(clock,reset,a,z1,z2,z3,z4);

    endmodule
```

运行功能仿真，可得图 8-34 所示的功能仿真波形图。可以看到 z1 的输出最后产生，z2 和 z3 的输出比 z1 提前一个周期，z4 产生输出是最早的，具体原因在三段式状态机部分已经讲解过了。

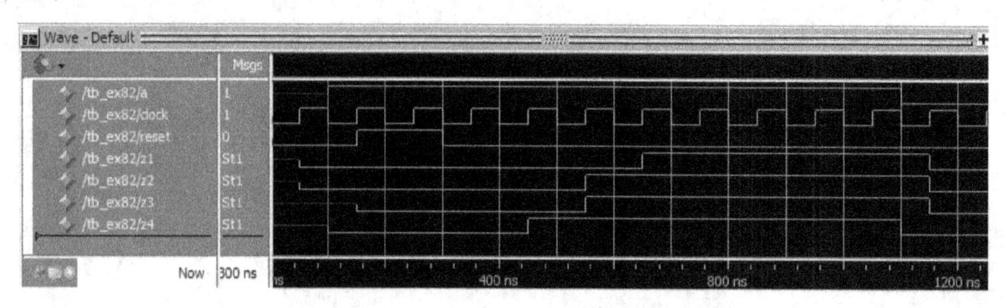

图 8-34　功能仿真波形图

该代码可综合成图 8-35 所示的电路结构，这里就很容易对比出，z1 和 z2 是由寄存器输出的，而 z3 和 z4 是由组合逻辑输出的。

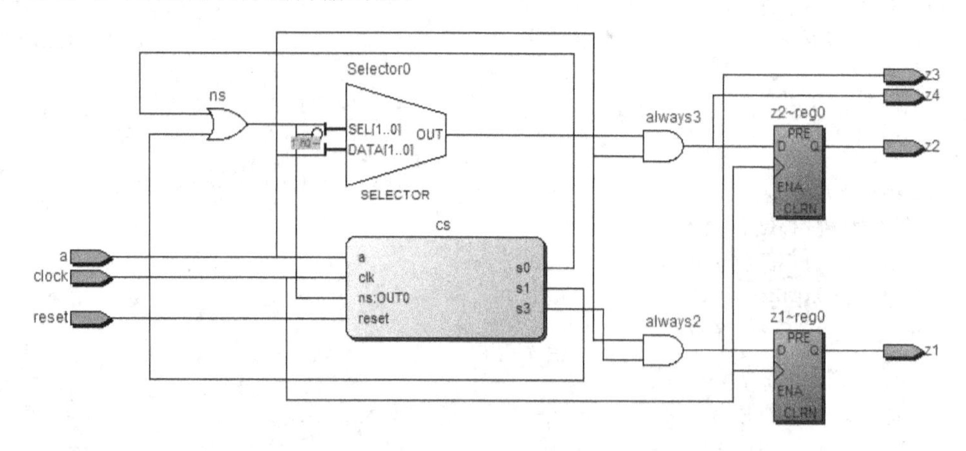

图 8-35　电路结构图

借助软件可带代码的状态机模型如图 8-36 所示。

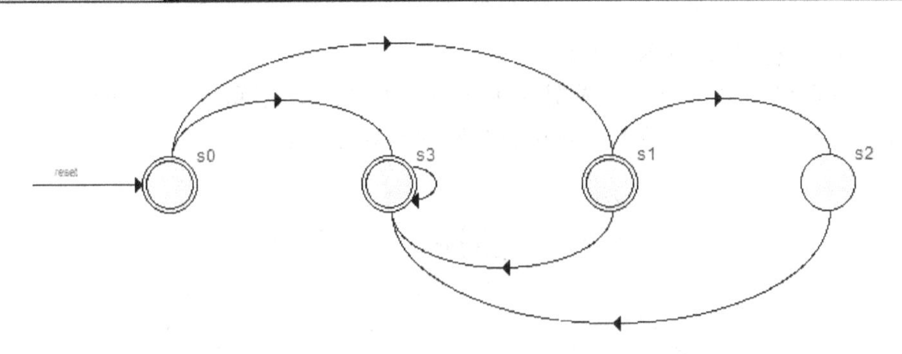

图 8-36　分析代码所得状态图

运行时序仿真可得图 8-37 所示的时序仿真波形图，与功能仿真波形基本一致。

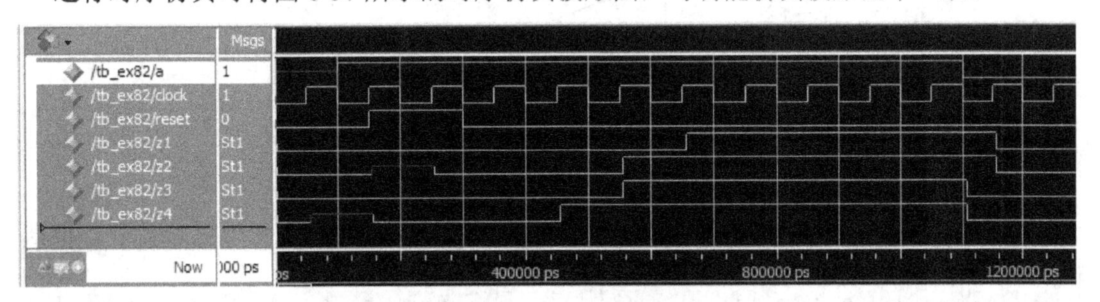

图 8-37　时序仿真波形图

同样放大图 8-37 可得图 8-38 所示的细节图，z1、z2、z3 和 z4 的变化均发生在 clock 上升沿之后的一段之间，最后得到的输出情况与 8.3.3 节中介绍的完全一致。

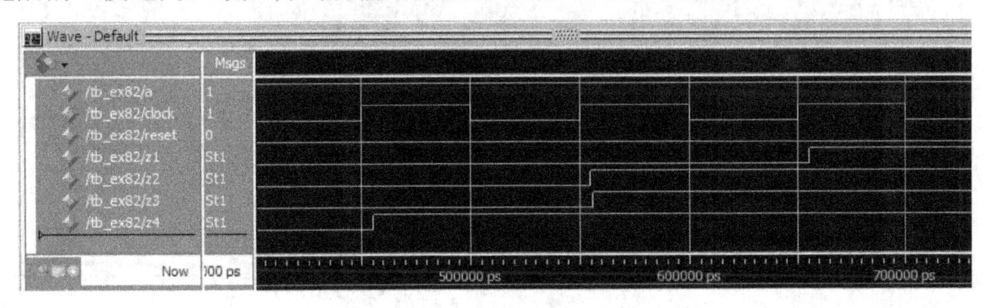

图 8-38　放大图

实例 8-3——序列检测模块

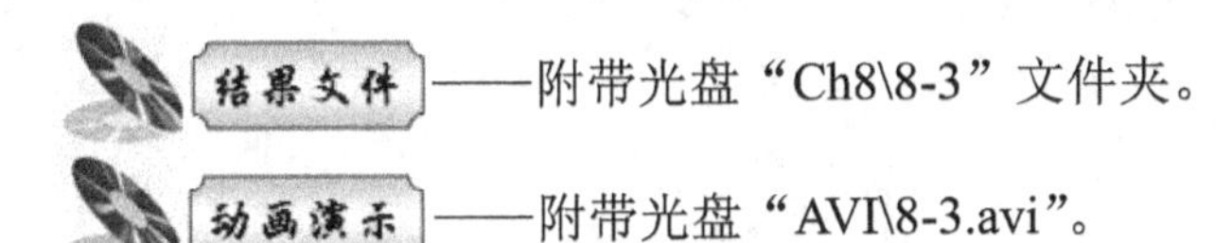

结果文件——附带光盘“Ch8\8-3”文件夹。

动画演示——附带光盘“AVI\8-3.avi”。

本例中仿照 8.3 节的内容，应用状态机来完成一个序列检测模块。在通信过程中，经常需要检测某段固定的信号值，作为通信的某种状态标志，例如检测 10101011 作为通信开始的标志等等。本实例稍作简化，检测一个串行输入信号，当检测到输入信号出现“101011”

时，输出一个触发信号，表示检测到了序列信号。

相较于前两例，本例中没有成型的状态图，需要根据实际功能自行画出，这也是数字电路设计应有的基本功，本例的状态转换图如图8-39所示。

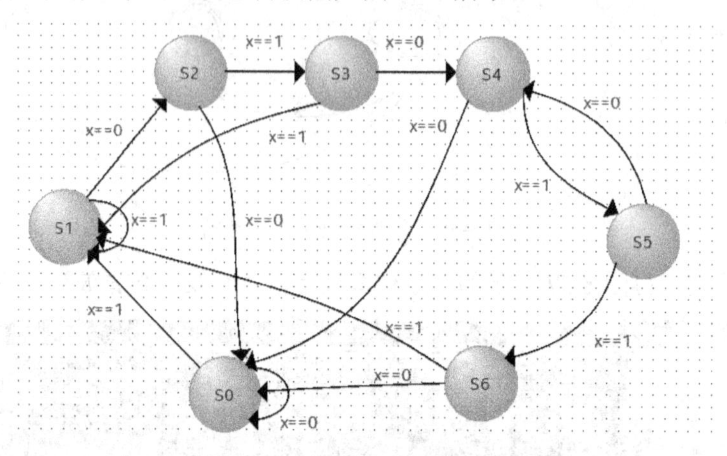

图8-39　序列检测模块状态图

可以明显看到，随着状态的增加，状态转换图的复杂度会随之变得更加复杂。根据该状态转换图，可以完成设计，代码如下：

```
module ex8_3(clock,reset,x,z);
input clock,reset;
input x;
output z;
reg z;

reg[3:0] cstate,nstate;

parameter s0=4'd0,s1=4'd1,
        s2=4'd2,s3=4'd3,
        s4=4'd4,s5=4'd5,
        s6=4'd6;

always @(posedge clock or posedge reset)
begin
  if(reset)
    cstate<=s0;
  else
    cstate<=nstate;
end

always @(cstate or x)
begin
  case(cstate)
  s0:begin
       if(x==1)    //start
         nstate=s1;
       else
         nstate=s0;
```

```
    end
  s1:begin          //收到 1
      if(x==0)
        nstate=s2;
      else
        nstate=s1;
    end
  s2:begin           //收到 10
      if(x==1)
        nstate=s3;
      else
        nstate=s0;
    end
  s3:begin           //收到 101
      if(x==0)
        nstate=s4;
      else
        nstate=s1;
    end
  s4:begin            //收到 1010
      if(x==1)
        nstate=s5;
      else
        nstate=s0;
    end
  s5:begin               //收到 10101
      if(x==1)
        nstate=s6;
      else
        nstate=s4;
    end
  s6:begin             //收到 101011
      if(x==0)
        nstate=s0;
      else
        nstate=s1;
    end
   default:nstate=s0;
  endcase
end

always  @(nstate)
if(nstate==s6)
   z=1;
else
   z=0;

endmodule
```

测试模块采用随机函数来生成序列信号 x，代码如下：

```
module tb_ex83;
reg x,clock,reset;
```

```
    wire z;

    initial clock=1;
    always #5 clock=~clock;

    initial
    begin
      reset=0;
      #15 reset=1;
      #15 reset=0;
      #10000 $stop;
    end

    always #10 x=$random;      //随机数

    ex8_3 myex83(clock,reset,x,z);

    endmodule
```

将上述设计模块和测试模块进行仿真，可得图 8-40 所示的仿真结果。从仿真波形中可以看到输出端 z 生成了两次高电平脉冲。最后两行的信号是状态机的当前状态和下一状态，状态机的转换过程与第一行输入信号 x 的波形一一印证，功能无误。

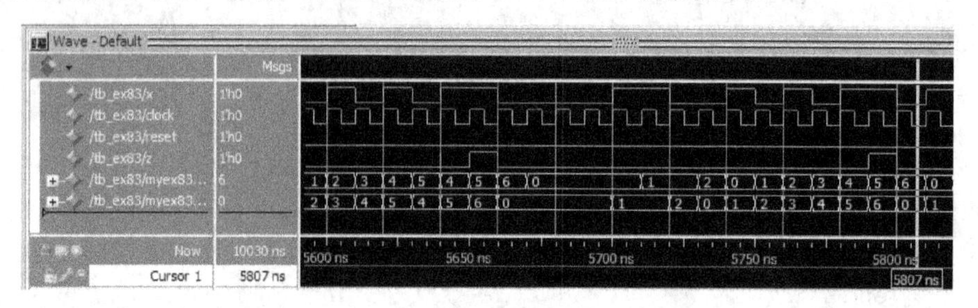

图 8-40　功能仿真波形

借助工具软件可以查看所编写代码的状态机，如图 8-41 所示，与最初的状态图相符。

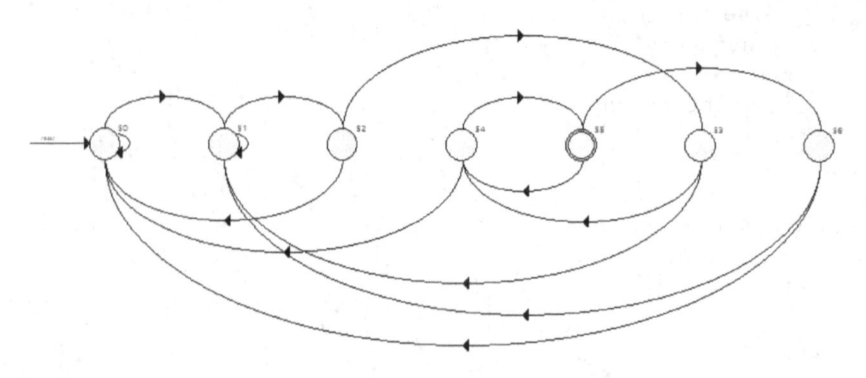

图 8-41　设计模块的状态转换图

时序仿真需要将测试代码做一些调整，由于网表文件默认是 1ps 单位，所以把测试模块中所有单位调低到 ps 级别，同时添加`timescale 代码如下：

```
`timescale 1 ps/ 1 ps
module tb_ex83;
reg x,clock,reset;
wire z;

initial clock=1;
always #5000 clock=~clock;

initial
begin
  reset=0;
  #15000 reset=1;
  #15000 reset=0;
  #10000000 $stop;
end

always #10000 x=$random;      //随机数

ex8_3 myex83(clock,reset,x,z);

endmodule
```

运行时序仿真，可得图 8-42 所示的波形图，与功能仿真结果相符，结果无误。

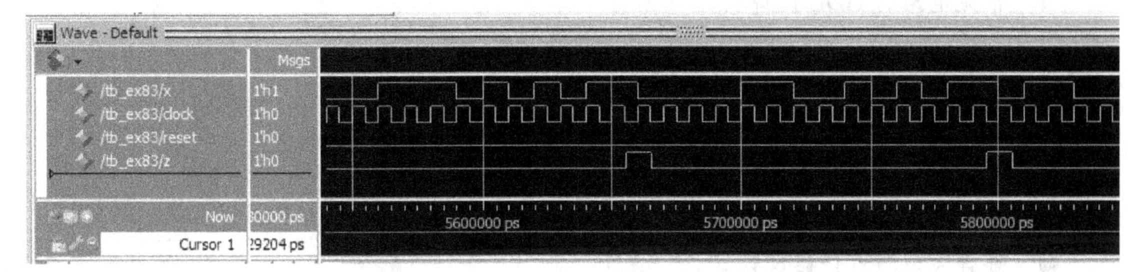

图 8-42　时序仿真波形图

8.5　习题

8-1　请将书中的 moore 型红绿灯修改为三段式，采用格雷码编码，输出方式自定。

8-2　请把书中的 mealy 型红绿灯修改为三段式，采用独热码编码，输出方式自定。

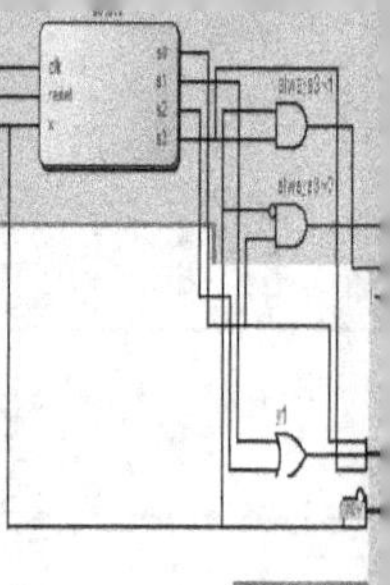

第9章　常见功能电路的HDL模型

在介绍了各种语法之后，本章给出一些常见的Verilog HDL功能模型，可以通过对这些模型的分析和理解，加深对语法部分的掌握，同时也能在自己进行设计时有一些基本的设计思想，读者可以带着如下问题阅读本章。

（1）在模块中如何看出是同步信号还是异步信号？

（2）电路中的二进制数制会对设计产生什么影响？

（3）你能否把看到的示例代码修改成你认为更合理的形式？

本章内容

- 常见电路的HDL设计

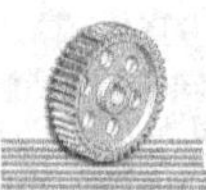

本章案例

- 各种触发类型的触发器
- 编码器与译码器
- 各种类型的寄存器设计
- 各种进制的计数器设计
- 奇偶分频器的设计
- 有符号数和无符号数乘法器设计
- 存储单元设计

9.1　锁存器与触发器

结果文件——附带光盘“Ch9\9-1”文件夹。

动画演示——附带光盘“AVI\9-1.avi”。

锁存器是一种电平触发的存储单元，在有效电平时间内输出信号可以随输入信号的变化而变化，在其他时间内会维持输出信号保持不变。锁存器在时序电路设计时是要尽量避免的，尤其是设计之外的锁存器更应注意，因为锁存器电路不能过滤掉输入信号的变化，会对后级电路造成难以估计的后果。但是在实现一些功能时锁存器也是有一定优势的，最主要的就是锁存器所占的电路面积小。锁存器的代码可参考下例。

```
module latch(clock,d,q);
input clock,d;
output q;

assign q=clock?d:q;

endmodule
```

该代码实现的功能是在 clock 为高电平时输出 d 值，在 clock 为低电平时维持原有 q 值不变，实现的是锁存器的功能。还有另外一种功能电路，模型代码如下：

```
module dff0(clock,d,q);
input clock,d;
output q;
reg q;

always @(clock)
  q<=d;

endmodule
```

该代码实现的功能是在 clock 每次变化时把输入的 d 值输出，是一个电平触发的触发器，该功能电路也有一定的使用范围。

常用的边沿触发器是一种基本的时序电路，以时钟上升沿或时钟下降沿作为触发条件，在触发边沿时接受输入信号的值，并产生对应的输出值。除去触发边沿外，其他时间内都维持现有值不变。触发器的种类有很多，按其功能的不同可以分为 D 触发器、JK 触发器、T 触发器等，其中在时序电路设计中以 D 触发器使用范围最广，因为 D 触发器的特性方程最为简单，输出值就是触发边沿时接收的输入信号。D 触发器的模型代码如下：

```
module dff1(clock,d,q);
input clock,d;
output q;
reg q;

always @(posedge clock)
  q<=d;

endmodule
```

该 D 触发器仅仅完成了最基本的功能，就是在每次 clock 上升沿来临时接收输入端的 d 值并产生输出信号 q。对上述三个模块进行测试，观察功能上的区别。测试模块如下：

```
module tb91;
reg clock,d;
wire q0,q1,q_latch;

initial clock=0;
always #5 clock=~clock;

initial d=1;
```

```
always #6 d<=d+1;

latch latch(clock,d,q_latch);    //调用锁存器
dff0 dff0(clock,d,q0);           //调用电平触发器
dff1 dff1(clock,d,q1);           //调用 D 触发器

endmodule
```

运行仿真后可得图 9-1 所示的仿真波形图。图中第一行是时钟信号，第二行是输入的 d 值，第三至第五行分别是 q0、q1 和 q_latch，与测试模块中名称一一对应。从仿真波形图中可以很直观地看到，q0 信号的每次变化都发生在 clock 的边沿位置，即电平变化的位置，因为它是一个电平触发的电路。q1 信号发生变化是在 clock 的上升沿，在前几个周期中 clock 上升沿时的 d 值都是 1，所以输出信号 q1 并没有变化，在后几个周期 clock 上升沿时的 d 值都是 0，所以后面周期中 q1 也没有变化，只在第四个 clock 上升沿时发生了一次变化。q_latch 信号变化的情况比较貌似比较复杂，但仔细观看后可以得知，每次 clock 高电平区间中 q_latch 的信号都与 d 的信号相同，而在 clock 低电平区间中 q_latch 都维持高电平区间中最后一个值不变，实现的正是锁存器的功能。

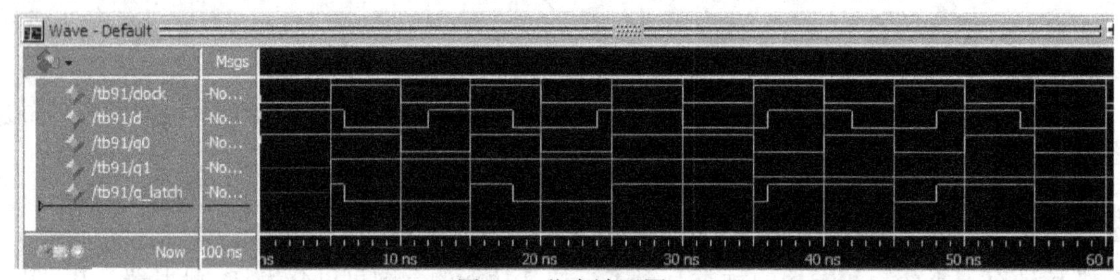

图 9-1　仿真波形图

D 触发器还可以添加一些功能信号，如复位端，一个时序电路中一般都要有一个复位端口来应对意外情况的发生，可以在任何情况下把电路复位成初始电路状态。带有复位端的 D 触发器模型代码如下：

```
module dff2(clock,reset,d,q);
input clock,reset,d;
output q;
reg q;

always @(posedge clock or negedge reset)
begin
  if(!reset)                      //or reset==0
    q<=0;
  else
    q<=d;
end

endmodule
```

还有另外的一种实现方式，代码如下：

```
module dff3(clock,reset,d,q);
input clock,reset,d;
```

```
output q;
reg q;

always @(posedge clock )
begin
  if(!reset)
    q<=0;
  else
    q<=d;
end

endmodule
```

这两种代码仅在 always@部分的敏感列表不同，有了前面章节的铺垫，可以知道此时实现的功能是不同的。dff2 模块的 always 敏感列表中有 reset 信号，所以在 reset 信号出现从 1 变成 0 的过程中，always 结构被触发，实现复位功能。dff3 模块中 always 敏感列表仅有 clock，所以对复位信号的检测只能发生在 clock 的上升沿时。这两个模块中 dff2 实现的是带有异步复位信号的 D 触发器，dff3 实现的是带有同步复位信号的 D 触发器。所谓异步信号，就是指引起输出信号变化时不受 clock 控制，在建模时只要把该信号列于 always 的敏感列表中即可实现该目的。而同步信号的变化都要在 clock 信号的控制下，所以同步电路的 always 敏感列表中只能有 clock 一个信号。编写测试模块验证所编写模块的正确性，测试模块代码如下：

```
module tb92;
reg clock,reset,d;
wire  q2,q3;

initial clock=0;
always #5 clock=~clock;

initial d=1;
always #6 d<=d+1;

initial
begin
  reset=1;
  #12 reset=0;
  #11 reset=1;
  #17 $stop;
end

dff2 dff2(clock,reset,d,q2);
dff3 dff3(clock,reset,d,q3);

endmodule
```

运行仿真可得图 9-2 所示的仿真波形图，第二行信号就是复位信号 reset，在 12ns 处 reset 出现下降沿，此时 q2 信号的输出立即变为低电平，因为 q2 是异步复位电路的输出，而同步电路的输出 q3 会等到 16ns 时 clock 的上升沿出现后才变为低电平。

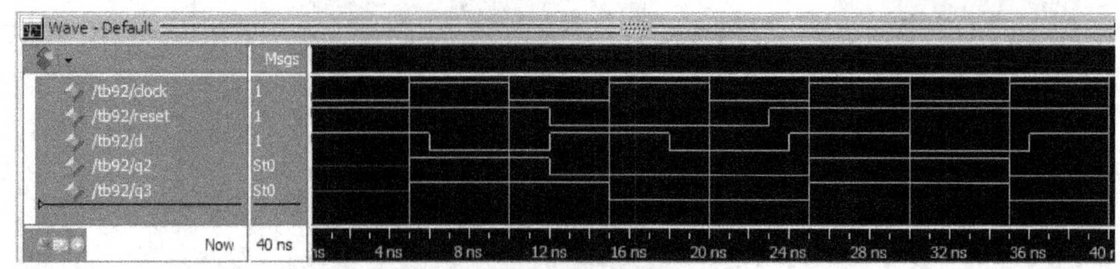

图 9-2 仿真波形图

还可以为 D 触发器电路增加置位信号，同样可以使用同步和异步两种方式完成置位，得到的异步复位、异步置位 D 触发器模块代码如下：

```
module dff4(clock,reset,set,d,q);
input clock,reset,set,d;
output q;
reg q;

always @(posedge clock, negedge reset,negedge set)
begin
  if(reset==0)
    q<=0;
  else if (set==1)
    q<=1;
  else
    q<=d;
end

endmodule
```

同步复位、同步置位的 D 触发器代码如下：

```
module dff5(clock,reset,set,d,q);
input clock,reset,set,d;
output q;
reg q;

always @(posedge clock)
begin
  if(reset==0)
    q<=0;
  else if (set==1)
    q<=1;
  else
    q<=d;
end

endmodule
```

dff4 和 dff5 的功能很容易理解，使用了一个 if…else if…else 的语法格式，测试模块只需在 tb92 模块的接触上稍作修改即可，这里不再给出测试模块和仿真波形图。

有些触发器还具有使能信号，当使能信号生效时，触发器维持在某个输出值保持不变，直到使能信号撤销时才正常工作。下面的代码就是一个具有使能信号的 D 触发器。

```
module dff6(clock,en,d,q);
input clock,en,d;
output q;
reg q;

always @(posedge clock )
if(en)
  q<=1;
else
  q<=d;

endmodule
```

该触发器在 en 信号为高电平时维持输出值 1，当 en 为低电平时正常完成触发器的功能。还有另外一种写法如下：

```
module dff7(clock,en,d,q);
input clock,en,d;
output q;
reg q1;

always @(posedge clock )
  q1<=d;

assign q=q1|en;

endmodule
```

在 dff7 中使用了 assign 语句来完成使能信号的功能。但相对 dff6 模块直接定义 en 生效时输出为 1，dff7 中的 en 并没有显式地指定输出值，需要设计者来完成。dff7 中输出信号 q 由 q1 和 en 的或逻辑来生成，由或运算的功能可知当 en 为 1 时，无论 q1 为何值都会使 q 输出 1 值，而 en 为 0 时，输出信号 q 与 q1 的值是相同的，这样就完成了和 dff6 一样的功能。当然，dff6 和 dff7 更主要的区别在于 dff6 是时序电路输出，输出端由触发器产生，而 dff7 是组合逻辑电路产生的输出。

若要输出信号维持在 0 值又当如何？依然可以使用简单逻辑完成该功能，代码如下：

```
module dff8(clock,en,d,q);
input clock,en,d;
output q;
reg q1;

always @(posedge clock )
  q1<=d;

assign q=q1&en;

endmodule
```

这里使用了与运算，当 en 为 0 时输出 q 始终为 0，当 en 为 1 时输出 q 与输入 q1 相同。编写测试模块代码如下：

```
module tb93;
reg clock,en,d;
wire q6,q7,q8;

initial clock=0;
always #5 clock=~clock;

initial d=1;
always #6 d<=d+1;

initial en=1;
initial #50 en=0;

dff6 dff6(clock,en,d,q6);
dff7 dff7(clock,en,d,q7);
dff8 dff8(clock,en,d,q8);

endmodule
```

运行仿真可得图 9-3 所示的仿真波形图。q6 与 q7 的输出基本相同，区别在于 50ns 处 en 由 1 变 0，q7 立即发生变化，因为 q7 是由 assign 语句实现的组合逻辑输出，会立刻响应输入信号 en 的变化，而 q6 作为同步时序电路，会推迟到下次 clock 上升沿出现时再变化回低电平。

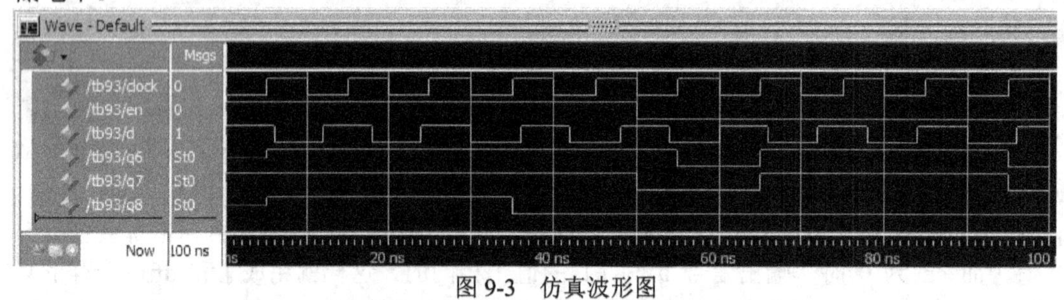

图 9-3　仿真波形图

除了 D 触发器外，JK 触发器也是比较常见的，模型代码如下：

```
module jkff1(clock,j,k,q);
input clock,j,k;
output q;
reg q;

always @(posedge clock)
begin
  case({j,k})
  2'b00:q<=q;
  2'b01:q<=0;
  2'b10:q<=1;
  2'b11:q<=~q;
  default:q<=1'bx;
  endcase
end
```

```
endmodule
```

上述代码是由 case 语句完成的，使用 if 语句同样可以完成，代码如下：

```
module jkff2(clock,j,k,q);
input clock,j,k;
output q;
reg q;

always @(posedge clock)
begin
  if(j==1 && k==1)
    q<=~q;
  else if(j==0 && k==1)
    q<=0;
  else if(j==1 && k==0)
    q<=1;
  else
    q<=q;
end

endmodule
```

这两种语句编写的模块功能是一样的，编写测试模块如下：

```
module tb94;
reg clock,j,k;
wire q_jk1,q_jk2;

initial clock=0;
always #5 clock=~clock;

initial
begin
  j=0;k=0;
end

always #11 {j,k}={j,k}+1;

jkff1 jkff1(clock,j,k,q_jk1);
jkff2 jkff2(clock,j,k,q_jk2);

endmodule
```

运行仿真可得图 9-4 所示的仿真波形图，在每次 clock 上升沿时根据 jk 的值来决定输出值，当 jk 为 10 时完成置 1，当 jk 为 01 时完成置 0，当 jk 为 00 时完成维持功能，当 jk 为 11 时完成取反功能，对照波形图可以找到这四种情况。

虽然功能相同，但最后实现的电路结构可能会有所不同，尤其是 case 语句和 if 语句本身在综合过程中就会生成不同的电路，case 语句更偏向生成选择器形式，可见图 9-5 中的（a）图。图 9-5（b）所示是 if 语句生成的电路结构，与图 9-5（b）相比较大的选择器被分散成了几个小的选择器，并具有一定的优先级。

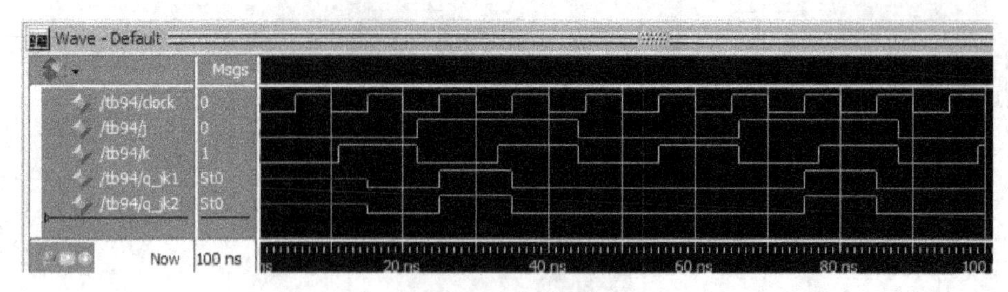

图 9-4 仿真波形图

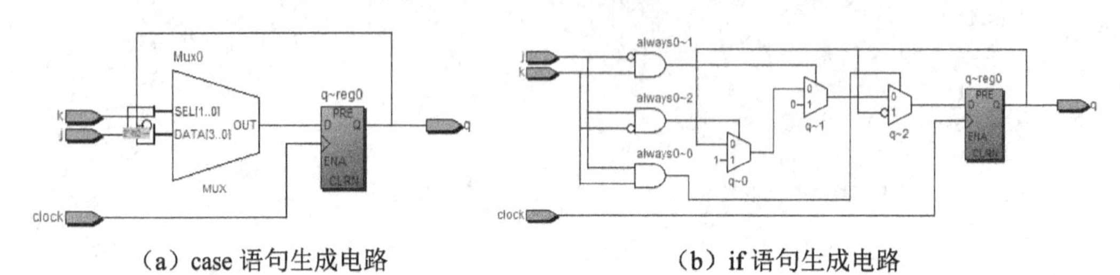

（a）case 语句生成电路

（b）if 语句生成电路

图 9-5 电路结构图

9.2 编码器与译码器

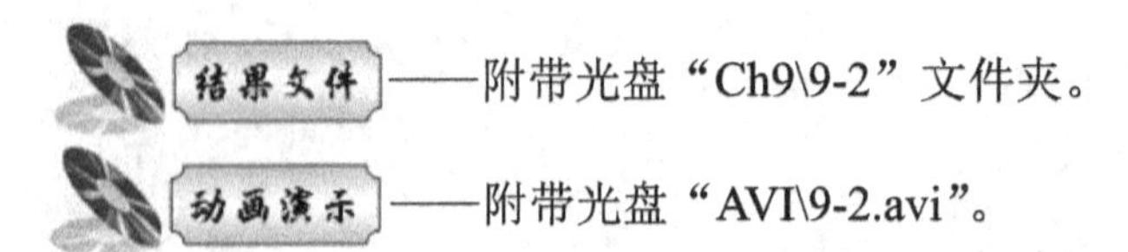

——附带光盘“Ch9\9-2”文件夹。

——附带光盘“AVI\9-2.avi”。

编码器与译码器也是常见的逻辑电路之一。编码器执行的功能是把输入信号进行二进制编码，常见的有 8-3 编码器等。基本结构的编码器不能处理多个输入信号同时有效的情况，所以产生了优先编码器，会按照事先规定好的优先级顺序来决定响应哪个输入信号。优先编码器的模块代码如下：

```
module encoder(i,y,none);
input [7:0] i;
output [2:0] y;
output none;
reg [2:0] y;
reg none;

always @(i)
begin
  if(i[7])  y=3'b111;
  else if(i[6])  y=3'b110;
  else if(i[5])  y=3'b101;
  else if(i[4])  y=3'b100;
  else if(i[3])  y=3'b011;
  else if(i[2])  y=3'b010;
  else if(i[1])  y=3'b001;
  else if(i[0])  y=3'b000;
```

```
   else  y=3'b111;
  end

  always @(i)
  if(i==8'd0)  none=1;
  else none=0;

  endmodule
```

该电路模块分为两个部分，第一个 always 部分完成正常的编码输出，第二个 always 结构完成当无输入信号时产生的空信号输出，两个部分可以合并在一个 always 结构中，但为了代码的结构清晰采用了两个 always 结构。对优先编码器编写测试模块代码如下：

```
  module tb95;
  reg [7:0] i;
  wire [2:0] y;
  wire none;

  initial i=8'b0000_0001;
  always #10 i=i<<1;

  encoder encoder(i,y,none);

  endmodule
```

测试模块主要完成的就是按从低位到高位的顺序依次生成输入有效的信号，直到没有有效信号为止。运行仿真可得图 9-6 所示的波形图。波形图中显示的功能与优先编码器的设计模块描述完全相符，这里只是对单个信号有效时进行了仿真，读者可以修改测试模块 tb95，尝试多个信号有效时的输出情况。

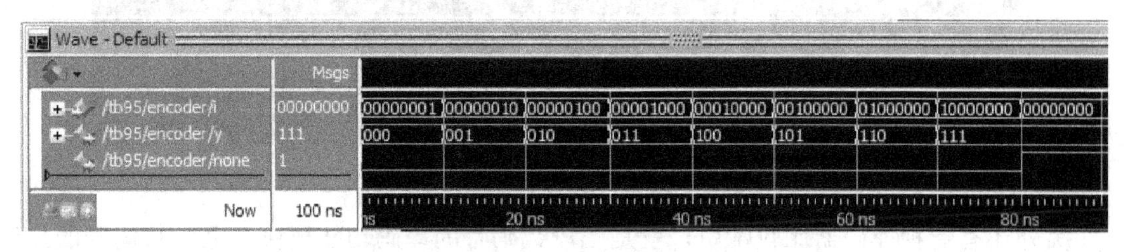

图 9-6　仿真波形图

译码器就是将每个输入的二进制代码信号翻译成对应的输出高、低电平信号，和编码器的过程相逆。同样以 3 线-8 线形式为例，编写 3-8 译码器代码如下：

```
  module decoder(a,y);
  input [2:0] a;
  output [7:0] y;
  reg [7:0] y;

  always @(a)
  begin
    case(a)
    3'd0: y=8'b1111_1110;
    3'd1: y=8'b1111_1101;
```

```
    3'd2: y=8'b1111_1011;
    3'd3: y=8'b1111_0111;
    3'd4: y=8'b1110_1111;
    3'd5: y=8'b1101_1111;
    3'd6: y=8'b1011_1111;
    3'd7: y=8'b0111_1111;
    default:y=8'b1111_1111;
    endcase
  end

  endmodule
```

设计模块中使用了一个 case 语句完成了整个设计，测试模块代码如下：

```
module tb96;
reg [2:0] a;
wire [7:0] y;

initial a=3'b000;
always #10 a=a+1;

decoder decoder(a,y);

endmodule
```

运行仿真得到图 9-7 所示的波形图，可见输入与输出的功能完全对应，在输入信号从 000 变化到 111 的过程中，输出信号从低位到高位一次输出 0 值，产生了反输出，如果想产生正输出即输出 1 值，只需把 decoder 中的输出信号全部取反即可。

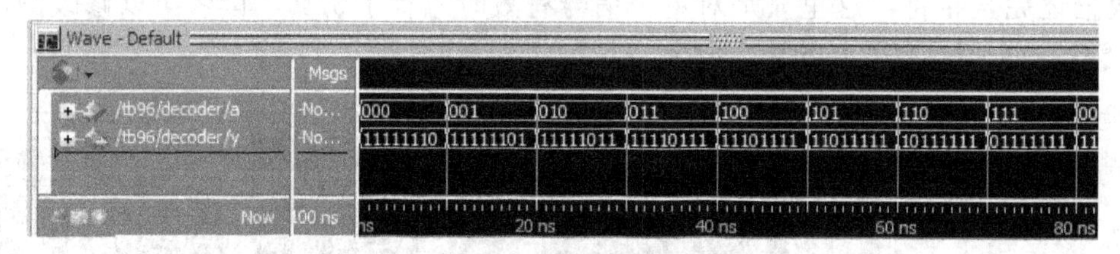

图 9-7　仿真波形图

另外还有一种译码器比较常用，就是七段数码管的译码功能模块。七段数码管的显示部分有 abcdefg 七个输入端，分别数码管的七段显示灯，根据驱动信号的不同可以分为共阴极和共阳极两种。共阴极数码管的所有低电平端连接在一起，想要让数码管产生显示需要施加高电平输入，共阴极数码的所有高电平端连接在一起，输入低电平信号时产生显示输出。正常情况下一个七段数码管可以显示 0～15 的输出信号（十六进制下）。下面是一个共阳极数码管的设计模块代码如下：

```
module disdecoder(bcd,sevenout);
input [3:0] bcd;
output [6:0] sevenout;

reg [6:0] sevenout;

always @(bcd)
```

```
    begin
      case(bcd)
      4'b0000:sevenout=7'b100_0000;
      4'b0001:sevenout=7'b111_1001;
      4'b0010:sevenout=7'b010_0100;
      4'b0011:sevenout=7'b011_0000;
      4'b0100:sevenout=7'b001_1001;
      4'b0101:sevenout=7'b001_0010;
      4'b0110:sevenout=7'b000_0010;
      4'b0111:sevenout=7'b111_1000;
      4'b1000:sevenout=7'b000_0000;
      4'b1001:sevenout=7'b001_0000;
      4'b1010:sevenout=7'b000_1000;
      4'b1011:sevenout=7'b000_0011;
      4'b1100:sevenout=7'b100_0110;
      4'b1101:sevenout=7'b010_0001;
      4'b1110:sevenout=7'b000_0110;
      4'b1111:sevenout=7'b000_1110;
      default:sevenout=7'b000_0110;
      endcase
    end

    endmodule
```

有时电路不需要十六进制的输出，可以截取 0000 至 1001 部分并保留 default 部分完成十进制的显示。由于七段数码器的显示在仿真波形中并不直观，本例中不进行仿真测试。

9.3 寄存器

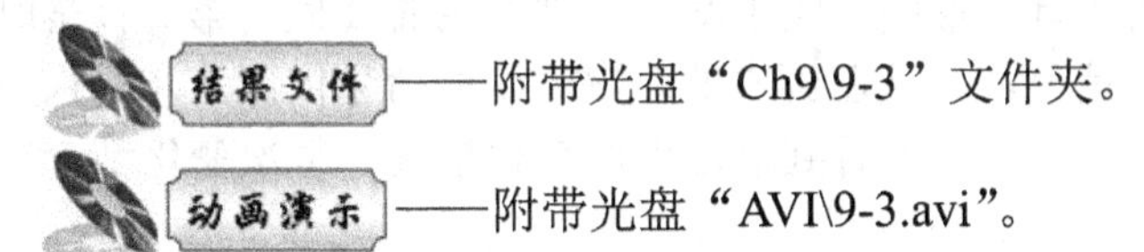

——附带光盘“Ch9\9-3”文件夹。

——附带光盘“AVI\9-3.avi”。

寄存器是可以存储多位信号的存储电路。简单的寄存器仅需在触发器基础上把输入和输出信号做多位扩展即可，本节介绍的是移位寄存器，即在寄存器内部能完成移位功能。代码如下：

```
    module shifter(din,clk,reset,dout);
    input din,clk,reset;
    output[7:0] dout;
    reg[7:0] dout;

    always @(posedge clk)
    begin
      if (reset)
        dout<= 8'b0;              //复位信号
      else
      begin
        dout <= dout << 1;        //移位
        dout[0] <= din;           //低位输入
```

```
    end
  end

  endmodule
```

该代码主要的功能部分是移位代码，使用的是右移操作符，每个时钟周期左移一位，左移过程中最高位 dout[7]移走消失，dout[6]成为最高位，同时原有的 dout[0]也左移，最低位空出，使用 dout[0] <= din 把输入信号 din 赋值到 dout[0]，这样完成了移位操作。可编写测试模块代码如下：

```
  module tb97;
  reg din,clk,reset;
  wire [7:0] dout;
  integer seed=8;

  initial
  begin
    reset=1;
    #15 reset=0;
  end

  initial clk=0;
  always #5 clk=~clk;

  always  #9  din=($random(seed)/2);    //生成随机输入

  shifter shifter(din,clk,reset,dout);

  endmodule
```

运行测试模块得到图 9-8 所示的仿真波形图，图中第一行是产生的 d 值，第二行是时钟信号 clk，在 clk 的每个上升沿接收信号，按从左到右的顺序收到的信号依次是 0、1、1、0、1、0、1、0、0，可以在最下方 dout 一行中看到输出值的变化情况，每次变化都会比上次值多增加一位。

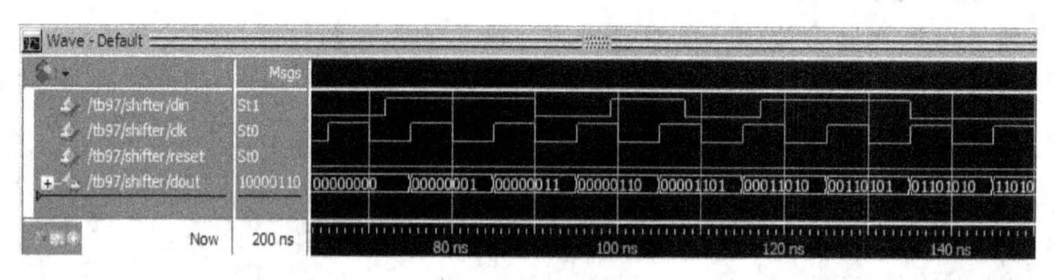

图 9-8　仿真波形图

简单的移位寄存器稍加改动就可以实现串并转换和并串转换功能。并串转换完成的功能是并行接收数据，然后按时钟周期串行输出。并行输入串行输出模块代码如下：

```
  module p2s(par_in,clock,reset,load,ser_out);
  input [7:0]   par_in;
  input clock,reset,load;
  output  ser_out;
```

```
reg [7:0] temp;

always@(posedge clock or posedge reset or posedge load)
begin
  if(reset)
    temp<=0;
  else if(load)
    temp<=par_in;                    //装载数据
  else
    temp <= {temp[6:0],1'b0};        //移位
end

assign ser_out=temp[7];              //串行输出

endmodule
```

该模块具有异步复位和异步载数信号，复位信号完成复位操作，载数信号也由上级电路提供，当载数信号有效时把数据装载进寄存器，在余下的 8 个周期内依次输出 8 个 1 位信号，然后等待下次信号的载入，这样就完成了并行输入串行输出功能。测试模块代码如下：

```
module tb98;
reg [7:0]  par_in;
reg clock,reset,load;
wire  ser_out;
integer seed=9;

initial
begin
  reset=1;
  #15 reset=0;
end

initial clock=0;
always #5 clock=~clock;

initial
begin
  load =0;par_in=($random(seed)/256);   //随机数
  #25 load=1;                           //装载上一个值
  #10 load=0;
  #90 load=1;par_in=($random(seed)/256);//产生随机数并装载
  #10 load=0;
end

p2s p2s(par_in,clock,reset,load,ser_out);   实例化调用

endmodule
```

运行测试模块得到图 9-9 所示的仿真波形图，第一行是随机产生的 8 位输入数据，最后一行是产生的串行输出。由于是功能仿真，输出信号没有延迟，所以输出的 ser_out 要从 load 上升沿读起，输出 8 个数据后如果不能立刻装载新数据，就会持续输出 0 值。如果想要不间断地连续工作，可以添加一个状态输出端口，用来显示当前已经完成了 8 个串行数据的

输入，可以接受新的数据，这会在练习题中给出。

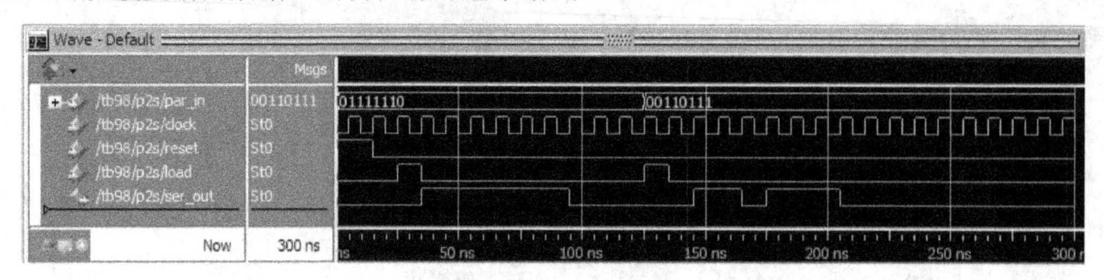

图 9-9　仿真波形图

并串转换模块与移位寄存器非常相似，相比较而言串并转换模块稍显麻烦。串行输入并行输出模块的代码如下：

```
module s2p(ser_in,clk,reset,run,par_out);
input ser_in,clk,reset,run;
output [7:0] par_out;

reg [7:0] temp;
reg [2:0] count;

always@(posedge clk or negedge reset )
begin
  if(~reset)
    temp <= 8'b0000_0000;                    //复位
  else if(run)
    temp <= {temp[6:0],ser_in};              //接受收据
  else
    temp <= 8'b0000_0000;                    //非正常状态清零
end

always@(posedge clk or negedge reset ) //计数器
begin
  if(~reset)
    count <= 3'b000;
  else if(run)
    count <= count+1;
  else
    count <= 3'b000;
end

assign par_out = (count == 3'b000)? temp : 8'b0000_0000;
                                              //计数 8 次完成输出
endmodule
```

该模块代码中有两个主要部分，第一个部分是用来接收数据的，使用的是拼接操作符，当然使用之前的移位操作符也可以实现所需功能。第二个部分的功能是用来生成一个计时器，因为串并转换需要累计 8 个数值再并行输出，所以需要在内部维持一个计数器，以确定到底有多少数据被接收了。计数器的功能也很简单，当输入 run 信号有效时进行正常计

数，其余情况维持 0 值即可。在整个程序的最后，还使用了一句 assign 语句，作为判断何时输出并行数据，判断的条件是 count==3'b000 即 count 为 0 时。这句需要简单解释一下，按照一般性的思维，这里的判断条件应该是 count== 3'b111 即 count 为 7，但是请仔细思考程序执行的过程：在模块没有工作时 count 信号始终维持在 0 值，一旦开始工作，一方面接收数据进入 temp，另一方面 count 进行计数操作，这样在有效数据开始接收时，count 是从 1 开始计数的，如果想要收到 8 个数据再输出，自然需要 count 的判断条件为 0 值。编写测试模块如下，验证这种设计方法。

```
module tb99;
reg ser_in,clk,reset,run;
wire [7:0] par_out;
integer seed=11;

initial
begin
  reset=0;
  #15 reset=1;
end

initial clk=0;
always #5 clk=~clk;

always #6 ser_in=($random(seed)/2);      //随机串行数据

initial                                  //使能信号序列
begin
  run =0;
  #25 run=1;                             //run 有效
  @(par_out);                            //结果输出
  run=0;                                 //run 撤销
  #15 run=1;                             //以下过程同上
  @(par_out);
  @(par_out);
  #10 $stop;
end

s2p s2p(ser_in,clk,reset,run,par_out);

endmodule
```

运行仿真得到图 9-10 所示波形图，第一行是串行输入数据，第二行是始终信号 clk，第三行是 reset 信号，截图部分始终维持在高电平，第四行是 run 信号，第五行是并行输出 par_out。为了方便观察，把 temp 信号和 count 信号也添加到波形的最后两行。从波形图可以看到，在 run 信号生效后，每个时钟上升沿来临时 temp 和 count 都会变化，接收数据开始时 count 的起始值为 001，与之前设想的一致。count 计数循环到 000 时完成一次接收数据，同时产生输出，输出信号为 11001001，可以对照 run 为 1 之后每个 clk 上升沿的 ser_in 值，结果是完全相符的。

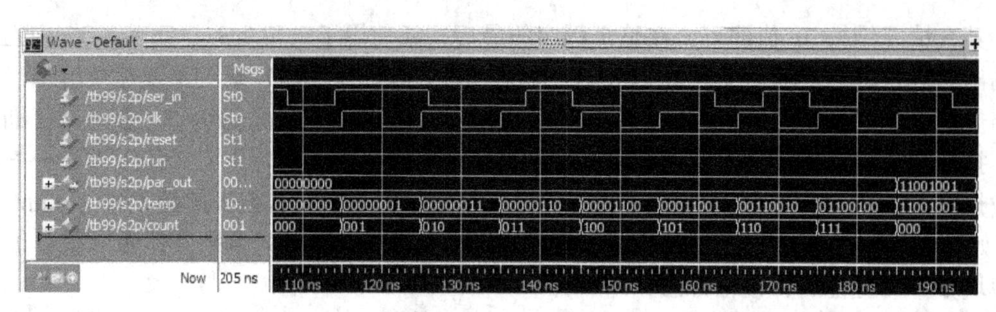

图 9-10　仿真波形图

9.4　计数器

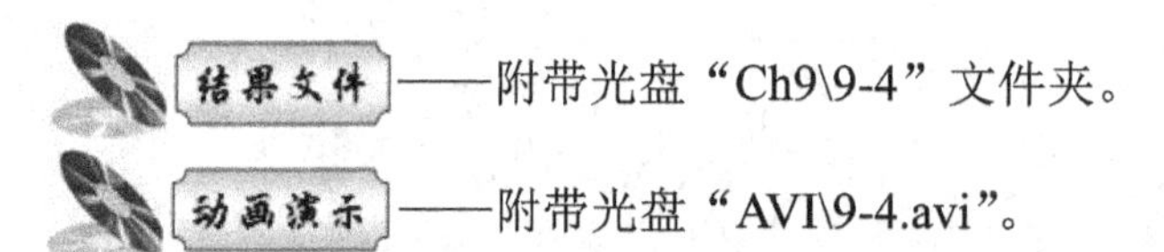

——附带光盘“Ch9\9-4”文件夹。

——附带光盘“AVI\9-4.avi”。

计数器电路在上例中已经使用到了。最简单的计数器应该是移位计数器，所做的操作和移位寄存器相似，只不过把移走的最高位再放回到最低位，简单修改代码即可得到，这样就会使移位寄存器中的数值产生循环，从而达到计数的效果。这种计数器的代码如下：

```
module counter(clk,reset,out);
input clk,reset;
output[3:0] out;
reg[3:0] out;

always @(posedge clk or posedge reset)
begin
  if (reset) out<= 4'h1;                //复位为1
  else
  begin
    out<= out<< 1;                      //移位
    out[0]<= out[3];                    //高位送到低位
  end
end

endmodule
```

需要说明的是复位信号生效时，out 值产生的输出是 0001，这样正常循环过程中计数的值就一次是 0001、0010、0100、1000 四种，而如果想当然地把 out 值赋值为 0000，那么计数器就不会有循环状态，也就失去了计数器的效果。

在该种计数器基础上稍加改进可以生成另一种形式的移位寄存器，代码如下：

```
module counter1(clk,reset,out);
input clk,reset;
output[3:0] out;
reg[3:0] out;

always @(posedge clk )
```

```
      begin
        if (reset) out<= 4'h0;
        else
        begin
          out<= out<< 1;
          out[0]<= ~out[3];              //高位取反，送入低位
        end
      end

      endmodule
```

可以看到主要的区别在于 counter1 中最高位取反送入了低位，同时复位信号生效时 out 输出 0 值，也可以产生正常的循环。

```
module tb910;
reg clk,reset;
wire [3:0] out;

initial clk=0;
always #5 clk=~clk;

initial
begin
  reset=1;
  #15 reset=0;
end

counter1 counter1(clk,reset,out);

endmodule
```

运行仿真可得图 9-11 所示的仿真波形图，可以看到计数循环是 0000、0001、0011、0111、1111、1110、1100、1000，然后回到 0000，完成一次计数循环。

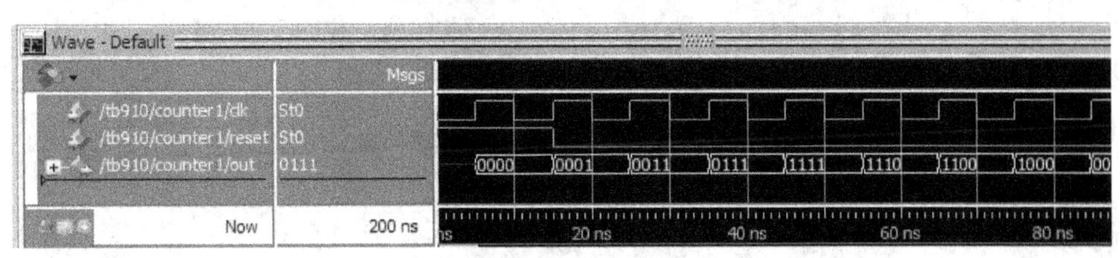

图 9-11　仿真波形图

上述两种计数器实现简单，但无法完成标准的计数功能。现编写一个二进制计数器模块，欲完成二进制计数，同时希望该计数器具有如下功能。

（1）可以向上计数，可以向下计数，即加减计数均可，受输入信号控制。

（2）可以装载预置的数值，从此数值开始计数。

该计数器的设计模块代码如下：

```
module counter2(d,clk,reset,load,up_down,q);
input[7:0] d;
input clk,reset,load;
```

```
    input up_down;
    output[7:0] q;
    reg[7:0] q;

    always @(posedge clk)
    begin
      if (reset) q = 8'h00;                    //复位
      else if (load) q = d;                    //载数
      else if (up_down) q = q + 1;             //向上计数
      else q = q - 1;                          //向下计数
    end

    endmodule
```

此计数器代码简单，注释已经说明，编写测试模块如下，验证其功能。

```
    module tb911;
    reg[7:0] d;
    reg clk,reset,load;
    reg up_down;
    wire[7:0] q;

    initial clk=0;
    always #5 clk=~clk;

    initial
    begin
      reset=1;
      #15 reset=0;
    end

    initial
    begin
      up_down=1;load=0;d=8'd50;            //初始值，并进行加法计数
      #200 load=1;                         //载数
      #10 load=0;
      #100 up_down=0;                      //减法计数
      #200 $stop;
    end

    counter2 counter2(d,clk,reset,load,up_down,q);

    endmodule
```

运行仿真截得部分波形如图 9-12 所示。图中预置的数值是 50，最后一行的输出值 q 分为三段。第一段在倒数第三行 load 信号出现脉冲之前，完成的是加法计数，图中从 14 计数到 19。第二段从 load 出现脉冲开始到倒数第二行加减计数信号从高电平变为低电平结束，完成了装载预置数的功能，把 50 装入计数器并继续加法计数，从 50 计数到 60。第三段是剩余部分，此时完成从 59 到 52 的减法计数，所有功能都验证无误，其余波形未截取。

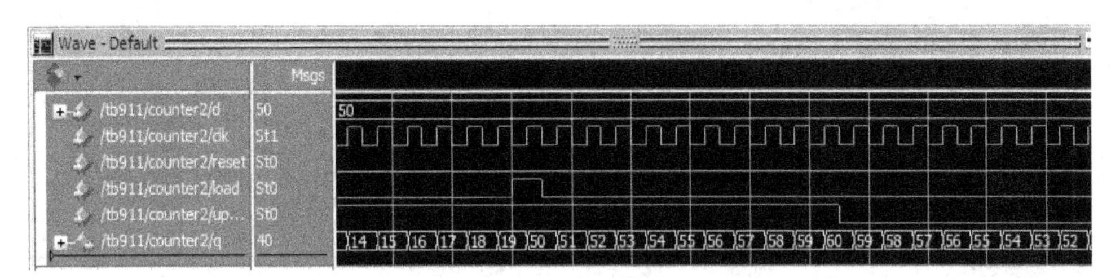

图 9-12　仿真波形图

二进制计数器在电路内部使用是很方便的，但是如果要产生输出结果，想要转化成十进制形式并被显示电路所使用，二进制计数器就难以处理。可以编写一个十进制的计数器模块，代码如下：

```
module counter3(qout,cout,data,load,run,reset,clk);
output[7:0] qout;
output cout;
input[7:0] data;
input load,run,clk,reset;
reg[7:0] qout;

always @(posedge clk)
begin
  if (reset) qout<=0;                    //复位
  else if(load) qout<=data;              //载数
  else if(run)
  begin
    if(qout[3:0]==9)
    begin
      qout[3:0]<=0;                      //低四位循环
      if (qout[7:4]==5)                  //从此行开始
        qout[7:4]<=0;
      else
        qout[7:4]<=qout[7:4]+1;          //到此行结束，完成的是高四位 0 到 5 的循环
    end
    else
      qout[3:0]<=qout[3:0]+1;            //低四位加 1
  end
end

assign cout=((qout==8'h59)&run)?1:0;//进位输出

endmodule
```

该模块实现的是一个 60 进制计数器的功能，输出 8 位分成高 4 位和低 4 位两部分，高 4 位作为十进制的十位，低 4 位作为十进制的个位，个位的循环是 0 到 9，十位的循环是 0 到 5。编写测试模块如下，验证功能是否正确。

```
module tb912;
reg [7:0] data;
reg load,run,clk,reset;
wire[7:0] qout;
```

```
    wire cout;

    initial clk=0;
    always #5 clk=~clk;

    initial
    begin
      reset=1;
      #15 reset=0;
    end

    initial
    begin
      load=0;data=8'h30;run=1;
      #650 load=1;
      #10 load=0;
      #100 $stop;
    end

    counter3 counter3(qout,cout,data,load,run,reset,clk);

    endmodule
```

仿真结果如图 9-13 所示，图中最后一行的输出 qout 被设置成 16 进制显示，这样就可以把高 4 位和低 4 位分别视为一个单独的数值。图中计数器完成从 44 到 59 的计数后，重新从 00 开始计数，在 load 信号生效后把预置数值 30 装载进计数器中，并开始从 30 计数，功能验证正确。

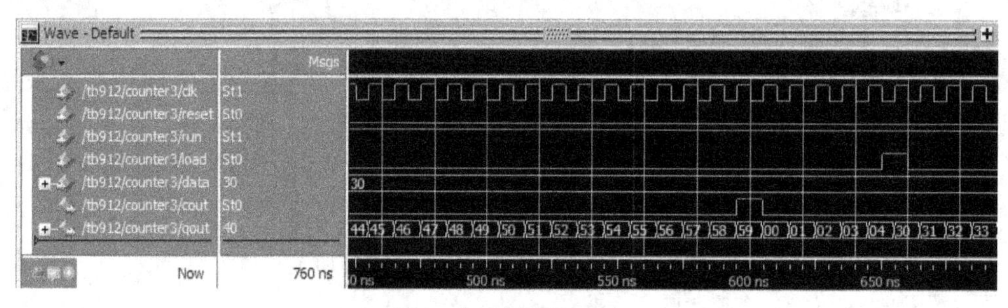

图 9-13　仿真波形图

9.5　分频器

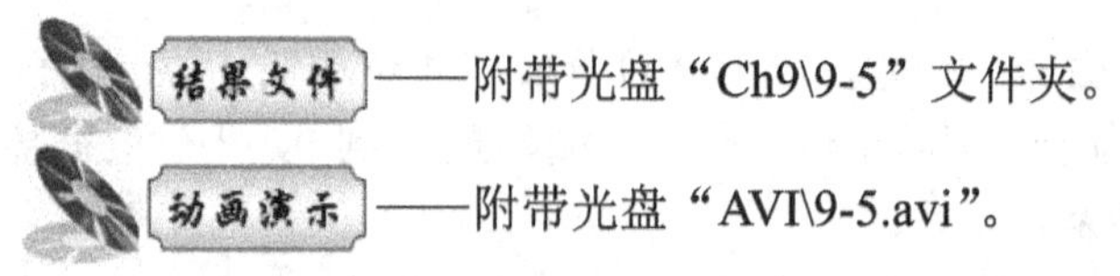

结果文件——附带光盘“Ch9\9-5”文件夹。

动画演示——附带光盘“AVI\9-5.avi”。

在一些开发工具套件中，一般都会有一个以上的晶振作为时钟源使用，但是晶振所产生的时钟信号是固定周期的，如果需要其他周期的时钟信号就要对现有的时钟信号进行分频处理。分频，顾名思义，就是分割频率。举例来说，如果现有一个时钟源，产生的时钟周期是 1ms，这样该时钟的频率就是 1000Hz，分频就是要把周期增大，频率减小。一般来说，几分频就是把原有频率除以几，如经过二分频，1000Hz 频率会减少为 500Hz，而周期则增加为 2ms，经过八分频，频率会减少到 125Hz，周期增加到 8ms，以此类推。

二分频电路是最简单的，代码如下：

```
module div_clk2(clk_in,reset,clk_out);
input clk_in,reset;
output clk_out;
reg clk_out;

always @(posedge clk_in)
if(~reset)
  clk_out<=0;
else
  clk_out<=~clk_out;

endmodule
```

二分频电路所要做的只是在每次 clk_in 变化时改变一次 clk_out 值，这样每经过两个时钟周期，clk_out 值就完成一次循环，即二分频。如果要完成其他数值的分频电路，可以配合使用计数器来处理，下面的代码就是一个可以修改参数的 2n 分频计数器。

```
module div_clkn(clk_in,reset,clk_out);
input clk_in,reset;
output clk_out;
reg clk_out;
reg [width(n)-1:0] count;   //用函数定义位宽，避免每次修改 n 时都要修改宽度

parameter n=4;              //可修改参数，本例中为 4

always @(posedge clk_in)    //计数器，0 到 n-1 计数循环
if(~reset)
  count<=0;
else if(count==n-1)
  count<=0;
else
  count<=count+1;

always @(count)             //每次 count 变化
if(~reset)
  clk_out=0;
else if(count==n-1)         //如果计数器量程已满，就改变 clk_out 值
  clk_out=~clk_out;
else
  clk_out=clk_out;

function integer width;     //常量函数，计算 n 所需的位宽
input integer size;
begin
  for(width=0;size>0;width=width+1)
    size=size>>1;
```

```
end
endfunction

endmodule
```

该代码的主要功能在注释部分都已经给出，所使用的方式是用计数器的最大值作为变化条件，这样每次修改 n 值就可以改变分频情况，如把 n 修改为 500 就可以把一个 1ms 的时钟信号变为 1s，这在一些时序电路中是常常使用的。另外代码中使用了常量函数，前文中也介绍过使用方法，这里用来定义所需计数器的宽度，避免每次修改 n 后都要修改位宽，编写代码时可能稍显麻烦，但后期使用时非常方便。测试模块代码如下：

```
module tb913;
reg clk_in;
reg reset;
wire    clk_out1,clk_out2;

always #10 clk_in <= ~clk_in;

initial begin
    reset=1;
    clk_in=1;
    #20;
    reset=0;
    #50;
    reset=1;
    #1000 $stop;
end

div_clk2    div_clk2(.clk_in(clk_in),.reset(reset),.clk_out(clk_out1));
div_clkn    div_clkn(.clk_in(clk_in),.reset(reset),.clk_out(clk_out2));

endmodule
```

这里同时观察二分频和 2n 分频两个模块，仿真波形图如图 9-14 所示。在 reset 为高电平的期间，clk_out1 完成了二分频输出，clk_out2 则完成了八分频输出，与设计预期相符。

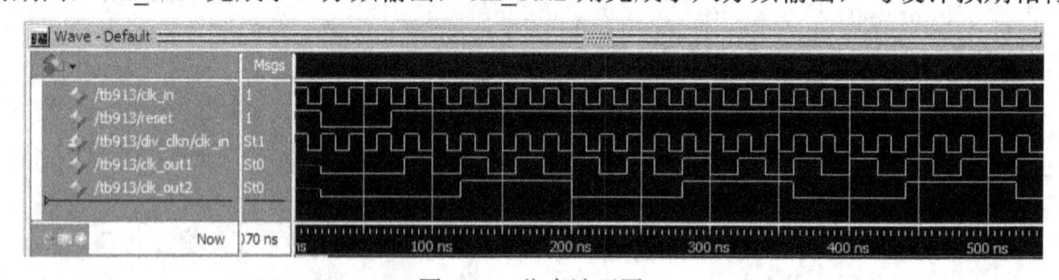

图 9-14　仿真波形图

所有的偶数类分频都可以使用上述的代码修改 n 值来完成，但是奇数类分频就比较麻烦，例如三分频电路可以由如下代码完成。

```
module  div_clk3(clk_in,reset,clk_out);
input   clk_in;
input   reset;
output  clk_out;
reg clk_out;
```

```
reg clk_n;
reg clk_not;
reg d1;
reg d2;
reg clk_s;

always @(posedge clk_in or negedge reset)
begin
    if(~reset)
        d1 <= 1'b0;
    else
        d1 <= clk_not;
end

always @(posedge clk_n or negedge reset)
begin
    if(~reset)
        d2 <= 1'b0;
    else
        d2 <= d1;
end

always @(posedge clk_s or negedge reset)
begin
    if(~reset)
        clk_out <= 1'b0;
    else
        clk_out <= d2;
end

always @(clk_out)
    clk_not <= ~clk_out;

always @(clk_in)
    clk_n <= ~clk_in;

always @(clk_out or clk_in or clk_n)
begin
    if(clk_out)
        clk_s <= clk_in;
    else
        clk_s <= clk_n;
end

endmodule
```

此代码的基本思想是通过一些中间寄存器来完成中间值的存储，并使用时序电路作为输出，产生一个三分频输出。同样也可以使用如下代码完成三分频。

```
module div_clock3(clk_in,reset,clk_out);
input clk_in,reset;
output clk_out;
```

```
reg [1:0] temp1, temp2;

always @(posedge clk_in)              //此段上升沿
if(!reset)
  temp1<=3'b000;
else
begin
  case (temp1)
  2'b00: temp1<=2'b01;
  2'b01: temp1<=2'b10;
  2'b10: temp1<=2'b00;
  default :temp1<=2'b00;
  endcase
end

always @(negedge clk_in)              //此段下降沿
if(!reset)
  temp2<=3'b000;
else
begin
  case (temp2)
  2'b00: temp2<=2'b01;
  2'b01: temp2<=2'b10;
  2'b10: temp2<=2'b00;
  default :temp2<=2'b00;
  endcase
end

assign clk_out=~(temp1[1]|temp2[1]);    //输出

endmodule
```

此段代码中分别使用了上升沿和下降沿两个 always 部分，这种混合边沿设计初学者并不要尝试，本节中也只是作为例子给出，并不作深究。把此段代码作简单修改还可以变为五分频模块，修改后代码如下：

```
module div_clk5(clk_in,reset,clk_out);
input clk_in,reset;
output clk_out;
reg [2:0] temp1, temp2;

always @(posedge clk_in )
if(!reset)
  temp1<=3'b000;
else
begin
  case (temp1)
  3'b000: temp1<=3'b001;
  3'b001: temp1<=3'b011;
  3'b011: temp1<=3'b100;
  3'b100: temp1<=3'b010;
  3'b010: temp1<=3'b000;
```

```
    default:temp1<=3'b000;
    endcase
  end

  always @(negedge clk_in )
  if(!reset)
    temp2<=3'b000;
  else
  begin
    case (temp2)
    3'b000: temp2<=3'b001;
    3'b001: temp2<=3'b011;
    3'b011: temp2<=3'b100;
    3'b100: temp2<=3'b010;
    3'b010: temp2<=3'b000;
    default:temp2<=3'b000;
    endcase
  end

  assign clk_out=temp1[0]|temp2[0];

  endmodule
```

编写测试模块验证这三个设计，测试模块代码如下：

```
  module tb914;
  reg clk_in;
  reg reset;
  wire    clk_out1,clk_out2,clk_out3;

  always #10 clk_in <= ~clk_in;

  initial begin
     reset=1;
     clk_in=1;
     #20;
     reset=0;
     #50;
     reset=1;
     #1000 $stop;
  end

  div_clk3    div_clk3(.clk_in(clk_in),.reset(reset),.clk_out(clk_out1));
  div_clock3  div_clock3(.clk_in(clk_in),.reset(reset),.clk_out(clk_out2));
  div_clk5    div_clk5(.clk_in(clk_in),.reset(reset),.clk_out(clk_out3));

  endmodule
```

仿真结果如图 9-15 所示，clk_out1 和 clk_out2 是三分频输出，所得波形正好是相反的，可以添加简单的操作符使其完全相同。clk_out3 是五分频输出，高低电平的持续时间各是两个半周期，加起来正好是 clk_in 的五个周期，功能正确。

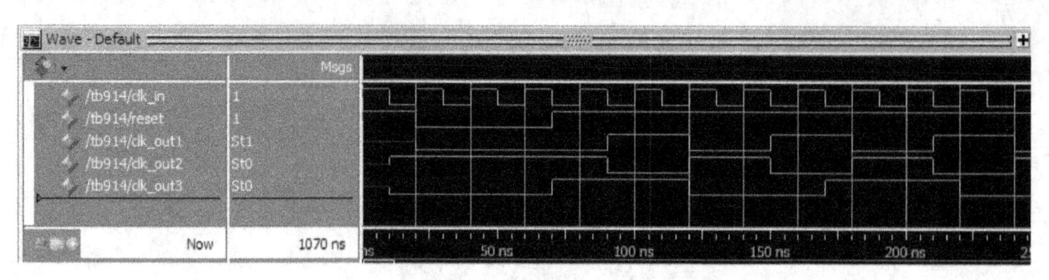

图 9-15　仿真波形图

9.6　乘法器

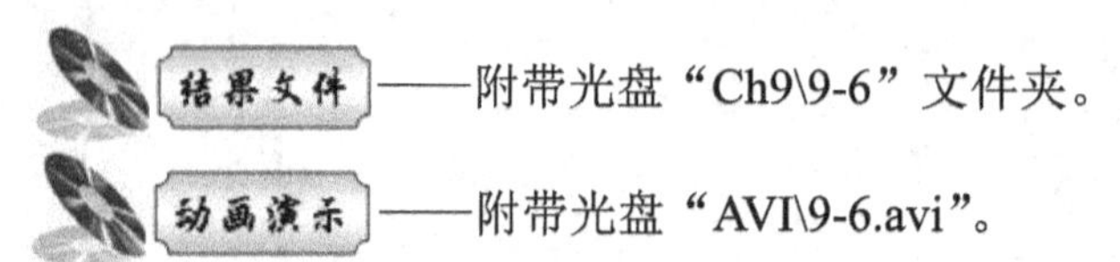

——附带光盘“Ch9\9-6”文件夹。

——附带光盘“AVI\9-6.avi”。

乘法器电路作为很多计算功能的核心部分，其重要性是不言而喻的。常见的乘法器有无符号数和有符号数两种输入形式，其内部的设计也是不相同的，先来看一个无符号数乘法器的代码，如下：

```
module mul_shift(result,m1,m2);
input [3:0] m1,m2;
output [7:0] result;

wire [7:0] tmp1,tmp2,tmp3,tmp4;

assign tmp1=m1&{4{m2[0]}};
assign tmp2=(m1&{4{m2[1]}})<<1;
assign tmp3=(m1&{4{m2[2]}})<<2;
assign tmp4=(m1&{4{m2[3]}})<<3;

assign result=tmp1+tmp2+tmp3+tmp4;

endmodule
```

该乘法器的设计思想是仿照乘法计算的手算式来进行设计，把 m1 作为乘数，把 m2 作为被乘数处理。m2 的每个位从低到高依次和 m1 做与操作，然后执行右移操作，移动的位数与 m2 的位有关，第 0 位保持不动，第 1 位做与操作后左移一位，第 2 位与 m1 做与之后右移两位，第 3 位与 m1 做与操作之后右移三位，然后把四个结果加在一起，生成最后的输出结果 result。所使用的算法是最基本的移位相加操作。需要说明本节所用的所有测试模块与本测试模块基本一致，故在此例中直接给出一些模块的实例化引用过程，在使用时读者自动选择所需的语句或稍作修改即可。测试模块代码如下：

```
module tb915;
reg [3:0] m1,m2;
reg reset,clock;
wire [7:0] result1,result2,result3,result4,result_ref;

integer seed1=3,seed2=7;
```

```
always
begin
  #50 m1=$random(seed1);
  m2=$random(seed2);
end

initial
begin
  reset=1;clock=0;
  #20 reset=0;
  #10 reset=1;
end

always #5 clock=~clock;                     //时钟信号，用于 booth 算法

//此段添加待测模块实例化语句
mul_shift mul_shift(result1,m1,m2);         //本例中要仿真的模块
mul_sign mul_sign(result2,m1,m2);
mul_booth mul_booth(result3,reset,clock,m1,m2);
mul_ripple mul_ripple(result4,m1,m2);
//mul_ripple1 mul_ripple1(result_ref,m1,m2);
//result_ref 作为参考输出，用于时序仿真与功能仿真比较
//需要比较哪个后仿真模型，就把该信号添加到哪个模块

endmodule
```

该测试模块的基本思想是要通过两个种子生成一系列的随机数，并送入乘法器中运算得到最后的结果。运行仿真后可得最后的仿真波形如图 9-16 所示，图中的 m1、m2、result1 均被改为无符号数显示，故按十进制数值直接相乘即可知道该设计的功能正确。

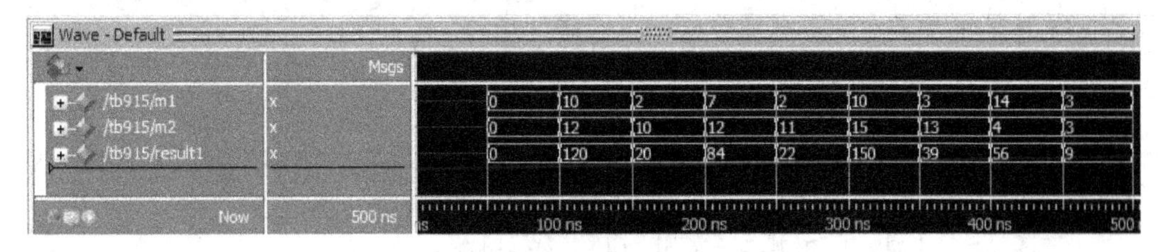

图 9-16　仿真波形图

采用这种移位相加设计思想来设计有符号数的乘法单元也是可以的。但是有符号数运算过程中的输入数据和输出数据一般都由补码形式给出，所以要有补码和原码转化的过程，然后按照原码值所表示的实际数值来计算结果，补码乘法器的设计代码如下：

```
module mul_sign(result,m1,m2);
input [3:0] m1,m2;
output [7:0] result;

wire [2:0] m1_tmp,m2_tmp;
wire [7:0] tmp1,tmp2,tmp3;
wire [6:0] result_tmp;
```

```
    wire sign;

    assign m1_tmp=m1[3]?(~m1[2:0]+1):m1[2:0];    //根据符号位判断原码
    assign m2_tmp=m2[3]?(~m2[2:0]+1):m2[2:0];    //根据符号位判断原码
    assign sign=m1[3]^m2[3];                     //符号位相乘
    assign tmp1=m1_tmp&{3{m2_tmp[0]}};      //数值部分相乘，只有三位，故只有三行
    assign tmp2=(m1_tmp&{3{m2_tmp[1]}})<<1;
    assign tmp3=(m1_tmp&{3{m2_tmp[2]}})<<2;

    assign result_tmp=tmp1+tmp2+tmp3;            //加和
    assign result=sign?{sign,(~result_tmp+1)}:{sign,result_tmp};//输出补码形式

    endmodule
```

该设计模块运行仿真后可得图 9-17 所示的波形，图中的数据都以有符号数形式给出，可以看到其正负数相乘的输出结果是正确的。由于位数的限制，输入数据的范围在-8 和+7 之间，输出结果的范围能保证数据的正确性。

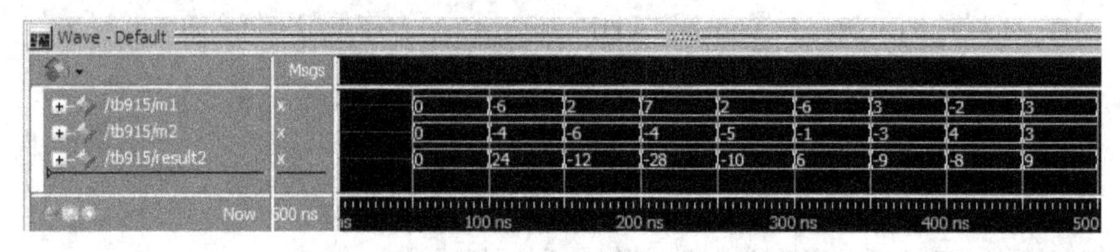

图 9-17　仿真波形图

该设计模块规模稍大，所以送入综合工具中可得图 9-18 所示的电路结构图，该功能电路主要由加法器、选择器和与门阵列组成，由于使用的是 assign 语句，所以实际生成的电路形式与代码的对应关系是比较直接的，基本就是按照从前到后的代码生成了从左到右的电路结构。这一点也符合之前介绍过的基本设计思想，就是采用 assign 来完成组合逻辑电路的设计，尤其是包含了一定算法或公式的组合逻辑电路。

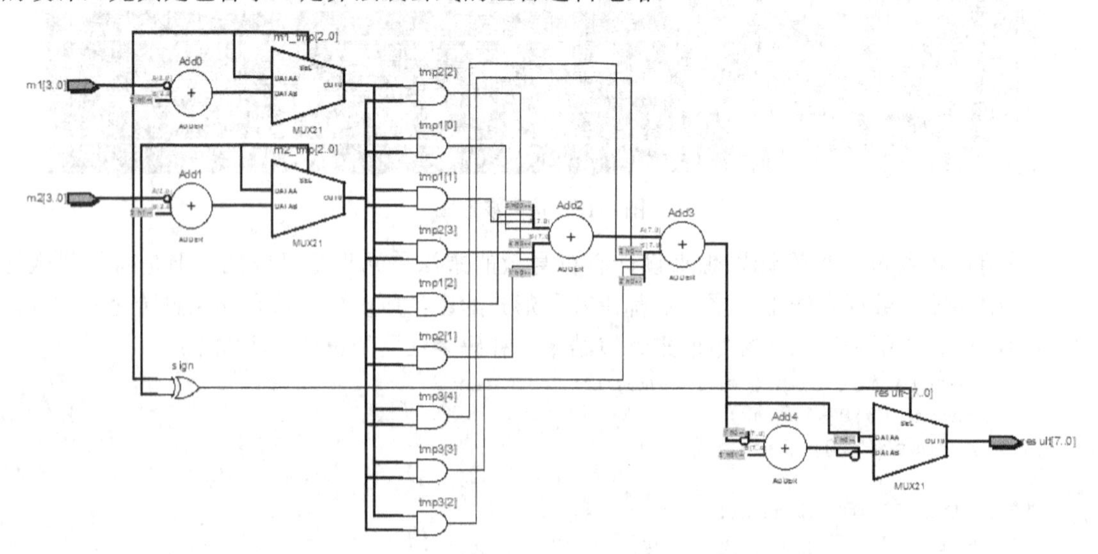

图 9-18　电路结构图

运行时序仿真可得时序仿真波形图如图 9-19 所示。其中的 result2 是功能仿真模块的输出，result_ref 是时序仿真的输出，由于是组合逻辑，在最终输出结果稳定前，输出值会出现多次无规律的变化，图中-12 和-28 的结果稳定过程很好地体现了这种变化。

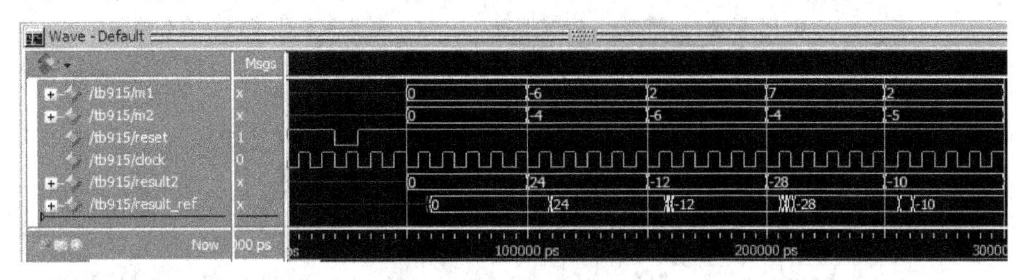

图 9-19　时序仿真波形图

在补码乘法运算中，有一种 booth 算法是比较基础的，其基本思想是采用相加和相减（取反加一）的操作来计算补码数据的乘积值。booth 算法根据数据每次最后两位的值来进行判断，可能会执行三种操作：01 时运算结果做加法操作，10 时运算结果做减法操作，00 和 11 时不做处理，无论是哪种数值都要进行移位操作。关于 booth 算法的相关介绍不是本书的重点，读者若有兴趣可以自行搜索相关的算法介绍，再与本例代码比较。booth 算法补码一位乘的设计模块代码如下：

```
module mul_booth(result,reset,clock,m1,m2);
parameter n=4;

input clock,reset;
input [n-1:0] m1,m2;
output [2*n-1:0] result;
reg  [2*n-1 : 0] result;

reg [n-1:0] m1_reg,m2_reg;                    //此段定义一些中间寄存器
reg  aid ;
reg  [n-1 : 0] result_tmp;
reg  [n-1 : 0 ] m1_tmp;
integer i;

always @(posedge clock or negedge reset)    //接收数值
if(!reset)
  begin
    m1_reg<=0;
    m2_reg<=0;
  end
else
  begin
    m1_reg<=m1;
    m2_reg<=m2;
  end

always @ (*)
  begin
```

```
    for(i = 0 ; i <= n ; i = i + 1)          //主循环
    begin
      if(i == 0)
      begin
         aid = 0 ;           //附加位，booth 算法需要在被乘数的右侧添加一位 0
         result_tmp = 0 ;
         m1_tmp = m1_reg ;
      end
      else
      begin
         case({m1_tmp[0], aid})
         2'b00,2'b11:
         begin                                    //00 和 11 时只做移位操作
            aid = m1_tmp[0] ;
            m1_tmp = {result_tmp[0], m1_tmp[n-1 : 1]} ;
            result_tmp = {result_tmp[n-1], result_tmp[n-1 : 1]} ;
         end
         2'b01:
         begin                                    //01 时加部分和，然后移位
            result_tmp = result_tmp + m2_reg ;
            aid = m1_tmp[0] ;
            m1_tmp = {result_tmp[0], m1_tmp[n-1 : 1]} ;
            result_tmp = {result_tmp[n-1], result_tmp[n-1 : 1]} ;
         end
         2'b10:
         begin                                    //10 时减部分和，然后移位
            result_tmp = result_tmp + ~m2_reg + 1'b1 ;
            aid = m1_tmp[0] ;
            m1_tmp = {result_tmp[0], m1_tmp[n-1 : 1]} ;
            result_tmp = {result_tmp[n-1], result_tmp[n-1 : 1]} ;
         end
         default:
         begin
            aid = 1'b0 ;
            result_tmp = 0 ;
            m1_tmp = 0 ;
         end
        endcase
      end
    end
  end

  always @(posedge clock or negedge reset)    //输出最后结果
    if(!reset)
       result <= 0 ;
    else if(m1_reg[n-2:0] == 0 || m2_reg[n-2:0] == 0)
       result <= 0 ;
    else
       result <= {result_tmp, m1_tmp} ;
```

```
endmodule
```

此设计模块的仿真结果如图 9-20 所示，依然是采用有符号数的显示方式，很容易验证该功能电路的仿真结果正常。

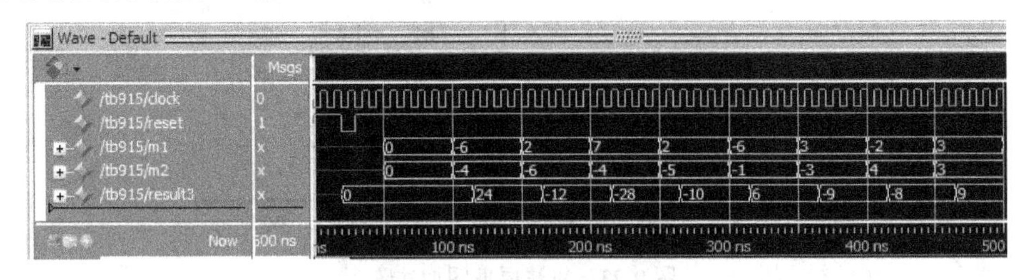

图 9-20　仿真波形图

设计模块送入综合工具中可得图 9-21 所得的电路结构图，主要使用加法器和选择器阵列完成整个设计，最后的输出也是采用寄存器来完成的时序电路输出。

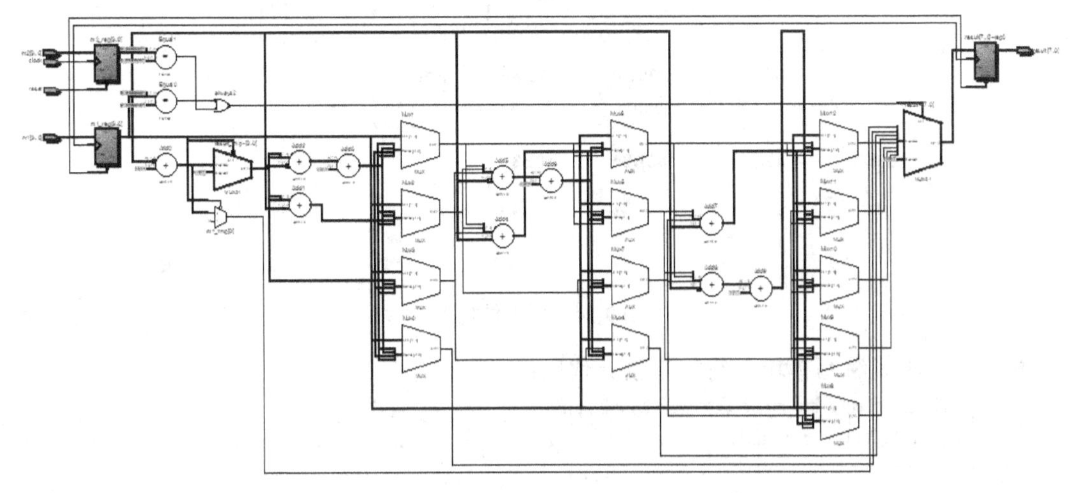
图 9-21　电路结构图

对 booth 算法补码乘法器设计模块进行时序仿真验证，可得图 9-22 所示的时序仿真波形图，该图中 result3 是时序仿真的输出端口，result_ref 是原有功能仿真的输出端口，信号的输出延迟以及变化情况可以看得很清楚，时序仿真相对功能仿真推迟半个周期左右得到输出结果。当然，可以在设计模块中添加适当的输入和输出端口，使该乘法器可以在信号控制下不停地得到运算结果。

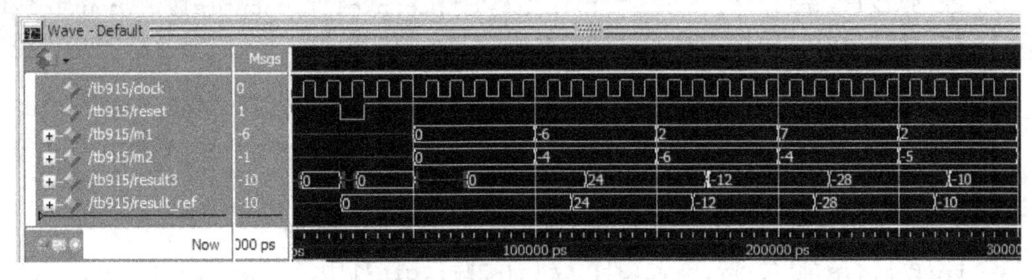

图 9-22　仿真波形图

最后给出移位乘法器的另一种设计形式。在进行乘法运算把不同的部分积加在一起的过程中，可以通过加法器阵列来完成这个操作，其算法原理图如图 9-23 所示，构成的加法器阵列如图 9-24 所示。

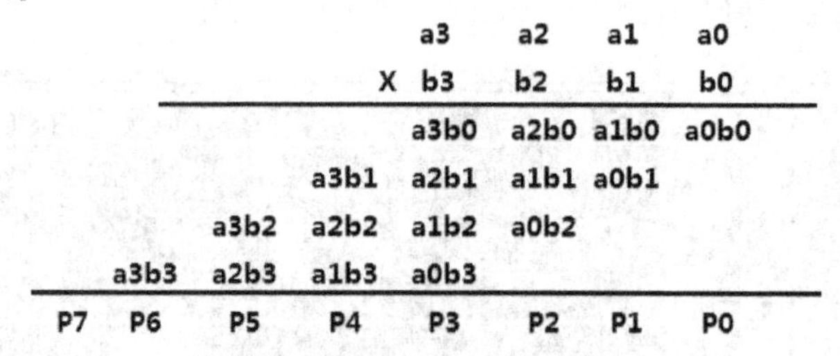

图 9-23 算法原理图加法阵列

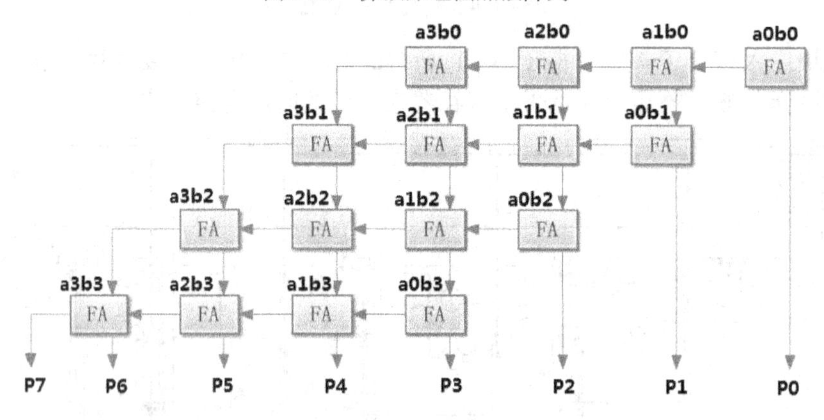

图 9-24 原理结构图

按此阵列形式编写模块可得如下设计代码：

```
module mul_ripple(result,m1,m2);
input [3:0] m1,m2;
output [7:0] result;

FA FA00(.a(m1[0]),.b(m2[0]),.sin(1'b0),.cin(1'b0),.sout(s00),.cout(c00));
FA FA01(.a(m1[1]),.b(m2[0]),.sin(1'b0),.cin(c00),.sout(s01),.cout(c01));
FA FA02(.a(m1[2]),.b(m2[0]),.sin(1'b0),.cin(c01),.sout(s02),.cout(c02));
FA FA03(.a(m1[3]),.b(m2[0]),.sin(1'b0),.cin(c02),.sout(s03),.cout(c03));

FA FA10(.a(m1[0]),.b(m2[1]),.sin(s01),.cin(1'b0),.sout(s10),.cout(c10));
FA FA11(.a(m1[1]),.b(m2[1]),.sin(s02),.cin(c10),.sout(s11),.cout(c11));
FA FA12(.a(m1[2]),.b(m2[1]),.sin(s03),.cin(c11),.sout(s12),.cout(c12));
FA FA13(.a(m1[3]),.b(m2[1]),.sin(c03),.cin(c12),.sout(s13),.cout(c13));

FA FA20(.a(m1[0]),.b(m2[2]),.sin(s11),.cin(1'b0),.sout(s20),.cout(c20));
FA FA21(.a(m1[1]),.b(m2[2]),.sin(s12),.cin(c20),.sout(s21),.cout(c21));
FA FA22(.a(m1[2]),.b(m2[2]),.sin(s13),.cin(c21),.sout(s22),.cout(c22));
FA FA23(.a(m1[3]),.b(m2[2]),.sin(c13),.cin(c22),.sout(s23),.cout(c23));

FA FA30(.a(m1[0]),.b(m2[3]),.sin(s21),.cin(1'b0),.sout(s30),.cout(c30));
FA FA31(.a(m1[1]),.b(m2[3]),.sin(s22),.cin(c30),.sout(s31),.cout(c31));
```

```
    FA FA32(.a(m1[2]),.b(m2[3]),.sin(s23),.cin(c31),.sout(s32),.cout(c32));
    FA FA33(.a(m1[3]),.b(m2[3]),.sin(c23),.cin(c32),.sout(s33),.cout(c33));

    assign result={c33,s33,s32,s31,s30,s20,s10,s00};

    endmodule
```

其中 FA 是加法器电路，把两个输入的 1 位信号做与操作之后再进行加法和进位操作。

```
    module FA(a,b,sin,cin,sout,cout);
    input a,b,sin,cin;
    output sout,cout;
    wire ab;

    assign ab=a&b;
    assign sout=ab^sin^cin;
    assign cout=ab&sin | ab&cin | sin&cin;

    endmodule
```

运行仿真可得图 9-25 的仿真波形图，功能验证正确。

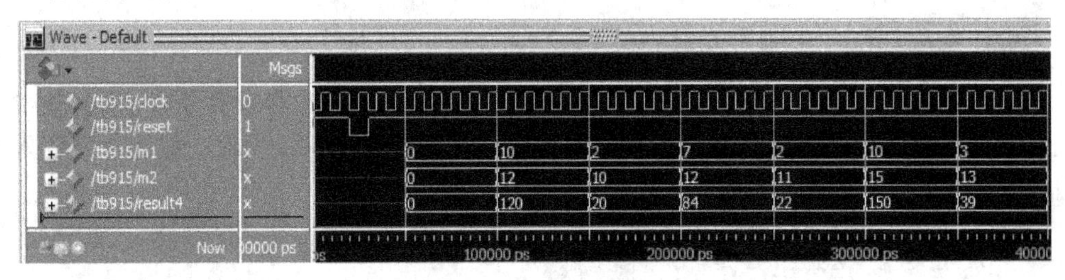

图 9-25　仿真波形图

运行综合工具可得图 9-26 所示的电路结构图，图中显示的是实例化的 12 个加法器，加法器内部电路结构如图 9-27 所示。

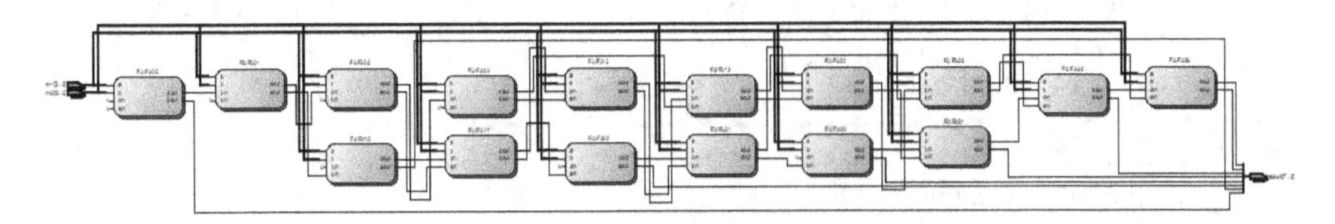

图 9-26　电路结构图

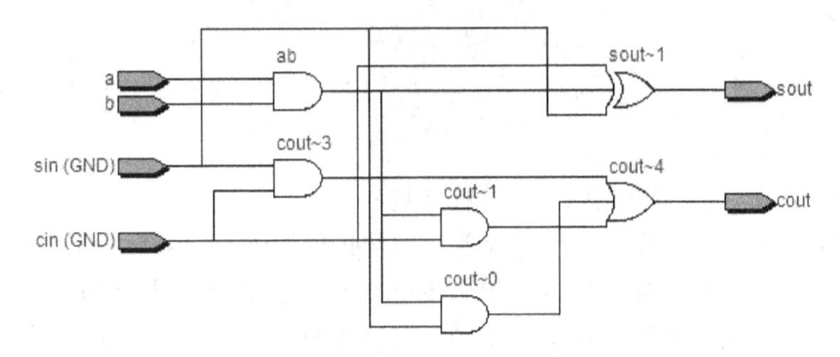

图 9-27　FA 内部电路结构

运行时序仿真可得图 9-28，result4 是时序仿真输出结果，result_ref 是功能仿真输出结果，两个值完全相同，时序仿真验证无误。

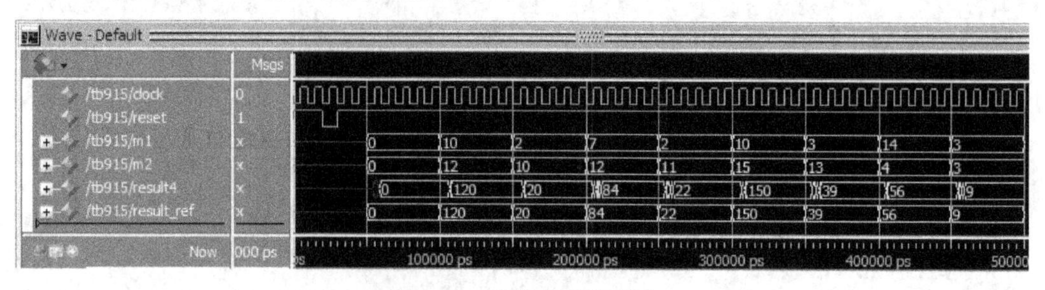

图 9-28　时序仿真波形图

9.7　存储单元

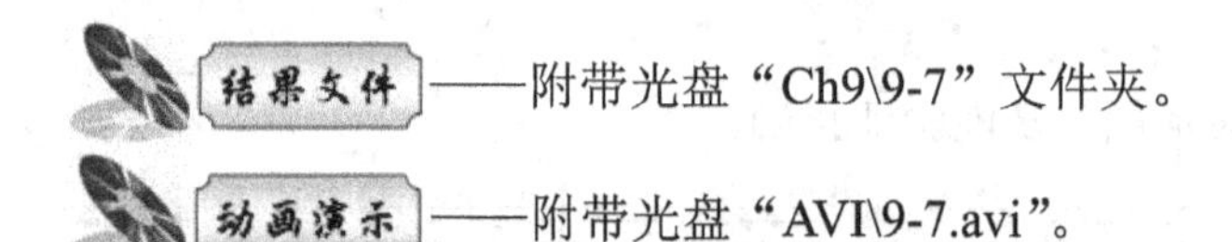

——附带光盘“Ch9\9-7”文件夹。

——附带光盘“AVI\9-7.avi”。

存储单元的功能是存储大量的数据，最简单的形式就是触发器和多位寄存器。RAM 单元也是比较常见的存储单元，RAM 能提供数据的写入和读出两种操作，按照顺序存入存储体内或从存储体内读出数据，设计模块代码如下：

```
module ram(clk, addr, data, rw, cs);
parameter addr_size=8;
parameter word_size=16;

input  clk, rw, cs;
input  [addr_size-1:0] addr;
inout  [word_size-1:0] data;

reg [word_size-1:0] mem[0:(1 << addr_size) - 1];    //存储体

always @(posedge clk)                                //写入控制
if(cs==1 && rw==0)
  begin
    mem[addr]<=data;
  end

assign data=(cs&rw)?mem[addr]:16'hzzzz;              //读出控制

endmodule
```

RAM 单元比较简单，本节中不给出测试模块。

还有一种存储单元就是先进先出存储器，即常说的 FIFO。FIFO 执行的是先进入的数据先读出，类似于一个桶状，先从输入端放入的输出一定会先在输出端输出。FIFO 在很多电路设计中都有应用，根据所处时钟域的不同，又可以分为同步 FIFO 和异步 FIFO，其中同步 FIFO 的设计代码比较简单，设计模块的实现代码如下：

```
module fifo(data_in, rd, wr, rst, clk, data_out, full, empty);
input [7:0] data_in;
input rd, wr, rst, clk;
output [7:0] data_out;
output full, empty;
wire [7:0] data_out;

reg full_in, empty_in;
reg [7:0] mem [15:0];
reg [3:0] rp, wp;                              //读写指针

assign full = full_in;
assign empty = empty_in;
assign data_out = mem[rp];

always@(posedge clk)                          //正常写入数据
if(wr && ~full_in)
  mem[wp]<=data_in;

always@(posedge clk or negedge rst)     //写指针控制
begin
  if(!rst) wp<=0;
    else
    begin
      if(wr && ~full_in)
        wp<= wp+1'b1;
    end
end

always@(posedge clk or negedge rst)     //读指针控制
begin
if(!rst)
  rp <= 0;
else
  begin
    if(rd && ~empty_in) rp <= rp + 1'b1;
  end
end

always@(posedge clk or negedge rst)     //写满状态控制
begin
  if(!rst)
    full_in <= 1'b0;
  else
  begin
    if( (~rd && wr)&&((wp==rp-1)||(rp==4'h0&&wp==4'hf)))
      full_in <= 1'b1;
    else if(full_in && rd)
      full_in <= 1'b0;
  end
```

```
    end

    always@(posedge clk or negedge rst)     //读空状态控制
    begin
      if(!rst) empty_in <= 1'b1;
      else
      begin
        if((rd&&~wr)&&(rp==wp-1 || (rp==4'hf&&wp==4'h0)))
          empty_in<=1'b1;
        else if(empty_in && wr)
          empty_in<=1'b0;
      end
    end

    endmodule
```

编写测试模块验证同步 FIFO 的正确性，代码如下：

```
    module tbfifo;
    reg clk;
    reg rst;
    reg wr;
    reg rd;
    reg [7:0]data_in;
    wire [7:0]data_out;
    wire full,empty;

    integer i;

    always #10 clk=~clk;
    initial
      begin
        clk=0;
        rst=0;
        #100 rst=1;
        wr=1;
        rd=0;
        data_in[7:0]=8'b10101010;
        #20 data_in[7:0]=8'b11001100;
        #20 data_in[7:0]=8'b11111111;
        #20 wr=0;
            rd=1;
        #120 rd=0;

        rst=0;
        #100 rst=1;
        wr=1;
        rd=0;
         for(i=0;i<16;i=i+1)
          begin
            #20 data_in[7:0]=$random;
          end
        #1000 wr=0;
```

```
        #10 rd=1;
        #2000 rst=0;

      end

    fifo my_fifo(.data_in(data_in), .rd(rd), .wr(wr), .rst(rst), .clk(clk),
               .data_out(data_out), .full(full), .empty(empty));

    endmodule
```

运行仿真得图 9-29 所示的波形图，在 300ns 之前完成的是先写入三个数据，再读出这三个数据，产生空状态输出。在 380ns 之后写信号 wr 生效，开始写入数据，由于 FIFO 中只定义了 16 个 8 位的存储单元，所以在随机写入 16 个数据后满状态产生输出，表示此时 FIFO 内部已满，如果此时再写入数据，就会发生地址重叠而造成数据覆盖和丢失。

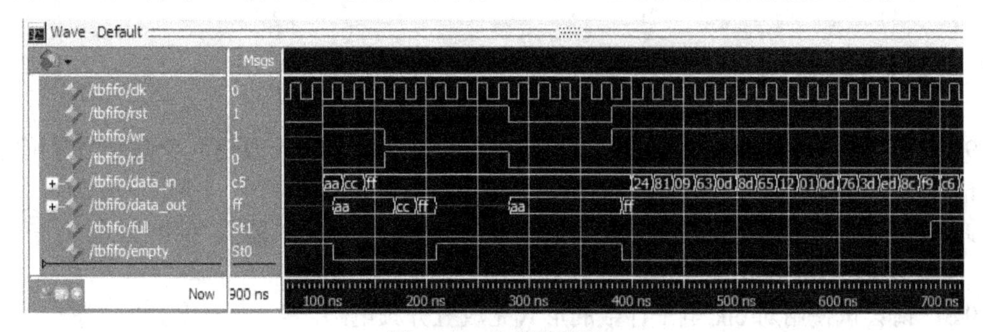

图 9-29　仿真波形图

仿真同时观察存储体内部数据，可以看到图 9-30 所示的存储数据，由于设计模块中地址是从低位开始的，所以存储过程中按从低地址到高地址的顺序写入存储器，即图中按从右下到左上的顺序与图 9-29 所示的波形图进行对应。

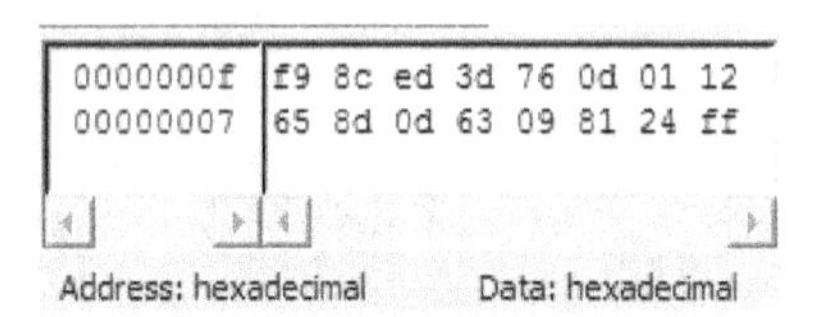

图 9-30　存储器内部数据

此设计模块的电路结构图如图 9-31 所示，右下角的模块是 16 个 8 位数据的存储单元，此单元电路没有展开，其余部分就是 FIFO 的控制电路部分。

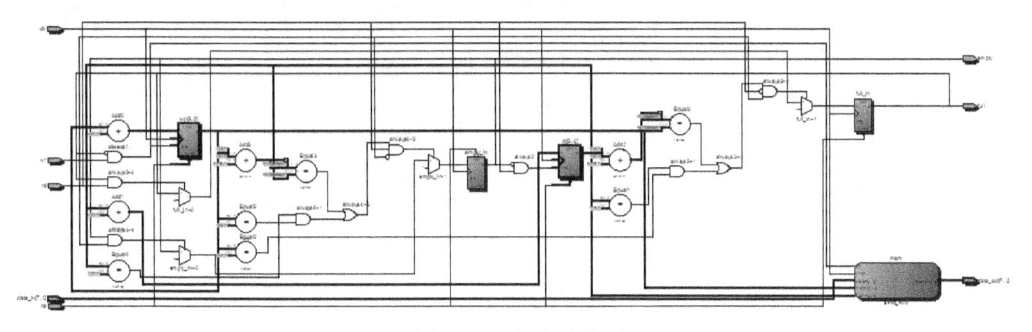

图 9-31　电路结构图

运行时序仿真可得图 9-32 所示的时序仿真波形图，与图 9-29 所示的功能仿真图基本相似，只是时间上有所延迟而已，读者可以自行对照，经验证时序仿真功能无误。

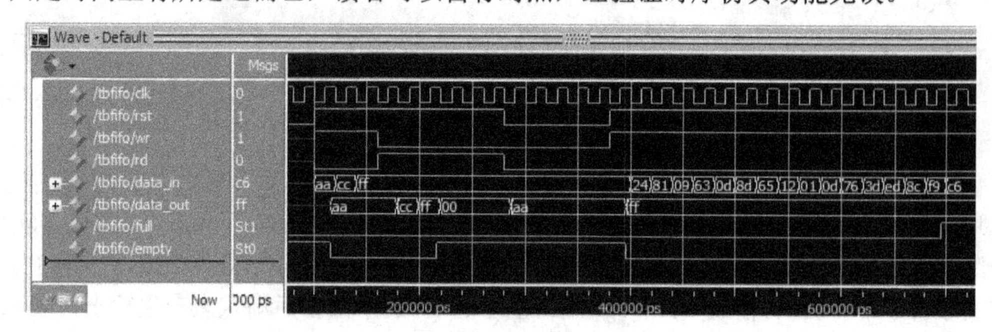

图 9-32　时序仿真波形图

9.8　习题

9-1　图 9-3 中 q6 和 q7 的变化不一致，能否进行简单的修改使两个信号的变化完全相同？请给出修改后的代码。

9-2　请将 decoder 模块中的输出信号变为正向输出，如输入 000 时输出信号不是 1111_1110 而是 0000_0001。

9-3　请尝试使用对 clk 电平计数的形式完成五分频电路。

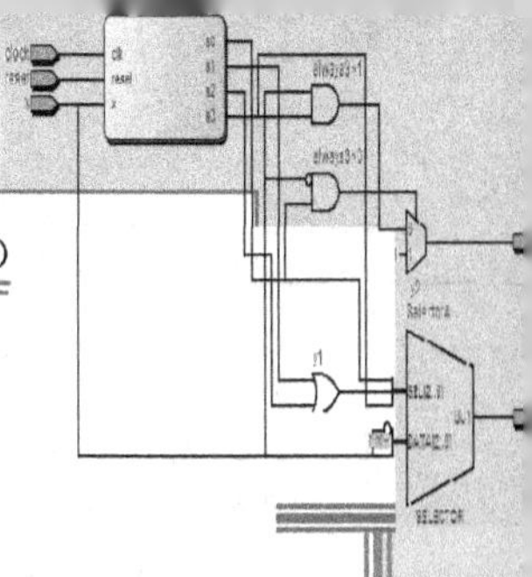

第 10 章　完整的设计实例

本章会选择实际的案例，从设计最初的要求开始介绍，直到最后生成可以正常工作的设计文件，由于书籍形式限制，整个流程步骤进行到时序仿真步骤结束。读者可以从这些实际案例中理解整个设计流程的步骤与设计思路，为自己今后设计所用。

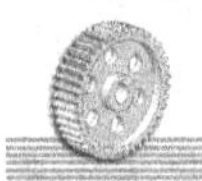

本章内容

- 异步 FIFO
- 三角函数计算器
- 简易 CPU 模型

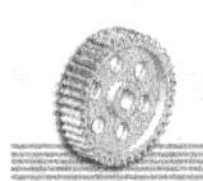

本章案例

- 异步 FIFO 设计
- 三角函数计算器设计
- 简易 CPU 模型设计

10.1　异步 FIFO

本节介绍一种异步 FIFO 的实现方式，异步 FIFO 在跨时钟域设计时有很重要的作用，另外在设计过程中还能体会到算法的重要性。

结果文件——附带光盘“Ch10\10-1”文件夹。

动画演示——附带光盘“AVI\10-1.avi”。

10.1.1　异步 FIFO 的介绍与整体结构

当今集成电路设计的主导思想之一就是同步化设计，即对所有时钟控制器件（如触发器、RAM 等）都采用同一个时钟来控制。但在实际的应用系统中，实现完全同步化的设计非常困难，这是因为随着设计规模的不断扩大，更多元件集成在同一裸片上，使裸片尺寸越来越大，这容易造成时钟偏差。与内连延迟大约成正比的时钟偏差成为时钟周期的重要部分，而同步设计中的跨芯片通信需要一个时钟周期以上的时间。在集成电路的设计中，一些新的方法，如整体异步局部同步（GALS）结构正在替代通常的同步方法，它不需要整体采用单一时钟，因而完全避免了时钟的不确定性问题，这样一个系统中就往往含有数个时钟。

但多时钟域带来的一个问题就是：不可避免地要完成数据在不同时钟域间的传递（如高速模块和低速模块之间的数据交换）。然而，在多时钟域系统的设计中不同域之间的数据传输仍然必须重新同步。这时，如何保持系统的稳定，顺利完成数据的传输就成为一个重要的问题，这也是异步电路设计中最为棘手的问题。通常的做法是采用对每位信号增加握手信号来解决这一问题，但这样会增加系统的复杂度且影响传输速度。异步 FIFO(First In First Out)是解决这个问题一种简便、快捷的解决方案。使用异步 FIFO 存储器可以在两个不同时钟系统之间快速而方便地传输数据。另外，在网络接口、图像处理等方面，异步 FIFO 存储器也得到了广泛的应用。因此，异步 FIFO 存储器作为异步时钟域间数据传输的通用模块，具有较大的研究和应用价值。

异步 FIFO 存储器，是指向 FIFO 缓冲器中写入数据的时钟域和从 FIFO 缓冲器中读取数据的时钟域是不同的，这两个时钟之间没有必然的因果关系。异步 FIFO 是一种先进先出的电路，使用在异步时钟域数据接口的部分，用来存储、缓冲在两个异步时钟之间的数据传输。在异步电路中，由于时钟之间周期和相位完全独立，所以数据的丢失概率不为零。如何设计一个高可靠性、高速的异步 FIFO 存储器便成为一个难点。

异步 FIFO 的一般结构如图 10-1 所示，都是由一个读时钟域电路、一个写时钟域电路和一个双端口的 RAM 来构成的。异步 FIFO 与同步 FIFO 所做的工作是相同的，都是在写信号有效时写数据到 RAM 中，在读信号有效时把数据从 RAM 中读出，所以对于中间部分的 RAM 设计是比较简单的。另外，读电路和写电路单独实现起来也是比较容易的：只需要按照同步 FIFO 的工作情况，如果没有写满或读空的状态时每写一个数据就把写地址加 1，每读一个数据就把读地址减 1。唯一的设计难点就在于两个时钟域的交叠部分：满、空状态的产生，这也是设计的重点。

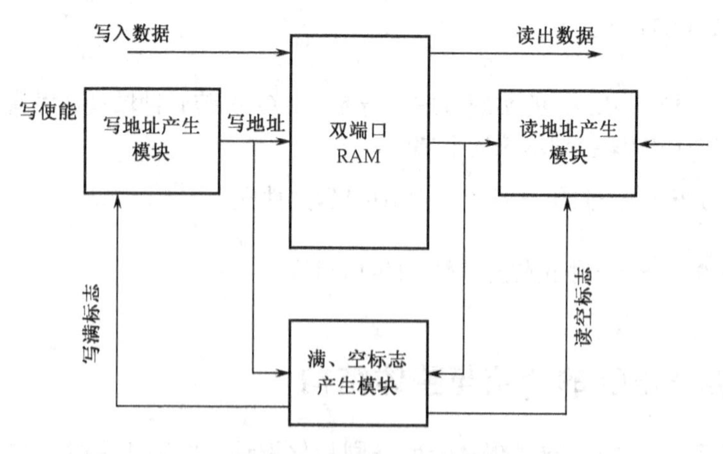

图 10-1　异步 FIFO 结构

针对异步 FIFO 的基本结构和功能，以及保留一些必要的状态信号和控制信号，现确定顶层模块的端口和功能见表 10-1。

表 10-1　异步 FIFO 顶层端口说明

端口名称	功能说明
rclk	输入信号，1 位，读时钟
wclk	输入信号，1 位，写时钟
rinc	输入信号，1 位，读使能信号，高电平时生效，表示写入数据
winc	输入信号，1 位，写使能信号，高电平时生效，表示读出数据
rrst_n	输入信号，1 位，低电平时读指针清零
wrst_n	输入信号，1 位，低电平时写指针清零
rdata	输出信号，8 位，从 RAM 中读出的数据
wdata	输入信号，8 位，待写入 RAM 的数据
wfull	输出信号，1 位，高电平时表示 FIFO 已经存满数据，已满
rempty	输出信号，1 位，高电平时表示 FIFO 中的数据已经全部读出，已空

注意，FIFO 的输入端没有地址一类的端口，因为异步 FIFO 本身就是中间暂存的单元，不需要做得这么复杂。对于两个时钟系统来说，写入端只需要把数据存放进 FIFO，写出端只需要保证从 FIFO 中取出的数据是按写入顺序读出的，这样两个时钟系统的数据传输就达到了一致。至于 FIFIO 本身如何完成这个功能，不是两时钟系统所关心的问题，虽然 FIFO 也肯定有地址的控制，但这属于 FIFO 内部的信号，不需要在外部体现。

10.1.2　亚稳态的处理

一个触发器进入亚稳态时，既无法预测该单元的输出电平，也无法预测何时输出才能稳定在某个正确的电平上。在这个稳定期间，触发器输出一些中间级电平，或者可能处于振荡状态，并且这种无用的输出电平可以沿信号通道上的各个触发器级联式传播下去。亚稳态发生的原因是由于在同步系统中，如果触发器的建立时间或保持时间不满足，就可能产生亚稳态，此时触发器输出端 Q 在亚稳态是指触发器无法在某个规定时间段内达到一个可确认的状态。逻辑误判有可能通过电路的特殊设计减轻危害（如本设计中将使用的 Gray 码计数器），而亚稳态的传播则扩大了故障面，难以处理。

在数字集成电路中寄存器要满足建立时间和保持时间。建立时间是在时钟翻转之前数据输入必须有效的时间，保持时间是在时钟沿之后数据输出必须仍然有效的时间。当一个信号被寄存器锁存时，如果信号和时钟之间不满足这个要求，Q 的值是不确定的，并且在未知的时刻会固定到高电平或低电平。此时寄存器进入了亚稳态（Metastability）。图 10-2 所示为异步时钟和亚稳态，图中 aclk 和 bclk 为异步时钟。bdata 分别经过三个非门本来电平应是一样的，但由于 B 触发器输出的亚稳态经过芯片中的布线传输后，到达三个非门再经输出时电平就可能变得各不相同，所以要避免这种错误必须消除亚稳态。解决这一问题的最简单方法是使用同步器，使得在另一个时钟域采样时信号足够稳定。

同步器的设计本身就是一个比较麻烦的问题，本节中也不深入讨论一些细节性的问题，直接采用两级采样的同步器，避免了使用一级同步器仍可能出现亚稳态的情况。每个这样的同步器都具有一个等于时钟周期的等待时间。这种同步器可以把一些亚稳态的值同步为确定值，但并不一定是正确值，同时有一些亚稳态也还是无法稳定成确切值的，这种情况称为同步出错。由于同步出错的随机性，很难对它们进行跟踪。如果想进一步降低亚稳态出现的概率，可以再增加同步器的级数，但是太多的同步器会使系统的性能下降，所以系统中不会用到太多的同步器，一般使用两个同步器已经足够，如图 10-3 所示。

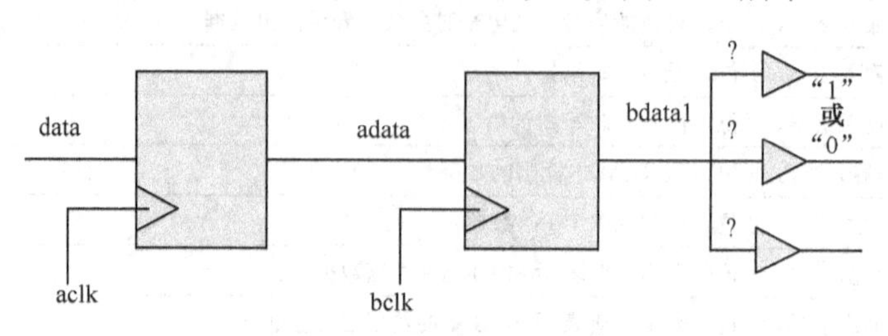

图 10-2　数据穿过两个时钟域产生亚稳态

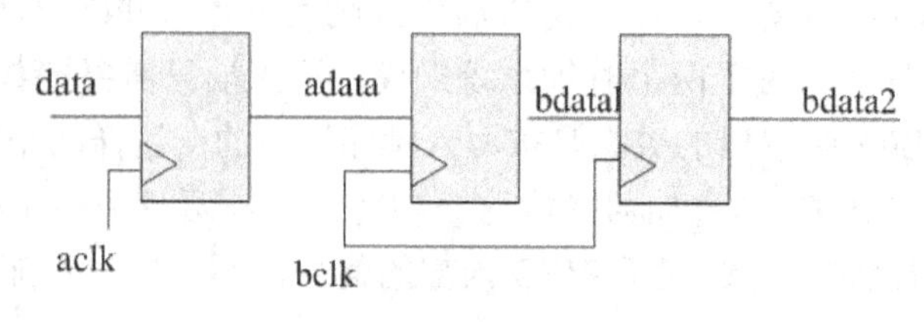

图 10-3　两级同步器

10.1.3　空满状态的判断

之所以在前面介绍了亚稳态的问题，是因为这是判断满状态或空状态无法回避的一个问题。因为读电路在读控制时维持一个地址指针，写电路在写控制时维持一个地址指针，简单来说，这两个地址指针直接一比较，就能得到空满的判断结果，但是实际操作起来非常麻烦。例如对于满状态来说，这是写入电路所关心的状态，因为满状态下不能继续写入数据，但是空状态对于写电路没有影响。如果写入电路要判断当前 FIFO 是否为满，就需要把写电路自身维持的写指针和读电路维持的读指针做比较，这个读指针就需要送入写电路中，此时就发生了穿过时钟域的问题，也就是说，读指针要从读时钟域同步到写时钟域，然后参与判断，此时就需要前面介绍的同步器。

同样，对于空状态来说，这是读出电路所关心的状态，也是由读电路来维持的，因为空状态下再读数就会得到错误的数据，但是满状态下读数是没有影响的。如果读电路要判断当前 FIFO 是否为空，就需要把写时钟域中的写指针取到读时钟域来，和读时钟域的读指针进行比较得出是否是空状态，同样跨越了时钟域。

在跨时钟域系统中希望出现错误的概率越低越好，此时格雷码无疑是最好的一个选择。格雷码属于可靠性编码，是一种误差最小化的编码，它大大减少了由一个状态到下一个状态时电路的混淆。由于这种编码相邻的两个码组之间只有一位不同，和其他编码同时改变 2 位和多位的情况相比更为可靠。表 10-2 所示是格雷码与二进制码的对应关系。

表 10-2　格雷码与二进制码转换真值表

十进制	二进制	格雷码
N	B_3 B_2 B_1 B_0	G_3 G_2 G_1 G_0
0	0 0 0 0	0 0 0 0
1	0 0 0 1	0 0 0 1
2	0 0 1 0	0 0 1 1
3	0 0 1 1	0 0 1 0
4	0 1 0 0	0 1 1 0
5	0 1 0 1	0 1 1 1
6	0 1 1 0	0 1 0 1
7	0 1 1 1	0 1 0 0
8	1 0 0 0	1 1 0 0
9	1 0 0 1	1 1 0 1
10	1 0 1 0	1 1 1 1
11	1 0 1 1	1 1 1 0
12	1 1 0 0	1 0 1 0
13	1 1 0 1	1 0 1 1
14	1 1 1 0	1 0 0 1
15	1 1 1 1	1 0 0 0

由前面的介绍可知通过同步器之后信号稳定的值可能是 1 也可能是 0，可能与输入的值相同也可能与输入的值不同。如果对于二进制码，这显然是灾难性的。例如从十进制的 7 变到 8，二进制码是从 0111 变为 1000，把 0111 送入同步器之后，由于 4 位都要变化，所以 4 位都可能会出现亚稳态，从而在同步器的输出端就会出现各种可能性，这样即使数据稳定下来，对整个电路的作用也很小。而如果采用格雷码，是从 0100 变为 1100，只是最高位发生了改变，也就只有这一位可能会出现亚稳态的情况。这样经过同步器处理之后，输出端可能得到的值只有两种：0100 或 1100，其中 1100 是正确的数值，如果得到这个输出自然是最好，但即使得到了 0100 的输出，也只是和原来的值相同，可以认为没有变化，这也不会对电路造成负面的影响。相比二进制代码那种变化后什么值都有可能的情况，格雷码显然是一种更易于接受的编码方式。

格雷码虽然在跨时钟域方面效果比较好，但在本身计数方面是不足的，也就是说还需要把格雷码转换成二进制码来计数，4 位的格雷码转二进制码的代码部分如下：

```
bin[0]=gray[3]^gray[2]^gray[1]^gray[0];
bin[1]=gray[3]^gray[2]^gray[1];
bin[2]=gray[3]^gray[2];
bin[3]=gray[3];
```

这种结构也可以转换成 for 循环来完成，如写成一个模块的形式，代码如下：

```
module gray2bin(bin,gray);
parameter SIZE=4;
output [SIZE-1:0] bin;
input [SIZE-1:0] gray;
reg [SIZE-1:0] bin;
integer i;
```

```
    always @(gray)
      for(i=0; i,SIZE; i=i+1);
        bin[i]=^(gray>>i);

    endmodule
```

计数之后还要变回格雷码，转换的方法与上述方式类似。这样使用格雷码作为指针就可以降低亚稳态带来的影响。接下来要解决的是空满判断的问题，常用的判断方法是附加位比较法。附加位比较法是给每个指针增加一个附加位，对于二进制指针而言，将存储空间的最后一个存储单元写入数据后，地址将变为零，即地址指针低 n−1 位清零并向最高位(MSB)也就是附加位进位。读指针也是如此工作。如果两个指针的最高位(MSBs)不同而其余位相同，就说明写指针比读指针多循环了一次，标志 FIFO 存储器处于满状态。如果包括最高位在内的两个指针完全相同，则说明写指针和读指针经历了相同次数的循环，也就是说 FIFO 存储器处于空状态。这样读指针和写指针就变成了一个 n 位指针，其中低 n−1 位是用来存放 FIFO 存储器的地址，可以用来对 2^{n-1} 个存储单元寻址，而最高位则用来辨别当两个指针的地址相等时是满状态还是空状态。

对二进制指针来说，用这种方式来区分满状态与空状态是可行的。但是，格雷码指针却不能直接使用这种方式，原因有两个。如图 10-4 所示的 4 位格雷码，格雷码计数器的低 3 位用于存放存储地址，第四位是附加位，这个 FIFO 存储器的存储容量为 8。正确的操作应当是，当写（或读）完一个循环时，地址应该重新开始计数，附加位应该翻转。然而格雷码指针却并非如此，地址由 7 到 8（格雷码由 0-100 到 1-100），指针的附加位改变，但是地址位（低 n−1 位）却没有重新开始计数，这是由于格雷码是一种镜像码造成的。

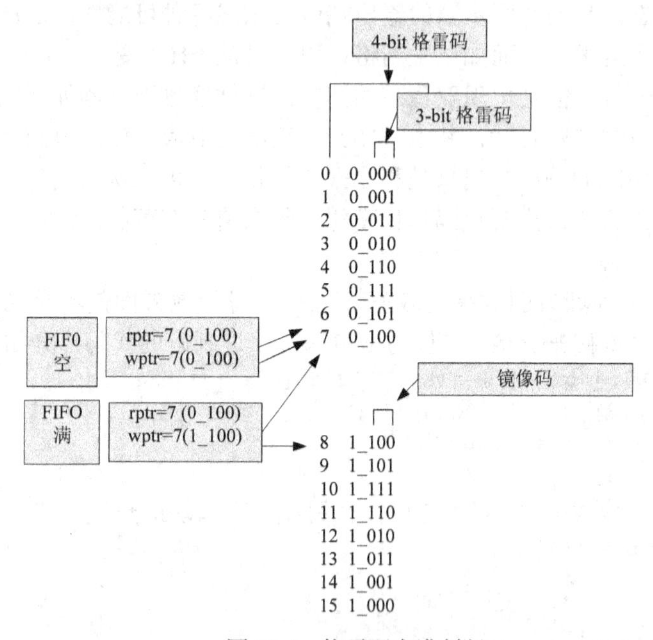

图 10-4　格雷码空满判断

第二个原因是这种格雷码不能直接产生满状态标志。如果两个格雷码指针都是 Gray-

7 ，这时的 FIFO 存储器为空状态，在进行一次写操作后写指针将加 1，格雷码第 4 位将变为 1 而低 3 位不变，这时的读指针和写指针的最高位将不同而低位相同。如果这样的话，FIFO 存储器满标志将置位，这显然是错误的，因而需要对这个 4 位的格雷码进行修改。想要的结果是：一个 n 位的（即包括附加位）格雷码计数器用在异步时钟域间传递数据，但是又希望它的低 n–1 位计数器也是格雷码类型的。这样低 n–1 位就能单独形成一个循环，而不是一种反射码。所以，此时需要的是一个既能产生 n 位的格雷码序列又能产生 n–1 位的格雷码序列的计数器。分别实现一个 n 位的格雷码计数器和一个 n–1 位的格雷码计数器自是非常简单；用一个计数器来实现一个 n 位的格雷码计数器，并将这个计数器的次高位进行修改而低位保持不变以实现一个 n–1 位的格雷码计数器，这也不是一件很难的事情。这种既能产生 n 位格雷码又能产生 n–1 位格雷码的计数器被称为“两重格雷码计数器”。

下面以图 10-4 中的 3 位和 4 位格雷码来说明空满状态的判断标准。3 位格雷码表示的就是地址空间，可以有 8 个存储空间。由于写入和读出并不是按照从 000 开始的，而是可以以任意一个位置开始，比如存放数据可以按照十进制地址 5、6、7、0、1、2、3、4 的地址顺序来存放，读出数据也同理，这样为了表示循环，就增加了 1 位变为 4 位格雷码。

首先说明空状态的判断标准，空状态表示读指针和写指针重合，此时无论是看 3 位格雷码还是 4 位格雷码都应该是完全相同，比如写指针指向 1010，读指针也必然指向 1010，这样判断空状态就只需要判断两个指针是否相同，相同时即为空，不同时即为不空。

然后解释满状态的判断标准。满状态判断比较复杂。假设一次写入数据是从十进制的地址 6 开始，连续写入 8 个数据，地址指向 14，这时存储器存满 8 个数据，应该产生满状态输出，这两个地址形式如下：

```
十进制地址 6     二进制地址 0110     格雷码地址 0101
十进制地址 14    二进制地址 1110     格雷码地址 1001
```

如果是二进制地址，判断的方法已经介绍过了。而格雷码地址的前两位是不同的，但后面的两位是相同的。如果扩展成更多位的格雷码，满状态下依然是这种情况，即前两位不同，后面位均相同。这样判断满状态首先要保证除去前两位之后的剩余部分是相同的。

然后对于本例来说，需要保证前两部分是 01 和 10，如果地址是以 01 开头，则满时一定是 10；如果以 10 开头，满时一定是 01。判断的方法可以有很多种，这里采用先取前两位的异或值，保证相等，此时只可能是 0、1 的组合，然后再判断首位不同，这样就只能是 01 和 10 这两种情况。经过这三个条件的判断，就能就保证此时为写满状态。

再观察地址以 00 和 11 开头的情况，给出地址如下：

```
十进制地址 2     二进制地址 0010     格雷码地址 0011
十进制地址 10    二进制地址 1010     格雷码地址 1111
```

可以看到，刚才提出的三个条件依然可以保证写满状态的正常输出：后两位相同，前两位的异或值均为 0，首位不同，所以写满状态就以这三个条件作为判断标准。

10.1.4 子模块设计

本设计的异步 FIFO 划分为五个子模块部分：读指针控制模块、写指针控制模块、存储 RAM 模块、读指针同步到写时钟域模块和写指针同步到读时钟域模块，依次介绍如下。

首先是两个同步模块，这两个同步模块同前文介绍的一样，是两个寄存器连接在一起。如果设计库中包含 D 触发器，也可以直接调用 D 触发器来实现。

写指针同步到读时钟域模块代码如下：

```
module syne_w2r(rwptr2,wptr,rclk,rrst_n);
parameter ADDRSIZE=4;
output [ADDRSIZE:0] rwptr2;          //同步后的写指针
input [ADDRSIZE:0] wptr;             //同步前的写指针
input rclk,rrst_n;
reg  [ADDRSIZE:0]  rwptr2,rwptr1;    //两个中间寄存器

always @(posedge rclk or negedge rrst_n)
if(!rrst_n)
  {rwptr2,rwptr1}<=0;                //复位
else
  {rwptr2,rwptr1}<={rwptr1,wptr};    //两寄存器连接

endmodule
```

读指针同步到写时钟域模块代码如下：

```
module sync_r2w(wrptr2,rptr,wclk,wrst_n);
parameter ADDRSIZE=4;
output [ADDRSIZE:0] wrptr2;          //同步后的读指针
input [ADDRSIZE:0] rptr;             //同步前的读指针
input wclk, wrst_n;
reg [ADDRSIZE:0] wrptr2, wrptrl;     //两个中间寄存器

always @(posedge wclk or negedge wrst_n)
if (!wrst_n)
  {wrptr2, wrptrl}<=0;               //复位
else
  {wrptr2,wrptrl}<= {wrptrl,rptr}; //寄存器串联

endmodule
```

寄存器串联的部分直接采用了一行语句来实现，效果等同于如下两行。

```
wrptr<=wrptrl;
wrptrl<=rptr;
```

此两个模块代码相同，综合后电路图除名称不同外电路结构完全一致，故只截取其中一个电路结构如图 10-5 所示，与预期设计相同。由于电路功能一目了然，这两个模块无须进行仿真验证。

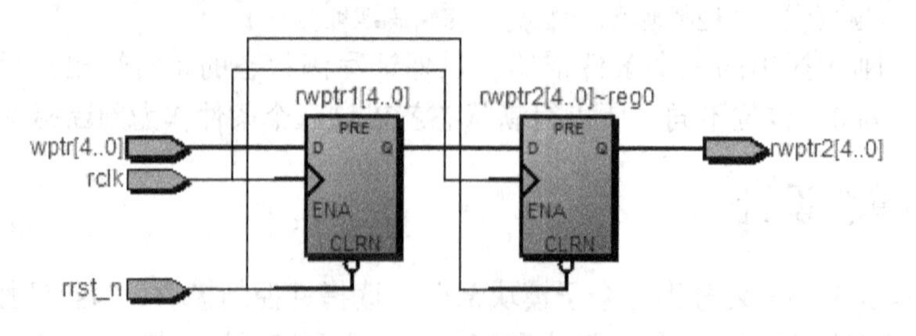

图 10-5　同步模块

然后是存储模块，与第 9 章中的存储器相似，代码如下：

```
module fifomem(rdata, wdata, waddr,raddr, wclken, wclk,rclken,rclk);
parameter DATASIZE=8;                   //数据宽度
parameter ADDRSIZE=4;                   //地址宽度
output [DATASIZE-1:0] rdata;            //读出数据
input  [DATASIZE-1:0] wdata;            //写入数据
input   wclken, wclk,rclken,rclk;       //读写控制和时钟
input [ADDRSIZE-1:0] raddr,             //输入读地址
input [ADDRSIZE-1:0] waddr;             //输入写地址
reg [DATASIZE-1:0] rdata;               //输出寄存器

reg [DATASIZE-1:0]   MEM  [0:(1<<ADDRSIZE)-1];   //存储体

always @(posedge rclk)                  //读时钟读出数据
if (rclken) rdata = MEM[raddr];

always @(posedge wclk)
if (wclken) MEM[waddr] <= wdata;        //写时钟写入数据

endmodule
```

此模块构造了一个存储器，按读写时钟完成输入和输出，本身不具备判断空满的条件。编写测试模块代码如下：

```
module tbmem;
parameter DATASIZE=8;
parameter ADDRSIZE=4;
wire [DATASIZE-1:0] rdata;
reg  [DATASIZE-1:0] wdata;
reg   wclken, wclk,rclken,rclk;
reg [ADDRSIZE-1:0] raddr, waddr;
integer seed1;

initial
begin
  wclk=0;rclk=0;seed1=20;               //初始化
  waddr=0;raddr=0;
end

always #9 wclk=~wclk;                   //生成写时钟
always #11 rclk=~rclk;                  //生成读时钟

always @(posedge wclk)
wdata<={$random(seed1)/256};            //产生随机写入数据

initial
begin
  wclken=1;rclken=0;
  repeat (10) @(posedge wclk);          //写入 10 个数据
  wclken=0;rclken=1;
```

```
    repeat (6) @(posedge rclk);         //读出 6 个数据
    wclken=1;rclken=1;
    #99 $stop;                          //边读边写
  end

  always @(posedge wclk)
  if(wclken==1)
    waddr=waddr+1;                      //写地址生成

  always @(posedge rclk)
  if(rclken==1)
    raddr=raddr+1;                      //读地址生成

  fifomem fifomem(rdata,wdata,waddr,raddr,wclken,wclk,rclken,rclk);//实例化

  endmodule
```

运行仿真可得图 10-6 所示的波形图。图中第一行是读出的数据，第二行是写入的数据，如果简单来看，读出的数据是按顺序写入的数据即可。本测试模块中先写入了 10 个数据，因为初始时存储体中没有数据。读了 6 个周期，再按照边读边写的方式进行操作。可以看到图中的第一行读出数据与第二行写入数据是完全对应的。

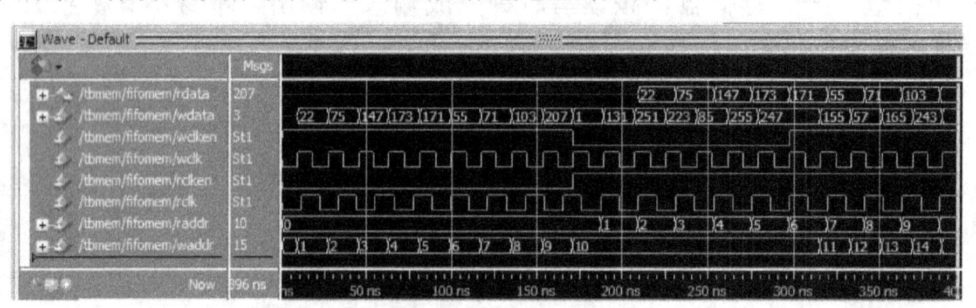

图 10-6　仿真波形图

该模块得到的电路图如图 10-7 所示，输入/输出均在寄存器控制下，中间的部分是一个存储体，电路没有展开。

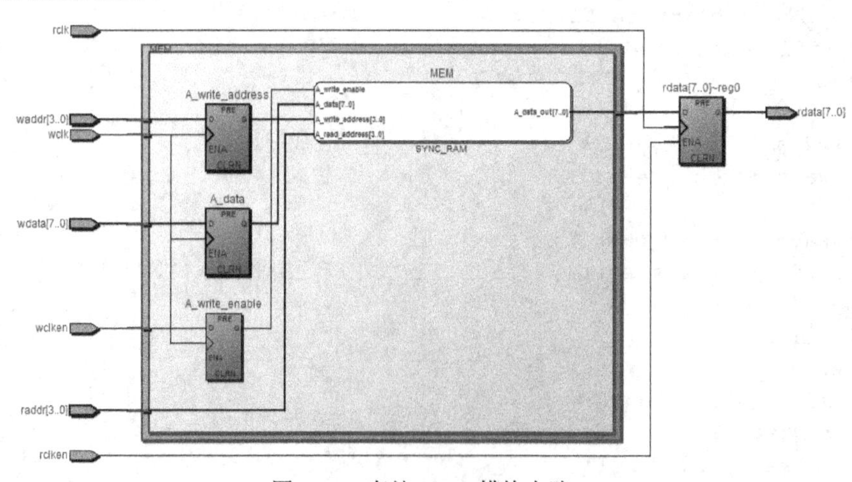

图 10-7　存储 RAM 模块电路

FIFO 存储器空状态是在读时钟域中生成的，这样就可以确保一旦 FIFO 存储器达到空状态时就能被检测到。也就是说，在读时钟域里读指针可以在读时钟周期内与同步而来的写指针（包括附加的最高位 MSB）进行比较。

当读指针与同步的写指针 rwptr2 相等时，FIFO 存储器为空状态，此时 FIFO 存储器停止读取数据，否则会导致向下溢出（underflow）。比较读指针和同步的写指针以生成空标志的比较器很容易实现。FIFO 存储器的指针总是预先指向下一个内存位置，每进行一次读写操作，相应的指针就增加一次。如果读指针与同步的写指针 rwptr2 的附加位（这两个指针的最高位 MSBs）是相等的，则这两个指针经历了相同的循环次数，假如这时两个指针的低位（共 n–1 位）也相等，FIFO 存储器就为空状态。

在这个模块中包含了除读同步模块之外的所有读时钟域的逻辑电路。读指针是“两重格雷码计数器”，n 位指针 rptr 被同步到写时钟域中，n–1 位指针用于产生地址。当读指针 rptr 的下一个状态 rgnext 等于同步的写指针 rwptr2 时，空状态标志将在下一个读时钟的上升沿被置位。这个模块已经是一个读时钟域的同步时序电路，这有利于进行静态时序分析。模块包含读指针电路和空标志逻辑电路，代码如下：

```
module rptr_empty(rempty,raddr,rptr,rwptr2,rinc,rclk,rrst_n);
parameter ADDRSIZE=4;
output  rempty;
output  [ADDRSIZE-1:0]  raddr;
output  [ADDRSIZE:0] rptr;
input  [ADDRSIZE:0] rwptr2;
input  rinc, rclk,rrst_n;
reg  [ADDRSIZE:0] rptr,rbin,rgnext,rbnext;
reg  rempty,raddrmsb;


always @(posedge rclk or negedge rrst_n)
if(!rrst_n)
  begin
    rptr    <=0;
    raddrmsb<=0;
  end
else
  begin
    rptr     <=rgnext;                                  //下一个读地址
    raddrmsb  <=rgnext[ADDRSIZE]^rgnext[ADDRSIZE-1];     //地址最高位
  end

always @(rptr or rinc)
begin:Gray_inc
  integer i;
  for(i=0;i<=ADDRSIZE;i=i+1)
    rbin[i]=^(rptr>>i);                    //格雷码转换为二进制码
  if(!rempty)
    rbnext=rbin+rinc;                      //增加 FIFO 计数
  else
    rbnext=rbin;
  rgnext = (rbnext>>1)^rbnext;             //二进制转化为格雷码
end
```

```
    always @(posedge rclk or negedge rrst_n)
    if(!rrst_n)
      rempty<=1'b1;                                          //复位时输出空
    else
      rempty<=(rgnext==rwptr2);                              //否则判断是否满足条件

    assign raddr = {raddrmsb,rptr[ADDRSIZE-2:0]};  //读地址指针

    endmodule
```

读地址控制模块主要的部分按代码顺序有：复位部分，完成复位功能；计数部分，完成格雷码转二进制计数再转换成格雷码；空状态判断部分，复位时输出空，读指针和同步后的写指针相同时出示空状态；最后是一个读地址的拼接输出。

为此模块编写测试模块，代码如下：

```
    module tbrptr;
    parameter ADDRSIZE=4;
    wire  rempty;
    wire  [ADDRSIZE-1:0]  raddr;
    wire  [ADDRSIZE:0] rptr;
    reg  [ADDRSIZE:0] rwptr2;
    reg  rinc, rclk,rrst_n;

    initial
    begin
      rclk=0;rrst_n=1;rinc=0;
      rwptr2=14;                          //定义同步后写指针位 01110
      #3 rrst_n=0;
      #4 rrst_n=1;                        //完成复位
      #6 rinc=1;                          //读使能
    end

    always #11 rclk=~rclk;                //读时钟

    initial
    begin
      repeat (5) @(posedge rclk);     //先重复 5 个沿
      @(posedge rempty);                  //等到空状态出现时
      #20 $stop;                          //延迟 20 个时间单位结束
    end

    rptr_empty rptr_empty(rempty,raddr,rptr,rwptr2,rinc,rclk,rrst_n); //实例化

    endmodule
```

运行仿真可得图 10-8 所示的波形图。

在波形图中，第一行是空状态，初始阶段由于设置了一个复位端，所以有短暂的高电平，随着复位信号的撤销，地址开始正常计数，注意是按格雷码的计数顺序。计数到 0110 时，与预设的写指针相同，空状态重新变为高电平。此模块可以正常完成地址的计数和空状态的生成，功能验证结果正确。

该模块可以得到最后的电路结构如图 10-9 所示。

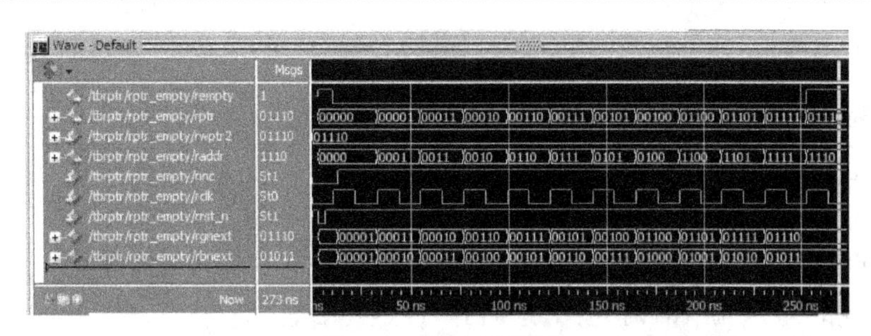

图 10-8　仿真波形图

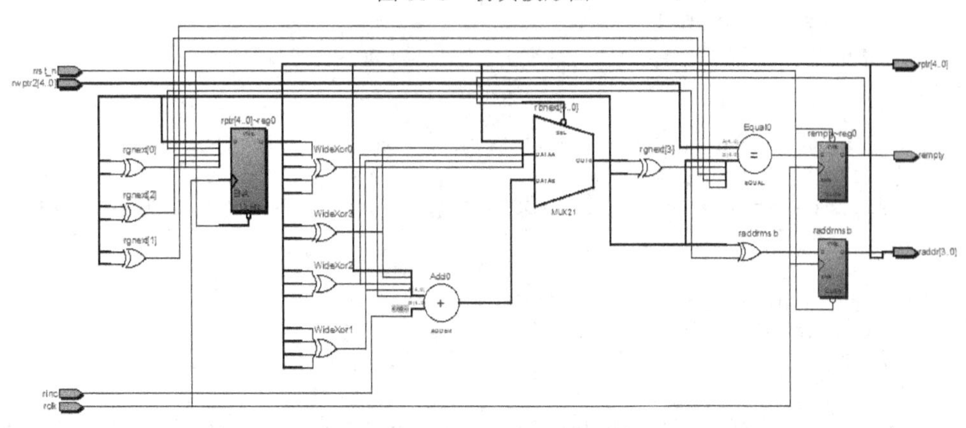

图 10-9　电路结构图

写指针控制模块的代码与读指针控制模块代码基本相同，为了有效地生成满状态标志，同步的读指针应立即与 wgnext 比较。其中，wgnext 为格雷码写指针的 wptr 的次态，它将在下一个写时钟被存入到格雷码写指针中。此模块中仅在满状态判断部分不相同，所以添加了部分信号。设计模块的代码如下：

```
module wptr_full(wfull,waddr,wptr,wrptr2,winc,wclk,wrst_n);
parameter ADDRSIZE = 4;
output  wfull;
output  [ADDRSIZE-1:0]  waddr;
output  [ADDRSIZE:0]   wptr;
input  [ADDRSIZE:0]   wrptr2;
input  winc, wclk, wrst_n;
reg  [ADDRSIZE:0]  wptr, wbin, wgnext, wbnext;
reg  wfull, waddrmsb;
wire w_2ndmsb,wr_2ndmsb;   //添加的判断信号

always  @(posedge wclk or negedge wrst_n)
if  (!wrst_n)
  begin
    wptr    <= 0;
    waddrmsb  <= 0;
  end
else
  begin
    wptr   <=wgnext;
    waddrmsb <=wgnext[ADDRSIZE]^wgnext[ADDRSIZE-1];
```

```
    end

  always  @(wptr or winc)
  begin: Gray_inc
    integer i;
    for(i=0; i<=ADDRSIZE; i=i+1)
      wbin[i]= ^ (wptr>>i);          //格雷码转二进制
    if (!wfull)
      wbnext = wbin+winc;            //FIFO 计数
    else
      wbnext = wbin;
    wgnext=(wbnext>>1) ^ wbnext;  //二进制转格雷码
  end

  assign w_2ndmsb = wgnext[ADDRSIZE] ^ wgnext[ADDRSIZE-1];    //写指针前两位异或
  assign wr_2ndmsb = wrptr2[ADDRSIZE] ^ wrptr2[ADDRSIZE-1];//同步后的读指针前两位异或

  always  @(posedge wclk or negedge wrst_n)
  if (!wrst_n)
    wfull<=0;
  else
    wfull <= ((wgnext[ADDRSIZE] !==wrptr2[ADDRSIZE])&&(w_2ndmsb== wr_2ndmsb)
             && (wgnext[ADDRSIZE-2:0]== wrptr2[ADDRSIZE-2:0]));
  //三个判断条件均满足则满

  assign waddr= {waddrmsb,wptr[ADDRSIZE-2:0]};

  endmodule
```

由于功能基本相似，此模块的测试平台和功能仿真波形图就不给出了，可以在读指针测试模块的基础上稍加修改得到。最后该模块得到的电路图也和图 10-9 相似，如图 10-10 所示。

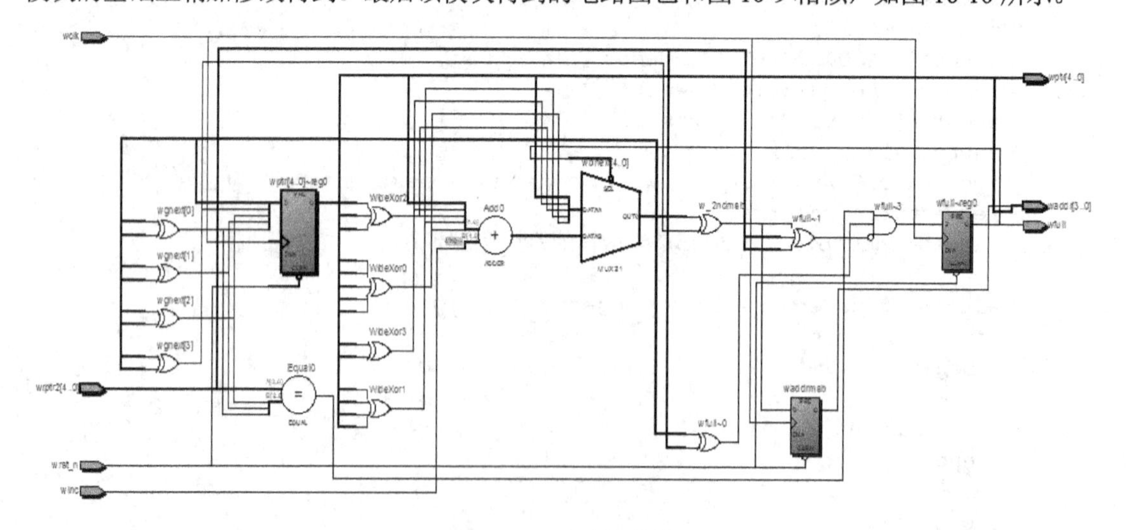

图 10-10　电路结构图

10.1.5 整体仿真结果

把 10.1.4 节中的 5 个子模块合成一个顶层模块，就是待设计的异步 FIFO 模块，代码如下：

```
module
fifo_asyn(rdata,wfull,rempty,wdata,winc,wclk,wrst_n,rinc,rclk,rrst_n);
parameter DSIZE = 8;      //存储数据宽度
parameter ASIZE = 4;      //存储地址宽度
output [7:0] rdata;
output          wfull;
output          rempty;
input  [7:0]  wdata;
input           winc,wclk,wrst_n;
input           rinc,rclk,rrst_n;
wire    [3:0]  waddr,raddr;
wire    [4:0]   wptr,rptr,wrptr2,rwptr2;

sync_r2w
sync_r2w(.wrptr2(wrptr2),.rptr(rptr),.wclk(wclk),.wrst_n(wrst_n));
syne_w2r
syne_w2r(.rwptr2(rwptr2),.wptr(wptr),.rclk(rclk),.rrst_n(rrst_n));
fifomem
fifomem(.rdata(rdata),.wdata(wdata),.waddr(waddr),.raddr(raddr),
        .wclken(winc),.wclk(wclk),.rclken(rinc),.rclk(rclk));
rptr_empty
rptr_empty(.rempty(rempty),.raddr(raddr),.rptr(rptr),.rwptr2(rwptr2),
                .rinc(rinc),.rclk(rclk),.rrst_n(rrst_n));
wptr_full
wptr_full(.wfull(wfull),.waddr(waddr),.wptr(wptr),.wrptr2(wrptr2),
               .winc(winc),.wclk(wclk),.wrst_n(wrst_n));

endmodule
```

为异步 FIFO 编写测试模块，测试代码如下：

```
module tbfifo;
parameter DSIZE = 8;
parameter ASIZE = 4;
wire [7:0] rdata;
wire  wfull;
wire  rempty;
```

```
reg [7:0] wdata;
reg winc,wclk,wrst_n;
reg rinc,rclk,rrst_n;
integer seed;

initial
begin
  wclk=0;rclk=0;seed=11;
  winc=0;rinc=0;
  wrst_n=1;rrst_n=1;
  #2 wrst_n=0;rrst_n=0;
  #3 wrst_n=1;rrst_n=1;
end

always #9 wclk=~wclk;
always #11 rclk=~rclk;

always @(posedge wclk)
wdata<={$random(seed)/256};

initial
begin
  #20 winc=1;
  repeat (12)@(posedge wclk);        //只写数
  winc=0;rinc=1;
  repeat (6)@(posedge rclk);         //只读数
  winc=1;rinc=1;                     //边写边读，但写时钟快，终究会写满
  @(posedge wfull);                  //检测写满信号
  winc=0;rinc=1;                     //写满后变为只读
  @(posedge rempty);                 //检测读读空信号，然后停止
  #20 $stop;
end

fifo_asyn myasynfifo(rdata,wfull,rempty,wdata,winc,wclk,wrst_n,rinc,
rclk,rrst_n);

endmodule
```

运行仿真可得图 10-11 所示的波形图。

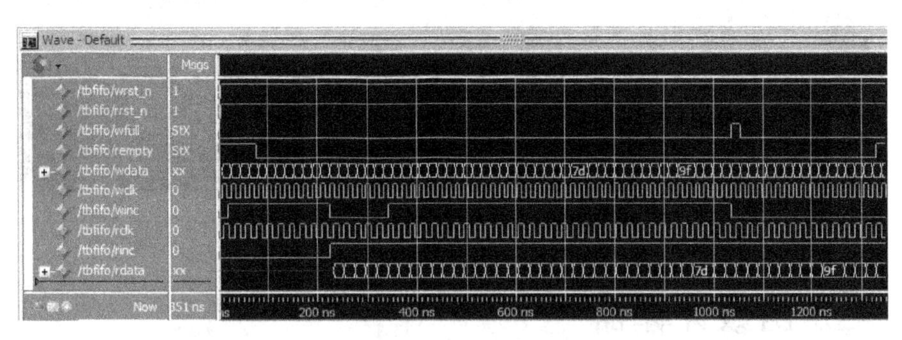

图 10-11　仿真波形图

仿真波形图中体现的是整体的效果，从一开始复位信号生效产生的空状态，然后写入一些数据到 FIFO 中，再边写边读，但是由于写周期快，所以 FIFO 中的数据量在逐渐增加，直至出现写满状态。接下来进入只读阶段，连续读出 FIFO 中的数据，直到读空为止，这样所有的工作状态就都进行了验证。

图 10-12 所示是波形最后部分的放大图，用来查看数据的正确性。图中最后一行是输出的数据，第五行是输入的数据，在 wfull 信号出现高电平之后进入只读状态，此时读出的数据 89 和第五行的第一个数据相同，然后按顺序依次输出刚写入的数据，数值部分验证正确。

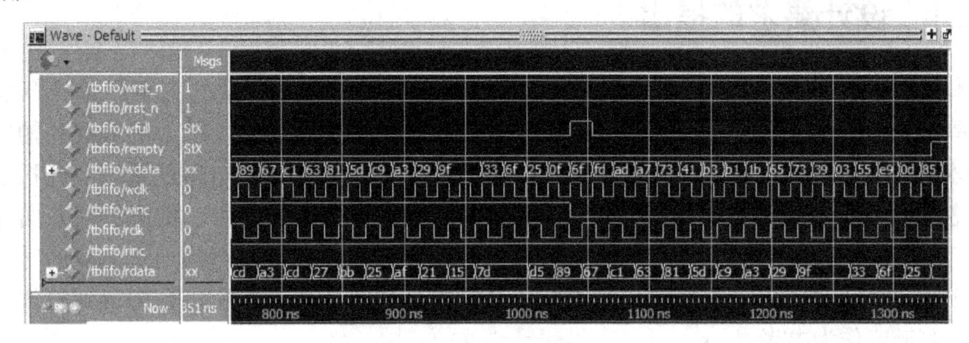

图 10-12　数值验证

该电路得到的模块图如图 10-13 所示，内部电路结构已在前面给出。

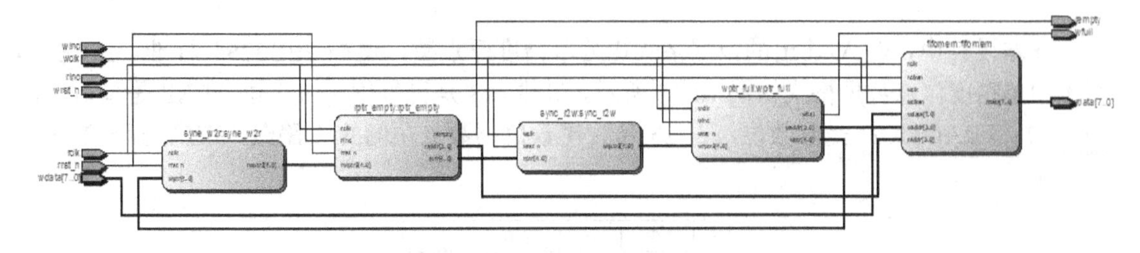

图 10-13　整体模块结构图

运行时序仿真可得图 10-14 所示的波形图，这里只保留了输入数据和输出数据部分，同时把刚刚得到的功能仿真作为参考信号输出，就是图中的 rdata_ref，可以看到输出的结果完整正确。

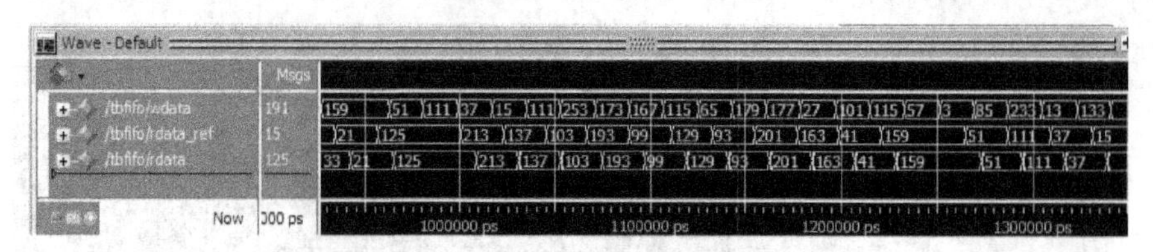

图 10-14　时序仿真波形图

10.2　三角函数计算器

本节要完成一个三角函数计算器。在现实生活中可以使用一些软件语言直接计算三角函数的取值，而本节中要使用硬件电路来完成这一功能。众所周知，硬件电路的运算速度要比软件快得多，而软件硬化也是一个趋势。本节的实例中代码较长，所以不能做到每行代码都一一说明，只给出每个模块的功能。

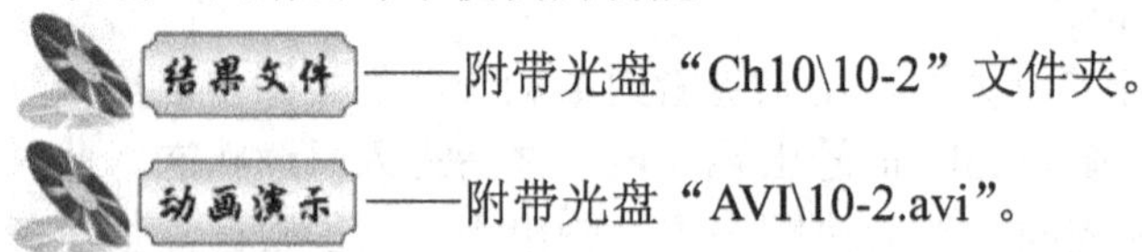

——附带光盘“Ch10\10-2”文件夹。

——附带光盘“AVI\10-2.avi”。

10.2.1　设计要求的提出

本例的设计要求很简单，即设计一个可以计算正弦值和余弦值的三角函数计算器。该设计是一个整体系统的一个计算单元。由于该设计所处的位置所限，输入的数据和输出的数据都必须是单精度浮点数，必须满足 IEEE 标准，这样才能和其他电路及系统部分相连接。在电路面积方面，由于要采用资源较丰富的 FPGA 芯片来实现，所以资源消耗方面并不是值得担心的问题，即对面积没有特定的要求。而时间方面，期待能得到一个估算的时间，作系统分配计算周期所用，在整个计算周期内必须得到最终的结果，所以希望得到整体电路的一个最大延迟作为参考。

10.2.2　数据格式

在本设计中，输入/输出的数据格式均为单精度浮点数，遵循 IEEE754 标准。IEEE754 标准中单精度浮点数据格式如图 10-15 所示。其中，S 是符号位；占 1 位；EXP 是指数位，占 8 位；FRACTION 是尾数位，占 23 位，尾数位小数点左侧的 1 隐藏，IEEE 标准默认为隐含位。

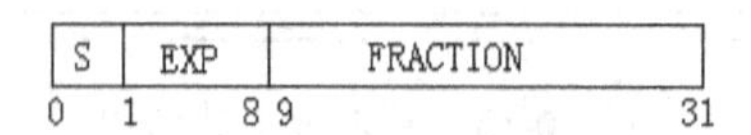

图 10-15　单精度浮点数据格式

符号位 S 的值为 0 是表示正数，为 1 时表示负数。指数位采用阶码表示，指数位的最高位是符号位，1 代表正数，0 代表负数。尾数部分采用原码表示。当指数位为最大，尾数位为 0 时表示无穷；当指数位最大，尾数位不为 0 时表示 NAN；当指数位为 0，尾数也为 0

时表示常值 0；当指数位为 0，尾数位不为 0 且隐含位为 0 时表示非规格化数；其余数值表示正常数。

数学运算过程中需要将浮点数进行规格化和非规格化操作。规格化就是将尾数部分第一个是 1 的位提升到最高位，同时将这一位后面的所有数也随之提升，即将尾数的小数点左侧第一位转化为 1；而非规格化就是将指数转换成需要的目标格式，同时尾数进行相应的移位。在规格化过程中，尾数每向右移动一位，指数就加 1，尾数每向左移动一位，指数就减 1；在非规格化过程中则相反，指数每加 1，尾数就向右移动一位，指数每减 1，尾数就向左移动一位。本设计中输入和输出数值均是单精度浮点数，都满足 IEEE754 标准。

10.2.3 算法的选择与原理结构

复杂函数算法通常采用五种方式实现：查表法、迭代法、查表与多项式结合法、有理数近似方式和逐位方式。

（1）查表法。查表法适用于各种计算起来很耗时的函数，其基本想法是将某些点的函数值构造成表以便需要时查找。表的大小直接决定了所能实现函数的精度，是最基本的方法之一。要保证数据的精度就要增加表的容量，增加表的容量又会使查表速度降低。

（2）迭代法。迭代法适用于构成等差数列的一系列角度的正弦值的计算，该方法简单、精度高、速度快而且不需要额外的存储空间。

（3）查表和多项式结合方式。查表和多项式结合的方式提高了超越函数计算的效率，其基本的思想是查表，在查表失败之后选取表中的数据对待测数据进行插值，得到一个估计的数值。这种方式的算法很多，最具有代表性的就是 Tang 方式，该方式既有高准确度又有高速度，已经在 Intel Pentium 系列处理器上应用。

（4）有理数近似方式。该方式与 Tang 方式类似，依赖于快速的浮点乘法器和加法器。目前对该方式的评价不一，但实际性能与 Tang 方式相差不多。

（5）逐位方式。逐位方式以简单的一位和加法运算的迭代为基础，实现简单，是硬件实现超越函数最常用的一种方式。它的主要缺点是线性收敛非常慢，而且与除法类似，每次迭代操作都要以前面的迭代结果为基础，不能有效地实现并行计算。

本设计采用 CORDIC 算法来进行设计。CORDIC（Coordinate Rotational Digital Computer，坐标旋转计算机）算法是 Volder 于 1959 年在美国航空控制系统的设计中提出来的，是一种用于计算复杂函数的循环迭代算法。其基本思想是用一系列与运算基数相关的角度的不断摆动，从而逼近所需旋转的角度。从广义上讲，能用该算法不同的实现模式（如圆周模式、双曲线模式、线性模式等）计算的函数包括乘、除、平方根、正余弦及指数运算等。若要运算正余弦值需要使用其圆周模式进行迭代处理。

在传统的硬件算法设计中，乘、除等基本数学函数运算是一种既耗时又占用面积的运算，甚至有时难以实现。CORDIC 算法从算法本身入手，将复杂算法分解成一些在硬件中比较容易实现的基本算法，如加法、移位等，从而使得这些算法在硬件上可以得到较好地实现。CORDIC 算法可以充分发挥硬件的优势，利用硬件的资源，从而实现设计方案。

CORDIC 执行的是一个旋转算法。设矢量(x_i, y_i)，将其旋转角θ得到新矢量(x_j, y_j)，

则有式（10-1），即

$$\begin{cases} x_j = r\cos(\alpha+\theta) = r(\cos\alpha\cos\theta - \sin\alpha\sin\theta) = x_i\cos\theta - y_i\sin\theta \\ y_j = r\sin(\alpha+\theta) = r(\sin\alpha\sin\theta + \cos\alpha\cos\theta) = y_i\sin\theta + x_i\cos\theta \end{cases} \tag{10-1}$$

改写成矩阵形式就是：

$$\begin{pmatrix} x_j \\ y_j \end{pmatrix} = \begin{pmatrix} \cos\theta & -\sin\theta \\ \sin\theta & \cos\theta \end{pmatrix}\begin{pmatrix} x_i \\ y_i \end{pmatrix} \tag{10-2}$$

式（10-2）是矢量旋转变换的通用公式，旋转示意图如图 10-16 所示。

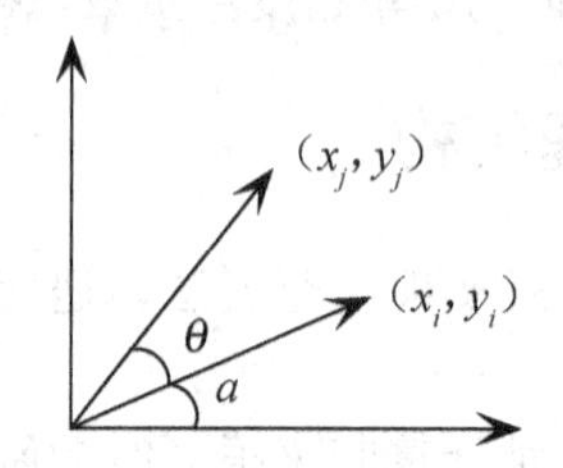

图 10-16　CORDIC 算法旋转示意图

为了旋转一个角度θ，可以用一个迭代过程将θ分解成若干个微旋转，第 n 次旋转的角度为θ_n，则有公式（10-3），即

$$\begin{pmatrix} x_{n+1} \\ y_{n+1} \end{pmatrix} = \begin{pmatrix} \cos\theta_n & -\sin\theta_n \\ \sin\theta_n & \cos\theta_n \end{pmatrix}\begin{pmatrix} x_n \\ y_n \end{pmatrix} = \cos\theta_n\begin{pmatrix} 1 & -\tan\theta_n \\ \tan\theta_n & 1 \end{pmatrix}\begin{pmatrix} x_n \\ y_n \end{pmatrix} \tag{10-3}$$

进一步的，如果限制θ_n，则可以将θ_n乘项的乘法操作变为移位操作，可得

$$\theta_n = s_n \cdot \arctan 2^{-n}，\ s_n = \{\pm 1\} \tag{10-4}$$

$$\cos\theta_n = \cos(s_n \cdot \arctan 2^{-n}) = \cos(\arctan 2^{-n}) = \frac{1}{\sqrt{1+2^{-2n}}} \tag{10-5}$$

经过无穷次迭代后，得到一个常值，即

$$K = \frac{1}{P} = \prod_{n=0}^{\infty}\frac{1}{\sqrt{1+2^{-2n}}} \approx 0.607253 \tag{10-6}$$

这成为 CORDIC 算法的旋转增益。实际的计算中不可能做无穷迭代，因此实际的增益与迭代次数有关。由于 K 是一个常数，在迭代过程中可以忽略 $\cos\theta_n$ 项，迭代最后就变为（10-7），即

$$\begin{pmatrix} x_{n+1} \\ y_{n+1} \end{pmatrix} = \begin{pmatrix} 1 & -s_n 2^{-n} \\ s_n 2^{-n} & 1 \end{pmatrix}\begin{pmatrix} x_n \\ y_n \end{pmatrix} \tag{10-7}$$

同时引入了一个新的变量z_n，代表的是尚未旋转的角度。至此可以得到如式（10-8）所示的迭代方程，即

$$\begin{cases} x_{n+1} = x_n - s_n 2^{-n} y_n \\ y_{n+1} = y_n + s_n 2^{-n} x_n \\ z_{n+1} = z_n - s_n \arctan 2^{-n} \end{cases} \tag{10-8}$$

式中，s_n是一个符号函数，有

$$s_n=\begin{cases}-1, & z_n<0\\ +1, & z_n\geqslant 0\end{cases} \tag{10-9}$$

最后得到的结果为（10-10），即

$$\begin{cases}x_n=A_n\left(x_0\cos z_0-y_0\sin z_0\right)\\ y_n=A_n\left(y_0\cos z_0+x_0\sin z_0\right)\\ z_n=0\\ P=A_n=\prod\limits_n\sqrt{1+2^{-2n}}\end{cases} \tag{10-10}$$

若要计算三角函数值，则迭代的初值应满足（10-11），即

$$\begin{cases}x_0=\dfrac{1}{A_n}\\ y_0=0\end{cases} \tag{10-11}$$

得到的最终计算结果 x_n 端输出 cos 值，y_n 端输出 sin 值，这样就得到了所要计算的三角函数值。理论上迭代无数次后剩余角度 z_n 端的值应该是零，但实际中只是进行一定次数的迭代，所以把 z_n 作为参考值输出。

式（10-8）是在硬件设计中所使用的迭代方程，只包含加法和移位操作。由此方程可以得到如图 10-17 所示的迭代结构图。

从图中 10-17 可以看出，在时钟到来时，x、y 寄存器中的数据被分为两路，一路送到移位器，另一路直接送到加法（减法）器，与从另一寄存器来的数据做运算后，经过多路选择器又送回寄存器。移位器随着迭代次数的增加，其移位位数也随之增加。寄存器中的数据则直接送到加法（减法）器中，与来自查表的数据进行运算，随着迭代次数增加，其查表的地址也随之增加，查找的表中存放着旋转角度集。很明显必须有一个状态机来跟踪迭代过程，控制移位器的深度、查表地址及符号因子。

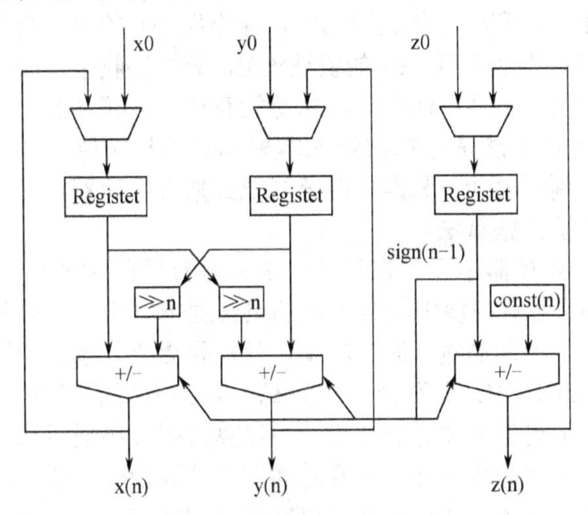

图 10-17　CORDIC 循环结构图

10.2.4 确定总体模块

针对所选 CORDIC 算法的核心运算公式，以及为了和外界保留一定的连接信号，可以为整体模块选择如下端口设置。

CORDIC 运算公式所需的端口有如下几项。

z_in：输入端，提供输入数据，宽度为32位，满足IEEE754单精度浮点数格式。

x_out：输出端，对应 CORDIC 公式的输出 x_n，即余弦值，宽度为 32 位，满足IEEE754单精度浮点数格式。

y_out：输出端，对应 CORDIC 公式的输出 y_n，即正弦值，宽度为 32 位，满足IEEE754单精度浮点数格式。

z_out：输出端，对应 CORDIC 公式的输出 z_n，即误差角度值，宽度为 32 位，满足IEEE754单精度浮点数格式。

基本信号及控制、状态信号有如下几项。

clk：时钟信号，1位，外接系统时钟。

reset：复位信号，同步端口，1位，低电平时提供复位功能，高电平时正常工作。

cordic_op：运算控制端，1 位，低电平时三角函数计算器开始工作，高电平时等待接收数据，用做本计算单元受外接控制的端口。

bs：忙状态输出，1 位，bs 为 1 时表示计算单元内部正在进行运算，运算结束后 bs 端置为 0，此时的数据是最终运算的结果，可以被系统取走。

10.2.5 内部结构的划分

由于 CORDIC 算法要经过多次迭代，所以必须有一个控制单元和一个迭代计算单元。控制单元的功能是控制内部的循环迭代和外部输出。内部的循环迭代需要进行多次迭代，运算控制模块在第一次迭代开始前将输入的角度值 z_in 读入，与迭代的初始值 x0、y0 一同送入 CORDIC 运算模块进行迭代，迭代的初始值储存在控制模块内。在循环迭代一定次数之后，将得到的结果输出。在整个迭代过程当中，输出端 bs 的值一直为 1，表示忙碌，不可以接收新的运算值。当迭代结束后，bs 的值被置 0，等待接收下一个待测角度。整个控制单元只是提供待运算的数值和一些控制信号，本身没有任何计算功能。

迭代计算单元的主要功能是把每次送入本单元的数据按照 CORDIC 算法进行迭代计算，此单元本身并没有判断功能，只是按照公式把数据直接运算，受控制单元的控制，与控制单元共同作用就构成了完整算法。

另外还要增加一个分频器单元，在设计中加入分频器的主要目的是为了适应不同的工作频率。因为 CORDIC 运算模块中包含大量的组合逻辑电路，这部分电路进行一次运算的时间是相对确定的。对于不同的输入时钟频率，只需要更改分频器的比率，使运算控制模块的一个时钟周期大于 CORDIC 运算模块达到稳定输出需要的时间，即满足电路的时序要求，这样就使设计的移植更加方便。在本设计中运算控制模块采用八分频的时钟输入，这是在最终设计完成后根据迭代计算单元的运算时间和时钟周期两个数值计算得出的。

顶层模块的有上述三个子模块单元就可以完成预期功能。顶层模块代码如下：

```
module cordic(z_in,clk,reset,cordic_op,
              x_out,y_out,z_out,bs);
input[31:0] z_in;
input clk,reset;
input cordic_op;

output [31:0] x_out,y_out,z_out;
output bs;

wire [31:0] xi,yi,zi;
wire [31:0] xo,yo,zo;
wire [4:0] ctl;
wire bs;
wire [5:0] n;
wire clk8;

clkdiv8 clkdiv8(.clk(clk),.reset(reset),.clkdiv(clk8));
ctl_cordic ctl_core(.z_in(z_in),.clk(clk8),.reset(reset),
               .xi(xi),.yi(yi),.zi(zi),
               .cordic_op(cordic_op),
               .x_out(x_out),.y_out(y_out),.z_out(z_out),
               .xo(xo),.yo(yo),.zo(zo),.ctl(ctl),.n(n),.bs(bs) );
floating_cordic f_core(.x_in(xo),.y_in(yo),.z_in(zo),
                 .clk(clk),.reset(reset),.ctl(ctl),.n(n),
                 .x_out(xi),.y_out(yi),.z_out(zi));

Endmodule
```

顶层模块编写之后可以得到顶层模块结构图，如图 10-18 所示。

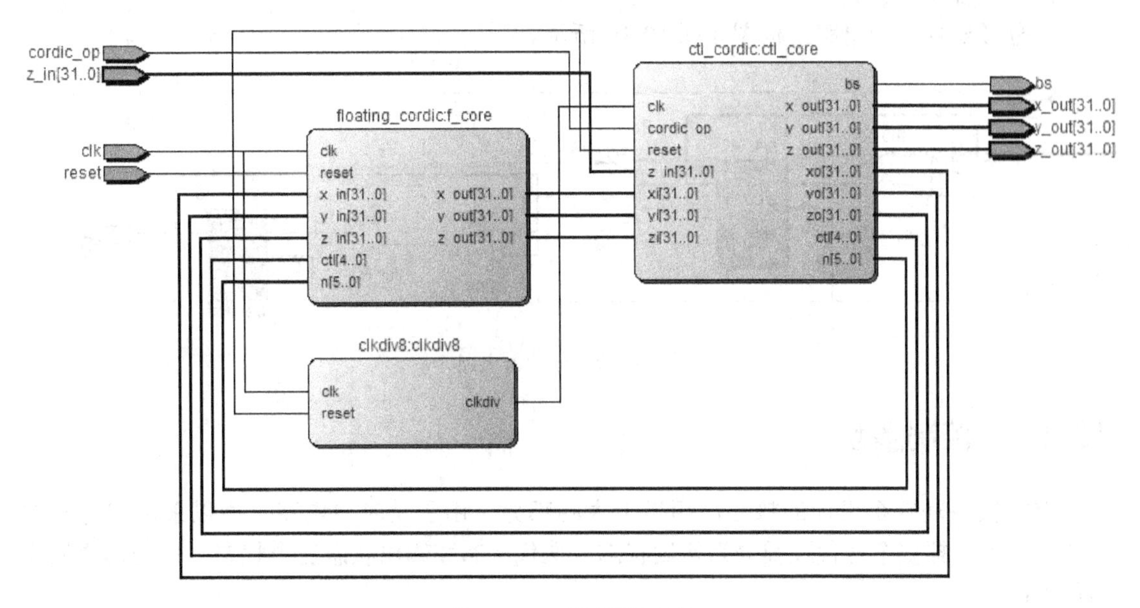

图 10-18　顶层模块结构

10.2.6 分频器模块

分频器模块在前面章节中已经介绍过，本节不再赘述。本设计中使用的八分频模块代码如下：

```
module clkdiv8(clk,reset,clkdiv);
input clk,reset;
output clkdiv;
reg clkdiv;
reg [1:0] n;

initial
clkdiv<=1;                          //此行代码仅用作功能仿真

always @(posedge clk)         //计数
   if(n<4)
   n<=n+1;
   else
   n<=0;

always @(posedge clk)         //分频输出
if(!reset)
  clkdiv<=0;
else if(n==3)
  clkdiv<=~clkdiv;
else
  clkdiv<=clkdiv;

endmodule
```

该分频器模块的电路结构图如图 10-19 所示。

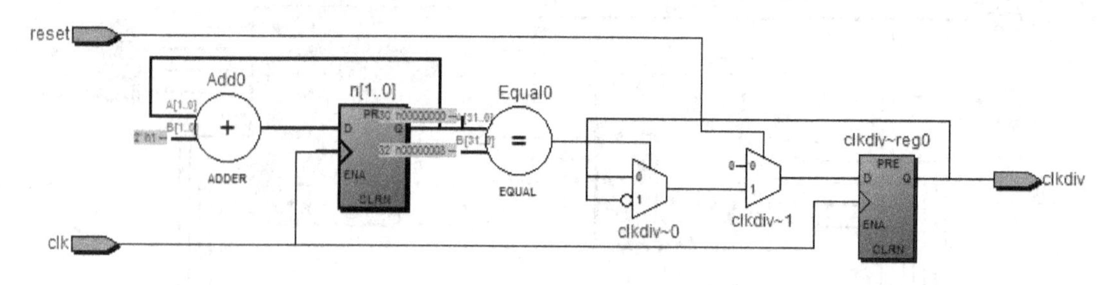

图 10-19　分频器电路

10.2.7 控制模块

控制模块是整个设计的核心，相当于大脑部分。由于是时序电路，所以采用状态机的方式来实现，把整个迭代过程分为初始状态、迭代状态和输出状态三个状态。控制模块的代码如下：

```
module ctl_cordic(z_in,clk,reset,
              xi,yi,zi,
              cordic_op,
              x_out,y_out,z_out,
              xo,yo,zo,ctl,n,bs);
parameter width_e=8;                       //指数位
parameter width_m=23;                      //尾数位
parameter size= width_e+width_m+1;         //长度，32 位
parameter N=5;                             //迭代次数宽度

input [size-1:0] z_in;                     //输入端口
input clk,reset;
input cordic_op;
input [size-1:0] xi,yi,zi;

output [size-1:0] x_out,y_out,z_out;  //输出端口
output bs;                                 //busy--1
output [N:0] n;
output [size-1:0] xo,yo,zo;
output [4:0] ctl;

reg [N:0] n;                               //内部寄存器
reg [size-1:0] x_out,y_out,z_out;
reg [size-1:0] xo,yo,zo;
reg [4:0] ctl;
reg bs;
reg [2:0] state,next_state;

parameter sta_st=3'b001;                   //三个状态，独热码定义
parameter ope_st=3'b010;
parameter exp_st=3'b100;

always @(posedge clk)                      //新态→当前态转化
if(!reset)
 state<=sta_st;
else
 state<=next_state;

always @ (state or n or cordic_op)  //状态转换
if(!cordic_op)
case(state)
sta_st:next_state<=ope_st;
ope_st:if(n==30)
      next_state<=exp_st;
      else
      next_state<=ope_st;
exp_st:next_state<=3'b111;
default:next_state<=sta_st;
endcase
```

```
else
next_state<=sta_st;

always @ (posedge clk)                    //输出部分，时序输出
if(!reset)
begin
   x_out<=0;y_out<=0;z_out<=0;
   bs<=0;
   ctl<=5'b00001;
   n<=0;
end
else if(!cordic_op)
case(state)
sta_st:begin                               //初始态
        x_out<=x_out;y_out<=x_out;z_out<=x_out;
        bs<=1;
        xo<=32'b00111111100110110111010011101101;yo<=0;zo<=z_in;
                                           //迭代初始值
        ctl<=5'b00001;                     //此信号控制迭代计算模块中的加法器
        n<=0;
        end
ope_st:begin                               //迭代过程
        x_out<=xi;y_out<=yi;z_out<=zi;    //输出每次的迭代结果
        bs<=1;
        xo<=xi;yo<=yi;zo<=zi;
        ctl<=5'b00001;
        n<=n+1;
        end
exp_st:begin
        x_out<=xi;y_out<=yi;z_out<=zi;   //输出态
        bs<=0;
        xo<=xi;yo<=yi;zo<=zi;
        ctl<=5'b00001;
        n<=n+1;
        end
default:begin
        x_out<=x_out;y_out<=x_out;z_out<=x_out;
        bs<=0;
        xo<=0;yo<=0;zo<=0;
        ctl<=5'b00001;
        n<=0;
        end
endcase
else                //
begin
   x_out<=x_out;y_out<=x_out;z_out<=x_out;
   bs<=0;
   xo<=0;yo<=0;zo<=0;
   ctl<=5'b00001;
```

```
    n<=0;
  end

  endmodule
```

该模块的模块图如图 10-20 所示，这样列出来比较直观，输入信号在模块的左侧，输出信号在模块的右侧，表 10-3 详细列出了这些端口的位宽和功能。

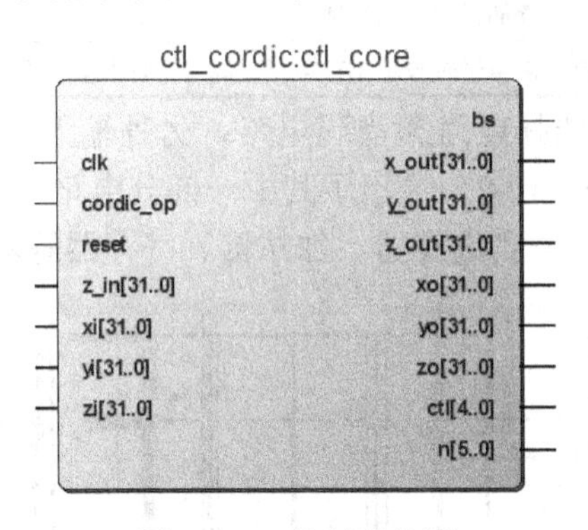

图 10-20　控制模块图

表 10-3　端口说明

端 口 名 称	功 能 描 述
z_in	输入信号，32 位，是外界输入整个设计的待计算角度数据，直接进入控制模块，由控制模块送往迭代计算模块，在初始态时接收一次，整个运算周期中不需要继续维持，所以最短仅需维持一个时钟周期即可
clk	输入信号，1 位，时钟信号，是分频电路分得的八分频时钟，故本控制模块的工作周期是输入三角函数计算器的时钟周期的 8 倍
reset	输入信号，1 位，复位信号，低电平提供复位功能
xi	输入信号，32 位，此信号由迭代计算单元输出，送至控制模块，是迭代过程的中间值。迭代过程的中间值可以有多种处理方法，比如可以放在迭代计算模块中留待继续处理。本设计中采用的方式是当迭代计算模块完成一次运算后，把临时结果送回控制模块，由控制模块决定是继续迭代还是直接输出
yi	输入信号，32 位，此信号是迭代过程中由迭代计算模块产生的中间值
zi	输入信号，32 位，此信号是迭代过程中由迭代计算模块产生的中间值
cordic_op	输入信号，1 位，控制是否开始运算，低电平时正常工作，高电平时维持初始态
x_out	输出信号，32 位，是整个三角函数计算器的输出端口，输出 cos 值。本节给出的代码中此信号每个周期都会发生变化，只有在 bs=0 时表示输出的是最终结果。可以把本例中的代码作简单修改就能变为只在 bs=0 时产生一次有效输出，其他时钟周期都不会改变，此问题参见课后习题
y_out	输出信号，32 位，是整个三角函数计算器的输出端口，输出 sin 值
z_out	输出信号，32 位，是整个三角函数计算器的输出端口，输出角度误差
xo	输出信号，32 位，送到迭代计算模块进行运算，是迭代的中间值
yo	输出信号，32 位，送到迭代计算模块进行运算，是迭代的中间值

续表

端口名称	功能描述
zo	输出信号，32位，送到迭代计算模块进行运算，是迭代的中间值
ctl	输出信号，5位，控制迭代计算模块中的加法器，始终维持在00001，即完成加法操作，也可以由持续赋值给出或直接接高低点平
n	输出信号，5位，存储已迭代的次数
bs	输出信号，1位，高电平时表示正在运算，低电平时表示运算结束，此时的输出结果是有效值

控制电路由于有较多的选择电路和译码电路，另外输入和输出的信号也比较多，所以最后的电路结构比较复杂，图10-21给出了其中一部分电路形式，图10-22给出了图10-7中左上角部分的放大图，可以看到选择器、加法器、寄存器等基本电路形式。

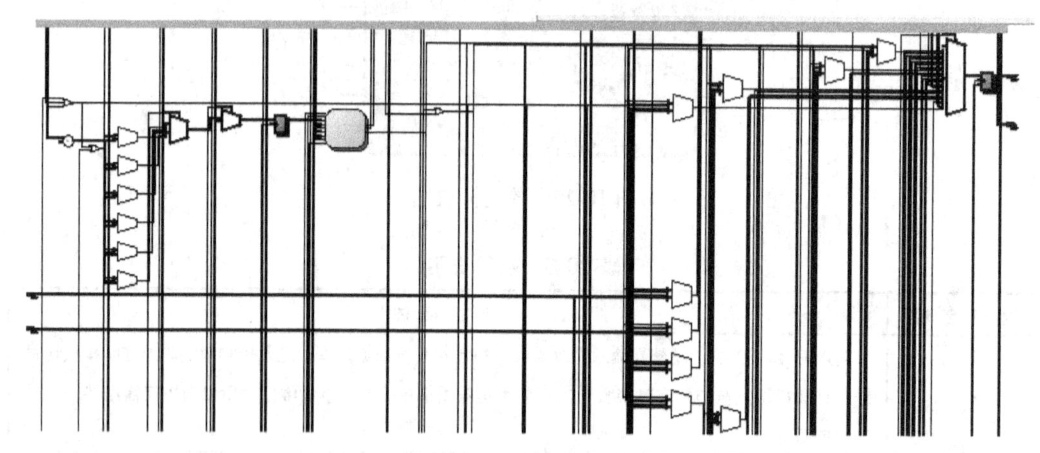

图10-21　部分电路结构

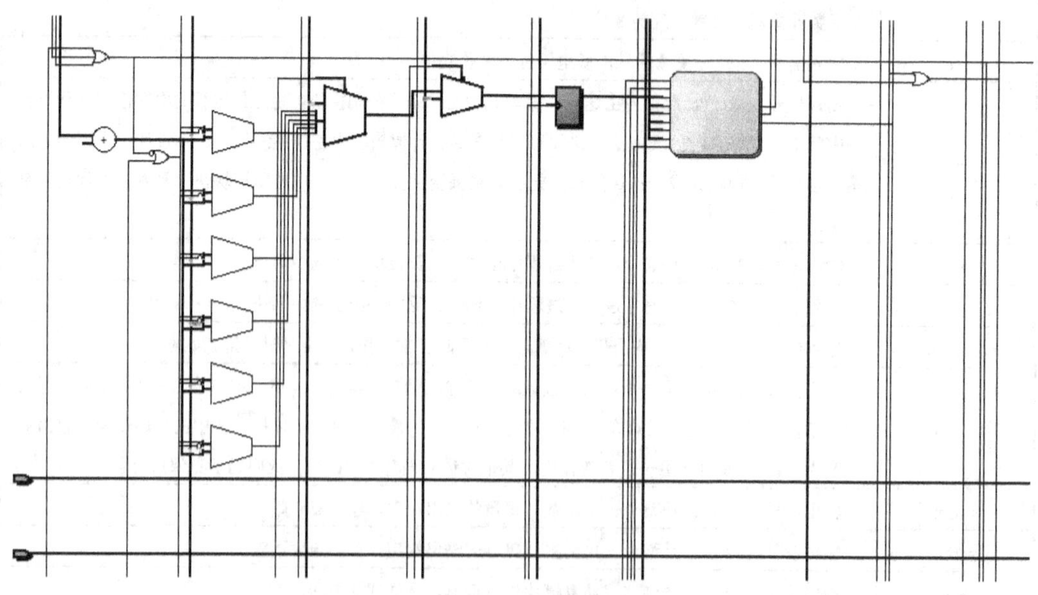

图10-22　放大图

图10-22中右上角最大的方块形模块就是控制模块的状态转换部分，没有以电路的形式

展开，其内部由代码编译得到的状态机如图 10-23 所示，与设计相符。

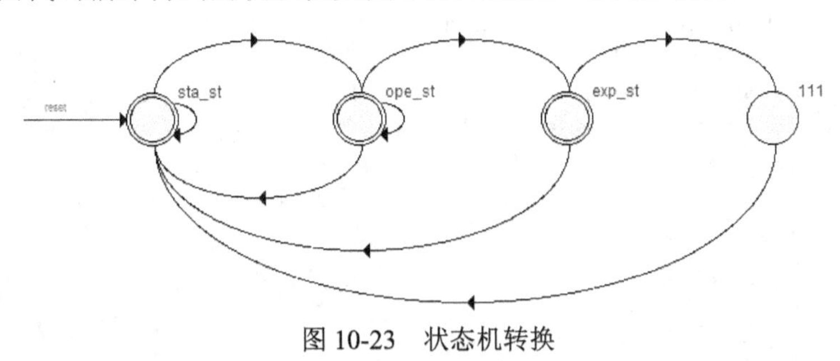

图 10-23　状态机转换

10.2.8　迭代设计模块

由前面的内容可以得知，采用 CORDIC 算法实现三角函数值的计算，必须有 3 个结构：加法器、移位器和储存 $\arctan 2^{-n}$ 值的存储单元。加法器完成加法功能。移位器进行浮点数指数位的移位，每次移动的位数比前一次多 1，考虑到迭代次数应该满足 2^n，经反复实验可知 n=4 时，迭代 16 次，部分计算得到的数据精度不够；n=6 时，迭代 64 次，精度满足要求，可是迭代的速度比较慢；当 n=5 即迭代次数为 32 次时，计算的速度和精度均可以满足设计需要，故在本设计当中 n 值取 5，共迭代 32 次。指数位移位的位数较少，直接采用加减运算进行求值即可。存储单元中对应着 32 个迭代角度和这些角度的 $\arctan 2^{-n}$ 值。

存储单元的部分数值参见表 10-4，这些数值都是规格化的单精度浮点数。

表 10-4　存储表

n	$\arctan 2^{-n}$
0	32'b00111111111001001000011111011010
1	32'b00111111011011010110001100111000
2	32'b00111110111110101101101110101111
3	32'b00111110011111101010110111010100
4	32'b00111101111111111010101011011101
5	32'b00111101011111111110101010101101
6	32'b00111100111111111111101010101010
7	32'b00111100011111111111111010101010
8	32'b00111011111111111111111110101010
9	32'b00111011011111111111111111101010
10	32'b00111010111111111111111111111010
11	32'b00111010011111111111111111111110
12	32'b00111001111111111111111111111111
13	32'b00111001011111111111111111111111
14	32'b00111000111111111111111111111111
15	32'b00111000011111111111111111111111
…	……

该存储单元的设计模块代码如下：

```
module  atan_rom(n,clk,reset,atan);
parameter width_e=8;
parameter width_m=23;
parameter size= width_e+width_m+1;
parameter N=5;

input clk,reset;
input [N:0] n;

output [size-1:0] atan;
reg [size-1:0] atan;

always @ (posedge clk)
begin
  if(!reset)
    atan<=32'b00000000000000000000000000000000;
  else
  begin
  case(n)                              //查表过程，以下数值与表 10-2 对应，写成二进制
                                         是为了方便转化
    0 :atan<=32'b0011_1111_1100_1001_0000_1111_1101_1010; //3fc9 0fda
    1 :atan<=32'b0011_1111_0110_1101_0110_0011_0011_1000; //3f6d 6338
    2 :atan<=32'b0011_1110_1111_1010_1101_1011_1010_1111;
    3 :atan<=32'b0011_1110_0111_1110_1010_1101_1101_0100;
    4 :atan<=32'b0011_1101_1111_1111_1010_1010_1101_1101;
    5 :atan<=32'b0011_1101_0111_1111_1110_1010_1010_1101;
    6 :atan<=32'b0011_1100_1111_1111_1111_1010_1010_1010;
    7 :atan<=32'b0011_1100_0111_1111_1111_1110_1010_1010;
    8 :atan<=32'b0011_1011_1111_1111_1111_1111_1010_1010;
    9 :atan<=32'b0011_1011_0111_1111_1111_1111_1110_1010;
    10:atan<=32'b0011_1010_1111_1111_1111_1111_1111_1010;
    11:atan<=32'b0011_1010_0111_1111_1111_1111_1111_1110;
    12:atan<=32'b0011_1001_1111_1111_1111_1111_1111_1111;
    13:atan<=32'b0011_1001_0111_1111_1111_1111_1111_1111;
    14:atan<=32'b0011_1000_1111_1111_1111_1111_1111_1111;
    15:atan<=32'b0011_1000_0111_1111_1111_1111_1111_1111;
    16:atan<=32'b0011_0111_1111_1111_1111_1111_1111_1111;
    17:atan<=32'b0011_0111_0111_1111_1111_1111_1111_1111;
    18:atan<=32'b0011_0110_1111_1111_1111_1111_1111_1111;
    19:atan<=32'b0011_0110_0111_1111_1111_1111_1111_1111;
    20:atan<=32'b0011_0101_1111_1111_1111_1111_1111_1111;
    21:atan<=32'b0011_0101_0111_1111_1111_1111_1111_1111;
    22:atan<=32'b0011_0101_0000_0000_0000_0000_0000_0000;
    23:atan<=32'b0011_0100_1000_0000_0000_0000_0000_0000;
    24:atan<=32'b0011_0100_0000_0000_0000_0000_0000_0000;
    25:atan<=32'b0011_0011_1000_0000_0000_0000_0000_0000;
    26:atan<=32'b0011_0011_0000_0000_0000_0000_0000_0000;
    27:atan<=32'b0011_0010_1000_0000_0000_0000_0000_0000;
    28:atan<=32'b0011_0010_0000_0000_0000_0000_0000_0000;
    29:atan<=32'b0011_0001_1000_0000_0000_0000_0000_0000;
```

```
    30:atan<=32'b0011_0001_0000_0000_0000_0000_0000_0000;
    31:atan<=32'b0011_0000_1000_0000_0000_0000_0000_0000;
    32:atan<=32'b1000_0000_0101_0100_0100_1010_0000_0000;
    33:atan<=32'b0100_0000_0100_0110_0100_1010_0000_0000;
    34:atan<=32'b0010_0000_0100_0100_0100_1010_0000_0000;
    default: atan<=32'b00000000000000000000000000000000;
  endcase
  end
end

endmodule
```

本存储单元的功能就是在整个迭代计算过程中根据迭代的次数 n 来提供待处理的 arctan 值。写成二进制的原因是为了分割成符号位、指数位和尾数位时容易判断数据。此模块也可以写成文本格式，再定义一个存储器，在仿真开始时使用存储器初始化或读入文件的方式进行数据的填写，读者可以自行尝试。在设计过程中，没有哪种方式是一定不可以的，主要在于设计者的熟悉度和最终设计的效果是否能实现。

移位器所要完成的功能就是根据迭代次数 n 的不同，把输入的 x、y 数据做移位操作，移位输出的结果和 x、y 再做加减操作，完成式（10-8）中的迭代过程。

$$\begin{cases} x_{n+1} = x_n - s_n 2^{-n} y_n \\ y_{n+1} = y_n + s_n 2^{-n} x_n \\ z_{n+1} = z_n - s_n \arctan 2^{-n} \end{cases} \tag{10-8}$$

移位器的设计模块代码如下：

```
module shift_right(n,clk,reset,data_in,data_out);
parameter width_e=8;
parameter width_m=23;
parameter size= width_e+width_m+1;
parameter N=5;

input clk,reset;
input [N:0] n;
input [size-1:0] data_in;
output [size-1:0] data_out;
wire [size-1:0] data_out;
reg [width_e-1:0] tmp;

assign data_out={data_in[size-1],tmp[width_e-1:0],data_in[width_m-1:0]};
                                                    //拼接输出

always @ (posedge clk)
begin
  if(!reset)
    tmp<=0;
  else if(n<32)
  begin
    tmp<=data_in[size-2:size-width_e-1]-n;  //移动 n 位，即指数直接减 n 即可
  end
  else
```

```
     begin
       tmp<=data_in[size-2:size-width_e-1];
     end
   end

   endmodule
```

由于是浮点数，所以数据的右移就变得很简单，只需要把指数位中的数值直接和要移位的数值 n 作减法，再把得到的结果作为新的指数位与原始数值的其他位拼接，即可得到移位之后的结果。概括来说就是：符号位、尾数不变，指数部分减 n。该移位器最终实现电路如图 10-24 所示。

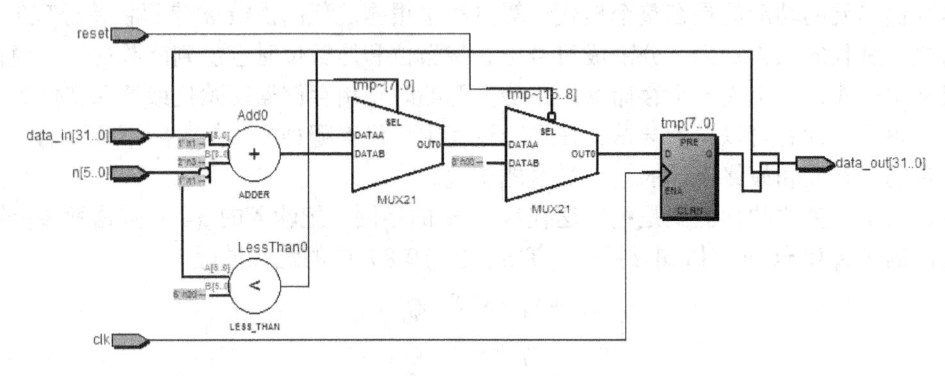

图 10-24　电路结构图

在移位和相加中间，还要有一个号判断部分，用来确定旋转过程中是大于待测角度还是小于待测角度，然后完成对应的加减操作。符号的判断遵循式（10-9）。

$$s_n=\begin{cases}-1, & z_n<0\\ +1, & z_n\geqslant 0\end{cases} \tag{10-9}$$

代入式（10-8）中可得如下两种情况，即

$$\begin{cases}x_{n+1}=x_n+2^{-n}y_n\\ y_{n+1}=y_n-2^{-n}x_n \qquad ,z_n<0\\ z_{n+1}=z_n+\arctan 2^{-n}\end{cases} \qquad \begin{cases}x_{n+1}=x_n-2^{-n}y_n\\ y_{n+1}=y_n+2^{-n}x_n \qquad ,z_n>0\\ z_{n+1}=z_n-\arctan 2^{-n}\end{cases}$$

本设计中使用的加法器是可以完成减法运算的，可以根据不同情况产生控制信号输入加法器中，完成上述两种运算式。本例中采用另外一种思想，单独分离出一个数据处理模块，根据不同的 z_n 把移位之后的 x_n 和 y_n 直接变号，这样输出的结果直接做加法即可。由于是浮点数，而所要做的操作也只是对符号进行修改，数值部分不变，所以本模块就是对符号位进行操作，设计代码如下：

```
   module mux_add(x_in,y_in,z_in,atan,clk,reset,
                     x_out,y_out,atan_out);
   parameter width_e=8;
   parameter width_m=23;
   parameter size= width_e+width_m+1;

   input [size-1:0] x_in,y_in,atan;                    //输入数据
   input z_in;                                          //判断下次迭代的符号位
```

```
input clk,reset;

output [size-1:0] x_out,y_out,atan_out;
wire [size-1:0] x_out,y_out,atan_out;
reg x1,y1,atan1;

assign x_out={x1,x_in[size-2:0]};                    //输出拼接
assign y_out={y1,y_in[size-2:0]};
assign atan_out={atan1,atan[size-2:0]};

always @(posedge clk)
if(!reset)
begin
    x1<=0;y1<=0;atan1<=0;
end
else if(!z_in)                                        //差值>0 时
begin
   x1<=x_in[size-1];
   y1<=y_in[size-1]+1;
   atan1<=atan[size-1]+1;
end
else                                                  //差值<0 时
begin
   x1<=x_in[size-1]+1;
   y1<=y_in[size-1];
   atan1<=atan[size-1];
end

endmodule
```

该设计的最终实现的电路结构如图 10-25 所示。

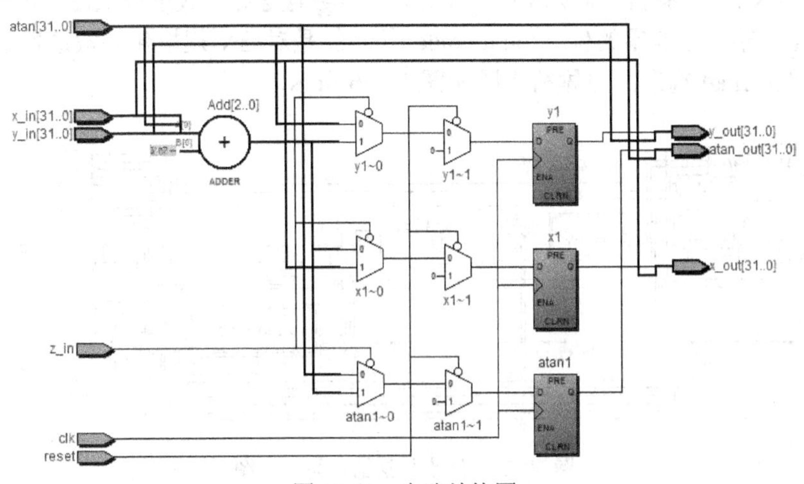

图 10-25　电路结构图

最后要实现的是浮点加法器部分，浮点加法器完成两个浮点数之间的加减运算，根据舍入模式的不同对计算所得的数据进行规格化，将规格化的数据输出。一个完整的浮点加法运算包含 5 个步骤：对阶、尾数加减、规格化处理、舍入操作、检查。对阶是指将两个加数

的指数变为一致，同时尾数位也随着做相应的调整；尾数加减是指将阶数对齐的两个加数的尾数部分相加减，所得到的尾数进行规格化处理，将最高位变为 1，然后根据舍入模式对尾数的最后一位进行舍入操作，最后检查得到的结果，主要检查阶码是否溢出。

根据设计的需要，浮点加法器有 3 个输入端和 2 个输出端。a、b 是两个输入端，输入 32 位规格化浮点数。control 是 5 位控制端，最高位为运算选择位，输入为 0 时进行加法，输入为 1 时进行减法，最后两位是舍入模式选择，00 时与最近位保持相同，01 时直接取 0，10 时向上舍入，11 时向下舍入，控制模块输出的控制信号 00001 此时就表示进行加法运算，在舍入情况下直接采用取 0 进行舍入。输出端 result 表示运算结果，flag 位表示输出状态。该加法器在不同输入数据的情况下可以进行表 10-5 所示的操作。

表 10-5　加法功能表

加数 1	加数 2	功能类型	输出结果
7fc00000	65c48000	QNAN	7fc00000
006d8000	4cc00000	非规格化	4cc00000
3e560000	bf6d8000	正常数相加	bf918000
00000000	bf6d8000	加数为 0	bf6d8000
7f800000	36dd8000	加数无穷大	7f800000
c3766b00	43766b00	正负为零	0
7f353500	7f560390	上溢	溢出
80e60000	00fe8000	下溢	溢出

表 10-6 中所出现的 QNAN 和正无穷数都是 IEEE754 标准中定义的特殊数值，对于这些特殊数值的运算不能以普通的算法来完成。功能划分之后浮点加法器单元共包含 6 个功能部分。fpalign 的功能是将输入数据尾数按指数的大小进行排列，specialadd 的功能是对特殊输入(infinity，NaN)产生特殊的激励信号，mantadd 的功能是对尾数进行加减，normalizeadd 的功能是发现尾数第一个非零的位，rounderadd 的功能是对结果规格化并按选取的模式进行舍入，最终结果由 final 输出，整体结构图如图 10-26 所示。

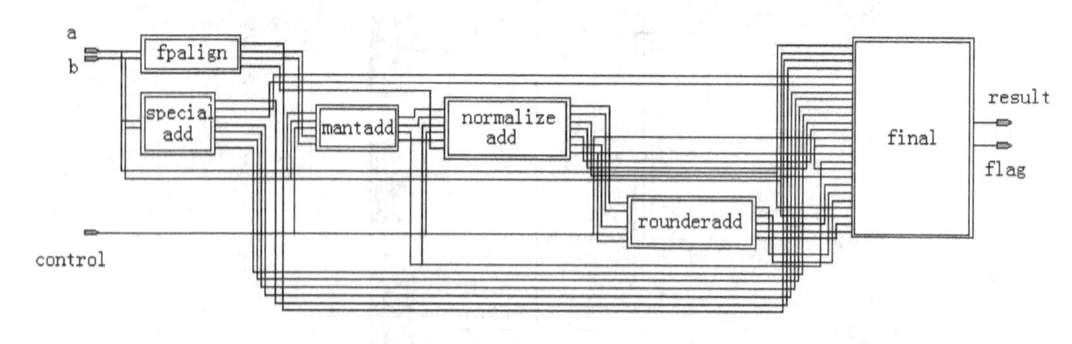

图 10-26　浮点加法器模块结构图

浮点加法器的顶层模块代码如下，由于浮点数运算所需的数据线和信号线较多，所以在各个模块之间交互的连线也较多。

```
`include "constants.v"   //constans 中包含多个宏定义
module fpadd(a, b, result, control, flags);
```

```
    input   [`WIDTH-1:0]        a;
    input   [`WIDTH-1:0]        b;
    input   [`WCONTROL-1:0]     control;
    output  [`WIDTH-1:0]        result;
    output  [`WFLAG-1:0]        flags;

    wire    [1:0]          roundmode;
    wire              undertrap;
    wire              overtrap;
    wire              op;          // operation, 0= add，加法;1=sub，减法
    wire    [`WSIG+1:0]        x;
    wire    [`WSIG+`EXTRASIG+1:0]   y;
    wire              ainf;        // a is infinity
    wire              binf;        // b is infinity
    wire              anan;        // a in NaN (Not a Number)
    wire              bnan;        // b is NaN
    wire              specinput;
    wire              asignan, bsignan;
    wire    [`WEXP-1:0]     biggerexp;
    wire              abig;
    wire    [`EXTRASIG:0]       sum;
    wire    [`WSIG-1:0]         normsum;
    wire    [`SHIFT-1:0]        normalshift;
    wire              presticky;
    wire              guard;
    wire              effop;
    wire              inex;
    wire    [`WEXP:0]       overexp;
    wire              round;
    wire              sticky;
    wire              zero;
    wire              denorm;
    wire              finalsign;
    wire    [`WSIG-1:0]     roundsum;
    wire              roundshift;
    wire              rm;
    wire              rz;
    wire              rp;
    wire              rn;
    wire    [`WEXP:0]       exp;
    wire         invalid, inexact, overflow, underflow;   //exception flags

    assign roundmode = control[1:0];
    assign undertrap = control[2];
    assign overtrap = control[3];
    assign op = control[4];

    fpalign     fpalign(a[`WIDTH-2:0],b[`WIDTH-2:0],x,y,biggerexp, abig);
    mantadd     mantadd(a[`WIDTH-1],b[`WIDTH-1],x,y,op,sum,presticky,
```

```
guard,effop);
normlizeadd     normlizeadd(sum,biggerexp,presticky,guard,effop,
undertrap,normsum,normalshift, round, sticky, zero, denorm, inex,overexp);
rounderadd      rounderadd(normsum, round, sticky, roundmode,
            finalsign,overexp[`WEXP-1:0],roundsum,roundshift,rm,rz,rp,
            rn,exp);
specialadd      specialadd(a[`WIDTH-2:0],b[`WIDTH-2:0],ainf,binf,anan,
              bnan, asignan, bsignan, specinput);
final_out       final_out(a[`WSIG-2:0],b[`WSIG-2:0],a[`WIDTH-1],b[`WIDTH-
1], abig,ainf,binf,anan, bnan, asignan, bsignan, specinput, denorm,
inex, overtrap, undertrap, overexp[`WEXP],
          exp[`WEXP:0],effop,op,zero,roundsum,rp,rm,rz,result,overflow,
            underflow,
            invalid, inexact);

assign flags[`DIVZERO] = 0;          //flag 的 5 个位输出
assign flags[`INVALID] = invalid;
assign flags[`INEXACT] = inexact;
assign flags[`OVERFLOW] = overflow;
assign flags[`UNDERFLOW] = underflow;

endmodule
```

fpalign 模块的代码如下：

```
module fpalign(a, b, x, y, biggerexp, abig);
input   [`WIDTH-2:0]        a,b;
output  [`WSIG+1:0]     x;
output  [`WSIG+`EXTRASIG+1:0]   y;
output  [`WEXP-1:0]
output  abig;

wire    [`WEXP-1:0]     expa,expb;
wire    [`WEXP-1:0]     smallerexp,shift;
wire                azero,bzero;
wire    [`SHIFT-1:0]        shiftamount;
wire                smallshift;
wire    [`WSIG+1:0]     aval,bval;
wire    [2*`WSIG+4:0]       yprelim;

assign azero = ~|a[`WIDTH-2:`WSIG];
assign bzero = ~|b[`WIDTH-2:`WSIG];
assign expa = azero ? `WEXP_1 : a[`WIDTH-2:`WSIG];
assign expb = bzero ? `WEXP_1 : b[`WIDTH-2:`WSIG];
assign abig = (a[`WIDTH-2:0] > b[`WIDTH-2:0]);
assign biggerexp = abig ? expa : expb;
assign smallerexp = abig ? expb : expa;
assign shift = biggerexp - smallerexp;
assign smallshift = shift < (`EXTRASIG+1);
assign shiftamount = smallshift ? shift[`SHIFT-1:0] : `EXTRASIG;
assign aval = { ~azero, a[`WSIG-1:0], 1'b0};
```

```
    assign bval = { ~bzero, b[`WSIG-1:0], 1'b0};
    assign yprelim = { (abig ? bval : aval), `EXTRASIG_0};
    assign y = yprelim >> shiftamount;
    assign x = abig ? aval : bval;

    endmodule
```

其电路结构如图 10-27 所示。

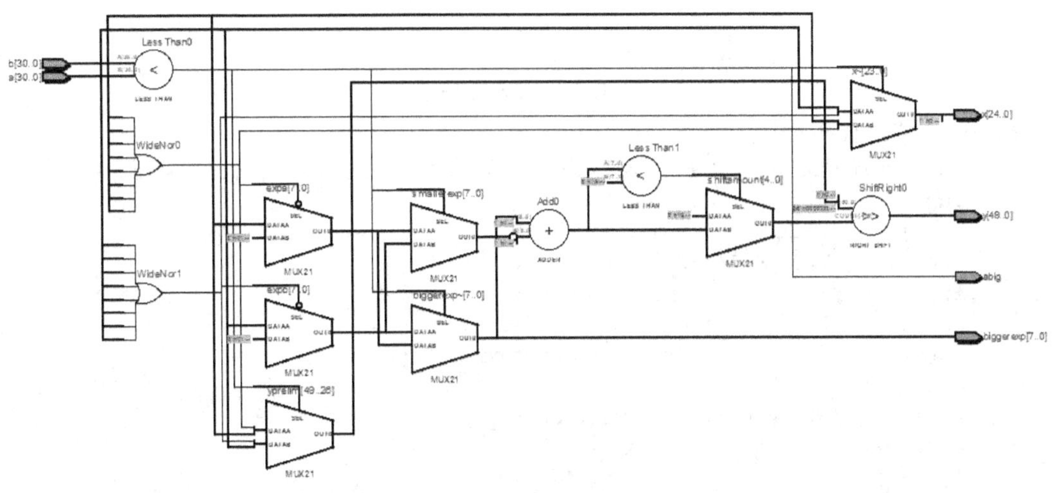

图 10-27　电路结构图

Specialadd 模块的代码如下：

```
    module specialadd(a, b, ainf, binf, anan, bnan, asignan, bsignan,
    specinput);
    input    [`WIDTH-2:0]         a,b;
    output                  ainf,binf;           // a is infinity
    output                  anan,bnan;           // a is not a number
    output                  asignan, bsignan;
    output                  specinput;

    wire                    aexpones,bexpones;
    wire                    asignon0,bsignon0;

    assign aexpones = &a[`WIDTH-2:`WSIG];
    assign bexpones = &b[`WIDTH-2:`WSIG];
    assign asignon0 = |a[`WSIG-1:0];
    assign bsignon0 = |b[`WSIG-1:0];

    assign ainf = aexpones & ~asignon0;
    assign binf = bexpones & ~bsignon0;
    assign anan = aexpones & ~ainf;
    assign bnan = bexpones & ~binf;
    assign asignan = anan & ~a[`WSIG-1];
    assign bsignan = bnan & ~b[`WSIG-1];
    assign specinput = ainf | binf | anan | bnan;

    endmodule
```

综合后可得最后电路结构图，该电路图较大，截取其中一部分如图 10-28 所示。

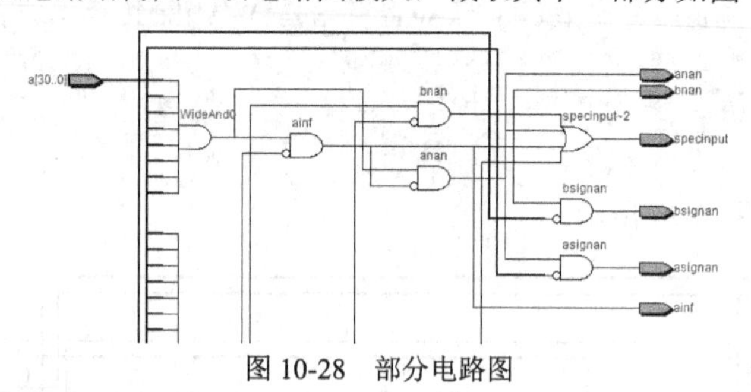

图 10-28　部分电路图

Mantadd 模块代码如下：

```
module mantadd(sa, sb, x, y, op, sum, presticky, guard, effop);
input                sa,sb;
input    [`WSIG+1:0]     x;
input    [`WSIG+`EXTRASIG+1:0]   y;
input                op;      //加法 = 0; 减法 = 1
output   [`EXTRASIG:0]        sum;
output               presticky,guard,effop;

wire     [`WSIG+3:0]      yinput;
wire                 carry;

assign effop = sa ^ sb ^ op;
assign presticky = |y[`WSIG:0];
assign guard = y[`WSIG+1];
assign yinput = effop ? ~{1'b0, y[`WSIG+`EXTRASIG+1:`EXTRASIG]} :
    y[`WSIG+`EXTRASIG+1:`EXTRASIG];
assign carry = ~(presticky | guard) & effop;
assign sum = x + yinput + carry;

endmodule
```

电路结构如图 10-29 所示。

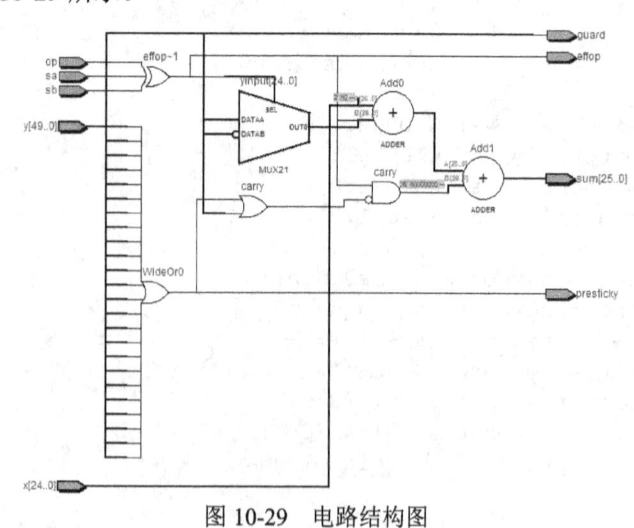

图 10-29　电路结构图

Normlizeadd 模块代码如下：

```
module normlizeadd(sum, biggerexp, presticky, guard, effop, undertrap,
normsum,
   normalshift, round, sticky, zero, denorm, inex, overexp);
input   [`EXTRASIG:0]       sum;
input   [`WEXP-1:0]     biggerexp;
input                   presticky,guard,effop,undertrap;
output  [`WSIG-1:0]     normsum;
output  [`SHIFT-1:0]        normalshift;
output                  round,sticky,zero,denorm,inex;
output  [`WEXP:0]       overexp;

wire    [`WEXP-1:0]     biasexp;
wire    [`SHIFT-1:0]        shiftamount;
wire    [`EXTRASIG:0]       shiftedsum;
wire                    shifttwo;
                                        //确定规格化要移动几位
assign normalshift =sum[25] ? 0 :sum[24] ? 1 :sum[23] ? 2 :sum[22] ?
3 :sum[21] ? 4 : sum[20] ? 5 : sum[19] ? 6 :sum[18] ? 7 :sum[17] ?
8 :sum[16] ? 9 :sum[15] ? 10 :sum[14] ? 11 : sum[13] ? 12 :sum[12] ?
13 :sum[11] ? 14 :sum[10] ? 15 : sum[9] ? 16 :sum[8] ? 17 : sum[7] ?
18 :sum[6] ? 19 :sum[5] ? 20 :sum[4] ? 21 :sum[3] ? 22 :sum[2] ?
23 :sum[1] ? 24 : 25;

assign overexp = biggerexp - normalshift;
assign shiftamount = (overexp[`WEXP] & ~undertrap) ? biggerexp :
normalshift;
assign shiftedsum = sum << shiftamount;
assign shifttwo = effop & ~|normalshift[`SHIFT-1:2] & normalshift[1]
& ~normalshift[0];
assign normsum = shiftedsum[`EXTRASIG-1:2];
assign round = shifttwo ? (presticky ^ guard) : (~(|normalshift[`SHIFT-
1:1] & effop) & shiftedsum[1]);
assign sticky = shifttwo ? presticky : (shiftedsum[0] | guard |
presticky);
assign zero = ~|shiftedsum;
assign denorm = overexp[`WEXP] & |normsum;
assign inex = round | sticky;

endmodule
```

电路结构图如图 10-30 所示。

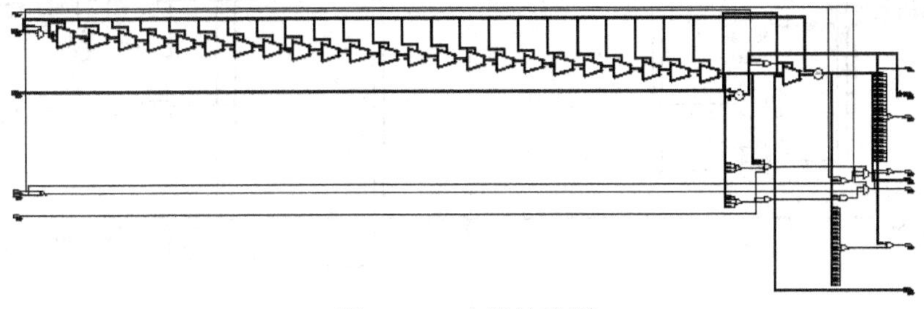

图 10-30　电路结构图

Rounderadd 代码如下：

```
module rounderadd(normsum, round, sticky, roundmode,
        finalsign, overexp, roundsum, roundshift,rm,rz,rp,rn, exp);
input   [`WSIG-1:0]     normsum;
input                   round,sticky,finalsign;
input   [1:0]           roundmode;
input  [`WEXP-1:0]      overexp;
output [`WSIG-1:0]      roundsum;
output                  roundshift;
output                  rm, rz, rp, rn;
output  [`WEXP:0]       exp;

wire                    addone;
wire    [`WSIG:0]       overflowsum;
wire    [1:0]           overshift;

assign rn = ~roundmode[1] & ~roundmode[0];  //确定舍入模式
assign rz = ~roundmode[1] & roundmode[0];
assign rp = roundmode[1] & ~roundmode[0];
assign rm = roundmode[1] & roundmode[0];
assign addone = (rn & round & (sticky | normsum[0]) ) | (rp &
~finalsign & (round | sticky))|(rm & finalsign & (round | sticky));
assign overflowsum = normsum + 1;
assign roundshift = overflowsum[`WSIG] & addone;
assign roundsum = addone ? overflowsum[`WSIG-1:0] : normsum;
assign overshift = roundshift ? 2 : 1;
assign exp = overexp + overshift;

endmodule
```

电路结构如图 10-31 所示。

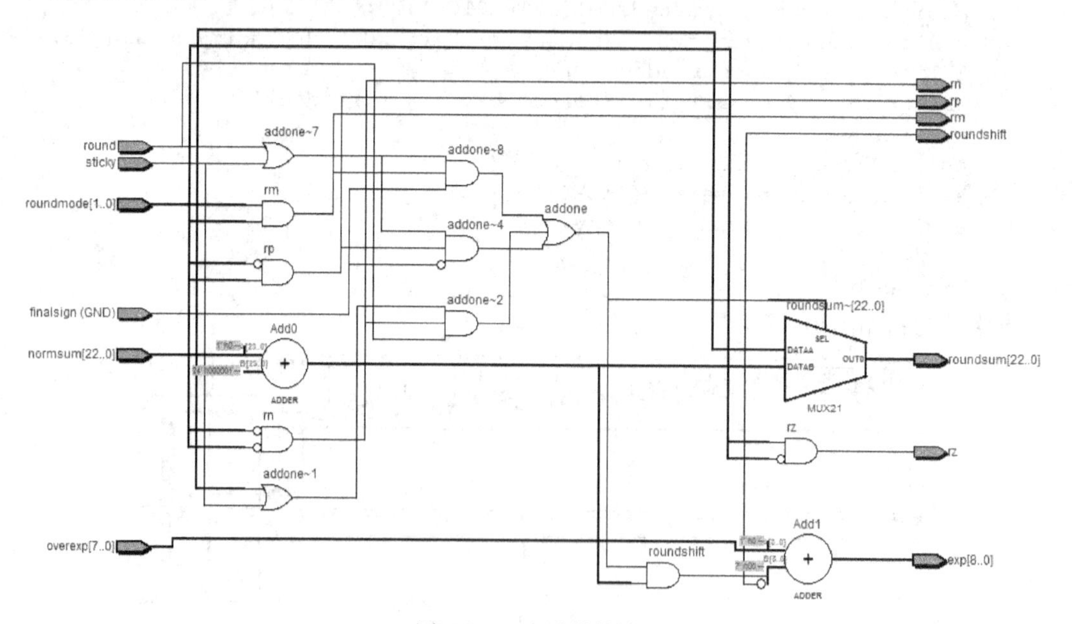

图 10-31　电路结构图

Final_out 模块最终将前几个模块得到的操作信号和计算结果拼接在一起，得到最后的输出，结果如下：

```
module final_out(a,b,sa,sb,abig,ainf,binf,anan,bnan,asignan,bsignan,
specinput, denorm,
    inex, overtrap, undertrap, expneg, exp, effop, op, zero, roundsum,
    rp, rm, rz, result, overflow, underflow, invalid, inexact);
input   [`WSIG-2:0]     a,b;
input                  sa,sb;
input                  abig;
input                  ainf,binf,anan,bnan,asignan,bsignan;
input       specinput,denorm,inex,overtrap,undertrap,expneg,effop,op,zero;
input   [`WEXP:0]       exp;
input   [`WSIG-1:0]     roundsum;
input                  rp, rm, rz;
output  [`WIDTH-1:0]        result;
output                 overflow,underflow,invalid,inexact;

wire    [`WEXP-1:0]     biasexp;
wire                   preover;
wire    [`WEXP-1:0]     finalexp;
wire    [`WSIG-1:0]     finalmant;
wire                   finalsign;

wire    [`WEXP-1:0]     specialexp,mantover,mantanan,nantests;
wire                   signmux;

assign biasexp = exp[`WEXP-1:0] + ((overflow & overtrap)?`OVERBIAS :
`UNDERBIAS);
assign preover = exp[`WEXP] | &exp[`WEXP-1:0];
assign overflow = preover & ~expneg & ~specinput & ~zero;
assign underflow = (expneg & inex) | (undertrap & expneg);
assign invalid = (ainf & binf & effop) | asignan | bsignan;
assign inexact = (inex | (overflow & ~overtrap)) & ~specinput;
assign signmux = zero ? (sa & sb & ~op) : (abig & sa) | ( (sb ^ op) &
(~abig | sa) );
assign finalsign = (zero & rm & (sa ^ sb)) | signmux;
assign specialexp = ((underflow | zero | denorm) & ~invalid) ?
`WEXP_0 :((rp & overflow & finalsign) |
              (rz & overflow)|(rm & overflow & ~finalsign))?`MAX_EXP:
              `INF_EXP;
assign finalexp = ((overflow & overtrap) | ((underflow | denorm) &
undertrap)) ? biasexp :
    (specinput | overflow | underflow | zero | denorm) ? specialexp :
    exp[`WEXP-1:0];
assign mantover = ((rp & overflow & finalsign) | (rz & overflow) |
(rm & overflow & ~finalsign)) ?
             `MAX_SIG : `WSIG_0;
assign mantanan = {1'b1, (anan ? a[`WSIG-2:0] : b[`WSIG-2:0]) };
assign nantests = (anan | bnan | invalid) ? mantanan : mantover;
assign finalmant = (specinput | overflow | underflow | invalid) ?
```

```
nantests : roundsum;
assign result = {finalsign, finalexp, finalmant};

endmodule
```

电路结构如图 10-32 所示。

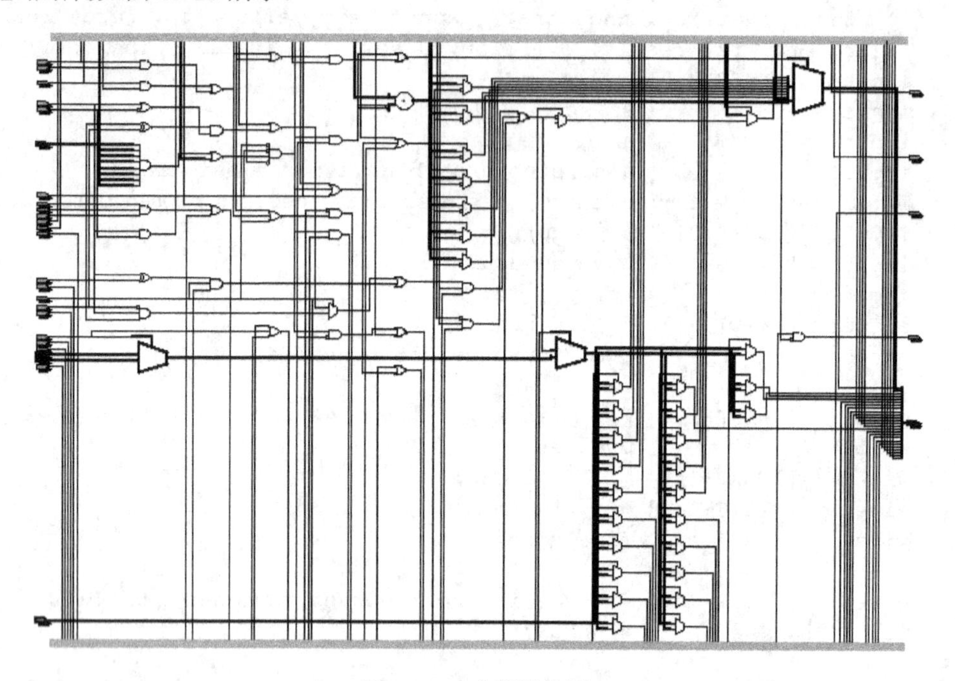

图 10-32　电路结构图

完成浮点加法器之后，将上述的存储表单元、移位器、数据处理模块和浮点加法器模块采用实例化调用，并用连线将其构成一个整体，就是迭代计算模块，代码如下：

```
module floating_cordic(x_in,y_in,z_in,
                       clk,reset,ctl,n,
                      x_out,y_out,z_out);
parameter width_e=8;
parameter width_m=23;
parameter size= width_e+width_m+1;
parameter N=5;

input [size-1:0] x_in,y_in,z_in;
input clk,reset;
input [4:0] ctl;
input [N:0] n;

output [size-1:0] x_out,y_out,z_out;

wire [size-1:0] x_t,y_t,atan;
wire [size-1:0] x_add,y_add,atan_add;

atan_rom  atan_rom(.n(n),.clk(clk),.reset(reset),.atan(atan));
```

```
        shift_right   shift_1(.n(n),.clk(clk),.reset(reset),.data_in(x_in),.data_
out(x_t));
        shift_right shift_2(.n(n),.clk(clk),.reset(reset),.data_in(y_in),.data_out
        (y_t));
        mux_add mux_add(.x_in(x_t),.y_in(y_t),.z_in(z_in[size-1]),. atan(atan),.
        clk(clk),. reset(reset),
                              .x_out(x_add),.y_out(y_add),.atan_out(atan_add));
        fpadd  add_x(.a(x_in),.b(y_add),.result(x_out),.control(ctl),.flags());
        fpadd  add_y(.a(y_in),.b(x_add),.result(y_out),.control(ctl),.flags());
        fpadd add_z(.a(z_in),.b(atan_add),.result(z_out),.control(ctl),. flags());

        endmodule
```

最终实现模块结构图如图 10-33 所示，每个方块都是前面出现过的模块，内部电路已经给出。

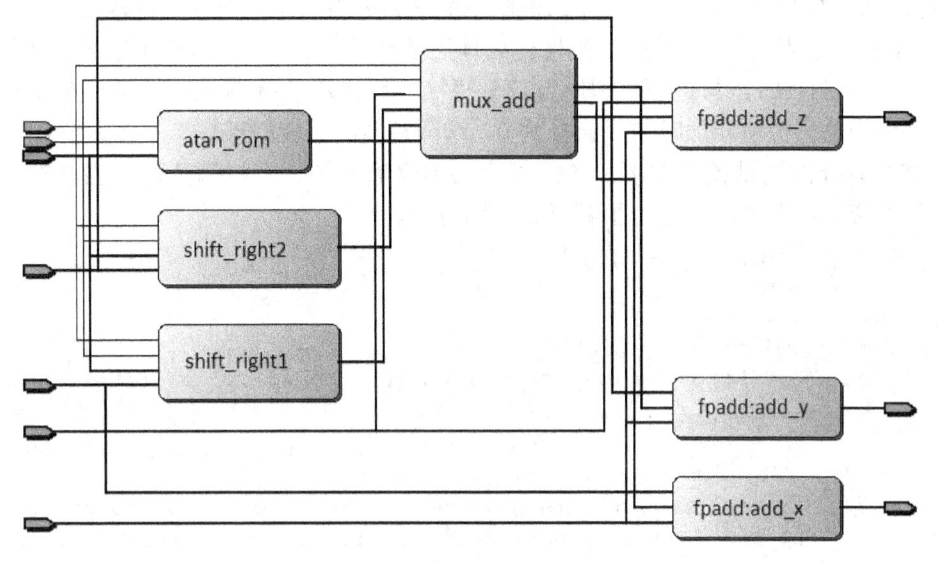

图 10-33　迭代计算模块整体结构图

10.2.9　功能仿真与时序仿真

原则上在设计模块编写的同时就要进行模块的功能仿真，编写好的每个模块都要保证是正确工作的，这样最后得到的设计中每个模块都能保证其功能正确。如果整体设计再不正确，就只能是各个模块之间的信号交互及时序安排上出现了问题，此时只需要把精力集中于此即可。如果单纯地想一个模块写一个模块，写好之后也不验证正确性，最后整体设计出现问题就会出现无从下手的局面，因为不知道是信号连接上出现了问题还是其中某个模块的代码出现了问题，可以只是一个模块中的一个小小的操作符错误，都足以让设计者查找很久。所以建议读者在自己编写代码时尽量做到尽快验证模块的正确性，不要留待最终统一调错。

本书篇幅所限，就不对所有模块都一一验证，这里只验证浮点加法器模块和最终的整体设计。浮点加法器的功能仿真波形如图 10-34 所示。

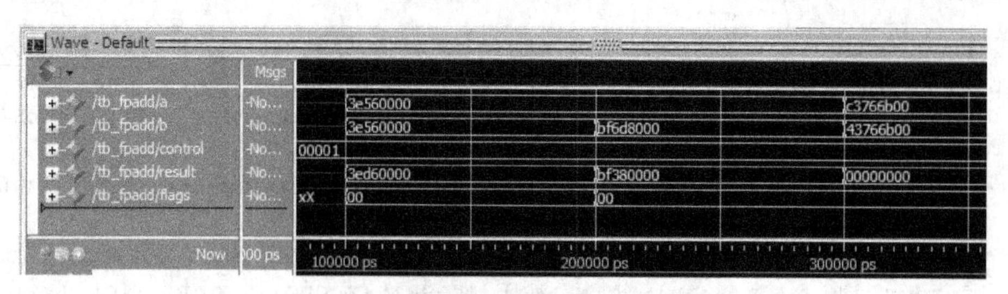

图 10-34　浮点加法器功能仿真波形图

该波形中体现了三种情况，分别是两个正常的 32 位数 0x3e560000 相加、与正无穷数相加和正负两数相加。两个正常数值相加选择相同的数是为了计算和说明方便，这两个相同数的符号位是 0，表示正数，指数部分是 01111100，尾数部分化为 1.10111，多余的 0 没有写出，这样两个相同的数值相加时指数部分是不需要对齐的，直接进行尾数相加，而两个相同二进制数相加的效果相当于乘 2，在二进制中就是整体数值左移一位，这样尾数部分的加和就是 11.0111（读者可手动验证），规格化处理后依然是 1.10111，但是指数部分要加 1，这样就变成了 01111101，与符号位和尾数部分拼接之后就是 3ed60000。加正无穷数时结果为正无穷，两个相同数值相加时结果直接为 0，这两种情况比较好理解，不多做解释。

对整体设计的测试模块如下，该测试模块中仅输入了一个待测数值，当然在正常仿真中是不足以说明问题的，仅是为了解释波形图方便。

```
module test_cordic;
reg clk,reset;
reg cordic_op;
reg [31:0] z_in;
wire [31:0] x_out,y_out,z_out,x_outref,y_outref,z_outref;
wire bs,bsref;

cordic
cordic(.z_in(z_in),.clk(clk),.reset(reset),.cordic_op(cordic_op),
        .x_out(x_out),.y_out(y_out),.z_out(z_out),.bs(bs));
cordic1
cordic1(.z_in(z_in),.clk(clk),.reset(reset),.cordic_op(cordic_op),
        .x_out(x_outref),.y_out(y_outref),.z_out(z_outref),.bs(bsref));
 initial
begin
     clk<=0;reset<=0;cordic_op<=1;
     #100 reset<=1;cordic_op<=0;
     z_in<=32'b00111111100001100000101010010001;
     @(negedge bs);
     #80 $stop;
end

always
#10 clk<=~clk;

endmodule
```

该测试模块提供一个 20ns 周期的时钟，产生一个待测输入，等到 bs 出现下降沿，即从

1 变成了 0，内部运算已经结束时，延迟 80ns，终止仿真。测试模块中调用了 cordic 和 cordic1 两个模块，其中 cordic1 是功能仿真模块，cordic 是时序仿真模块，两个模块的输入是一样的，只是功能仿真的输出信号添加了 ref 作后缀，作为参考信号比较输出延迟时间。运行测试模块得到最终的仿真波形图如图 10-35 所示。

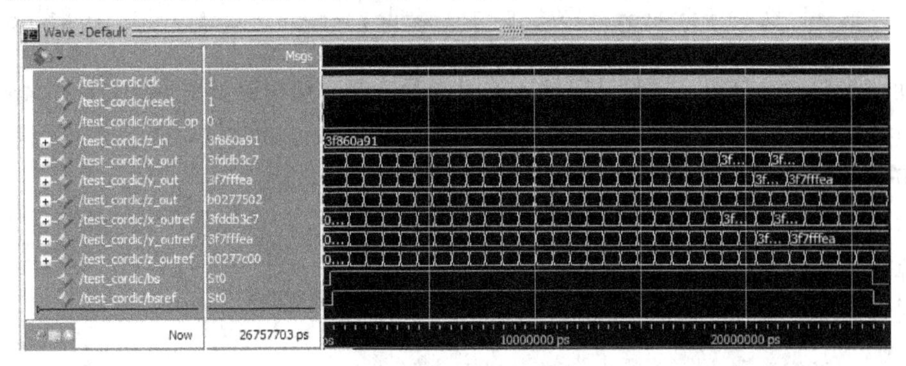

图 10-35　仿真波形图

在仿真波形图中，由于时钟信号显示过多，所以已经看不到波形的形式了，输入和输出信号都以 16 进制数显示，这样结果比较容易观察和比较。图中可以看到时序模块的最后三个输出和功能模块的最后三个输出在数值上是完全一样的。

接下来分析延迟时间的问题，先要注意一个地方，本设计中 bs 信号的变化发生在 bsref 信号之前，即时序模型开始计算反而比功能模型开始计算提前了一个周期，可参见图 10-36。这也很常见，因为功能仿真毕竟是软件按照自己预料的一定顺序来执行操作的。此时分析输出延迟时就要比参考信号提前一个周期来取值。

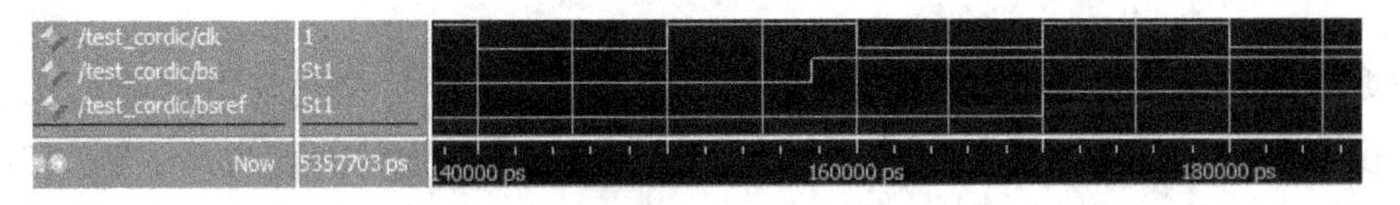

图 10-36　bs 信号的差别

输出延迟在图 10-37 上显示，这里重新调整了信号的位置，把相同名称的参考信号和时序信号放在了一起。从 clk 上升沿到 x_out 产生稳定输出，经过了 8.421ns，所有内部的运算也大致是这样一个时间，所以本测试模块使用的 20ns 时钟周期是完全满足要求的。

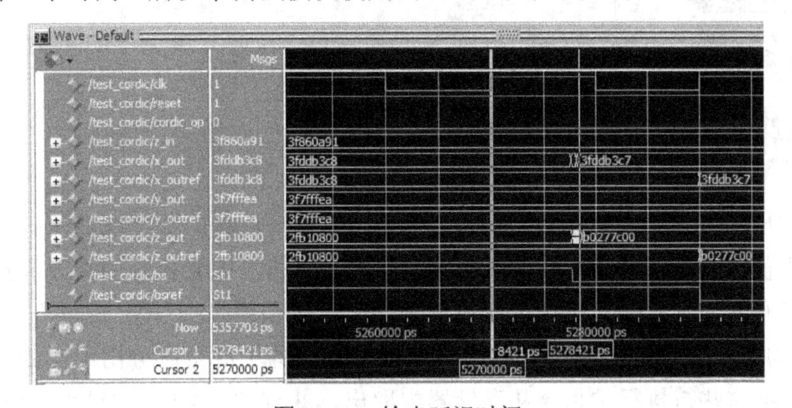

图 10-37　输出延迟时间

如果时钟周期设置得过短，一方面每次迭代的结果还没有稳定就继续迭代，得到的最终结果肯定是错误的，另外，一方面有些建立时间、保持时间或脉冲宽度等错误还会有错误提示，如下：

```
# ** Error: $hold( posedge clk &&& reset:5141 ps, sclr:5243 ps, 157 ps );
# Time: 5243 ps  Iteration: 0  Instance: /test_cordic/cordic/\f_core|
 atan_rom|atan[16]
```

借助一些软件的分析，本设计可输入的时钟最高频率可以达到 250MHz，即 4ns 的时钟周期。但实际仿真中无法达到这么高的工作频率，但在 10ns 的时钟周期下工作无误，即可以在 100MHz 的频率下工作。

修改测试模块可以得到大量数据的测试结果，也可以和其他软件连接来产生规格化的待测数值并判断计算结果是否正确。

```
//添加此段，重复 100 次随机数据，如果有标准测试数据更佳
    repeat(100)
     begin
       z_in<={$random};
       @(negedge bs);
     end
//监控并产生输出结果
initial
$monitor($realtime,"z=%h ,x=%h ,y=%h",z_outref,x_outref,y_outref);
```

如果有硬件验证条件，也可以使用硬件电路来验证本设计的实际工作情况。

10.3 简易 CPU 模型

本节要完成一个简易 CPU 模型，该模型具备简单的指令，但是与实际 CPU 还是有一定差距的，仅作为教学使用，目的在于培养读者进行控制信号设计的能力并了解 CPU 的基本原理。由于 CPU 的功能比较复杂，需要读者具有一定的计算机体系基础，所以虽然在本例中也会介绍 CPU 各部分的功能以及指令的基本概念，但还是建议不具备这部分知识的读者请系统的学习相关教材后再学习此例。

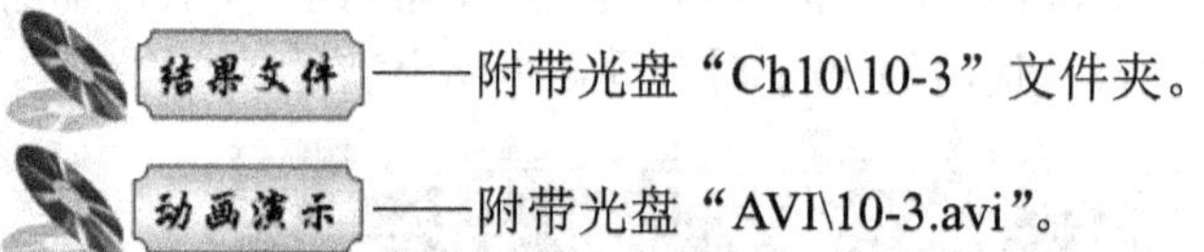

——附带光盘“Ch10\10-3”文件夹。

——附带光盘“AVI\10-3.avi”。

10.3.1 教学模型的要求

CPU 即中央处理器，是计算机的核心部件，是一个典型的数字电路器件，依靠规定长度的二进制数值来进行工作。CPU 本身只具有执行功能，所要执行的指令和操作的数据都来自外部的存储器，它的基本工作过程可以分为取指令和执行指令两个过程。所谓指令，即 CPU 能执行的命令，也是一串二进制数值，根据数值的不同可区分出不同的指令类型。取指令过程就是把这些待执行的指令从存储器中取出，并且送入 CPU 的过程。送入 CPU 后会

根据指令的不同产生不同的操作过程，这就是执行指令过程。如果执行指令的过程中需要使用到外部数据，还需要从存储器中取得数据再次送入 CPU。

本模型的目的是为了完成 CPU 的基本操作，所以在结构上与正常 CPU 基本相似，只是功能上做一些简略处理，指令和数据的长度定为 8 位，这是因为一般数据长度（不管是指令还是数据，在存储器中都是以数据形式保存，只是在于 CPU 如何取出）都是 2 的指数值，如 4、8、16 等，4 位长度太短，不利于指令格式的划分，16 位太长，设计稍显复杂，故取 8 位长度的数据来作为本例的数据长度。CPU 具备的功能定为 4 种基本功能：加法、与逻辑、跳转和取数。

10.3.2 指令格式的确定

指令格式是设计一个 CPU 首先要确定的问题，由计算机体系的相关知识可知，一条计算机指令可以划分为两个部分：操作码部分和地址码部分，如图 10-38 所示。

操作码	地址码

图 10-38 指令格式

操作码部分用于反映 CPU 要执行何种操作，比如本设计中要完成的加法、与逻辑、跳转和取数四种操作，就是靠操作码部分来确定的。关于操作码的定义方式也有很多不同的选择，大致上可以分为可变长度和固定长度两类，其中又以固定长度的操作码最为简单，所以本例中采用此种方式。本 CPU 共要设计四种指令，所以操作码部分选择 2 位长度，这样就能以 00、01、10、11 来区分四种操作。前面也提到过，指令就是一串二进制数值，所以根据操作码区分不同操作的过程其实就是一个译码过程，这样就很容易理解了。

整个指令的长度是 8 位，除去 2 位操作码之外，剩下的 6 位就是地址码。地址码的实现方式也有很多选择，实际上寻址方式的确定也是指令格式的重要设计步骤。常见的寻址方式有立即数寻址、直接寻址、间接寻址等，本例的 CPU 中选择其中最为简单的两种方式：立即数寻址和直接寻址。所谓立即数寻址，即指令格式中的地址码部分就是要操作的操作数。例如 00_001000 这条指令，如果采用立即数寻址，就表示后 6 位 001000 就是要操作的数据。直接寻址需要使用到存储器，使用该种寻址方式时后 6 位的作为访问存储器的地址码，由于地址码有 6 位，能够直接访问的存储器容量就是 64，即存储器是包含有 64 个 8 位数据的存储单元。例如 00_001000 这条指令，如果采用直接寻址，表示在存储器地址为 001000 的存储单元中的数据是要操作的数，此时若存储器 mem[8]中保存的数据是 0101_1100，就是表示要对 0101_1100 这个数进行操作。

正常情况下区分寻址方式要设置寻址特征位，本例也做简化处理，设定在四种操作时分别采用固定的寻址方式。加法操作采用直接寻址方式，与逻辑操作采用直接寻址方式，跳转操作采用立即数寻址方式，取数操作采用立即数寻址方式。固定寻址方式可以使设计得到进一步的简化，也便于初学者理解。

综合上述介绍，可以得到最终的指令格式如表 10-6 所示。

表 10-6　指令格式及操作

操作类型	指令代码	操作过程
add	00××××××	将存储器地址为××××××的数据与 CPU 中 acc 单元的已有数据做加法操作，结果送回 acc 中
and	01××××××	将存储器地址为××××××的数据与 CPU 中 acc 单元的已有数据做与逻辑运算，结果送回 acc 中
jmp	10××××××	指令地址跳转到××××××
mov	11××××××	将××××××数据送至 acc 中

10.3.3　整体结构划分

按照 CPU 的基本功能，参考计算机体系的相关知识，可以确定本例 CPU 中包含的基本单元结构。一个 CPU 中应该包括程序计数器 PC、指令寄存器 IR、算术逻辑单元 ALU、累加器 ACC 和控制单元 CU，另外，本例中加入了地址寄存器和数据寄存器，地址寄存器用于存放地址，数据寄存器用于存放整条指令或者存放存储器送来的数据。

按照上述的结构可以得到本例 CPU 的整体结构，其设计代码如下，这也是本例设计模块的顶层模块代码。需要说明的是，按照正常的设计流程，顶层模块并不是最先出现的代码部分，而应该在确定子模块之后对子模块进行编写，然后再用顶层模块将这些子模块串联起来，而在设计最初，整体结构划分仅仅像前面所说的分成若干个单元，然后就会进入子模块的设计过程。本例中采用先给出顶层模块的顺序主要是为了讲解方便，有从顶层向下看到底层的一个分析过程。

```
module simplecpu(din,rst, clk, read, dout, acout);
input [7:0]din;
input rst, clk;
output read;
output [5:0]dout;
output [7:0] acout;

wire [1:0]irout;
wire [5:0]dout,pcdbus;
wire [7:0] dbus;
wire[7:0] aluout;
wire[7:0] ac,drdbus;
wire arload, pcload, pcinc,pcbus,drbus,membus, drload, acload, acinc,
alusel, irload;

wire [7:0] drin;
wire acmov;
ar iar(dbus[5:0],rst,arload, clk, dout);
pc ipc(dbus[5:0],clk, rst, pcload, pcinc, pcdbus[5:0]);
dr idr(dbus,clk, rst, drload, drdbus,drin);
acc iac(aluout,drin[5:0],clk, rst, acload,acmov,ac);
alu ialu(ac, dbus, alusel, aluout);
ir iir(dbus[7:6],clk, rst, irload, irout);
cu icu(irout, clk, rst, arload, pcload, pcinc, drload, acload, acmov,
```

```
                irload, alusel, membus, pcbus, drbus, read);

    assign dbus[5:0]=(pcbus)?pcdbus[5:0]:6'bzzzzzz;
    assign dbus=(drbus)?drdbus:8'bzzzzzzzz;
    assign dbus=(membus)?din:8'bzzzzzzzz;
    assign acout=ac;

    endmodule
```

在顶层模块中设计了一条数据总线，在 pcbus、drbus 和 membus 三个控制信号生效的时候分别将 pc、dr、mem 中的数据送入数据总线，这是一种设计思想。还可以使用单独的控制线和数据线来连接这些信号，这是另一种思想。在计算机体系结构中对应着两种不同的CPU 模型，读者可以在理解本例代码的基础上进行修改。该顶层模块的设计代码可以得到图 10-39 所示的整体结构图。

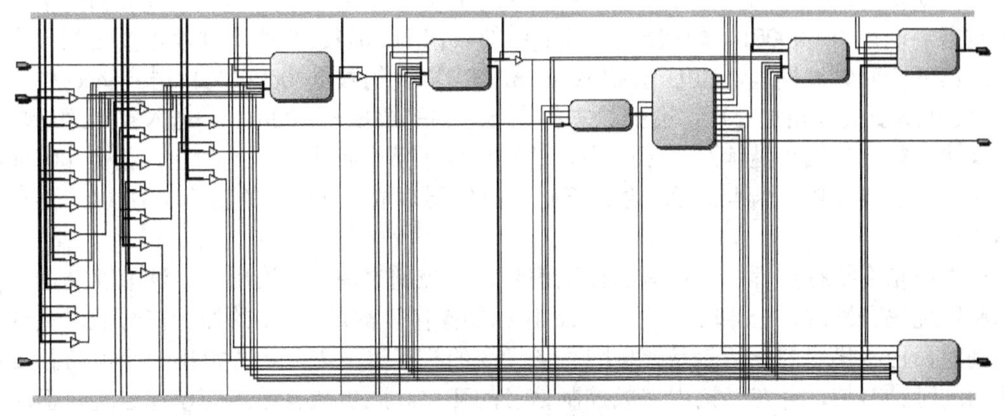

图 10-39　整体结构图

10.3.4　控制模块设计

控制模块是整个 CPU 的核心，所以在确定了整体结构之后，第一个要设计的就应该是控制模块。由计算机体系的相关知识可知，控制模块的主要功能是根据 CPU 的工作时钟来给出每条指令的时钟节拍，使其他单元能在控制模块送出的各种控制信号作用下按一定顺序工作，然后完成整个指令。

简单举例来说，试看一条 add 指令执行的过程中在 CPU 中应完成哪些的操作步骤。因为所有的指令都是存放在存储器中的，所以每次执行指令都需要先把指令从存储器中取出。而取出哪条指令是由 CPU 中的程序计数器 pc 来决定的，程序计数器 pc 中存放的是下一条指令的地址。这样要执行一条 add 指令 00_000001，先要把这条指令存放在存储器的某个单元中，如存在 mem[11]中，存储器的地址就是 11 的二进制表示 001011，如果要执行此指令就要把 pc 中的值变为 001011。现在假设这些初始值都已经存放在应存放的位置，即mem[11]中存放了数据 00_000001，pc 中的数据是 001011，另外假设 mem[1]中存放的数据是 00001111，这是要操作的数据。

指令开始执行，首先要从 pc 中取出数据 001011，此时该二进制值被 CPU 视为地址，要按此地址寻找存储器的对应单元，按照存储器的存取过程，需要先把 001011 放入地址寄存器中，而此过程一般会占用一个时候周期，此周期内 CPU 无法做其他操作，这就是第一个节拍要完成的工作。接下来第二个时钟周期存储器要根据地址 001011 寻找数据并把 mem[11]中的数据 00_000001 送回 CPU，整个过程也要占用一个时钟周期，但是此周期是在 CPU 外部完成的，CPU 只需要等待数据送回即可。为了不浪费 CPU 的使用率，此周期中可以完成 pc 加 1 的操作，即把 pc 中存放的数据由 001011 加 1 变为 001100，这是为了下一条指令使用。这两个操作就构成了第二个节拍。第三个时钟周期来临时，存储器已经把数据 00_000001 送入 CPU，CPU 识别此数据为指令，需要按指令来处理，所以把整个 8 位数据拆分为两个部分，操作码部分 00 送入指令寄存器 ir，地址码部分 000001 再次送回 ar，准备从存储器中取出要操作的数据，这样第三个节拍完成。

前三个时钟节拍在每个指令执行过程中都是相似的，合在一起称为取指过程。接下来根据指令的不同来进行后续处理，称为执行过程。指令不同执行的过程也大大不同，在第四个时钟周期里，CPU 识别出操作码为 00，应该完成 add 指令，所以要从存储器中取出要操作的数据，地址为 000001，即取出 mem[1]中的数据 00001111，整个过程也要占据一个时钟周期。第五个时钟周期里，CPU 会把从 mem[1]中取到的数据 00001111 送到 acc 中，此时 acc 已经知道要进行相加处理，会把原本存在 acc 中的数据与 00001111 送入算术逻辑单元作相加操作，得到的结果继续存在 acc 中，这样完成了整个指令。到此为止，指令 00_000001 执行完毕。如果 CPU 继续运行就会在下一个时钟周期取出 pc 中的新值 001100，然后继续上述过程。

在本条指令执行过程中，所有的控制信号均由控制模块 cu 给出，如读取存储器、把操作码和地址码分别送入 ir 和 ar、控制 acc 作相加操作等都是由 cu 的控制信号通过高低电平来控制的，控制模块的设计就是要按照每条指令的执行过程来分析并得出一个所有指令都能够适用的时钟节拍，并在节拍中完成控制信号的变化。此步骤有通用的设计过程，但本书中要展开讲解太过占用篇幅，请读者参阅计算机组成原理的相关教材。

按照控制模块应有的工作方式，得到 cu 的设计模块代码如下：

```
module cu(din, clk, rst, arload, pcload, pcinc, drload, acload, acmov,
            irload, alusel, membus, pcbus, drbus, read);
input [1:0] din;
input clk, rst;
output arload, pcload, pcinc, drload, acload,acmov, irload, alusel,
membus, pcbus, drbus, read;

wire clr, inc, ld;
wire [3:0] cnt;
reg [3:0] counter_out;
reg fetch1, fetch2, fetch3, add1, add2, and1, and2, jmp, mov;

//总线控制信号
assign membus=fetch2 || and1 || add1;
assign pcbus=fetch1;
assign drbus=fetch3 || and2 || add2 || jmp;

//各子模块的控制信号
assign arload=fetch1 || fetch3;
assign pcload=jmp;
```

```
assign pcinc=fetch2;
assign drload= fetch2 || and1 || add1;
assign acload=add2 || and2;
assign acmov=mov;
assign irload= fetch3;
assign alusel=and2;

//控制指令执行过程的控制信号
assign read= fetch2 || add1 || and1;
assign ld=fetch3;
assign inc=fetch1||fetch2 ||add1||and1;
assign clr=and2||add2||mov||jmp;

assign cnt={1'b1, din[1:0],1'b0};   //指令执行过程所用的跳转数据

always @(posedge clk or posedge rst)
    begin
        if(rst)                          //复位信号
            begin
                fetch1=0;
                fetch2=0;
                fetch3=0;
                add1=0;
                add2=0;
                and1=0;
                and2=0;
                jmp=0;
                mov=0;
                counter_out=0;
            end
    else if(clr)
       counter_out=0;                    //重新计数
    else if(ld)
       counter_out=cnt;                  //载入 cnt 值，执行不同指令
    else if(inc)
       counter_out=counter_out+1;   //加一操作

    case(counter_out)
    0:  begin                            //取指第一个节拍
            fetch1=1;
                fetch2=0;
                fetch3=0;
                add1=0;
                add2=0;
                and1=0;
                and2=0;
                jmp=0;
                mov=0;
        end
    1:  begin                            //取指第二个节拍
                fetch2=1;
```

```
                fetch1=0;
                fetch3=0;
                add1=0;
                add2=0;
                and1=0;
                and2=0;
                jmp=0;
                mov=0;
        end
    2:  begin                              //取指第三个节拍
                fetch3=1;
                fetch1=0;
                fetch2=0;
                add1=0;
                add2=0;
                and1=0;
                and2=0;
                jmp=0;
                mov=0;
        end
    8:  begin                              //add 指令执行过程第一节拍
                add1=1;
                fetch1=0;
                fetch2=0;
                fetch3=0;
                add2=0;
                and1=0;
                and2=0;
                jmp=0;
                mov=0;
        end
    9:  begin                              //add 指令执行过程第二节拍
                add2=1;
                fetch1=0;
                fetch2=0;
                fetch3=0;
                add1=0;
                and1=0;
                jmp=0;
                mov=0;
        end
    10: begin                              //and 指令执行过程第一节拍
                and1=1;
                fetch1=0;
                fetch2=0;
                fetch3=0;
                add1=0;
                add2=0;
                and2=0;
                jmp=0;
                mov=0;
```

```
    end
  11: begin                         //and 指令执行过程第二节拍
            and2=1;
            fetch1=0;
            fetch2=0;
            fetch3=0;
            add1=0;
            add2=0;
            and1=0;
            jmp=0;
            mov=0;
    end
  12: begin                         //jmp 指令执行节拍，仅一个
            jmp=1;
            fetch1=0;
            fetch2=0;
            fetch3=0;
            add1=0;
            add2=0;
            and1=0;
            and2=0;
            mov=0;
    end
  14: begin                         //mov 指令执行节拍，仅一个
            mov=1;
            fetch1=0;
            fetch2=0;
            fetch3=0;
            add1=0;
            add2=0;
            and1=0;
            and2=0;
            jmp=0;
    end
  default: begin                    //默认情况
            fetch1=1;
            fetch2=0;
            fetch3=0;
            add1=0;
            add2=0;
            and1=0;
            and2=0;
            jmp=0;
            mov=0;
  end
  endcase

  end

endmodule
```

可以看到整个控制模块其实就是一个状态机，根据状态的不同来控制不同的信号输

出。本设计中没有直接生成控制信号，而是用状态信号来表示当前工作的状态，在代码的前半部分使用了 assign 语句根据状态来生成控制信号。设计的方法并不是唯一的，读者可以自行尝试其他方式。该模块可以得到图 10-40 所示的电路结构图。

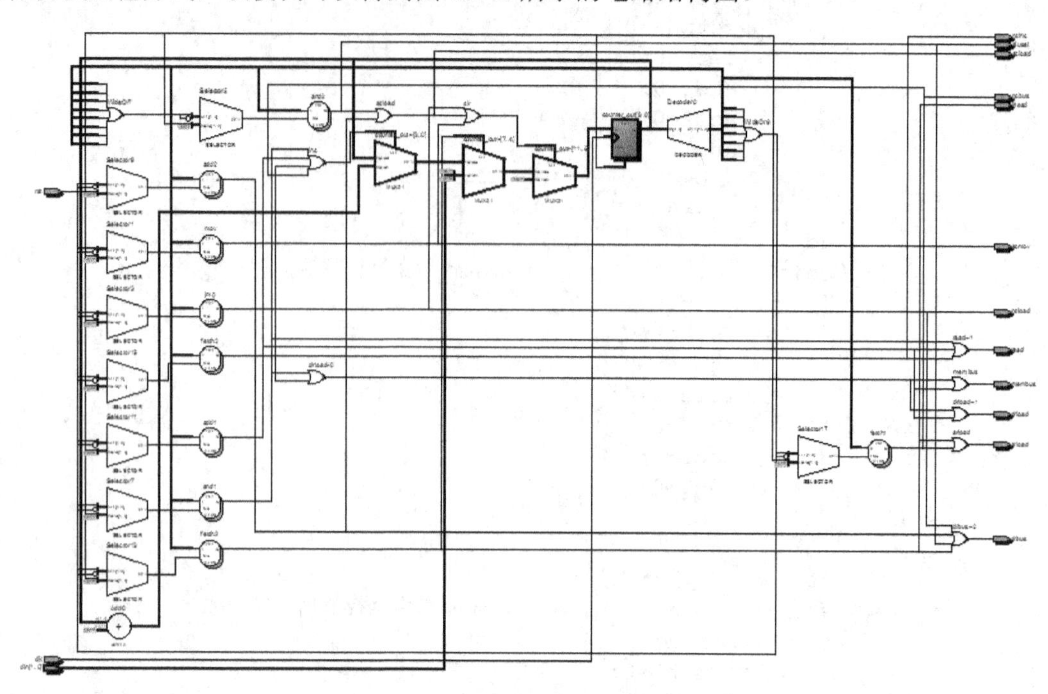

图 10-40　控制模块 cu 整体结构图

10.3.5　其余子模块设计

除控制模块外，其他子模块的设计稍显简单，这里一并介绍。首先是程序计数器 pc，程序计数器的功能就是在正常情况下进行加 1 操作，在 jmp 指令执行时把要跳转的地址送到 jmp 中，外加复位操作，所以可以得到如下设计代码：

```
module pc(din, clk,rst, ld, inc, dout);
input [5:0]din;
input clk, ld, inc,rst;
output [5:0] dout;
reg [5:0] dout;

always @(posedge clk)
if(rst)
    dout=0;    //复位
else if(ld)
    dout=din;   //载入
else if(inc)
    dout=dout+1;  //加一

endmodule
```

该代码可以得到图 10-41 所示的电路结构。

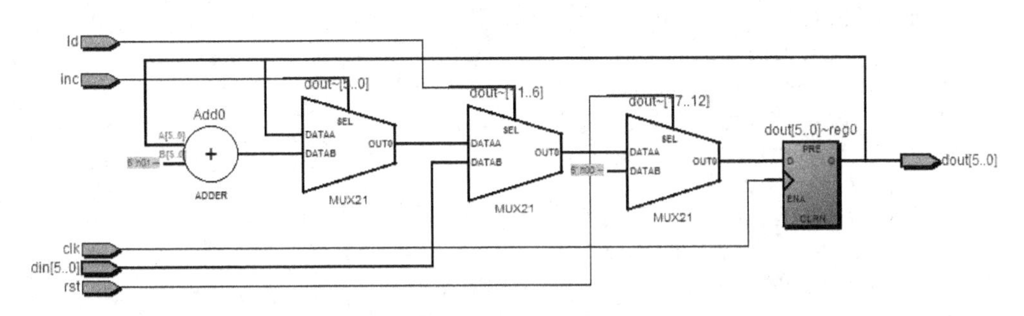

图 10-41　程序计数器 pc 模块电路结构

算术逻辑单元要根据控制信号来运行相加或逻辑与操作，所操作的数据来自 acc 和 dr，控制信号由控制单元生成。编写设计代码如下：

```
module alu(ac, dr, alusel, acc);
input [7:0] ac,dr;
input alusel;
output [7:0] acc;
reg [7:0] acc;

always@(ac or dr or alusel)
if(alusel)
    acc=ac&dr;         //逻辑与
else
    acc=ac+dr;         //相加

endmodule
```

该设计模块可以得到图 10-42 所示的电路结构图。

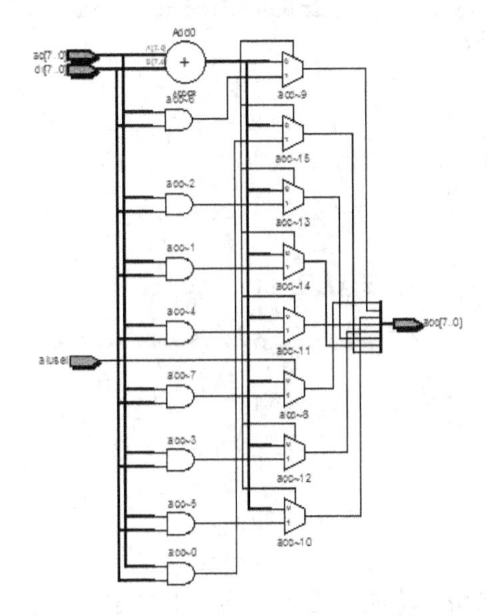

图 10-42　算术逻辑单元 alu 电路结构图

指令寄存器 ir 的功能是暂存指令中的操作码，代码如下：

```
module ir(din, clk, rst, irload, dout);
input [1:0]din;
input clk, rst, irload;
output [1:0]dout;
reg [1:0]dout;

always @(negedge clk)
if(rst)
    dout=0;
else if(irload)
    dout=din;

endmodule
```

可以得到电路结构图如图 10-43 所示。

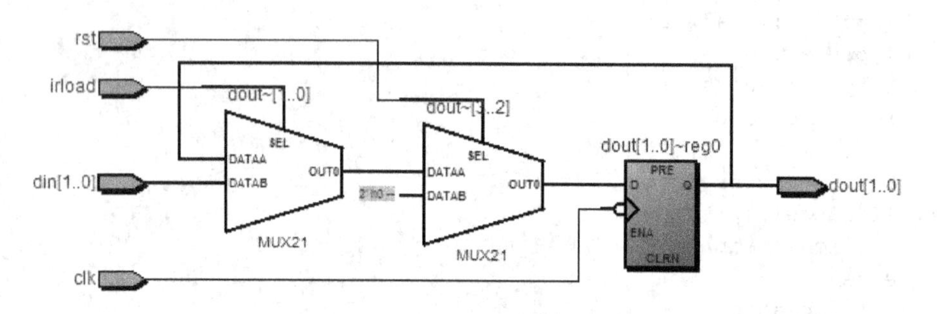

图 10-43　指令寄存器 ir 电路结构图

数据寄存器用于存放从存储器中取出的数据，设计模块代码如下：

```
module dr(din, clk, rst, drload, dout,accdr);
input [7:0] din;
input clk, rst, drload;
output [7:0] dout;
reg [7:0]dout;

output [7:0] accdr;

always @(posedge clk or posedge rst)
if(rst)
    dout=0;
else if(drload)
    dout=din;

assign accdr=dout;

endmodule
```

可得图 10-44 所示的电路结构图，是一个简单的多位寄存器。

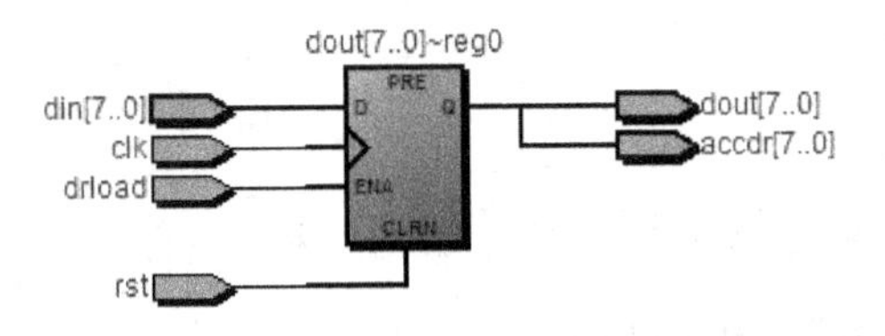

图 10-44　数据寄存器 dr 电路结构图

地址寄存器用于存放地址，这个地址可以来自 pc，用于取出指令，也可以来自指令的地址码部分，用于取出数据，设计模块代码如下：

```
module ar(din,rst, arload, clk, dout);
input [5:0] din;
input arload, clk, rst;
output [5:0] dout;
reg [5:0] dout;

always@(posedge clk)
if(rst)
    dout=0;
else if(arload)
    dout=din;

endmodule
```

该设计模块得到电路结构如图 10-45 所示。

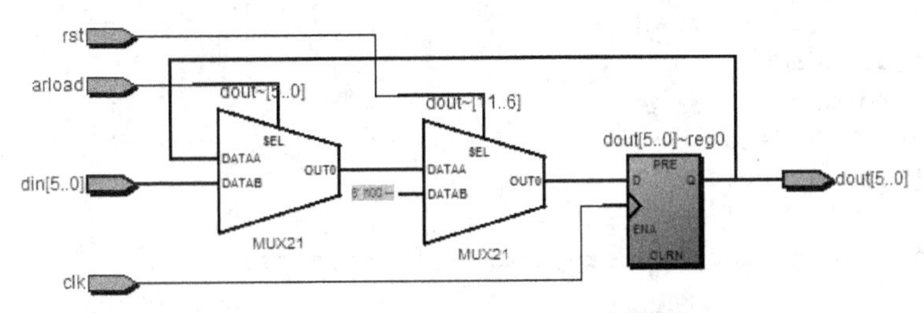

图 10-45　地址寄存器 ar 电路结构图

累加器是一个比较特殊的寄存器，用于存放操作的结果数据。例如，在 add 和 and 运算时要把自身数据送入 alu，并把得到的结果再次取回，如果在 mov 指令执行时需要把数据直接送入 acc，所以可以得到设计模块代码如下：

```
module acc(din,drin, clk, rst, acload, acmov,dout);
input [7:0] din;
input [5:0] drin;
input clk, rst, acload;
input acmov;
output [7:0] dout;
reg [7:0] dout;

always @(posedge clk)
if(rst)
    dout=0;
else if(acload)
```

```
        dout=din;
    else if(acmov)
      dout=drin;

    endmodule
```

累加器的电路结构图如图 10-46 所示。

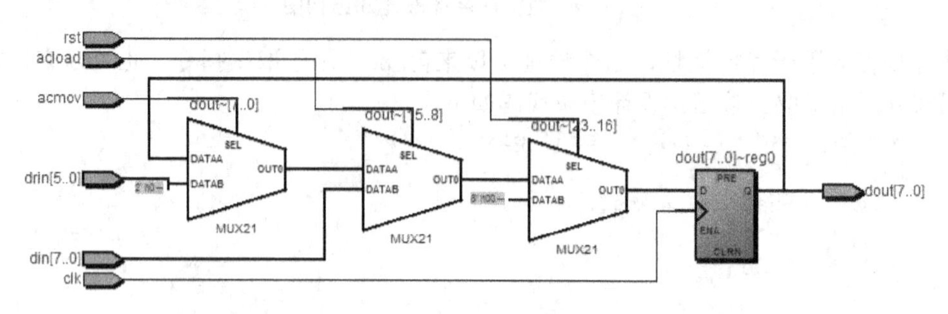

图 10-46 累加器 acc 电路结构图

将上述模块一一设计完毕，再编写顶层模块将这些子模块串联即可得到最终的设计。

10.3.6 功能仿真与时序仿真

若要验证 CPU 的功能是否正确，还需要一个存储器单元来配合仿真，所以编写一个简单的存储器单元 mem 代码如下：

```
    module mem(addr, read, data);
    input[5:0] addr;
    input read;
    output [7:0]data;
    reg [7:0]memory[63:0];

    assign data=(read)?memory[addr]:8'bzzzzzzzz;

    initial
        begin
            memory[0]=8'b11000111; //load7
            memory[1]=8'b00000111; //add [7]   ,acc=3+7= 1010 =0aH
            memory[2]=8'b01000101; //and [5]   ,acc=0000_1010&0011_1001
                                                    =0000_1000=08h
            memory[3]=8'b10000000; //jmp 0,loop

            memory[5]=8'b00111001;
            memory[7]=8'b00000011; //[7] data:3
        end

    endmodule
```

在该存储器中仅存放了 6 个数据，从 memory [0]到 memory [3]存放的是 4 条指令，memory [5]和 memory [7]存放的是两个数据。memory [0]中存放的 11_000111 是 mov 指令，要把数据 000111 送入 acc，即载入 7。memory [1]中存放的 00_000111 是 add 指令，用于把

acc 的值和地址 000111 的存储单元（即 memory [7]）中的数据做相加操作，而 memory [7] 中存放的数据是 0000_1111，十进制的数据 3，若执行相加操作得到的结果就是 10。memory [2]中存放的 01_000101 是 and 指令，要把 acc 中的数据和地址 000101（memory [5]）中的数据做逻辑与操作，而 memory [5]中的数据是 0011_1001，如果和上一条指令得到的 acc 数据 0000_1010 做逻辑与，得到的结果就是 0000_1000。memory [3]中存放的 10_000000 是跳转命令 jmp，重新跳回 memory [0]重复执行上述 4 条指令。

将上述 mem 单元和 CPU 顶层模块共同调用，得到测试模块代码如下：

```
`timescale 1ns/1ns

module top;
reg clk, rst;
wire [5:0] addr;
wire [7:0]data;
wire [7:0] acout;
wire read;

initial
begin
 clk=0;
 rst=1;
 #35 rst=0;
 #1000 $stop;
end

always #10 clk=~clk;

simplecpu icpu(data, rst, clk, read, addr, acout);   //功能仿真所用
//cpu icpu(data, rst, clk, read, addr, acout);       //时序仿真所用
mem imem(addr,read,data);

endmodule
```

由于本例中的 CPU 工作过程仅需要时钟信号就足够了，所以测试模块很简单，就是要按照时钟节拍的顺序执行存储器中的 4 条指令。另外由于本设计中的 4 条指令都没有送出数据，所以添加一个 acout 的端口来观察 acc 内部的数据，用于判断设计的正确性，此端口在实际使用时可以取消。运行功能仿真可得图 10-47 所示的波形图。

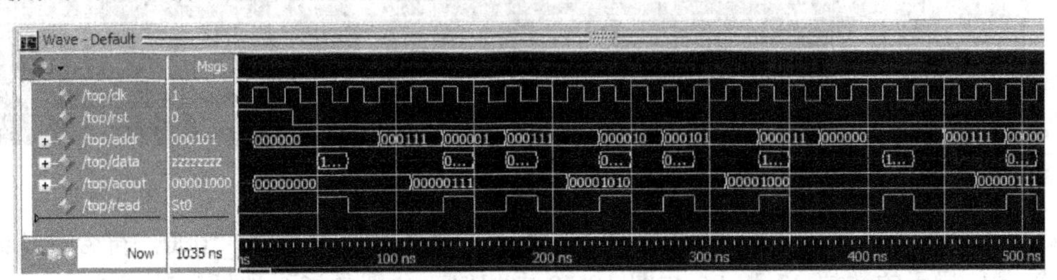

图 10-47 功能仿真波形图

得到后仿真文件并运行时序仿真可得图 10-48 所示的时序仿真波形图。

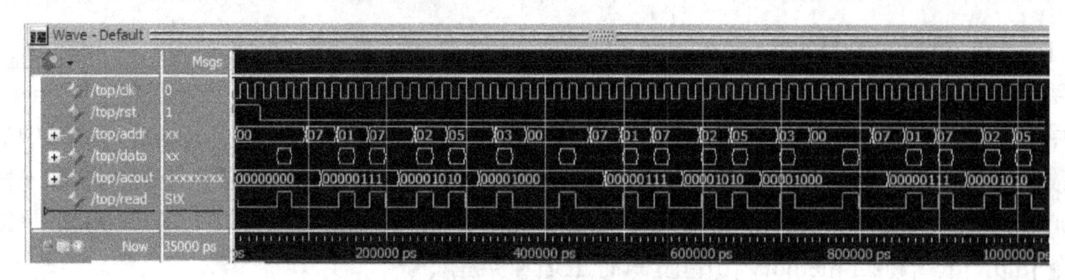

图 10-48　时序仿真波形图

功能仿真结果和时序仿真结果均正确，由于时序仿真更接近实际效果，所以将时序仿真波形图分段截取并展开可观察结果正确性。图 10-49 所示是第一条 mov 指令执行的波形图，注意倒数第二行的 acout 数据变化与时钟信号 clk 边沿的偏移，这表明了该结果来自时序仿真波形图。在波形图中可以看到第三行 addr 给出的地址首先为 00，这是十六进制的指令地址，然后变为 07，这是数据地址，但是本指令没有访问存储器得到数据，而是直接把 07 送入了 acc。在 00 和 07 变化中间，最后一行 read 信号变为高电平，倒数第三行 data 数据变为 11_000111，在地址变为 07 之后 acout 的数据变为 0000_0111，完成指令执行的过程，与设想一致。

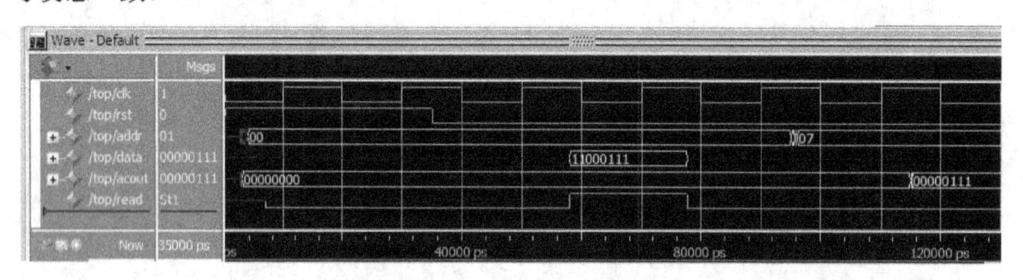

图 10-49　mov 指令执行结果

图 10-50 所示是第二条 add 指令的执行结果，从波形图中可以看到得到的 acout 结果为 0000_1010，与存储器设计时的设想结果一致。而 addr 给出的地址先是 01 的指令地址，得到的 data 为 00_000111，这是第二条指令，然后是 07 的数据地址，得到的 data 为 0000_0011，这是 memory[7]中的数据，读取过程正确。

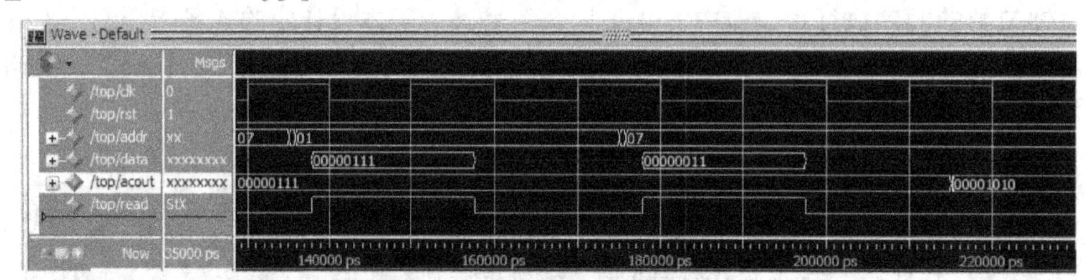

图 10-50　add 指令执行结果

第三条指令 and 所得的结果如图 10-51 所示，运算所得为 0000_1000，符合设计结果。地址线 addr 显示的数据 02 和 05 与图 10-50 中相似，分别是指令地址和数据地址，dadta 中的数据 0011_1001 是 memory[5]中的数据，读取过程正确。

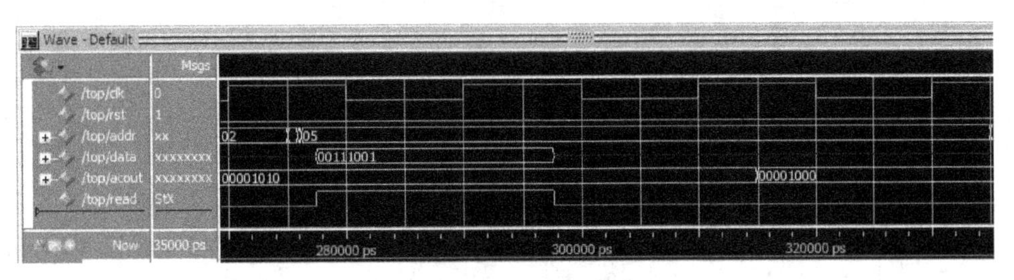

图 10-51　and 指令执行结果

第四条指令 jmp 的结果如图 10-52 所示，经过跳转命令后 acout 值保持不变，因为没有对 acc 进行操作。地址线 addr 中先得到数据 03，然后变为 00，表示跳回第一条指令。

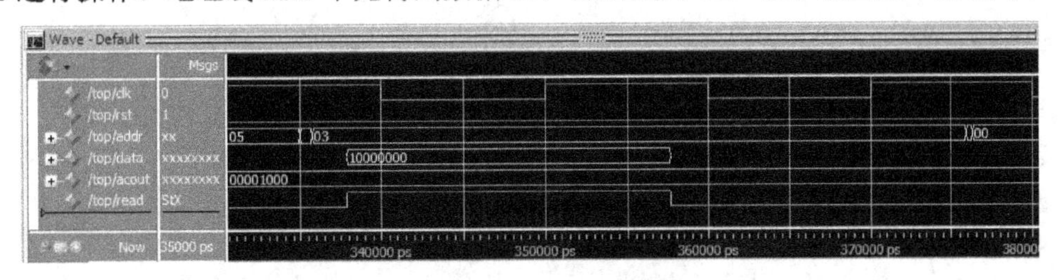

图 10-52　jmp 指令执行结果

由上述几个波形结果可知，本设计中的 CPU 模块完全能够正确执行所设计的四条指令，设计结果满足预期要求。另外，由于本例 CPU 功能简单，所以在设计中对一些功能模块做了简化处理，如指令寄存器 ir 等模块，旨在保证基本功能的基础上简化设计。如果要完成一个标准的 CPU 设计，需要在本例基础上做大量修改，所以本例中的 CPU 仅作为教学参考，而不做计算机体系方面的过多讨论。

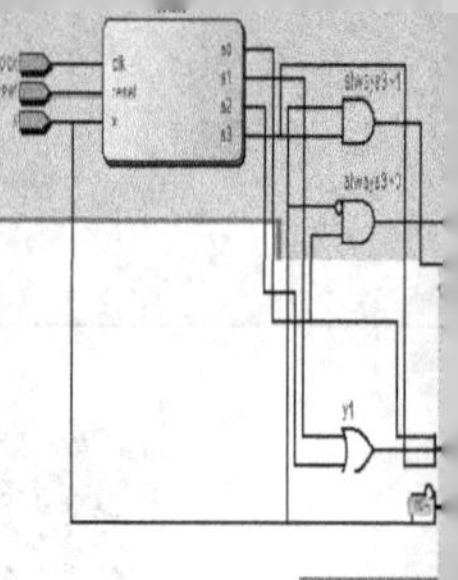

第 11 章 实 验

实验一 简单组合逻辑电路设计（学生版）

1．实验目的

（1）掌握门级建模语句。

（2）掌握数据流级建模语法。

（3）熟悉实例化语句。

（4）理解端口连接规则。

2．实验涉及语法

（1）第 2 章的门级语法的与门、非门、与非门的门级调用。

（2）第 2 章的模块实例化方法，按顺序和按名称两种方式。

（3）第 3 章的数据流语法中操作符部分。

（4）第 4 章的行为级语法需要定义变量为 reg 型。

3．实验内容

由数字电路课程知识可知，3-8 译码器的功能是完成三位输入转八位译码输出，参考已有芯片 74ls138，可知功能如表 11-1 所示。

表 11-1 74ls138 输入/输出真值表

输 入			输 出
S_1	$S_2'+S_3'$	$A_2\ A_1\ A_0$	$Y_7'\ Y_6'\ Y_5'\ Y_4'\ Y_3'\ Y_2'\ Y_1'\ Y_0'$
0	x	x x x	1 1 1 1 1 1 1 1
x	1	x x x	1 1 1 1 1 1 1 1
1	0	0 0 0	1 1 1 1 1 1 1 0
1	0	0 0 1	1 1 1 1 1 1 0 1
1	0	0 1 0	1 1 1 1 1 0 1 1
1	0	0 1 1	1 1 1 1 0 1 1 1
1	0	1 0 0	1 1 1 0 1 1 1 1
1	0	1 0 1	1 1 0 1 1 1 1 1
1	0	1 1 0	1 0 1 1 1 1 1 1
1	0	1 1 1	0 1 1 1 1 1 1 1

另外，74ls138 的内部参考电路如图 11-1 所示。

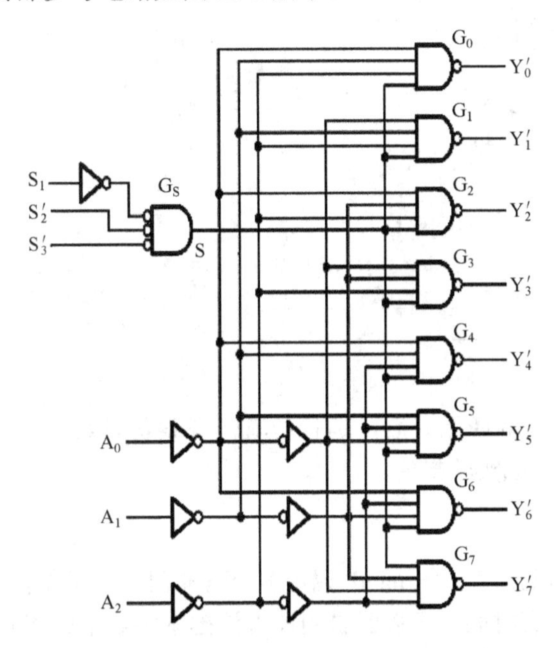

图 11-1　74ls138 内部电路结构图

根据以上的功能表和电路图，完成以下内容。

```
module decoder3x8 (Yn,S1,S2n,S3n,A);

..........  //请将你所编写的代码添至此处。
//实验内容一：请使用门级建模编写
//实验内容二：请将门级建模中的所有门用操作符形式写出，如 and 对应&
//实验内容三：请使用条件操作符来设计此译码器

endmodule
```

为了做区分，请分别把以上实验内容的三个模块的模块名定义为 decoder3x8_1、decoder3x8_2 和 decoder3x8_3。

测试模块由下列代码给出，其中 Yn1、Yn2、Yn3 分别对应三个模块的输出端。这里把 decoder3x8_1 作为示例给出，请在横线位置填写实例化语句调用另外两个模块，完成整个测试模块。

```
module tbs1;
reg  S1,S2n,S3n;
reg  [2:0] A;
wire  [7:0] Yn1,Yn2,Yn3;

initial
begin
    A = 3'b000;{S1,S2n,S3n}=3'b101;
  #5 {S1,S2n,S3n}=3'b011;
  #5 {S1,S2n,S3n}=3'b100;
    #5 A = 3'b001;
```

```
        #5 A = 3'b010;
        #5 A = 3'b011;
        #5 A = 3'b100;
        #5 A = 3'b101;
        #5 A = 3'b110;
        #5 A = 3'b111;
        #5 $stop;
    end

    decoder3x8_1  mydecoder(Yn1,S1,S2n,S3n,A);  //实验内容四:
    _________________________________________ //请用按顺序连接方式调用 decoder3x8_2
    _________________________________________ //请用按名称连接方式调用 decoder3x8_3

    endmodule
```

设计模块和测试模块编译无误后，运行仿真，观察仿真结果，截取仿真波形，分析编写的代码是否正确，并完成实验报告。

4. 思考题

（1）门级建模中可以使用一个 nand 调用多个与非门，而不是像本实验中的一个与非门使用一次 nand 调用，如有时间，可以尝试用此方法把本实验中的代码修改得更加简洁。

（2）请尝试将数据流模型的输出 Yn 显示的定义成为如下方式。

```
    reg [7:0] Yn;
    和
    wire [7:0] Yn
```

修改完成后对设计代码进行编译，观察结果并分析为什么？

（3）数字电路中介绍过，如果端口悬空可做高电平处理，你能否在 3-8 译码器的实例化过程中悬空某个输出端口（如 S1），来观察最后的结果是否正确？

实验一　辅导版

简单组合逻辑电路的建模一般使用数据流级即可，对于已有电路图的设计也可以采用门级语句来实现，本实验用门级和数据流级两种方法来完成 3-8 译码器设计，电路图参考和参考表均已给出，其中 S 信号的生成是要使三个使能信号出现 100 的组合，而 Verilog HDL 语法中没有这种先非门再与门的单门逻辑结构，所以可以对电路图稍加改动，实现其目标功能。另外，A 端的三个输入信号先经过一级反相器，又经过第二级反相器，得到的结果仍然是 A，所以第二级反相器在门级建模中可以取消，当然，保留亦可。

针对本实验中电路图的输入/输出信号，可以采用多位信号的命名，也可以采用 1 位信号的命名，如可以把输出声明为：

```
    Y0n,Y1n,Y2n,Y3n,Y4n,Y5n,Y6n,Y7n
```

这样声明的好处是与原图一一对应，修改时也比较方便，一个信号的改动不会影响整体，但是声明时比较烦琐，可以直接用一行语句来声明，代码如下：

```
    output  [7:0] Yn;
```

这样同样声明了一个 8 位的信号 Yn，使用 Yn[m]的形式来表示某条信号线，也是可行的。这里的 Yn 后面的 n 表示的是低电平有效，在设计时读者可以注意养成习惯，给低电平有效的信号添加一个 n 作为后缀，如 Yn 或者 Y_n 均可。同样输入也可以使用同样的方式声明如下：

```
input  [2:0] A;
```

由于输入是正向有效的，所以没有添加 n 作为后缀。

相同道理，三个控制信号可以分别命名为 S1、S2n 和 S3n，这样模块的端口声明部分就结束了。下面的代码可以作为设计模块的参考。

```
module decoder3x8_1(Yn,S1,S2n,S3n,A);
input  S1,S2n,S3n;
input  [2:0] A;
output  [7:0] Yn;

wire  S2,S3;
wire A0n,A1n,A2n;

not (S2,S2n);
not (S3,S3n);
and (S,S1,S2,S3);

not (A0n, A[0]);
not (A1n, A[1]);
not (A2n, A[2]);

nand (Yn[0], A0n , A1n , A2n , S);
nand (Yn[1], A[0], A1n , A2n , S);
nand (Yn[2], A0n , A[1], A2n , S);
nand (Yn[3], A[0], A[1], A2n , S);
nand (Yn[4], A0n , A1n , A[2], S);
nand (Yn[5], A[0], A1n , A[2], S);
nand (Yn[6], A0n , A[1], A[2], S);
nand (Yn[7], A[0], A[1], A[2], S);

endmodule
```

在示例代码中，门级调用时没有使用实例化名称，这是门级语法特有的形式。最后得到的就是一个纯粹门级建模的语法。还可以使用数据流级语句来完成此类设计，如果从电路图的角度出发，使用数据流中的操作符替换门级电路即可完成设计。数据流模块的代码可以参考如下：

```
module decoder3x8_2 (Yn,S1,S2n,S3n,A);
input  S1,S2n,S3n;
input  [2:0] A;
output  [7:0] Yn;

wire  S2,S3;
wire A0n,A1n,A2n;

assign S2=~S2n;
assign S3=~S3n;
```

```
assign S=S1&S2&S3;

assign A0n=~A[0];
assign A1n=~A[1];
assign A2n=~A[2];

assign Yn[0]= ~(A0n & A1n & A2n & S);
assign Yn[1]= ~(A[0]& A1n & A2n & S);
assign Yn[2]= ~(A0n & A[1]& A2n & S);
assign Yn[3]= ~(A[0]& A[1]& A2n & S);
assign Yn[4]= ~(A0n & A1n & A[2]& S);
assign Yn[5]= ~(A[0]& A1n & A[2]& S);
assign Yn[6]= ~(A0n & A[1]& A[2]& S);
assign Yn[7]= ~(A[0]& A[1]& A[2]& S);

endmodule
```

而另一种数据流方式可以使设计者更关心高层次的设计，就是使用条件操作符，设计代码如下：

```
module decoder3x8_3 (Yn,S1,S2n,S3n,A);
input  S1,S2n,S3n;
input  [2:0] A;
output  [7:0] Yn;

assign S=S1&(~S2n)&(~S3n);

assign Yn=(S==0)?8'b1111_1111:
        (A==3'b000)?8'b1111_1110:
        (A==3'b001)?8'b1111_1101:
        (A==3'b010)?8'b1111_1011:
        (A==3'b011)?8'b1111_0111:
        (A==3'b100)?8'b1110_1111:
        (A==3'b101)?8'b1101_1111:
        (A==3'b110)?8'b1011_1111:
        (A==3'b111)?8'b0111_1111:
        8'b1111_1111;

endmodule
```

测试模块中按名称连接和按顺序连接请严格参考第二章语法要求，这里不再列出，实验内容四的参考代码如下，请注意，实例化的名称要不同。

```
decoder3x8_1  mydecoder(Yn1,S1,S2n,S3n,A);
decoder3x8_2  mydecoder2(Yn2,S1,S2n,S3n,A);
decoder3x8_3  mydecoder3(.Yn(Yn3),.S1(S1),.S2n(S2n),.S3n(S3n),.A(A));
```

运行功能仿真后，如果代码无误，可以得到如图 11-2 所示的波形图，三个设计模块的功能是完全相同的，输出端三个 Yn 信号的值完全相同，这样也可以相互印证三个设计模块功能的正确性。

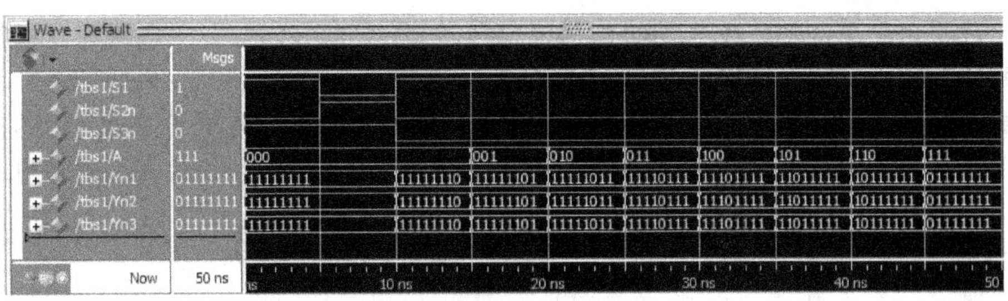

图 11-2 功能仿真波形图

通过第一个实验还需要弄清楚一个问题，在测试模块中对实例化模块的信号要编写输入值和得到输出值，这些信号的定义类型可以参考第 2 章的图 2-2。如果不按这个规则，就会产生错误。例如如果测试模块的声明部分代码改为如下：

```
module tbs1;
wire  S1,S2n,S3n;
wire  [2:0] A;
reg   [7:0] Yn1,Yn2,Yn3;
```

此时编译测试模块就会得到如下错误提示：

```
**Error:C:/modeltech_10.1c/examples/shiyan/s1.v(85):(vlog-2110)Illegal
reference to net "A".
**Error:C:/modeltech_10.1c/examples/shiyan/s1.v(85):(vlog-2110)Illegal
reference to net "S3n".
**Error:C:/modeltech_10.1c/examples/shiyan/s1.v(85):(vlog-2110)Illegal
reference to net "S2n".
**Error:C:/modeltech_10.1c/examples/shiyan/s1.v(85):(vlog-2110)Illegal
reference to net "S1".
```

这些错误提示的产生原因是因为 A、S3n、S2n 和 S1 这些变量在测试模块中的 initial 结构中进行了赋值，这就属于行为级语法，必须定义成 reg，此为语法要求，但定义成 reg 也不表示会综合成寄存器，仅仅是语法要求而已。就像门级建模和数据流级建模模型中的输出端口都没有定义成 reg 类型，而只是声明为 output 即可，这是因为声明时默认的就是 wire 类型，而门级和数据流模型所要求的就是 wire 类型，所以无须再次定义。

对于应该是 reg 类型的却定义成了 wire 类型会直接报错，而本应该是 wire 型的 Yn 输出会在仿真时报错，错误信息如下：

```
** Error: (vsim-3053) C:/modeltech_10.1c/examples/shiyan/s1.v(98):
 Illegal output or inout port connection for "port 'Yn'".
```

这是因为编译时仿真器并没有认为测试模块把 Yn1 等定义成 reg 有语法问题，而刚才的 A 定义成了 wire 会产生语法问题。所以编译时没有检测出 Yn1 等问题。但是在仿真开始时，仿真器需要把待测模块进行连接并送入仿真器的存储体中进行仿真准备，这时就会把各个实例化的模块连接在一起，此时就会暴露出 3-8 译码器的 Yn 输出所连接的 Yn1 等信号的变量类型不正确，重新修改为 wire 型即可。

完成了正常设计部分，如果具有 Quartus 等开发工具条件，可以得到电路结构图和后仿真所需的网表文件和 SDF 文件，这样就可以对所编写的设计进行时序仿真甚至连接开发板进行硬件验证，这一内容会在实验三中讲解。

运行综合类软件可以得到图 11-3、图 11-4 和图 11-5 所示的三个电路，分别按顺序对应本实验中的三个代码，可以看到三个代码虽然在功能方面完全相同，但是由于写法不同，最后得到的效果也是不同的。使用门级建模语句所编写的 decoder3x8_1 电路形式最简单，也和原理图基本相似。数据流级模型 decoder3x8_2 在与非门阵列上和 decoder3x8_1 相同，但是在前端的信号上有所区别，所消耗的门数略多。decoder3x8_3 使用了偏行为级的条件操作符，得到的电路是比较器和选择器的组合，所占用的资源最多，面积最大，同时电路的延迟也最高。

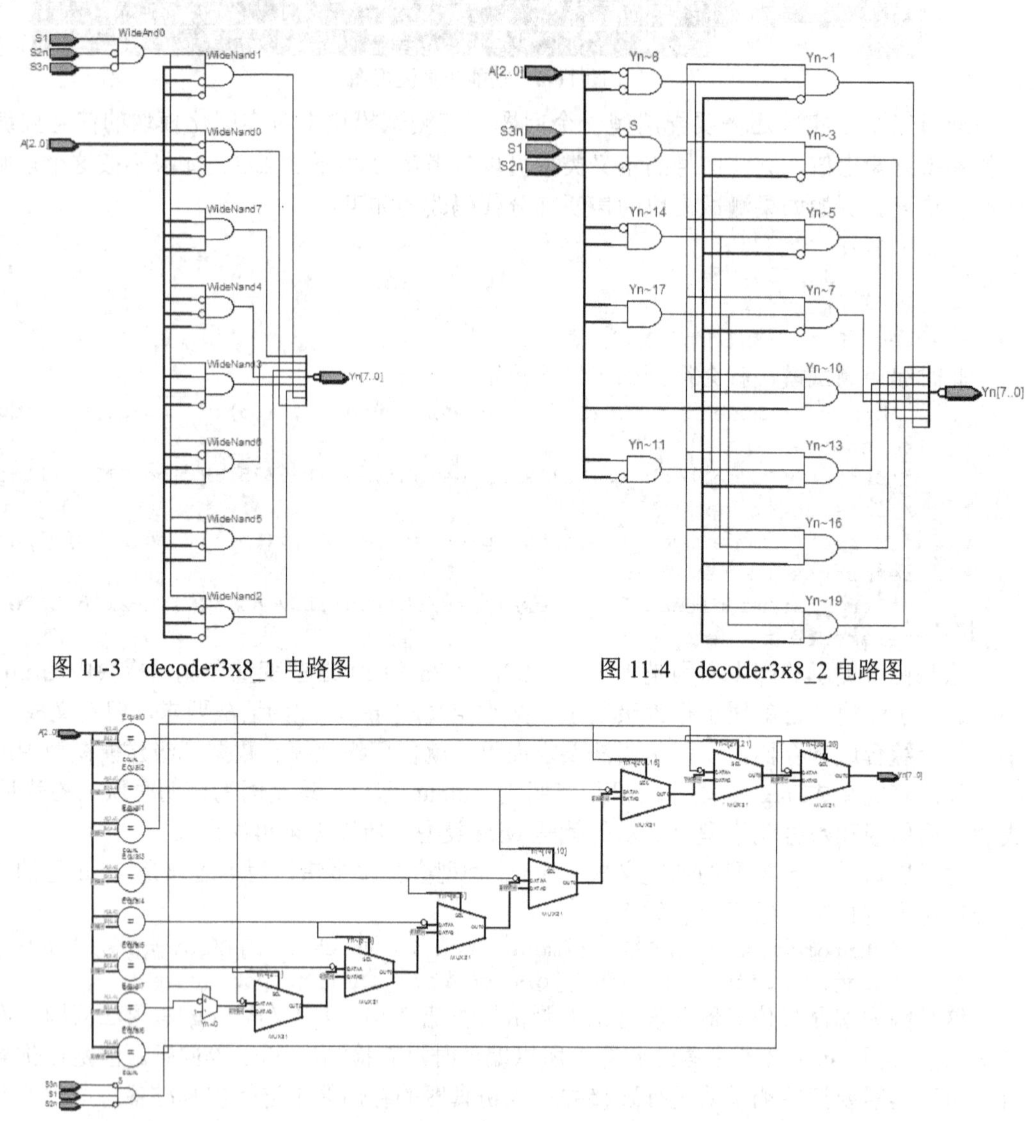

图 11-3　decoder3x8_1 电路图

图 11-4　decoder3x8_2 电路图

图 11-5　decoder3x8_3 电路图

以 decoder3x8_3 模块为例，可以进行后仿真的验证，用最后生成的门级网表文件和 SDF 标准延迟文件，结合一定的综合库，可得到图 11-6 所示的时序仿真波形图。波形图中 Yn3_ref 是功能仿真的参考输出，Yn3 是时序仿真的输出，输出的两个信号分别以二进制和十六进制两种形式给出。而且由于电路的延迟时间较长，需要把测试模块中的延迟时间修改为#20，这样得到的波形观察起来比较直观。

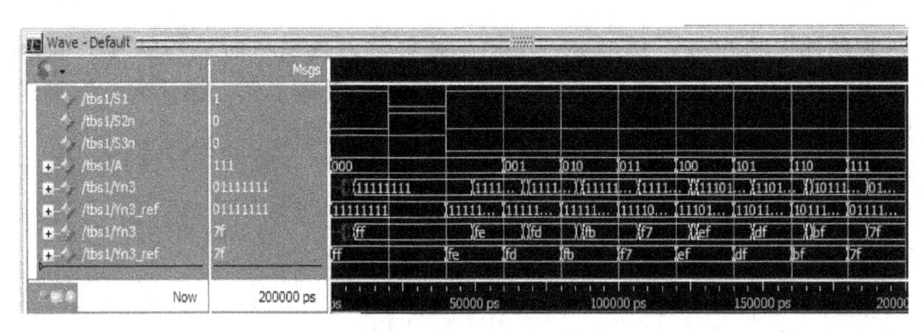

图 11-6　时序仿真波形图

实验二　行为级模型设计（学生版）

1．实验目的

（1）熟悉行为级语法。

（2）掌握层次化设计方法。

（3）理解模块复用的概念和设计思想。

2．实验涉及语法

（1）第 3 章行为级语法中的 if 和 case 语句。

（2）第 2 章中模块实例化的语法。

3．实验内容

本实验要完成二进制代码的转换，首先处理四位二进制码转格雷码的问题，对应关系表见表 11-2。

表 11-2　二进制转格雷码输出

十进制	二进制	格雷码
N	B_3 B_2 B_1 B_0	G_3 G_2 G_1 G_0
0	0 0 0 0	0 0 0 0
1	0 0 0 1	0 0 0 1
2	0 0 1 0	0 0 1 1
3	0 0 1 1	0 0 1 0
4	0 1 0 0	0 1 1 0
5	0 1 0 1	0 1 1 1
6	0 1 1 0	0 1 0 1
7	0 1 1 1	0 1 0 0
8	1 0 0 0	1 1 0 0
9	1 0 0 1	1 1 0 1
10	1 0 1 0	1 1 1 1
11	1 0 1 1	1 1 1 0
12	1 1 0 0	1 0 1 0
13	1 1 0 1	1 0 1 1
14	1 1 1 0	1 0 0 1
15	1 1 1 1	1 0 0 0

除了正常的输入输出外，再增加一个控制使能端，高电平时完成转换，低电平输出4个高电平，同时设置一个输出状态位，输出为0时表示正常工作，输出为1时表示异常，可能是输入有误或者使能信号生效。可以得到如下的设计模块。

```
module BtoG (data_in,en,data_out,err);
input [3:0] data_in;
input en;
output [3:0] data_out;
output err;

..................
//实验内容一：完成此二进制转格雷码模块，补充出所有必要的语句

endmodule
```

除了这种方法外，还可以使用查表法来完成设计，用查表法完成二进制转格雷码模块的代码如下：

```
module BtoG2 (data_in,en,data_out,err);

..................
//实验内容二：使用查表法完成此二进制转格雷码模块，建议使用 case 语句

endmodule
```

接下来处理二进制到8位十进制的表示，对应关系如表11-3所示。

表11-3　对应真值表

十进制	二进制	8位十进制输出
N	B_3 B_2 B_1 B_0	D_7 …… D_0
0	0 0 0 0	0000 0000
1	0 0 0 1	0000 0001
2	0 0 1 0	0000 0010
3	0 0 1 1	0000 0011
4	0 1 0 0	0000 0100
5	0 1 0 1	0000 0101
6	0 1 1 0	0000 0110
7	0 1 1 1	0000 0111
8	1 0 0 0	0000 1000
9	1 0 0 1	0000 1001
10	1 0 1 0	0001 0000
11	1 0 1 1	0001 0001
12	1 1 0 0	0001 0010
13	1 1 0 1	0001 0011
14	1 1 1 0	0001 0100
15	1 1 1 1	0001 0101

该模块的端口名称与上一模块相同，只是注意输出端口的宽度是8位，代码如下：

```
module BtoD (data_in,en,data_out,err);
 ......
```

```
    //实验内容三：使用 case 语句完成表 11-3 中的输入/输出对应关系

    endmodule
```

两个子功能模块得到之后，可以编写顶层模块调用这两个模块，然后使用同一个信号作为使能端，在两个模块之间切换输出值。可得到如下形式的顶层模块代码：

```
    module BtoGD(data_in,G_Dn,data_out,err);

    //实验内容四：请完成顶层模块，在 G_Dn 端口为 1 时输出格雷码
    //在 G_Dn 端口为 0 时输出十进制显示形式

    endmodule
```

编写测试模块并运行仿真，观察仿真结果，分析设计是否正确。

4. 思考题

（1）如果以 if 语句来完成代码中 case 语句完成的功能，应该如何编写？你能写出正确的代码么？请完成一个以 if 语句建立的查表输出代码。

（2）在顶层模块 BtoGD 中，如果只调用了一个格雷码输出模块，那就只能有 4 位输出，你想连在高 4 位还是低 4 位？如果连在了低 4 位上，在格雷码输出时，高 4 位的变化情况是怎样的？请编写模块验证你的想法。

（3）在 BtoGD 模块中，调用了三个子模块，三个子模块都有 err 输出，此时有同学编写了下面的代码来完成设计：

```
    BtoG1 b2g1(data_in,G_Dn,data_outg[7:4],err);
    BtoG2 b2g2(data_in,G_Dn,data_outg[3:0],err);
    BtoD b2d(data_in,D_Gn,data_outd,err);
```

即三个子模块的 err 输出端都连在顶层模块的 err 端口上。请问这种写法是否可行？为什么？请验证你的结论。

实验二　辅导版

本实验输入的信号是 4 位二进制数，输出的信号有两种，一种是 4 位格雷码输出，另一种是 8 位的十进制形式输出。格雷码比较常见，而所谓的 8 位十进制输出，是把二进制数的 0～15 计数的十六个数值分为两个部分，即高 4 位和低 4 位，分别表示为十位和个位。例如二进制的 1100 表示十进制的 12，会转化为 00010010 的输出，高 4 位表示十位为 1，低 4 位表示个位为 2，这样可以方便外界显示十进制的循环数值。

本实验所编写的模块严格来说是要完成两个功能，而这两个功能在实现上没有交叠的部分，所以考虑将这个设计分解成为两个部分：一部分实现二进制到格雷码的转化，另一部分实现二进制到 8 位十进制输出的转化，这样如果其他设计中需要这两种电路就可以直接调用单独的模块来使用。而在本实验中采用一个顶层模块调用两个功能模块，完成整个设计。

根据实验内容中给出的真值表，采用数字电路部分的知识处理，把二进制作为输入，格雷码作为输出，可以得到对应的函数表达式，再进行化简可得到二进制转格雷码的转换公式，最后可以得到转换关系式，写成 Verilog HDL 操作符的形式如下：

```
gary [0]= bin [1]^ bin [0];
gary [1]= bin [2]^ bin [1];
gary [2]= bin [3]^ bin [2];
gary [3]= bin [3];
```

利用此代码作为核心，设计模块的代码参考如下：

```
module BtoG1 (data_in,en,data_out,err);
input [3:0] data_in;
input en;
output [3:0] data_out;
output err;
reg [3:0] data_out;   //注意 reg 的声明
reg err;

always @(data_in or en )
begin
    if(en == 1)
        begin
            data_out [0] = (data_in [0] ^ data_in [1] ) ;
            data_out [1] = (data_in [1] ^ data_in [2] ) ;
            data_out [2] = (data_in [2] ^ data_in [3] ) ;
            data_out [3] = data_in [3] ;
            err=0;
        end
    else
        begin
            data_out=4'b1111;
            err=1;
        end
end

endmodule
```

这种设计的方式是先求出计算的公式，即输出函数的逻辑表达式，再根据端口的情况进行代码编写，要求设计者能从一些图表中提取出正确的表达式，如果表达式提取错误，那最后得到的设计模块就一定的错误的。

相对来说，查表法的代码量会比较大，但是最后的结果一定是正确的。采用的方法就是把所有输入和输入信号的对应关系一一列举出来，然后使用 case 语句或 if 语句来完成。例如，对于二进制码 0100 到格雷码 0110 的转化，可以用如下方式来实现。

```
if 语句：
if(data_in==4'b0100)
  data_out=4'b0110;
case 语句：
case(data_in)
  4'b0100:data_out=4'b0110;
```

按此设计思想，代码的参考模块如下，由于分支较多，使用 case 语句较为方便，代码如下：

```
module BtoG2 (data_in,en,data_out,err);
input [3:0] data_in;
input en;
output [3:0] data_out;
```

```
    output err;
    reg [3:0] data_out;
    reg err;

    always @(data_in or en )
    begin
        if(en == 1)
            begin
              case(data_in)
                4'b0000:data_out=4'b0000;
                4'b0001:data_out=4'b0001;
                4'b0010:data_out=4'b0011;
                4'b0011:data_out=4'b0010;
                4'b0100:data_out=4'b0110;
                4'b0101:data_out=4'b0111;
                4'b0110:data_out=4'b0101;
                4'b0111:data_out=4'b0100;
                4'b1000:data_out=4'b1100;
                4'b1001:data_out=4'b1101;
                4'b1010:data_out=4'b1111;
                4'b1011:data_out=4'b1110;
                4'b1100:data_out=4'b1010;
                4'b1101:data_out=4'b1011;
                4'b1110:data_out=4'b1001;
                4'b1111:data_out=4'b1000;
                default:data_out=4'b1111;
              endcase
              err=0;
            end
        else
            begin
                data_out=4'b1111;
                err=1;
            end
    end

    endmodule
```

可以看到查表法对设计者要求不高，而只是代码的堆叠，而把后续的化简处理等工作交给了编译器。还可以使用 if 语句来实现，不过就更加麻烦了。

实验内容三的代码类似，也采用查表方式完成，参考模块代码如下：

```
    module BtoD (data_in,en,data_out,err);
    input [3:0] data_in;
    input en;
    output [3:0] data_out;
    output err;
    reg [7:0] data_out;
    reg err;

    always @(data_in or en )
    begin
        if(en == 1)
```

```
        begin
          case(data_in)
            4'b0000:data_out=8'b0000_0000;
            4'b0001:data_out=8'b0000_0001;
            4'b0010:data_out=8'b0000_0010;
            4'b0011:data_out=8'b0000_0011;
            4'b0100:data_out=8'b0000_0100;
            4'b0101:data_out=8'b0000_0101;
            4'b0110:data_out=8'b0000_0110;
            4'b0111:data_out=8'b0000_0111;
            4'b1000:data_out=8'b0000_1000;
            4'b1001:data_out=8'b0000_1001;
            4'b1010:data_out=8'b0001_0000;
            4'b1011:data_out=8'b0001_0001;
            4'b1100:data_out=8'b0001_0010;
            4'b1101:data_out=8'b0001_0011;
            4'b1110:data_out=8'b0001_0100;
            4'b1111:data_out=8'b0001_0101;
            default:data_out=8'b1111_1111;
          endcase
          err=0;
        end
    else
        begin
            data_out=4'b1111;
            err=1;
        end
end

endmodule
```

对于顶层模块来说，输入/输出端口依然和每个子模块一样，但是由于一个输出 8 位，另一个输出 4 位，所以输出只能是 8 位，当做格雷码输出时高 4 位不做有效数据处理。本例中把两种形式的二进制转格雷码都连接到 data_out 上，恰好是 8 位输出，这样如果结果正确，高 4 位和低 4 位就应该相同，相互对照可以方便的观察结果正确性。参考代码如下：

```
module BtoGD(data_in,G_Dn,data_out,err);
input [3:0] data_in;
input G_Dn;
output [7:0] data_out;
output err;
wire D_Gn;
wire errg1,errg2,errd;
wire [7:0] data_outg,data_outd;

assign data_out=(G_Dn==1)?data_outg:data_outd;
assign err=(G_Dn==1)?(errg1&errg2):errd;
assign D_Gn=!G_Dn;

BtoG1 b2g1(data_in,G_Dn,data_outg[7:4],errg1);
BtoG2 b2g2(data_in,G_Dn,data_outg[3:0],errg2);
BtoD b2d(data_in,D_Gn,data_outd,errd);
```

```
endmodule
```

编写测试模块如下，进行功能仿真。

```
module tbs2;
reg [3:0] data_in;
reg G_Dn;
wire [7:0] data_out;
wire err;

initial
begin
  G_Dn=1;
  data_in=0;
  #160 G_Dn=0;
  #160 $stop;
end

always #10 data_in=data_in+1;

BtoGD b2gd(data_in,G_Dn,data_out,err);

endmodule
```

运行仿真可得功能仿真波形图，截取其中的两部分说明其功能，图 11-7 所示的波形图是 G_Dn 为 1 时的波形，此时完成的是二进制转格雷码输出，高 4 位和低 4 位相同，所以图中以二进制形式显示，可以对照表 11-2 观察结果是否正确。

图 11-8 的波形图是 G_Dn 为 0 时的输出，此时完成的是十进制形式的输出，所以图中的 data_in 以十进制形式显示，data_out 以十六进制显示，这样十六进制就会自动把 8 位数值划分成两个 4 位数值再转化成十六进制的数值形式，刚好是所需要的显示形式，对照波形图 11-8 可以很明显地看到，输入的数据被划分成了十进制的两个数值输出，功能验证正确。

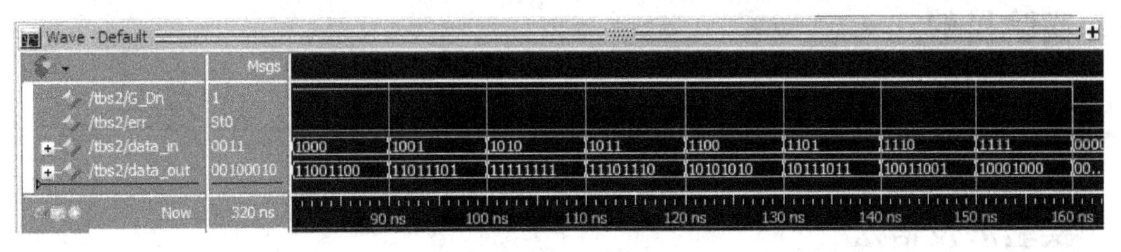

图 11-7　格雷码输出

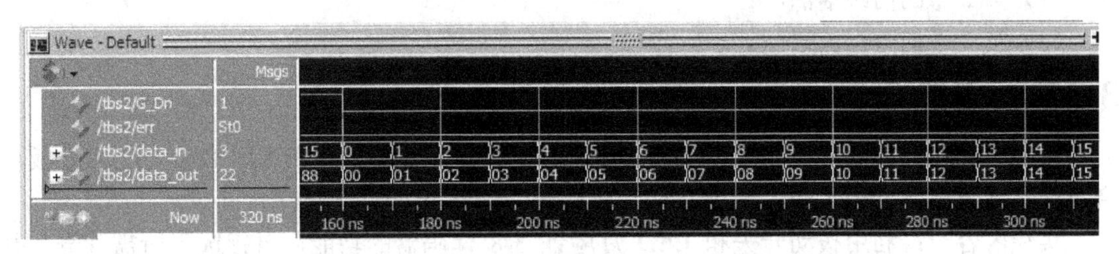

图 11-8　十进制输出

本设计中三个功能模块的电路结构参见图 11-9 至图 11-11，可用做实验参考。

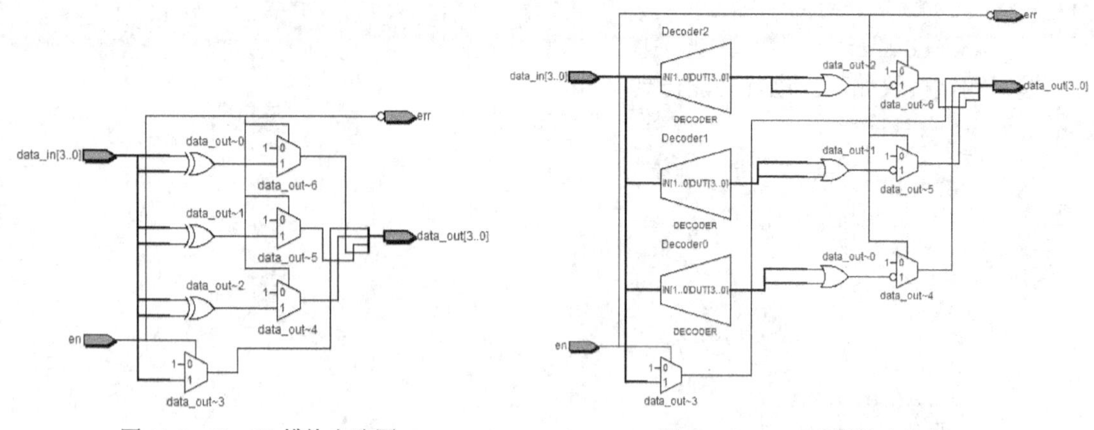

图 11-9 BtoG1 模块电路图

图 11-10 BtoG2 模块电路图

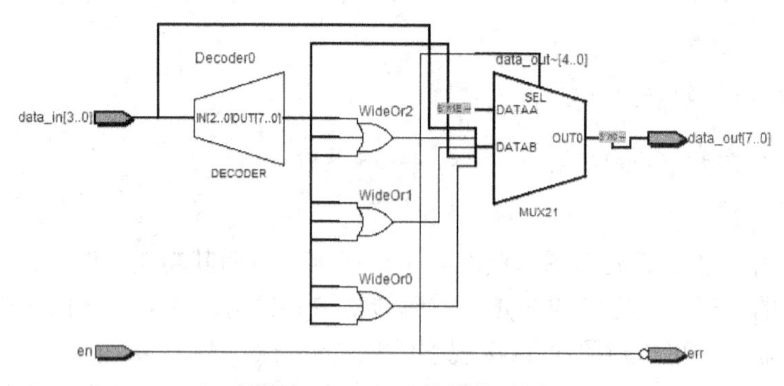

图 11-11 BtoD 模块电路图

实验三 利用 FPGA 验证设计功能（学生版）

1．实验目的

（1）掌握基本建模语句。

（2）理解 FPGA 在设计流程中的作用。

（3）熟悉 FPGA 设计流程。

2．实验涉及语法

（1）第 2 章的门级语法。

（2）第 3 章的数据流语法。

3．实验内容

实验一的设计内容里，完成了三个 3-8 译码器的设计模块，现在利用 DE2-115 开发板，将设计文件下载到 FPGA 中，利用 FPGA 验证最终的功能是否正确。

实验内容一：利用拨动开关和 LED 灯验证 3-8 译码器的功能，自行选择所需管脚，并根据开发板的管脚说明文件并填写表 11-4。

表 11-4 管脚配置表

模块端口	管脚名称	模块端口	管脚名称	模块端口	管脚名称	模块端口	管脚名称
Yn[7]		Yn[3]		S1n		A[2]	
Yn[6]		Yn[2]		S2n		A[2]	
Yn[5]		Yn[1]		S3n		A[2]	
Yn[4]		Yn[0]					

实验内容二：完成整个 FPGA 开发流程，在 FPGA 开发板上观察到最后结果并截图保存，完成实验报告。

在实验二中，曾经完成了一个四位二进制转十进制输出的功能模块，现利用这个模块，结合开发板上的七段数码管，完成该设计的 FPGA 验证。(Yn,S1,S2n,S3n,A);

实验内容三：验证实验二中的 BtoD 模块，管脚分配自定。

注意：本实验中代码由于确定功能正确，所以直接下载即可，如果是新的设计代码，建议先进行功能仿真，保证仿真结果正确后再下载到 FPGA。

4. 思考题

阅读开发板手册，在给出的开关、LED 灯、七段数码管等设计中，哪些是输入部件，哪些是输出部件？是否可以互换？

实验三 辅导版

本实验主要是熟悉 FPGA 的使用流程。现以 3-8 译码器为例，把简易流程整理如下，供讲解参考或自行参照。本书中使用的是 DE2-115 开发板，芯片选择和管脚配置均以该开发板为例，如果使用的是其他开发板，请根据手册进行修改。

1. 建立工程

打开 Quartus 软件，在菜单栏中点击【File】→【New Project Wizard】，会弹出工程设置对话框，工程名和新建顶层模块名正常应该是空白的，这里填 decoder3x8，此名称要与设计模块中的 module 名称一致。如图 11-12 和图 11-13 所示。

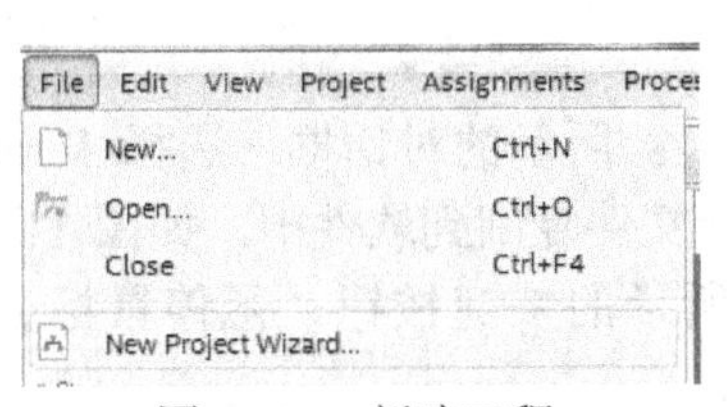

图 11-12 新建工程

图 11-13 填写工程名和顶层名

填写好名称后，依次点击【Next】即可，会出现 11-14 的对话框，选择【Empty project】，进入下一步，选择添加文件，如图 11-15 所示。如果有设计文件可以在这一步骤中填写，如果没有，直接下一步即可。

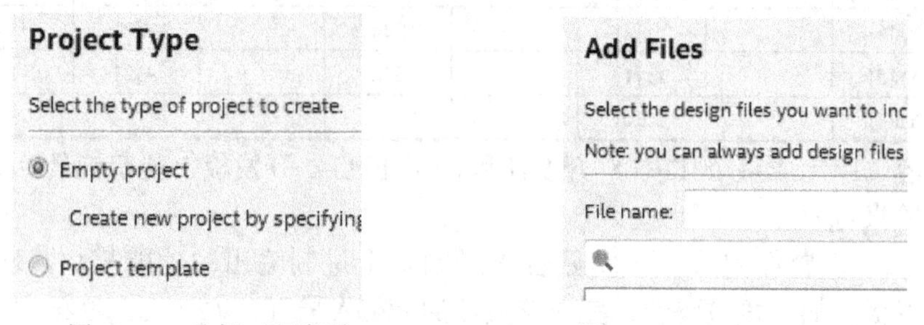

图 11-14　选择工程类型　　图 11-15　添加设计文件

接下来要选择器件类型，这个要根据开发板使用的 FPGA 来选择，本实验中选择的是 Cyclone IV E 器件族中的 EP4CE1115F29C7 芯片，如图 11-16。选择下一步继续后，可以添加其他 EDA 工具的设置，例如前文中所说的生成网表文件，这里就要在 Simulation 一栏中选择 ModelSim 工具，如图 11-17 所示。

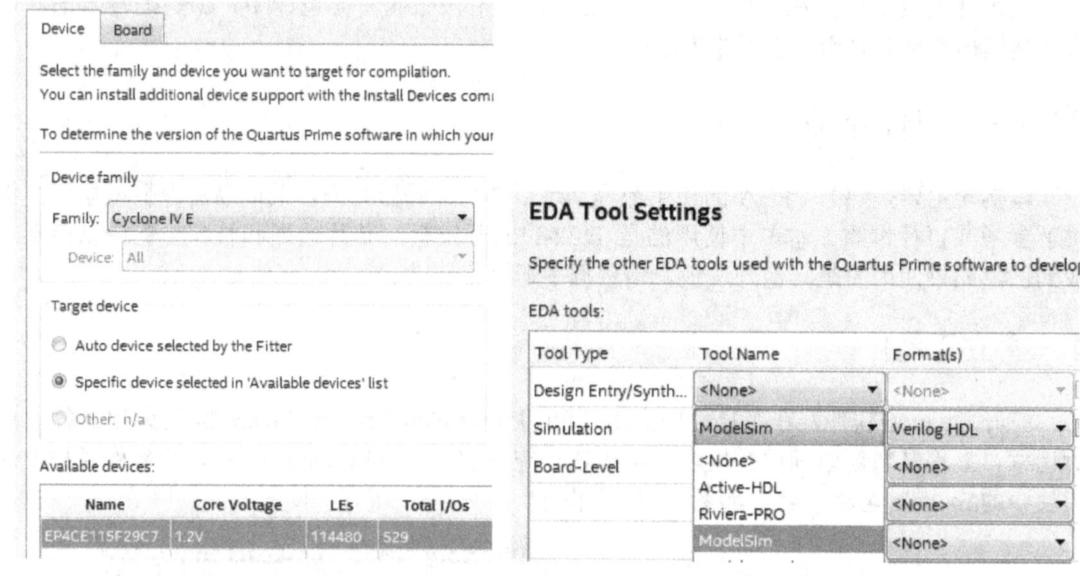

图 11-16　选择器件　　图 11-17　EDA 工具配置

最后会有一个简单的报告，结束后就可以完成新工程的建立。

2．设计编译

在【File】菜单中选择【New】，会弹出图 11-18 所示的对话框，选择 Verilog HDL 文件，建立一个新的设计文件，把 3-8 译码器的设计文件复制到软件中，如图 11-19 所示。将该文件保存后，在快捷工具栏中找到图 11-20 所示的快捷按钮，悬停鼠标会显示【Start Analysis & Synthesis】，点击完成分析和综合步骤。

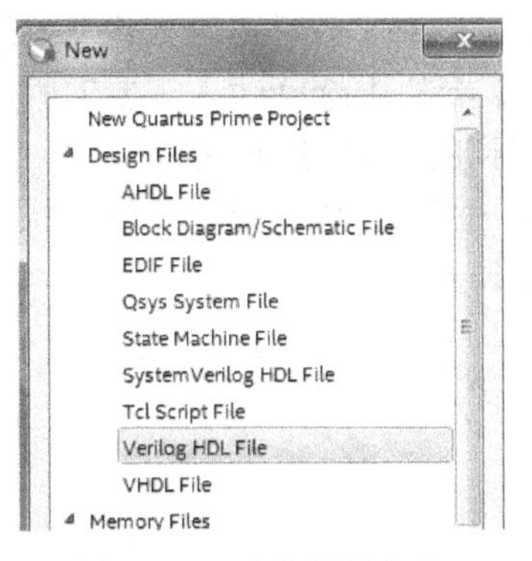

图 11-18 建立设计文件

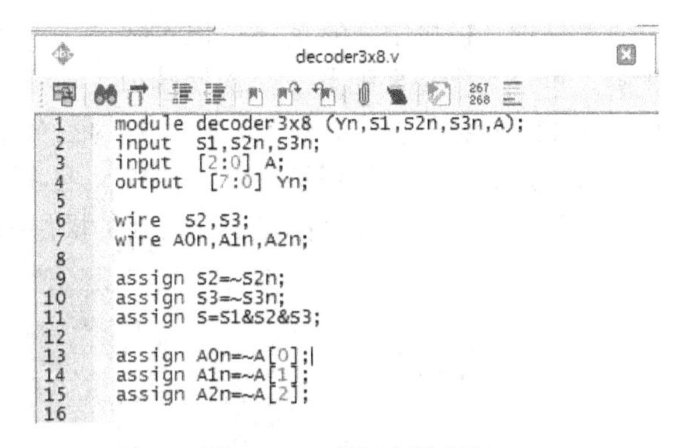

图 11-19 复制文件内容

图 11-20 分析和综合

3．管脚配置

软件运行结束后，就能够生成 3-8 译码器的逻辑结构，选择图 11-21 菜单栏中的【Assignments】→【Pin planner】，会弹出管脚分配窗口，如图 11-22 所示。在该窗口中，主要使用的是最下方部分，即标有【Node Name】字样的部分。可以看到，设计中的端口 A、S1 等都会显示在这个部分中。

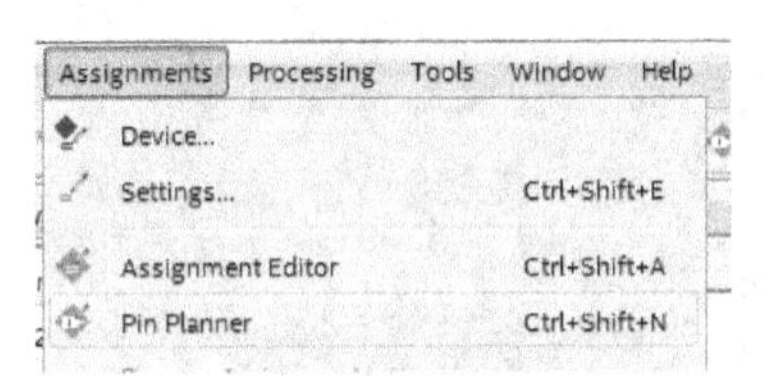

图 11-21 管脚分配

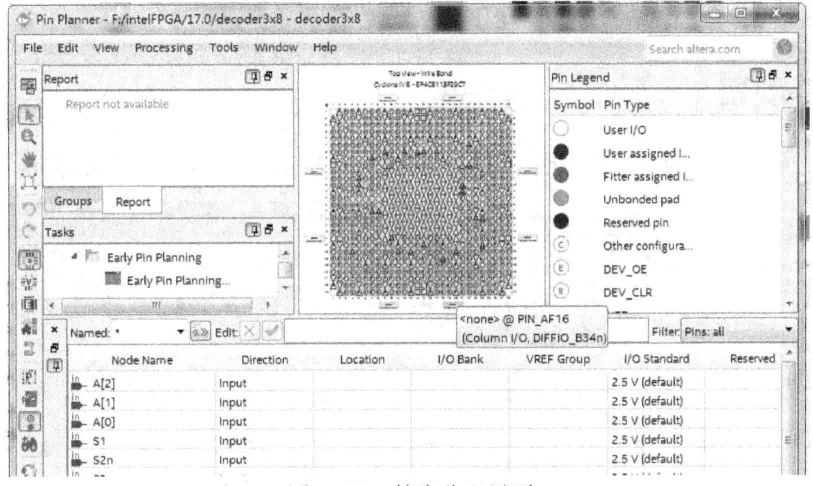

图 11-22 管脚分配界面

虽然设计模块中写的是 A，但实际 A 信号包含 3 位，对于硬件电路来说就要分成三个管脚，每个管脚都要配置一个连接端口，在【Location】一栏中选择输入需要的管脚名称即可，图 11-23 给出了一个参考，把 A 端的三个输入连接到的 SW2-SW0 三个开关，三个选择端 S1、S1n、S2n 连接到了 SW17-SW15 上，输出的 8 位信号 Y 连接到了 LEDR7-LEDR0 上，这些管脚的对应说明都能在开发板的操作手册中找到。

Node Name	Direction	Location
A[2]	Input	PIN_AC27
A[1]	Input	PIN_AC28
A[0]	Input	PIN_AB28
S1	Input	PIN_Y23
S2n	Input	PIN_Y24
S3n	Input	PIN_AA22
Yn[7]	Output	PIN_H19
Yn[6]	Output	PIN_J19
Yn[5]	Output	PIN_E18
Yn[4]	Output	PIN_F18
Yn[3]	Output	PIN_F21
Yn[2]	Output	PIN_E19
Yn[1]	Output	PIN_F19
Yn[0]	Output	PIN_G19

图 11-23　管脚配置

图 11-24　运行所有步骤

配置管脚后，依然在快捷工具栏中选择图 11-24 所示的按钮，点击运行所有流程步骤，等待片刻后，见到如图 11-25 所示的完成界面，就表示本步骤顺利完成，可以进行下载了。如果对应步骤前出现的红色×，则需要返回修改。

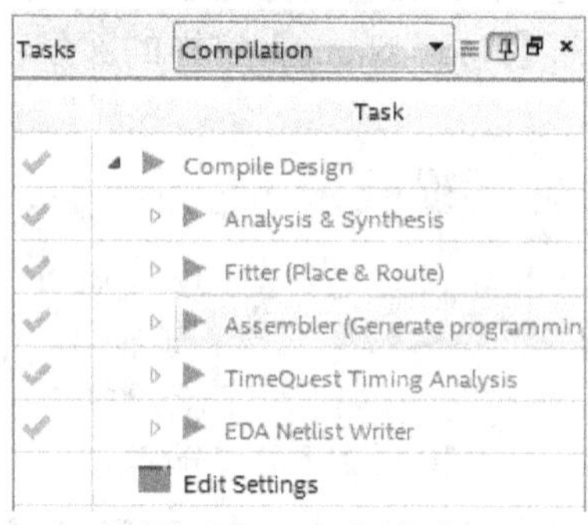

图 11-25　运行成功

4. 下载并观察

在快捷按钮中选择图 11-26 所示的【Programmer】，唤出图 11-27 所示的界面。

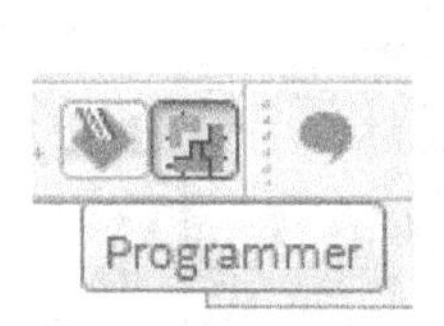

图 11-26　程序编译

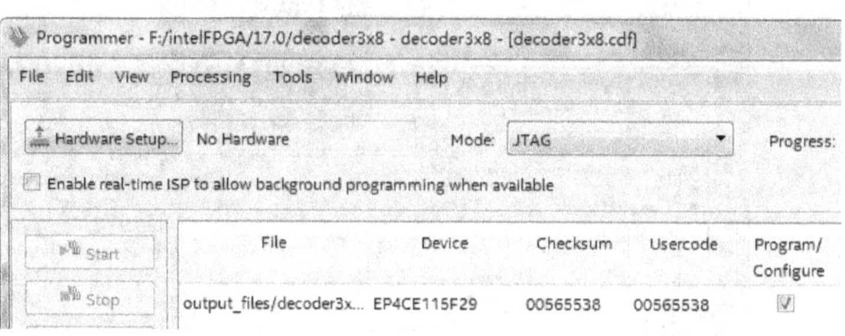

图 11-27　程序编制界面

初次使用或掉电后，硬件设置一般是空白的。点击【Hardware Setup】，在弹出的图 11-28 的窗口中选择下拉菜单的【USB-Blaster】，添加设备。

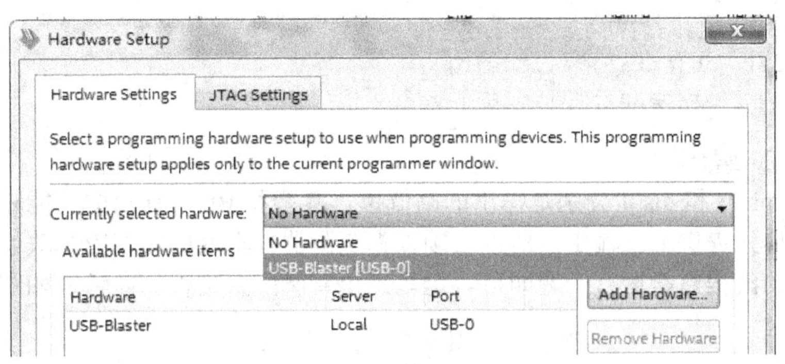

图 11-28　硬件设备配置

添加成功后，【Start】按钮会变亮，可以点击，如图 11-29 所示。点击后右上角会有进度显示，达到 100%后就能用开发板验证实际的电路功能了。

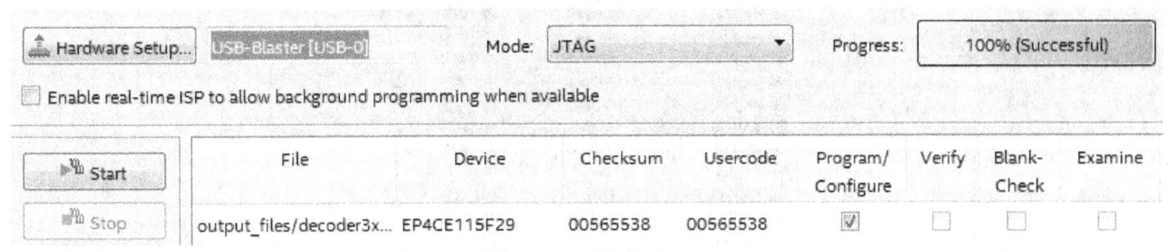

图 11-29　下载成功

所有的例子，只要是下载到 FPGA 中，就要按着这个流程来完成，下载后在 FPGA 开发板中观察最后结果。

对于实验内容三中的 BtoD 模块，由于要显示十进制输出，使用数码管是最好的方式。数码管驱动模块已经在第 9 章中给出了，代码如下：

```
module decoder(a,y);
input [2:0] a;
output [7:0] y;
reg [7:0] y;

always @(a)
begin
  case(a)
  3'd0: y=8'b1111_1110;
   ......  ......
```

结合 BtoD 的顶层模块，可以新建一个顶层设计，把设计和显示输出合二为一。

```
module BtoD (data_in,en,data_out,err);  // BtoD 模块
```

参考代码如下：

```
module BTOD (data_in,en,dis_h,dis_l,err);
input [3:0] data_in;
input en;
output [6:0] dis_h,dis_l;
output err;
```

```
    wire [7:0] data;


    BtoD bd1(data_in,en,data,err);
    decoder  dh(data[7:4],dis_h);
    decoder  dl(data[3:0],dis_l);

    endmodule
```

代码中的 dis_h 和 dis_l 分别是输出的高低位，其余和 BtoD 模块的功能相同。由于七段数码管的驱动单元提供七位输出，所以必须根据实际器件把代码做相应修改。

依照给出的流程重新运行一遍即可。这里给出管脚配置文件的参考，如图 11-30 所示。

Named: * Edit:

Node Name	Direction	Location
data_in[3]	Input	PIN_AD27
data_in[2]	Input	PIN_AC27
data_in[1]	Input	PIN_AC28
data_in[0]	Input	PIN_AB28
dis_h[6]	Output	PIN_U24
dis_h[5]	Output	PIN_U23
dis_h[4]	Output	PIN_W25
dis_h[3]	Output	PIN_W22
dis_h[2]	Output	PIN_W21
dis_h[1]	Output	PIN_Y22
dis_h[0]	Output	PIN_M24
dis_l[6]	Output	PIN_H22
dis_l[5]	Output	PIN_J22
dis_l[4]	Output	PIN_L25
dis_l[3]	Output	PIN_L26
dis_l[2]	Output	PIN_E17
dis_l[1]	Output	PIN_F22
dis_l[0]	Output	PIN_G18
en	Input	PIN_Y23
err	Output	PIN_F17

图 11-30　管脚配置文件

实验四　任务与函数的设计（学生版）

1. 实验目的

（1）掌握任务的设计和调用方法。

（2）掌握函数的设计和调用方法。

（3）进一步熟悉和掌握行为级语法。

2. 实验涉及语法

（1）第 5 章中任务的定义方法和调用方法。

（2）第 5 章中函数的定义方法和调用方法。

（3）第 4 章行为级语法中部分语句。

3. 实验内容

本实验完成一个算术逻辑单元的函数建模和任务建模，该算术逻辑单元所执行的操作参考表 11-5，控制信号 3 位可以执行 8 种操作。

表 11-5　算术逻辑单元功能表

select 信号	函数的输出
3 'b000	a + b
3 'b001	a－b
3 'b010	a
3 'b011	a 以补码形式输出
3 'b100	a 左移 1 位
3 'b101	a 右移 1 位
3 'b110	计算输出 a 除 b 的余数
3 'b111	输出 a 和 b 中较大的数

先采用函数的方式来完成设计，定义送入计算的 a 和 b 数据是 4 位值，计算的结果也保留 4 位值，按照如下的方式来声明此函数形式。

```
function ____ my_ALU;

  //实验内容一：按照表 11-4 完成此函数
  //如果有必要，在上方横线位置填写正确的语句

endfunction
```

若要使用任务来完成这个算术逻辑单元，需使用如下代码：

```
task ____ myALU;

//实验内容二：参考函数实现的代码，修改为任务所需代码
//如果上方横线处需要填写语句，请补全

endtask
```

完成了上述两个代码，可以编写测试平台代码如下：

```
module s4;
reg [3:0] a,b;
reg [2:0] select;
reg [3:0] result_f,result_t;
integer seed1,seed2;

initial
begin
  select=0;
  seed1=40;
  seed2=9;
end

always
begin
  a={$random(seed1)/16};
  b={$random(seed2)/16};
  #20 select=select+1;
end
```

```
//实验内容三：请在此位置添加两行语句，分别调用已定义的任务和函数
//要求在每次 a、b、select 信号改变时都能运行任务和函数并得到结果
//尽量不要使用本模块中未定义的变量

endmodule
```

编译代码无误，运行仿真观察仿真结果，并完成实验报告。

4．思考题

（1）你是否注意到任务在定义输出端口 output 时没有定义为 reg 类型？这是为什么？是否会造成语法错误或者影响到最后的结果？请验证你的结论。

（2）你能否把本实验中设计的任务或者函数写成一个模块的形式？如果想要在设计中使用这个模块应该采用什么语法？是否方便？

实验四　辅导版

根据给出的功能表，结合函数的基本语法，可以得到如下参考代码，该函数的返回值是4位的，所以在函数声明时一定要声明为[3:0]形式。由于默认的数据类型就是 reg 型，所以不需要再显示定义为 reg 型返回值。

```
function [3:0] my_ALU;  // function reg [3:0] my_ALU; 也可以
input [3:0] a,b;
input [2:0] select;

begin
   case(select)
       3'b000: my_ALU=a+b;
       3'b001: my_ALU=a-b;
       3'b010: my_ALU=a;
       3'b011: begin
                my_ALU={a[3],{~a[2:0]+1}};
            end
       3'b100: my_ALU=a<<1;
       3'b101: my_ALU=a>>1;
       3'b110: my_ALU=a%b;
       3'b111: begin
              if(a>b)
                my_ALU=a;
              else
                my_ALU=b;
            end
       default: my_ALU=0;
   endcase
end

endfunction
```

case 语句和 if 语句是可以嵌套使用的，虽然一些简单的仿真器对这种语法支持不够，但绝大多数正常版本的仿真器都可以支持此类语法，在 case 语句中使用 if 来判断状态的变化情况也是状态机写法中的标准形式。

用任务来完成该功能的参考代码如下：

```
task myALU;
input [3:0] a,b;
input [2:0] select;
output [3:0] result;   //注意多出的部分

begin
  case(select)
      3'b000: result=a+b;
      3'b001: result=a-b;
      3'b010: result=a;
      3'b011: begin
                result={a[3],{~a[2:0]+1}};
              end
      3'b100: result=a<<1;
      3'b101: result=a>>1;
      3'b110: result=a%b;
      3'b111: begin
              if(a>b)
                result=a;
              else
                result=b;
              end
      default: result=0;
  endcase
end

endtask
```

该任务代码部分与函数的功能部分基本相同，只是在定义和输入/输出信号的声明上略有区别。完成了上述两个代码，补全测试平台，参考代码如下，注意函数在调用的时候一定要有一个赋值等式，同时不需要输出信号部分；任务在调用时不能使用赋值等式，只是直接写出任务名并排列好任务所需的输入和输出信号即可，相关内容请复习第 5 章的知识。

```
always @ (a,b,select)
begin
  result_f=my_ALU(a,b,select);
  myALU(a,b,select,result_t);
end
```

运行该测试模块可以得到图 11-31 所示的波形图。

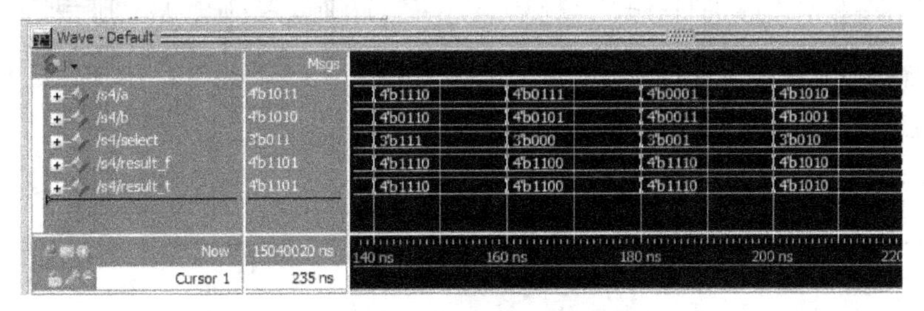

图 11-31　功能仿真波形图

在编写测试模块时，为了使输出的结果更利于观察，把 select 信号设置成为依次加 1 的操作，这样连续的 8 个信号变化就会完成所有应该执行的功能，保证所有的 case 分支都能执行。而 a 和 b 的值采用两个不同的随机数产生，使数据具有一般性。输出端口中 result_f 表示函数的输出，result_t 表示任务的输出，可以看到图中函数和任务的输出是处处相同的。

对图 11-12 中显示的 8 组信号依次说明如下。

（1）选择信号 000 时运行加法，输入数据 0111 和 0101 的加和是 1100，结果正确。

（2）选择信号 001 时运行减法，输入数据 0001 和 0011 做减法，会出现借位情况，如果单纯本设计来说就会出现下溢，即表示的范围低于所能表示的范围。输入数据转化为十进制数是 1 和 3，减法结果为-2，超出了 4 位无符号数的表示范围。此段仿真结果是 1110 即 14 是 17 减 3 得到的，即被减数向高位借位再减 3 得到的结果。

（3）选择信号 010 直接输出 a，验证无误。

（4）选择信号 011 时输出 a 的补码，此时把 a 当做有符号数处理，a 为 1011，则高位 1 保持不变，剩下的 011 取反加 1 得 101，拼接符号位的 1101，验证无误。

（5）选择信号 100 时 a 值左移，a 为 1100，左移结果 1000，验证无误。

（6）选择信号 101 时 a 值右移，a 为 1010，右移结果 0101，验证无误。

（7）选择信号 110 时计算 a 除以 b 的余数，此时 a 和 b 相同，余数自然为 0，验证无误。

（8）选择信号 111 时输出较大的数据，a 是 1000，b 是 0011，输出 a 值，验证无误。

综上所述，本设计最终验证结果正确。

函数是可以综合的，任务中如果没有时序控制一类的语句，也是可以被综合的，本实验中所设计的两个模块是都能综合的。其实可综合的任务或函数一定可以写成某个模块的形式，只是模块的使用太过于机械，所以才变化成函数和任务来使用。图 11-32 和图 11-33 所示就是函数和任务综合之后得到的电路图，得到的电路结构与两种形式抽取中间关键语句重新建立起模型的电路结构是相似的。这两个电路的结构也是基本相似的，只是在综合的过程中对于中间部分选择器的位置稍有不同，这只是电路图画法的问题，实际的电路结构是相同的。

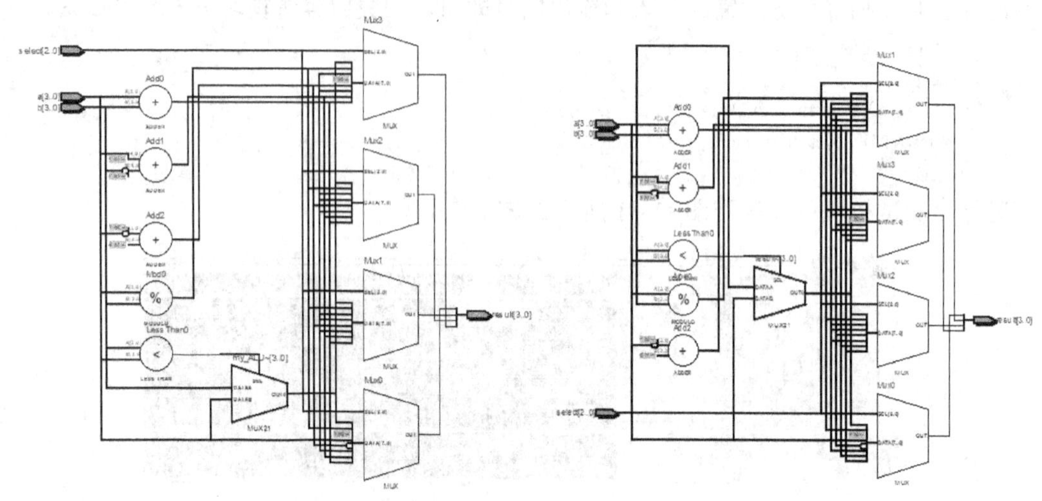

图 11-32　函数综合电路图　　　　图 11-33　任务综合电路图

实验五 流水线的使用（学生版）

1. 实验目的

（1）进一步掌握行为级语法。
（2）掌握流水线的设计思想和设计方法。
（3）学会使用流水线改进设计。

2. 实验涉及语法

（1）第 4 章行为级建模语法。
（2）第 7 章可综合模型设计部分流水线的概念。

3. 实验内容

本实验要完成一个流水线加法器的设计。流水线的概念在第 7 章中已经介绍过了，这里不再重复。首先请观察书中的如下例子：

```
module add_pp(a,b,cin,sum,cout,clock);
input [7:0]a,b;
input cin,clock;
output [7:0]sum;
output cout;
reg c1o;
wire c1;

always @(posedge clock)
c1o<=c1;

assign {cout,sum[7:4]}=a[7:4]+b[7:4]+c1o;
assign {c1,sum[3:0]}=a[3:0]+b[3:0]+cin;

endmodule
```

实验内容一：请为此模块编写测试平台，输入的加数和被加数使用随机数产生，请观察得到的仿真波形结果，在输出结果部分的波形是否有你不理解的异常变化？如果有，请分析原因。

现完成一个流水线乘法器的设计，其实流水线设计非常简单，只是刚刚接触时可能没有思路，请看如下代码：

```
module mul_pp(mul_a, mul_b, clock, reset_n, mul_out);
input [3:0] mul_a, mul_b;
input      clock;
input      reset_n;
output [7:0] mul_out;
```

```
    reg [7:0] mul_out;

    reg [7:0] temp_and0;
    reg [7:0] temp_and1;
    reg [7:0] temp_and2;
    reg [7:0] temp_and3;
    reg [7:0] temp_add1;
    reg [7:0] temp_add2;

    always @(posedge clock or negedge reset_n)
    begin
      if(!reset_n)
        begin
          mul_out <= 0;
          temp_and0 <= 0;
          temp_and1 <= 0;
          temp_and2 <= 0;
          temp_and3 <= 0;
          temp_add1 <= 0;
          temp_add2 <= 0;
        end
      else
        begin
          temp_and0 <= mul_b[0]? {4'b0, mul_a} : 8'b0;
          temp_and1 <= mul_b[1]? {3'b0, mul_a, 1'b0} : 8'b0;
          temp_and2 <= mul_b[2]? {2'b0, mul_a, 2'b0} : 8'b0;
          temp_and3 <= mul_b[3]? {1'b0, mul_a, 3'b0} : 8'b0;
          ________________________________
          ________________________________
          ________________________________
          //实验内容二：请使用三行代码完成四个临时结果的相加操作
          //要求最后电路实现时，是流水线结构
        end
    end

    endmodule
```

实验内容三：为该流水线乘法器编写测试模块，验证功能。

验证功能无误后，可以利用 FPGA 来进行硬件测试，请参考实验三的内容来完成整个 FPGA 设计流程。

实验内容四：将正确的代码下载到 FPGA 中，观察实际结果。

完成上述内容后，保留必要的参考结果，完成实验报告。

4．思考题

（1）如果想单纯完成一个流水线加法器，可行性高么？为什么？请说明你的看法。

（2）流水线结构的优点是什么？缺点又是什么？你能否结合本实验的乘法器设计给出说明？

实验五　辅导版

该加法器的测试模块编写很简单，只需要提供输入数值和时钟信号、复位信号即可。可以参考如下代码：

```
module tbs51;
reg [7:0] add1,add2;
reg clock;
reg add_cin;
wire [7:0] add_sum;
wire add_cout;

integer seed1=9,seed2=12,seed3=15;

always
begin
  add1={$random(seed1)}%128;
  add2={$random(seed2)}%128;
  add_cin={$random(seed3)}/2;
  #60;
end

initial clock=0;
always #15 clock=~clock;

add_pp myadd(add1,add2,add_cin,add_sum,add_cout,clock);

endmodule
```

运行仿真可得如图 11-34 所示的波形结果。

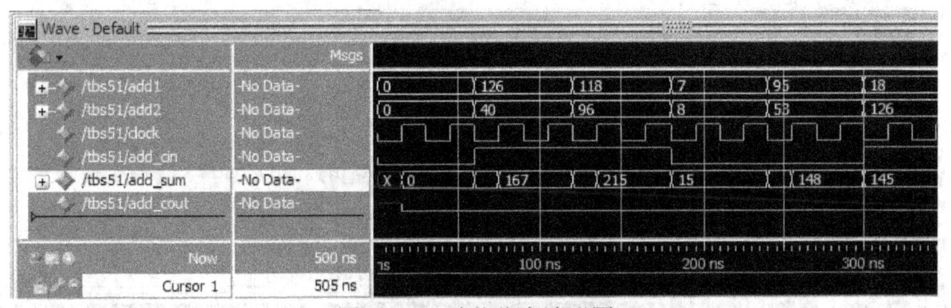

图 11-34　功能仿真波形图

在仿真波形图中，输出的 sum 部分在有些时候会出现短暂的变化，到下一个 clock 的上升沿才会变成最后的结果值。造成这种效果的原因就是因为低 4 位的进位信号被认为保存在寄存器中，高 4 位的结果可以直接计算得出，但是是以 0 作为低 4 位的进位信号的。也就是说，如果低 4 位存在向高 4 位的进位，那么高 4 位的运算结果就是不准确的，需要等到 clock 的上升沿来临，得到低 4 位存于寄存器的进位值，才能得到最后的正确结果，这也是为什么仿真结果中有的直接稳定，有的需要等 clock 才会稳定。

流水线乘法器的参考代码如下：

```
    begin
```

```
        temp_and0 <= mul_b[0]? {4'b0, mul_a} : 8'b0;
        temp_and1 <= mul_b[1]? {3'b0, mul_a, 1'b0} : 8'b0;
        temp_and2 <= mul_b[2]? {2'b0, mul_a, 2'b0} : 8'b0;
        temp_and3 <= mul_b[3]? {1'b0, mul_a, 3'b0} : 8'b0;
        temp_add1 <= temp_and0 + temp_and1;
        temp_add2 <= temp_and2 + temp_and3;
        mul_out <= temp_add1 + temp_add2;
      end
```

运行测试模块如下，可以得到仿真波形图 11-35。

```
module tbs52;
reg [3:0] mul_a,mul_b;
reg reset_n,clock;
wire [7:0] mul_out;

integer seed1=9,seed2=12;

always
begin
  mul_a=$random(seed1);
  mul_b=$random(seed2);
  #30;
end

initial
begin
  reset_n=1;clock=0;
  #20 reset_n=0;
  #10 reset_n=1;
end

always #15 clock=~clock;

mul_pp mymul(mul_a, mul_b, clock, reset_n, mul_out);

endmodule
```

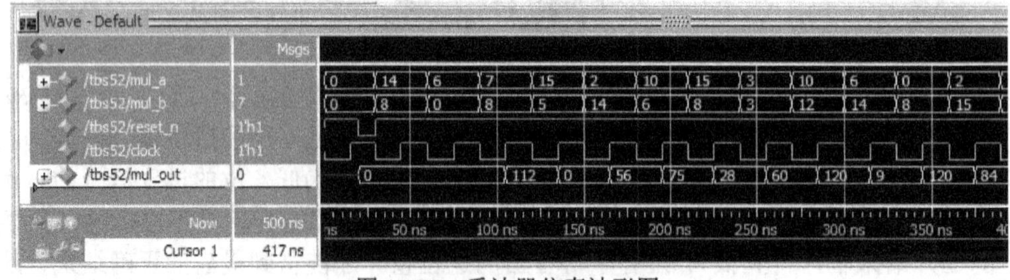

图 11-35　乘法器仿真波形图

测试模块中设计的是每次乘数和被乘数的变化都发生在下降沿，但是设计运算的边沿是上升沿，这样就可以避免边沿的影响。可以看到每次运算数值时，输出的仿真结果都会在

mul_a 和 mul_b 变化之后的第三个上升沿产生变化。例如第二组数据 14 和 8，会在第四个上升沿得到结果 112，其他数值同理。

产生这种结果的原因很简单，就是因为非阻塞赋值语句本身的特点，利用非阻塞赋值语句能够把数据暂存的特点，按照参考代码的形式就会把四个部分积的和加成两个部分积的和，再加成一个部分积的和，整个过程需要两次时钟沿才能完成。再加上之前计算四个部分积用到的非阻塞赋值，就是三次时钟沿。

流水线结构的乘法器电路图如图 11-36 所示，可以看到一共有三组寄存器，第一组寄存器前是四个部分积的组合逻辑电路，第二组寄存器是两个加法器，把四个部分积加成两个部分积，第三组寄存器是两个部分积的加法并输出。这样的代码生成的结构就是流水线结构，输入端可以不停地把数据送入电路中，而时钟频率只需要保证其中三段电路都满足即可，比如第一段需要的组合逻辑延迟是 20ns，第二段组合逻辑的延迟是 15ns，第三段组合逻辑的延迟是 15ns，这样整个电路工作的频率只需 20ns 即可。如果不用流水线结构而直接采用组合逻辑电路，那整个电路需要的时钟周期就是 20+15+15=50ns，工作频率就会降低。

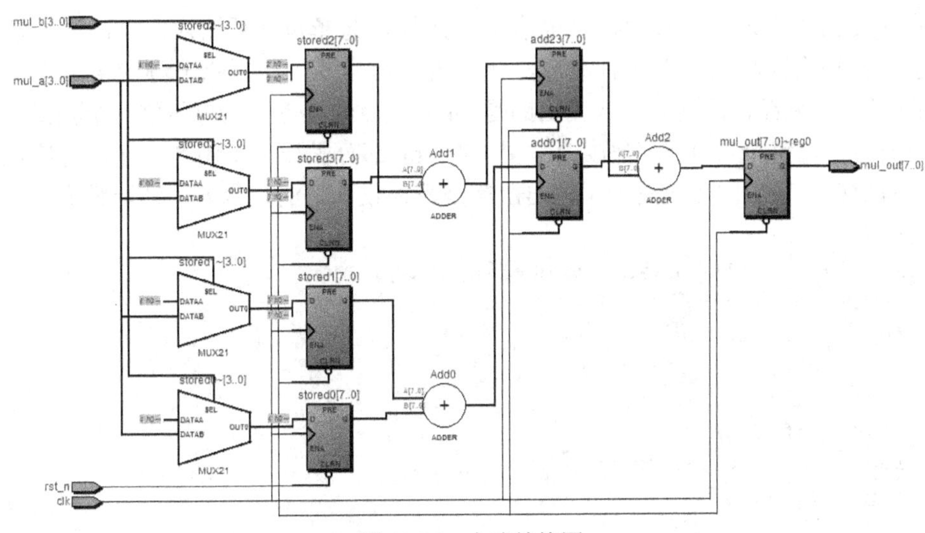

图 11-36　电路结构图

本实验中 FPGA 的管脚配置参考如图 11-37 所示。

Named: *　Edit:　PIN_Y2

Node Name	Direction	Location
clock	Input	PIN_Y2
mul_a[3]	Input	PIN_AD27
mul_a[2]	Input	PIN_AC27
mul_a[1]	Input	PIN_AC28
mul_a[0]	Input	PIN_AB28
mul_b[3]	Input	PIN_AB26
mul_b[2]	Input	PIN_AD26
mul_b[1]	Input	PIN_AC26
mul_b[0]	Input	PIN_AB27
mul_out[7]	Output	PIN_H19
mul_out[6]	Output	PIN_J19
mul_out[5]	Output	PIN_E18
mul_out[4]	Output	PIN_F18
mul_out[3]	Output	PIN_F21
mul_out[2]	Output	PIN_E19
mul_out[1]	Output	PIN_F19
mul_out[0]	Output	PIN_G19
reset_n	Input	PIN_Y23

图 11-37　管脚配置图

实验六　信号发生器设计（学生版）

1. 实验目的

（1）掌握信号发生器的基本原理。

（2）掌握进行 Verilog HDL 设计的基本方法。

（3）理解仿真与综合的关系。

2. 实验涉及语法

（1）第 4 章行为级部分语法。

（2）第 5 章函数的调用。

（3）第 7 章可综合模型设计的基本要求。

3. 实验内容

本波形发生器应该具有时钟、复位信号，并具有选择和分频输入信号，选择信号的目的是为了选择输出四种之中的哪种波形，分频输入信号是为了提供分频的值。为了方便设计，这里选用 2n 分频，即输入的 n 输出的是 2n 分频后的波形。此外需要一个输出信号来输出选择好的波形。整个设计的代码如下，中间 rom 部分做成一个函数，输入对应地址就能返回表中的数值。表中的数值是为了输出所需波形而设计好的，每 8 个地址组成一个部分，代码中已有注释。

```
module dds(clk,reset,div,choose,data);
input [5:0] div;
input[1:0] choose;
input clk,reset;
output [7:0] data;
wire [7:0]data;
reg [5:0] addr,address;
reg [5:0] i;
reg clkdiv;


function [7:0] rom;
input[5:0] address;

begin
  case(address)
  0 : rom = 0;      //正弦波信号段
  1 : rom = 4;
  2 : rom = 12;
  3 : rom = 21;
  4 : rom = 25;
  5 : rom = 21;
  6 : rom = 12;
  7 : rom = 4;
```

```
   8 : rom = 20;     //方波信号段
   9 : rom = 20;
   10: rom = 20;
   11: rom = 20;
   12: rom = 1;
   13: rom = 1;
   14: rom = 1;
   15: rom = 1;
   16 : rom = 0;      //正三角波信号段
   17 : rom = 5;
   18 : rom = 10;
   19 : rom = 15;
   20 : rom = 20;
   21 : rom = 25;
   22 : rom = 30;
   23 : rom = 35;
   24 : rom = 35;     //反三角波信号段
   25 : rom = 30;
   26 : rom = 25;
   27 : rom = 20;
   28 : rom = 15;
   29 : rom = 10;
   30 : rom = 5;
   31 : rom = 0;
   default : rom = 10'hxx;
   endcase
  end

  endfunction

  //实验内容一：请根据所给 rom 部分完成信号发生器的设计
  //要求在选择信号为 00、01、10、11 时分别输出 rom 中对应的 8 个数据
  //如果本模块中定义的变量不足，可以添加适当变量

  assign data = rom(address);

  endmodule
```

完成实验内容一，编写测试模块，验证功能。

实验内容二：利用 FPGA 软件进行综合编译，确保所用语句可综合。

4. 思考题

（1）本实验的模块是以 8 个点来输出波形，对于正弦波来说显然是不够的。能够把本实验中的代码修改成只输出正弦波的信号发生器，采用 32 个点的输出来完成正弦波的输出？如果设定最高值为 50、最低值为 0，这 32 个点应该如何取值？

（2）如果 rom 部分不做成函数，而直接以 case 语句的形式编写在代码中，可行么？写成函数的形式有什么好处？

实验六　辅导版

本实验要完成一个信号发生器的设计，也称为波形发生器，采用的设计方式是最简单的查表法，即在开始时存入一些数值，然后按照一定的顺序读取这些数值并输出，这样就会得到一个连续的信号。由于篇幅和实验长度的限制，本实验中设计的波形发生器信号波形并不精确，只是输出几个简单的数值，目的是介绍设计方法和一些细节问题。

一般的波形发生器都会可以产生不同的波形，同时还具有频率调节功能，可以把输出的信号调至需要的频率，这样接收端就能得到一个自己想要的周期信号形式。

本实验中的设计模块可以输出四种不同的波形：正弦波、方波、正三角波和反三角波。正常情况下，每个波形的输出都需要在原有波形上取若干个采样点，然后把这些采样点的数值记录下来并存入存储器中，需要所需波形时就把存储好的数据取出，并经过模数转换模块生成一个连续的信号，这样就可以得到各种各样的波形。本实验中正弦波的波形采样率较低，采样率越高所得的波形就会越接近原波形，所以得到的正弦波只是一个示意波形，方波的波形不存在问题。正三角波和反三角波的波形由于采样率较低，会出现阶梯状，这些问题都可以通过增加存储器容量和提高采样率来的得到改善，读者可以自行尝试。

实验内容一的参考代码如下：

```
always @(posedge clk or negedge reset)
if(!reset)    //提供复位
  begin
    i<=0;
    addr<=0;
    clkdiv<=0;
  end

always @(posedge clk)          提供计数器工作
begin
      if(i==(div-1))
      begin
        i<=0;
           clkdiv<=~clkdiv;
     end
      else
          i<=i+1;
end

always@(posedge clkdiv)   //根据分频后的时钟产生地址变化
begin
  if(addr==7)
    addr<=0;
  else
    addr<=addr+1;
end

always@(posedge clkdiv)    //根据选择信号，确定输出的地址范围
```

```
    begin
      case(choose)
      0: address<=addr;
      1: address<=addr+8;
      2: address<=addr+16;
      3: address<=addr+24;
      endcase
    end
```

得到完整设计模块之后，使用如下的测试模块进行仿真，可得图 11-38 所示的波形图。

```
    module tbs6;
    reg [5:0] div;
    reg[1:0] choose;
    reg clk,reset;
    wire [7:0] data;

    initial
    begin
      clk=0;reset=1;div=1;choose=0;
      #4 reset=0;
      #4 reset=1;
      #1000 choose=1;
      #1000 choose=2;
      #1000 choose=3;
      #1000 $stop;
    end

    always #5 clk=~clk;

    dds dds(clk,reset,div,choose,data);

    endmodule
```

由图 11-38 中可以看到，当 choose 信号为 00 时生成的是正弦波，该波形失真比较严重，仅从形状上可以看到大致是正弦波。choose 信号为 01 时生成方波，该方波信号由于比较平稳，所以看起来没有问题。当 choose 信号为 10 和 11 时生成正三角波和反三角波，期待的信号是三角形的波形，不过输出的波形是台形的，但由于信号是斜线形而不是曲线形，相比正弦信号失真度比较小。

请仔细阅读给出参考代码，此参考代码是可以仿真通过的，但是是否存在问题？如果想要对此代码进行后续的综合处理，就无法进行，这是因为在参考代码中特意加入了多驱动形式，在第一个 always 结构中分别对 i、addr、clkdiv 信号进行复位信号的赋值处理，然后在后几个 always 结构中单独对这三个信号进行正常工作时的输出说明。这也是本书正文中所说的初学者常犯的错误，就是以输入信号的情况来进行代码结构上的划分，而正确的方式是从输出信号的不同情况来划分代码的结构，在一个 always 结构中把一个或一组相关信号的输出定义清楚，然后依次完成所有输出信号的设计，按这样的顺序就会完成整个设计模块而不会产生多重驱动问题。

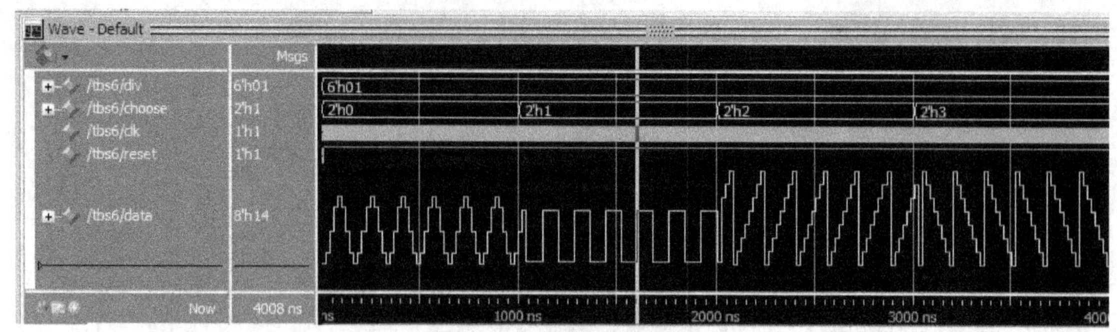

图 11-38　输出信号波形

作为实验讲解，需要将给出的参考代码修改为可综合的代码。参考的修改代码如下，i 和 clkdiv 由于关系比较密切，可以放在一个 always 结构中，而不是一定要一个 always 结构中只定义一个输出信号。addr 信号是以分频之后的信号为触发条件的，而如果复位信号出现之后没有达到一个分频后的时钟长度，此时就会被该 always 结构忽略。例如输入的时钟是 10ns，产生一个 8 分频的时钟信号就是 80ns 的周期，对于 10ns 的时钟，如果出现了一个 20ns 长度的复位信号，应该会完成整体复位，但是对于 80ns 的时钟，这个复位信号有很大概率就被忽略了。

```
always @(posedge clk or negedge reset)
if(!reset)
begin
  i<=0;
  clkdiv<=0;
end
else if (i==div-1)
begin
  i<=0;
  clkdiv<=~clkdiv;
end
else
i<=i+1;

always@(posedge clkdiv)
begin
  if(addr==7)
    addr<=0;
  else if(addr>=0 || addr<=7)
    addr<=addr+1;
  else
    addr<=0;
end
```

有时在代码设计时需要进行一定的取舍，如要弄清复位时对 addr 进行复位操作很重要么？答案是否定的。因为即使 addr 没有复位，由于选择信号部分工作正常，输出的波形信号也依然是所需要的波形信号，只不过可能缺少开始的几个数据而已，这样从整体角度看来除了开头的第一个周期不正确，其他周期都是正常的，这显然是可以接受的。但 addr 还需要应对一些异常信号，所以规定在出现 0～7 范围之外的数值时都进行清零操作即可。请读者在进行代码设计时多思考，一定要从实际工作的环境和需求出发，才能更好地实现设计。

另外，通过实验给出的代码，一定要理解书中所讲解的，要从一个信号的所有输出情况入手，而不是考虑一个情况下所有的输出，这是一个设计思想的问题，清予以重视。

修改为可以综合的代码后，得到的功能电路结构如图 11-39 所示，可作为实验讲解参考。另外，由于开发板中并没有 DA 模块，本实验不下载到 FPGA 中验证。如果想看到实际输出的波形，可以将本实验中的采样数据扩大，再把输出的数据传入 DA 模块，将 DA 模块的输出端连接到示波器上即可观察到实际输出结果。

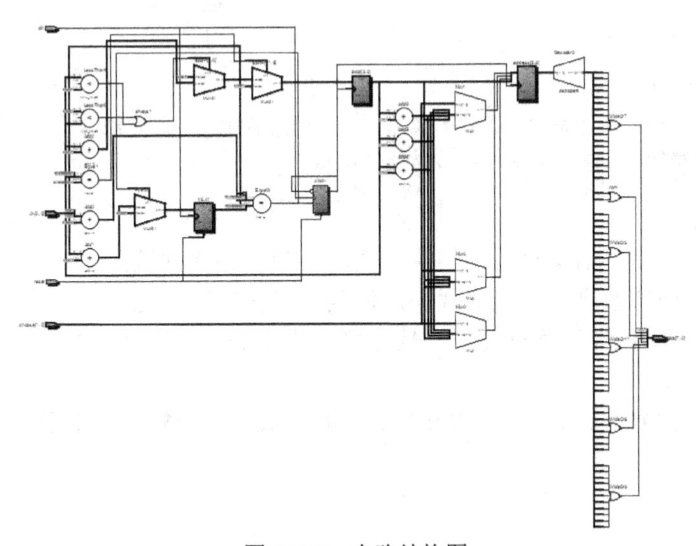

图 11-39 电路结构图

实验七 有限状态机的设计（学生版）

1. 实验目的

（1）掌握有限状态机的写法。

（2）理解三段式与两段式的写法和区别。

2. 实验涉及语法

（1）第 4 章行为级建模的部分语法。

（2）第 8 章有限状态机的三段式写法。

3. 实验内容

本实验要完成一个序列信号检测器，检测信号为 10010，当检测到此序列时输出端口输出高电平，其余时间输出低电平。

尝试完成代码如下：

```
module s7(x,z,clk,reset);
input x,clk,reset;
output z;
reg z;
reg[2:0]state,nstate;
```

```
parameter s0='d0,s1='d1,s2='d2,s3='d3,s4='d4,s5='d5;

always @(posedge clk or posedge reset)
begin
  if(reset)
    state<=s0;
  else
    state<=nstate;
end

//实验内容一：请补充本代码缺失的部分，使用两段式或三段式均可
//如果需要使用未定义的变量，可以自行补充

endmodule
```

完成实验内容一后，请编写适当的测试模块，验证该序列检测器功能。

实验内容二，请修改刚才完成的代码，使其在 10010010 这种序列输入的时候能够产生两个高电平输出；如果刚编写的代码就是能够完成重叠信号检测的模块，那么请修改为不能检测重叠信号的模块。

实验内容三：把只能监测单一 10010 信号的模块做适当修改，下载到 FPGA 中并观察运行结果。

4．思考题

（1）你在编写实验内容一时选择的是两段式还是三段式？如果选择了三段式，第三段输出时选择的是何种输出？为什么选择了这种写法？

（2）请尝试运行后仿真，观察设计的模块是否能通过时序仿真。

实验七　辅导版

本实验中状态机的写法与书中正文部分的范例基本相似，欲写此类 mealy 型有限状态机，需先画出状态转换图或写出状态转换表。其中状态转换图不利于编写代码，而状态转换表比较直观，可直接修改成代码形式。检测电路的状态转换表如表 11-5 所示。

表 11-5　状态转换表

初始状态	输入 x 值	输出信号
s0	0	s0
	1	s1
s1	0	s2
	1	s1
s2	0	s3
	1	s1
s3	0	s0
	1	s4

续表

初始状态	输入 x 值	输出信号
s4	0	s5
	1	s1
s5	0	s0
	1	s1

在表中共设置了 6 个状态，其中：

s0 是初始状态，当复位信号生效时应该回到此状态，同时也表示没有检测到任何有效的输入信号，这样当检测到 0 时依然维持原有状态 s0，当检测到 1 时进入状态 s1。

s1 状态表示检测到了 1 信号，此时如果再输入 0 信号，就有了“10”部分，进入 s2 状态；若此时输入信号是 1，就检测到了 11，相当于 1，所以依然维持在 s1 状态。

s2 状态表示检测到了 10 信号，此时输入若为 0，则检测到了“100”信号，进入 s3 状态；而如果输入为 1，则检测到了 101 信号，这是无用的部分，相当于检测到 1，所以回到 s1 状态。

s3 状态表示检测到了 100 信号，此时如果继续输入 0 信号，则收到 1000 信号，无用，回到 s0 状态；而如果输入 1 值，则检测到 1001，这是有用的部分，进入 s4 状态。

s4 状态表示检测到了 1001 信号，此时输入若为 0，则表示检测到了 10010 序列，此时进入 s5 状态；而如果输入信号为 1，则表示检测到了 10011 信号，无效，相当于 1，进入 s1 状态。

s5 状态已经检测到了 10010 信号，此时相当于完成了一个检测轮回，此时输入为 0 则进入 s0 状态，输入为 1 则进入 s1 状态，继续下个序列信号的检测。

按此说明和状态转换表，可完成代码如下：

```
module s7(x,z,clk,reset);
input x,clk,reset;
output z;
reg z;
reg[2:0]state,nstate;

parameter s0='d0,s1='d1,s2='d2,s3='d3,s4='d4,s5='d5;

always @(posedge clk or posedge reset)
begin
  if(reset)
    state<=s0;
  else
    state<=nstate;
end

always@(state or x)
begin
    casex(state)
        s0: begin
```

```
                if(x==1)
                    nstate=s1;
                else
                    nstate=s0;
               end
           s1: begin
                if(x==0)
                    nstate=s2;
                else
                    nstate=s1;
               end
           s2: begin
                if(x==0)
                    nstate=s3;
                else
                    nstate=s1;
               end
           s3: begin
                if(x==0)
                    nstate=s0;
                else
                    nstate=s4;
               end
           s4: begin
                if(x==0)
                    nstate=s5;
                else
                    nstate=s1;
               end
           s5: begin
                if(x==0)
                    nstate=s0;
                else
                    nstate=s1;
               end
           default: nstate=s0;
       endcase
    end

    always@(posedge clk)
    begin
       casex(nstate)
           s0: z<=0;
           s1: z<=0;
           s2: z<=0;
           s3: z<=0;
           s4: z<=0;
           s5: z<=1;
           default: z<=0;
```

```
    endcase
  end

  endmodule
```

参考代码是按照三段式的方式编写的，输出部分采用时序输出，同时检测 nstate，这样状态的变化和信号的输出是同时的，也就是说电路一方面进入 s5 状态，另一方面输出信号变为高电平。写成其他形式也可以，只要满足语法要求即可。

测试模块示例如下：

```
module tbs7;
reg x,clk,reset;
wire z;
integer seed=9;

initial clk=0;
always #5 clk=~clk;

initial
begin
  reset=0;
  #15 reset=1;
  #15 reset=0;
end

always
  #10  x={$random(seed)}%2;       //随机生成 0、1 信号

s7  mys7(x,z,clk,reset);

endmodule
```

如果编写的代码正确，仿真波形图应该如图 11-40 所示，图中在光标的位置是时钟的上升沿，此时输入信号 x 是 1，然后依次为 0、0、1、0，最后一个 0 时输出信号 z 变为高电平，持续一个时钟周期长度，然后变为低电平。在随机数生成部分，可以使用不同的种子来生成不同序列，但仿真结果应该与图 11-40 基本相似，找到自己仿真图中 z 为 1 的部分来分析输入信号，判断结果是否正确即可。如果出现了错误，请首先观察状态转换是否正确，一般错误都发生于此。

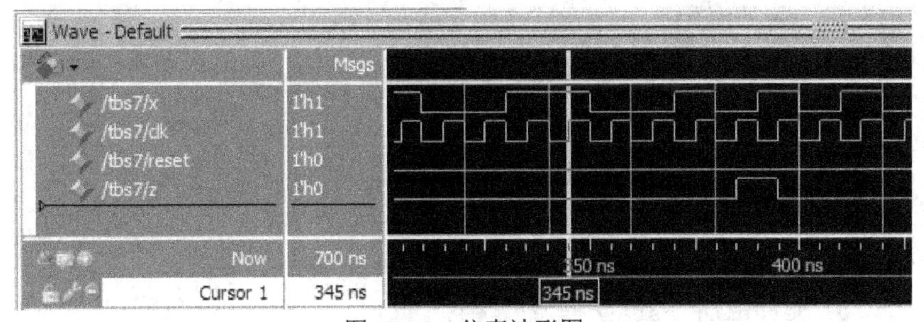

图 11-40　仿真波形图

本实验中给出的代码是不能检测重叠信号的，如 10010010 这个序列，用前面的代码就只能检测出 1 个 10010 序列，也只能生成一个高电平信号。在有些情况下，需要使用到重叠信号的检测，即需要重新定义状态转换表。

如果要检测重叠序列，需要对 s5 状态进行修改，当处于 s5 状态时，如果输入 1，则检测到 100101 信号，此时相当于 1 信号，进入 s1 状态。如果输入信号 0，则检测到 100100，此时相当于检测到 100 信号，进入 s3 状态，按此修改即可得到如下参考代码：

```
always@(state or x)
begin
    casex(state)
        s0: begin
             if(x==1)
                 nstate=s1;
             else
                 nstate=s0;
            end
        s1: begin
             if(x==0)
                 nstate=s2;
             else
                 nstate=s1;
            end
        s2: begin
             if(x==0)
                 nstate=s3;
             else
                 nstate=s1;
            end
        s3: begin
             if(x==0)
                 nstate=s0;
             else
                 nstate=s4;
            end
        s4: begin
             if(x==0)
                 nstate=s5;
             else
                 nstate=s1;
            end
        s5: begin
             if(x==0)
                 nstate=s3;
             else
                 nstate=s1;
            end
        default: nstate=s0;
    endcase
end
```

这里只改变了状态转换部分，输出部分保留原来参考代码中的部分即可。如果修改正确，则在仿真波形图中会观察到如图 11-41 所示的波形情况，图中 z 出现两次高电平的情况对应的输入信号 x 就是 10010010 的序列值。

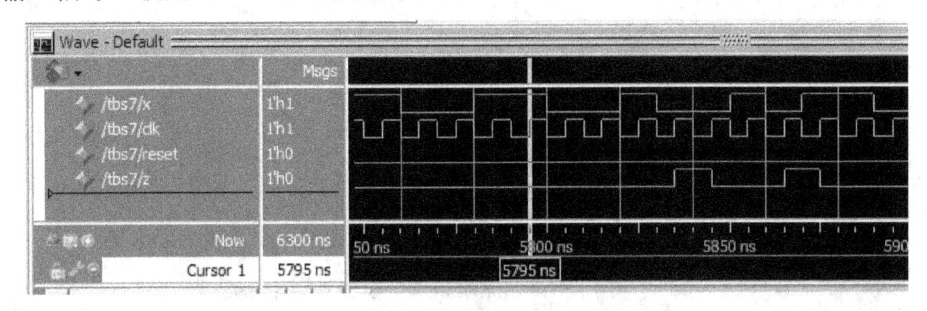

图 11-41　重叠信号的检测

有些同学不习惯写状态转换表，而是喜欢画状态转换图，这也是可以的，只不过每次写状态转换的时候都要仔细看图和变化情况，容易出错。图 11-42 和图 11-43 所示是不能检测重叠信号和能检测重叠信号的两个状态机的状态转换图，可作为参考。

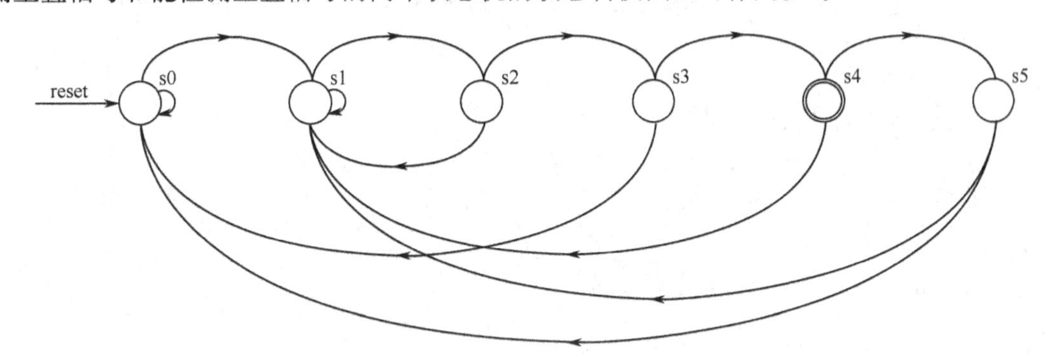

图 11-42　不能检测重叠信号的状态转换图

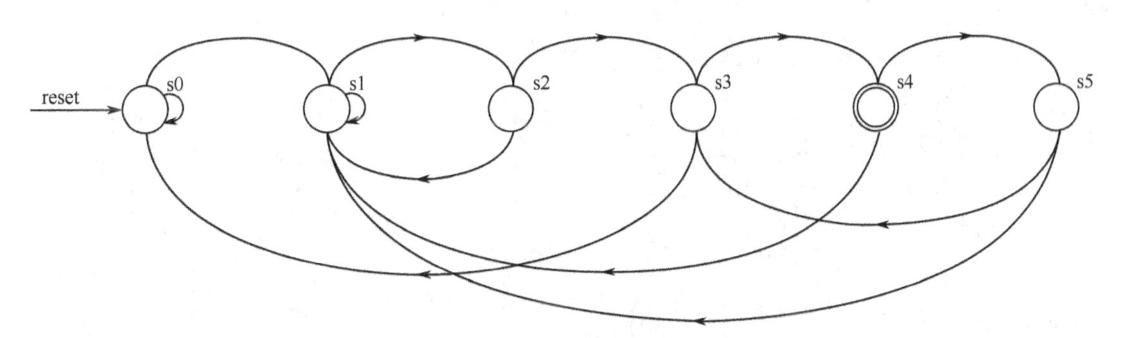

图 11-43　能检测重叠信号的状态转换图

本例中的设计如果要放到 FPGA 上显示会麻烦一些，由于开发板中的时钟源频率是 50MHz，需要分频到 1Hz，肉眼才能识别。另外输入信号需要一个串行输入的高低信号，可以设置成一个按键或开关输入，随着 1s 的信号手动输入，也可以设置一个存储器，事先存放好一组数值，按地址依次取出即可。这里给出一个折中的办法，利用 10 个波动开关来提供十个输入信号，每秒依次读取一个，这样比较容易修改输入信号并观察输出结果。

顶层设计代码修改如下，在原本的 s7 模块上又增加了输入选择部分和分频电路。

```
module seq(data,reset,clock,z,look1,look2);  //顶层模块
input [9:0] data;
input clock,reset;
output z,look1,look2;

wire clk,x;

div mydiv(clock,reset,clk);
chs mychs(data,clk,reset,x);
s7 mys7(x,z,clk,reset);

assign look1 = clk;   //留下两个观察点，以便知道电路运行情况
assign look2 =x;

endmodule


module div(clk_in,reset,clk_out); //分频器，得到 1s 的时钟
input clk_in,reset;
output clk_out;
reg clk_out;
reg [29:0] count;

always @(posedge clk_in)
if(reset)
  count<=0;
else if(count==30'd24999999)
  count<=0;
else
  count<=count+1;

always @(posedge clk_in)
if(reset)
  clk_out<=0;
else if(count==30'd24999999)
  clk_out<=~clk_out;
else
  clk_out<=clk_out;

endmodule


module chs(data,clk,reset,x);  //数据选择，输入十位并行数据，串行输出
input  [9:0] data;
input clk,reset;
output x;
```

```
reg [9:0] count;

always @(posedge clk)
if(reset)
  count<=0;
else if (count<9)
  count<=count+1;
else
  count<=0;

assign x=data[count];

endmodule
```

实现的方式很多，设计者可以展开自己的设计思路，完成更完美的代码。FPGA 的管脚配置参考如图 11-44 所示，利用了拨动开关提供十位数值，通过 LED 显示。look1 和 look2 端口作为观察端口，在调试 FPGA 时很有帮助，毕竟开发板实际运行时不像运行仿真，不能时刻查看运行数据，留下观察端口，可以方便地让设计者分辨哪里出现了问题。功能确认无误后，观察端口就可以删除了。

Named: * Edit:

Node Name	Direction	Location
clock	Input	PIN_Y2
data[9]	Input	PIN_AB25
data[8]	Input	PIN_AC25
data[7]	Input	PIN_AB26
data[6]	Input	PIN_AD26
data[5]	Input	PIN_AC26
data[4]	Input	PIN_AB27
data[3]	Input	PIN_AD27
data[2]	Input	PIN_AC27
data[1]	Input	PIN_AC28
data[0]	Input	PIN_AB28
look1	Output	PIN_E21
look2	Output	PIN_E22
reset	Input	PIN_Y23
z	Output	PIN_G19

图 11-44 管脚配置图

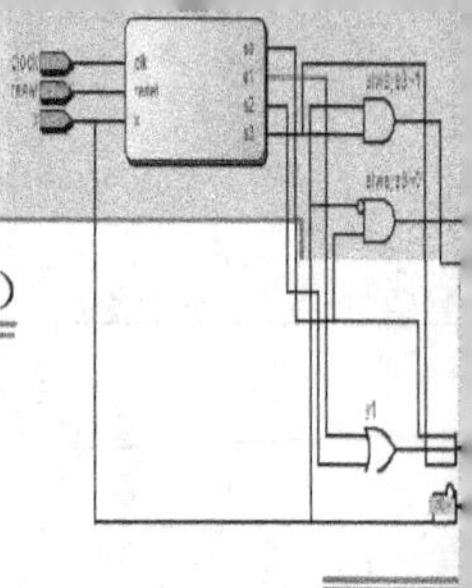

第12章　课程设计

选题一　出租车计费器

1. 课程设计目的

全面熟悉、掌握Verilog HDL语言基本知识，掌握利用verilog HDL语言对常用的组合逻辑电路和时序逻辑电路编程，把编程和实际结合起来，熟悉编制和调试程序的技巧，掌握分析结果的若干有效方法，进一步提高上机动手能力，培养使用设计综合电路的能力，养成提供文档资料的习惯和规范编程的思想。

2. 课程设计题目描述和要求

本课程设计完成的计费器应具有如下功能。

（1）实现计费功能，计费标准为：按行驶里程计费，起步价为7.0元，并在车行3km后按2元/km计费，当计费器达到或超过20元时，每千米加收50%的车费，车停止不计费。

（2）现场模拟功能：以开关按键模拟千米计数，能模拟汽车启动、停止、暂停等状态。

（3）将车费和路程分别以十进制形式显示出来。

3. 设计思想和过程

本次出租车计费器的设计主要是基于FPGA芯片，使用硬件描述语言Verilog HDL，采用“自顶向下”的设计方法，编写一个出租车计费器芯片，并使用quatus软件和Modelsim软件进行编程，同时用软件进行功能和时序的仿真。把出租车计费器划分为端口定义部分、计费部分、里程部分、数码管显示部分，共同实现出租车计费以及预置和模拟汽车启动、停止、暂停等功能，并动态扫描显示车费数目和里程数。最后使用quatus进行编译和布局布线，还可以使用时序仿真验证实际电路功能的正确性。由于本课程设计电路规模较小，调用时序仿真步骤可以省略，直接使用硬件开发板DE2-115就可以完成整个设计的验证，同时验证的结果更加直接，所以在操作步骤中省略了时序仿真步骤，只保留功能仿真，最后的结果可以由硬件电路来完成验证。

由于无法实际使用车轮来进行公里数的统计，可采用信号模拟的方式来进行代替。可以使用一个输入信号，当输入信号出现一次上升沿时表示车轮运转了一次，然后按照一定的数量如200次累计完成1km。由于是近似代替，所以直接使用信号上升沿表示1km，这样方便设计和仿真，如果需要其他的数量可以使用分频器来进行处理。

在设计过程中，首先进行端口定义，money 和 kilometer 分别是记录车费数和公里数，stop、start、suspend 分别是控制开始、停止、暂停的功能按钮，a 是输入信号，当其为高电平时，则认为汽车已经走了 1km，相应的 kilometer 加 1。Money 根据题目要求随着不同的计费方式而相应的钱数，m1，m2，k1，k2 分别是用数码管显示的译码数据、动态显示数据，在计算 money 和 kilometer 时分别用到两个 always 模块处理这两个输出信号，这样程序的大体结构就完成了，然后就是具体的部分涉及一些细节，如语法方面，注意要在一些地方加入 begin…end，避免出现一些简单的语法错误。

整个计费器的设计模块代码如下：

```
module driver(kilometer,money,a,
              stop,start,suspend,m1,m0,k1,k0,b1,b2,b3,b4);
  input stop,start,suspend;
  input a;
  output[6:0]kilometer,money;
  output[3:0]m1,m0,k1,k0;
  output[6:0]b1,b2,b3,b4;
  reg[6:0]kilometer,money;
  reg[3:0]m1,m0,k1,k0;
  reg[6:0]b1,b2,b3,b4;
  reg[6:0]money_reg,kilometer_reg;

  always@(posedge a )      //公里数的累计
  begin
    if(stop)
     begin
       kilometer<=0;
     end
     else if(start)
     begin
       kilometer<=0;
     end
     else
     begin
        if(suspend)
          kilometer<=kilometer+1;
        else
          kilometer<=kilometer;
     end
   end

   always@( kilometer)   //钱数的处理
   begin
     if(kilometer>9)
          begin
            money=money+3;
           end
      else if(kilometer>3)
        begin
```

```
          money=money+2;
      end
      else money=7;

      m1=money/10;
      m0=money%10;
      k1=kilometer/10;
      k0=kilometer%10;
  end

always@(m1)        //驱动七段数码管
begin
  case(m1)
     4'b0000:begin b1<=7'b1000000;end
     4'b0001:begin b1<=7'b1111001;end
     4'b0010:begin b1<=7'b0100100;end
     4'b0011:begin b1<=7'b0110000;end
     4'b0100:begin b1<=7'b0011001;end
     4'b0101:begin b1<=7'b0010010;end
     4'b0110:begin b1<=7'b0000010;end
     4'b0111:begin b1<=7'b1111000;end
     4'b1000:begin b1<=7'b0000000; end
     4'b1001:begin b1<=7'b0010000;end

   endcase
end

always@(m0)
begin
  case(m0)
     4'b0000:begin b2<=7'b1000000;end
     4'b0001:begin b2<=7'b1111001;end
     4'b0010:begin b2<=7'b0100100;end
     4'b0011:begin b2<=7'b0110000;end
     4'b0100:begin b2<=7'b0011001;end
     4'b0101:begin b2<=7'b0010010;end
     4'b0110:begin b2<=7'b0000010;end
     4'b0111:begin b2<=7'b1111000;end
     4'b1000:begin b2<=7'b0000000;end
     4'b1001:begin b2<=7'b0010000;end
   endcase
end

always@(k1)
begin
  case(k1)
     4'b0000:begin b3<=7'b1000000;end
     4'b0001:begin b3<=7'b1111001;end
     4'b0010:begin b3<=7'b0100100;end
     4'b0011:begin b3<=7'b0110000;end
     4'b0100:begin b3<=7'b0011001;end
```

```
      4'b0101:begin b3<=7'b0010010;end
      4'b0110:begin b3<=7'b0000010;end
      4'b0111:begin b3<=7'b1111000;end
      4'b1000:begin b3<=7'b0000000;end
      4'b1001:begin b3<=7'b0010000;end
    endcase
   end

 always@(k0)
 begin
   case(k0)
      4'b0000:begin b4<=7'b1000000;end
      4'b0001:begin b4<=7'b1111001;end
      4'b0010:begin b4<=7'b0100100;end
      4'b0011:begin b4<=7'b0110000;end
      4'b0100:begin b4<=7'b0011001;end
      4'b0101:begin b4<=7'b0010010;end
      4'b0110:begin b4<=7'b0000010;end
      4'b0111:begin b4<=7'b1111000;end
      4'b1000:begin b4<=7'b0000000;end
      4'b1001:begin b4<=7'b0010000;end
    endcase
 end

endmodule
```

此设计模块中主要的部分有三个，第一段 always 结构中计算所运行的里程数，按照之前假设的条件，以输入信号 a 的上升沿作为 1km 的计时，然后按照控制信号暂停、开始、停止等信号的不同变化来改变里程数的计数情况。设计中使用开始和停止信号的功能是为了截取旅客行驶过程中的有效距离，而暂停信号的目的是为了留待扩展，可以加入堵车时的计价功能。第二段 always 结构按照里程数来统计价格，并完成了价格和里程数的个位和十位划分，产生输出信号。此段采用的是组合逻辑电路，敏感列表是第一段 always 中的里程数，所以要使用阻塞赋值语句，否则得到的结果就是错误的。第三部分是剩下的四个 case 语句，产生了价格和公里数的显示驱动。

测试所写模块的正确性，编写测试平台，代码如下：

```
module check;
  reg A,Stop,Suspend,Start;
  wire [6:0]Kilometer,Money;
  wire [3:0]M1,M0,K1,K0;
  wire [6:0]B1,B2,B3,B4;

  initial
     begin
          A=1;Stop=0;Start=1;Suspend=0;
     #20 A=0;Stop=0;Start=0;Suspend=0;
     #20 A=1;Stop=0;Start=0;Suspend=0;
     #20 A=0;Stop=0;Start=0;Suspend=1;
     #20 A=1;Stop=0;Start=0;Suspend=1;
     #20 A=0;Stop=0;Start=0;Suspend=0;
     #20 A=1;Stop=0;Start=0;Suspend=0;
```

```
        #20 A=0;Stop=0;Start=0;Suspend=0;
        #20 A=1;Stop=0;Start=0;Suspend=0;
        #20 A=1;Stop=0;Start=0;Suspend=0;
        #20 A=0;Stop=0;Start=0;Suspend=0;
        #20 A=1;Stop=0;Start=0;Suspend=0;
        #20 A=0;Stop=0;Start=0;Suspend=0;
        #20 A=1;Stop=0;Start=0;Suspend=0;
        #20 A=0;Stop=0;Start=0;Suspend=0;
        #20 A=1;Stop=0;Start=0;Suspend=0;
        #20 A=0;Stop=0;Start=0;Suspend=0;
        #20 A=1;Stop=0;Start=0;Suspend=0;
        #20 A=1;Stop=0;Start=0;Suspend=0;
        #20 A=0;Stop=0;Start=0;Suspend=0;
        #20 A=1;Stop=1;Start=0;Suspend=0;
        #20 A=0;Stop=0;Start=0;Suspend=0;
        #50 $stop;
      end

  driver  dr(Kilometer,Money,A,Stop,Start,Suspend,M1,M0,K1,K0,B1,B2,B3,B4);

  endmodule
```

在测试平台中没有采用复杂的信号，直接以延迟信号输出作为各个信号的产生手段，这样整体信号容易掌握，但是编写比较麻烦。运行仿真可得图 12-1 所示的功能仿真波形图，在仿真波形图中可以看到最初的 star 信号开始里程数完成 0 的初始数值；在暂停信号 suspend 为高电平区间中不计数；同时不考虑 a 的变化快慢情况，只观察上升沿，这可以从 a 的高电平宽度的变化来看出；在停止信号为高电平时停止计数并得到最后的钱数。

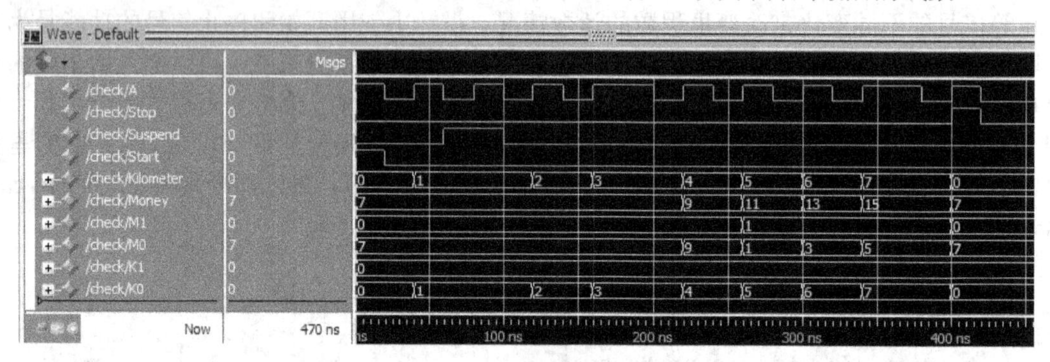

图 12-1　功能仿真波形图

将此设计代码放入 Quartus 中进行处理，可得图 12-2 所示的 RTL 结构图。

通过布局布线后可以设置芯片引脚完成设计，引脚的参考配置见图 12-3，此引脚配置结果并不唯一，可以根据设计者自己不同的选择来改变引脚的配置信号。同时要注意在设计模块中的 k1、k0、m1、m0 四个信号其实不需要作为输出，因为在输出的四个七段数码管中已经能够显示这四个数值了，之所以在设计模块中保留着四个信号是为了仿真时能够从波形图中看到结果并判断正确性，所以可以在最后的综合和布局布线的代码中去除这四个信号，或者不给这四个信号配备引脚，作悬空处理也可。按照图 12-3 中所示的配置完成编译下载即可在开发板上验证实际结果。

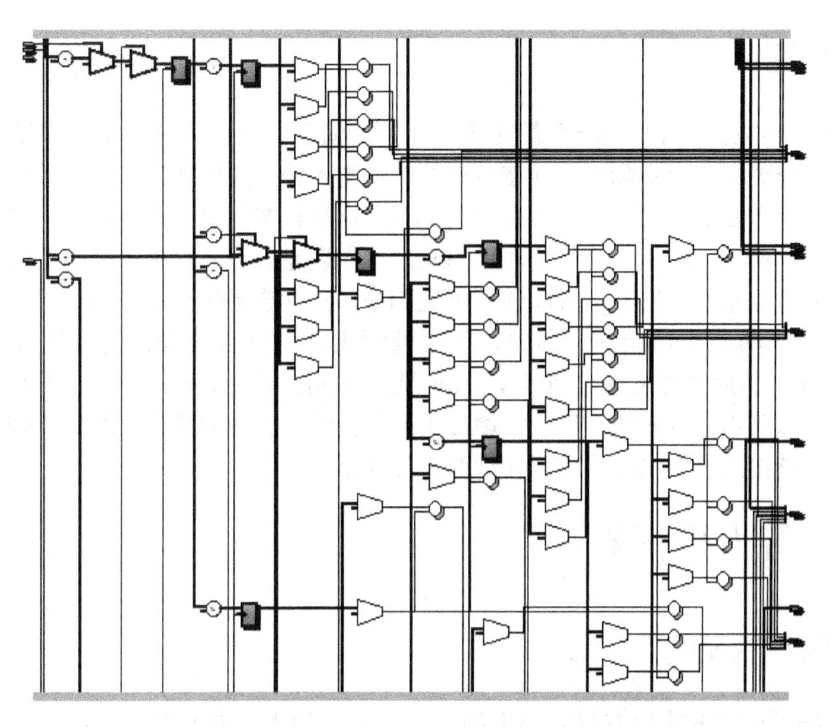

图 12-2　电路结构图

Node Name	Direction	Location	I/O Bank	VREF Group	I/O Standard	Reserved	Current Strength
a	Input	PIN_V2	1	B1_N0	3.3-V LV...default)		24mA (default)
start	Input	PIN_V1	1	B1_N0	3.3-V LV...default)		24mA (default)
b4[0]	Output	PIN_U9	1	B1_N0	3.3-V LV...default)		24mA (default)
stop	Input	PIN_U4	1	B1_N0	3.3-V LV...default)		24mA (default)
suspend	Input	PIN_U3	1	B1_N0	3.3-V LV...default)		24mA (default)
b4[2]	Output	PIN_U2	1	B1_N0	3.3-V LV...default)		24mA (default)
b4[1]	Output	PIN_U1	1	B1_N0	3.3-V LV...default)		24mA (default)
b3[3]	Output	PIN_T9	1	B1_N0	3.3-V LV...default)		24mA (default)
b4[3]	Output	PIN_T4	1	B1_N0	3.3-V LV...default)		24mA (default)
b4[6]	Output	PIN_T3	1	B1_N0	3.3-V LV...default)		24mA (default)
b3[0]	Output	PIN_T2	1	B1_N0	3.3-V LV...default)		24mA (default)
b4[4]	Output	PIN_R7	1	B1_N0	3.3-V LV...default)		24mA (default)
b4[5]	Output	PIN_R6	1	B1_N0	3.3-V LV...default)		24mA (default)
b3[4]	Output	PIN_R5	1	B1_N0	3.3-V LV...default)		24mA (default)
b3[5]	Output	PIN_R4	1	B1_N0	3.3-V LV...default)		24mA (default)
b3[6]	Output	PIN_R3	1	B1_N0	3.3-V LV...default)		24mA (default)
b2[0]	Output	PIN_R2	1	B1_N0	3.3-V LV...default)		24mA (default)
b1[5]	Output	PIN_P9	2	B2_N1	3.3-V LV...default)		24mA (default)
b3[2]	Output	PIN_P7	1	B1_N0	3.3-V LV...default)		24mA (default)
b3[1]	Output	PIN_P6	1	B1_N0	3.3-V LV...default)		24mA (default)
b2[1]	Output	PIN_P4	1	B1_N0	3.3-V LV...default)		24mA (default)
b2[2]	Output	PIN_P3	1	B1_N0	3.3-V LV...default)		24mA (default)
b1[6]	Output	PIN_N9	2	B2_N1	3.3-V LV...default)		24mA (default)
b2[5]	Output	PIN_M5	2	B2_N1	3.3-V LV...default)		24mA (default)
b2[6]	Output	PIN_M4	2	B2_N1	3.3-V LV...default)		24mA (default)
b2[4]	Output	PIN_M3	2	B2_N1	3.3-V LV...default)		24mA (default)
b2[3]	Output	PIN_M2	2	B2_N1	3.3-V LV...default)		24mA (default)
b1[2]	Output	PIN_L9	2	B2_N1	3.3-V LV...default)		24mA (default)
b1[4]	Output	PIN_L7	2	B2_N1	3.3-V LV...default)		24mA (default)
b1[3]	Output	PIN_L6	2	B2_N1	3.3-V LV...default)		24mA (default)
b1[0]	Output	PIN_L3	2	B2_N1	3.3-V LV...default)		24mA (default)
b1[1]	Output	PIN_L2	2	B2_N1	3.3-V LV...default)		24mA (default)

图 12-3　引脚配置图

4. 设计扩展

本课程设计中完成的只是一个最简单的计费器演示，有几处可以做扩展设计，这样可以使电路的功能更加接近实际效果并使设计的难度得到相应的增加。可扩展设计如下：

（1）本设计中 a 信号的一个上升沿表示 1km，这样在实际测量时会产生一些误差，并且误差较大，可以使用 100 次 a 的信号表示 1km，这样误差较小，可采用分频器设计。

（2）里程数显示和价格显示可以使用小数部分，这样会得到更精确的结果。

（3）更实际的计费功能是这样的，以本课程设计的题目要求为例，计费效果是：前 3km 显示 7 元，然后 7.5km 显示 8 元，8km 显示 9 元，以此类推。如果每千米计费价格包含小数则更应该采用这种方式，以价格增加 1 元作为输出改变的条件，这样比较容易付费，可以从这个角度出发重新修改本课程设计的设计要求。

选题二　智力抢答器

1. 课程设计目的

本次课程设计的安排旨在提升学生的动手能力，加强对专业理论知识的理解和实际运用，使大家能够利用 Verilog HDL 硬件描述语言设计复杂的数字逻辑系统和熟练使用 ModelSim 和 Quartus 两种软件。通过团队成员之间的密切配合，加强团员的合作协调能力。通过本次课程的历练加强自学能力，为后续课程做好铺垫。

2. 课程设计题目描述和要求

本课程设计要求的四人抢答器电路设计有以下几个目标。

（1）实现四人抢答器，有人抢答成功后，其他人再抢答无效。

（2）抢答成功后在数码管上显示抢答者的序号，提示抢答成功。

（3）抢答成功后开始 30s 的答题倒计时，当倒计时结束时，通过蜂鸣器响 1s 来提示回答问题时间到，此时可以开始新一轮的抢答。

（4）倒计时前 20s 无显示，进入 10s 倒计时开始显示所剩时间。

（5）主持人可通过按键清除所有信息。

3. 设计思想和过程

本课程设计的题目中大体可以分为两个功能部分：抢答部分和倒计时部分。倒计时部分容易完成，就是一个 30s 的倒计时秒表，通过开发板中提供的晶振分频可得到 1s 的输入时钟，以此时钟计时即可完成 1s 的计时功能。

抢答部分的重点是在一人抢答成功后如何封闭掉其他人的抢答信号，这里采用阻塞信号的方式，即设置一个寄存器，当某个人抢答成功之后就把该寄存器置为 1，而在判断条件中加入该寄存器值的判断，若为 0 才可以抢答，这样就完成了对其他信号的封闭。这种封闭信号的产生实际是通过反馈回路的方式由输出接回到输入端，所以使用组合逻辑是无法实现的，只能采用时序逻辑的寄存器完成值的存储。

如果要使用时序逻辑判断抢答信号，分频得到的 1s 时钟就显得太长了，需要使用时钟周期更短的时钟作为同步信号，这样才能保证在几十毫秒的时间差里区分出两个信号的先后顺序，否则就会造成一个时钟周期得到两个有效信号的情况，或者会造成周期过长而导致抢答信号未采集到的情况。可以直接使用开发板中自带的晶振作为时钟源，完全可以达到所需要求，这样就需要再增加一个分频模块，整个设计的基本结构完成。

按照上述的设计思路，完成设计模块代码如下，本设计中采用了层次化设计的方法，没有把所有代码放在一个模块内，而是分为了三个功能模块，这样结构性更强。

```
//顶层模块
Module
alldesign(reset,clock,din1,din2,din3,din4,clear,beep,number,cnt);
input reset,clock;
input din1,din2,din3,din4,clear;
output beep;
output [7:0] number,cnt;

wire clk1k;
wire clk1hz;
wire start;

clkdiv iunit1(reset,clock,clk1hz);
qiangda iunit2(clock,din1,din2,din3,din4,clear,number,start);
daojishi iunit3(reset,clock/*clk1hz*/,start,beep,cnt);  //直接连接 clock
                                                        是为了仿真加速

endmodule

//分频模块
module clkdiv(reset,clock,clk1hz);
input reset,clock;
output clk1hz;
reg clk1hz;
reg[24:0] count1;

always@(posedge clock or posedge reset)
begin
  if(reset)
    count1<=0;
  else if(count1==25'd25000000)
  begin
    clk1hz<=~clk1hz;
    count1<=0;
  end
  else
    count1<=count1+1;
```

```
end

endmodule

//抢答模块
module qiangda(clock,din1,din2,din3,din4,clear,number,start);
input clock,clear;
input din1,din2,din3,din4;
output[7:0] number;
output start;
reg[7:0] number;
reg start;
reg block;

always@(posedge clock)
begin
    if(!clear)
        begin
        block=0;
            number=8'hff;
            start=0;
        end
    else
        begin
            if(!din1)
                begin
                    if(!block)
                        begin
                            number<=8'hf9;  //七段数码管显示 1
                            block=1;        //封闭信号
                            start=1;        //启动 30s 计数
                        end
                end
            else if(!din2)
                begin
                    if(!block)
                        begin
                          number<=8'ha4;   //显示 2
                          block=1;
                          start=1;
                        end
                end
            else if(!din3)
                begin
                    if(!block)
                        begin
                          number<=8'hb0;  //显示 3
                          block=1;
                          start=1;
                        end
```

```
                end
            else if(!din4)
                begin
                    if(!block)
                        begin
                            number<=8'h99;   //显示 4
                            block=1;
                            start=1;
                        end
                end

        end
end

endmodule

//倒计时模块
module daojishi(reset,clk1hz,start,beep,cnt);
input reset,clk1hz;
input start;
output beep;
output [7:0] cnt;
reg [5:0] data;
reg [4:0] count;
reg [7:0] cnt;
reg beep;
reg state;

always@(posedge clk1hz or posedge reset or posedge start)  //30s 倒计时
begin
    if(reset)
      count<=5'd30;
    else if(start)
    begin
      if(count==5'd0)
        count<=5'd30;
      else
        count<=count-1;
    end
    else
      count<=count;
end

always@(count)     //蜂鸣信号
if(count==5'd0)
  beep=1;
else
  beep=0;

always@(count)       //输出倒计时时间
```

```
if(count>=5'd10)
  data=8'hff;                          //10s 前不显示
else if(count>=0 && count<=9)     //进入倒数 10s 开始显示
  data=count;
else
  data=8'hff;

always @(data)                        //七段数码管译码
begin
 case(data)
 6'b000000: cnt=8'b1100_0000;
 6'b000001: cnt=8'b1111_1001;
 6'b000010: cnt=8'b1010_0100;
 6'b000011: cnt=8'b1011_0000;
 6'b000100: cnt=8'b1001_1001;
 6'b000101: cnt=8'b1001_0010;
 6'b000110: cnt=8'b1000_0010;
 6'b000111: cnt=8'b1111_1000;
 6'b001000: cnt=8'b1000_0000;
 6'b001001: cnt=8'b1001_0000;
 default:cnt=8'b1111_1111;
 endcase
end

endmodule
```

在整个设计中，抢答模块的主体是一个 if…else 语句，完成抢答信号的产生、封闭信号的生成和倒计时模块使能信号的输出。倒计时模块中不仅包含 30s 倒计时部分，还包括蜂鸣信号的产生和倒数 10s 的判别，另外七段数码管的译码显示也放在了该模块中，因为这些功能都是围绕着计数器而设计的，所以放在一个模块内是可以接受的，如果分得更细一些也可以单独做成模块。

测试模块编写代码如下：

```
module tbdq;
reg reset,clock;
reg din1,din2,din3,din4,clear;
wire beep;
wire [7:0] number,cnt;

initial
begin
  reset=0;
  clock=0;
  clear=1;
  #10 reset=1;clear=0;
  #10 reset=0;clear=1;
  #20 din1=1;din2=0;din3=1;din4=1;
  @(posedge beep);
  #20 clear=0;
  #20 $stop;
```

```
    end

    always #5 clock=~clock;

    alldesign iu(reset,clock,din1,din2,din3,din4,clear,beep,number,cnt);

    endmodule
```

测试模块中完成了一次抢答，二号参赛者抢答成功，生成的波形如图 12-4 所示。图中保留了计数器部分的计数寄存器 count，该信号不在顶层模块，但是为了观察方便添加进波形中。由图中可知，在 2 号参赛者信号有效后，start 信号变为高电平，计数器开始倒计时，在计数到 10 之前数码管的显示输出都是 ff，即全灭状态，直至计数到 9 开始，才依次改变至 0，此时蜂鸣信号变为高电平，同时计数输出全灭。最后 clear 信号变为低电平，整个计数器回到初始阶段。

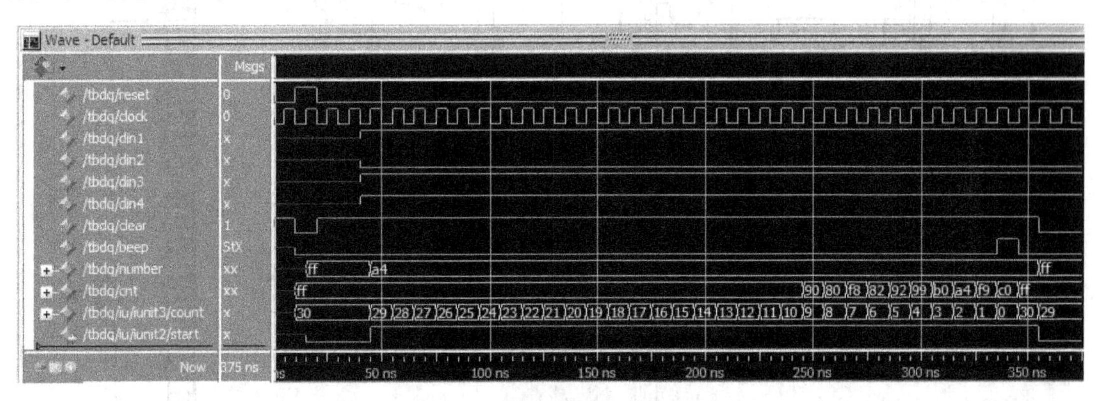

图 12-4　功能仿真波形图

图 12-5 所示是整体模块结构图，可以看到各个模块之间的信号连接情况。点击可查看各个模块内部信号的情况，图 12-6 所示是分频器的电路结构，图 12-7 所示是倒计时模块的电路结构，图 12-8 所示是抢答器模块的电路结构，可以看到在最右侧的输出端由两个寄存器产生输出，其中下方寄存器的输出信号产生反馈接回到电路图中间多级译码器的输入端，这就是设计中的封闭信号，用于阻塞其他抢答者的选择信号，如果做成组合逻辑的情况就会产生混乱，读者可以一试。

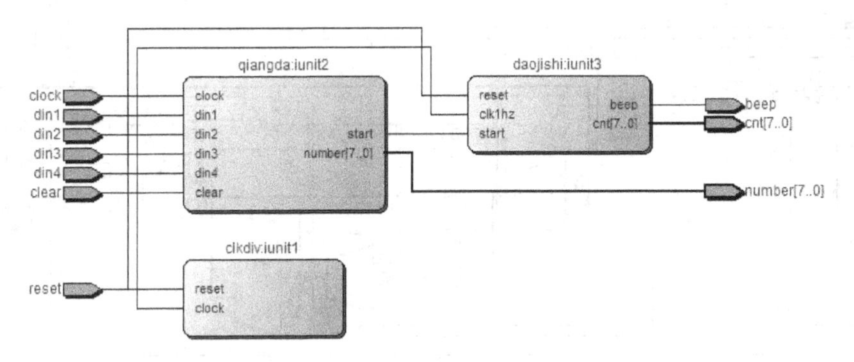

图 12-5　模块结构

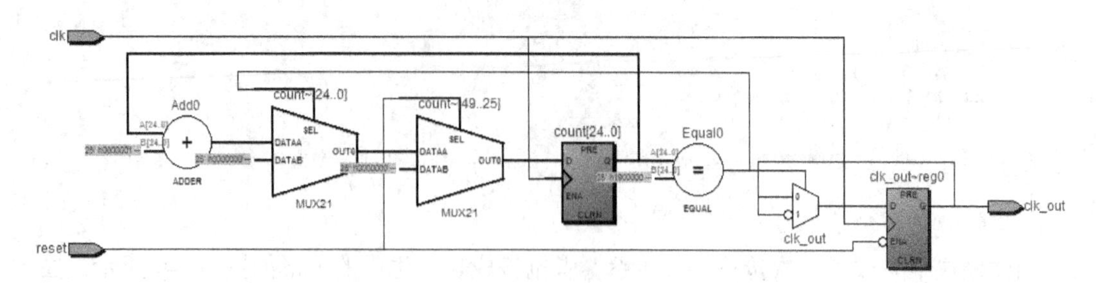

图 12-6　分频器模块

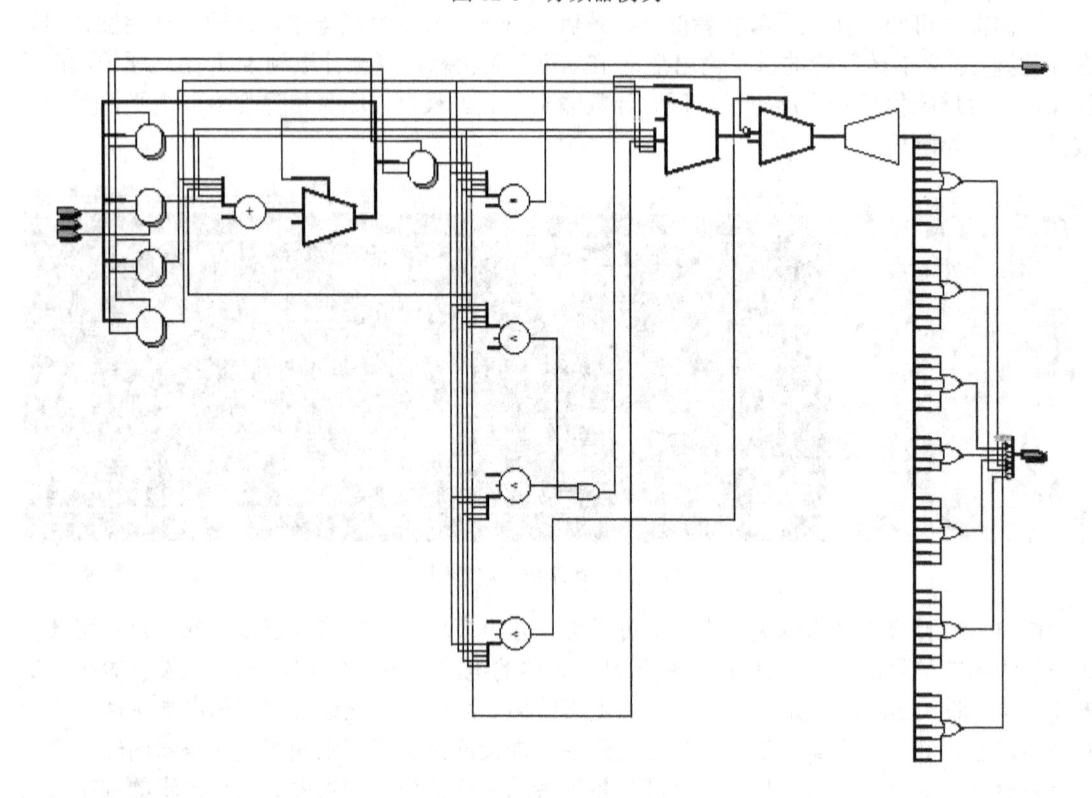

图 12-7　倒计时模块

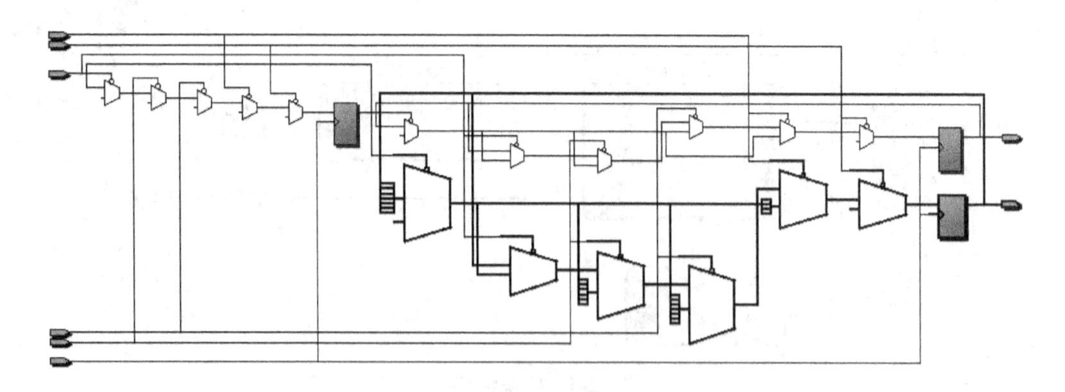

图 12-8　抢答器模块

4. 设计扩展

本课程设计的计数器功能比较齐全，可在现有设计中尝试如下修改。

（1）将抢答模块的 if…else 语句换为 case 语句，观察最后电路的结构。

（2）增加一位显示输出，从倒计时 30s 开始时就显示剩余时间。

（3）倒计时结束时现有设计是数码管全灭，可以做成某些特殊符号，如闪烁的 0 值等，作为倒计时结束的显示，这样更加具有动态效果。

选题三 点阵显示

1. 课程设计目的

熟悉 Verilog HDL 硬件描述语言，掌握仿真软件的使用方法，熟悉并使用点阵进行电路设计，掌握查表法设计电路的基本思想。

2. 课程设计题目描述和要求

本课程设计使用 8×8 的点阵，完成如下设计功能。

（1）能显示 Verilog 的英文字母。

（2）在正常显示字母的基础上，完成滚动显示，滚动速度自定。

3. 设计思想和过程

点阵即一系列发光二极管所构成的矩形阵列，其大小不一，本设计中使用的是比较简单的 8×8 点阵。对于点阵的控制其实很简单，因为就是控制发光二极管的亮灭，从而使亮起的二极管能够显示出某些特定的字符，如把中间一行二极管点亮就显示为“一”，等等。控制二极管的亮灭就是控制二极管的正负极，使其阳极接高电平，阴极接低电平，二极管就能发光，而 8×8 点阵的 64 个发光二极管也是通过这种简单的方式进行亮灭显示的。8×8 点阵共有 8 行 8 列，每行每列都有一组输入信号，都是 8 位的控制信号，按照点阵设计的共阴极和共阳极等特点使其行列交叉点亮起即可。对于特定字符的显示，可以自己进行设计，也可以利用一些显示工具直接给出。

如果单纯显示英文字母，本设计是很容易的，但是要滚动显示字母就需要额外添加一些设计，因为整个字母滚动过程中的滚动情况都是设计者指定的，所以采用计数并取模的方式完成显示信息的向左滚动。按此设计思想完成设计模块代码如下：

```
module dianzhen8x8(line,column,clk,reset);
input clk,reset;
output [7:0] line,column;
reg [7:0] line,column;
reg[7:0] i,j,k; //定义计算用于显示具体一个点的参数
```

```
task dis;            //定义任务，用于显示
reg[7:0] column_tmp; //行显示中间变量
reg[7:0] line_tmp;   //列显示中间变量

begin
  case(i)            //每一个 i 值进来以后，判断需要显示一个点的横坐标
  0:column_tmp=8'h01; //
  1:column_tmp=8'h02; //
  2:column_tmp=8'h04; //
  3:column_tmp=8'h08; //
  4:column_tmp=8'h10; //
  5:column_tmp=8'h20; //
  6:column_tmp=8'h40; //
  7:column_tmp=8'h80; //
  default:column_tmp=8'h00;
  endcase

  k=(i+j)%80;        //k 使字符能够向左移动，每次移动一步，产生滚动效果
  case(k)            //每一个 k 值进来以后，判断需要显示一行上面的纵坐标上的数据
  0:line_tmp = 8'h00; // V
  1:line_tmp = 8'h40; //
  2:line_tmp = 8'h78; //
  3:line_tmp = 8'h04; //
  4:line_tmp = 8'h02; //
  5:line_tmp = 8'h04; //
  6:line_tmp = 8'h78; //
  7:line_tmp = 8'h40; //
  8:line_tmp = 8'h00; // e
  9:line_tmp = 8'h3C; //
  10:line_tmp = 8'h52; //
  11:line_tmp = 8'h92; //
  12:line_tmp = 8'h92; //
  13:line_tmp = 8'h52; //
  14:line_tmp = 8'h34; //
  15:line_tmp = 8'h00; //
  16:line_tmp = 8'h00; // r
  17:line_tmp = 8'h00; //
  18:line_tmp = 8'h80; //
  19:line_tmp = 8'hFE; //
  20:line_tmp = 8'h10; //
  21:line_tmp = 8'h20; //
  22:line_tmp = 8'h40; //
  23:line_tmp = 8'h40; //
  24:line_tmp = 8'h00; // i
  25:line_tmp = 8'h00; //
  26:line_tmp = 8'h00; //
  27:line_tmp = 8'h20; //
  28:line_tmp = 8'hBF; //
  29:line_tmp = 8'h02; //
```

```
30:line_tmp = 8'h00; //
31:line_tmp = 8'h00; //
32:line_tmp = 8'h00; // l
33:line_tmp = 8'h00; //
34:line_tmp = 8'h00; //
35:line_tmp = 8'h7E; //
36:line_tmp = 8'h02; //
37:line_tmp = 8'h02; //
38:line_tmp = 8'h00; //
39:line_tmp = 8'h00; //
40:line_tmp = 8'h00; // o
41:line_tmp = 8'h3C; //
42:line_tmp = 8'h42; //
43:line_tmp = 8'h42; //
44:line_tmp = 8'h42; //
45:line_tmp = 8'h3C; //
46:line_tmp = 8'h00; //
47:line_tmp = 8'h00; //
48:line_tmp = 8'h00; // g
49:line_tmp = 8'h00; //
50:line_tmp = 8'h64; //
51:line_tmp = 8'h92; //
52:line_tmp = 8'h92; //
53:line_tmp = 8'h6C; //
54:line_tmp = 8'h00; //
55:line_tmp = 8'h00; //
56:line_tmp = 8'h00; // H
57:line_tmp = 8'hFE; //
58:line_tmp = 8'h10; //
59:line_tmp = 8'h10; //
60:line_tmp = 8'h10; //
61:line_tmp = 8'h10; //
62:line_tmp = 8'hFE; //
63:line_tmp = 8'h00; //
64:line_tmp = 8'h00; // D
65:line_tmp = 8'h7E; //
66:line_tmp = 8'h42; //
67:line_tmp = 8'h42; //
68:line_tmp = 8'h42; //
69:line_tmp = 8'h3C; //
70:line_tmp = 8'h00; //
71:line_tmp = 8'h00; //
72:line_tmp = 8'h00; // l
73:line_tmp = 8'h00; //
74:line_tmp = 8'h7E; //
75:line_tmp = 8'h02; //
76:line_tmp = 8'h02; //
77:line_tmp = 8'h02; //
78:line_tmp = 8'h02; //
```

```
      79:line_tmp = 8'h00; //
      default:line_tmp = 8'h00;
      endcase

      column = column_tmp;      //行输出赋值
      line = line_tmp;          //列输出赋值
    end
    endtask

    always @(posedge clk )
    if(reset)
    begin
      i=0;
      j=0;
    end
    else
    begin
      i=i+1;             //每个 clk 信号来了以后自加 1
      if(i==9)
      begin
       i=0;              //8 行都显示完毕后归零
       j=j+1;            //同时纵向所有数据向左移动一位
      end //
      if(j==81)
        j=0;             //都完成移动后计数器 j 归零
      dis;               //调用显示任务，clk 连续不断，保持视觉暂留，形成滚动的 S 字样
    end

    endmodule
```

此代码中间部分较长，是每个字母的显示情况。如果要显示更多的字母，就需要更多的显示驱动，在这些驱动信号的作用下点阵就能显示出所要表示的字母。其余的部分代码中都给了详细的注释，可编写测试模块验证整体功能。

```
    module tb8x8;
    reg clk,reset;
    wire [7:0] line,column;

    initial
    begin
      clk=0;
      reset=0;
      #10 reset=1;
      #10 reset=0;
      #1000 $stop;
    end

    always #5 clk=~clk;

    dianzhen8x8 i8x8(line,column,clk,reset);
```

```
    endmodule
```

测试模块的仿真结果如图 12-9 所示，功能仿真就是在每次时钟信号的上升沿时产生一组输出的行列信号，需要在实际电路中才能得到最后的直观结果。该设计代码放入 Quartus 中运行可得图 12-10 所示的电路结构图，由于该电路的面积较大，所以只截取了其中结构比较密集的部分，并没有给出全部的电路图。

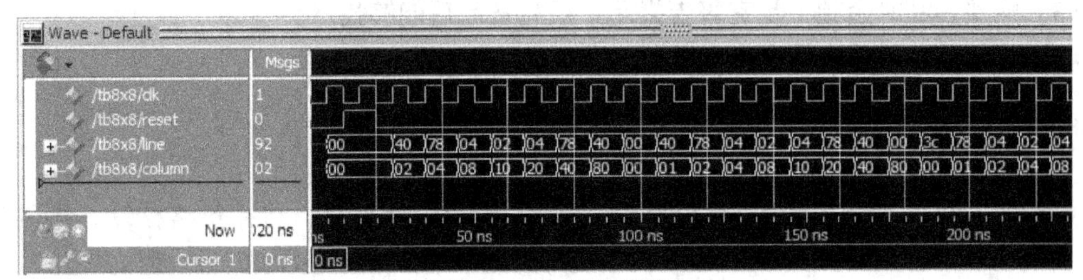

图 12-9　仿真波形图

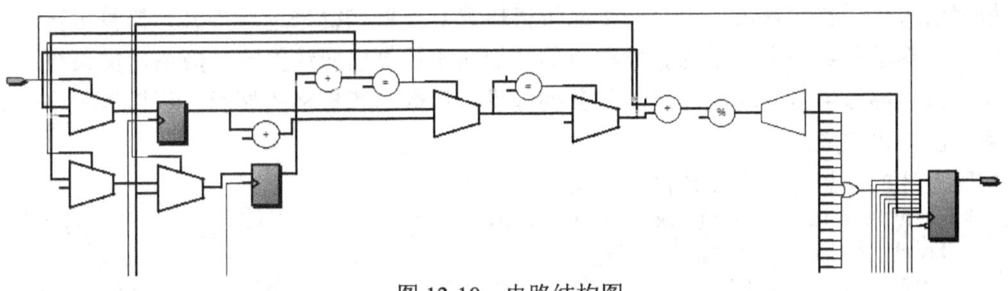

图 12-10　电路结构图

4. 设计扩展

本课程设计可在如下方面做设计扩展。

（1）8×8 的点阵虽然可以显示字母，但是在一些字母边缘会显示马赛克，实际点阵都具有这个弊端。但是点阵的规模越大、越密集，这种马赛克的效果就会越不明显，所以在有条件的情况下可以使用 16×16 的点阵进行显示设计，这样需要的驱动信息就更多。

（2）在显示英文字母之后，可以进行汉字显示的尝试，但是 8×8 点阵较小，显示的汉字不能太复杂，也可以扩展为 16×16 的点阵来设计。

选题四　自动售货机

1. 课程设计目的

通过本次课程设计，加深对 Verilog 语言课程的全面认识、复习和掌握，对 EP2C35F672C6N 芯片的应用达到进一步的了解。将软硬件结合起来，对程序进行编辑、调试，使其能够通过电脑下载到芯片，正常工作。实际操作仿真和综合软件，复习巩固以前所学知识。

2. 课程设计题目描述和要求

本课程设计所描述的时钟应具有如下功能。

（1）能接受五角、一元、五元三种面额的钱币。

（2）出售的货品有0.5元、1元、1.5元共3种货品。

（3）购买物品时余额不足有警告提示，买完货品后能够找零。

（4）能够显示投币金额和商品总价。

3. 设计思想和过程

整个售货机的功能大致可以分为四个部分：投币统计部分、货品价格核算、找零和显示。投币统计部分采用开关模拟的方式，使用开关拨动来表示投币成功，因为共有3种面额，所以设置3个输入端口，这样每个端口有货币输入时就会产生电平信号，投币统计部分就能根据信号判断有何种币值组合。货品价格核算是根据按键来选择货品，核算出货品的实际价格。找零部分要根据投币的金额和货品的价格来核算出应该找零的数值，如果投币金额不足还应该能够提供报警功能。显示部分要提供投币数目和价格的显示，直接将程序中寄存器的值输出即可完成。

按照上述的思想，完成设计模块代码如下：

```
module autoseller(clk,rst,finish,mon,sell,led,clarm,money,dis_price);
input clk,rst,finish;
input [2:0] mon;
input [2:0] sell;
output [3:0] led;
output clarm;//钱不足，指示灯
output [15:0] money;    //数码管显示输出
output [15:0] dis_price;

reg clk_2hz;
reg [3:0] led;
reg clarm;
reg [15:0] money;
reg [15:0] dis_price;
reg [31:0] cnt;
reg [9:0] price,price_sum;
reg [1:0] flag = 2'b00;
parameter a = 8'b11111111;

always@(posedge clk)
begin
    if(cnt==24'd12500000)
    begin
        clk_2hz=~clk_2hz;
        cnt<=0;
    end
    else
```

```
        cnt<=cnt+1;
    end

    always @(negedge rst or posedge clk)
        begin
        if(!rst)
            begin
                led = 4'b0000;
                price_sum = 0;
                clarm = 0;
                price = 0;
            end
        else
            begin
                case(mon)                          //输入金额
                3'b001:begin price_sum =  5;end
                3'b010:begin price_sum = 10;end
                3'b100:begin price_sum = 50;end
                3'b011:begin price_sum = 15;end
                3'b101:begin price_sum = 55;end
                3'b110:begin price_sum = 60;end
                3'b111:begin price_sum = 65;end
                default:begin price_sum = 0;end
                endcase

                case(sell)                         //货品价格
                3'b001:begin price = 5;end
                3'b010:begin price = 10;end
                3'b011:begin price = 15;end
                3'b100:begin price = 15;end
                3'b101:begin price = 20;end
                3'b110:begin price = 25;end
                3'b111:begin price = 30;end
                default:begin price = 0;end
                endcase

                if(finish == 1)
                begin
                if(price_sum < price)          //金额不足，报警
                begin
                  price_sum = 0;
                      clarm= 1;
                      price = 0;
                end
                else
                begin                          //金额足够
                 price_sum = price_sum-price;
                 case(price)                   //LED 灯显示货物卖出
                      5: begin led = 4'b0001;end
                      10:begin led = 4'b0010;end
```

```
                    15:begin led = 4'b0100;end
                    default:led=4'b1000;
                  endcase
               end
            end
           end
        end

    always @(posedge clk_2hz)                     //数码管动态输出
    begin
        case(flag)
        2'b00:
        begin
            money[15:8] <= {led7(price_sum%10),1'b1};
            dis_price[15:8]  <= {led7(price%10),1'b1};
            flag = 2'b01;
        end
        2'b01:
        begin
            money[7:0] <= {led7(price_sum/10),1'b0};
            dis_price[7:0] <= {led7(price/10),1'b0};
            flag = 2'b00;
        end
       default:flag=2'b00;
        endcase
    end

    function [6:0] led7;                         ///数码管译码函数
        input [3:0] datain;
        begin
            case (datain)
             0 : led7 = 7'b100_0000;
             1 : led7 = 7'b111_1001;
             2 : led7 = 7'b010_0100;
             3 : led7 = 7'b011_0000;
             4 : led7 = 7'b001_1001;
             5 : led7 = 7'b001_0010;
             6 : led7 = 7'b000_0010;
             7 : led7 = 7'b111_1000;
             8 : led7 = 7'b000_0000;
             9 : led7 = 7'b001_0000;
             default : led7 = 7'b011_1111;
            endcase
        end
    endfunction

    endmodule
```

在该设计模块中，输入金额部分只是做了简单模拟，提供了 3 位的输入信号，并分别表示 0.5 元、1 元和 5 元的输入，这里没有设置中间寄存器和累加器，也就是说只能提供一次性的输入。货品价格部分同样提供了 3 位的输入信号，选择不同货品，对应的位会变为高电平。金额判断部分根据投币金额和商品价格做减法即可。数码管动态显示部分将输出的投币金额和货品金额做动态输出，拆分为低 8 位和高 8 位，然后用除法取商和模数的方式得到元和角的数值，再调用最后的数码管译码函数来显示输出。编写测试模块代码如下：

```
module tbseller;
reg clk,rst,finish;
reg [2:0] mon;
reg [2:0] sell;
wire [3:0] led;
wire clarm;
wire [11:0] money;
wire [11:0] dis_price;

initial
begin
  clk=0;
  rst=1;
  #10 rst=0;
  #10 rst=1;
  #10 mon=3'd3;sell=3'd3;
  #30 finish=1;
  #10 finish=0;
  mon=3'd4;sell=3'd2;
  #30 finish=1;
  #10 finish=0;
  mon=3'd3;sell=3'd5;
  #30 finish=1;
  #10 finish=0;
  #20 $stop;
end

always #5 clk=~clk;

autoseller  iseller(clk,rst,finish,mon,sell,led,clarm,money,dis_price);

endmodule
```

测试模块仿真结果如图 12-11 所示。

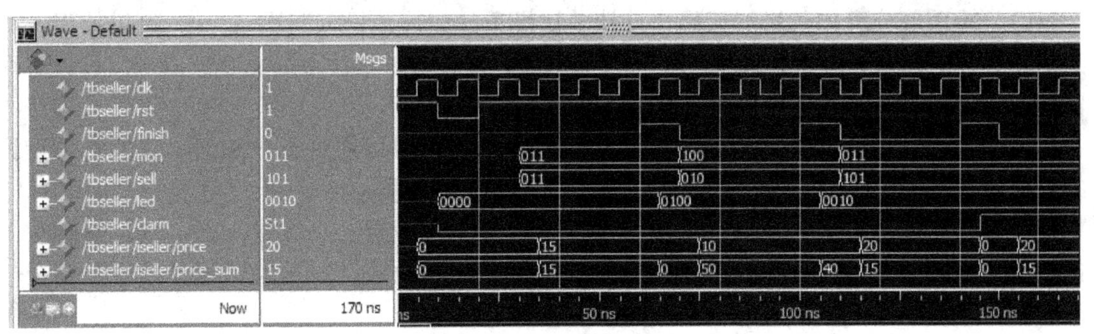

图 12-11　功能仿真结果

测试模块中进行了三次模拟输入，分别仿真了投币金额 1.5 元、货品金额 1.5 元，投币金额 5.0 元、货品金额 1.0 元和投币金额 1.5 元、货品金额 2.0 元三种情况。第一种情况找零金额为 0 元，第二种情况找零金额为 4.0 元，第三种情况找零金额保持 1.5 元，在 finish 信号生效表示结束购买时，clarm 信号变为高电平，提供余额不足的警报，功能验证正确。将整个设计代码放入 Quartus 中可以得到电路图如图 12-12 所示。

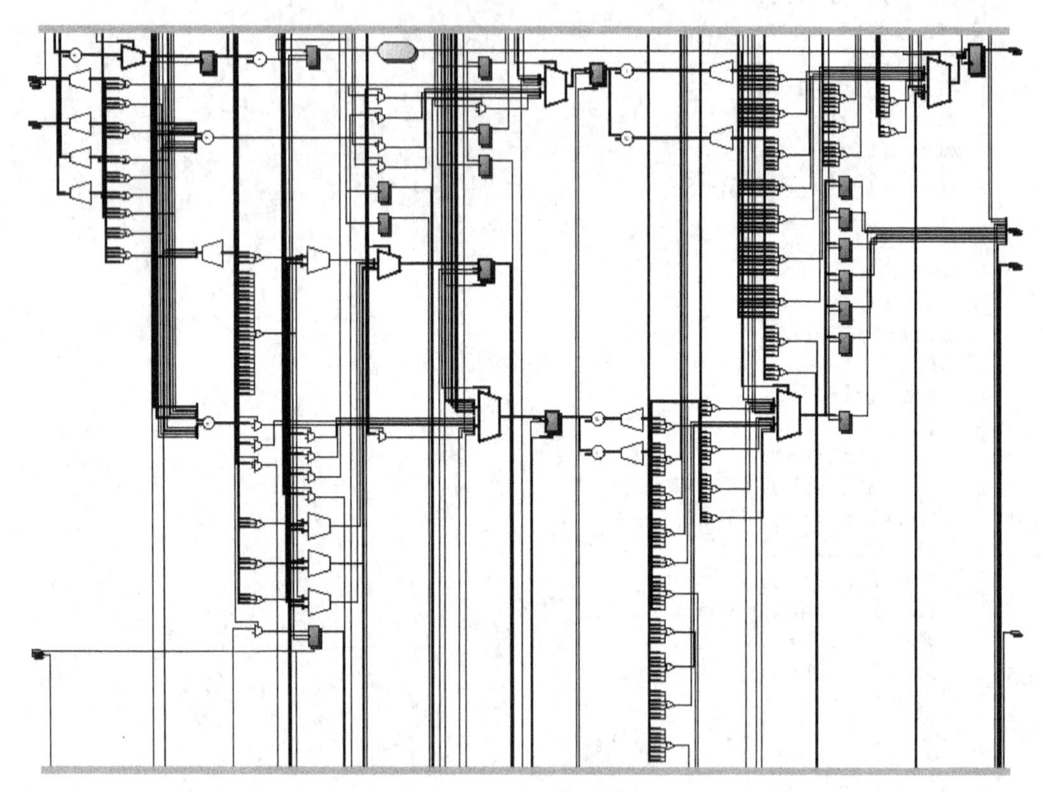

图 12-12　电路结构图

4．设计扩展

本设计完成的售货机功能较简单，可在以下方面完成功能扩展使之更接近实际效果。

（1）投币部分可加入累加代码，支持多次投币，如连续投入三次 1 元，可以使用一个简单的组合逻辑来完成，并保存一个投币金额值的寄存器，根据不同的金额信号位给该寄存器加上不同的数值，这样更符合实际功能。

（2）本设计采用一个模块来完成，代码略显杂乱，可以通过拆分和简单修改将本设计的模块修改为多个模块的层次化设计，这样便于维护和阅读。

（3）更加接近实际售货机的效果是在每种商品下方设置一个按键，当金额足够时按下按键便可以输出商品，如果金额不足则按键无效。如果改成这种功能，设计模块需要全部重写。

选题五　篮球 24 秒计时

1. 课程设计目的

掌握层次化建模的设计方法，能够利用学习过的知识来编写具有一定功能的电路，能够熟练使用各种开发软件完成设计的仿真和硬件实现，最终的设计能够在开发板中经过实际操作验证无误，完成整个设计流程。

2. 课程设计题目描述和要求

本课程设计的代码需具有如下功能。

（1）具有 24s 倒计时功能。

（2）设置外部操作开关，控制计时器的直接清零、启动和暂停/连续功能。

（3）计时器为 24s 递减时，计时间隔为 1s。

（4）计时器递减到零时，数码显示器不能灭灯。

3. 设计思想和过程

本设计题目较简单，是计数器电路的简单变形，设计过程仅需注意不同控制信号的优先级即可完成正常的逻辑功能。设计模块的代码如下：

```
module  digital(TimerH,TimerL,over,Reset,Stop,clk);
    output  [6:0]TimerH;
    output  [6:0]TimerL;
    output  over;
    input Reset;
    input Stop;
    input clk;
    wire  [1:0]H;
    wire  [3:0]L;
    wire  clk_1;
  fenpin U0(.clk(clk),.clk_old(clk_1));
  basketballtimer U1(over, H[1:0], L[3:0], Reset, Stop, clk_1);
  CD4511  U2(TimerH[6:0], {2'b00,H[1:0]});
  CD4511  U3(TimerL[6:0], L[3:0]);

endmodule

module fenpin(clk_old,clk);   //分频器
output clk_old;
input clk;
reg[24:0] count;
reg clk_old;
```

```
always @(posedge clk)
begin
  if(count==25'b1_1001_0000_0000_0000_0000_0000)
  begin
    clk_old<=~clk_old;
    count<=0;
  end
else
  count<=count+1;
end

endmodule

module  basketballtimer(Over,TimerH,TimerL,Reset,Stop,clk_1);  //倒计时
    output Over;
    output  [1:0]TimerH;
    output  [3:0]TimerL;
    input Reset;
    input Stop;
    input clk_1;

  reg [4:0]Q;

  assign Over =(Q == 5'd0);
  assign  TimerH=Q/10;
  assign  TimerL=Q%10;

  always  @(posedge clk_1 or negedge  Reset or negedge Stop)
  begin
    if(~Reset)
      Q <= 5'd23;
    else
      begin
        if(~Stop)
          Q <= Q;
        else
          begin
          if(Q>5'd0)
            Q <= Q-1'b1;
          else
            Q <=Q;
          end
      end
  end
endmodule
```

```
module  CD4511(Y,A);     //数码管显示
output  reg [6:0]Y;
input [3:0]A;

  always  @(*)
  begin
    case(A)
      4'd0: Y<=7'b1000_000;
      4'd1: Y<=7'b1111_001;
      4'd2: Y<=7'b0100_100;
      4'd3: Y<=7'b0110_000;
      4'd4: Y<=7'b0011_001;
      4'd5: Y<=7'b0010_010;
      4'd6: Y<=7'b0000_010;
      4'd7: Y<=7'b1111_000;
      4'd8: Y<=7'b0000_000;
      4'd9: Y<=7'b0010_000;
      default:  Y<=7'b1000_000;
    endcase

  end

endmodule
```

本设计模块采用层次化设计，将整体功能分为分频、倒计时和显示三个部分。倒计时模块通过一个 if…else 语句完成倒计时和暂停功能，其余两个模块功能简单一目了然。测试模块代码如下：

```
module tbdigital;
wire  [6:0]TimerH;
wire  [6:0]TimerL;
wire  over;
reg Reset;
reg Stop;
reg clk;

initial
begin
  clk=0;
  Reset=1;
  Stop=1;
  #10 Reset=0;
  #20 Reset=1;
  #200 Stop=0;
  #50 Stop=1;
  @(posedge over);
  #10 $stop;
end
```

```
always #5 clk=~clk;

digital idigital(TimerH,TimerL,over,Reset,Stop,clk);

endmodule
```

运行仿真可得图 12-13 所示的功能仿真波形图，图中在复位信号失效后计数器随即开始从 23 计数至 3，此时 stop 信号变为低电平，计数器处于暂停状态。当 stop 回复到高电平时计数器的时间继续减少，直到减少为 0，此时电路输出 over 高电平，表示计时结束，功能验证正常。

将设计代码移植到 Quartus 中可得图 12-14 所示的模块结构图，点击可得其中每个模块的电路图，图 12-15 显示的是分频器电路，图 12-16 显示的是倒计时电路，图 12-17 显示的是最后的七段数码管译码电路，下载至开发板即可实现最后功能。

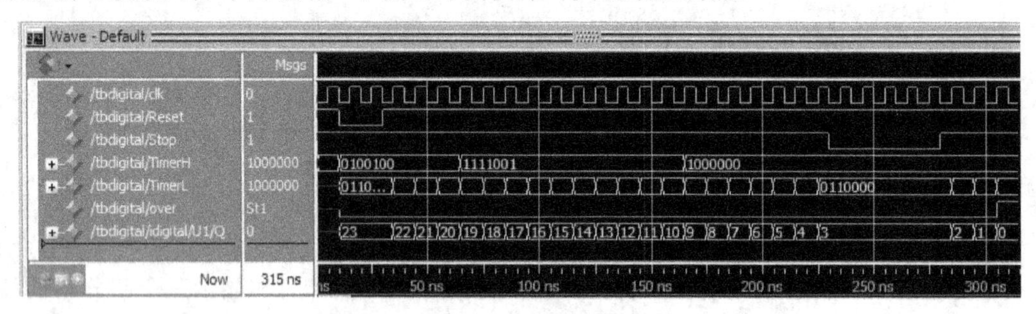

图 12-13　功能仿真波形图

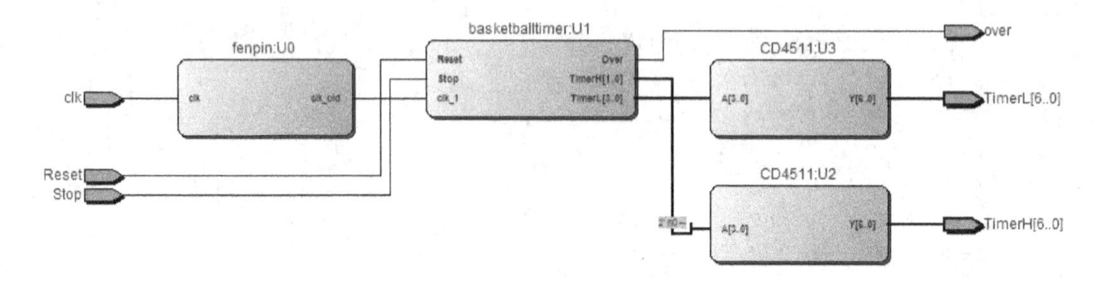

图 12-14　整体模块结构

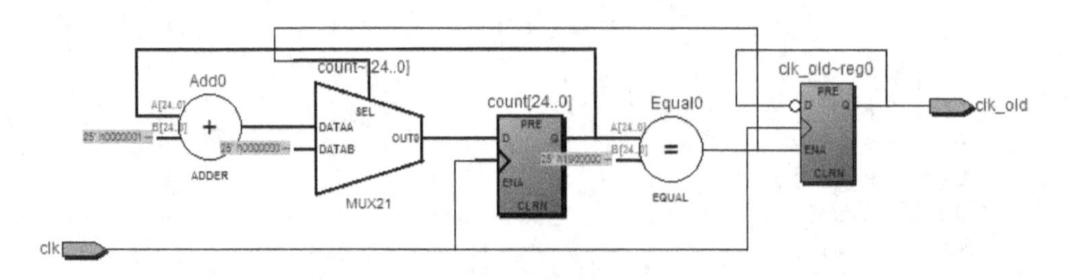

图 12-15　分频器电路

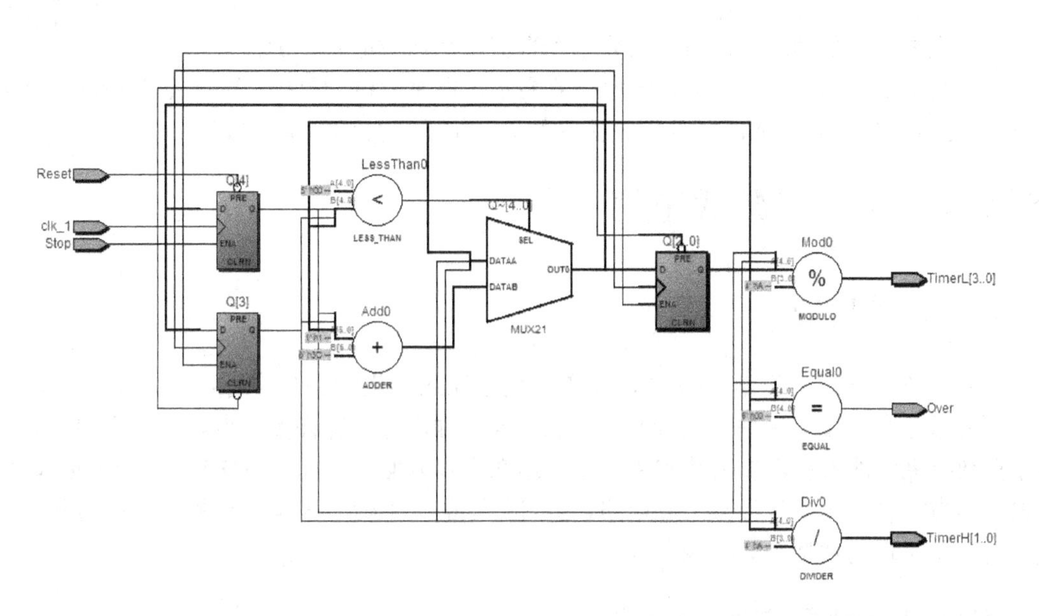

图 12-16　计数器电路

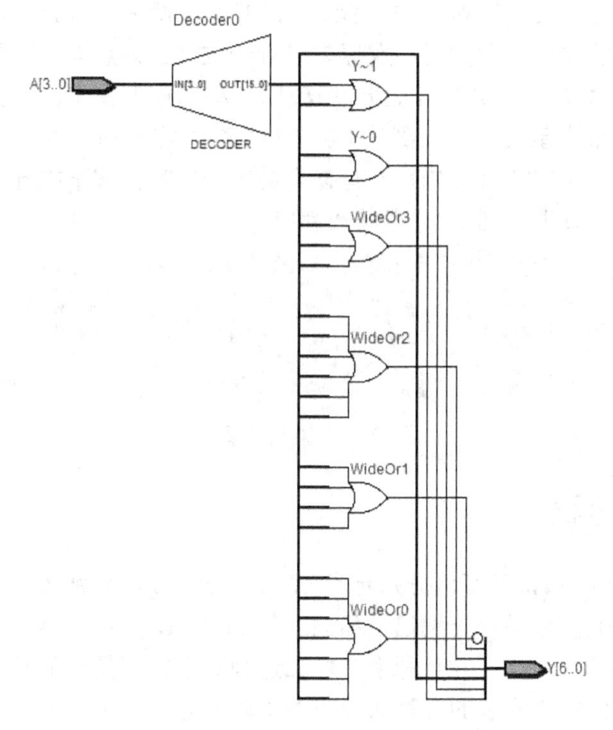

图 12-17　译码电路

4．设计扩展

本设计可完成如下功能扩展。

（1）完成预置数功能，即可以设置一个数值，从该数值开始倒计时。

（2）可以在倒计时 10s 之后变为小数显示，即从 10s 开始，下一次显示变为 9.9s、9.8s……这样可以使最后的时间显示得更加精确。提示：分频器需做修改。

选题六　乒乓球游戏电路

1. 课程设计目的

随着科学技术日益迅速的发展，数字系统已深入到生活的各个方面，它具有技术效果好、经济效益高、技术先进、造价低、可靠性高、维修方便等许多优点。所以我们更应当熟练掌握数字系统的设计，以便将来更好地应用在实践方面。下面通过学过的 Verilog HDL 硬件描述语言，设计一款乒乓球游戏电路，通过给定的一个信号来满足灯的亮、灭与移动的速度，进而来实现迷你型的乒乓球游戏。

2. 课程设计题目描述和要求

该游戏电路的实际效果图如图 12-18 所示。游戏共有两人，分别为甲方和乙方，双方轮流发球，按下键表示发球。在发球后，发球方最近一位 LED 点亮，亮的灯依次向对方移动（如甲发球，则 LED 灯从 LED01 开始向右移动），移动速度自定，当到达对方最后一位时 1s 内对方必须按下按键表示接球（如到达 LED07 时乙必须在 1s 内按键），接球后 LED 灯向对方移动。否则输球。 接球时，LED 没有亮到最后一位时就按下接球按键为犯规。输球或者犯规，对方加 1 分，率先加到 11 分者游戏胜出。

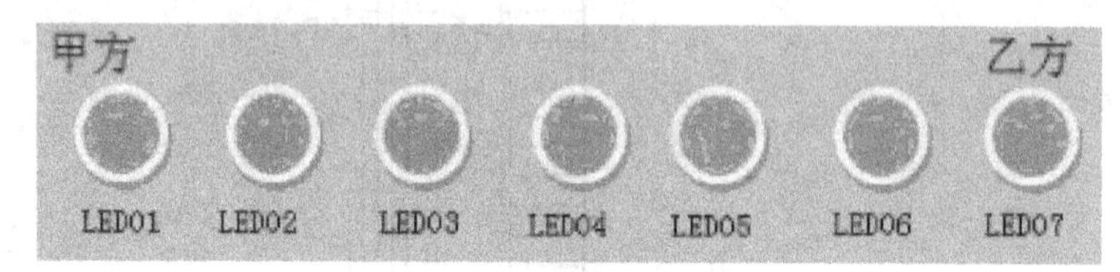

图 12-18　游戏效果图

3. 设计思想和过程

利用所学的 Verilog 知识，可以分别定义 af、aj、bf、bj，分别表示 A 的发球与接球、B 的发球与接球。采用七段数码管分别记录和显示其 A 与 B 的得分情况，当控制指定的按键来实现接球与发球的游戏功能，并且利用 7 位二进制数来控制具体的乒乓球的运动情况和各个得分情况，来实现课题所要求的各种情况。对于时间方面，可以采用分频器来进行具体的时间控制。

按照上述思想，整个设计的代码如下：

```
module pp (shift,seg7,seg8,clk50Mhz,rst,af,aj,bf,bj);
output[4:0] shift;
output[6:0]seg7;
```

```
output[6:0]seg8;
input clk50Mhz;
input af;
input aj;
input bf;
input bj;
input rst;
reg[4:0] shift;
reg[6:0] seg7;
reg[6:0] seg8;
reg clk2hz;
reg[3:0] a_score,b_score;
reg[23:0] cnt;
reg a,b;
reg[4:0] shift_1;

always@(posedge clk50Mhz)
begin
    if(cnt==24'd12500000)
    begin
        clk2hz=~clk2hz;
        cnt<=0;
    end
    else
    cnt<=cnt+1;
end

always@(posedge clk2hz)
begin
  if(rst)
    begin
      a_score<=0;
      b_score<=0;
      a<=0;
      b<=0;
      shift_1<=0;
    end
  else
    begin
      if(!a&&!b&&af)
        begin
          a<=1;
          shift_1<='b10000;
        end
      else if(!a&&!b&&bf)
        begin
          b<=1;
          shift_1<='b00001;
        end
```

```
else if(a&&!b)
  begin
    if(shift_1>'b00100)
      begin
       if(bj)
         begin
           a_score<=a_score+1;
           a<=0;
           b<=0;
           shift_1<='b00000;
         end
       else
         begin
                shift_1[4:0]<=shift_1[4:0]>>1;
         end
      end
    else if(shift_1=='b0)
     begin
       a_score<=a_score+1;
       a<=0;
       b<=0;
     end
    else
      begin
        if(bj)
          begin
            a<=0;
            b<=1;
          end
        else
          begin
                shift_1[4:0]<=shift_1[4:0]>>1;
          end
      end
  end
else if(b&&!a)
  begin
    if(shift_1<'b00100&&shift_1!='b0)
      begin
        if(aj)
          begin
            b_score<=b_score+1;
            a<=0;
                  b<=0;
                  shift_1<='b00000;
                end
        else
          begin
                shift_1[4:0]<=shift_1[4:0]<<1;
```

```
                end
              end
            else if(shift_1=='b0)
              begin
                    b_score<=b_score+1;
                    a<=0;
                    b<=0;
                    end
            else
                 begin
                    if(aj)
                      begin
                        a<=1;
                          b<=0;
                end
              else
                      begin
                          shift_1[4:0]<=shift_1[4:0]<<1;
                end
              end
          end
        end
      shift<=shift_1;

      if(a_score=='b1011&&!rst)
        begin
          a_score<=a_score;
          b_score<=b_score;
        end
      if(b_score=='b1011&&!rst)
        begin
          a_score<=a_score;
          b_score<=b_score;
        end
    end


    always@(posedge clk2hz)
    begin
      case(a_score[3:0])
      'b0000: seg7[6:0]=7'b0000001;
      'b0001: seg7[6:0]=7'b1001111;
      'b0010: seg7[6:0]=7'b0010010;
      'b0011: seg7[6:0]=7'b0000110;
      'b0100: seg7[6:0]=7'b1001100;
      'b0101: seg7[6:0]=7'b0100100;
      'b0110: seg7[6:0]=7'b0100000;
      'b0111: seg7[6:0]=7'b0001111;
      'b1000: seg7[6:0]=7'b0000000;
```

```
  'b1001: seg7[6:0]=7'b0000100;
  default: seg7[6:0]='bx;
  endcase

  case(b_score[3:0])
  'b0000: seg8[6:0]=7'b0000001;
  'b0001: seg8[6:0]=7'b1001111;
  'b0010: seg8[6:0]=7'b0010010;
  'b0011: seg8[6:0]=7'b0000110;
  'b0100: seg8[6:0]=7'b1001100;
  'b0101: seg8[6:0]=7'b0100100;
  'b0110: seg8[6:0]=7'b0100000;
  'b0111: seg8[6:0]=7'b0001111;
  'b1000: seg8[6:0]=7'b0000000;
  'b1001: seg8[6:0]=7'b0000100;
  default: seg8[6:0]='bx;
  endcase
end

endmodule
```

该设计模块采用的是采用 if 语句的方式，根据不同的输入信号来进行条件判断并输出最终结果。由于使用 if 嵌套逻辑上较为烦琐，将 LED 灯缩减为 5 个，以减少代码量。代码中使用了分频功能，所以在仿真时需要将代码第二段 always（即主控制 always）中的敏感列表由 always@(posedge clk2hz)修改为 always@(posedge clk50Mhz)，主要是为了加快仿真。编写测试模块代码如下：

```
module tbpp;
reg clk;
reg af;
reg aj;
reg bf;
reg bj;
reg reset;
wire[4:0] shift;
wire[6:0]seg7;
wire[6:0]seg8;

initial
  begin
    clk=0;
    reset=0;
    #10 reset=1;
    #20 reset=0;
  end

always #5 clk=~clk;

initial
  begin
```

```
    af=0;bf=0;
    #40 bf=1;
    #10 bf=0;
    repeat (4) @(posedge clk);
    #5 aj=1;
    #10 aj=0;
    repeat (3) @(posedge clk);
    bj=1;
    #10 bj=0;
    #30 ;
    @(posedge clk);
    #5 bf=1;
    #10 bf=0;
    #100 $stop;
  end

pp pp(shift,seg7,seg8,clk,reset,af,aj,bf,bj);

endmodule
```

运行仿真后可得图 12-19 所示的功能仿真波形图，模拟的过程是 b 先发球，随后 a 接球成功，b 接球失败。然后 b 发球，a 一直没有接球。这样两次得到的 a 和 b 的积分均为 1。

该设计模块可以得到图 12-20 所示的电路结构。按照图 12-21 所示的引脚配置下载到开发板即可完成硬件验证。

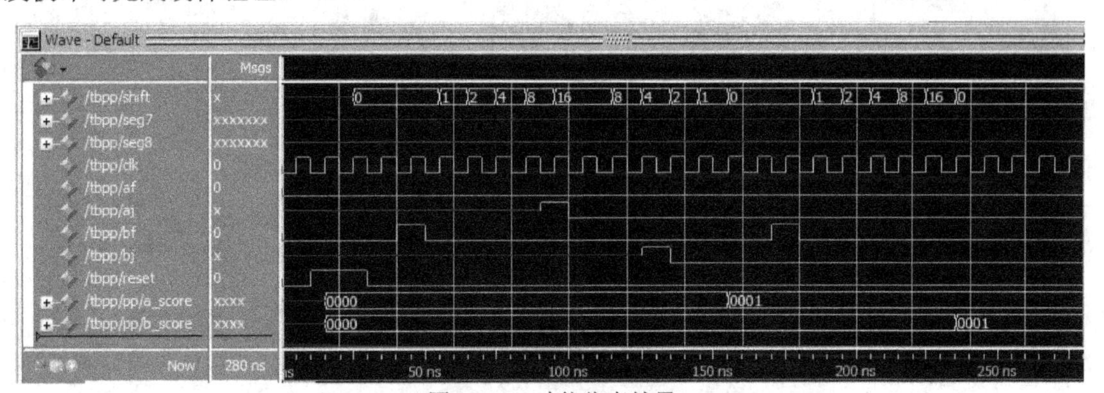

图 12-19　功能仿真结果

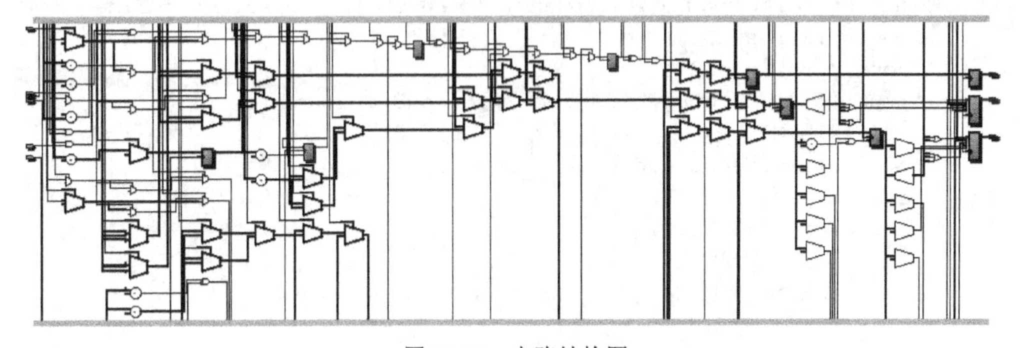

图 12-20　电路结构图

	Node Name	Direction	Location	I/O Bank	VREF Group	I/O Standard
1	af	Input	PIN_V2	1	B1_N0	3.3-V LVTTL (default)
2	aj	Input	PIN_U4	1	B1_N0	3.3-V LVTTL (default)
3	bf	Input	PIN_AF14	7	B7_N1	3.3-V LVTTL (default)
4	bj	Input	PIN_P25	6	B6_N0	3.3-V LVTTL (default)
5	clk50Mhz	Input	PIN_N2	2	B2_N1	3.3-V LVTTL (default)
6	rst	Input	PIN_N25	5	B5_N1	3.3-V LVTTL (default)
7	seg7[6]	Output	PIN_V20	6	B6_N1	3.3-V LVTTL (default)
8	seg7[5]	Output	PIN_V21	6	B6_N1	3.3-V LVTTL (default)
9	seg7[4]	Output	PIN_W21	6	B6_N1	3.3-V LVTTL (default)
10	seg7[3]	Output	PIN_Y22	6	B6_N1	3.3-V LVTTL (default)
11	seg7[2]	Output	PIN_AA24	6	B6_N1	3.3-V LVTTL (default)
12	seg7[1]	Output	PIN_AA23	6	B6_N1	3.3-V LVTTL (default)
13	seg7[0]	Output	PIN_AB24	6	B6_N1	3.3-V LVTTL (default)
14	seg8[6]	Output	PIN_AF10	8	B8_N0	3.3-V LVTTL (default)
15	seg8[5]	Output	PIN_AB12	8	B8_N0	3.3-V LVTTL (default)
16	seg8[4]	Output	PIN_AC12	8	B8_N0	3.3-V LVTTL (default)
17	seg8[3]	Output	PIN_AD11	8	B8_N0	3.3-V LVTTL (default)
18	seg8[2]	Output	PIN_AE11	8	B8_N0	3.3-V LVTTL (default)
19	seg8[1]	Output	PIN_V14	8	B8_N0	3.3-V LVTTL (default)
20	seg8[0]	Output	PIN_V13	8	B8_N0	3.3-V LVTTL (default)
21	shift[4]	Output	PIN_AA14	7	B7_N1	3.3-V LVTTL (default)
22	shift[3]	Output	PIN_AD21	7	B7_N0	3.3-V LVTTL (default)
23	shift[2]	Output	PIN_AD22	7	B7_N0	3.3-V LVTTL (default)
24	shift[1]	Output	PIN_AB21	7	B7_N0	3.3-V LVTTL (default)
25	shift[0]	Output	PIN_AE23	7	B7_N0	3.3-V LVTTL (default)

图 12-21 引脚配置

由于本设计是一个时序电路，而且明显有不同的状态区分：发球过程、球移动过程和接球过程，所以也可以使用状态机的方式来完成设计，这样得到的设计更加具有时序性，而且也便于设计，故给出一个状态机设计的代码如下：

```
  module
pingp(clk,reset,push1,push0,led,decode1,decode2,decode3,decode4,clk_out);
  input clk,reset;
  input push1,push0;
  output[6:0]led,decode1,decode2,decode3,decode4;
  output clk_out;

  fenpin hz(.clk(clk),.clk_out(clk_out),.reset(reset));
  ctl ctl1(.clk(clk_out),.reset(reset),.push1(push1),.push0(push0),.
led(led),.decod-e1(decode1),.
          decode2(decode2),.decode3(decode3),.decode4(decode4));

endmodule

module ctl(clk,reset,push1,push0,led,decode1,decode2,decode3,decode4);
  input clk,reset;
  input push1,push0;
  output[6:0]led,decode1,decode2,decode3,decode4;
  reg[3:0]M,N;
  reg[6:0]led,decode1,decode2,decode3,decode4;
  reg[2:0]state;
  parameter s0=3'b000,
          s1=3'b001,
          s2=3'b010,
          s3=3'b011,
          s4=3'b100;
```

```
always@(posedge clk )
begin
  if(reset)
  begin
    led<=7'b0000000;
    M<=4'b0000;
    N<=4'b0000;
  end
  else
  begin
    case(state)
        s0:                          //初始发球
        begin
        led<=7'b0000000;

        if(push0)
        begin
          state<=s1;
          led<=7'b1000000;
        end
        else if(push1)
          begin
            state<=s3;
            led<=7'b0000001;
          end
        end
        s1:                          //甲发球或甲接球后，球的移动
        begin
          if(push1)
          begin
            state<=s0;
            M<=M+4'b0001;
          end
          else if(led==7'b0000001)
          begin
            state<=s2;
          end
          else
          begin
            state<=s1;
            led[6:0]<=led[6:0]>>1;
          end
        end
        s2:if(push1)                 //乙接球
            begin
              state<=s3;
              led<=7'b0000010;
            end
          else
```

```
        begin
          state<=s0;
          M<=M+4'b0001;
        end
  s3:                              //乙发球或接球后，球的移动
  begin
    if(push1)
    begin
      state<=s0;
      N<=N+4'b0001;
    end
    else if(led==7'b1000000)
    begin
      state<=s4;
    end
    else
    begin
      state<=s3;
      led[6:0]<=led[6:0]<<1;
    end
  end
  s4:                              //甲接球
     if(push0)
     begin
       state<=s1;
       led=7'b0100000;
     end
     else
       begin
         state<=s0;
         N<=N+4'b0001;
       end
     default:state<=s0;
   endcase

   if(M==4'b1011 || N==4'b1011)
        begin
          M<=4'b0000;
          N<=4'b0000;
        end
      case(M)    //显示甲得分
        8'b0000: begin
                decode1<=7'b1000000;
                decode2<=7'b1000000;
               end
        8'b0001: begin
                decode2<=7'b1000000;
                decode1<=7'b1111001;
               end
```

```
    8'b0010: begin
           decode2<=7'b1000000;
           decode1<=7'b0100100;
          end
    8'b0011: begin
           decode2<=7'b1000000;
           decode1<=7'b0101111;
          end
    8'b0100: begin
           decode2<=7'b1000000;
           decode1<=7'b0011001;
          end
    8'b0101: begin
           decode2<=7'b1000000;
           decode1<=7'b0010010;
          end
    8'b0110: begin
           decode2<=7'b1000000;
           decode1<=7'b0000010;
           end
    8'b0111: begin
           decode2<=7'b1000000;
           decode1<=7'b1111000;
          end
    8'b1000: begin
           decode2<=7'b1000000;
           decode1<=7'b0000000;
          end
    8'b1001: begin
           decode2<=7'b1000000;
           decode1<=7'b0010000;
          end
    8'b1010: begin
           decode2<=7'b1111001;
           decode1<=7'b1000000;
          end
    8'b1011: begin
           decode2<=7'b1111001;
           decode1<=7'b1111001;
          end
    default: begin
           decode2<=7'b1000000;
           decode1<=7'b1000000;
          end
  endcase
  end
  case(N)                      //显示乙得分
    8'b0000: begin
           decode4<=7'b1000000;
```

```
        decode3<=7'b1000000;
       end
8'b0001: begin
        decode4<=7'b1000000;
        decode3<=7'b1111001;
       end
8'b0010: begin
        decode4<=7'b1000000;
        decode3<=7'b0100100;
       end
8'b0011: begin
        decode4<=7'b1000000;
        decode3<=7'b0101111;
       end
8'b0100: begin
        decode4<=7'b1000000;
        decode3<=7'b0011001;
       end
8'b0101: begin
        decode4<=7'b1000000;
        decode3<=7'b0010010;
       end
8'b0110: begin
        decode4<=7'b1000000;
        decode3<=7'b0000010;
       end
8'b0111: begin
        decode4<=7'b1000000;
        decode3<=7'b1111000;
       end
8'b1000: begin
        decode4<=7'b1000000;
        decode3<=7'b0000000;
       end
8'b1001: begin
        decode4<=7'b1000000;
        decode3<=7'b0010000;
       end
8'b1010: begin
        decode4<=7'b1111001;
        decode3<=7'b1000000;
       end
8'b1011: begin
        decode4<=7'b1111001;
        decode3<=7'b1111001;
       end
default: begin
        decode4<=7'b1000000;
        decode3<=7'b1000000;
```

```
                end
            endcase
    end
    endmodule
```

可以看到在设计模块中使用了一个状态机来完成不同情况的转换。在初始状态下 LED 灯全灭，随着游戏者拨动开关，使 push0 和 push1 信号产生变化，进入下属的四个不同状态。例如，进入甲发球则进入 s1 状态，此状态的主要功能是完成 LED 灯从左向右的移动过程，并且判断在此过程中的乙方输入值，如果在 s1 状态中乙方有输入，表示球未到而乙已经拨动了开关，此时乙输而甲加分。而如果在球移动的过程中乙未接，则在 LED 灯移动到乙处时进入 s2 状态，即乙接球状态。在 s2 状态中如果乙方有输入，则表示接球成功，进入 s3 状态；如果乙方没有输入，表示接球失败，甲加分。接下来的 s3 状态和 s1 状态相似，只是球的运行方向变为由乙向甲，如果甲有输入则甲输，如果甲没有输入则等到 Led 灯移动到甲处进入 s4 状态。s4 状态与 s2 状态相似，如果甲接球成功则进入 s1 状态，完成循环；如果甲接球失败则算甲输。

编写测试模块如下，与上一个测试模块基本相似，验证所设想功能的正确性。

```
    module tbpingp;
    reg clk,reset;
    reg push1,push0;
    wire[6:0]led,decode1,decode2,decode3,decode4;
    wire clk_out;

    initial
    begin
      clk=0;
      reset=0;
      #10 reset=1;
      #20 reset=0;
    end

    always #5 clk=~clk;

    initial
    begin
      push1=0;push0=0;
      #40 push1=1;
      #10 push1=0;
      repeat (7) @(posedge clk);
      push0=1;
      #20 push0=0;
      repeat (3) @(posedge clk);
      push1=1;
      #10 push1=0;
      #30 ;
```

```
        @(posedge clk);
        #5 push1=1;
        #10 push1=0;
        #100 $stop;
    end

    pingp pingpang(clk,reset,push1,push0,led,decode1,decode2,decode3,
    decode4,clk_out);

    endmodule
```

运行测试模块得到图 12-22 所示的仿真波形图。该波形图中共体现了两种情况：第一种情况出现在 reset 高电平之后，push1 出现高电平，表示乙发球，接下来在 LED 灯移动到甲处时（即 LED 值为 1000000 时）push0 出现高电平，表示甲接起球，然后在未到接球位置时 push1 再次出现高电平，表示乙接球失败，M 计数为 0001。第二种情况是接下来继续 push1 再次变为 1，在移动到甲处时没有甲的输入信号，所以甲输，此时 N 计数变为 0001。这样分别模拟了接到一次发球和没有接到发球两种情况。

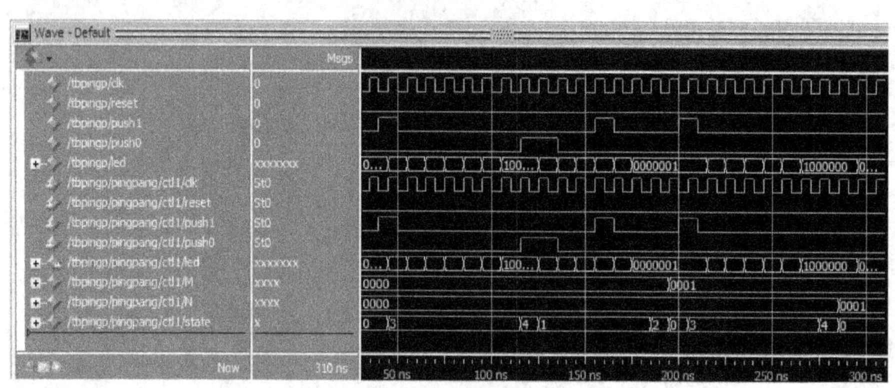

图 12-22　功能仿真波形图

由于该游戏电路实际硬件验证结果更加直观，所以可以使用开发板做硬件验证，使用 Quartus 可以得到图 12-23 所示的状态转换图，可以对照程序代码和设计要求检车状态转换是否相符。检查无误后可以调用 TRL 视图功能得到图 12-24 所示的电路结构图，图中左上角的矩形区域就是状态机电路，完成的就是图 12-25 所示的状态转换图。

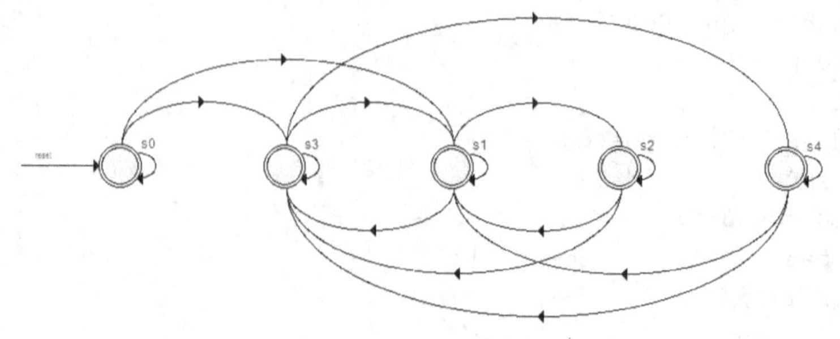

图 12-23　状态转换图

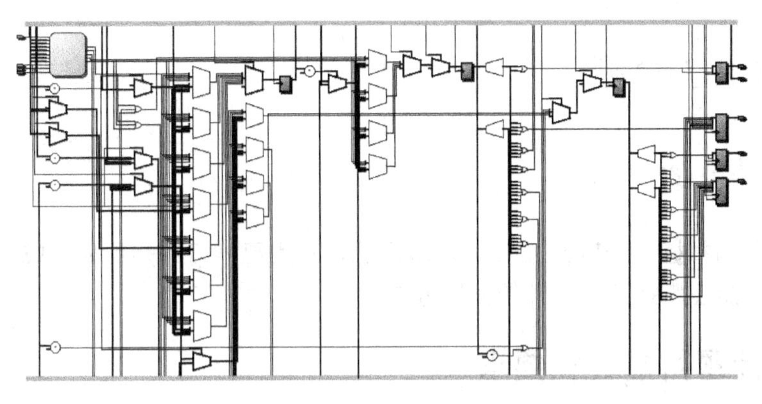

图 12-24　电路结构图

Node Name	Direction	Location	I/O Bank	VREF Group	I/O Standard	Reserved	Current Strength
decode3[0]	Output	PIN_R2	1	B1_N0	3.3-V LV...default)		24mA (default)
decode3[1]	Output	PIN_P4	1	B1_N0	3.3-V LV...default)		24mA (default)
decode3[2]	Output	PIN_P3	1	B1_N0	3.3-V LV...default)		24mA (default)
decode2[0]	Output	PIN_T2	1	B1_N0	3.3-V LV...default)		24mA (default)
decode2[1]	Output	PIN_P6	1	B1_N0	3.3-V LV...default)		24mA (default)
decode2[2]	Output	PIN_P7	1	B1_N0	3.3-V LV...default)		24mA (default)
decode2[3]	Output	PIN_T9	1	B1_N0	3.3-V LV...default)		24mA (default)
decode2[4]	Output	PIN_R5	1	B1_N0	3.3-V LV...default)		24mA (default)
decode2[5]	Output	PIN_R4	1	B1_N0	3.3-V LV...default)		24mA (default)
decode2[6]	Output	PIN_R3	1	B1_N0	3.3-V LV...default)		24mA (default)
decode1[0]	Output	PIN_U9	1	B1_N0	3.3-V LV...default)		24mA (default)
decode1[1]	Output	PIN_U1	1	B1_N0	3.3-V LV...default)		24mA (default)
decode1[2]	Output	PIN_U2	1	B1_N0	3.3-V LV...default)		24mA (default)
decode1[3]	Output	PIN_T4	1	B1_N0	3.3-V LV...default)		24mA (default)
decode1[4]	Output	PIN_R7	1	B1_N0	3.3-V LV...default)		24mA (default)
decode1[5]	Output	PIN_R6	1	B1_N0	3.3-V LV...default)		24mA (default)
decode1[6]	Output	PIN_T3	1	B1_N0	3.3-V LV...default)		24mA (default)
decode4[0]	Output	PIN_L3	2	B2_N1	3.3-V LV...default)		24mA (default)
decode4[1]	Output	PIN_L2	2	B2_N1	3.3-V LV...default)		24mA (default)
decode4[2]	Output	PIN_L9	2	B2_N1	3.3-V LV...default)		24mA (default)
decode4[3]	Output	PIN_L6	2	B2_N1	3.3-V LV...default)		24mA (default)
decode4[4]	Output	PIN_L7	2	B2_N1	3.3-V LV...default)		24mA (default)
decode4[5]	Output	PIN_P9	2	B2_N1	3.3-V LV...default)		24mA (default)
decode4[6]	Output	PIN_N9	2	B2_N1	3.3-V LV...default)		24mA (default)
decode3[3]	Output	PIN_M2	2	B2_N1	3.3-V LV...default)		24mA (default)
decode3[4]	Output	PIN_M3	2	B2_N1	3.3-V LV...default)		24mA (default)
decode3[5]	Output	PIN_M5	2	B2_N1	3.3-V LV...default)		24mA (default)
decode3[6]	Output	PIN_M4	2	B2_N1	3.3-V LV...default)		24mA (default)
clk	Input	PIN_N2	2	B2_N1	3.3-V LV...default)		24mA (default)
reset	Input	PIN_N23	5	B5_N1	3.3-V LV...default)		24mA (default)
push1	Input	PIN_G26	5	B5_N0	3.3-V LV...default)		24mA (default)
push0	Input	PIN_W26	6	B6_N1	3.3-V LV...default)		24mA (default)
led[0]	Output	PIN_AE22	7	B7_N0	3.3-V LV...default)		24mA (default)
led[1]	Output	PIN_AF22	7	B7_N0	3.3-V LV...default)		24mA (default)
led[2]	Output	PIN_W19	7	B7_N0	3.3-V LV...default)		24mA (default)
led[3]	Output	PIN_V18	7	B7_N0	3.3-V LV...default)		24mA (default)
led[4]	Output	PIN_U18	7	B7_N0	3.3-V LV...default)		24mA (default)
led[5]	Output	PIN_U17	7	B7_N0	3.3-V LV...default)		24mA (default)

图 12-25　引脚配置

在代码通过编译和综合之后可以对设计模块进行引脚分配，分配图如图 12-25 所示。该配置中 decode 共有四组，decod2 和 decode1 是 M 的计数显示，decode4 和 decode3 是 N 的计数显示，这两个端口在仿真波形图中没有添加，这是因为数码管的译码输出在仿真波形图中显示并不直观，放在硬件电路中显示更容易验证正误。

4. 设计扩展

本设计的基本功能已经无法扩展，如要增加设计的复杂性，可以在外围电路方面添加一些额外的功能。例如，可以在计数到 11 之后添加蜂鸣或闪灯等警示功能，或者增加一个裁判开关，可由裁判来判别增加或减少得分、或者胜负标志等。

选题七　CRC 检测

1．课程设计目的

进一步熟悉和掌握 Verilog HDL 的基本语法，利用已学习的知识来完成 CRC 代码的设计，并通过仿真验证掌握开发软件的使用方法。

2．课程设计题目描述和要求

CRC 即循环冗余校验码（Cyclic Redundancy Check），是数据通信领域中最常用的一种差错校验码，其特征是信息字段和校验字段的长度可以任意选定。本设计中采用的是串行数据接收并添加 CRC 校验位，要求能够正确完成数据的接收和并行输出，并能够在有效数据之后添加 CRC 校验位，能够正确地发送和接收数据。

3．设计思想和过程

在设计 CRC 代码时首先要掌握 CRC 的基本原理。接收方和发送方事先有一个约定，也就是一串二进制数，在整个传输过程中，这个数始终保持不变。在发送方，利用生成多项式对信息多项式做模 2 除生成校验码。在接收方利用生成多项式对收到的编码多项式做模 2 除检测。整个算法应满足以下条件。

（1）生成多项式的最高位和最低位必须为 1。

（2）当被传送信息（CRC 码）任何一位发生错误时，被生成多项式做除后应该使余数不为 0。

（3）不同位发生错误时，应该使余数不同。

在做除法的时候，CRC 的除法使用的是模 2 的减法，最后实现的实际效果就是两个值的异或，按照除法的顺序完成余数的计算，但做除法中的减法步骤时使用异或操作就可以得到最后的结果，其算法的例子可以参考图 12-26。

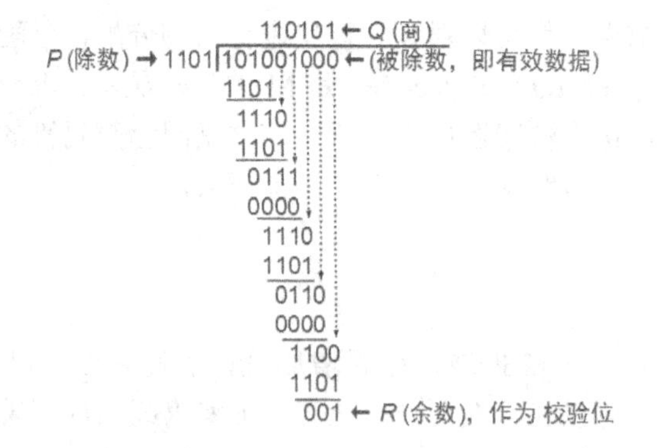

图 12-26　CRC 运算示例

需要注意的是，如果选择了 n 位的 CRC 生成多项式（即图中的除数），最后生成的校

验位是 n-1 位。按图中运算最后得到的余数会添加到有效数据的末尾，在接收时接收方按照相同的运算法则对接收到的数据进行验证，如果能够整除（余数为 0）则收发正确，否则就是出现了错误。

按照上述的运算规则，得到代码如下：

```
module crc(  data_send,ready_s,data_out,resend,
             data_in,reset,data_receive,ready_r,clk,err          );
parameter width=1,amount=12;
//width 表示输入数据的位宽,amount 表示码组中的信息位部分含有输入数据的个数
output [width*amount+4:0]  data_send;   //data_send 编码后的 CRC 循环码组输
                                          出，位宽为 17
output ready_s;                         //ready_s 编码模块的准备就绪信号输
                                          出高电平有效
output [width-1:0]  data_out;           //data_out—译码模块译码后信息数据
                                          的输出，位宽为 width
output resend;                          //resend—重发信号输出高电平有效
input [width-1:0]data_in;               //data_in—编码模块信息数据输入，
                                          位宽为 width.
input reset;                            //reset 编码模块计数器预置信号输入上
                                          升沿有效
input [width*amount+4:0]  data_receive; //data_receive 译码模块接收 CRC
                                         循环码组的输入
input ready_r;                          //ready_r 译码模块准备就绪信号输入
                                          高电平有效;
input err;                              //err 迫使接收端接收数据出错信号输入
                                          高电平有效
input clk;                              //时钟信号

crc_send  send1(data_send,ready_s,data_in,reset,clk);
crc_receive receive1(data_out,resend,data_send,ready_r,clk,err);

endmodule

//编码模块
module crc_send(data_send,ready_s,data_in,reset,clk);
    parameter width=1,amount=12;
    output [width*amount+4:0]  data_send;
    output ready_s;
    input [width-1:0]  data_in;
    input reset,clk;
    reg [width*amount+4:0]  data_send;
    reg ready_s;
    reg [width*amount:0] buf_in;
    reg [width*amount+4:0]  buf_data_s;
    integer n,i;

    always @(posedge reset or posedge clk)
```

```
            begin
              if(reset)
                  n=0;
              else
                  if(n<amount-1)
                     begin
                       ready_s<=0;              //编码模块的准备就绪信清零
                       buf_in=buf_in<<width;    //buf_in 输入缓冲器
                       buf_in[width-1:0]=data_in;
                       n=n+1;
                     end
                  else
                     begin
                         buf_in=buf_in<<width;
                          buf_in[width-1:0]=data_in;
                                buf_data_s[width*amount+4:5]=buf_in;
                       if(buf_in[11])
                         buf_in[11:6]=buf_in[11:6]^6'b110101;
                       if(buf_in[10])
                         buf_in[10:5]=buf_in[10:5]^6'b110101;
                       if(buf_in[9])
                         buf_in[9:4]=buf_in[9:4]^6'b110101;
                       if(buf_in[8])
                         buf_in[8:3]=buf_in[8:3]^6'b110101;
                       if(buf_in[7])
                         buf_in[7:2]=buf_in[7:2]^6'b110101;
                       if(buf_in[6])
                         buf_in[6:1]=buf_in[6:1]^6'b110101;
                       if(buf_in[5])
                         buf_in[5:0]=buf_in[5:0]^6'b110101;
                       buf_data_s[4:0]=buf_in[4:0];
                 data_send[width*amount+4:0]=buf_data_s[width*amount+4:0];
                       n=0;
                       ready_s<=1;
                     end
            end

       endmodule

       //解码模块
       module crc_receive(data_out,resend,data_receive,ready_r,clk,err);

          parameter  width=1,amount=12;
           output [width-1:0]  data_out;
           output resend;
           input [width*amount+4:0]  data_receive;
           input ready_r,clk,err;
```

```
reg [width-1:0]  data_out;
reg resend;
reg [width*amount+4:0]  buf_receive;
reg [width*amount:0] buf_data_r;
reg right;
integer m;

always @(posedge clk)
   begin
       if(ready_r)
           begin
             buf_receive=data_receive;
             if(err)
                buf_receive[16]=~buf_receive[16];
          buf_data_r[width*amount:0]=buf_receive[width*amount+4:5];
             if(buf_data_r[11])
                    buf_data_r[11:6]=buf_data_r[11:6]^6'b110101;
             if(buf_data_r[10])
                    buf_data_r[10:5]=buf_data_r[10:5]^6'b110101;
             if(buf_data_r[9])
                    buf_data_r[9:4]=buf_data_r[9:4]^6'b110101;
             if(buf_data_r[8])
                    buf_data_r[8:3]=buf_data_r[8:3]^6'b110101;
             if(buf_data_r[7])
                    buf_data_r[7:2]=buf_data_r[7:2]^6'b110101;
             if(buf_data_r[6])
                    buf_data_r[6:1]=buf_data_r[6:1]^6'b110101;
             if(buf_data_r[5])
                    buf_data_r[5:0]=buf_data_r[5:0]^6'b110101;

             if(!(buf_data_r[4:0]^buf_receive[4:0]))
                begin
                  right=1;
                  resend=0;
                  data_out=buf_receive[16];
                  buf_receive=buf_receive<<width;
                  m=1;
                end
             else
                begin
                  right=0;
                  resend=1;
                  data_out='bz;
                end
           end
       else if(right)
           begin
             if(m<amount)
```

```
                    begin
          data_out=buf_receive[width*amount+4:width*amount+5-width];
                      buf_receive=buf_receive<<width;
                      m=m+1;
                    end
                end
        end
endmodule
```

在设计模块中，使用了 if 语句来描述 CRC 的运算过程，当 CRC 运算步骤中得到的结果高位为 1 则进行异或操作，否则就继续向低位检查。使用的 CRC 多项式是 6 位二进制数 110101，得到的运算结果应该是 5 位数值。编写测试模块代码如下：

```
module crc_test;
    reg data_in,reset,clk,err;
    reg [15:0] shift;
    wire [16:0] data_send;
    wire ready;

    always #50 clk=~clk;

    initial
      begin
        clk=1;
        err=0;
        shift=16'h8000;
        reset=0;
        #10 reset=1;
        #20 reset=0;
        #9600 err=1;
        #100 err=0;
        #500000 $stop;
      end

    always @(posedge clk)
      begin
        data_in=shift[0];
        shift=shift>>1;
        shift[15]=shift[14]^shift[11];
        if(!shift[15:12])
            shift[15:12]=4'b1000;
      end

    crc_send  send(data_send,ready,data_in,reset,clk);
    crc_receive receive(data_out,resend,data_send,ready,clk,err);

endmodule
```

该测试模块产生了 data_in 的输入信号，并根据时钟和复位信号产生了输出的 data_send 值，在图 12-27 中截取了其中的部分波形，该波形中主要展示了两个 data_send 的发送过程。在倒数第三行 ready 信号变为高电平时，新的数据开始接收，按照第一行 data_in 的顺序依次是 11110101100100000，此数的前 12 位是有效数据，后 5 位是校验数据。随后接受第二次的数据依次是 00011110101111100，后 5 位 11100 也是添加的校验位。校验后的代码经过接收模块得到最后的输出波形图，就是图中的 resend 一行，经验证结果正确。

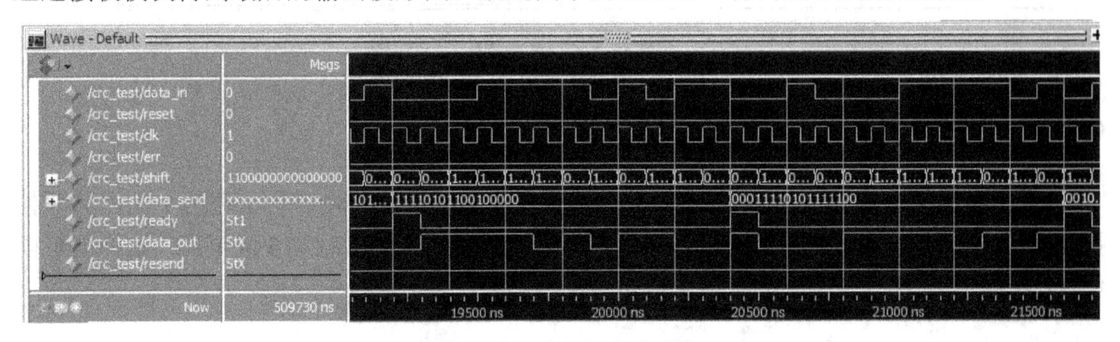

图 12-27　功能仿真波形图

将设计代码使用 Quartus 软件进行编译和综合，可得图 12-28 所示的电路模块结构图，依次观察整体设计中的发送模块和接收模块，可以得到图 12-29 和图 12-30 所示的电路结构。

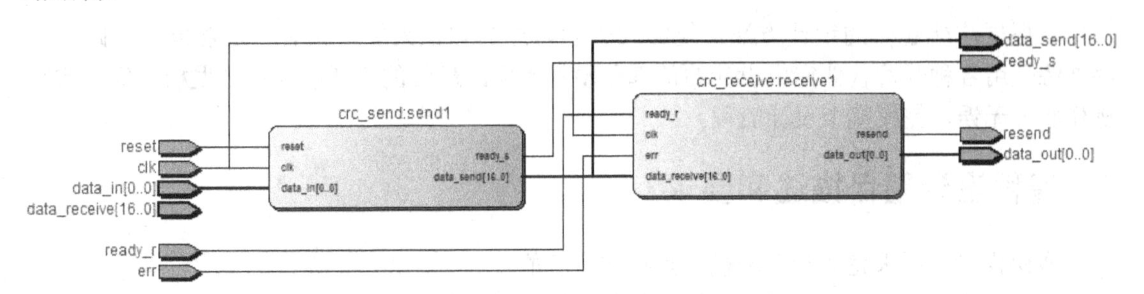

图 12-28　电路模块结构

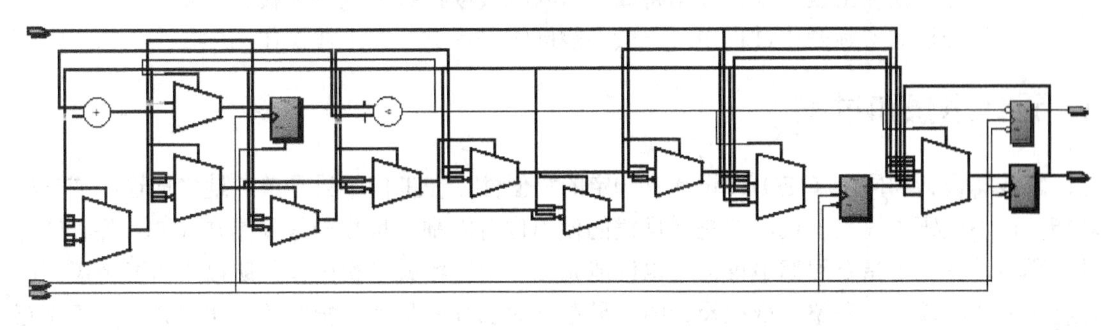

图 12-29　发送模块

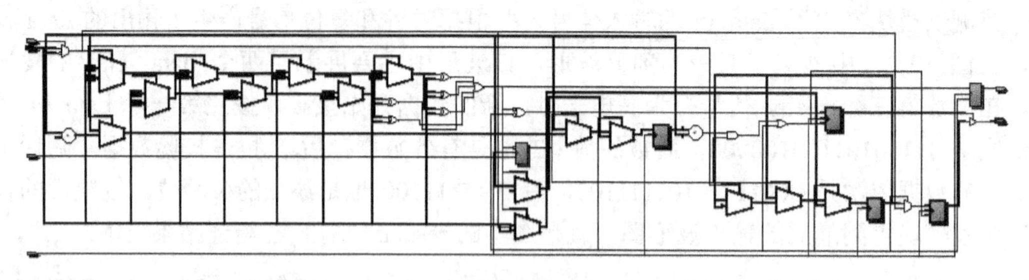

图 12-30　接收模块

4. 设计扩展

CRC 校验功能比较单一，在确定了生成多项式的基础上并没有什么修改空间，若要使设计难度变得困难一些，可以选择一些复杂的生成多项式，如 CRC-16 或更高，这样就可以使代码的规模变大，但是基本的实现方式还是相似的。

选题八　堆栈设计

1. 课程设计目的

掌握层次化建模的设计方法，能够利用学习过的知识来编写具有一定功能的电路，能够熟练使用各种开发软件完成设计的仿真和硬件实现，最终的设计能够在开发板中经过实际操作验证无误，完成整个设计流程。

2. 课程设计题目描述和要求

本课程设计要求完成一个堆栈，具有如下功能。

（1）堆栈实际是一个先进后出的存储器，所以算法是 LIFO。

（2）具有进栈和出栈命令，分别将数据压入堆栈或把数据取出堆栈。

（3）在堆栈的实际操作过程中，一般不能同时进行进栈和出栈操作。

3. 设计思想和过程

堆栈和设计和同步 FIFO 的设计有一定的相似性，在工作中只是单纯地完成进栈或出栈功能，而不能既进栈又出栈，这是受堆栈的使用位置限制。堆栈一般使用在 CPU 保存断点的过程中，在一个指令周期中仅需要也仅能完成一次进栈或一次出栈，所以不需要考虑同时进行出入栈的操作。在整个堆栈设计中，最重要的部分就是读写指针的变化问题，由于是后进先出，所以在前面介绍的同步 FIFO 基础上做简单修改即可得到如下设计代码：

```
      `define depth 16
      module
stack_ctl(clk,reset_n,pop,push,wptr,rptr,preempty,empty,prefull,full,overflow);
```

```
input clk,reset_n;
input pop,push;
output [3:0] wptr,rptr;
output preempty,empty;
output prefull,full;
output overflow;

reg [3:0] wptr,rptr;
reg [4:0] fifo_cnt;
reg push_reg,pop_reg;

always @ (posedge clk or negedge reset_n)        //进栈和出栈信号
begin
  if(!reset_n)
    begin
      push_reg<=0;
      pop_reg<=0;
    end
  else
    begin
      push_reg<=push;
      pop_reg<=pop;
    end
end

always @ (posedge clk or negedge reset_n)        //写指针控制
if(!reset_n)
  wptr<=1'b0;
else if (push)
  wptr<=wptr+1;
else if (pop)
  wptr<=rptr+1;
else
  wptr<=wptr;

always @ (posedge clk or negedge reset_n)        //读指针控制
if(!reset_n)
  rptr<=1'b0;
else if(~pop&~push)
  rptr<=rptr;
else if(pop)
  rptr<=rptr-1;
else
  rptr<=wptr;

always @ (posedge clk or negedge reset_n)        //容量控制
```

```
begin
  if(!reset_n)
    fifo_cnt<=0;
  else
    begin
      case({push,pop})
        2'b01:fifo_cnt<=fifo_cnt-1;
        2'b10:fifo_cnt<=fifo_cnt+1;
        default:fifo_cnt<=fifo_cnt;
      endcase
    end
end

//各种状态信号生成
assign full=(fifo_cnt==`depth-1)?1:0;
assign prefull=(fifo_cnt==`depth-2)?1:0;
assign empty=(fifo_cnt==0)?1:0;
assign preempty=(fifo_cnt==1)?1:0;
assign overflow=(fifo_cnt>=`depth)?1:0;

endmodule

module ram(clk,we,re,wptr,rptr,din,dout);         //包含的存储器
input clk;
input we,re;
input [3:0] wptr,rptr;
input [7:0] din;
output [7:0] dout;
reg [7:0] dout;

reg [7:0] mem [1:15];
wire [7:0] dout_tmp;

always @(posedge clk)
if(!we)
  mem[wptr]<=din;

always @(posedge clk)
if(re)
  dout<=dout_tmp;

assign dout_tmp=mem[rptr];

endmodule

module
```

```
stack(clk,reset_n,push,pop,din,full,prefull,empty,preempty,overflow,d
out); //顶层模块
input clk,reset_n;
input push,pop;
input [7:0] din;
output full,prefull;
output empty,preempty;
output overflow;
output [7:0] dout;

wire [3:0] wptr,rptr;
wire npush;

assign npush=~push;     //信号取反

stack_ctl ictl(clk,reset_n,pop,push,wptr,rptr,preempty,empty,prefull,
full,overflow);
ram iram(clk,npush,pop,wptr,rptr,din,dout);

endmodule
```

按照堆栈的实际功能编写测试模块如下：

```
module tbstack;
reg clk,reset_n;
reg push,pop;
reg [7:0] din;
wire full,prefull;
wire empty,preempty;
wire overflow;
wire [7:0] dout;


integer i;

always #10 clk=~clk;
initial
  begin
    clk=0;
    reset_n=0;
    #20 reset_n=1;
    push=1;
    pop=0;
    din=8'h12;
    #20 din=8'h34;
    #20 din=8'h56;
    #20 push=0;
```

```
      pop=1;
    #40 pop=0;
    reset_n=0;
    #20 reset_n=1;
    push=1;
    pop=0;
     for(i=0;i<16;i=i+1)
      begin
        #20 din=$random;
      end
    #20 push=0;
    #10 pop=1;
    #300 $stop;
  end

stack dut(clk,reset_n,push,pop,din,full,prefull,empty,preempty,
overflow,dout);

endmodule
```

运行该测试模块可以得到图 12-31 所示的仿真波形图。在仿真的初始阶段，push 信号为 1，pop 信号为 0，此时完成进栈功能，所以提供的数据 12、34、56 依次送入堆栈中。然后 push 变为 0，pop 变为 1，此时完成出栈功能，按反顺序读出 56、34。随后继续完成进栈功能，依次压入随机数，以十六进制形式显示，压入 15 个数据之后 overflow 信号变为高电平，因为之前还有一个数据 12 存放在堆栈中。此时重新执行出栈命令，可以得到从 f9 开始的输出结果，这个 f9 的数值也是堆栈得到的最后一个有效数值，而进栈命令中的最后一个数据 c6 由于溢出而丢失了。可从波形结果中对照得知输出的数据正是之前进栈的数据。

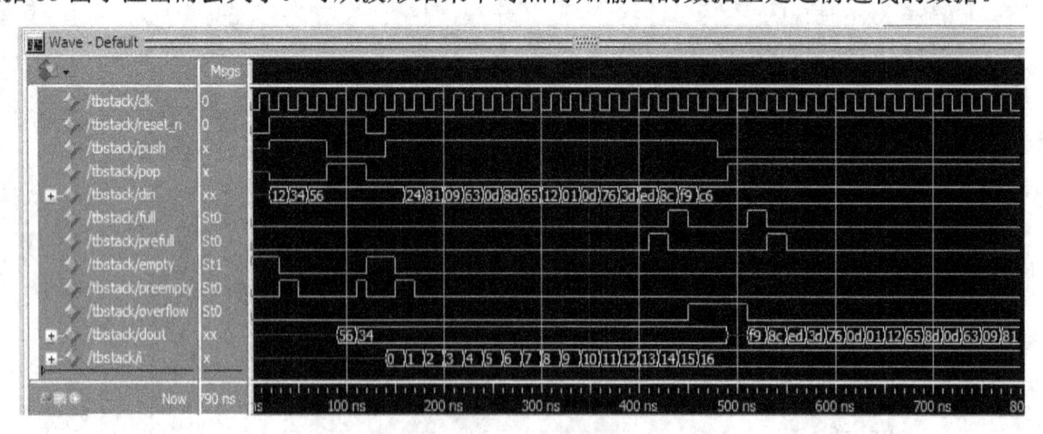

图 12-31　功能仿真波形图

运行 Quartus 软件可以得到图 12-32 所示的模块结构图，可以看到两个模块之间的信号联系。还可以依次看到图 12-33 所示的堆栈控制模块电路图和图 12-34 所示的存储模块电路图，存储模块正中的部分就是存储单元，剩余部分是读写控制电路。

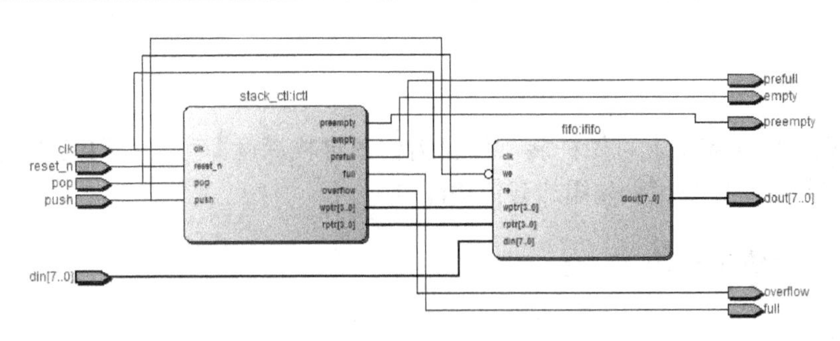

图 12-32　模块结构图

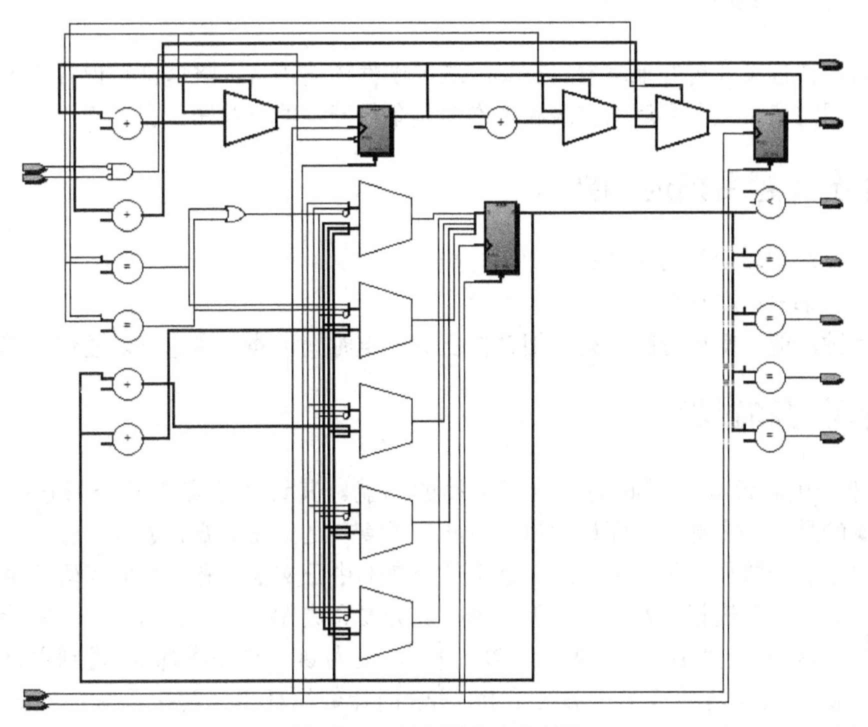

图 12-33　控制模块电路结构

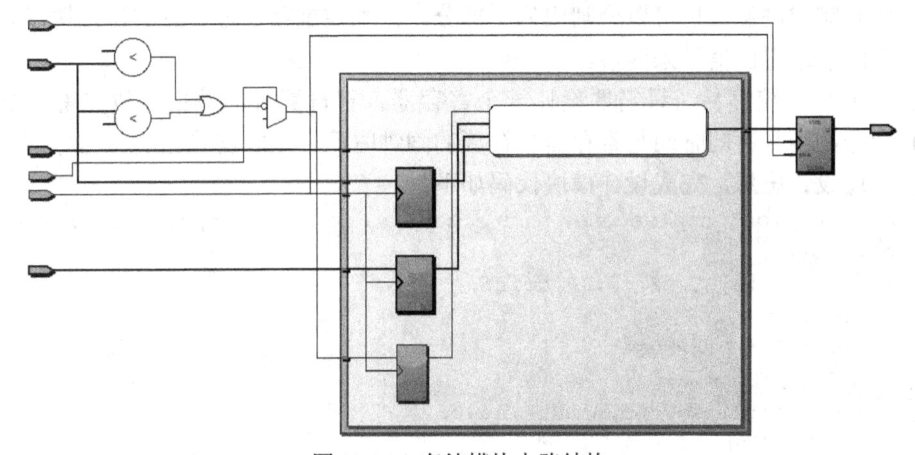

图 12-34　存储模块电路结构

4. 设计扩展

本课程设计仅在容量上可做扩展，但仅需修改堆栈深度即可，代码的难度不会增加，在功能上也已经足够完整，无须添加其他功能。

选题九　数字闹钟

1. 课程设计目的

通过这次课程设计更好地掌握 Verilog 这门硬件描述语言，将理论知识转化为实际设计中的应用，同时使学生在今后的实践和工作中具备最基本的专业知识和素质。

2. 课程设计题目描述和要求

本设计要求的多功能数字钟具有如下功能。

（1）具有基本计时功能。

（2）闹钟功能，闹钟时间可调，闹钟自己到一定时间可停，中途可以通过按键停止。

3. 设计思想和过程

要设计一个时钟有表示时间、设置闹铃的功能。其设计重点在两个部分：计时和闹钟。最主要的是第一个部分，即计时部分，此计时复杂之处在于要完成秒、分、小时的进位转换，其中秒和分的显示是 60 进制，这个部分在书中正文部分有成型的代码可供参考，而小时部分需要设计者进行一番思考，因为小时部分要完成 00～23 的循环，这样就存在三次十位的变化：从 09 变为 10，从 19 变为 20，从 23 变为 00，这就不像 60 进制中只需要考虑末尾为 9 和高位为 5 两种情况。解决了 00～23 的计数循环也就解决了时钟部分的难点。

时钟部分还需要完成秒分时的进位功能，此进位功能可以使用一个 if 的嵌套语句在完成循环的同时完成进位，也可以分割成为三部分，分别控制秒、分、时的进位情况，然后在三个部分之间使用进位信号来连接。

闹钟部分相对较容易，只需要设计一个寄存器，把设置好的数据存放在寄存器中，仅保留小时和分，当时钟的时间与寄存器中存放的闹钟时间一致时就输出响铃信号即可。

按照上述设计思想，完成设计模块代码如下：

```
module clock_top(second,minute,hour,clk,m,h,a,b,c,c1,c2,c3,c4,c5,
c6,reset);
  output[6:0]c1,c2,c3,c4,c5,c6;
  output a;
  input b,c,clk,reset;
  input[7:0] m,h;
  output[7:0] second,minute,hour;
  wire[7:0] m,h;
```

```
  wire b,c,clk,reset;

 fenpin fenpin1(reset,clk_1s,clk);
 clock clock1(second,minute,hour,clk_1s,m,h,a,b,c,c1,c2,c3,c4,c5,c6,
 reset);

 endmodule

 module clock(second,minute,hour,clk,m,h,a,b,c,c1,c2,c3,c4,c5,c6,
 reset);
  output[6:0]c1,c2,c3,c4,c5,c6;
  output a;
  input b,c,clk,reset;
  input[7:0] m,h;
  output[7:0] second,minute,hour;
  reg[7:0] second,minute,hour;
  reg[6:0] c1,c2,c3,c4,c5,c6;
  reg a;
  reg [7:0] m_reg,h_reg;
  wire second_c,minute_c;

  //闹钟时间设置
  always@(m or h)
  begin
    m_reg=m;
    h_reg=h;
  end

  //时钟计数部分，完成秒、分、时的计数
  always @ (posedge clk)
  if(reset)
  begin
  second<=0;minute<=0;hour<=0;
  end
  else
  begin
    if(second[7:4]==5)
      begin
        if(second[3:0]==9)
          begin
          second<=0;
          if(minute[7:4]==5)
            begin
              if(minute[3:0]==9)
                begin
                minute<=0;
                if(hour[3:0]==3)
                  begin
                    if(hour[7:4]==2)
```

```
                    hour<=0;
                  else hour[3:0]<=hour[3:0]+4'b0001;
                end
              else if(hour[3:0]==9)
                begin
                  hour[3:0]<=0;
                  hour[7:4]<=hour[7:4]+4'b0001;
                end
                   else hour[3:0]<=hour[3:0]+4'b0001;
               end
             else minute[3:0]<=minute[3:0]+4'b0001;
           end
         else  if(minute[3:0]==9)
                begin
                minute[3:0]<=0;
                minute[7:4]<=minute[7:4]+4'b0001;
                end
              else minute[3:0]<=minute[3:0]+4'b0001;
         end
         else second[3:0]<=second[3:0]+4'b0001;
     end
   else if(second[3:0]==9)
   begin
     second[3:0]<=0;
     second[7:4]<=second[7:4]+4'b0001;
   end
   else second[3:0]<=second[3:0]+4'b0001;
end

//闹钟判断部分，c 为闹钟启动信号，b 为关闭信号
always @(minute or hour or c or b)
if(minute==m_reg&&hour==h_reg&&c==1)
 begin
   if(b==1)
      a=0;
   else a=1;
 end
 else
   a=0;

 //秒显示
always @(second[3:0])
begin
 case(second[3:0])
   4'b0000:c1=7'b1000000;
   4'b0001:c1=7'b1111001;
   4'b0010:c1=7'b0100100;
   4'b0011:c1=7'b0110000;
   4'b0100:c1=7'b0011001;
   4'b0101:c1=7'b0010010;
   4'b0110:c1=7'b0000010;
```

```
      4'b0111:c1=7'b1011000;
      4'b1000:c1=7'b0000000;
      4'b1001:c1=7'b0010000;
      default:c1=7'b1111111;
    endcase
  end

  //秒显示
 always @(second[7:4])
 begin
   case(second[7:4])
     4'b0000:c2=7'b1000000;
     4'b0001:c2=7'b1111001;
     4'b0010:c2=7'b0100100;
     4'b0011:c2=7'b0110000;
     4'b0100:c2=7'b0011001;
     4'b0101:c2=7'b0010010;
     4'b0110:c2=7'b0000010;
     4'b0111:c2=7'b1011000;
     4'b1000:c2=7'b0000000;
     4'b1001:c2=7'b0010000;
     default:c2=7'b1111111;
   endcase
 end

 //分显示
 always @(minute[3:0])
 begin
   case(minute[3:0])
     4'b0000:c3=7'b1000000;
     4'b0001:c3=7'b1111001;
     4'b0010:c3=7'b0100100;
     4'b0011:c3=7'b0110000;
     4'b0100:c3=7'b0011001;
     4'b0101:c3=7'b0010010;
     4'b0110:c3=7'b0000010;
     4'b0111:c3=7'b1011000;
     4'b1000:c3=7'b0000000;
     4'b1001:c3=7'b0010000;
     default:c3=7'b1111111;
   endcase
 end

 //分显示
 always @(minute[7:4])
 begin
   case(minute[7:4])
     4'b0000:c4=7'b1000000;
     4'b0001:c4=7'b1111001;
     4'b0010:c4=7'b0100100;
     4'b0011:c4=7'b0110000;
```

```
    4'b0100:c4=7'b0011001;
    4'b0101:c4=7'b0010010;
    4'b0110:c4=7'b0000010;
    4'b0111:c4=7'b1011000;
    4'b1000:c4=7'b0000000;
    4'b1001:c4=7'b0010000;
    default:c4=7'b1111111;
  endcase
end

//小时显示
always @(hour[3:0])
begin
  case(hour[3:0])
    4'b0000:c5=7'b1000000;
    4'b0001:c5=7'b1111001;
    4'b0010:c5=7'b0100100;
    4'b0011:c5=7'b0110000;
    4'b0100:c5=7'b0011001;
    4'b0101:c5=7'b0010010;
    4'b0110:c5=7'b0000010;
    4'b0111:c5=7'b1011000;
    4'b1000:c5=7'b0000000;
    4'b1001:c5=7'b0010000;
    default:c5=7'b1111111;
  endcase
end

//小时显示
always @(hour[7:4])
begin
  case(hour[7:4])
    4'b0000:c6=7'b1000000;
    4'b0001:c6=7'b1111001;
    4'b0010:c6=7'b0100100;
    4'b0011:c6=7'b0110000;
    4'b0100:c6=7'b0011001;
    4'b0101:c6=7'b0010010;
    4'b0110:c6=7'b0000010;
    4'b0111:c6=7'b1011000;
    4'b1000:c6=7'b0000000;
    4'b1001:c6=7'b0010000;
    default:c6=7'b1111111;
  endcase
end

endmodule

//分频器模块，将晶振得到的固定时钟变为周期为1s的时钟
module fenpin(reset,clk_out,clk);
input clk,reset;
```

```
output clk_out;
reg clk_out;
reg[24:0] count;

/*              //此段部分用于 DE2-115 开发板验证
always @ (posedge clk)
begin
  if(reset)
    count<=0;
  else if(count==25'b1_1001_0000_0000_0000_0000_0000)
  begin
    count<=0;
    clk_out<=~clk_out;
  end
  else
    count<=count+1;
end
*/

always @(clk)      //此代码仅用于仿真
clk_out=clk;

endmodule
```

分频器模块完成从晶振到 1s 时钟的转换，在实际电路中使用是很方便的。但是如果在仿真时使用，由于需要等待很长时间，编写测试代码不容易掌握信号的变化情况，同时仿真时间过长会增加仿真器的负担，所以直接使用原始时候作为分频后的 1s 时钟，这样可以加快仿真的速度。编写测试模块验证设计的正确性，代码如下：

```
module tbclk;
  wire[6:0]c1,c2,c3,c4,c5,c6;
  wire a;
  wire[7:0] second,minute,hour;
  reg b,c,clk,reset;
  reg[7:0] m,h;

  initial
  begin
    clk=0;
    reset=0;
    h=8'h02;
    m=8'h30;
    c=1;
    b=0;
    #10 reset=1;
    #50 reset=0;
    @(posedge a);
    #10 b=1;
    #20 b=0;
    h=8'h4;
    m=8'h0;
```

```
        @(posedge a);
        #200 $stop;
      end

      always #5 clk=~clk;

      clock_top
clktop(second,minute,hour,clk,m,h,a,b,c,c1,c2,c3,c4,c5,c6,reset);

    endmodule
```

即使没有使用分频器，本仿真结果得到的波形图长度也很可观。先截取其中比较重要的两个部分，第一个是图 12-35 所示的部分，该部分体现的是在从 02:29 到 02:30 的过程，该过程中一方面可以看到小时、分、秒的变化情况正常（图中以十六进制显示数据），另一方面可以看到在时间变化到 02:30 时，a 信号变为高电平，闹钟响铃，随后 b 信号变为高电平，清除响铃。

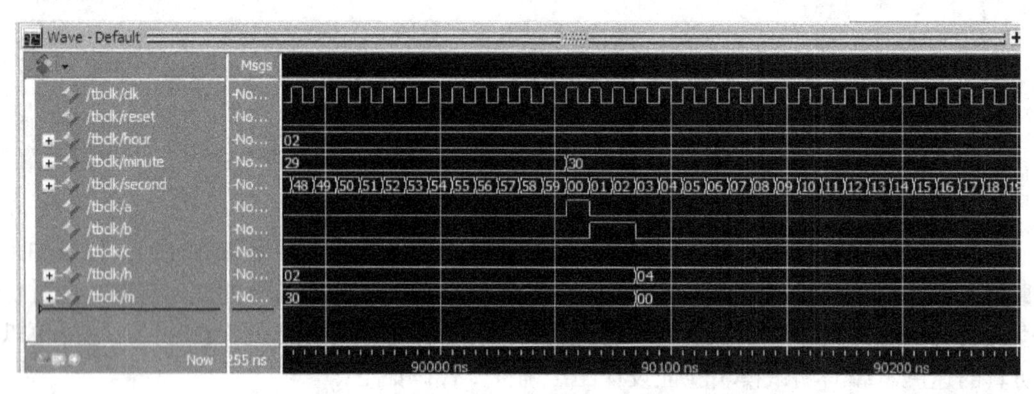

图 12-35　功能仿真一

图 12-36 显示的是第二部分。在第一部分之后，闹钟时间调整到 4 点整，所以到达 4 点时 a 信号变为高电平，由于没有 b 的高电平信号，即没有闹钟的清零信号，所以闹钟将会一直响铃，直到 1min 之后，时钟的时间和闹钟不同时响铃才能结束。

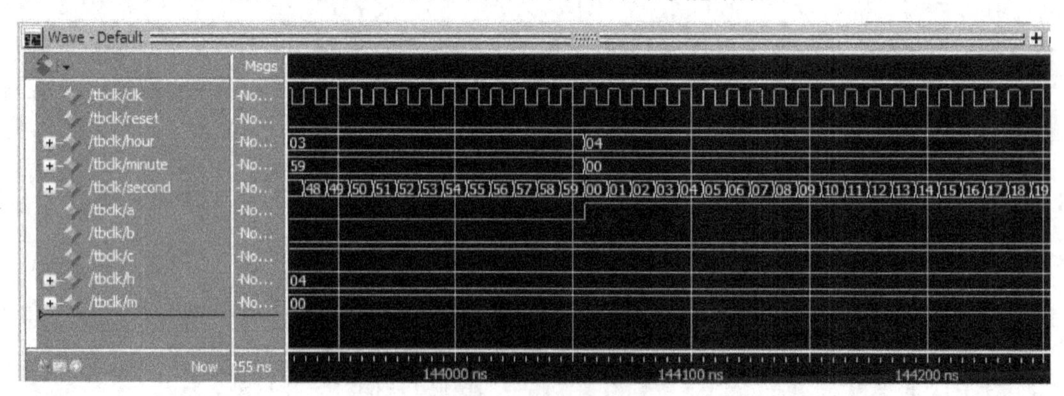

图 12-36　功能仿真二

该设计代码在 Quartus 中可以得到图 12-37 所示的模块图、图 12-38 所示的分频器电路结构图和图 12-39 所示的时钟模块电路结构图。按照图 12-40 所示的引脚配置进行设置后可以在开发板上完成设计，该配置图仅是一部分，缺少的部分是其余五个时间显示数码管的配置信息。

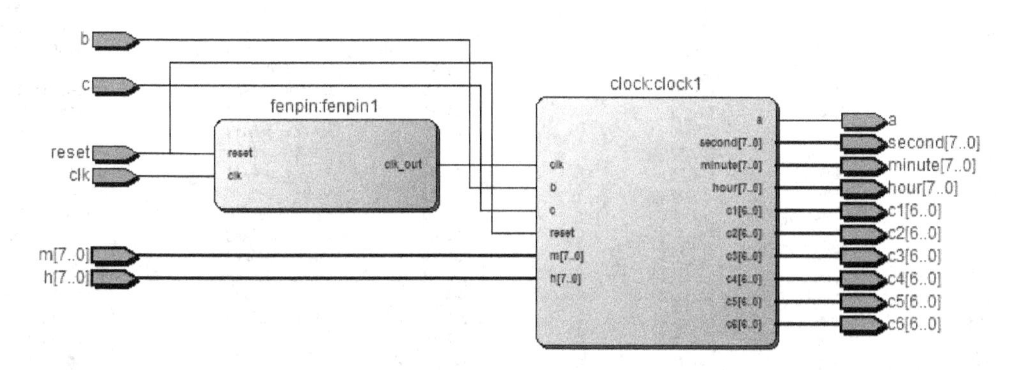

图 12-37　模块结构

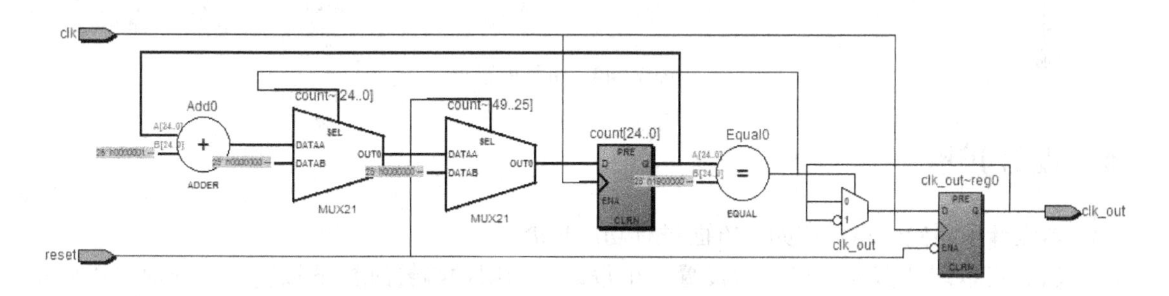

图 12-38　分频器电路

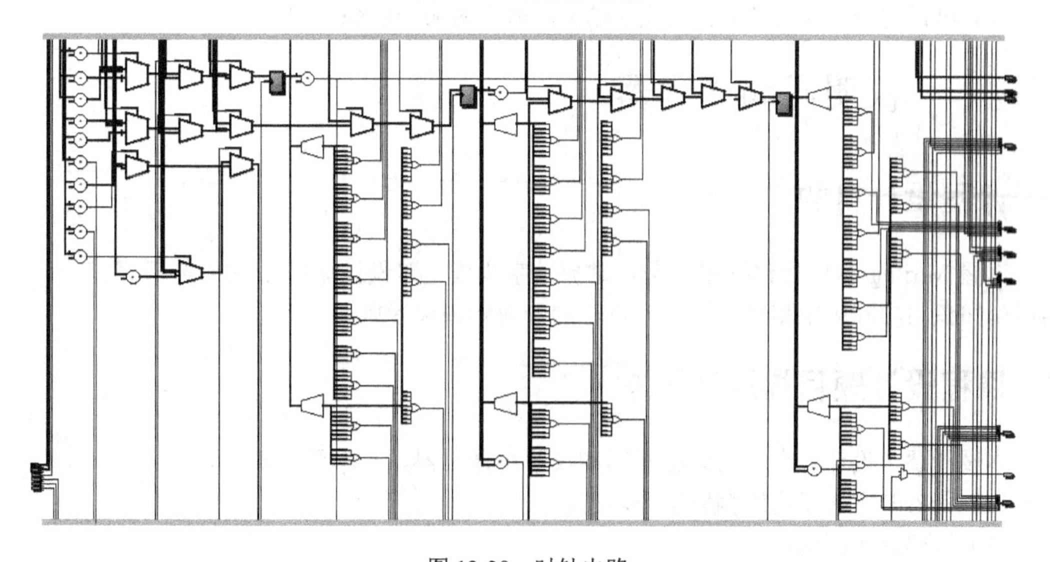

图 12-39　时钟电路

Node Name	Direction	Location	I/O Bank	VREF Group	I/O Standard	Reserved	Current Strength
b	Input	PIN_N25	5	B5_N1	3.3-V LV...default)		24mA (default)
c	Input	PIN_N26	5	B5_N1	3.3-V LV...default)		24mA (default)
clk	Input	PIN_N2	2	B2_N1	3.3-V LV...default)		24mA (default)
h[0]	Input	PIN_N1	2	B2_N1	3.3-V LV...default)		24mA (default)
h[1]	Input	PIN_P1	1	B1_N0	3.3-V LV...default)		24mA (default)
h[2]	Input	PIN_P2	1	B1_N0	3.3-V LV...default)		24mA (default)
h[3]	Input	PIN_T7	1	B1_N0	3.3-V LV...default)		24mA (default)
h[4]	Input	PIN_U3	1	B1_N0	3.3-V LV...default)		24mA (default)
h[5]	Input	PIN_U4	1	B1_N0	3.3-V LV...default)		24mA (default)
h[6]	Input	PIN_V1	1	B1_N0	3.3-V LV...default)		24mA (default)
h[7]	Input	PIN_V2	1	B1_N0	3.3-V LV...default)		24mA (default)
m[0]	Input	PIN_P25	6	B6_N0	3.3-V LV...default)		24mA (default)
m[1]	Input	PIN_AE14	7	B7_N1	3.3-V LV...default)		24mA (default)
m[2]	Input	PIN_AF14	7	B7_N1	3.3-V LV...default)		24mA (default)
m[3]	Input	PIN_AD13	8	B8_N0	3.3-V LV...default)		24mA (default)
m[4]	Input	PIN_AC13	8	B8_N0	3.3-V LV...default)		24mA (default)
m[5]	Input	PIN_C13	3	B3_N0	3.3-V LV...default)		24mA (default)
m[6]	Input	PIN_B13	4	B4_N1	3.3-V LV...default)		24mA (default)
m[7]	Input	PIN_A13	4	B4_N1	3.3-V LV...default)		24mA (default)
reset	Input	PIN_G26	5	B5_N0	3.3-V LV...default)		24mA (default)
a	Output	PIN_AE23	7	B7_N0	3.3-V LV...default)		24mA (default)
c1[0]	Output	PIN_AB23	6	B6_N1	3.3-V LV...default)		24mA (default)
c1[1]	Output	PIN_V22	6	B6_N1	3.3-V LV...default)		24mA (default)
c1[2]	Output	PIN_AC25	6	B6_N1	3.3-V LV...default)		24mA (default)
c1[3]	Output	PIN_AC26	6	B6_N1	3.3-V LV...default)		24mA (default)
c1[4]	Output	PIN_AB26	6	B6_N1	3.3-V LV...default)		24mA (default)
c1[5]	Output	PIN_AB25	6	B6_N1	3.3-V LV...default)		24mA (default)
c1[6]	Output	PIN_Y24	6	B6_N1	3.3-V LV...default)		24mA (default)

图 12-40　引脚配置

4．设计扩展

本设计所得闹钟可以在如下方面进行功能扩展。

（1）可以增加懒人模式，即设置一个按键，当闹钟响铃时按下按键，一方面可以停止响铃，另一方面可以把闹钟时间推后 5min。当然还需要另外一个按键可以真正关闭闹钟。

（2）可以把闹钟响铃的时间设置为 30s，需要增加一部分语句。

选题十　汉明码编译码器

1．课程设计目的

掌握 Verilog 这门硬件描述语言，掌握数字集成电路设计流程和 FPGA 开发流程，能够将所学知识与实际应用相结合，提升自己的专业知识和素质。

2．课程设计题目描述和要求

本设计要求设计一个汉明码编码器和汉明码译码器，基本要求如下。

（1）具备基本的汉明码编码解码功能。

（2）能够显示纠错位。

3. 设计思想和过程

本设计要完成一个汉明码编译码器，首先需要对汉明码的编码译码过程有所理解。数据在计算机中存储或通信，可能会发生错误，可以增加校验位来检测这种错误的发生。汉明码就是这种编码方式之一，它不仅能够检测出数据是否有错误，而且能够检测出发生错误的位数，由于二进制下发生错误即为取反，所以汉明码能够纠正错误的数据。但是汉明码只能纠正一位的错误，如果数据发生了多位错误，汉明码就无能为力了。

本设计中以经典的七位编码为例，在七位编码中，包含了四位数据和三位校验位，数据表示为 d3d2d1d0，校验码表示为 s2s1s0，采用的是奇偶校验方式，即配偶数个 1 的原则。这两种数据混合在一起构成七位的编码输出，其排布顺序为：d3d2d1s2d0s1s0，四位数据输入后，按如下公式进行计算，即

$$\begin{cases} s2 = d3 \oplus d2 \oplus d1 \\ s1 = d3 \oplus d2 \oplus d0 \\ s0 = d3 \oplus d1 \oplus d0 \end{cases}$$

计算后组合输出极为编码后的结果。按此公式，可编写代码如下：

```
module ham_encoder(data_in,data_out);
input [3:0] data_in;
output [6:0] data_out;
wire s2,s1,s0;

assign s2=data_in[3]+data_in[2]+data_in[1];
          //or data_in[6]^data_in[5]^data_in[4]
assign s1=data_in[3]+data_in[2]+data_in[0];
assign s0=data_in[3]+data_in[1]+data_in[0];
assign data_out={data_in[3:1],s2,data_in[0],s1,s0};

endmodule
```

一位异或运算与直接加和运算结果相同，可以互换。编写测试模块代码如下：

```
module tb_he;
reg [3:0] data_in;
wire [6:0] data_out;

initial
 data_in=4'b1101;
always #10 data_in=$random;

ham_encoder myham(data_in,data_out);

endmodule
```

运行仿真可得如图 12-41 所示的结果，从波形结果可以验证结果，例如第一组输入数据是 1101，输出数据是 1100110，按照汉明码运算公式，可以得到下式，即

s2=1^1^0=0

s1=1^1^1=1

s0=1^0^1=0

该数据与仿真结果的第 1、2、4 位相同，仿真结果正确。

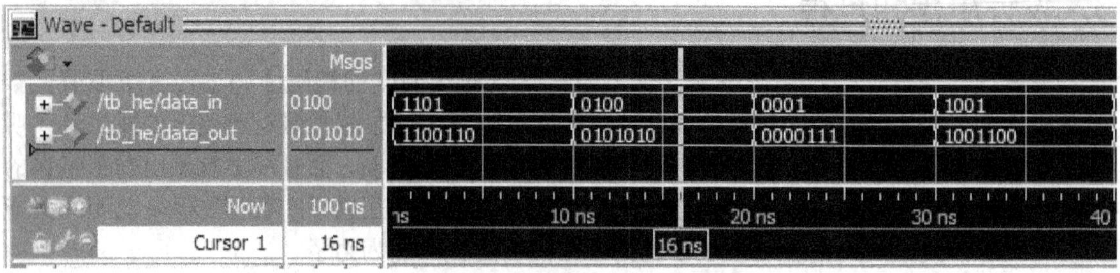

图 12-41 汉明码编码仿真结果

译码过程与编码过程相似，输入的是七位数据，设按 d7……d1 排列，运算公式如下，即

$$\begin{cases} p2 = d7 \oplus d6 \oplus d5 \oplus d4 \\ p1 = d7 \oplus d6 \oplus d4 \oplus d2 \\ p0 = d7 \oplus d5 \oplus d3 \oplus d1 \end{cases}$$

由编码运算可知，如果没有错误，该结果运算得到的 p 值应该是 000，除此之外，得到 001-111 之间的值，就表示相应的位出现了错误。

还有一个问题，校验码分别是 d4d2d1 这三位，如果校验码发生了错误，数据是没有问题的，此时可以纠错，也可以选择不纠错，数据直接输出即可。按此思路，完成设计模块代码如下：

```
module ham_decoder(data_in,data_out,err,warn,p);
input [6:0] data_in;
output [3:0] data_out;
output err,warn;
output [2:0] p;

reg err,warn;
wire [2:0] tp;
reg [6:0] data_tmp;

assign tp[2]=data_in[6]+data_in[5]+data_in[4]+data_in[3];
assign tp[1]=data_in[6]+data_in[5]+data_in[2]+data_in[1];
assign tp[0]=data_in[6]+data_in[4]+data_in[2]+data_in[0];
assign p=tp;
assign data_out={data_tmp[6:4],data_tmp[2]};

always @(data_in or tp)
begin
  if(tp==4'd1 || tp==4'd2  || tp==4'd4)
     begin
        warn=1;
        err=0;
        data_tmp=data_in;
     end
  else if (tp==0)
     begin
        warn=0;
        err=0;
```

```
            data_tmp=data_in;
        end
     else
        begin
            warn=0;
            err=1;
            data_tmp[p-1]=~data_in[p-1];
        end

  end

  endmodule
```

模块中的 err 和 warn 端口表示出现错误，数据位出现错误 err 变为高电平，校验位出现错误 warn 位变为高电平，对于校验位出错的情况并没有进行纠错。编写测试模块，观察译码功能，测试数据直接采用图 12-41 中的输出结果，译码器的仿真波形如图 12-42 所示。

```
  module tb_hd;
  reg [6:0] data_in;
  wire [3:0] data_out;
  wire err,warn;
  wire [2:0] p;

  initial
  begin
    #10 data_in=7'b1100110;
    #10 data_in=7'b0101010;
    #10 data_in=7'b0000111;
    #10 data_in=7'b1001100;
  #10 data_in=7'b0001100;    //验证错误位
  #10 data_in=7'b1101100;    //依次从高位到低位取反
  #10 data_in=7'b1011100;
  #10 data_in=7'b1000100;
  #10 data_in=7'b1001000;
  #10 data_in=7'b1001110;
  #10 data_in=7'b1001101;
  end

  ham_decoder myhamd(data_in,data_out,err,warn,p);

  endmodule
```

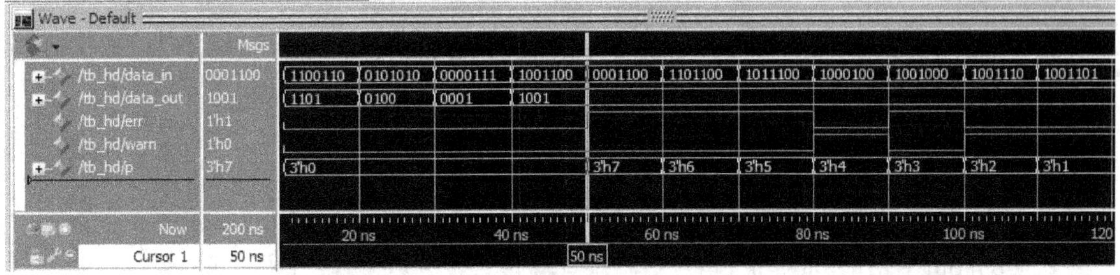

图 12-42　汉明码译码器仿真结果

由仿真结果可知，正确的数据能够完成译码输出。在光标右侧是错误的输入数据，能看到输出的数据 data_out 始终是 1001，结果正确，同时最后一行的输出 p 依次从 7 变为 1，能够正常识别错误位数，err 和 warn 位变化也完全正常。

在确认编码器工作正常的情况下，还可以结合编码器来完成测试模块，代码如下：

```
module tb_ham;
reg [3:0] data_in;
wire [3:0] data_out;
wire err,warn;
wire [2:0] p;
wire [6:0] data;

always #10 data_in=$random;

ham_encoder myhame(data_in,data);
ham_decoder myhamd(data,data_out,err,warn,p);

endmodule
```

得到仿真结果如图 12-43，如果译码器工作正确，那么输出的数据应该和输入数据相同，如果不同则证明出现了错误。仿真图中一目了然，结果正确。

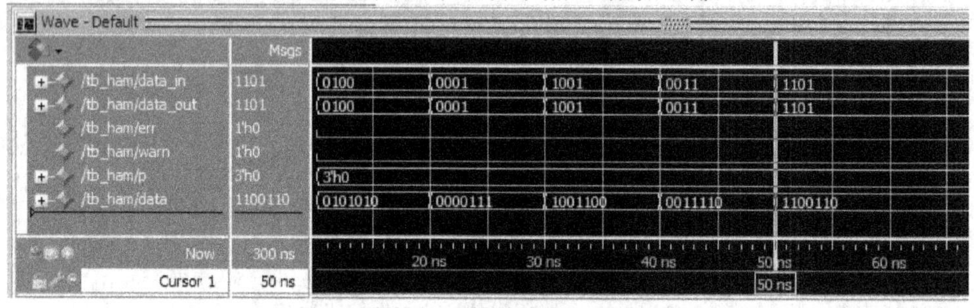

图 12-43　整体仿真结果

如果下载到 FPGA 开发板中，需要把译码器稍作修改，使输出的三位 p 值改为七段数码管输出，代码如下：

```
module hamming_decoder(data_in,data_out,err,warn,y);
input [6:0] data_in;
output [3:0] data_out;
output err,warn;
output [6:0] y;

wire [2:0] p;

ham_decoder  h1(data_in,data_out,err,warn,p);
disdecoder(p,y);

endmodule

module disdecoder(bcd,sevenout);
input [3:0] bcd;
output [6:0] sevenout;

reg [6:0] sevenout;
```

```
always @(bcd)
begin
  if(bcd==1)
    sevenout=7'b111_1111;
  else
    case((bcd-1))
      4'b0000:sevenout=7'b100_0000;
      4'b0001:sevenout=7'b111_1001;
      4'b0010:sevenout=7'b010_0100;
      4'b0011:sevenout=7'b011_0000;
      4'b0100:sevenout=7'b001_1001;
      4'b0101:sevenout=7'b001_0010;
      4'b0110:sevenout=7'b000_0010;
  default:sevenout=7'b111_1111;
  endcase
end
endmodule
```

编码器和译码器的引脚配置参考图 12-44 和 12-45 即可。

Named: * Edit:

Node Name	Direction	Location
data_in[3]	Input	PIN_AD27
data_in[2]	Input	PIN_AC27
data_in[1]	Input	PIN_AC28
data_in[0]	Input	PIN_AB28
data_out[6]	Output	PIN_J19
data_out[5]	Output	PIN_E18
data_out[4]	Output	PIN_F18
data_out[3]	Output	PIN_F21
data_out[2]	Output	PIN_E19
data_out[1]	Output	PIN_F19
data_out[0]	Output	PIN_G19

图 12-44 编码器引脚配置

Node Name	Direction	Location
data_in[6]	Input	PIN_AD26
data_in[5]	Input	PIN_AC26
data_in[4]	Input	PIN_AB27
data_in[3]	Input	PIN_AD27
data_in[2]	Input	PIN_AC27
data_in[1]	Input	PIN_AC28
data_in[0]	Input	PIN_AB28
data_out[3]	Output	PIN_F21
data_out[2]	Output	PIN_E19
data_out[1]	Output	PIN_F19
data_out[0]	Output	PIN_G19
err	Output	PIN_H15
warn	Output	PIN_E21
y[6]	Output	PIN_H22
y[5]	Output	PIN_J22
y[4]	Output	PIN_L25
y[3]	Output	PIN_L26
y[2]	Output	PIN_E17
y[1]	Output	PIN_F22
y[0]	Output	PIN_G18

图 12-45 译码器引脚配置

4. 设计扩展

本设计可以在如下方面进行功能扩展。

（1）可以把校验位出错的情况也进行纠错。

（2）扩大位数，本设计中 4 位数据和 3 位校验码，可以扩大到 11 位数据和 4 位校验码，基本原来相似，只需修改运算代码即可。

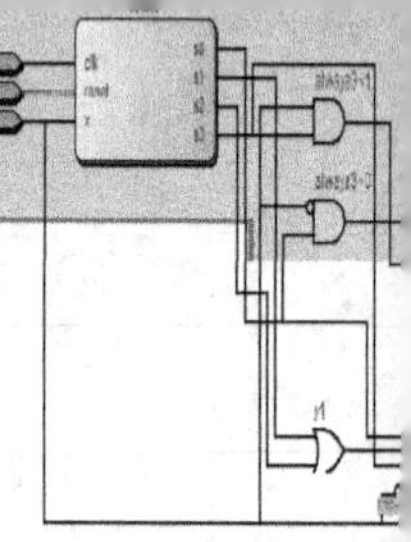

附录A　课程测试样卷

样卷一

一、填空题（本大题共10个空，每空1分，总计10分）

1. 连接模块端口有两种方法分别为__________和__________。
2. 过程性赋值分为两类，分别是__________和__________。
3. 常用的建模方式有________、________、行为级建模和结构建模。
4. 常用的延迟有三类，__________、_________、截止延迟。
5. Verilog HDL 语句中有__________和__________两种类语句块。

二、改错题（把错误的用线画上，将正确的写出）（本大题共4小题，每小题5分，总计20分）

```
1. module example(o1, o2, a, b, c, d);
     input a, b, c, d;
     output o1, o2;
     reg c, d;
     reg o2;
     and u1(o2, c, d);
     always @(a or b)
         if (a) o1 = b; else o1 = 0;
  endmodule
2. primitive multiplexer (x, y, z, o);
     output [1:0]o;
     input x, y, z;
     table
         //x  y  z  :  o
          0  ?  1  :  0;
          1  ?  1  :  1;
          ?  0  0  :  0;
          ?  1  0  :  1;
          0  0  x  :  0;
          1  1  x  :  1;
     endtable
  endprimitive
```

```
3. module mult (clk, a, b, out, en_mult);
   input clk, en_mult;
   input [3: 0] a, b;
   output [7: 0] out;
   reg [7: 0] out;
   always @( posedge clk)
      multme (a, b, out);              // 任务调用
   function multme(xme,tome,result); // 任务定义
      input [3: 0] xme, tome;
      wait (en_mult)
         result = xme * tome;
   endfunction
   endmodule
4. module example(m, n, a, b, c, d);
    input a, b, c, d;
    output m, n;
    reg c, d;
    reg m;
    assign m= c+d;
    always @(a or b)
        if (a) n = b;
       else n = 0;
   endmodule
```

三、简答题（本大题共 5 小题，每小题 8 分，总计 40 分）

1．阻塞赋值与非阻塞赋值使用原则？

2．下面标识符中哪些合法，哪些非法？非法的请指出为什么？

（1）1_2

（2）Many

（3）Reg

（4）$latch

3．定义一个模块 MEM，输入 32 位数据 data_in，clk，reset，输出 32 位数据 data_out，完成端口声明。再定义一个顶层模块 TOP，在其中调用（实例引用）模块 MEM 2 次，一次实例名为 mem1，使用顺序端口连接方式；再一次实例名为 mem2，使用命名端口连接方式，并写出所有模块和端口的层级名，直到最底层为止。

4．给定如下含有阻塞过程赋值语句的 initial 块。每条语句在什么仿真时刻开始执行？a，b，c 和 d 在仿真过程中的中间值和仿真结束时的值是什么？请画出 abcd 的波形图。

```
initial
begin
   a=1'b0;
   b=#10 1'b1;
```

```
        c=#5 1'b0;
        d=#20 {a, b, c};
    end
```

5．设计一个时钟信号发生器。时钟信号的初值为 0，周期为 10 个时间单位。①使用 always 和 initial 块进行设计；②使用 forever 循环语句设计。

四、程序设计题（本大题共 3 小题，总计 30 分）

1．使用 case 语句设计八功能的算术运算单元（ALU），其输入信号 a 和 b 均为 4 位，功能选择信号 select 为 3 位，输出信号 out 为 5 位。算术运算单元 ALU 所执行的操作与 select 信号有关，具体关系见下表。忽略输出结果中的上溢和下溢的位。（8 分）

Select 信号	功　能
3`b000	out＝a
3`b001	out＝a+b
3`b010	out＝a–b
3`b011	out＝a/b
3`b100	out＝a%b
3`b101	out＝a<<1
3`b110	out＝a>>1
3`b111	out＝a>b

2．四选一多路选择器如下图所示。请用 verilog 完成程序描述设计。设计要求：①门级（使用图中所示各门）；②数据流级（使用逻辑等式）描述，请写出每个完整程序，并编写一个简单的测试模块。（8 分）

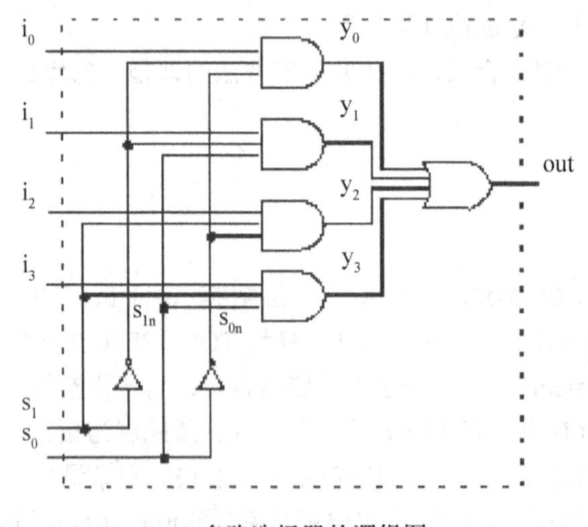

多路选择器的逻辑图

3．设计一个数字跑表，该跑表具有复位、暂停、秒表计时等功能。跑表设 3 个输入端，分别为时钟输入 clk、复位 clr 和启动/暂停按键。复位信号高电平有效，可对跑表异步

清零；当启动/暂停键为低电平时跑表开始计时，为高电平时暂停，变低后在原来数值基础上继续计数。（14 分）

样卷二

一、填空题（本大题共 10 个空，每空 1 分，总计 10 分）

1．常用的有限状态机有两种，分别是________和___________。

2．Verilog 设计中可以把在多个地方都使用的部分程序编写成任务和______。

3．连续赋值语句是 Verilog 数据流级建模的基本语句，用于对______变量进行赋值；过程赋值语句 Verilog 行为级建模的一种语句，用于对______类型变量赋值。

4．Verilog 中控制时序和语句执行顺序的三种方式是基于______的时序控制、基于______的时序控制和基于___________的时序控制。

5．顺序块和并行块使用两种类型的块语句。顺序块使用关键字_______和 end，而并行块使用关键字 fork 和______来表示。

二、简答题（本大题共 7 小题，每小题 8 分，总计 56 分）

1．试写出下列程序执行后 x、y、z、w 各在何时变化，可画图说明。

```
initial
begin
      x=1'b0;
      fork
            #5 y=1'b1;
            #10 z={x, y};
      Join
      #20 w={y, x};
end
```

2．对一个长度为 1024（地址从 0 到 1023）、位宽为 4 的存储器 cache_ var 进行建模，并初始化，把所有单元都设置为 0。

3．下面语句的输出结果是什么？

```
latch = 4'd13 ;
$display ("The current value of latch = %b\n", latch) ;
 $display ("This is a backslash \\ character and %%. \n")
```

4．定义一个顶层模块 stimulus，在其中声明 reg 变量 REG_IN（4 位）和 CLK（1 位）以及 wire 变量 REG_OUT（4 位）。在其中调用（实例引用）模块 shift_reg，实例名为 sr1，（a）使用顺序端口连接；（b）使用命名连接。

5．写出与门 A1 在仿真时的上升时间、下降时间和关断时间各为多少？

```
  ` timescale 1ns/10ps
  module  AndFunc(Z,A,B);
 output  Z;
```

```
        input  A,B;
        and  #(5.22,6.17)   Al(Z,A,B);
    endmodule
```

6．按正确的端口连接规则补全下图的端口类型。

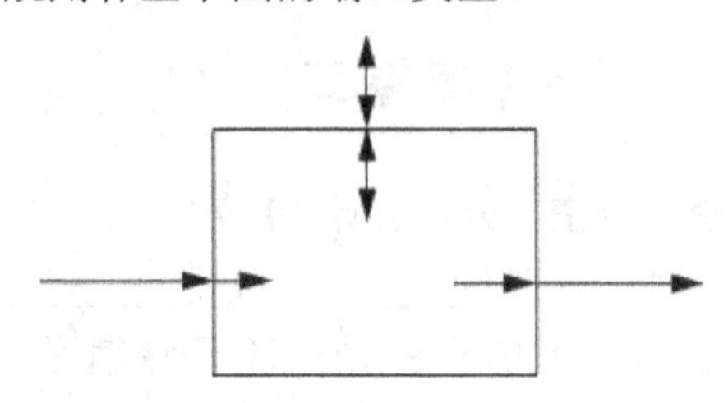

端口连接规则

7．写出下列代码执行后输出的结果。

```
    wire d_r1,d_r2,d_r3,d_r4;
    wire [7:0] d_r5;
    assign d_r1 = & 8'b1011_0011;
    assign d_r2 = ~ 8'b1011_0011;
    assign d_r3 = ~& 8'b1011_0011;
    assign d_r4= (4'b10x1==4'b10x1);
    assign d_r5 = 4'b1101&&8'h0a;
```

三、程序设计题（本大题共 3 小题，总计 34 分）

1．请用 Verilog HDL 语言描述一个 4 位加法器设计，并写出测试模块。（10 分）

2．有共阳极七段数码管一只，现欲驱动其工作，有如下的模块声明，

```
    module sevendis(bcd,disnout);
    input [3:0] bcd;
    output [6:0] sevenout;
       ……
```

0 1 2 3 4 5 6

试补全代码，使其能在4位输入信号的驱动下，
显示输出0～9的数字信息。（12分）

3．用 forever 循环语句、命名块和禁用命名块来设计一个 8 位计数器。这个计数器从 count = 0 开始计数，到 count = 69 结束计数。每个时钟正跳变沿计数器加 1。时钟的周期为 10。计数器的计数只用了一次循环，然后就被禁用了。（12 分）

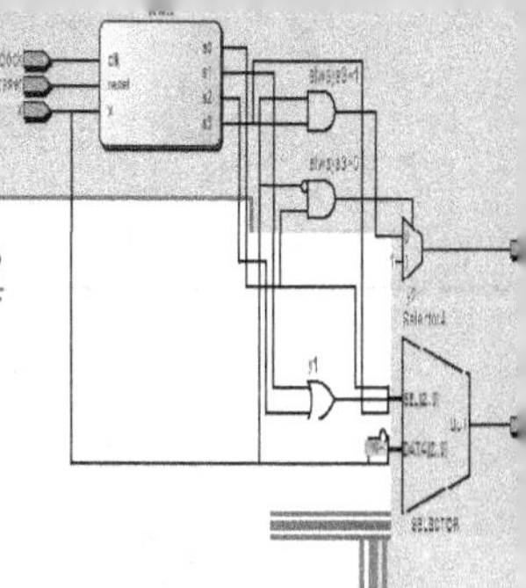

附录 B　习题及样卷答案

第 2 章习题答案

2-1．答：②③⑤⑥⑦合法。①以数字开头，Verilog HDL 要求必须以字母或下画线开头。④中存在？这一非法符号。⑧是 Verilog HDL 的关键字，不能作为标识符。

2-2．答：

```
module FU(clk,data1,data2,dout1,dout2);
input clk;
input [7:0] data1,data2;
output [7:0] dout1;
output [3:0] dout2;

endmodule
```

2-3．答：

```
module top;
reg clk1,clk2;
reg [7:0] data1,data2,d1,d2;
wire [7:0] dout1,o1;
wire [3:0] dout2,o2;

FU ifu1(.clk(clk1),.data1(d1),.data2(d2),.dout1(o1),.dout2(o2));
FU ifu2(clk2,data1,data2,dout1,dout2);

endmodule
```

2-4．答：

```
top.clk1  top.d1  top.d2  top.o1  top.o2
top.clk2  top.data1  top.data2  top.dout1  top.dout2
top.ifu1.clk top.ifu1.data1 top.ifu1.data2 top.ifu1.dout1 top.ifu1.dout2
top.ifu2.clk top.ifu2.data1 top.ifu2.data2 top.ifu2.dout1 top.ifu2.dout2
```

2-5．答：

```
module c2_5(a,b,c,y);
input a,b,c;
output y;

wire a1,a2,a3;

and inst(a1,a,b);
and inst1(a2,a,c);
and inst2(a3,b,c);
```

```
or inst3(y,a1,a2,a3);

endmodule
```

2-6．答：

```
module c2_6(a,b,c,x,y);
input a,b,c;
output x,y;

not (na,a);
not (nb,b);
not (nc,c);

and (a1,na,nb);
and (a2,nb,nc);
and (a3,na,nc);
and (a4,a,nb,c);
and (a5,na,b,c);
and (a6,na,nb,nc);
and (a7,a,b,nc);

nor(x,a1,a2,a3);
nor(y,a4,a5,a6,a7);

endmodule
```

第3章习题答案

3-1．答：①10001 ②111_1010 ③0000_0000_0000_0000_0000_0000_0000_1100
④0000_0000_0000_0000_0000_0000_0101_0110 ⑤00001

3-2．答：输出信号 out 当 s1 为 1 时输出 a 的值，当 s1 为 0、s2 为 1 时输出 b 的值，当 s1s2 为 00、s3 为 1 时输出 c 的值，当 s1s2s3 为 000、s4 为 1 时输出 d 的值，当 s1s2s3s4 均为 0 时输出 e 的值。

3-3．答：（1）wire [7:0] din;
（2）reg [15:0] dout;
（3）reg [31:0] memory [0:255];
（4）parameter fifo_depth=512;

3-4．答：

```
module c3_4(A,B,C,D,Co);
input A,B,C;
output D,Co;

assign D=((~A)&(~B)&C)|((~A)&B&(~C))|(A&(~B)&(~C))|(A&B&C);
assign Co=((~A)&(~B)&C)|((~A)&B&(~C))|((~A)&B&C)|(A&B&C);

endmodule
```

3-5．答：

```
module c3_5(A,B,AgtB, AeqB, AltB);
```

```
input [3:0] A,B;
output AgtB, AeqB, AltB;

assign AgtB=(A[3]&~B[3])|(~(A[3]^B[3])&A[2]&~B[2])|
            (~(A[3]^B[3])&~(A[2]^B[2])&A[1]&~B[1])|
            (~(A[3]^B[3])&~(A[2]^B[2])&~(A[1]^B[1])&A[0]&~B[0]);

assign AltB=(~A[3]&B[3])|(~(A[3]^B[3])&~A[2]&B[2])|
            (~(A[3]^B[3])&~(A[2]^B[2])&~A[1]&B[1])|
            (~(A[3]^B[3])&~(A[2]^B[2])&~(A[1]^B[1])&~A[0]&B[0]);

assign AeqB=~(A[3]^B[3])&~(A[2]^B[2])&~(A[1]^B[1])&~(A[0]^B[0]);

endmodule
```

第 4 章习题答案

4-1．答：（1）使用 if 完成的代码如下。

```
module c4_1a(din,dout);
input [1:0] din;
output [3:0] dout;
reg [3:0] dout;

always @(din)
if(din==2'b00) dout=4'b0001;
else if(din==2'b01) dout=4'b0010;
else if(din==2'b10) dout=4'b0100;
else if(din==2'b11) dout=4'b1000;
else dout=4'b0000;

endmodule
```

（2）使用 case 完成的代码如下。

```
module c4_1b(din,dout);
input [1:0] din;
output [3:0] dout;
reg [3:0] dout;

always @(din)
  case(din)
  2'b00:dout=4'b0001;
  2'b01:dout=4'b0010;
  2'b10:dout=4'b0100;
  2'b11:dout=4'b1000;
  default:dout=4'b0000;
  endcase

endmodule
```

4-2．答：

```
    initial
    begin
    clk=0;
    forever
    begin
      #5 clk=1;
      #10 clk=0;
    end
end
```

4-3．答：

```
    reg [7:0] mem [0:255];
    integer i;
    //使用 for 语句
    initial
    begin
      for(i=0;i<256;i=i+1)
        mem[i]=0;
    end
    //使用 while 语句
    initial
    begin
      i=0;
      while(i<256)
      begin
        mem[i]=0;
        i=i+1;
      end
    end
    //使用 repeat 语句
    initial
    begin
      i=0;
      repeat(256)
      begin
        mem[i]=0;
        i=i+1;
      end
    end
```

4-4．答：波形变化如下图所示。

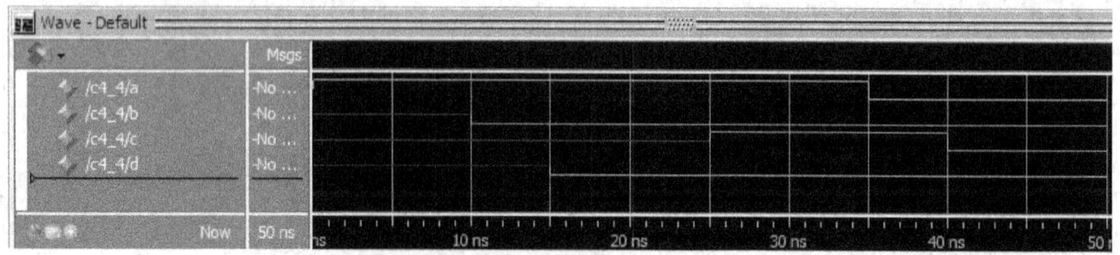

4-5．答：

```
    module c4_5(A,B,AgtB, AeqB, AltB);
```

```
input [3:0] A,B;
output AgtB, AeqB, AltB;
reg AgtB, AeqB, AltB;

always @(A or B)
begin
  if(A<B)
  begin
    AltB=1;
    AeqB=0;
    AgtB=0;
  end
  else if(A==B)
  begin
    AltB=0;
    AeqB=1;
    AgtB=0;
  end
  else if(A>B)
  begin
    AltB=0;
    AeqB=0;
    AgtB=1;
  end
  else
  begin
    AltB=0;
    AeqB=0;
    AgtB=0;
  end
end

endmodule
```

第5章习题答案

5-1．答：（1）本字符串在一些编译器中会报错，因为在显示任务中，%要接后续的指定字母，比如%b 等，但是本字符串没有。按字符串的本意要输出%，则需要改成两个%%符号。

（2）会显示 Please display 加乱码形式，因为反斜线加数字会得到 004 的转义符号，根据数字不同显示可能是乱码也可能是一些符号。

（3）This is a backslash character

其中的反斜线不会显示，如果反斜线后加不能转义的字符，效果和去掉反斜线是一样的。

5-2．答：（1）The value of reg =100

（2）The memory size is 00000200

5-3．答：

```
task mul;
input [7:0] mula,mulb;
output [15:0] result;

begin
  #10 result=mula*mulb;
end

endtask
```

5-4．答：

```
function parity;
input [15:0] data;

reg [15:0] sum;
reg [4:0] i;
reg last;

begin
    sum=0;
    for(i=0;i<16;i=i+1)
       sum=data[i]+sum;
    last=sum%2;
    parity=~last;
end
```

5-5．答：

```
task c5;
input [7:0] a,b;
output fcs;
reg [7:0] s;

begin
  mul(a,b,s);
  fcs=parity(s);
end
endtask
```

5-6．答：运行时间及变化值如下。

```
# 0      x=0,y=1
# 2.16   x=1,y=1
# 7.07   x=1,y=0
# 17.52  x=0,y=0
# 27.32  结束
```

第 6 章习题答案

6-1．答：两个模块都是三个输入，可以直接合并成一个测试模块，使用相同的输入向量，引出不同的输出即可，测试模块代码如下：

```
module c6_1;
wire a,b,c;
wire y7,x8,y8;
reg [2:0] tmp;
assign {a,b,c}=tmp;

initial tmp=0;
always #20 tmp=tmp+1;

c2_5 ic25(a,b,c,y7);
c2_6 ic26(a,b,c,x8,y8);

endmodule
```

题 2-5 仿真波形如下图所示，是一个表决器，超过两个输入是高电平则输出高电平，否则输出低电平。

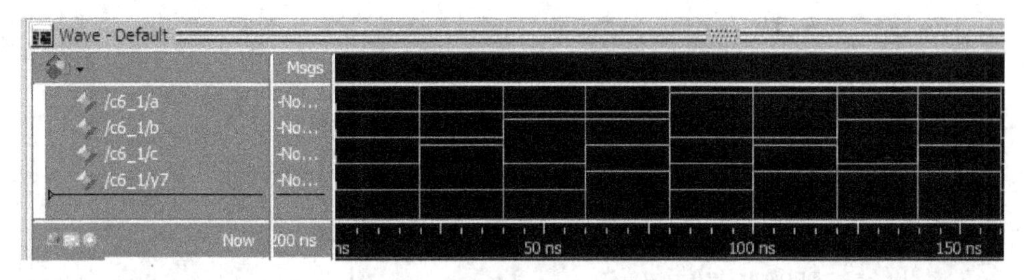

题 2-6 仿真波形如下图所示，是一个全加器。

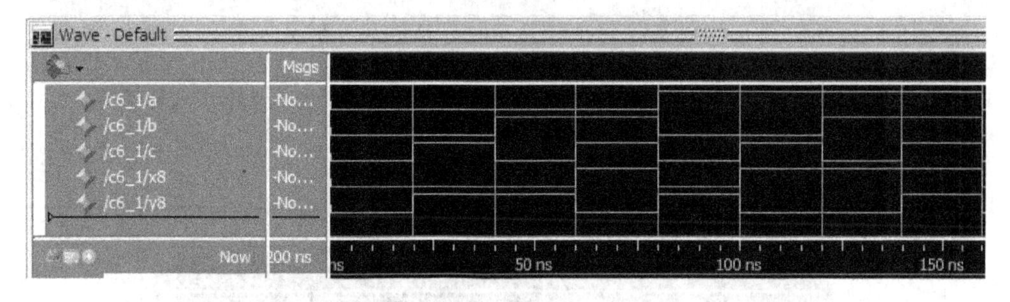

6-2. 答：测试模块代码如下。

```
module c6_2;
reg A,B,C;
wire D,Co;

initial
begin
  {A,B,C}=0;
  repeat (8)
    #10 {A,B,C}={A,B,C}+1;
```

```
    end

    c3_4 ic34(A,B,C,D,Co);

    endmodule
```

仿真波形如下图所示，根据输入/输出关系可知该电路是一个全减器。

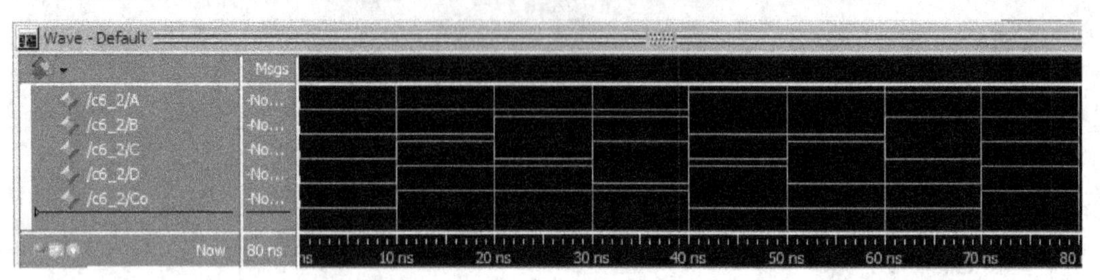

6-3．答：测试模块简单测试三个值。

```
module c6_3;
reg [3:0] A,B;
wire AgtB, AeqB, AltB;

initial
begin
  A=$random;B=A;
  #20 A=$random;B=A+2;
  #20 A=$random;B=A-1;
  #20 $stop;
end

c4_5 ic45(A,B,AgtB, AeqB, AltB);

endmodule
```

仿真结果如下图所示。

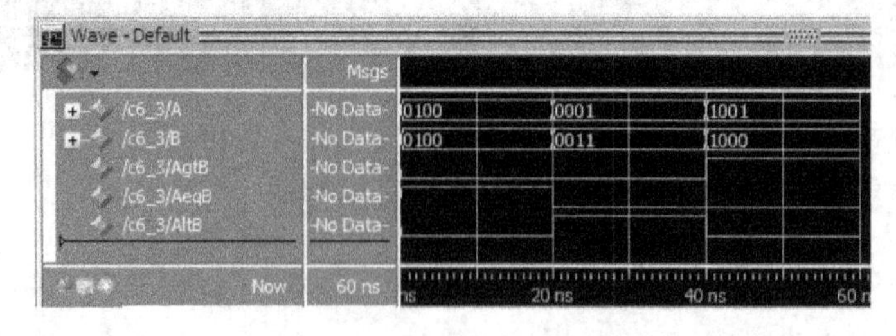

6-4．答：测试模块如下，注意仿真时要把任务添加到测试模块里。

```
module c6_4;
reg [7:0] d1,d2;
reg o1;

integer seed1=1,seed2=2;
```

```
always
begin
  d1=$random(seed1)/256;
  d2=$random(seed2)/256;
  c5(d1,d2,o1);
  #20;
end

always @(c5.s)
$display($realtime,"\n when the d1= %b, d2= %b, \n the product =
                                    %b,the fcs= %b ",d1,d2,c5.s,o1);

endmodule
```

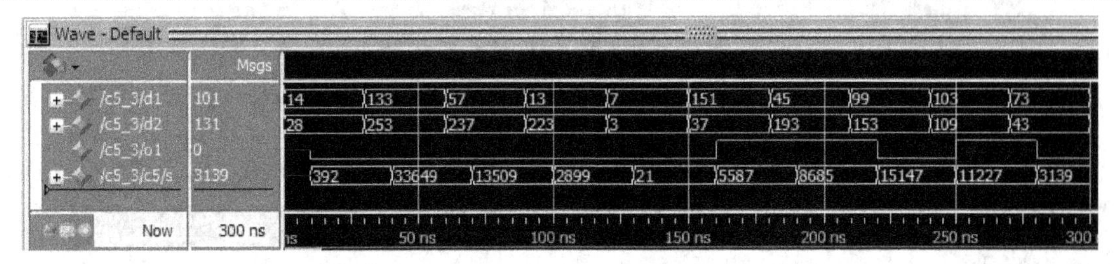

输出信息如下：

```
# 10
#  when the d1= 00001110, d2= 00011100,
#  the product = 0000000110001000,the fcs= 0
# 40
#  when the d1= 10000101, d2= 11111101,
#  the product = 1000001101110001,the fcs= 0
# 70
#  when the d1= 00111001, d2= 11101101,
#  the product = 0011010011000101,the fcs= 0
# 100
#  when the d1= 00001101, d2= 11011111,
#  the product = 0000101101010011,the fcs= 0
# 130
#  when the d1= 00000111, d2= 00000011,
#  the product = 0000000000010101,the fcs= 0
# 160
#  when the d1= 10010111, d2= 00100101,
#  the product = 0001010111010011,the fcs= 1
# 190
#  when the d1= 00101101, d2= 11000001,
#  the product = 0010000111101101,the fcs= 1
```

```
# 220
#  when the d1= 01100011, d2= 10011001,
#  the product = 0011101100101011,the fcs= 0
# 250
#  when the d1= 01100111, d2= 01101101,
#  the product = 0010101111011011,the fcs= 1
# 280
#  when the d1= 01001001, d2= 00101011,
#  the product = 0000110001000011,the fcs= 0
```

第 7 章习题答案

7-1．答：如下图所示。

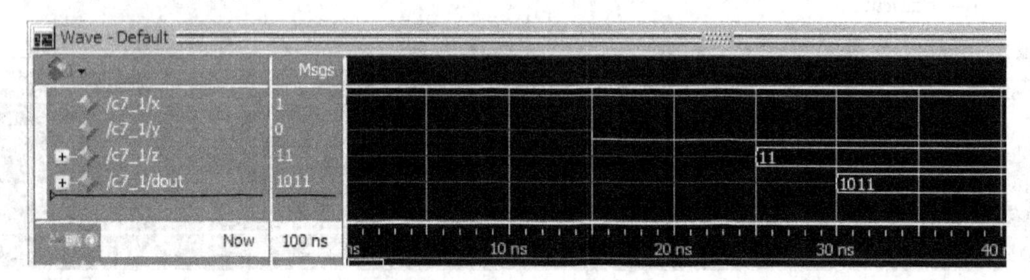

7-2．答：换成非阻塞赋值结果如下图所示。

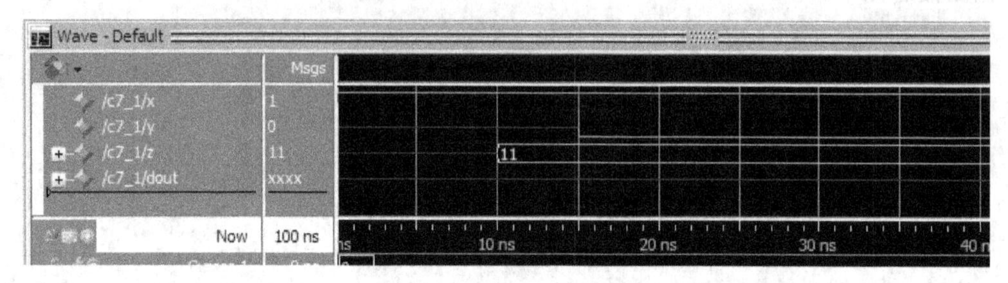

如果把延迟放在每行开头，则最终波形相同。造成这种波形的原因就是阻塞赋值对右式到左式的阻塞。

7-3．答：设计模块代码如下。

```
module c7_3(rst,clk,dout);
input clk,rst;
output [5:0] dout;
reg [5:0] dout;

always@(posedge clk)
if(rst)
  dout<=8;
else if (dout==37)
  dout<=8;
else
  dout<=dout+1;
```

```
endmodule
```

7-4．答：设计模块如下。

```
module c7_4(a,b,c,d,e,grade);
input [3:0] a,b,c,d,e;
output [3:0] grade;
wire [3:0] a1,b1,c1,d1,e1;

bub ibub(a,b,c,d,e,a1,b1,c1,d1,e1);

assign grade=(b1+c1+d1)/3;

endmodule

module bub(a,b,c,d,e,a1,b1,c1,d1,e1);
output[3:0] a1,b1,c1,d1,e1;
input[3:0] a,b,c,d,e;
reg[3:0] va,vb,vc,vd,ve;
reg[3:0] a1,b1,c1,d1,e1;

always@(a or b or c or d)
  begin
    {va,vb,vc,vd,ve}={a,b,c,d,e};
    swap(va,vb);
    swap(va,vc);
    swap(va,vd);
    swap(va,ve);
    swap(vb,vc);
    swap(vb,vd);
    swap(vb,ve);
    swap(vc,vd);
    swap(vc,ve);
    swap(vd,ve);
    {a1,b1,c1,d1,e1}={va,vb,vc,vd,ve};
  end

  task swap;
  inout[7:0] x,y;
  reg[7:0] tmp;

  if(x>y)
    begin
      tmp=x;
      x=y;
      y=tmp;
    end
  endtask

endmodule
```

测试模块如下：

```
module tc74;
reg [3:0] a,b,c,d,e;
wire [3:0] grade;
initial

begin
  repeat(10)
  begin
    a={$random}%16;
    b={$random}%16;
    c={$random}%16;
    d={$random}%16;
    e={$random}%16;
    #10;
  end
  #10 $stop;
end

c7_4 ic74(a,b,c,d,e,grade);

endmodule
```

仿真波形如下图所示。

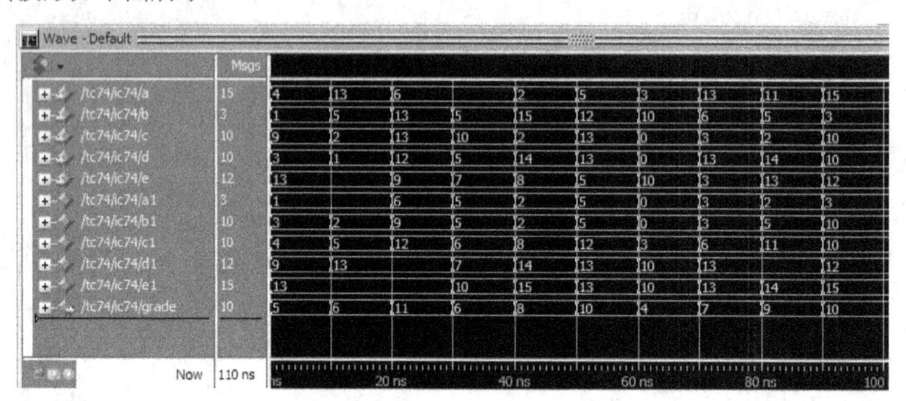

第 8 章习题答案

8-1．答：简单修改即可，代码如下。

```
module c8_1(clock,reset,red,yellow,green);
input clock,reset;
output red,yellow,green;
reg red,yellow,green;

reg [1:0] current_state,next_state;

parameter red_state=2'b00,
        yellow_state=2'b01,
```

```
        green_state=2'b11,
        delay_r2y=4'd8,
        delay_y2g=4'd3,
        delay_g2r=4'd11;

always @(posedge clock or posedge reset)
begin
  if(reset)
    current_state<=red_state;
  else
    current_state<=next_state;
end

always @(current_state)
begin
  case(current_state)
  red_state:begin
            repeat (delay_r2y) @(posedge clock);
            next_state=yellow_state;
           end
  yellow_state:begin
             repeat (delay_y2g) @(posedge clock);
             next_state=green_state;
            end
  green_state:begin
             repeat (delay_g2r) @(posedge clock);
             next_state=red_state;
            end
  default:begin
           next_state=red_state;
          end
  endcase
end

always @(current_state)
begin
  case(current_state)
  red_state:begin
            red=1;
            yellow=0;
            green=0;
           end
  yellow_state:begin
             red=0;
             yellow=1;
             green=0;
            end
  green_state:begin
             red=0;
             yellow=0;
```

```
                green=1;
              end
  default:begin
            red=1;
            yellow=0;
            green=0;
          end
  endcase
end

endmodule
```

8-2．答：代码如下。

```
module c8_2(clock,reset,x,red,yellow,green);
input clock,reset;
input x;
output red,yellow,green;
reg red,yellow,green;

reg [1:0] current_state,next_state;

parameter red_state=3'b001,
          yellow_state=3'b010,
          green_state=3'b100,
          delay_r2y=4'd8,
          delay_y2g=4'd3,
          delay_g2r=4'd11;

always @(posedge clock or posedge reset)
begin
  if(reset)
    current_state<=red_state;
  else
    current_state<=next_state;
end

always @(current_state or x)
begin
  case(current_state)
  red_state:begin
              if(x==1)
                begin
                  repeat (delay_r2y) @(posedge clock);
                  next_state=yellow_state;
                end
              else
                next_state=red_state;
            end
  yellow_state:begin
                 repeat (delay_y2g) @(posedge clock);
                 next_state=green_state;
```

```
              end
  green_state:begin
              repeat (delay_g2r) @(posedge clock);
              next_state=red_state;
             end
  default:begin
           next_state=red_state;
          end
  endcase
end

always @(posedge clock)
begin
  case(next_state)
  red_state:begin
             red=1;
             yellow=0;
             green=0;
            end
  yellow_state:begin
              red=0;
              yellow=1;
              green=0;
             end
  green_state:begin
              red=0;
              yellow=0;
              green=1;
             end
  default:begin
           red=1;
           yellow=0;
           green=0;
          end
  endcase
end

endmodule
```

第9章习题答案

9-1．答：两者的区别主要在于dff6的输出端都在clock上升沿变化，而dff7的输出端在en生效时会不受clock控制，可修改如下。

```
module dff7(clock,en,d,q);
input clock,en,d;
output q;
reg q1;

always @(posedge clock )
```

```
  q<=d|en;

endmodule
```

9-2．答：修改方式很多，可以重新修改 case 的输出值，也可以增加一条取反输出，如下。

```
module decoder(a,y);
input [2:0] a;
output [7:0] y;
reg [7:0] y1;

always @(a)
begin
  case(a)
  3'd0: y1=8'b1111_1110;
  3'd1: y1=8'b1111_1101;
  3'd2: y1=8'b1111_1011;
  3'd3: y1=8'b1111_0111;
  3'd4: y1=8'b1110_1111;
  3'd5: y1=8'b1101_1111;
  3'd6: y1=8'b1011_1111;
  3'd7: y1=8'b0111_1111;
  default:y1=8'b1111_1111;
  endcase
end

assign y1=~y;  //直接取反即可，同时 default 的输出就会变成全 0

endmodule
```

9-3．答：设计模块如下。

```
module c9_3(clk_in,clk_out);
input clk_in;
output clk_out;
reg clk_out;
reg [3:0] t;

always @ (clk_in)
if(t>=0 &&t<4)
  t=t+1;
else
  t=0;

always @(t)
if(clk_out==0 || clk_out==1)
begin
  if(t==4)
    clk_out=~clk_out;
end
else
  clk_out=0;
```

```
endmodule
```

测试模块代码如下：

```
module tc93;
reg clk_in;
wire clk_out;

initial clk_in=0;
always #5 clk_in=~clk_in;

c9_3 ic93(clk_in,clk_out);

endmodule
```

仿真波形如下图所示。

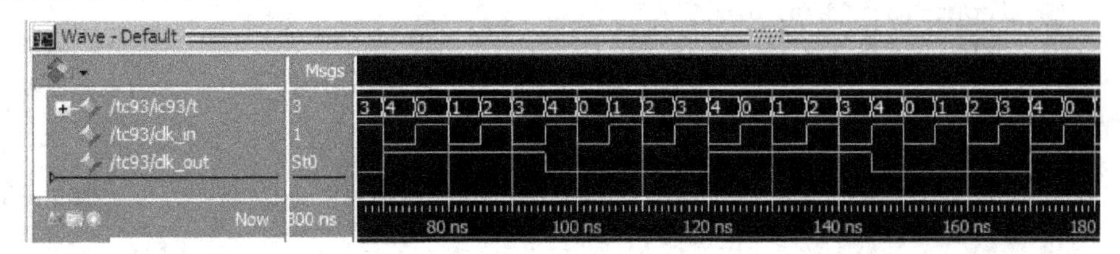

样卷一参考答案

一、填空题（本大题共 10 个空，每空 1 分，总计 10 分）

1. 连接模块端口有两种方法分别为 按名称连接 和 按顺序连接 。
2. 过程性赋值分为两类，分别是 阻塞性赋值 和 非阻塞性赋值 。
3. 常用的建模方式有 门级建模、 数据流级建模、行为级建模和结构建模。
4. 常用的延迟有三类，上升延迟、下降延迟、截止延迟。
5. Verilog HDL 语句中有 顺序语句块和 并行语句块两种类语句块。

二、改错题（把错误的用线画上，将正确的写出）（本大题共 4 小题，每小题 5 分，总计 20 分）

1.

```
module example(o1, o2, a, b, c, d);
    input a, b, c, d;
    output o1, o2;
    reg c, d;                               wire c, d;
    reg o2;                                 reg o1;
    and u1(o2, c, d);
    always @(a or b)
        if (a) o1 = b;
     else o1 = 0;
endmodule
```

2.

```
primitive multiplexer (x, y, z, o);      primitive multiplexer (o,x,y,z);
      output [1:0]o;                     output o;
```

```
        input x, y, z;
        table
            //x  y  z  :  o
             0  ?  1  :  0;
             1  ?  1  :  1;
             ?  0  0  :  0;
             ?  1  0  :  1;
             0  0  x  :  0;
             1  1  x  :  1;
        endtable
    endprimitive
```

3.

```
    module mult (clk, a, b, out, en_mult);
       input clk, en_mult;
       input [3: 0] a, b;
       output [7: 0] out;
       reg [7: 0] out;
       always @( posedge clk)
          multme (a, b, out);
       function multme(xme,tome,result);          task multme(xme,tome,result);
          input [3: 0] xme, tome;
                                                   output [7: 0] result;
          wait (en_mult)
             result = xme * tome;
       endfunction                                 endtask
    endmodule
```

4.

```
    module example(m, n, a, b, c, d);
        input a, b, c, d;
        output m, n;
        reg c, d;                                  wire m;
        reg m                                      reg n;
        assgin m=c+d;
        always @(a or b)
            if (a) n= b;
     else n = 0;
    endmodule
```

三、简答题（本大题共 5 小题，每小题 8 分，总计 40 分）

1．答：带时钟的 always 模块使用非阻塞赋值，不带时钟的 always 模块使用阻塞赋值，连续赋值语句使用阻塞赋值，同一个 always 模块中不能同时使用阻塞和非阻塞赋值。

2．答：b、c 合法，a、d 不合法。

3．答：代码如下。

```
    module MEM (data_in,clk,reset,data_out);
    output [31:0] data_out;
    input [31:0];
    input clk,reset;
    endmoduel
```

```
module TOP;
MEM mem1(IN,CLK,RESET,OUT);
MEM mem2(.data_in(IN),.clk(CLK),.reset(RESET),.data_out(OUT));
endmodule
```

4. 答：

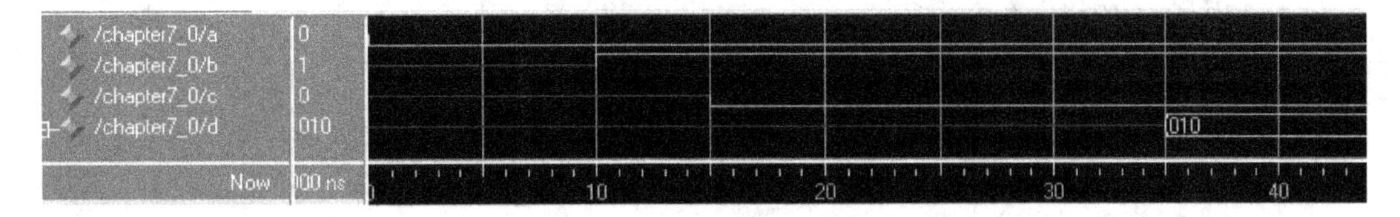

5. 答：

（1）

```
initial
   clk= 0;
   always
     #5 clk =~ clk;
```

（2）

```
initial
begin
clk<=0;
forever #5  clk<=~clk;
  end
```

四、程序设计题（本大题共 3 小题，总计 30 分）

1. 答：代码如下。

```
module may_alu(out,select,a,b);

input [3:0] a,b;
input[2:0]select;
output [4:0] a,b; //操作数
  Reg[4:0] out;
 always@(select or a or b) //电平敏感的 always 块
    begin
      case(select)
      3`b000: out=a;
      3`b001: out=a+b;
      3`b010: out=a-b;
      3`b011: out=a/b;
      3`b100: out=a%b;
      3`b101: out=a<<1;
      3`b110: out=a>>1;
      3`b111: out=a>b;
    endcase
  end
endmodule
```

2．答：代码如下。

（1）

```
module DEC2x4 ( A , B , Enable , Z);

input A , B , Enable;
output [0:3] Z ;
wire Abar, Bbar;

not #( 1 , 2 )
  V0 ( Abar, A) ,
  V1 ( Bbar, B );
nand # (4,3)
  N0 ( Z[3], Enable, A,B) ,
  N1 ( Z[0], Enable, Abar,Bbar) ,
  N2 ( Z[1], Enable, Abar,B),
  N3 ( Z[2], Enable, A,Bbar);

endmodule
```

（2）程序不唯一，满足语法即可。

3．答：代码如下。

```
module paobiao(clk,clr,pause,msh,msl,sh,sl,mh,ml);
input clk,clr;
input pause;
output [3:0]msh,msl,sh,sl,mh,ml;
reg [3:0]msh,msl,sh,sl,mh,ml;
reg cn1,cn2;
always@(posedge clk or posedge clr)
begin
  if(clr)
     begin
       {msh,msl}<=8'h00;
       cn1<=0;
     end
  else if(!pause)
     begin
       if(msl==9)
       begin
         msl<=0;
           if(msh==9)
             begin
            msh<=0;
            cn1<=1;
          end
           else
             msh<=msh+1;
```

```
            end
        else
        begin
         msl<=msl+1;
         cn1<=0;
        end
     end
  end
  always@(posedge cn1 or posedge clr)
  begin
    if(clr)
       begin
         {sh,sl}<=8'h00;
        cn2<=0;
       end
    else if(sl==9)
      begin
        sl<=0;
         if(sh==5)
             begin
            sh<=0;
            cn2=1;
          end
           else
             sh<=sh+1;
      end
        else
       begin
         sl<=sl+1;
         cn2<=0;
       end
  end
  always@(posedge cn2 or posedge clr)
  begin
    if(clr)
       begin
         {mh,ml}<=8'h00;
       end
    else if(ml==9)
       begin
         ml<=0;
          if(mh==5)
           mh<=0;
          else
             mh<=mh+1;
       end
```

```
        else
        ml<=ml+1;
    end
    endmodule
```

样卷二参考答案

一、填空题（本大题共 10 个空，每空 1 分，总计 10 分）

1．常用的有限状态机有两种，分别是摩尔型和米利型。

2．Verilog 设计中可以把在多个地方都使用的部分程序编写成任务和函数。

3．连续赋值语句是 Verilog 数据流级建模的基本语句，用于对＿线网＿变量进行赋值；过程赋值语句 Verilog 行为级建模的一种语句，用于对＿寄存器＿类型变量赋值。

4．Verilog 中控制时序和语句执行顺序的三种方式是基于＿延迟＿的时序控制、基于＿事件＿的时序控制和基于＿电平敏感＿的时序控制。

5．顺序块和并行块使用两种类型的块语句。顺序块使用关键字＿begin＿和 end，而并行块使用关键字 fork 和＿join＿来表示。

二、简答题（本大题共 6 小题，每小题 9 分，总计 54 分）

1．答：x 在零时刻变为 0，y 在 5 时刻变为 1，z 在 10 时刻变为 01，w 在 30 时刻变为 10。

2．答：

```
module s8;
reg [3:0] cache_var [0:1023];
integer count;

initial
for(count=0;count<1024;count=count+1)
      cache_var[count]=0;
endmodule
```

3．答：

```
The current value of latch =00001101
This is a backslash \ character and %
```

4．答：

```
module stimulus();
reg CLOCK;
reg [3:0] REG_IN;
wire [3:0] REG_OUT;
shift_reg sr1(CLOCK,REG_IN,REG_OUT);
shift_reg sr1(.clock(CLOCK),.reg_in(REG_IN),.reg_out(REG_OUT));
endmodule
```

5．答：上升时间 5.ns，下降时间 6.2ns，关断时间 5.2ns。

6．答：

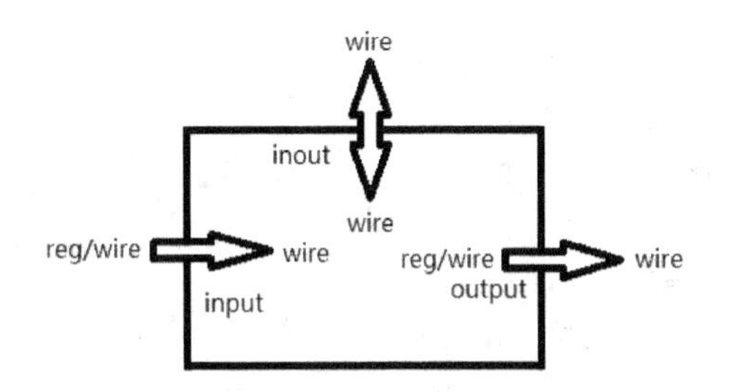

7．答：

```
assign d_r1 = & 8'b1011_0011;  输出 0
assign d_r2 = ~ 8'b1011_0011;    输出 0
assign d_r3 = ~& 8'b1011_0011;  输出 1
assign d_r4= (4'b10x1==4'b10x1); 输出 x
assign d_r5 = 4'b1101&&8'h0a; 输出 0000_0001
```

三、程序设计题（本大题共 4 小题，总计 42 分）

1．答：这里给出与非门的程序，使用数据流和行为级均可。

```
module full_add(a,b,c_in,sum,c_out);
input a,b,c_in;
output sum,c_out;
wire s1,s2,s3,s4,s5,s6,s7;

nand (s1,a,b);
nand (s2,a,s1);
nand (s3,b,s1);
nand (s4,s2,s3);
nand (s5,s4,c_in);
nand (s6,s4,s5);
nand (s7,s5,c_in);
nand (sum,s6,s7);
nand (c_out,s5,s1);
endmodule
```

2．答：

```
module sevendis(bcd,disnout);
input [3:0] bcd;
output [6:0] sevenout;
reg [6:0] sevenout;

always @(bcd)
case(bcd)
4'b0000:sevenout=7'b100_0000;
4'b0001:sevenout=7'b111_1001;
4'b0010:sevenout=7'b010_0100;
4'b0011:sevenout=7'b011_0000;
```

```
4'b0100:sevenout=7'b001_1001;
4'b0101:sevenout=7'b001_0010;
4'b0110:sevenout=7'b000_0010;
4'b0111:sevenout=7'b111_1000;
4'b1000:sevenout=7'b000_0000;
4'b1001:sevenout=7'b001_0000;
default:sevenout=7'b000_0110;
endcase

endmodule
```

3．答：

```
module s3;
reg clock;
reg [7:0] count;
reg flag;

initial
begin
    count=0;
clock=0;
flag=0;
    forever  #5 clock=~clock;
end

always @(posedge clock)
begin

begin: s3
   count<=count+1;
end

if(count==8'b1000100)
begin
   flag<=1;
   disable s18;
   $display("The end");
   #10 $stop;
end

end
endmodule
```